EUROPA-FACHBUCHREIHE
für metalltechnische Berufe

Prüfungsvorbereitung Aktuell

Zwischen- und Abschlussprüfung

Anlagenmechaniker/-in für Sanitär-, Heizungs- und Klimatechnik

Bearbeitet von Lehrern an berufsbildenden Schulen und von Ingenieuren
(siehe Rückseite)

5. Auflage 2023

Verlag Europa-Lehrmittel · Nourney, Vollmer GmbH & Co. KG
Düsselberger Straße 23 · 42781 Haan-Gruiten

Europa-Nr.: 18755

Autoren:

Grevenstein, Hans-Werner	Wissenschaftlicher Lehrer	WNK-Padingbüttel
Jungmann, Friedrich	Oberstudienrat a. D.	Heidelberg
Krischak, Richard	Dipl.-Ing., Studiendirektor	Weil/Rhein
Merkle, Helmut	Dipl.-Ing., Studiendirektor a. D.	Forst
Uhr, Ulrich	Dipl.-Ing., Studiendirektor a. D.	Rheinfelden

Leitung des Arbeitskreises:
Ulrich Uhr, Dipl.-Ing., Studiendirektor a. D., Rheinfelden

Bildbearbeitung:
Zeichenbüro des Verlags Europa-Lehrmittel, Nourney Vollmer GmbH & Co. KG, Ostfildern

5. Auflage 2023
Druck 5 4 3 2

Alle Drucke derselben Auflage sind parallel einsetzbar, da sie bis auf die Korrektur von Druckfehlern identisch sind.

ISBN 978-3-7585-1190-5

Bei Fragen zur Produktsicherheit wenden Sie sich bitte an produktsicherheit@europa-lehrmittel.de.

Satz: Satz+Layout Werkstatt Kluth GmbH, 50374 Erftstadt
Umschlag: Verlag Europa-Lehrmittel, Abt. Bildbearbeitung, 73760 Ostfildern
Druck: mediaprint solutions GmbH, 33100 Paderborn

Einführung

Das im Verlag Europa-Lehrmittel erschienene Werk dient der gezielten Prüfungsvorbereitung für Anlagenmechaniker/-innen der Sanitär-, Heizungs- und Klimatechnik. Das Prüfungsbuch ist eine Ergänzung zur Fachkunde und zur technischen Mathematik für „Installations- und Heizungstechnik" (Europa-Nr.: 1521X und 18111). Es umfasst alle prüfungsrelevanten Inhalte und Themengebiete zur Vorbereitung auf die Zwischen-, Gesellen-, Meister- und Schulabschlussprüfungen. Das Buch eignet sich als Ganzes oder auch seitenweise für den/die Lehrer/in als Vorbereitung für Arbeitsblätter und Klassenarbeiten in allen Fachstufen.

Inhalt

Der Inhalt des Buches ist auf die neuen einschlägigen **Bildungspläne der Bundesländer** für Berufliche Schulen und auf die **Verordnung über die Berufsausbildung** zum/zur Anlagenmechaniker/in für Sanitär-, Heizungs- und Klimatechnik des Bundesministeriums abgestimmt. Es umfasst den gesamten Lehrstoff der Berufsschul- bzw. Ausbildungsjahre sowie des Berufskollegs. Die Inhalte entsprechen den für diesen Fachbereich geltenden **technischen Regeln** und den gesetzlichen Verordnungen sowie den **fachbezogenen Vorschriften,** insbesondere den **DIN EN-Normen** und **DIN-Normen.** Fragen des Umweltschutzes und der Arbeitssicherheit sind bei den jeweiligen Lernfeldern besonders berücksichtigt.

Gliederung und Gestaltung

Durch die Einführung der **gestreckten Abschlussprüfung** wurden sowohl das Berufsbild selbst, als auch die Inhalte der Lernfelder modernisiert.
Das Prüfungsbuch umfasst die neu geordneten und neu gegliederten **Lernfelder 1 – 15.**
Die fachbezogenen Inhalte werden ergänzt durch die Lerninhalte der **Wirtschafts- und Sozialkunde.**
Jedem Lernfeld ist ein **Übersichtsblatt** vorangestellt. Diese Inhalte sind, gemäß der neuen, gesetzlichen Prüfungsordnung unterteilt in die Prüfungsbereiche **I Arbeitsplanung, II Systemanalyse und Instandhaltung** sowie **III Kundenauftrag.**
Alle Lernfelder behandeln Teilbereiche, die der neuen Ausbildungsordnung entnommen wurden.
Jedem Kapitel ist ein Piktogramm zugeordnet, das jeweils am Außenrand der Seiten angeordnet ist und auf den Inhalt der Seiten hinweist. Dadurch ist ein schnelles und müheloses Zurechtfinden im Buch gewährleistet.

Methodische Konzeption

Jedes Lernfeld beginnt mit Aufgaben zur Einarbeitung, untergliedert in **technologische, arbeitsplanerische** und **mathematische** Inhalte. Nach den Prüfungsbereichen 1 Arbeitsplanung und II Systemanalyse und Instandhaltung folgen im Bereich III Kundenauftrag mehrere Projektaufgaben, die der Übung und Vertiefung es Gelernten dienen.
Am Ende des Prüfungsbuches ermöglichen ausführliche **Lösungsvorschläge** die **Selbstkontrolle** des erarbeiteten Wissens.

Zielgruppen

Das Prüfungsvorbereitungsbuch dient als Lehrmittel für Schüler, Schülerinnen und Auszubildende in der **Berufsschule,** in der **Berufsfachschule** und im **Berufskolleg** sowie in der **betrieblichen** und **überbetrieblichen Ausbildung.** Außerdem eignet es sich in der **Meisterschule, Technikerschule** und **Akademie für handwerkliche Berufe** zur Wiedergewinnung und Sicherung des Grundwissens. Daneben kann es zur Fortbildung von Betriebsangehörigen herangezogen werden.
Das vorliegende Werk wird auch unter denjenigen Freunde finden, die sich auf ein Studium vorbereiten oder im Praktikum auf fachliche Fragen Antworten suchen.

Zu den Neuerungen in der **5. Auflage** gehört die Einarbeitung der neuen Ausbildungsverordnung mit den Inhalten der **gestreckten Gesellenprüfung in Teil 1 und Teil 2.** Hinzu kommen die zwischenzeitlich neu erschienenen bzw. ergänzten Normen, wie z. B. die TRGI 2018 und die TRF 2020.

Autoren und Verlag sind allen Benutzern für kritische Hinweise und für Verbesserungsvorschläge dankbar.

Winter 2022/2023

Die Verfasser

Inhaltsverzeichnis

1 Bauelemente mit handgeführten Werkzeugen fertigen
Processing and finishing of system components with handheld tools

2 Bauelemente mit Maschinen fertigen
Processing and finishing of system components with machines

3 Baugruppen herstellen und montieren
Module production and assembly

I Arbeitsplanung // Work planning

1	**Werkstofftechnik und Bauphysik**	Materials engineering and structural physics
2	**Fertigungstechnik**	Manufacturing technology
3	**Darstellungen**	Illustrations
4	**Berechnungen**	Calculations

II Systemanalyse und Instandhaltung // System analysis and maintenance

1	**Werkstoffauswahl**	Materials
2	**Werkzeuge und Arbeitsverfahren**	Tools and work procedures
3	**Darstellungen**	Illustrations

III Kundenauftrag // Customer order

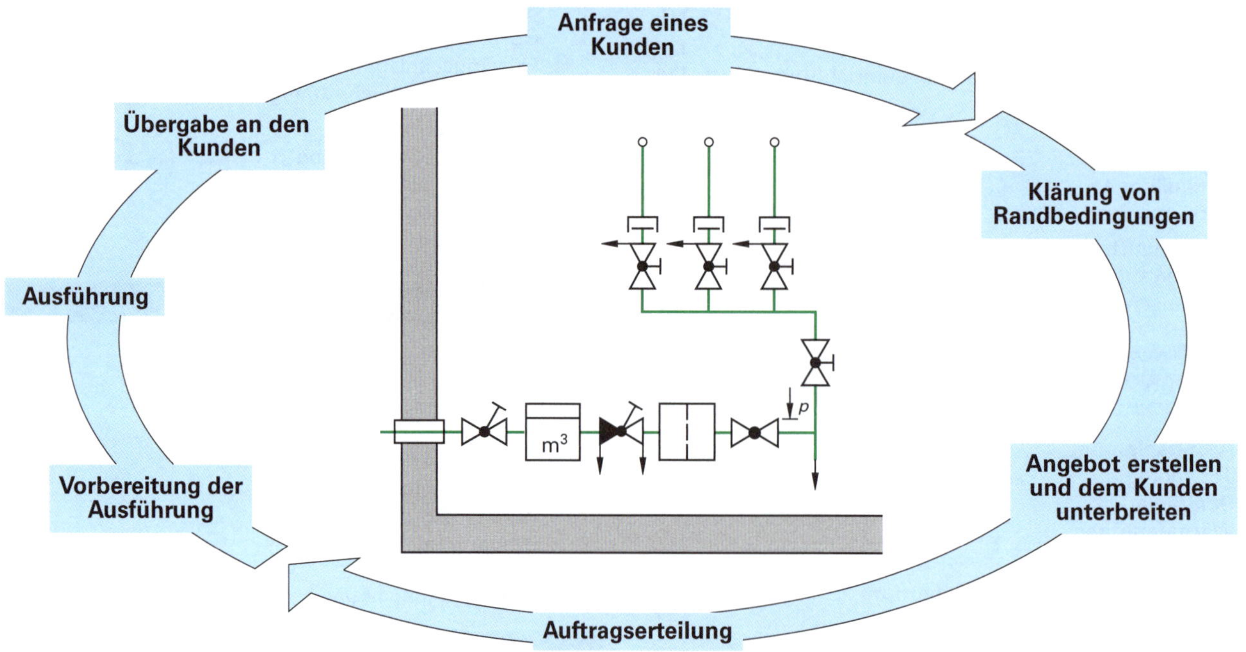

I Arbeitsplanung

1 Werkstofftechnik und Bauphysik

1.1 Geben Sie fünf gebräuchliche Werkstoffe von Bauteilen zum Ableiten von Niederschlagswasser und deren Längenausdehnungskoeffizient an. Ordnen Sie diese nach zunehmenden Werten.

1 ______________________________

2 ______________________________

3 ______________________________

4 ______________________________

5 ______________________________

1.2 Welche besondere Materialeigenschaft begründet, dass Kupfer gerne für Wärmetauscher und Polystyrolschaum für Wärmedämmzwecke verwendet werden? Geben Sie die Kennwerte an und erläutern Sie die Einheiten.

1.3 Die Gasversorgungsunternehmen, heute Netzbetreiber genannt, fordern z. B. beim Einbau von Hausdruckreglern mit Flanschverbindungen die Angabe von Streckgrenze und Mindestzugfestigkeit auf den Verbindungsschrauben. Beschreiben Sie diese beiden Eigenschaften.

1.4 Bei Demontagearbeiten finden Sie Bauteile wie z. B. Abwasserrohre oder Bedachungsmaterialien aus Asbestzement. Weshalb sind hier besondere Maßnahmen zu ergreifen?

1.5 Viele Bauteile der SHK-Technik sind aus Messing oder Rotguss.

a) Aus welchen Haupt-Legierungsbestandteilen bestehen die beiden Werkstoffe?

b) Rotguss ist in der Regel teurer als Messing. Warum verwenden viele Hersteller trotzdem dieses Material?

1.6 Aus welchen Bestandteilen bestehen a) Weichlote für Klempnerarbeiten und für die Kupferrohr-Installation sowie b) Hartlote, ebenfalls für die Kupferrohr-Installation? Ergänzen Sie in Stichpunkten das Aussehen und die Eigenschaften dieser Lote.

a) ______________________________

____

____

b) ______________________________

____

____

1.7 Beschreiben Sie den grundsätzlichen Unterschied der Eigenschaften eines Werkstoffs aus einem Thermoplast im Vergleich zu einem Duroplast. Nennen Sie dazu jeweils zwei typische Beispiele aus der Sanitärtechnik.

____

____

____

____

1.8 Welche physikalischen Vorgänge können zu Korrosionsproblemen in metallischen Trinkwasserleitungen führen?

____

____

____

____

1.9 Sie installieren Rohrleitungen an einer Wand. Welche Überlegungen sind anzustellen, um nicht gegen Vorschriften des Schallschutzes zu verstoßen?

____

____

____

____

1.10 Eine Abwasserleitung DN 100 aus Kunststoff ist durch die Geschossdecke eines Mehrfamilienhauses zu führen. Beschreiben Sie mindestens zwei brandschutzgerechte Lösungen.

____

____

____

____

____

2 Fertigungstechnik

2.1 Welche Arbeitsschritte sind beim fachgerechten Trennen eines Kupferrohres mit einem Rohrabschneider vorzunehmen?

____

____

____

____

2.2 Beschreiben Sie das Werkstoffverhalten beim Biegen.

2.3 Worin besteht der prinzipielle Unterschied zwischen dem Bördeln und dem Schweifen?

2.4 Sie müssen für eine Gas- und eine Sauerstoffflasche Armaturen, Schläuche und Brenner auf eine Baustelle bringen und dort für den Einsatz vorbereiten. Schildern Sie in Stichpunkten den Aufbau und die Einstellung der Anlage.

2.5 Welche Verfahren gibt es, um folgende Kunststoffrohre zu verbinden:

Abwasserrohre aus PE:

Trinkwasserrohre aus PVC-C:

Trinkwasserrohre aus PE-X:

2.6 Ein Kupferrohr ist durch Weichlöten zu verbinden. Beschreiben Sie die erforderlichen Arbeitsschritte.

2.7 Eine Gasleitung aus Kupfer ist hart zu löten. Weshalb ist eine Weichlötverbindung nicht zulässig?

3 Darstellungen

3.1 Sie finden in einer Zeichnung folgendes Symbol:
Welche Angaben können diesem entnommen werden?

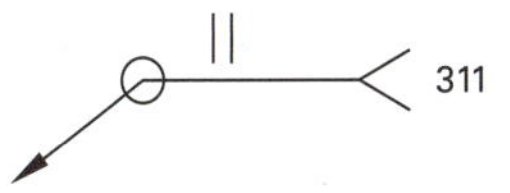

3.2 Erläutern Sie die Angaben 1 bis 8 im Werkplan **(Bild 1)**.

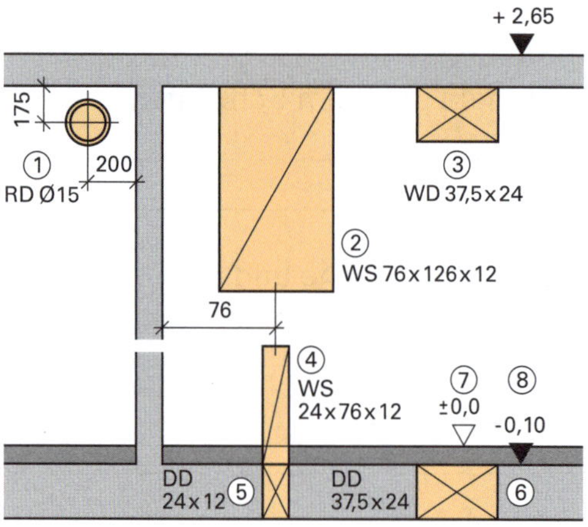

Bild 1: Werkplan Stockwerkschnitt

1 ____________________
2 ____________________
3 ____________________
4 ____________________
5 ____________________
6 ____________________
7 ____________________
8 ____________________

3.3 Welche SHK-Teile werden durch folgende Sinnbilder dargestellt?

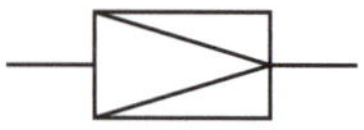	

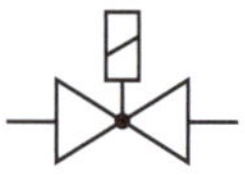	

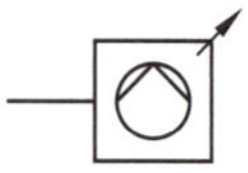	
alt  neu 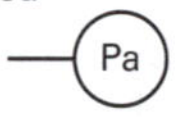	
alt 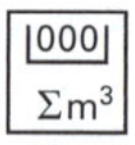 neu 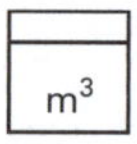	
alt  neu 	

3.4 Zeichnen Sie auf einem separaten Blatt die Vor- und Rücklaufleitung in isometrischer Darstellung **(Bild 2)**.

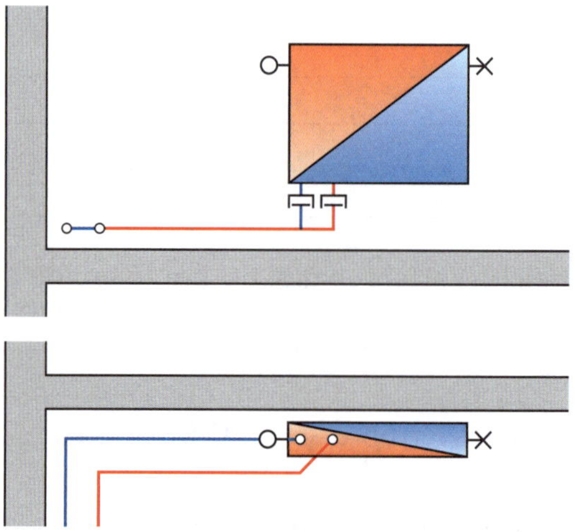

Bild 2: Heizkörperanschluss

3.5 Die Anbindung eines Heizkörpers erfolgt aus Cu 15 × 1 **(Bild 2)**.

a) Wie werden in der Regel die Leitungen an den Ventilblock angeschlossen?

____
____
____

b) Welche Lötfittings sind für diese Arbeit erforderlich?

____
____
____

4 Berechnungen

4.1 Sie benötigen für einen Auftrag folgende Rohrstücke aus Kupferrohr:

Dimension	Anzahl	Länge
12 × 1	3	1,26 m
	1	74 cm
	2	800 mm
	1	105 cm
	1	2,05 m
15 × 1	1	3,47 m
	2	1,12 m
	2	920 mm
	3	12 cm

a) Wie groß ist in der Regel die Herstelllänge der Kupferrohre?

b) Wie viele Rohre der Dimension 12 × 1 und 15 × 1 sind nötig?

c) Wie lang ist der gesamte Rest jeweils, wenn die Teile in der angegebenen Reihenfolge abgeschnitten werden?

4.2 An der Decke eines 7,40 m langen Kellerraums ist eine Rohrleitung zu befestigen. Die erste und die letzte Rohrschelle werden jeweils 60 cm von der Wand entfernt montiert. Der maximale Abstand der Schellen sollte 1,30 m nicht überschreiten.

a) Wie groß ist der Abstand der Schellen, wenn man sie gleichmäßig verteilt?

b) Wie viele Schellen sind nötig?

4.3 Ein weiches Kupferrohr 15 × 1 ist nach Maß zu biegen. Wie lang ist das Rohr abzuschneiden **(Bild 1)**?

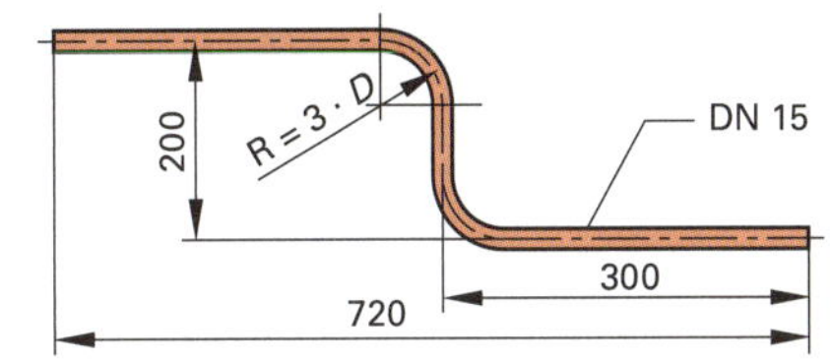

Bild 1: Rohrbiegearbeit

4.4 Beim Trennen eines weichen Kupferrohres 12 × 1 entstand ein 1 mm breiter Schneidgrat, der nicht entfernt wurde.

a) Berechnen Sie den freien Querschnitt des Rohres ohne Grat.

b) Welcher Restquerschnitt bleibt mit Grat?

c) Wie groß ist die Verringerung des freien Querschnitts in mm^2 und in Prozent?

4.5 Rohrleitungen für Warmwasser dürfen auf dem Fließweg zur Zapfstelle einen maximalen Inhalt von 3 Litern haben. Ansonsten muss zum Schutz vor Verkeimung eine Zirkulation eingebaut werden.
Überprüfen Sie dies bei folgendem Leitungsweg: a) 12 m Cu 22 × 1, b) 7,20 m Cu 18 × 1, c) 14 m Cu 15 × 1.

a)

b)

c)

4.6 Aus verzinktem Stahlblech sollen Lagerkästen mit den Maßen B = 220 mm, L = 320 mm, H = 75 mm hergestellt werden **(Bild 1)**.

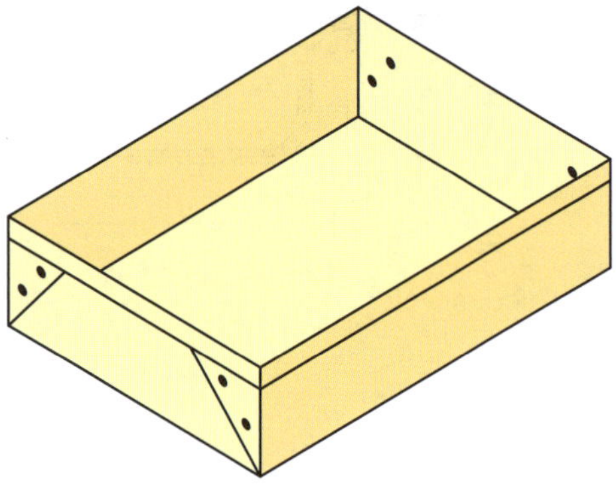

Bild 1: Lagerkasten

a) Wie groß ist der Zuschnitt, wenn dieser aus der Blechtafel (2 m × 1 m) ohne Verschnitt hergestellt werden soll?

b) Welche Breite ergibt sich dabei für den Umschlag?

c) Welches Volumen fasst ein Lagerkasten?

d) Wie viele Blechtafeln benötigt man für 45 Lagerkästen?

4.7 Zwei nebeneinander liegende Heizungsleitungen aus Kupferrohr 42 × 2 erhalten je Rohr eine 50 mm dicke Dämmung aus Schaumstoff. Diese ist jeweils mit einer 1 m breiten Folie zu umhüllen. Die Überlappung soll am Längs- und Querstoß jeweils 50 mm betragen.

a) Wie breit ist der Zuschnitt?

b) Wie viele Stücke sind abzuschneiden, wenn die Leitungstrasse 14 m lang ist?

c) Wie viele m^2 Folie sind erforderlich?

4.8 Eine Dachgaube ist mit Kupferblech zu verkleiden **(Bild 2)**. Wie viele m^2 Blech benötigt man für

a) beide Seitenflächen,

b) die Dachfläche und

c) die Fensterseite,

ohne Nahtzugabe oder Verschnitt? Fehlende Maße können zeichnerisch ermittelt werden.

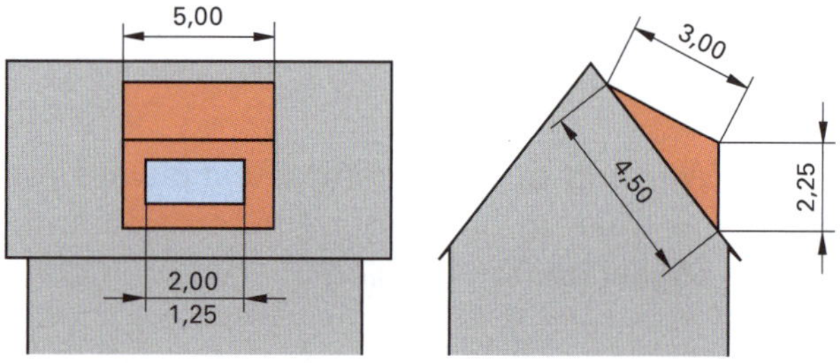

Bild 2: Dachgaube

II Systemanalyse und Instandhaltung

1 Werkstoffauswahl

1.1 Sie verarbeiten Kupferrohr für eine Trinkwasserinstallation. Wie sind Qualitätsrohre gekennzeichnet?

____

____

____

1.2 Woran erkennen Sie ein Metallverbundrohr?

____

____

____

1.3 Für eine Fußbodenheizung wird ein helles, weißliches Kunststoffrohr verwendet. Auf ihm ist neben anderen Angaben der Aufdruck PE-X und 16 × 2,0 zu finden.

a) Aus welchem Werkstoff ist es hergestellt?

____

b) Welche Verbindungstechnik ist hier üblich?

____

____

1.4 Die Abdichtung des Schornsteins an der Dachfläche wird wie abgebildet hergestellt **(Bild 1)**.

a) Aus welchem Werkstoff besteht der flexible Teil der Verwahrung?

____

b) Welche Vorsichtsmaßnahmen sind bei seiner Verarbeitung zu beachten?

____

____

Bild 1: Verwahrung

2 Werkzeuge und Arbeitsverfahren

2.1 Wofür verwendet man üblicherweise die abgebildeten Bohrer **(Bild 2)**?

Bild 2: Bohrerarten

a) ______________________________

b) ______________________________

c) ______________________________

2.2 Beim Trennen eines Blechrohres ist das Sägeblatt der Handbügelsäge zerbrochen. In der Werkzeugkiste sind verschiedene neue Sägeblätter.

a) Welches würden Sie für diese Aufgabe auswählen?

____

____

b) Sie montieren das neue Blatt. In welche Richtung sollen die Zähne schauen?

____

2.3 Bei der Blechbearbeitung kommen verschiedene Biegeformen zum Einsatz **(Bild 3)**. Benennen Sie diese in der abgebildeten Reihenfolge.

a) ______________________________

b) ______________________________

c) ______________________________

d) ______________________________

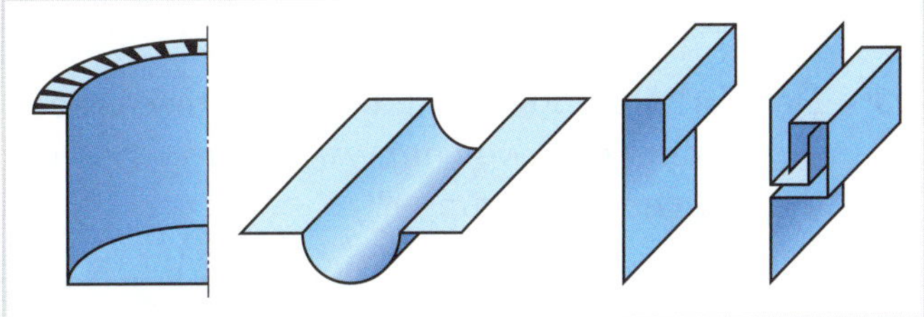

Bild 3: Umformen von Blechen

3 Darstellungen

Die SHK-Installation eines Einfamilienhauses wurde als Strangschema dargestellt **(Bild 1)**.

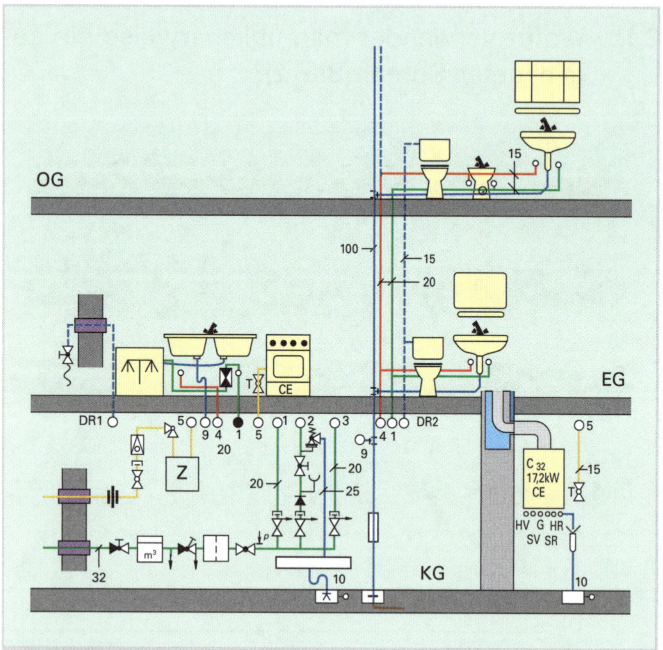

Bild 1: Strangschema EFH, Ausschnitt

3.1 Benennen Sie die Armaturen zwischen Wasserzähler und Verteiler und geben Sie deren Aufgaben an.

3.2 Welche Einrichtungsgegenstände versorgt der Verteilerabgang 1?

3.3 Der Verteilerabgang 2 führt zum Trinkwassererwärmer. Aus welchen Armaturen besteht diese Sicherheitsgruppe?

3.4 Welche Armaturen sind in die Gasleitung, beginnend mit der Hauseinführung, bis zum Gaszähler eingebaut?

3.5 Erläutern Sie die Begriffe CE und DVGW.

3.6 DR ist die Druckleitung von der Regenwasser-Zisterne. Wohin führt DR 1?

3.7 Wozu dient DR 2?

3.8 Die blaue Leitung DN 100 besitzt ab dem OG eine parallele, gestrichelte Linie. Worum handelt es sich bei diesem Leitungsteil?

3.9 Diese Leitung führt im KG durch ein Bauteil, das als Rechteck dargestellt ist. Wie nennt man dieses Bauteil?

3.10 Die Absperrarmatur zum Gasherd oder zu dem Wandheizkessel ist mit einem „T" gekennzeichnet. Um welche Armaturenart handelt es sich und welche besondere Eigenschaft wird mit diesem „T" angegeben?

III Kundenauftrag

1 Waschtischanschluss

Bei der Renovierung eines Einfamilienhauses ist der Trink- und Abwasseranschluss eines Waschtisches an die Fall- und Steigleitung vorzunehmen **(Bild 1)**. Als Rohrsysteme werden verwendet für AW HT-Rohr, für TW und TWW Mehrschichtverbundrohr mit Fittings aus Kunststoff.

1.1 Nennen Sie die wichtigsten Vor- und Nachteile des HT-Rohrsystems.

____

____

____

____

1.2 Weshalb wurde für die Anschlussleitung ein 45°-Bogen vorgesehen?

____

____

____

1.3 Welche HT-Formteile sind einschließlich des Anschlusses an die Fallleitung erforderlich?

____

____

____

____

1.4 Wie erfolgt der Anschluss des Geruchverschlusses an das HT-Rohr?

____

____

____

1.5 Aus welchen Gründen verwendet man heute vermehrt Kunststoffrohre für Trinkwasserinstallationen?

____

____

____

____

1.6 Welche Formstücke des Verbundrohrsystems sind hier erforderlich?

____

____

____

____

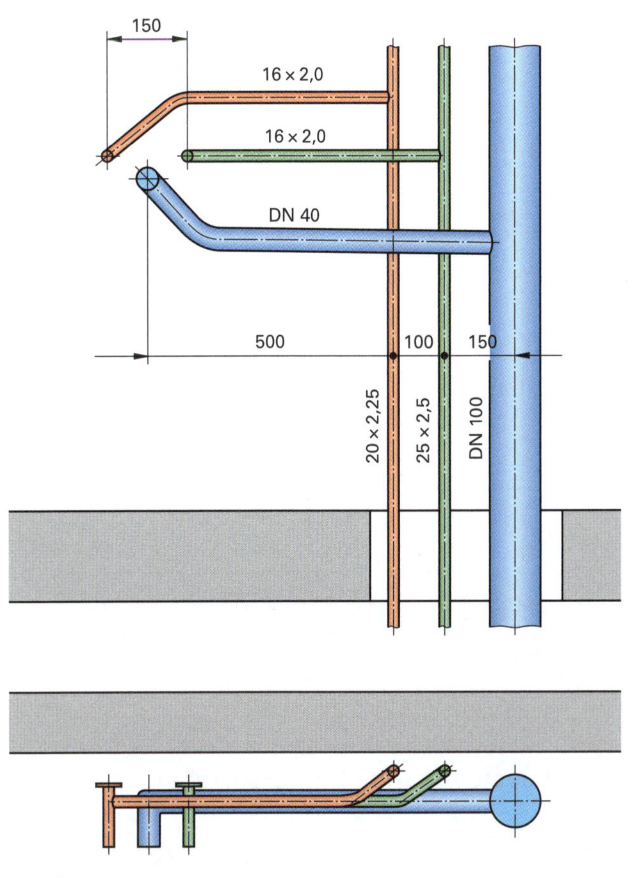

Bild 1: Waschtischanschluss

1.7 Beschreiben Sie das fachgerechte Herstellen der Verbindung des gewählten Systems.

____

____

____

____

1.8 Die Fittings zum Anschluss der Eckventile müssen am Mauerwerk befestigt werden. Wie würden Sie die Befestigung vornehmen, wenn die Vorwand später ausgemauert wird?

____

____

____

1.9 Welche Vorteile hätte hier ein Trockenbausystem?

____

____

____

____

2 Trinkwasserverteiler

Bei einem Kunden soll der PW-Verteiler beginnend ab dem KFR-Ventil erneuert werden. Die Skizze zeigt die geplante Leitungsführung **(Bild 1)**.

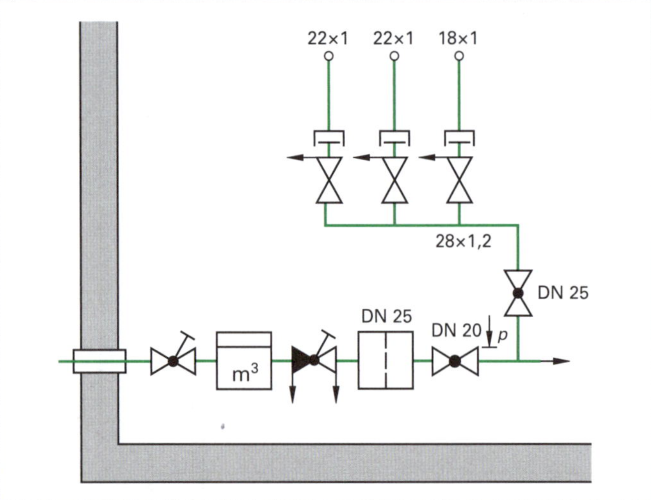

Bild 1: Trinkwasserverteiler

Vorgaben:

- KFR-Ventil DN 25
- PW-Filter DN 25 mit Verschraubungen R1
- Druckminderer DN 20 mit Verschraubungen R 3/4
- Ventil DN 15 als Entleerung und Notzapfstelle
- Absperrventil DN 25 mit Anschlüssen zum Pressen
- Verteilerventile mit beidseitigen Verschraubungen
- und Pressanschluss
- Verbindungen KFR-Ventil bis Ventil DN 15 mit Gewindefittings
- Rohrleitungen aus nicht rostendem Stahl, gepresst

Aufgabe:

2.1 Stellen Sie den Bedarf an Fittingen zusammen. Nutzen Sie dazu die Vorgaben in der Bemerkungsspalte der Materialliste.

Materialliste für Trinkwasserverteiler

Datum: ________ **Bearbeiter:** ____________________ **Blatt-Nr.:** ________

Pos	Menge	Bezeichnung	Werkstoff	Bemerkung
				Filter – DM
				DM – Ventil DN 15
				DM – Ventil DN 15
				DM – Ventil DN 15
				Pressfitting
				Pressfitting
				Pressfitting

3 Badrenovierung

Bei einer Badrenovierung soll der vorhandene Heizkörper gegen einen modernen ausgetauscht werden. Sie stehen mit dem Kunden auf der Baustelle und überdenken mit ihm zusammen seinen Wunsch.

3.1 Nach welchen Einzelheiten fragen Sie den Kunden?

Sie einigen sich, dass ein Fertig-Heizkörper mit glatter Oberfläche anstelle des alten Heizkörpers eingebaut werden soll.

Sie fertigen anschließend eine Maßaufnahme der Heizkörpernische an und tragen die wichtigsten Details ein **(Bild 1)**.

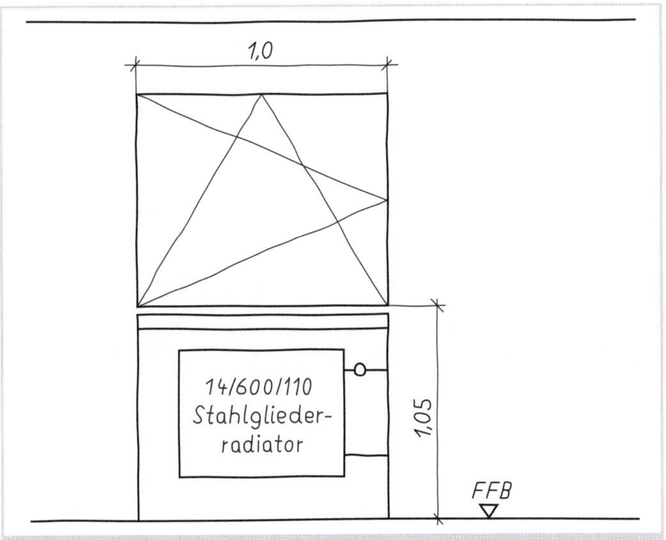

Bild 1: Maßaufnahme, Handskizze

3.2 Welche wichtigen Angaben, die später die Arbeit erleichtern würden, fehlen bei dieser Maßaufnahme?

3.3 An der Bauausführung wird nichts geändert. Wie bestimmen Sie überschläglich die erforderliche Größe des neuen Heizkörpers?

3.4 Welche Details bestimmen die Befestigungsart des Heizkörpers?

3.5 Welches aufwändige Problem könnte bei der Anbindung an Vor- und Rücklauf entstehen?

3.6 Beantworten Sie folgende Fragen, die Ihnen der Kunde bei der Übergabe stellt.

a) Wie soll ich das Thermostatventil einstellen?

b) Soll ich beim Lüften das Ventil abstellen oder stellt es sich selbst ab?

c) Auf welche Stufe stelle ich das Ventil, wenn ich in Urlaub fahre?

4 Kesseltausch

In einem Einfamilienhaus wird die Kesselanlage erneuert. Der alte Kessel mit Warmwasserspeicher wird demontiert, übrig bleiben die Vor- und Rücklaufleitungen bis zu den Absperrhähnen. Diese sind in einem guten Zustand, die Umwälzpumpe und das Membran-Ausdehnungsgefäß wurden vor einiger Zeit erneuert und werden weiter verwendet.

Von der Montagewand wurde eine Skizze angefertigt **(Bild 1)**. Als Neuanlage sollen ein Öl-Brennwertkessel 5–15 kW und ein Pufferspeicher mit eingebautem Solar-Wärmetauscher und eine Frischwasserstation eingebaut werden **(Bild 2, 3)**. Der zur Hydraulik der Heizungsunterstützung erforderliche 3-Wege-Mischer ist im Rücklauf bereits montiert.

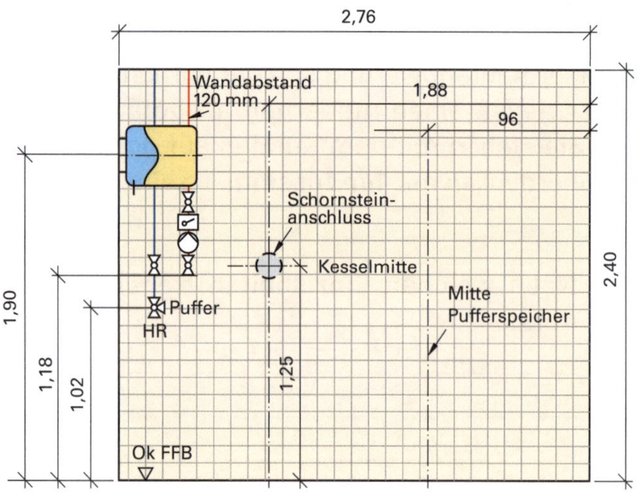

Bild 1: Montagewand

4.1 Zeichnen Sie vereinfacht die Montagewand mit Kessel und Pufferspeicher M 1:20.

4.2 Ermitteln Sie folgende Abstände und prüfen Sie, ob die Mindestforderungen des Herstellers eingehalten sind **(Bild 1, Seite 19)**:

Seitenwand – Kessel ____________

Kessel – Speicher ____________

Speicher – Seitenwand ____________

4.3 Schließen Sie Vor- und Rücklaufleitung an den Kessel an.

4.4 Ergänzen Sie den Anschluss des Membran-Ausdehnungsgefäßes.

4.5 Benennen Sie folgende Teile:

 ____________

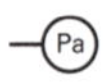 ____________

 ____________

 ____________

 ____________

4.6 Am untersten Kesselanschluss wird ein KFE-Hahn eingebaut. Erklären Sie die Aufgabe dieser Armatur.

____

4.7 Der Anschluss der Leitungen erfolgt mit Kupfer-Pressfittings. Weshalb wird dieses System hierzu gerne verwendet?

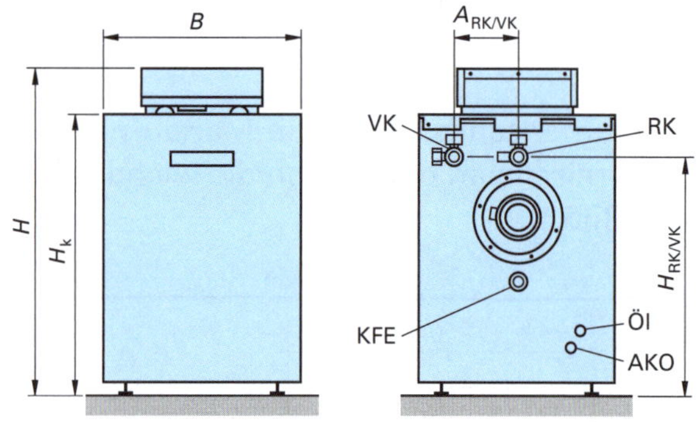

Kesselgröße			5 – 15 kW
Breite	B	mm	600
Höhe	H	mm	965
Höhe ohne Regelgerät	H_k	mm	820
Länge	L	mm	630
Vorlauf Kessel	$H_{RK/VK}$	mm	696
Abstand Vorlauf – Rücklauf	$A_{RK/VK}$	mm	210

Bild 2: Heizkessel

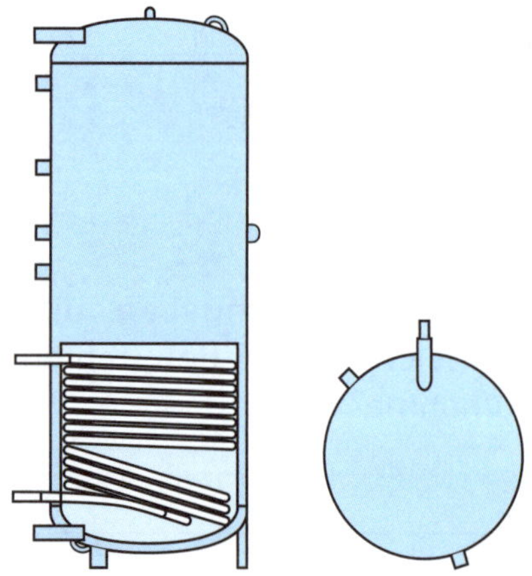

Speicherinhalt	l	745
Höhe mit Wärmeschutz	mm	1820
Durchmesser mit Wärmeschutz	mm	960
Durchmesser ohne Wärmeschutz	mm	790

Bild 3: Pufferspeicher mit Solar-Wärmetauscher

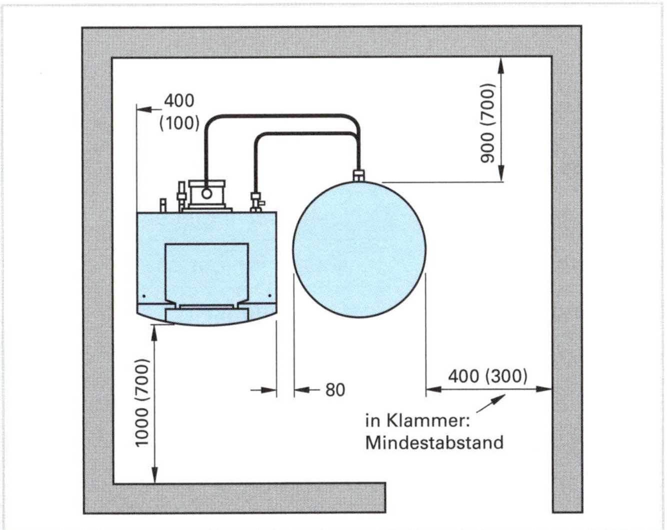

Bild 1: Mindestabstände

5 Kundengespräch

Ihr Chef ist gerade auf einer Baustelle, er hat Sie gebeten, im Büro Telefonate anzunehmen.
Jemand ruft an und sagt, er sei ein alter Kunde des Betriebs und habe ein Problem mit dem Wasserdruck seiner Dusche.
Schildern Sie eine mögliche Variante des Telefonats beginnend mit der Annahme des Gesprächs.

5.1 Begrüßung

5.2 Fragen an den Kunden

5.3 Welche Möglichkeiten nutzt ein fortschritlicher Betrieb, bei „guten" Kunden die Beratung zu erleichtern?

5.4 Fassen Sie die Kernpunkte des Gesprächs als Notiz zusammen.

5.5 Welches Problem könnte der Kunde mit der Trinkwasseranlage haben?

5.6 Der Kunde erteilt den Auftrag, das Problem zu beheben.
Welche Ersatzteile sollten Sie dabei haben, um eventuell die erforderliche Reparatur sofort durchführen zu können?

5.7 Während der Arbeit diskutiert der Kunde mit Ihnen über die Höhe der zu erwartenden Kosten.
Er habe es schon erlebt, dass die Ersatzteile nicht sehr teuer wären, die Rechnung aber oft hoch ausfallen würde.
Schildern Sie ihm die Grundzüge, wie sich die Rechnungssumme bei diesem Beispiel zusammensetzen könnte.

4 Technische Systeme instand halten
Service and maintenance of technical systems

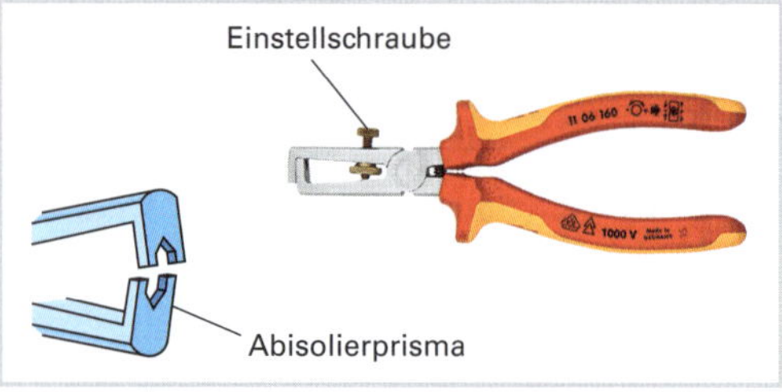

I Arbeitsplanung // Work planning

1	**Werkzeuge und Geräte**	Tools and equipment
2	**Elektrotechnik**	Electrical engineering
3	**Darstellungen**	Illustration basics
4	**Berechnungen**	Calculations

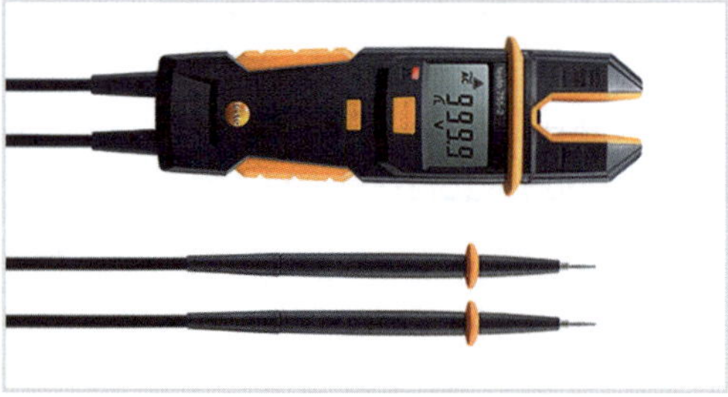

II Systemanalyse und Instandhaltung // System analysis and maintenance

1	**Elektrogeräte, Haustechnik**	Electric appliances, Domestic service engineering
2	**Inspektion, Wartung und Instandsetzung**	Inspection, Service and Repair

III Kundenauftrag // Customer order

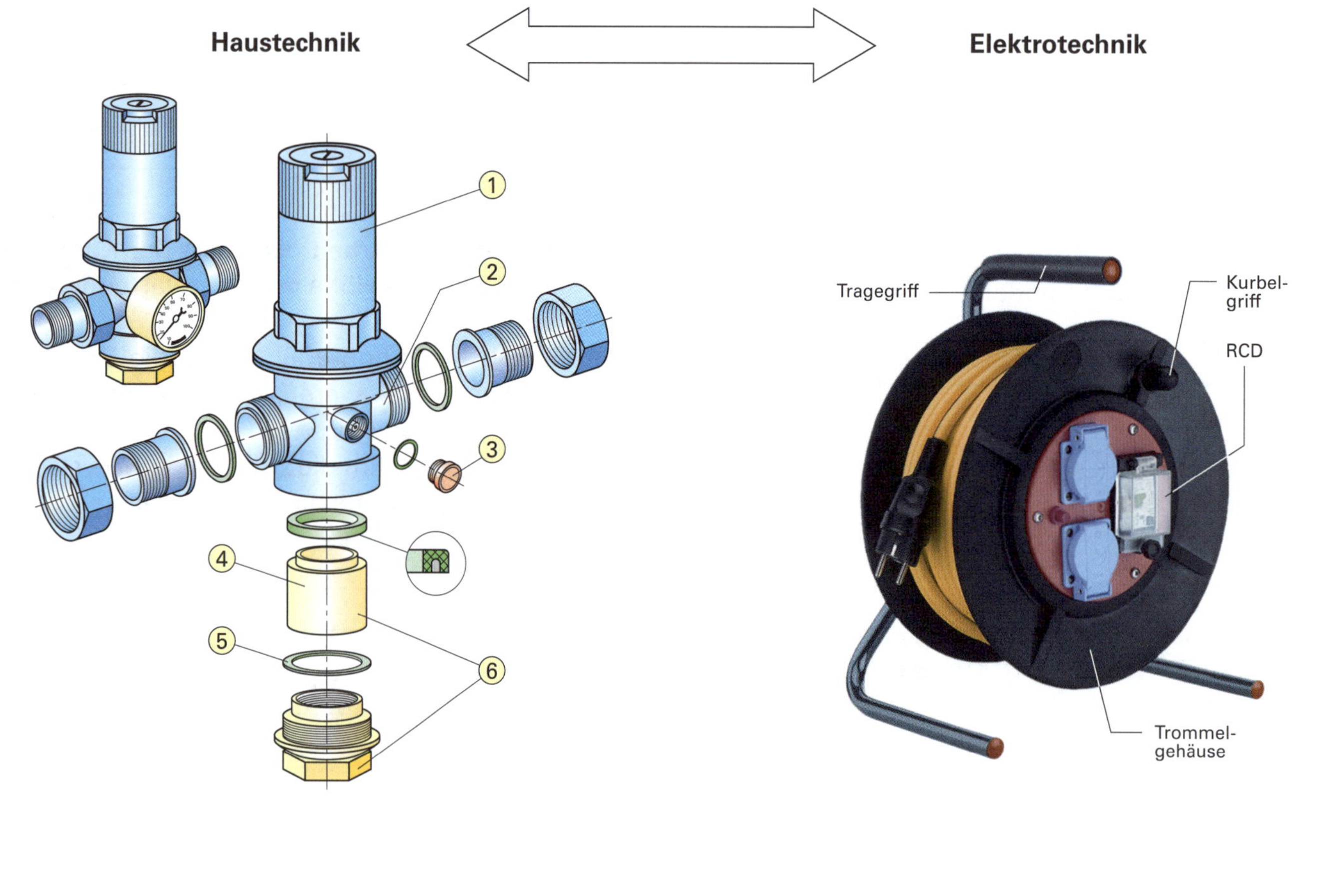

I Arbeitsplanung

1 Werkzeuge und Geräte

1.1 Viele Werkzeuge und Maschinen des SHK-Handwerks müssen gewartet werden. Nennen Sie mögliche Defekte der jeweiligen Werkzeuge und erforderliche Maßnahmen.

Hammer: ______________________

____

Meißel: ______________________

____

Feile: ______________________

____

1.2 Sie entnehmen der Transportkiste eine Bohrmaschine und sehen, dass die elektrische Anschlussleitung kurz nach dem Stecker geknickt, die Adern sichtbar und die Gummitülle am Gerätegriff eingerissen sind.

a) Wie verhalten Sie sich?

____

____

b) Die Maschine ist Schutzklasse II. Woran erkennen Sie die fachgerechte Reparatur der Anschlussleitung?

____

____

1.3 Sie müssen eine Autogen-Schweißanlage aufbauen. Zusammen mit Ihrem Arbeitskollegen tragen Sie die 50-Liter-Flaschen in das Gebäude.

a) Beschreiben Sie die fachgerechte Inbetriebnahme.

____

____

____

____

____

____

____

____

____

____

____

b) Welche Sachverhalte sollten Sie aus Sicherheitsgründen stets kontrollieren?

____

____

____

____

____

____

____

1.4 Beim Biegen von Kupferrohr sehen Sie, dass die Bögen nicht zufriedenstellend ausfallen. Sie sehen, dass am Biegegerät der rote Andrückschuh aus Kunststoff stark abgenutzt ist.

a) Welche Ursachen könnte dies haben?

____

____

b) Welche Reparatur wäre erforderlich?

____

____

1.5 Beim Trennen mit dem Rohrabschneider verläuft das Schneidrädchen zur Seite. Welche Ursache hat dies in der Regel?

____

____

1.6 Ihnen fällt auf, dass mit der Wasserwaage angezeichnete senkrechte Linien von der Senkrechten abweichen. Sie haben den Verdacht, dass die Wasserwaage einen Fehler habe. Wie prüfen Sie deren Genauigkeit?

____

____

____

1.7 Sie holen aus dem Baustellenfahrzeug einen Winkelschleifer mit einer Trennscheibe. Dabei sehen Sie, dass diese schon stark abgenutzt ist. Welche Maßnahmen ergreifen Sie?

____

____

____

____

____

____

2 Elektrotechnik

2.1 Nennen Sie den grundsätzlichen Unterschied zwischen elektrischen Leitungen und Kabeln.

____

____

2.2 Mit welchen Farben werden folgende Adern gekennzeichnet:

L ______________________________

N ______________________________

PE ______________________________

2.3 Sie verlegen eine Mantelleitung NYM.

a) Beschreiben Sie deren Aufbau.

____

____

b) Für welche Anwendungen sind diese Leitungen zugelassen?

____

____

2.4 Sie schließen eine Umwälzpumpe mit einer Leistung von 80 Watt an die Kesselregelung an. Welche Leitung wählen Sie aus?

____

____

____

2.5 Welche Grundsätze gelten für die Verlegung elektrischer Leitungen?

____

____

____

____

____

____

____

2.6 Eine Leitung H05VV-F 3G1,5 soll im Heizraum auf Putz verlegt werden. Welche Verlegarten sind hier üblich?

____

____

____

____

____

____

2.7 Welche Mindestbiegeradien gelten für Leitungen bei fester Verlegung bei einem Außendurchmesser von bis 8 mm und von 8 mm bis 12 mm?

____

____

2.8 Welcher Abstand ist bei der Leitungsbefestigung mit Schellen nicht zu überschreiten?

____

2.9 Beschreiben Sie das Herstellen einer Crimpverbindung.

____

____

____

____

2.10 Weshalb werden die Enden von mehrdrahtigen Leitern mit Adernendhülsen verschlossen?

____

____

____

____

2.11 Beschreiben Sie die wichtigsten Punkte des fachgerechten Anschlusses eines Schukosteckers.

____

____

____

____

____

____

____

2.12 Unterscheiden Sie die Schutzbereiche 0, 1 und 2 in einem Badezimmer.

____

____

____

____

____

2.13 Ein Heizungsnotschalter ist mit IP 44 gekennzeichnet. Erläutern Sie diesen Schutzgrad.

____

____

____

3 Darstellungen

3.1 Benennen Sie die Symbole und Kennzeichnungen dieses Übersichtsschaltplans **(Bild 1)**.

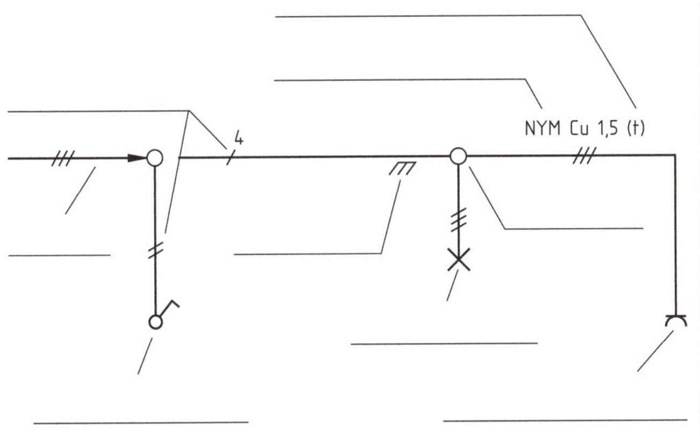

Bild 1: Übersichtsschaltplan

3.2 Ergänzen Sie die Schaltzeichen und Kennzeichnungen.

Leitung unter Putz	
Leitung mit 2 Leitern	
Schutzleiter PE	
Neutralleiter N	
Ausschalter, zweipolig	
Taster	
Einfachsteckdose mit Schutzkontakt	
Steckdose 3-fach	
Rasiersteckdose	
Leuchte, allgemein	
Warmwasserspeicher	
Waschmaschine	
Wäschetrockner	
Geschirrspülmaschine	

3.3 Was bedeuten die abgebildeten Schaltzeichen für Stromlaufpläne?

	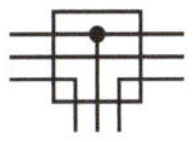
	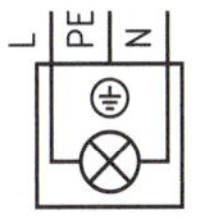
	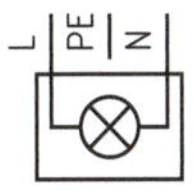
	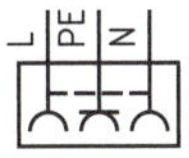

3.4 Eine Leuchte soll mit einem Schalter ein- und ausgeschaltet werden.

a) Zeichnen Sie einen Übersichtsschaltplan beginnend mit der Zuleitung zur Verteilerdose.

b) Ergänzen Sie den Stromlaufplan in zusammenhängender Darstellung.

3.5 Beschreiben Sie die Funktion dieser Schaltung **(Bild 1)**.

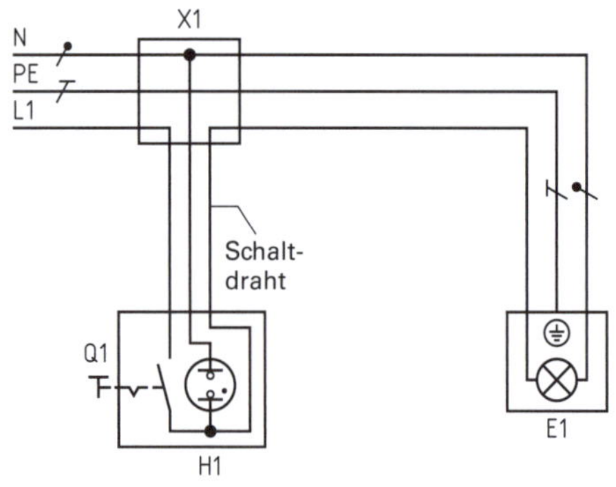

Bild 1: Stromlaufplan

3.6 Ergänzen Sie den Stromlaufplan einer Badinstallation **(Bild 2)**.
Sie erhält einen beleuchteten Schalter für die Beleuchtung. Diese besteht aus 10 Stück 12 V-Decken-Einbaustrahlern, von denen vereinfacht nur einer gezeichnet ist.
Im Badezimmer ist eine zweite Verteilerdose, an sie ist der Spiegelschrank anzuschließen.
Dieser enthält eine Verteilerdose mit angeschlossener Steckdose, Schalter und Leuchte.
Zeichnen Sie ebenfalls den Stromlaufplan, so dass die Steckdose stets Spannung führt.

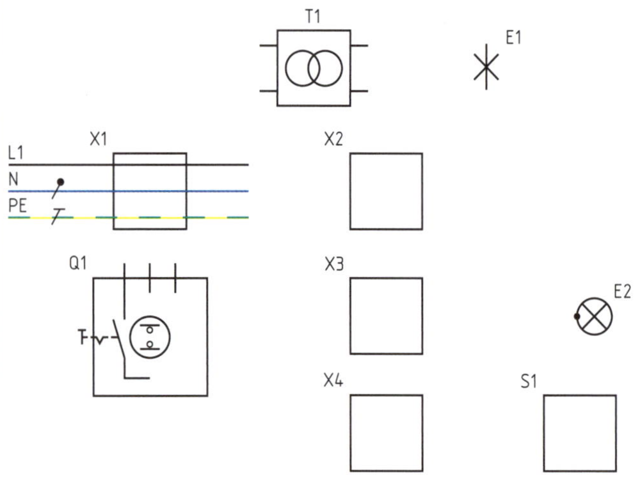

Bild 2: Stromlaufplan Badinstallation

4 Berechnungen

4.1 Ein Heizwiderstand hat einen Widerstandswert von 80 Ω. Die Spannung beträgt 230 V. Wie groß ist der Strom?

4.2 Welche Leistung hat die Heizwendel eines Trinkwasserwärmers bei 230 V, wenn der gemessene Strom 4,35 A beträgt?

4.3 Welcher Strom fließt im Heizstab eines E-Speicher-Wassererwärmers mit 3 kW Leistung bei einer Spannung von 230 V?

4.4 Die Leistung eines E-Speicher-Wassererwärmers beträgt bei 230 V 2 kW. Bestimmen Sie den Strom und den Widerstand des Heizstabes.

4.5 In einem Bad sind an einem Stromkreis (230 V) die Beleuchtung mit 120 W und der Badheizkörper mit der elektrischen Zusatzheizung von 800 W angeschlossen. Der Kunde nutzt manchmal zusätzlich einen Heizlüfter mit 2 kW. Er behauptet, seit die Zusatzheizung eingebaut sei, würde die Sicherung auslösen, früher gab es keine Probleme.
Das Bad ist mit 10 A abgesichert.
Berechnen Sie die erforderliche Absicherung und erläutern Sie dieses Problem.

4.6 Eine 16-A-Sicherung schützt einen Stromkreis mit der Spannung von 230 V. Für welche Leistung ist sie geeignet?

4.7 Ein Trinkwassererwärmer mit einer Leistung von 6 kW wird mit 3 × 230 V betrieben. Welche Absicherung ist erforderlich?

4.8 Zwei Heizwiderstände für 230 V haben eine Leistung von 1,5 kW und 3,2 kW. Sie sind in Reihe geschaltet.

a) Welcher Strom fließt bei 230 V?

b) Welche Teilspannungen liegen an den Heizwiderständen an?

c) Welche Leistung ergibt sich aus der Reihenschaltung?

4.9 Welcher Strom fließt in den Außenleitern eines Durchfluss-Wassererwärmers mit drei gleichen Heizwiderständen bei 27 kW Leistung und 400 V Dreiphasenwechselspannung?

4.10 Bei einer Umwälzpumpe wird bei 230 V ein Strom von 0,31 A gemessen. Der Leistungsfaktor ist 0,85. Wie groß ist die Wirkleistung der Pumpe?

II Systemanalyse und Instandhaltung

1 Elektrogeräte, Haustechnik

1.1 Sie nehmen auf der Baustelle eine Kabeltrommel in Betrieb **(Bild 1).**

a) Welche besondere Schutzeinrichtung besitzt sie?

b) Beschreiben Sie den fachgerechten Umgang mit ihr.

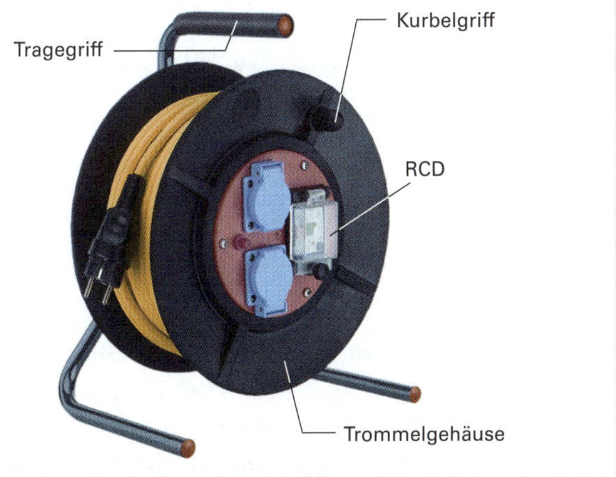

Bild 1: Kabeltrommel

1.2 Sie arbeiten mit einem Winkelschleifer **(Bild 2).** Erläutern Sie folgende Angaben auf dem Typenschild:

230 V

50 Hz

3,3 A

710 W

Bild 2: Winkelschleifer

1.3 Nach Fertigstellung der Heizungsanlage und Übergabe an den Kunden moniert dieser Fehler, deren Ursache Sie finden und eventuell zusammen mit der E-Fachkraft beheben müssen.

a) Warum geht, wenn man das Licht im Heizraum ausschaltet, auch der Heizkessel auf Störung?

b) Im Heizraum ist zum Schutz vor Abwasserrückstau eine Kellerentwässerungspumpe eingebaut. Als die Familie im Sommerurlaub war, stand der Heizraum unter Wasser. Welche Ursachen könnten hier vorliegen?

c) Der Kunde äußert den Verdacht, dass die Vorlauftemperatur der Heizung nicht auf den Verlauf der Außentemperatur abgestimmt ist. Beschreiben Sie Schritte, dies zu überprüfen.

d) Bei der Übergabe sehen Sie im Heizkeller, dass die Leitungen der Heizung aus Kupferrohr an den Potenzialausgleich angeschlossen sind, die PW-Leitungen aus Verbundrohr aber nicht. Liegt hier ein Fehler vor? Begründen Sie dies.

2 Inspektion, Wartung und Instandsetzung

2.1 Sie sehen im Hausanschluss eines Kunden das nach dem Wasserzähler eingebaute KFR-Ventil und sollen es überprüfen.

a) Wie erkennen Sie, dass das Ventil defekt ist?

b) Sie stellen fest, dass eine Reparatur nötig ist. Welche Möglichkeiten schlagen Sie vor?

2.2 Ein stark verschmutzter Tassenfilter ist zu warten. Durch die Filtertasse sehen Sie überall braune Ablagerungen.

a) Warum ist eine Wartung unbedingt regelmäßig vorzunehmen?

b) Welche Angaben benötigen Sie, um die passende Filtertasse zur Hand zu haben?

c) Welche besonderen Hygienemaßnahmen sind zu ergreifen?

d) Sie erkennen, dass es sinnvoll wäre, den Filter zu erneuern. Begründen Sie dem Kunden diese Notwendigkeit.

2.3 Der Kunde besitzt eine Anlage zur Regenwassernutzung. Die Zisterne befindet sich außerhalb des Gebäudes. Im Hausanschlussraum sehen Sie die folgenden Leitungen, Armaturen und Geräte **(Bild 1)**.

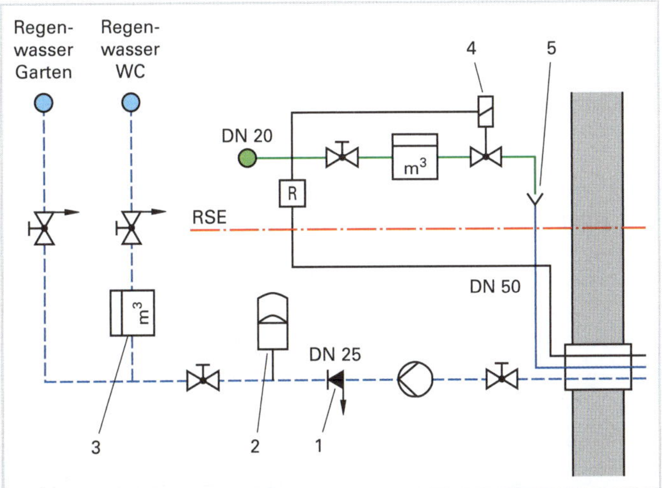

Bild 1: Regenwasser-Nutzungsanlage

a) Bezeichnen Sie die Bauteile 1 bis 5.

b) Wozu dient Bauteil 2?

c) Warum forderten hier z. B. die Stadtwerke den Einbau von Bauteil 3?

III Kundenauftrag

1 Heizungsnotschalter

Sie sollen das Schaltfeld eines bodenstehenden Heizkessels an eine dafür vorgesehene Verteilerdose anschließen. Der Heizungsnotschalter und seine Anbindung an die Dose wurden vom Elektroinstallateur für Sie vorbereitet.
Im Heizraum erfolgt die Verlegung auf Putz. Der Kunde wünscht eine „schöne" Verlegung der Leitungen.

1.1 Welche Verlegungsart würden Sie vorschlagen?

1.2 Wie erkennen Sie in der Verteilerdose die für den Heizkessel vorgesehenen Leitungsanschlüsse?

1.3 Geben Sie die Bezeichnung der von Ihnen gewählten Leitungsart an.

1.4 Welche Sicherheitsmaßnahmen ergreifen Sie vor den Arbeiten an den elektrischen Leitungen?

1.5 Welche Überprüfungen der elektrischen Arbeiten sind hier vorzunehmen?

1.6 Sie empfehlen dem Kunden, dass es sinnvoll wäre, eine zusätzliche Doppelsteckdose neben dem Heizkessel montieren zu lassen, um bei Wartungsarbeiten Handlampe und Staubsauger einstecken zu können. Weshalb sollte diese Arbeit eine E-Fachkraft ausführen?

2 Reinigung Ölheizkessel

Sie sollen zusammen mit einem Gesellen Ihres Ausbildungsbetriebs die Reinigung des Ölheizkessels in einem Einfamilienhaus durchführen.

2.1 Welche Werkzeuge, Geräte und Hilfsmittel sollten zur Kesselreinigung bereitgestellt werden?

2.2 Der Kunde verstrickt Sie in ein Gespräch über die Notwendigkeit der Kesselreinigung. Zählen Sie ihm die wichtigsten Kriterien dieser Wartungsarbeit auf.

2.3 Wie oft sollte die Kesselreinigung erfolgen?

2.4 Zählen Sie die Arbeitsschritte der Heizkesselreinigung mit der Reinigungsbürste auf.

2.5 Oftmals wird zusätzlich eine Sprühreinigung vorgenommen. Welche besonderen Aufgaben hat dieser Spezialreiniger?

2.6 Beschreiben Sie die Anwendung z. B. des Reinigers aus der Sprühdose.

2.7 Aus welchen Gründen sollte ein Wartungsvertrag abgeschlossen werden?

2.8 Welche Leistungen werden bei Wartungsverträgen mit dem Pauschalpreis abgegolten?

2.9 Welche Kosten hat der Kunde in der Regel zusätzlich zu zahlen?

3 Reparatur eines Absperrventils

Ein Kunde wünscht die Reparatur des Absperrventils seiner Gartenleitung. Er gibt an, dass es sehr schwergängig wäre und nicht mehr richtig schließe.

3.1 Welche Fragen stellen Sie ihm am Telefon, um die Reparatur möglichst schnell vornehmen zu können?

3.2 Welche Werkzeuge und Ersatzteile sollten Sie mindestens zusammenstellen oder im Fahrzeug bereithalten?

3.3 Sie fahren zum Kunden und besichtigen die Anlage. Dabei sehen Sie, dass hier jahrelang keine Wartung vorgenommen wurde. Die Ventile haben steigende Spindeln, die teilweise mit Ablagerungen verkrustet sind.
Welche Maßnahmen sollten Sie durchführen, bevor Sie die Ventile schließen?

3.4 Sie möchten zunächst nur das Absperrventil der Gartenleitung reparieren. Zählen Sie die Arbeitsschritte vor dem Öffnen des Ventils in der richtigen Reihenfolge auf.

3.5 Danach drehen Sie das Oberteil des Gartenstrang-Absperrventils ab. Welches Werkzeug benutzen Sie dazu?

3.6 Schildern Sie kurz eine Möglichkeit der Reparatur.

3.7 Welche Bauteile der Trinkwasseranlage müssen Sie hier bei einer fachgerechten Arbeit zusätzlich inspizieren?

3.8 Wie argumentieren Sie, wenn der Kunde sagt, es sei zu teuer, er mache die Arbeit selbst, obwohl jahrelang nichts gemacht wurde?

3.9 Sie sehen einen Rückspülfilter, dessen Ablaufstutzen wasserdicht mit einem Stück Wasserschlauch in ein Loch im Deckel des Abwasser-Revisionsstücks eingedichtet wurde.
Welche Arbeiten müssen vorgenommen werden? Begründen Sie dies.

3.10 Der Druckminderer ist vor dem Filter eingebaut. Welche Änderung wäre erforderlich?

4 Sanitärinstallation in einem Einfamilienhaus

Die Sanitärinstallation in einem Einfamilienhaus wurde mit einem Strangschema dargestellt **(Bild 1).** Man kann somit die Leitungsführung, benötigte Armaturen und SHK-Einrichtungen erkennen.

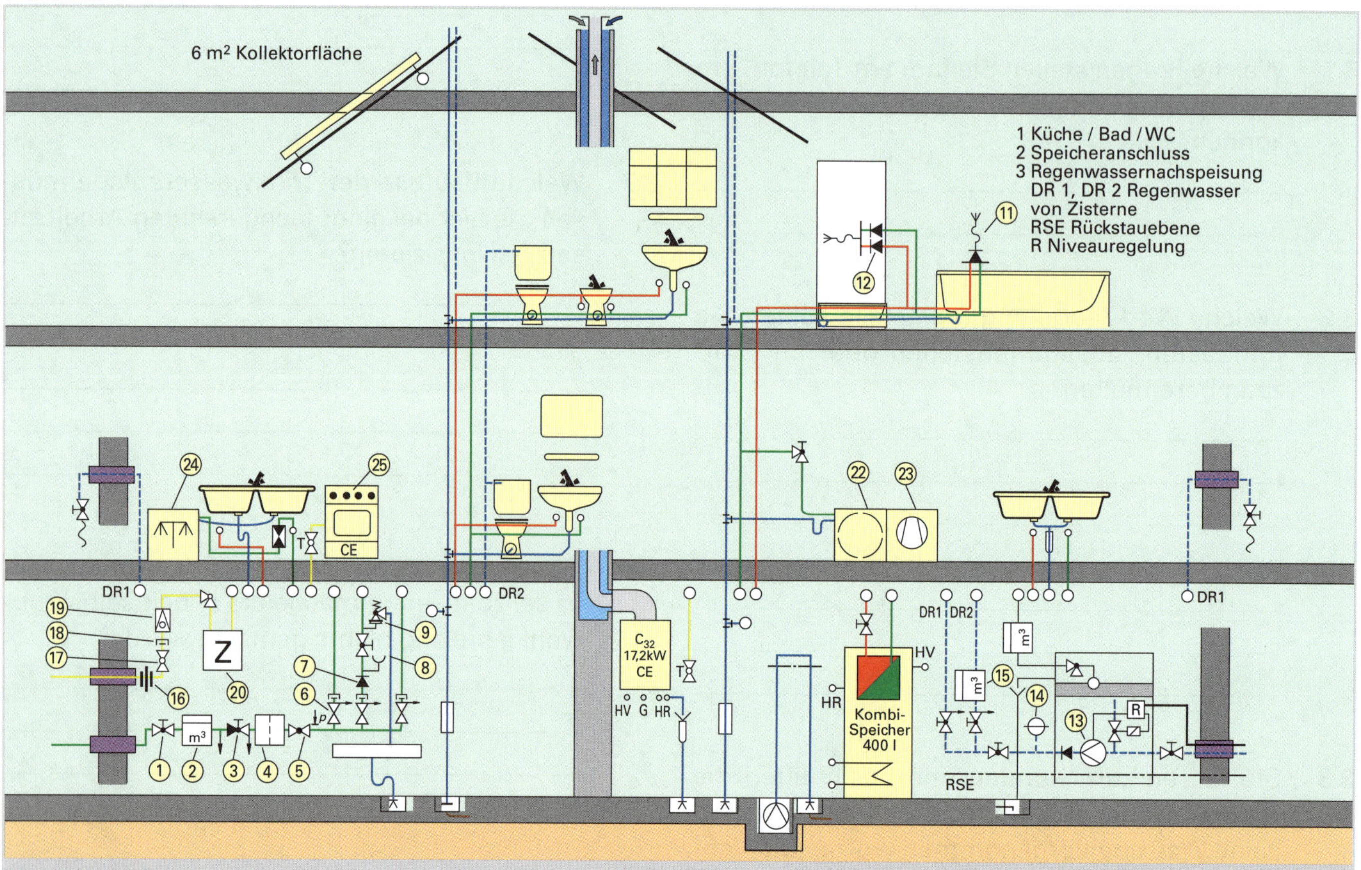

Bild 1: Strangschema EFH

4.1 Welche der Armaturen von der Hauseinführung bis zum Trinkwasserverteiler sind inspektions- oder wartungspflichtig? Ergänzen Sie die vor geschriebenen Inspektions- und Wartungsintervalle.

____

____

____

____

____

4.2 Welche Aufgabe hat Bauteil 9?

____

4.3 Sie müssen Bauteil 9 wechseln. Dazu müssen Sie zum Großhandel fahren und ein neues Teil auswählen. Welche Angaben sind zu beachten?

____

____

____

4.4 Sie sehen, dass in die Bodenplatte eine Schmutzwasserpumpe eingebaut ist. Weshalb würden Sie dem Kunden einen Wartungsvertrag empfehlen?

____

____

____

____

4.5 Der Kunde möchte die Wartung jedoch aus Kostengründen selbst durchführen. Welche Angaben müssen Sie ihm in einer „Dokumentation" zusammenstellen?

____

____

____

____

____

____

____

5 Installation eines Kleinlüfters

Sie helfen Ihrem Gesellen bei der Installation eines Kleinlüfters für die Lüftung eines innen liegenden WC-Raums in einem Mehrfamilienhaus. Der Elektroinstallateur hatte Ihnen erklärt, er setze einen Schalter für den Ventilator und die Deckenbeleuchtung, danach verlege er eine Leitung zu einer oben angeordneten Dose. Wir könnten dann nach der Fertigstellung der Vorwandkonstruktion den Ventilator anschließen.
Eingebaut werden soll ein geräuscharmer Kleinlüfter **(Bild 1)**.

Bild 1: Kleinraumventilator

5.1 Welche Beschränkungen gelten für Sie als Anlagenmechaniker SHK für die Ausführung von Elektroarbeiten?

5.2 Sie finden im Herstellerkatalog verschiedene Ausführungen:
- Lüfter ohne zusätzliche Steuerung,
- Lüfter mit eingebautem Nachlaufrelais und
- Lüfter mit Feuchtesteuerung.

Welche Ausführung würden Sie empfehlen?

5.3 Erklären Sie die Angabe IP X4.

5.4 Dem Firmenprospekt entnehmen Sie die Angabe: „Schalldruckpegel 26 dB(A)". Erläutern Sie dies.

5.5 Die Leitung von der Anschlussdose zum Ventilator wird in der Vorwand verlegt. Welche Leitungsart mit wie vielen Adern wählen Sie aus?

5.6 Zeichnen Sie einen Stromlaufplan in zusammenhängender Darstellung, beginnend mit der Dose zum Anschluss des Ventilators.

5.7 Wie finden Sie den entsprechenden Außenleiter für den Ventilatoranschluss in der Dose?

5.8 Welche Sicherheitsprüfungen müssen Sie durchführen, um die fachgerechte elektrische Installation dieser Anlage zu gewährleisten?

5.9 Mit welchen jährlichen Stromkosten ist zu rechnen, wenn der Ventilator im Durchschnitt täglich zwei Stunden im Betrieb ist? Die Leistungsaufnahme beträgt 8 W. Nehmen Sie den aktuellen Strompreis an.

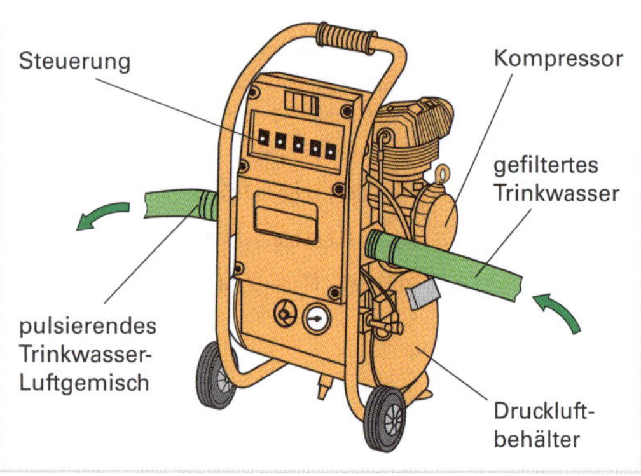

I Arbeitsplanung // Work planning

1	**Technologie, Grundlagen**	Technology, basics
2	**Wasserzählanlage, Verbrauchsleitungen**	Water metering system, supply pipelines
3	**Sicherung gegen Rücksaugen, Rückfließen und Rückdrücken von Nichttrinkwasser**	Protection against backdraw, backflow and backpressure of non drinking water
4	**Trinkwassernachbehandlung**	Secondary drinking water treatment
5	**Pumpen in Trinkwasseranlagen**	Pumps in drinking water systems
6	**Inbetriebnahme**	Set up and start of operation
7	**Darstellungen** – **Teilzeichnungen** – **Leitungs- und Strangschemata**	Illustrations – Part drawings – Pipe and string diagrams
8	**Berechnungen** – **Druck in Flüssigkeiten** – **Volumenstrom, Fließgeschwindigkeit, Nennweiten** – **Druckverluste in Wasserleitungen** – **Pumpenberechnungen**	Calculations – Pressure in liquids – Volume flow, flow rate, – nominal diameters – Pressure losses in water pipes – Pump calculations

II Systemanalyse und Instandhaltung // System analysis and maintenance

1	**Technologie**	Technology

III Kundenauftrag // Customer order

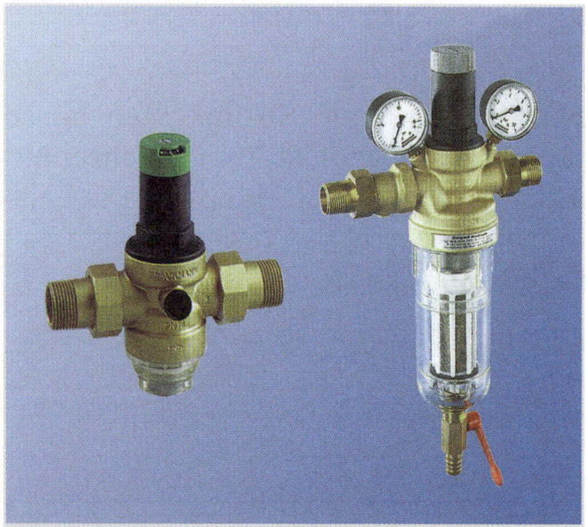

Druckminderer und Armaturenkombination

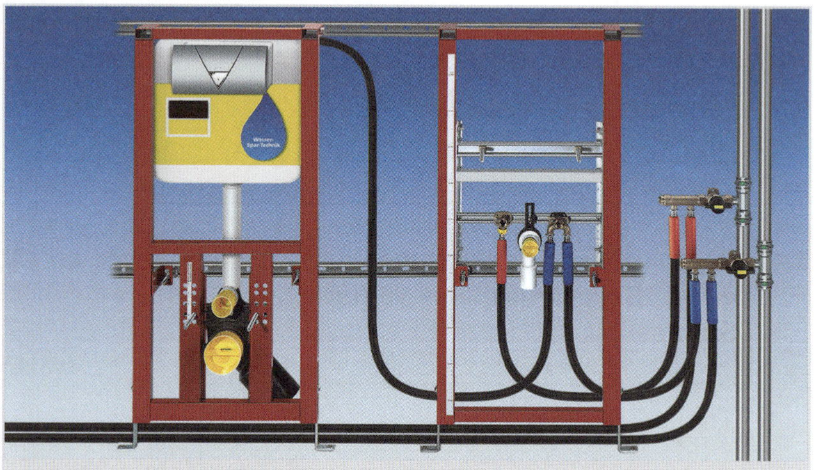

Vorwandinstallation mit Stockwerksverteiler

I Arbeitsplanung

1 Technologie, Grundlagen

1.1 Nennen Sie vier physikalische Eigenschaften des Wassers, die bei der Planung von Trinkwasser- und Trinkwarmwasserleitungen zu beachten sind.

1.2 Wie ändert sich die Dichte von Wasser bei Temperaturänderung und welche Folgen ergeben sich daraus?

1.3 Was versteht man unter dem hydrostatischen Druck in wassergefüllten Anlagen?

1.4 Erklären Sie die Begriffe „Ruhedruck" und „Fließdruck" bei geschlossenen Rohrsystemen.

1.5 Aus welchen Teildrücken setzt sich der „Gesamtförderdruck" einer Pumpe bei Trinkwasseranlagen zusammen?

1.6 Nennen Sie zwei chemische Eigenschaften von Wasser.

1.7 Welche wesentlichen Anforderungen (6) stellt DIN 2000 an Trinkwasser und an welcher Stelle ist diese Qualität nach der Trinkwasserverordnung zu gewährleisten?

1.8 Welchen pH-Wert darf Trinkwasser haben?

1.9 Was drückt der pH-Wert aus und wie kann er gemessen werden?

1.10 Welche Rohrwerkstoffe empfehlen Sie für die PWC- und PWH-Leitungen, wenn das WVU einen pH-Wert von 6,96 angibt? Geben Sie vier mögliche Werkstoffe und die jeweiligen gebräuchlichen Verbindungstechniken an.

1.11 Was bezeichnet man als Wasserhärte und welche Härtebildner unterscheidet man?

1.12 Wie lässt sich die Härte des Wassers ermitteln?

2 Wasserzählanlage, Verbrauchsleitungen

2.1 Erklären Sie stichwortartig das unterschiedliche Schließverhalten von Absperrventilen, -schiebern, -hähnen und -klappen.

2.2 Welcher Rohrwerkstoff ist für die Erdverlegung besonders geeignet? Begründen Sie Ihre Auswahl.

2.3 Worauf ist bei der Verlegung von Trinkwasserleitungen im Erdreich zu achten?

2.4 Welche Feinfilter unterscheidet man? Nennen Sie deren Vor- und Nachteile (Vorgabe **Tabelle 1**).

Tabelle 1: Beurteilung von Feinfiltern

Feinfilter	Vorteile	Nachteile

2.5 Erklären Sie Ihrem Kunden, welche Rohrart die Vorteile von Metall- und von Kunststoffrohren verbindet. Wie kann dieses Rohr unlösbar und wie lösbar verbunden werden?

2.6 Nennen Sie drei metallische und drei nicht metallische Rohrwerkstoffe und ordnen Sie die jeweiligen Regelverbindungen zu (Vorgabe **Tabelle 2**).

Tabelle 2: Rohrwerkstoffe und Verbindungstechniken

Rohrart	Verbindungstechniken

3 Sicherung gegen Rücksaugen, Rückfließen und Rückdrücken von Nichttrinkwasser

3.1 Erklären Sie Ihrem Kunden, wie es zu Rücksaugen von Nichttrinkwasser in Trinkwasseranlagen kommen kann. Beraten Sie ihn, wie seine Trinkwasseranlage gegen Rücksaugen und Rückfließen zu schützen ist.

3.2 Wie kann es zu Rückfließen und Rückdrücken von Nichttrinkwasser in Trinkwasseranlagen kommen?

3.3 Weshalb müssen Trinkwasserleitungen gespült werden, wenn sie längere Zeit unbenutzt waren?

3.4 Nennen Sie zwei Trinkwasser-Entnahmestellen in Haushalten, die der Gefahrenklasse 5 bzw. Flüssigkeitskategorie 5 entsprechen. Nennen Sie Sicherungsmaßnahmen, die bei diesen verwendet werden können.

3.5 Wie müssen Füllleitungen von geschlossenen Warmwasserheizungen gegen Rückfließen und Rückdrücken gesichert werden?

3.6 Wodurch unterscheidet sich ein freier Auslauf AA von einem freien Auslauf AF (DIN EN 1717)?

3.7 Welche Trinkwassergefährdungsstufe lässt sich durch eine Sicherungskombination (DIN 1988) bzw. Rohrbelüfter, kombiniert mit einem Rückflussverhinderer (DIN EN 1717), sichern?

3.8 Wie lassen sich Schlauchbrausen bei Küchenspülen sowie bei Bade- und Duschwannen gegen Rückfließen und Rücksaugen absichern?

3.9 Wie unterscheiden sich Maßnahmen zur Einzelsicherung von den Maßnahmen zur Sammelsicherung von Trinkwasseranlagen gegen Rücksaugen und Rückfließen von Nichttrinkwasser?

4 Trinkwassernachbehandlung

4.1 Welchen Sachverhalt bezeichnet man bei hartem Trinkwasser als Kalk-Kohlensäure-Gleichgewicht?

4.2 Welche Aufgabe sollen Kontrollstücke in Trinkwasserleitungen erfüllen?

4.3 Welche beiden Möglichkeiten der chemischen Trinkwasser-Nachbehandlung finden in PWC- und PWH-Anlagen Anwendung? Nennen Sie die beiden Arten und beschreiben Sie stichwortartig deren Wirkung.

4.4 Enthärtetes Wasser kann in Metallrohrleitungen verstärkte Korrosion hervorrufen. Erklären Sie diese Ursache.

5 Pumpen in Trinkwasseranlagen

5.1 Wie hoch ist die maximale theoretische Saughöhe einer Pumpe bei der Förderung von Wasser? Begründen Sie das angegebene Höhenmaß und erklären Sie, weshalb diese Höhe in der praktischen Anwendung nicht erreicht wird.

5.2 Benennen Sie die Bauteile ① bis ③ der Kreiselpumpen **(Bild 1)**.

① ______

② ______

③ ______

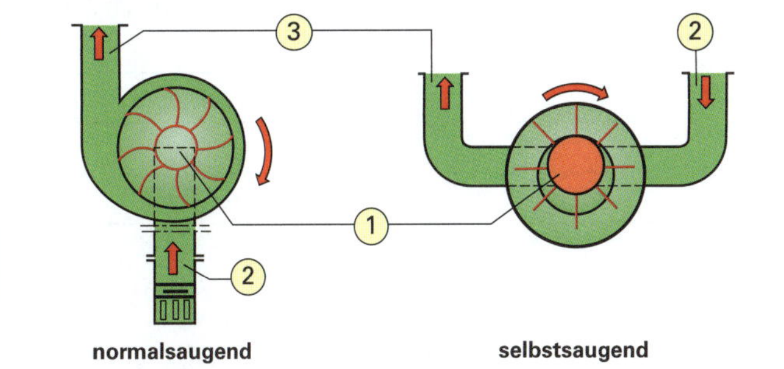

Bild 1: Kreiselpumpen

5.3 Erklären Sie die Funktion der normal ansaugenden, einstufigen Kreiselpumpe.

5.4 Welche Arten von Kreiselpumpen unterscheidet man im Bereich der Anlagenmechaniker S-H-K?

5.5 Welche Aufgaben haben bei einer Druckerhöhungsanlage Sicherheitsventil, Membranausdehnungsgefäß und Rückflussverhinderer?

5.6 Welche Kreiselpumpen können bei Druckerhöhungsanlagen erforderliche Drücke von z. B. 20 bar erzeugen?

5.7 Welche Informationen liefert Ihnen das Pumpendiagramm des Herstellers **(Bild 1)**?

5.8 Überprüfen Sie anhand der abgebildeten Kennlinie, ob diese Pumpe geeignet ist, wenn ein Förderstrom von 3,5 m^3/h und ein Förderdruck von 0,3 bar benötigt werden **(Bild 1)**.

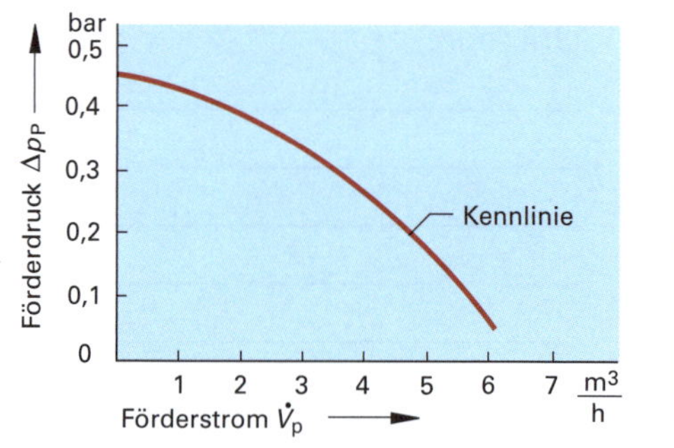

Bild 1: Kreiselpumpen-Kennlinie

5.9 a) Worauf ist bei der Montage von Förder- und Druckerhöhungspumpen zu achten?

b) Welche Sachverhalte sind bei der Montage von Zirkulationspumpen zu beachten?

6 Inbetriebnahme

6.1 Wodurch kann es zu Stagnation bei Trinkwasseranlagen kommen?

6.2 Welche Auswirkungen kann Stagnation bei Trinkwasseranlagen haben?

a) Hinsichtlich der Gesundheitsgefährdung:

___

___

b) Hinsichtlich der Trinkwasserqualität:

___

___

6.3 Welche Maßnahmen sollte man Kunden mit Einfamilienhäusern empfehlen bei Betriebspausen der Trinkwasseranlagen von: 1. $t > 3$ Tagen, 2. $t > 4$ Wochen, 3. $t > 6$ Monaten?

	Beginn der Pause	Ende der Pause
1		
2		
3		

7 Darstellungen

7.1 Nennen Sie fünf Punkte, die bei der Planung von Trinkwasseranlagen zu deren einwandfreier Funktion zu beachten sind.

___

___

___

___

___

7.2 Welche Schalldruckpegel in schutzbedürftigen Räumen für den Wohnbereich dürfen nicht überschritten werden?

___

___

___

___

7.3 Stellen Sie die normgerechten Sinnbilder folgender Armaturen dar: Absperrventile, (Durchgangs- und Eckform), Absperrhähne (Durchgangs- und Eckform), Absperrklappe, KFR-Ventil **(Bild 1)**.

AV-D	AV-E
AH-D	AH-E
AK	KFR-V

Bild 1: Sinnbilder von Armaturen

7.4 Zeichnen Sie die Sinnbilder folgender Armaturen für TW-Anlagen: ① Kolbenschieber, ② Sicherheitsventil (federbelastet, Eckform), ③ Sicherungsarmatur allgemein, ④ Druckspüler mit Rohrunterbrecher, ⑤ Spülkasten, ⑥ Dosiergerät **(Bild 1)**.

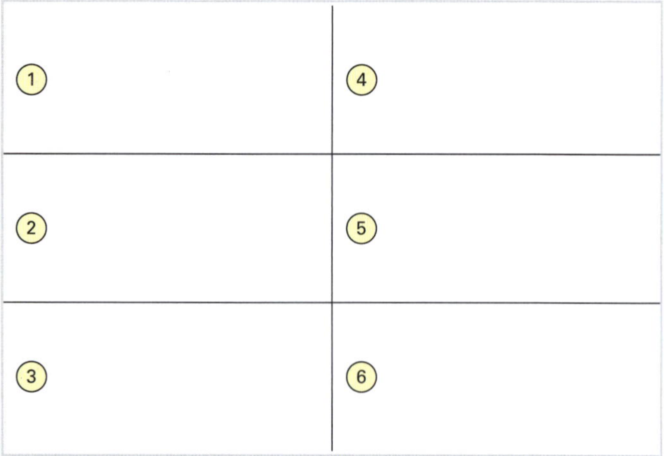

Bild 1: Armaturen, Apparate

– Teilzeichnungen

7.5 Zeichnen Sie in die vorgegebene Trinkwasserleitung in Fließrichtung folgende Armaturen und Bauteile ein: Absperrventil mit Entleerung, Rückflussverhinderer, Feinfilter, Enthärtungsanlage, Verteiler mit drei Abgängen. Nummerieren Sie die Bauteile in der Zeichnung und führen Sie detailliert die Armaturenteile an **(Bild 2)**.

____

____

____

____

Bild 2: Darstellung von Armaturen

7.6 Ergänzen Sie die Abbildung der Rohrleitungen 1 bis 3 in den Draufsichten und den Vorderansichten durch die zugehörige Seitenansicht **(Bild 3)**. Erstellen Sie auf einem Rasterblatt (30°-Isometrie) zu jeder der Darstellungen eine isometrische Darstellung mit Blickrichtung von vorn.

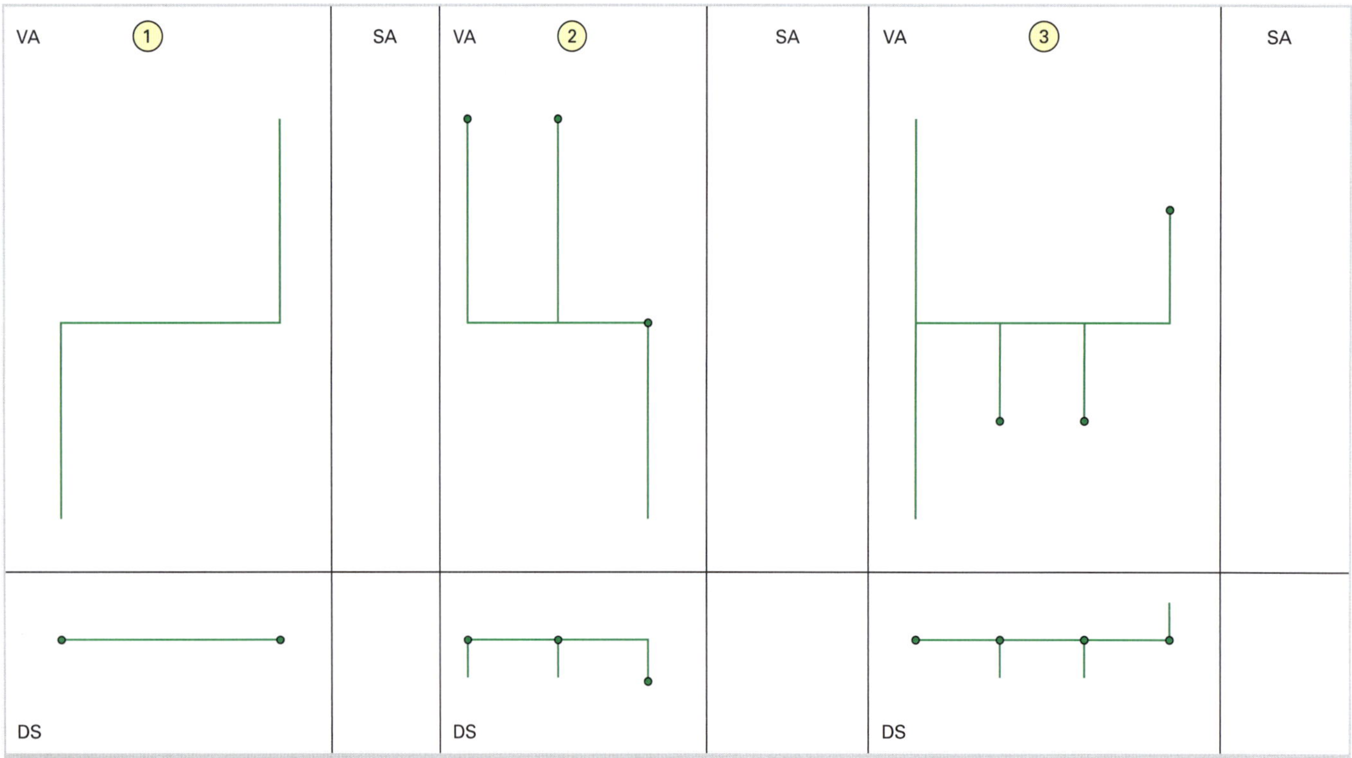

Bild 3: Darstellung von Rohrleitungen

– Leitungs- und Strangschemata

7.7 Skizzieren Sie eine Wasserzählanlage mit Sinnbildern nach DIN 1988 und benennen Sie die Teile **(Bild 1)**.

① ____________ ④ ____________
② ____________ ⑤ ____________
③ ____________ ⑥ ____________

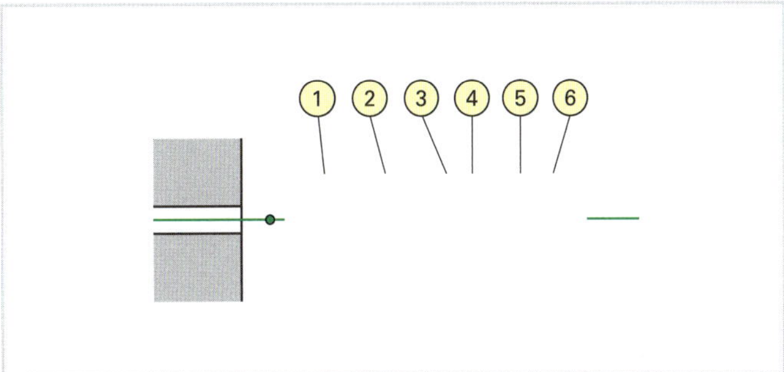

Bild 1: Wasserzählanlage

7.8 Skizzieren Sie die Trinkwasserleitung eines Einfamilienhauses bis zu dem Verteiler (Abgang I Garten, Abgang II Trinkwasser, Abgang III Trinkwassererwärmer), wenn der Mindestversorgungsdruck $p_{ü}$ = 5,7 bar beträgt und die Installation in Metallrohr erfolgen soll (Sinnbilder DIN 1988). Benennen Sie die Bauteile und begründen Sie deren Einbau **(Bild 2)**.

① ____________
② ____________
③ ____________
④ ____________
⑤ ____________
⑥ ____________
⑦ ____________
⑧ ____________

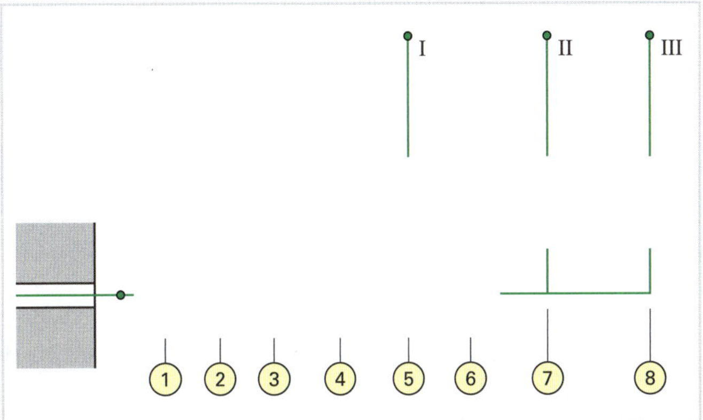

Bild 2: Verteileranlage

7.9 Skizzieren Sie den Wohnungsabgang von der Steigleitung einer Trinkwasseranlage mit UP-Absperrung und Wohnungszähler bei folgender Verlegung:

① Konventionelle T-Stück-Montage,
② mit Verteiler und Einzelzuleitungen,
③ mit Ringleitung und
④ mit Reihenzuleitung **(Bild 3)**.

7.10 Nennen Sie Vor- und Nachteile der jeweiligen Verlegungsart und geben Sie mögliche Rohrwerkstoffe an.

____
____
____
____
____
____
____

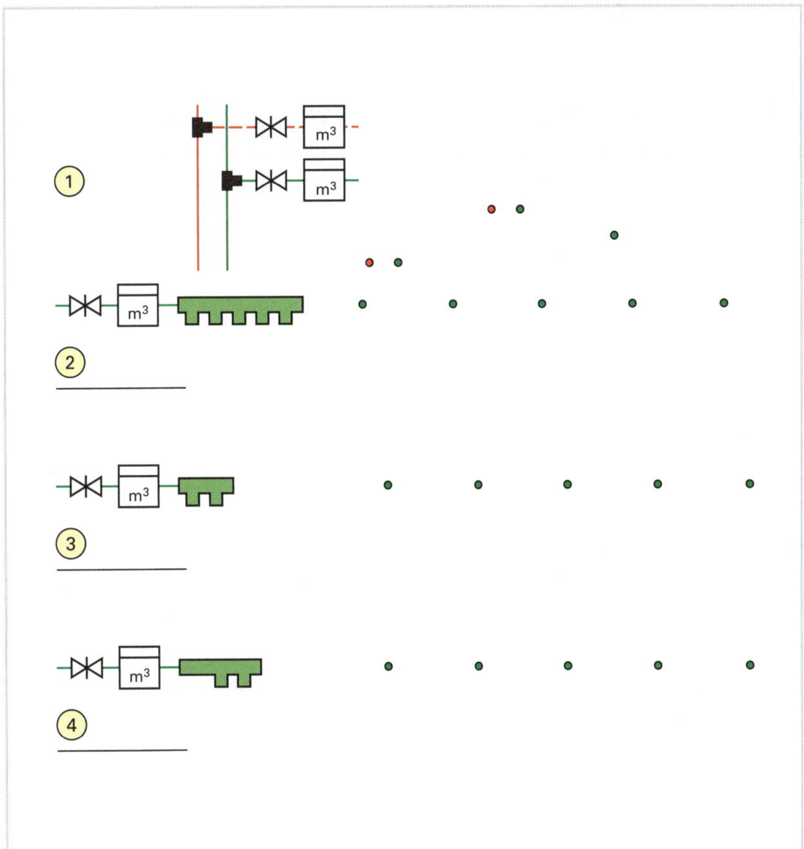

Bild 3: Verteilungsarten

8 Berechnungen

– Druck in Flüssigkeiten

8.1 Welche Druckkraft wirkt bei der Dichtheitsprüfung einer Trinkwasserleitung auf die Verschlusskappe einer Kupferrohrleitung Cu 35 × 1,5, wenn als Prüfdruck der 1,5-fache des zulässigen Betriebsüberdruckes von 10 bar verwendet wird?

8.2 Die Revisionsöffnung eines druckfesten Wasserspeichers hat einen lichten Durchmesser von 280 mm. Welche Kraft muss jede der sechs Schrauben des Verschlussdeckels maximal aufnehmen, wenn der Behälter durch ein Membransicherheitsventil mit p_e = 6,0 bar Öffnungsdruck gesichert ist?

8.3 Ein offener Behälter ist 1,50 m hoch mit Wasser gefüllt. Welcher Druck herrscht am Boden des Behälters? Welcher Druck würde herrschen, wenn der Behälter mit Heizöl EL (ϱ = 0,86 kg/dm^3) gefüllt wäre?

8.4 Welche Stellkraft wirkt auf den Hebelarm des Schwimmerventils, wenn die Schwimmerkugel mit einem Durchmesser von 140 mm eine Masse von 58 g hat und zur Hälfte in Wasser eingetaucht ist **(Bild 1)**?

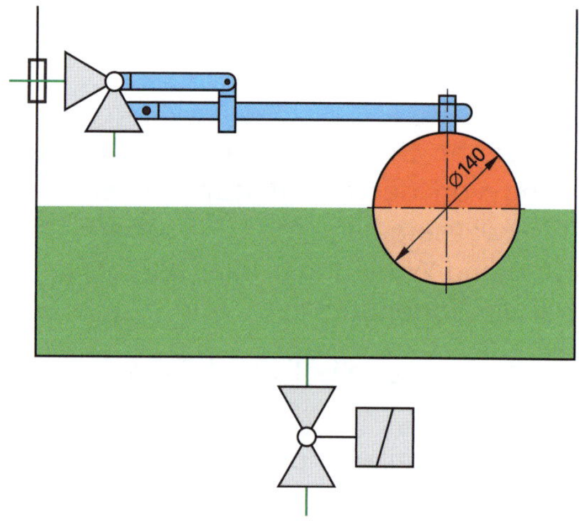

Bild 1: Trinkwasser-Nachspeisung

8.5 Der Behälter einer geschlossenen Hebeanlage hat eine Länge von 0,65 m, eine Breite von 0,55 m und eine Höhe von 0,33 m. Der leere Behälter hat mit Pumpe, Rohrkrümmern und Armaturen eine Masse von 64 kg, der Wasserrückstand nach dem Abpumpen beträgt etwa 14 Liter. Welche Auftriebskraft müssen die vier Schrauben der Verankerung aufnehmen, wenn der Aufstellraum durch einen Rohrbruch vollständig geflutet wird und die Haltewirkung der elastisch angeschlossenen Rohre nicht berücksichtigt wird?

– Volumenstrom, Fließgeschwindigkeit, Nennweiten

8.6 Welcher Volumenstrom fließt in einem Kupferrohr Cu 28 × 1,5, wenn die Fließgeschwindigkeit 1,2 m/s beträgt? Welche Fülldauer wird dabei zum Füllen eines 1200-Liter-Speichers benötigt?

8.7 Eine Messung ergibt bei einem Kupferrohr Cu 15 × 1 mit eingebautem Durchgangsventil, dass innerhalb einer Minute 22,3 Liter Wasser ausfließen. Beurteilen Sie die Fließgeschwindigkeit, wenn als maximal zulässig 2,5 m/s angegeben sind (Betriebsdauer $t \leq 15$ min), in der Praxis aber nur 2,2 m/s empfohlen werden.

8.8 Welche Füllzeit ist zum Füllen des Behälters einer Trinkwasser-Nachspeisung erforderlich, wenn dieser 24 Liter fasst? Die Füllleitung besteht aus Metall-Verbundrohr DN 15 (PE-X/Al/PE-HD). Die Fließgeschwindigkeit ist mit 1,1 m/s angegeben.

– Druckverluste in Wasserleitungen

8.9 Welcher Mindestfließdruck und welcher Berechnungsdurchfluss ist bei folgenden Armaturen anzusetzen: a) Zapfventil DN 20 mit Schlauchverschraubung, b) Entnahmeventil DN 15 mit Luftsprudler, c) Druckspüler DN 20, d) WC-Spülkasten DN 15?

8.10 Welcher Druckverlust durch Rohrreibung ist zu erwarten, wenn ein Gartenventil DN 20 über eine 9,60 m lange Rohrleitung aus a) Kupferrohr 18 × 1 (DIN EN 1097), b) Metallverbundrohr DN 20 (PE-HD/Al/PE-Xb) versorgt wird und welche Fließgeschwindigkeit stellt sich jeweils ein?

8.11 a) Welcher Druck herrscht an dem 17,30 m über der Wasserzählanlage montierten Druckspüler DN 20, wenn der Mindestversorgungsdruck vom WVU mit 4,6 bar angegeben wird, für Druckverluste im Feinfilter 155 mbar, für Rohrreibung 312 mbar und für Druckverluste durch Einzelwiderstände 1,07 bar anzusetzen sind?

b) Beurteilen Sie die Trinkwasseranlage Ihres Kunden und beraten Sie ihn mit dem Ziel eines störungsfreien Betriebes der TW-Anlage.

– Pumpenberechnungen

8.12 a) Die Druckverluste durch Rohrreibung in einer zentralen PWC-Versorgungsanlage mit Zirkulation betragen 483 mbar. Als Druckverluste durch Einzelwiderstände wurden 366 mbar ermittelt. Welcher Förderdruck ist für die zu wählende Zirkulationspumpe anzusetzen?

b) Welche Leistung muss die Pumpe mindesten abgeben, wenn das Volumen der Rohrleitung 93,42 Liter beträgt und je Stunde dreimal umgewälzt werden soll.

8.13 Eine trocken aufgestellte Kreiselpumpe saugt Wasser aus einer Tiefe von 4,16 m an und drückt es anschließend auf 34 m Höhe.

a) Welchen Druck muss die Pumpe erzeugen, wenn für Druckverluste 0,856 bar anzunehmen sind und der Mindestfließdruck der höchstgelegenen Entnahmearmatur 1000 mbar beträgt?

b) Welche Leistung muss die Pumpe abgeben, wenn 6,8 m^3/h gefördert werden sollen?

c) Welche elektrische Leistung muss der Pumpe zugeführt werden, wenn der Gesamtwirkungsgrad 54 % beträgt?

II Systemanalyse und Instandhaltung

1 Technologie

1.1 Sie werden zu einem Kunden gerufen, der den niedrigen Druck und verminderte Volumenströme bei der Trinkwasser- und Trinkwarmwasseranlage beanstandet. Wie gehen Sie beim Prüfen der Anlage vor? Nennen Sie die Maßnahmen, die Sie ergreifen, und bringen Sie diese in eine sinnvolle Reihenfolge.

1.2 Welche Möglichkeiten wären noch in Betracht zu ziehen, wenn an den Armaturen keine Ursachen für Druckverluste zu erkennen sind?

1.3 Ihr Kunde beschwert sich über starke Fließgeräusche in der Trinkwasser- und Trinkwarmwasseranlage. Welche Ursachen können vorliegen?

1.4 Von Ihnen betreute Heizungsanlagen liegen im Bereich von WVU, bei denen Wässer verteilt werden mit pH-Werten pH < 7 und pH > 7 sowie Wässer, bei denen die Wasserhärtestufen 2 bis 4 nach Waschmittelgesetz angegeben sind. Beraten Sie die Kunden hinsichtlich eines wirkungsvollen Schutzes gegen Schäden durch Nachfüllen von Trinkwasser in Heizungsanlagen. Benennen Sie die vorgesehenen Bauteile in der Schemazeichnung der Füllanlage **(Bild 1)**.

___

___

___

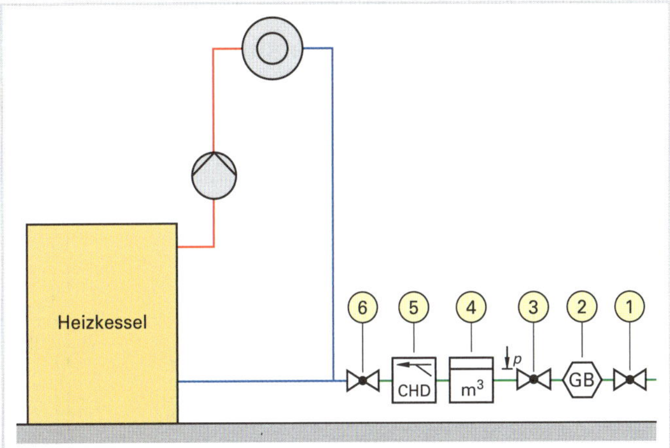

Bild 1: Direkte Füllleitung zum Kessel

① ___ ④ ___

② ___ ⑤ ___

③ ___ ⑥ ___

1.5 Sie werden wegen einer Toilettenspülung, die nicht abstellt, zu Ihrem Kunden gerufen. Welche Möglichkeiten für die Undichtheit sind bei der abgebildeten Spüleinrichtung gegeben **(Bild 2)?**

___

___

___

1.6 In dem vorgegebenen Strangschema der Trinkwasser- und Trinkwarmwasseranlage eines Einfamilienhauses sind die Schutzmaßnahmen gegen Rückfließen und Rücksaugen von NTW ins TW zu untersuchen **(Bild 1, Seite 46)**.

a) Benennen Sie die sieben abgebildeten Entnahmestellen der Anlage.

___

___

___

___

___

___

___

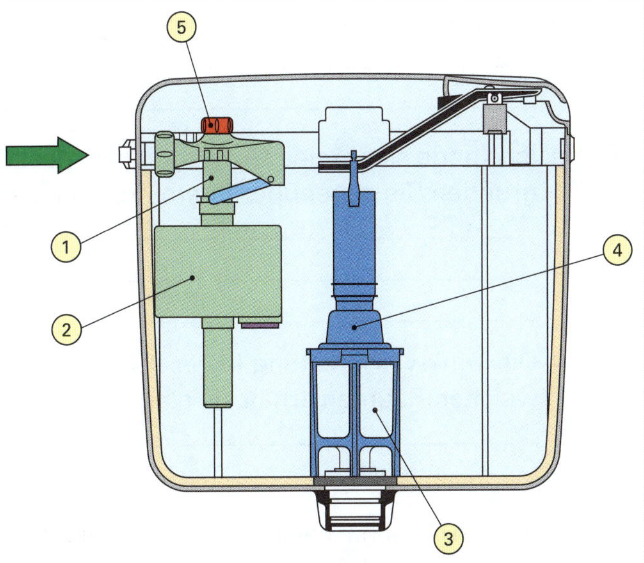

Bild 2: WC-Spüleinrichtung

b) Welche Art der Sicherung wurde in dem Gebäude angewendet?

___

___

c) Benennen Sie bei den Entnahmestellen die jeweiligen Sicherungsmaßnahmen gegen Rückfließen und Rücksaugen. Welcher Sachverhalt muss bei der Geschirrspülmaschine gegeben sein?

___

___

___

d) Ordnen Sie den Entnahmestellen die jeweiligen Gefährdungsstufen zu.

e) Nennen Sie zwei eingeplante Maßnahmen gegen Rücksaugen bei der TWE-Anlage.

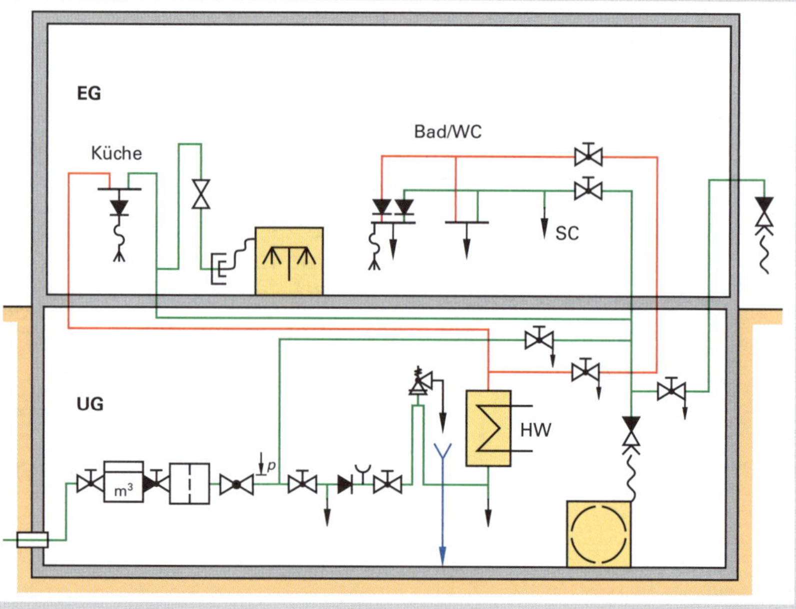

Bild 1: Trinkwasseranlage Einfamilienhaus

f) Wie erfolgt der Schutz der Versorgungsleitung des WVU?

1.7 a) Ihr Kunde will, dass PWC- und PWH-Leitungen aus dem gleichen Rohrwerkstoff bestehen. Sie haben folgende Werkstoffe auf Lager: Stahlrohr verzinkt, Kupfer, Cr-Ni-Stahl, PVC-U, PB, PE-X, PE-HD, PP, PVC-C und Metall-Verbundrohr. Empfehlen Sie dem Kunden einen Werkstoff, der geeignet wäre.

b) Erklären Sie dem Kunden, weshalb einer der metallischen Werkstoffe nicht in Frage kommt.

1.8 a) Ihr Kunde sieht keine Notwendigkeit, dass Trinkwasserleitungen auch gedämmt werden sollen. Begründen Sie gegenüber Ihrem Kunden die Dämmmaßnahme.

b) Die Trinkwasserleitung in der Kundenanlage führt durch unbeheizte und durch beheizte Räume. In welchen Räumen erhält sie eine 10 mm dicke, in welchen eine 5 mm dicke Dämmung?

1.9 a) Welche Gefahren bestehen bei nicht entlüftbaren Hochpunkten („Luftsäcke") in PWC- und PWH-Leitungen?

b) Welche Gefahren bestehen bei nicht entleerbaren Tiefpunkten („Wassersäcken") in PWC- und PWH-Leitungen?

c) Welche Vorteile bietet die Dichtheitsprüfung mit Luft gegenüber der Prüfung mit Wasser bei PWC- und PWH-Leitungen?

1.10 a) Um welche Armatur handelt es sich bei dem Bauteil aus der Trinkwasseranlage eines Einfamilienhauses **(Bild 1)?**

b) Welche Aufgabe hat diese Armatur und für welche Flüssigkeitskategorie (DIN EN 1717) kann sie eingesetzt werden?

c) Benennen Sie die Bauteile ① bis ⑥ der abgebildeten Armatur **(Bild 1).**

①
②
③
④
⑤
⑥

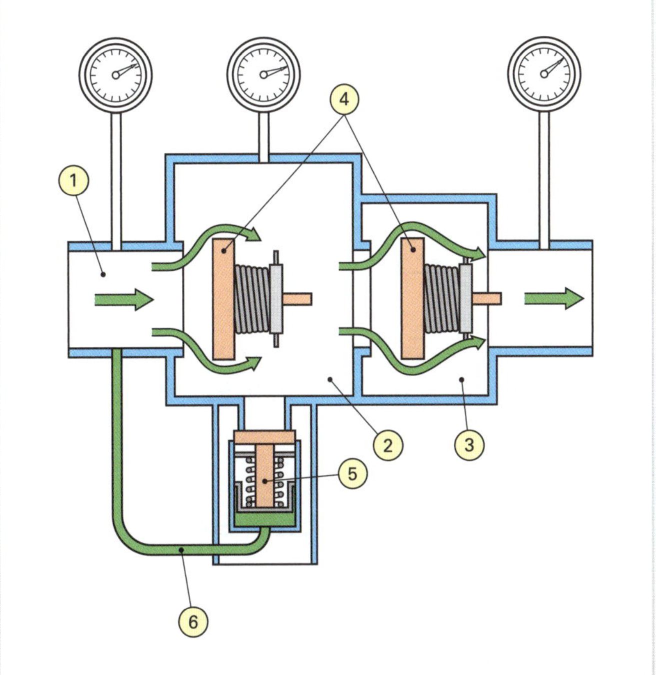

Bild 1: Sicherungsarmatur

d) Erlären Sie die Funktion dieser Armatur bei Durchflussstellung.

e) Erklären Sie die Funktion der Bauteile 4 bis 6 bei Trennstellung.

1.11 a) Welche Armatur ist in **Bild 2** schematisch dargestellt?

b) Nennen Sie Beispiele, wo diese Armatur Verwendung findet.

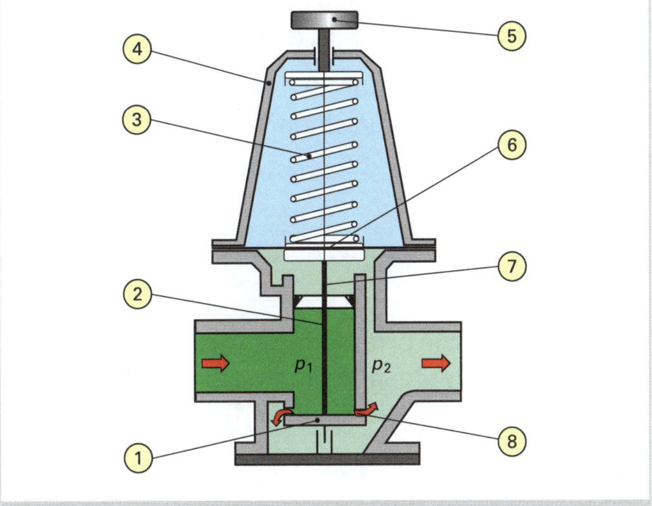

Bild 2: Regelarmatur

c) Benennen Sie die Bauteile 1 bis 8 dieser Armatur.

① ______________________ ⑤ ______________________
② ______________________ ⑥ ______________________
③ ______________________ ⑦ ______________________
④ ______________________ ⑧ ______________________

d) Welche Möglichkeiten für den Einbauort innerhalb der Trinkwasseranlage sind gegeben?

e) Welcher Sachverhalt ergibt sich dadurch, dass die Membrane eine große Fläche hat, für die Funktion der Armatur **(Bild 2, Seite 47)**?

f) Welche Aufgabe hat der Entlastungskolben?

III Kundenauftrag

1 Trinkwasser-Verteilungsanlage

Für die Installation des Einfamilienhauses ist das unvollständige und unmaßstäblich abgebildete Strangschema der Trinkwasserverteilung und des Trinkwasseranschlusses des druckfesten Speicher-TWE zu ergänzen. Der Mindestversorgungsdruck des WVU beträgt 4,6 bar, das gelieferte Wasser hat einen pH-Wert von 7,1. Die Trinkwasseranlage wird durch Einzelsicherung gegen Rückfließen und Rücksaugen gesichert **(Bild 1)**.

1.1 Welche Werkstoffe (zwei metallische und zwei nicht metallische) kommen nach Ihrer Ansicht für die Kundenanlage in Frage?

1.2 Ergänzen Sie die fehlenden Armaturen am Verteiler **(Bild 1)**.

1.3 Worauf ist bei der Installation der Gartenleitung zu achten?

1.4 Zeichnen Sie erforderliche Armaturen und Bauteile in die Anschlussleitung zum TWE ein **(Bild 1)**.

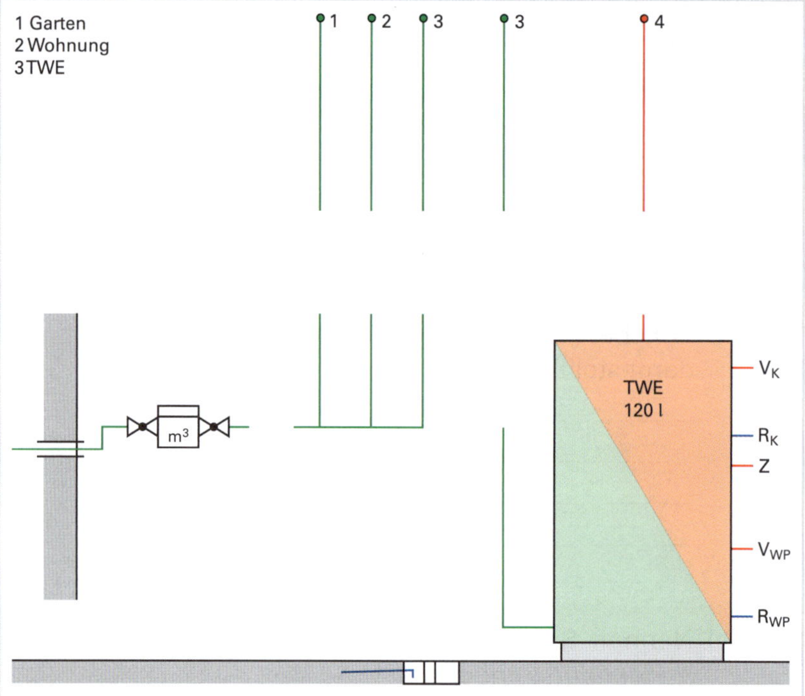

Bild 1: Trinkwasser-Verteilungsanlage

1.5 Begründen Sie den Einbau der jeweiligen Armaturen und Bauteile in den Anschluss.

2 Etagenwohnung

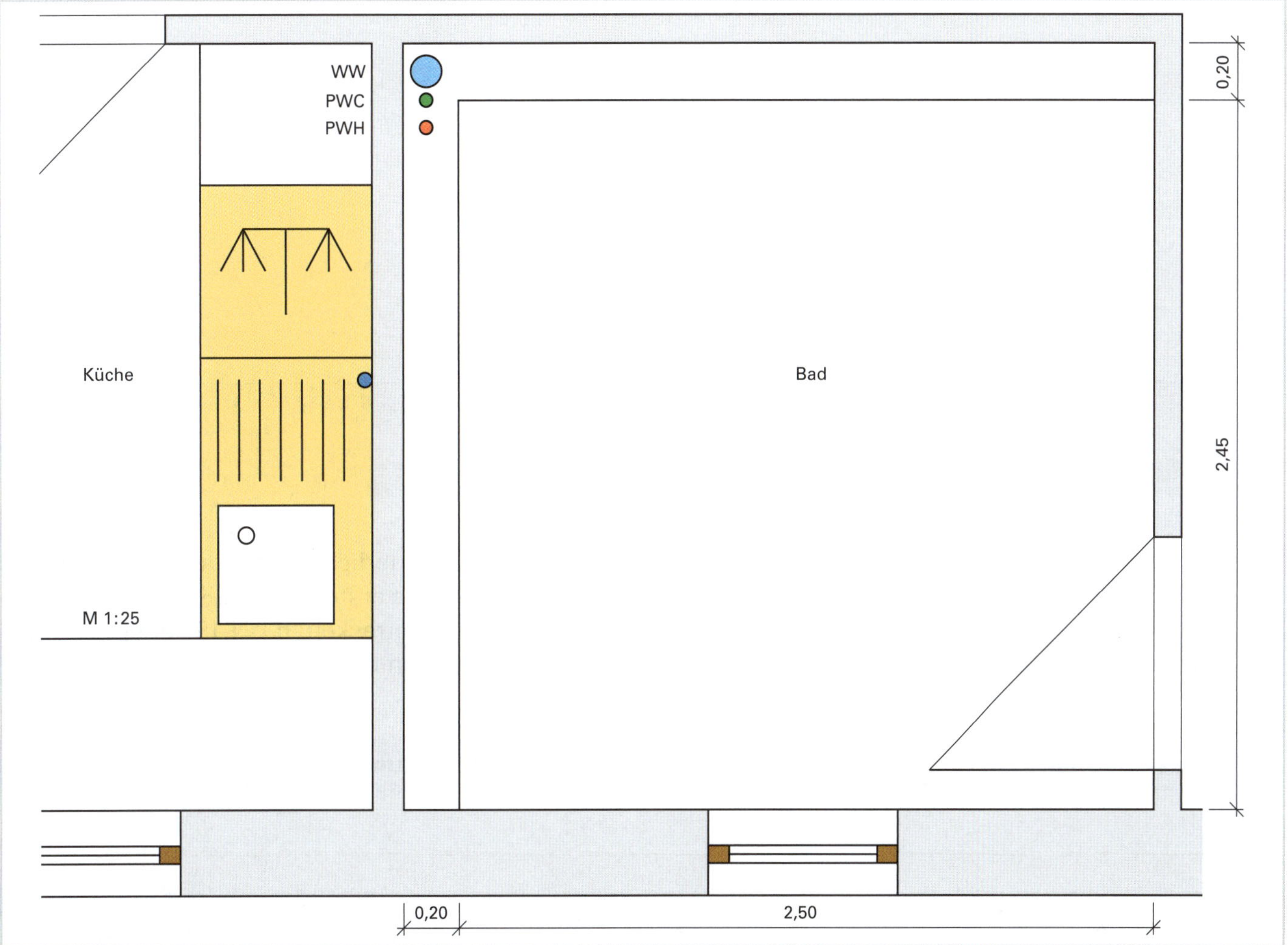

Bild 1: Wohneinheit mit Bad und Küche, M 1:25

Die Trinkwasser- und Trinkwarmwasserinstallation einer 3-Zimmer-Wohnung im Dachgeschoß eines Mehrfamilienhauses mit Flachdach ist zu planen **(Bild 1)**.

2.1 Zeichnen Sie die Sanitärgegenstände der Wohnung gemäß der unmaßstäblich vorgegebenen Skizze **(Bild 2)** in den Grundriss M 1:25 ein (Sanitärgegenstände ⇒ Standardmaße).

2.2 Zeichnen Sie die Anschlussleitungen für PWC, PWH und WW in den Grundriss M 1:25 ein.

2.3 Erstellen Sie ein Strangschema der Anlage. Für die Anschlussleitungen werden starre Rohre verwendet (T-Stück-Montage). Die Anlage ist durch Einzelsicherung gegen Rückfließen und Rücksaugen zu sichern **(Bild 1, Seite 50)**.

2.4 Geben Sie Zeichenregeln an, die bei dem Erstellen von Strangschemata zu beachten sind.

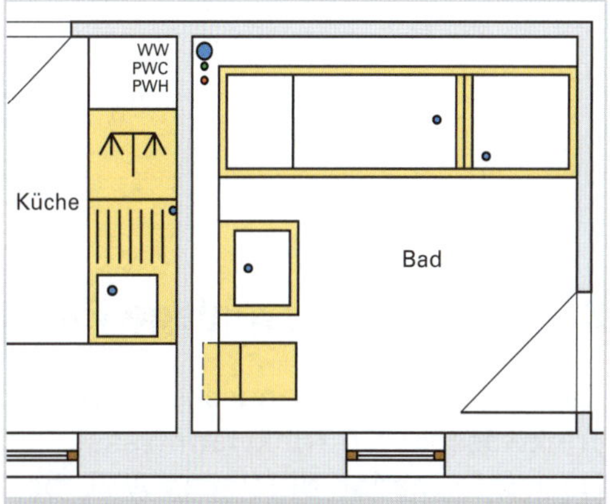

Bild 2: Planungsvorgabe Bad

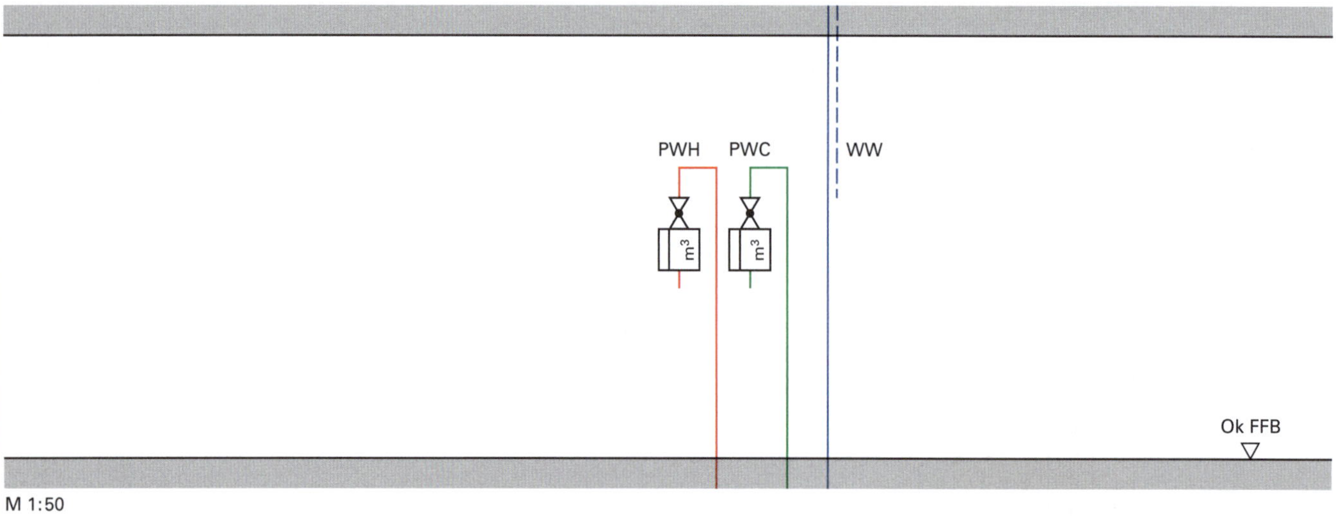

Bild 1: Strangschema Trinkwasserinstallation

2.5 Ermitteln Sie aus dem Grundriss und dem Strangschema die erforderlichen Armaturen und Fittings für die Stockwerksverteilung, wenn die Steigleitungen und jeweils die ersten zwei Teilstrecken in Fließrichtung nach dem Wasserzähler mit Rohr DN 20, alle weiteren Teilstrecken in DN 15 verlegt werden. Stellen Sie den Bedarf tabellarisch auf einem separaten Blatt zusammen.

Lernsituation 2.5: Materialliste Trinkwasserinstallation

Pos	Menge	Materialbezeichnung	Bemerkungen
1			
2			
3			
4			
5			
6			
7			
8			

3 Trinkwasseranlage Einfamilienhaus

Das abgebildete Strangschema der Installation des EFH eines Kunden soll renoviert werden. Dabei sind die Trinkwasser-, die Trinkwarmwasser- und die Abwasseranlage zu prüfen.
Nach Information durch das WVU beträgt der Mindestversorgungsdruck $p_ü$ = 5,3 bar und der pH-Wert des Trinkwassers 6,83 **(Bild 1, Seite 51)**.

3.1 Welche Arten der Sicherung gegen Rückfließen von NTW ins TW wurden in der Anlage verwendet?

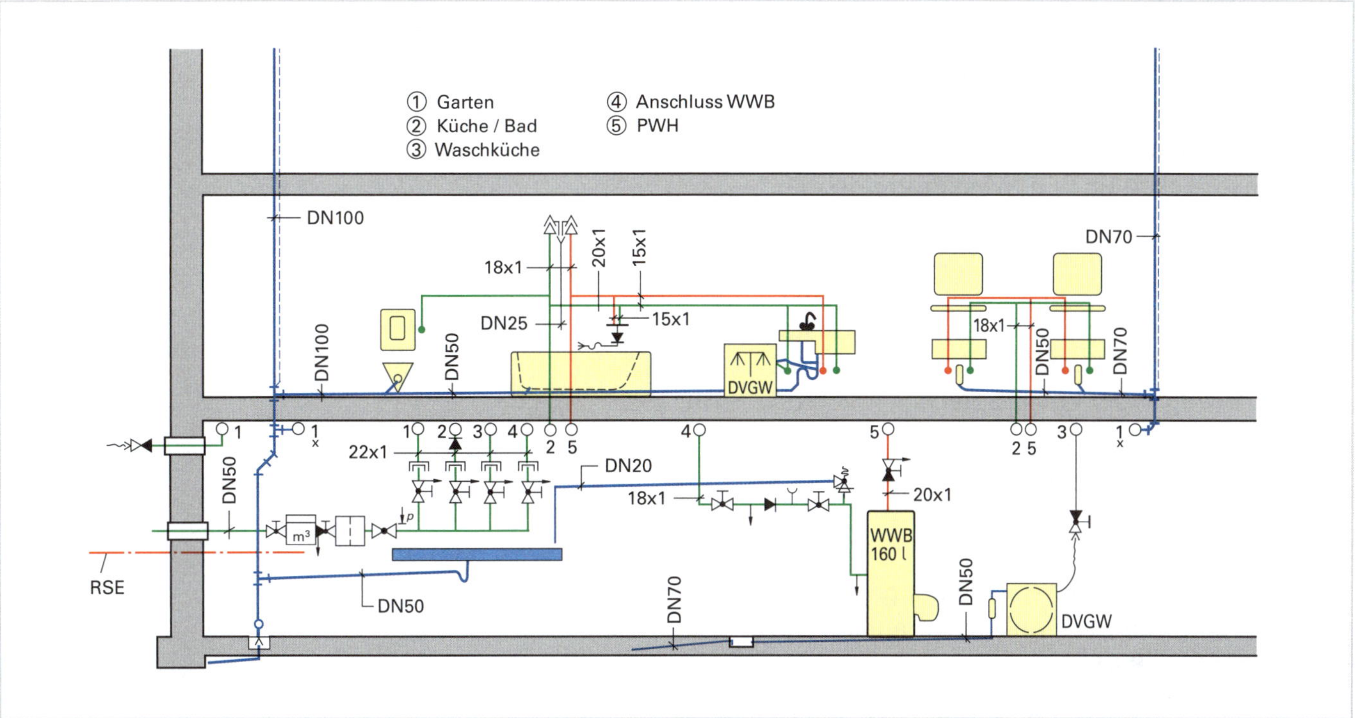

Bild 1: Strangschema, Trinkwasser- und Abwasseranlage Einfamilienhaus

3.2 Wieso wurden die beiden Waschtische nicht durch eine Sammelsicherung gesichert?

3.3 Welche Information liefern die DVGW-Zeichen bei Wasch- und Geschirrspülmaschine und welchen Vorteil bietet die Armaturenwahl in der gegebenen Anlage?

3.4 Machen Sie dem Kunden einen Vorschlag, wie er ohne Druckerhöhungsanlage einen höheren Wasserdruck in der Gartenleitung bewirken kann.

3.5 Überprüfen Sie die Trinkwasser- und die Trinkwarmwasserinstallation nach Leitungsstrecken mit stagnierendem Wasser und machen Sie Vorschläge für eine bessere Leitungsführung. Erklären Sie dem Kunden die Notwendigkeit dieser Maßnahme.

3.6 Wie ließe sich die Trinkwassererwärmung des WWB energiesparend und umweltfreundlich durchführen?

3.7 Welche Maßnahmen wurden bei der Installation der Abwasseranlage im UG versäumt?

3.8 Welche Ablaufstellen sind gefährdet und wie lassen sich die Ablaufstellen mit geringem Aufwand sichern?

4 Reihenhaus

Ein Kunde beschwert sich, dass in seinem Haus der Wasserdruck und die Auslaufmengen nicht ausreichend sind. Der Mindestversorgungsdruck der Trinkwasseranlage des am Hang stehenden Reihenhauses beträgt 3,4 bar. Im Erdgeschoss befinden sich Küche und WC. Im 1. OG befindet sich das Bad und im 2. OG das Duschbad mit WC für das Gästezimmer. Die PWH-Versorgung für Küche, WC und Bad erfolgt über einen Speicher-TWE von 120 l Inhalt im 1. OG. Das Duschbad im 2. OG wird von einem hydraulisch geregelten Elektro-Durchfluss-TWE ($\dot{Q}_{NL}$ = 18 kW) mit PWH versorgt.

Die Druckverluste durch Rohrreibung und Einzelwiderstände in der Trinkwasseranlage betragen 0,94 bar **(Bild 1)**.

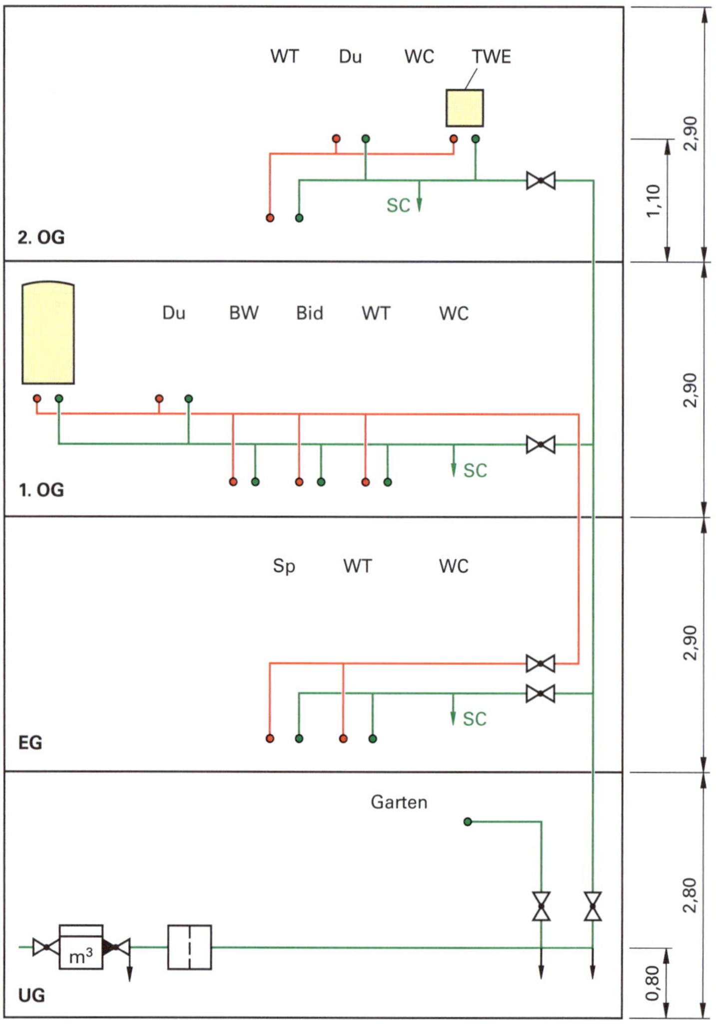

Bild 1: Trinkwasseranlage Reihenhaus

4.1 Ermitteln Sie den im 2. OG verfügbaren Druck und bewerten Sie das Ergebnis.

4.2 Welche Möglichkeiten können Sie dem Kunden anbieten, um in der Anlage einen ausreichenden Druck zu erhalten?

5 Druckerhöhung

5.1 Beim Anschluss von Druckerhöhungsanlagen an die öffentliche Trinkwasserversorgung unterscheidet man drei Ausführungsarten. Benennen Sie die Ausführungsarten ① bis ③ **(Bild 1, Seite 53)**.

①

②

③

5.2 Nennen Sie Vor- und Nachteile der jeweiligen Ausführung der Druckerhöhungsanlagen.

5.3 Wählen Sie die für den Kunden günstigste Lösung aus und begründen Sie Ihren Vorschlag.

5.4 Welche Aufgabe haben bei Ausführung ③ der Zulaufdruckbehälter und der Druckbehälter nach der Pumpe?

5.5 Welchen Schluss kann man aus dem Sachverhalt ziehen, dass die Anschlüsse der DEA in der Abbildung (Herstellerunterlagen) keine Sicherheitsventile erhalten **(Bild 1)**?

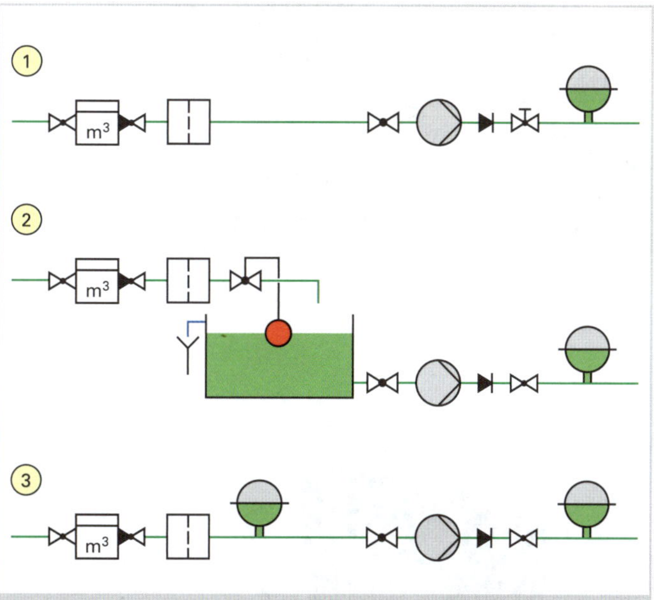

Bild 1: Druckerhöhungsanlagen

6 Trinkwasserqualität

6.1 Der Kunde möchte, dass seine Anlage hinsichtlich der Gefährdung durch Legionellen überprüft wird. Welche Sachverhalte können bei Trink- und Trinkwarmwasseranlagen zur Legionellenbildung führen?

6.2 Überprüfen Sie die Anlage des Kunden hinsichtlich der Gefährdung durch Legionellen **(Bild 1, Seite 52)**.

6.3 Schlagen Sie dem Kunden eine Problemlösung vor.

6.4 Welche Trinkwasser- und Trinkwarmwasser-Entnahmestellen sind zu überprüfen, wenn die Art der Sicherung der Trinkwasseranlagen des Gebäudes gegen Rückfließen und Rücksaugen verändert wird?

6 Entwässerungsanlagen installieren
Installation of drainage water systems

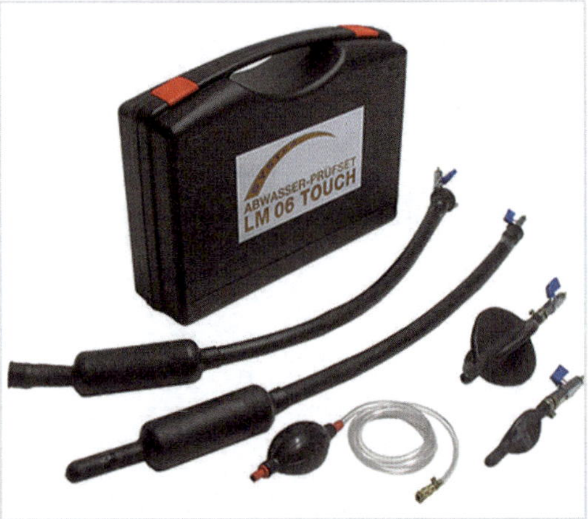

I Arbeitsplanung // Work planning

1	**Grundlagen**	Basics
2	**Ablaufstellen**	Run-offs
3	**Verlegen von Abwasserleitungen**	Laying of sewage pipes
4	**Rückhalten schädlicher Stoffe**	Retention of hazardous material
5	**Schutz gegen Rückstau**	Protection against backup
6	**Ableiten von Niederschlagswasser**	Drainage of rain water
7	**Nutzung von Dachablaufwasser**	Utilisation of roof drainage water
8	**Darstellungen** – **Strangschema** – **Lagepläne** – **Gefällepläne**	Illustrations – String diagram – Position plans – Gradient plans
9	**Berechnungen** – **Gefälle** – **Längenänderung durch Temperaturänderung** – **Nennweiten von Schmutzwasserleitungen** – **Dachrinnen und Regenfallrohre**	Calculations – Gradient – Length changes caused by temperature changes – Nominal diameters of foul water pipes – Roof gutters and stack pipes

II Systemanalyse und Instandhaltung // System analysis and maintenance

1	**Technologie**	Technology
2	**Darstellungen**	Illustrations

III Kundenauftrag // Customer order

Geschlossene Hebeanlage

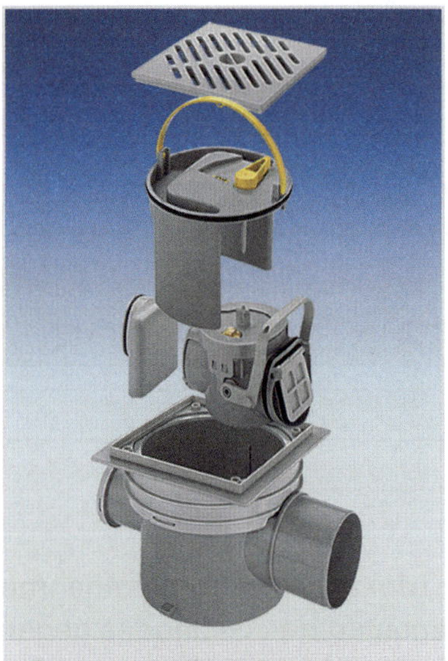

Bodenablauf mit Rückstauverschluss

I Arbeitsplanung

1 Grundlagen

1.1 Welche Arten von Wässern werden mit dem Begriff „Abwässer" zusammengefasst?

1.2 Welche Normen für Entwässerungsanlagen innerhalb und außerhalb von Gebäuden gelten derzeit in Deutschland?

1.3 Bei der zentralen Schwemmkanalisation unterscheidet man zwischen Mischsystem und Trennsystem. Erklären Sie die beiden Systeme und nennen Sie deren Vor- und Nachteile.

1.4 Was bezeichnet man bei liegenden Freispiegel-Abwasserleitungen als Füllungsgrad? Nennen Sie den in Deutschland angewendeten Füllungsgrad.

1.5 DIN EN 12056 sieht für die BRD bei Abwasseranlagen System I vor. Erklären Sie diesen Sachverhalt.

1.6 Welche Rohrwerkstoffe sind bei Abwasserleitungen gebräuchlich?

1.7 Nennen Sie Leitungsabschnitte nach DIN 1986-100 und ordnen Sie je zwei Rohrwerkstoffe zu, die zugelassen sind.

1.8 Nennen Sie vier Vor- und zwei Nachteile von mineralverstärktem PE-HD-Abwasserrohr.

① ______ ③ ______ ⑤ ______

② ______ ④ ______ ⑥ ______

2 Ablaufstellen

2.1 Wodurch unterscheiden sich Grundleitungen von Sammelleitungen?

2.2 Welche Aufgabe haben Geruchverschlüsse bei Abwasserablaufstellen? Nennen Sie Sperrwasserhöhen für Schmutz- und Regenwasser.

2.3 Nennen Sie zwei Beispiele, wo bei Ablaufstellen in Gebäuden auf eigene Geruchsverschlüsse verzichtet werden kann.

2.4 Benennen Sie die abgebildeten Geruchsverschlüsse und geben Sie je einen möglichen Anwendungsfall an **(Bild 1)**.

a) ______________________

b) ______________________

c) ______________________

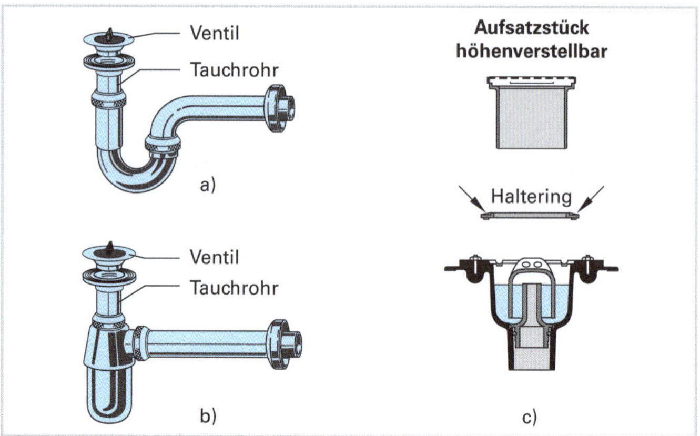

Bild 1: Geruchverschlüsse

3 Verlegen von Abwasserleitungen

3.1 Nennen Sie sechs Montageregeln, die beim Verlegen von Grund- und Sammelleitungen zu beachten sind.

① ______________________ ④ ______________________

② ______________________ ⑤ ______________________

③ ______________________ ⑥ ______________________

3.2 Mit welchem Gefälle sollen liegende Abwasser-Freispiegelleitungen verlegt werden?

3.3 Wie werden Grundleitungen nach DIN EN 1610 bzw. nach DIN 1986-30 auf Dichtheit geprüft?

3.4 Erläutern Sie die Abhängigkeit von Strömungsgeschwindigkeit und Gefälle.

3.5 Wie lässt sich Fremdeinspülung beim Einleiten von Anschlussleitungen an Fallleitungen vermeiden?

3.6 Welche Anwendungsgrenzen sind bei Einzelanschlussleitungen einzuhalten? Überprüfen Sie die abgebildete Anschlussleitung **(Bild 1, Seite 57)**.

3.7 Welche Maßnahmen sind erforderlich, wenn eine oder mehrere dieser Anwendungsgrenzen überschritten werden? Nennen Sie drei mögliche Lösungen.

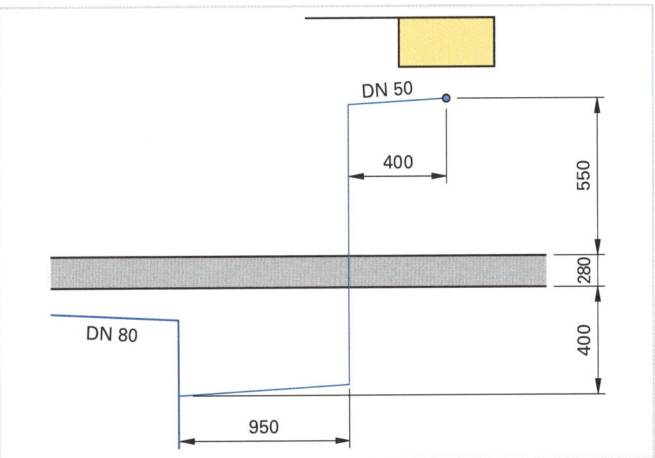

Bild 1: Verlegen von Anschlussleitungen

3.8 Worauf ist bei der Montage von Lüftungsleitungen zu achten? Nennen Sie fünf Montageregeln.

3.9 Worauf ist bei der Befestigung von Abwasserleitungen zu achten?

3.10 Nennen Sie mögliche Geräuschquellen bei Abwasseranlagen.

4 Rückhalten schädlicher Stoffe

4.1 a) In dem Aufstellraum eines ölbeheizten Wärmeerzeugers ist der abgebildete Bodenablauf vorgesehen. Benennen Sie diese Einrichtung und die wesentlichen Bauteile **(Bild 2)**.

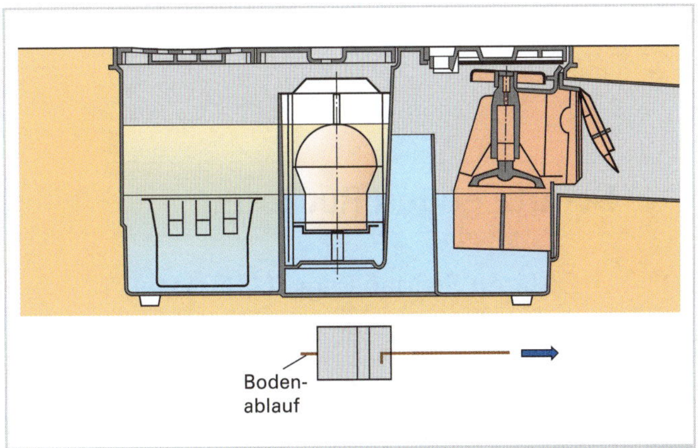

Bild 2: Bodenablauf mit Sicherungen

b) Erklären Sie stichwortartig die Aufgabe und die Funktion der Bauteile des abgebildeten Bodenablaufes.

4.2 a) In dem Schema einer Abwasseranlage sind die abgebildeten Symbole vorgesehen. Benennen Sie diese Bauteile der Anlage **(Bild 1)**.

b) Erklären Sie stichwortartig die Funktion des mit „B" gekennzeichneten Bauteiles.

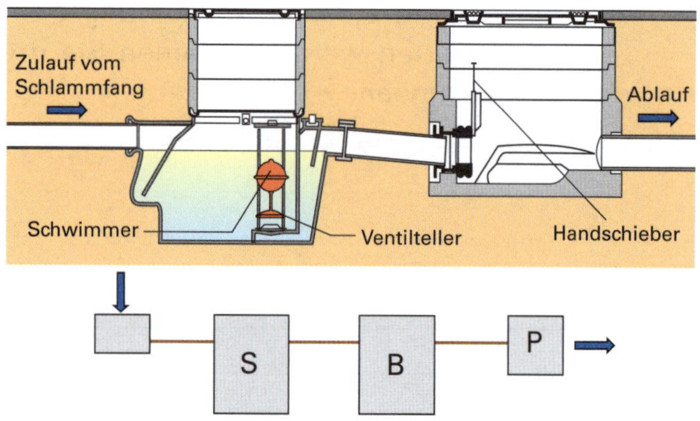

Bild 1: Rückhalten schädlicher Stoffe

4.3 Wodurch lässt sich erreichen, dass auch fein verteilte Leichtflüssigkeiten, wie sie bei der Verwendung von Dampfstrahlern und Reinigungsmitteln entstehen, zurückgehalten werden?

4.4 a) Nennen Sie zwei Beispiele, wo Neutralisationsanlagen Anwendung finden.

b) Erläutern Sie zwei verschiedene Wirkweisen, die bei Neutralisationsanlagen angewendet werden.

5 Schutz gegen Rückstau

5.1 a) Erklären Sie den Begriff „Rückstau".

b) Welche Höhe ist als Rückstauebene anzunehmen, wenn keine anderen Erfahrungen vorliegen?

5.2 a) Benennen Sie die abgebildete Hebeanlage und die Bauteile 1 bis 10 **(Bild 1)**.

① ______
② ______
③ ______
④ ______
⑤ ______
⑥ ______
⑦ ______
⑧ ______
⑨ ______
⑩ ______

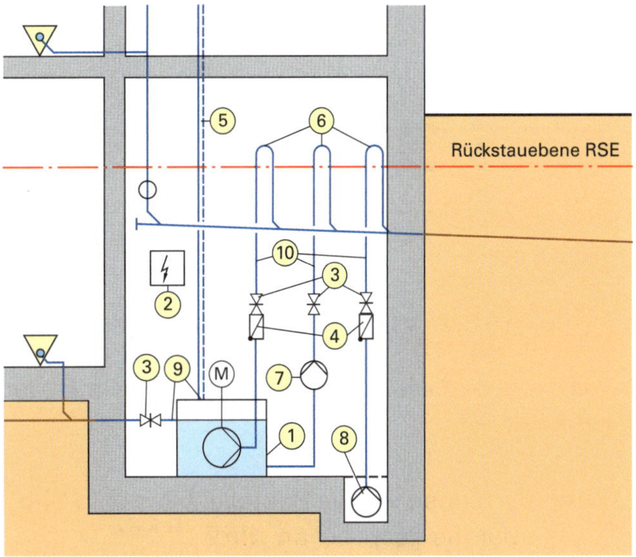

Bild 1: Hebeanlage

b) Erklären Sie Aufgabe und Funktion der Bauteile 4; 5; 6; 9 und 10.

④ ______
⑤ ______
⑥ ______
⑨ ______
⑩ ______

c) Nennen Sie sieben Montageregeln, die beim Einbau von geschlossenen Hebeanlagen zu beachten sind.

5.3 a) Welche Bauarten bzw. Typen von Rückstauverschlüssen unterscheidet man?

b) Bei welchen Abwasserarten können die genannten Rückstauverschlüsse jeweils eingesetzt werden?

5.4 a) In welchen Zeitabständen sind Instandhaltungsmaßnahmen bei Bauteilen zur Sicherung gegen Rückstau durchzuführen?

b) Beschreiben Sie stichwortartig die bei der Wartung eines Rückstauverschlusses erforderlichen Arbeiten.

____

____

____

____

6 Ableiten von Niederschlagswasser

Sie sind bei einer Baubesprechung mit dem Bauherrn und dem Bauleiter in der Rohbauphase eines Einfamilienhauses.

6.1 a) Benennen Sie die Bauteile ① bis ⑧ in **Bild 1**, über die gesprochen wird.

① ______________________

② ______________________

③ ______________________

④ ______________________

⑤ ______________________

⑥ ______________________

⑦ ______________________

⑧ ______________________

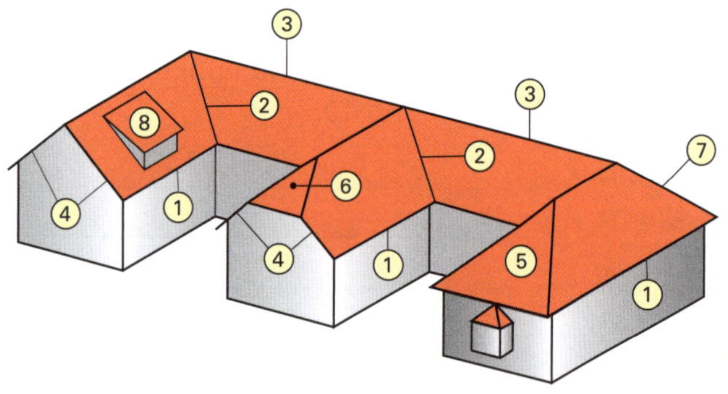

Bild 1: Bezeichnungen am Dach

b) Nennen Sie je zwei Verbindungsarten für Blechbauteile aus ① Titanzink, ② Kupfer und ③ verzinktem Stahlblech.

① ____

② ____

③ ____

6.2 a) Wie bezeichnet man bei den halbrunden Dachrinnen die Teile ① bis ⑤ **(Bild 2)?**

① ______________________

② ______________________

③ ______________________

④ ______________________

⑤ ______________________

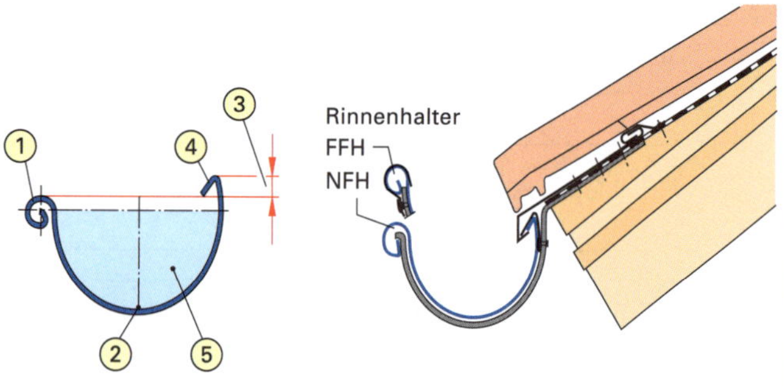

Bild 2: Bezeichnungen an Dachrinnen

b) Welche fünf Vorteile bietet die vorgehängte halbrunde Dachrinne gegenüber einer innenliegenden Kastenrinne?

____

____

6.3 a) Welche Werkstoffe sind für außen liegende Regenfallrohre in Teilfüllung gebräuchlich? Nennen Sie vier.

____

____

b) Was bedeutet „verschnittloses Zuschneiden" bei Blechbauteilen zur Dachentwässerung?

6.4 Nennen Sie acht Montageregeln für die Montage von außenliegenden Regenfallrohren.

① ⑤
② ⑥
③ ⑦
④ ⑧

6.5 Welche Vorteile bietet die Dachentwässerung mit Druckströmung und wo wird sie angewendet?

6.6 Wie kommt es zu Kondenswasserbildung bei innen liegenden Regenwasserleitungen und welche Maßnahmen sind dagegen zu treffen?

6.7 Wie erreicht man bei Maueranschlussblechen, dass durch Bewegungen aus der Wärmedehnung des Daches die Anschlüsse nicht undicht werden?

6.8 a) Benennen Sie die abgebildeten Kehlprofile **(Bild 1)**.

①
②
③
④
⑤
⑥

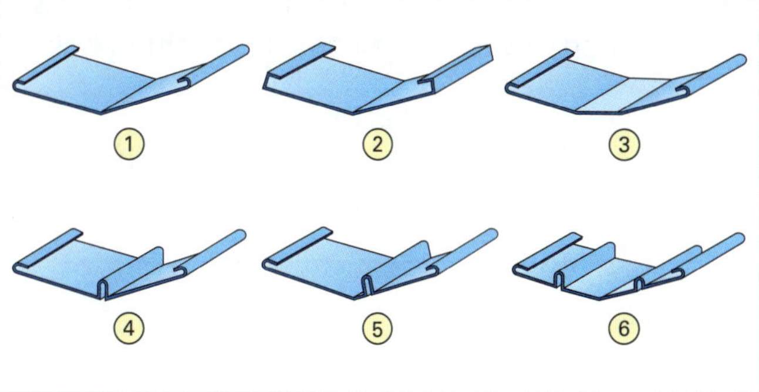

Bild 1: Arten von Kehlblechen

b) Welche Kehle verwenden Sie, wenn sich zwei Dachflächen mit unterschiedlichen Dachneigungen schneiden? Begründen Sie die Wahl.

6.9 a) Wie kann man Längenänderungen durch Wärmedehnung bei Dachrinnen ausgleichen? Nennen Sie je zwei Dehnungsmöglichkeiten am Hoch- und am Ablaufpunkt der Rinnen.

b) Welche Rinnenlängen sind ohne Dehnungsausgleich höchstens zulässig?

7 Nutzung von Dachablaufwasser

Ihr Kunde interessiert sich für Regenwassernutzungsanlagen und möchte von Ihnen informiert werden.

7.1 Welche Arten von Dächern sind für die Regenwassernutzung besonders geeignet?

7.2 Welche Arten von Filtern unterscheidet man? Nennen Sie Vor- und Nachteile.

7.3 Welche Unterscheidungen trifft man bei Regenwasserspeichern?

7.4 Benennen Sie die Bauteile ① bis ⑩ der Regenwassernutzungsanlage **(Bild 1).**

①
②
③
④
⑤
⑥
⑦
⑧
⑨
⑩

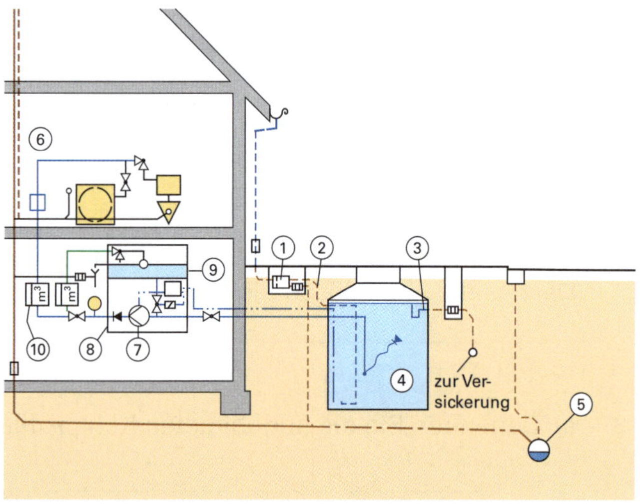

Bild 1: Regenwassernutzungsanlage

7.5 Welche Sachverhalte sind beim Anschließen der Regenwasserspeicher zu beachten bei:

a) der Einleitung des Regenwassers,
b) der Entnahme des Regenwassers und
c) dem Überlauf des Behälters?

7.6 Wie erfolgt die Druckerhöhung bei Regenwassernutzungsanlagen?

7.7 Worauf ist bei der Trinkwasser-Nachspeisung zu achten?

7.8 Welche Werkstoffe sind für Regenwasser-Druckleitungen besonders geeignet?

8 Darstellungen

8.1 Wozu werden Darstellungen von Abwasseranlagen benötigt?

8.2 Skizzieren Sie folgende Sanitärgegenstände mit den Sinnbildern nach DIN 1986-100: Waschtisch, WC wandhängend mit UP-Spk und Badewanne,

a) in der Draufsicht,
b) in der Vorderansicht **(Bild 1)**.

WT WC BW

a) DS

b) VA

Bild 1: Darstellen von Sanitärgegenständen

8.3 a) Welche Sachverhalte sind bei Darstellungen in der Draufsicht zu entnehmen?

b) Welche Sachverhalte sind bei Darstellungen in der Vorderansicht zu entnehmen?

– Strangschema

8.4 Wodurch unterscheiden sich Darstellungen in der Vorderansicht von solchen im Strangschema?

8.5 Stellen Sie folgende Leitungsarten im „Einlinienverfahren" mit den gebräuchlichen Farben dar **(Bild 2)**:

a) Schmutz- und Regenwasser im Gebäude, Lüftungsleitungen,
b) Misch-, Schmutz- und Regenwasser erdverlegt.

WW RW LL

a)

MW WW RW

b)

Bild 2: Leitungsarten

8.6 Welche Vor- und welche Nachteile bietet die Darstellung im Raumschema?

– Lagepläne

8.7 Welche Maßstäbe sind für Lagepläne gebräuchlich?

8.8 Welche Informationen enthalten Lagepläne?

– Gefällepläne

8.9 Wieso werden bei Gefälleplänen meist zwei Maßstäbe angegeben?

8.10 Nennen Sie Maßstäbe, die bei Gefälleplänen gebräuchlich sind.

9 Berechnungen

– Gefälle

9.1 Für die abgebildete Waschtisch-Anschlussleitung ist die Abzweighöhe über dem Rohfußboden zu ermitteln. Das Gefälle soll 2 % betragen **(Bild 1)**.

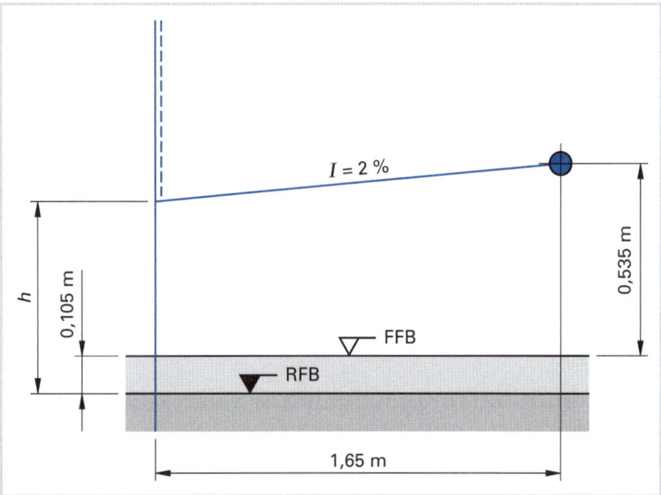

Bild 1: Gefälle Anschlussleitung

9.2 a) Mit welchem Gefälle ist die Regenwasser-Grundleitung von Punkt C nach D zu verlegen, wenn die vorgegebenen Höhen h_2 und h_3 einzuhalten sind **(Bild 2)**?

b) Die Höhe h_1 des benötigten KG-Rohres bis Mitte KG-Bogen DN 100/88,5° ist zu ermitteln. Das Gefälle der Rohrleitung von Punkt A bis Punkt D ist gleich.

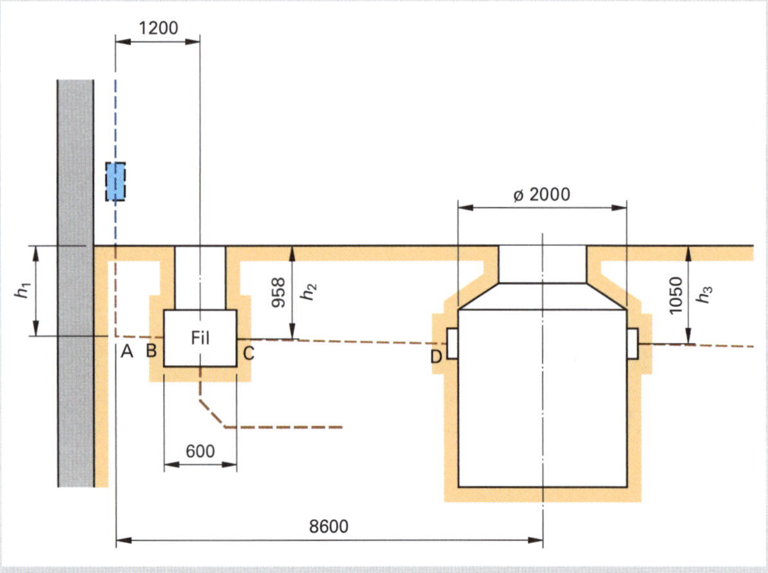

Bild 2: Gefälle Regenwasserleitung

9.3 a) Ermitteln Sie für eine 17,4 m lange, geradlinige Schmutzwasser-Sammelleitung DN 100 das Gefälle, wenn der Deckenabstand (Rohrmitte) am hohen Leitungspunkt A 140 mm und am tiefen Punkt B 400 mm beträgt.

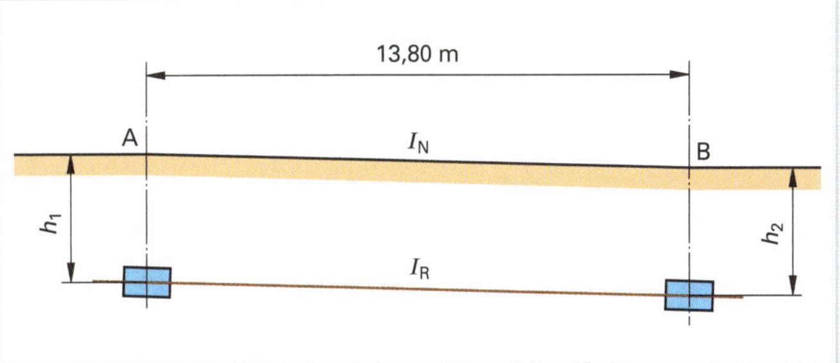

Bild 1: Gefälle Schmutzwasserleitung

b) Welche maximalen Schellenabstände sind bei der Befestigung der Rohrleitung zu beachten, wenn SML-Rohr verwendet wird?

9.4 Die abgebildete Grundleitung DN 100 aus KG-Rohr ist am unteren Rohrscheitel des Einlaufpunktes A (h_1) 1,20 m tief verlegt. Wie tief ist die Rohrsohle in Punkt B (h_2), wenn die Schmutzwasserleitung mit 2 % Gefälle von A nach B verlegt wird und das Gelände von A nach B mit einem Neigungsverhältnis 1 : 100 fällt **(Bild 1)?**

9.5 a) Die Sammelleitung soll so von Punkt A nach Punkt C verlegt werden, dass das Gefälle $I_{max} \leq 5$ % und $I_{min} \geq 1$ % beträgt und die Fensterfläche nicht beeinträchtigt wird. Legen Sie eine Leitungsführung fest und weisen Sie nach, dass die Bedingungen erfüllt sind **(Bild 2).**

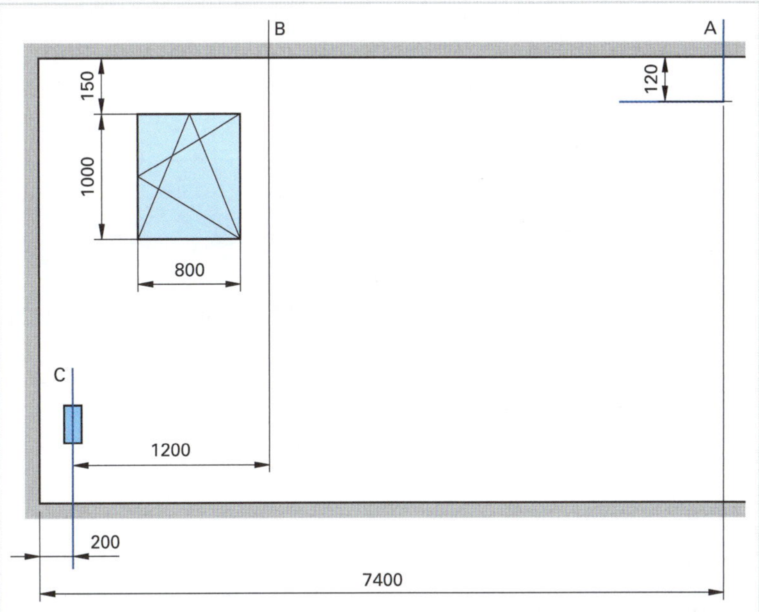

Bild 2: Gefälle Sammelleitung

b) Zeichnen Sie die gewählte Leitungsführung in **Bild 2** ein.

– Längenänderung durch Temperaturänderung

9.6 Eine PP-Schmutzwasserleitung wird mit muffenlosen Rohrstücken von 3 m Länge hergestellt. Die Steckverbindung erfolgt durch Doppelmuffen. Welche Wärmedehnung muss jede Doppelmuffe mindestens aufnehmen können, wenn die Rohrleitung bei 5 °C verlegt wird und sich bei Betrieb auf 45 °C erwärmt?

9.7 a) Der Abstand der Sammelanschlussleitungen an die PE-HD-Fallleitung eines Wohngebäudes beträgt jeweils 2,80 m. Tragen Sie in die Skizze ein: • Anordnung der Festpunkte X (Punkte A, C), • Langmuffe LM (Punkt B im 1. OG), • Gleitschellen GS und • Biegeschenkel BS an den Sammelanschlussleitungen. Welche Wärmedehnung muss die in der Mitte zwischen Punkt A und Punkt C eingeplante Langmuffe aufnehmen, wenn die Rohrleitung bei 12 °C verlegt wurde und mit einer Erwärmung auf 50 °C zu rechnen ist **(Bild 1)**?

b) Welcher Biegeschenkel BS ist in Punkt B vorzusehen? Die Sammelanschlussleitung wird in PE-HD DN 80 angeschlossen.

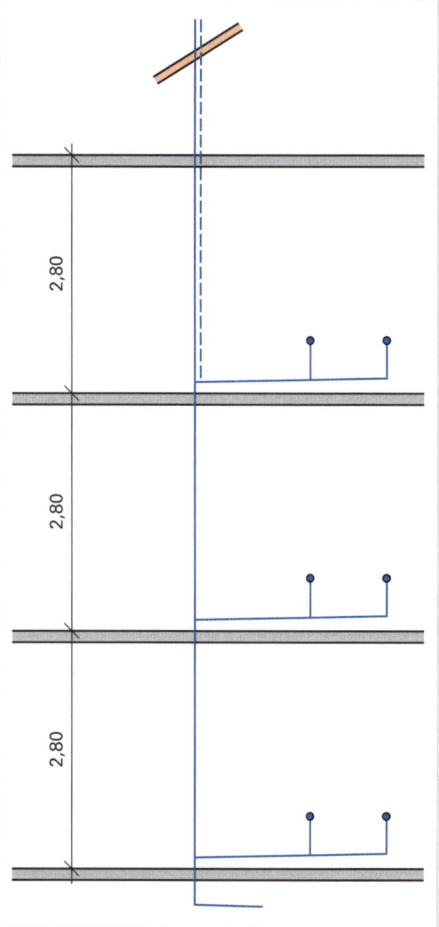

Bild 1: Längenänderung

9.8 Die Wärmedehnung einer Schmutzwasser-Sammelleitung DN 100 aus PP-Rohr soll durch Langmuffen mit 90 mm Dehnmöglichkeit je Langmuffe aufgenommen werden. Welche Rohrlänge, von Festpunkt zu Festpunkt, kann einer Langmuffe maximal zugeordnet werden, wenn die Temperatur bei der Montage 14 °C beträgt und eine Erwärmung auf 48 °C erfolgt?

– Nennweiten von Schmutzwasserleitungen

9.9 a) Tragen Sie die Mindestnennweiten der Einzelanschlussleitungen A bis G **(Bild 2)** in **Tabelle 9.9 b, Seite 67** ein.

b) Geben Sie die DU der Entwässerungsgegenstände A bis G an **(Tabelle 9.9 b, Seite 67)**.

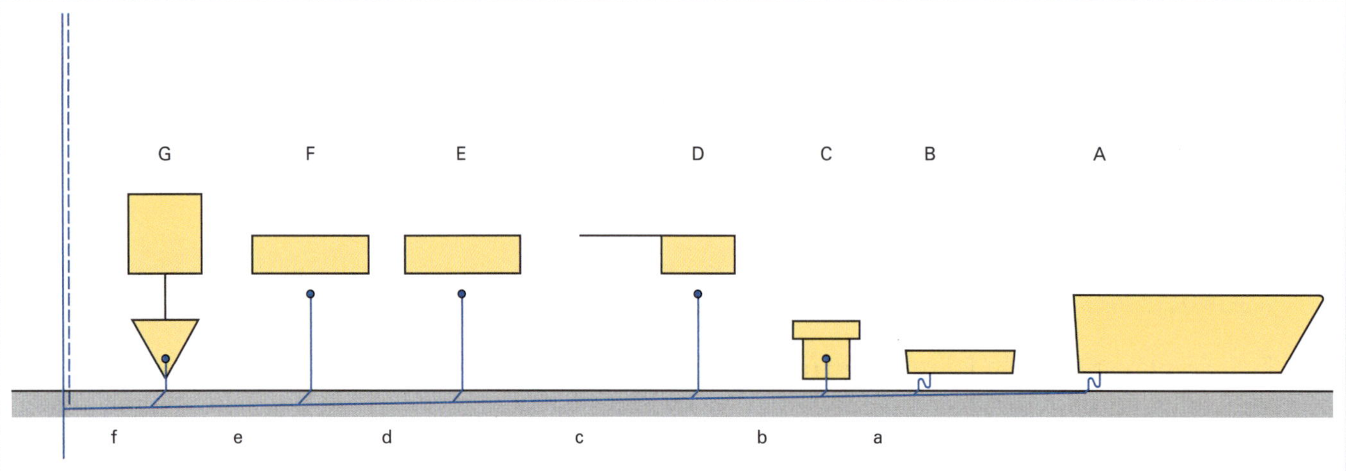

Bild 2: Nennweiten von unbelüfteten Anschlussleitungen

9.9 b)

SG	A	B	C	D	E	F	G
DN							
DU							

c) Ermitteln Sie die Summe der DU für die Teilstrecken a bis f und tragen Sie diese in **Tabelle 9.9 e)** ein.

d) Ermitteln Sie die erforderlichen Nennweiten für die Teilstrecken a bis f des Wohngebäudes, wenn die Sammelanschlussleitung unbelüftet ist **(Tabelle 9.9 e)**.

e)

	a	b	c	d	e	f
∑DU						
DN						

f) Welche Anwendungsgrenzen sind bei Sammelanschlussleitungen zu beachten?

____

____

9.10 An die Schmutzwasser-Fallleitung eines Wohngebäudes sind je Stockwerk die abgebildeten Entwässerungsgegenstände angeschlossen **(Bild 1)**.

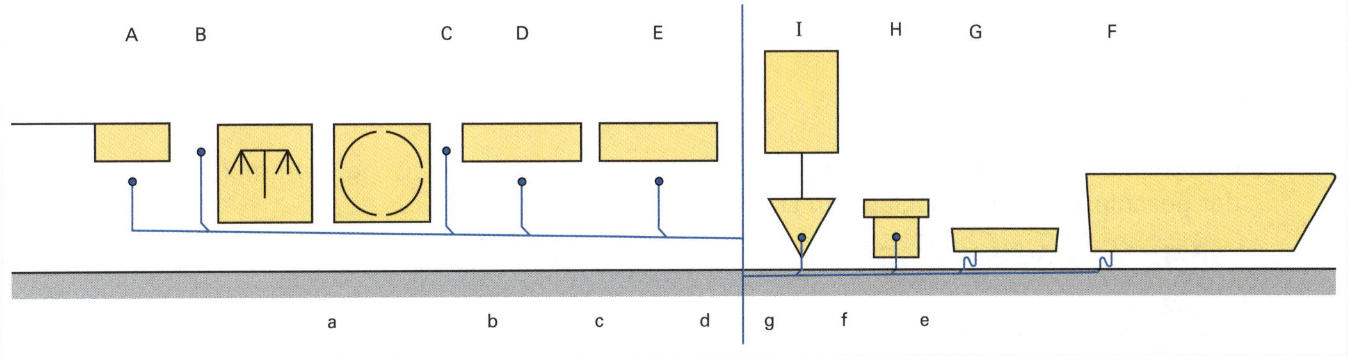

Bild 1: Nennweiten von Anschluss- und Fallleitungen

a) Ermitteln Sie die Mindestnennweiten der Einzelanschlussleitungen A bis F.

b) Ermitteln Sie die Nennweiten der Abschnitte a bis g der unbelüfteten Sammelanschlussleitung.

SG	A	B	C	D	E	F	G	H	I
DN									
DU									

c) Ermitteln Sie die Nennweiten der Abschnitte a bis g, wenn die Sammelanschlussleitung belüftet wäre.

	a	b	c	d	e	f	g
∑DN							
DN unbel.							
DN bel.							

d) Welche Nennweite muss die Fallleitung mit Hauptlüftung mindestens haben, wenn fünf gleich ausgestattete Stockwerke anzuschließen sind und Abzweige ohne Innenradius verwendet werden?

$\dot{V}_{WW}$ = ______________________________ ⇒ Gewählt: __________

e) Welche Nennweite muss die Fallleitung mit Hauptlüftung mindestens haben, wenn fünf gleich ausgestattete Stockwerke anzuschließen sind und Abzweige mit Innenradius verwendet werden?

9.11 a) Welche Nennweite muss eine Fallleitung mit EHL mindestens haben, wenn sechs Wohnungen mit je 1 WC (Spk. 6 l), 1 WT, 1 Br.W, 1 BW, 1 GSp. und 1 WM angeschlossen sind (Abzweige mit Innenradius)?

b) Welche Nennweite müsste verwendet werden, wenn Abzweige ohne Innenradius montiert werden?

c) Welche Nennweite erhält jeweils die Einzelhauptlüftung der Anlage?

9.12 a) Ermitteln Sie mit Hilfe der Tabelle die Nennweiten der Einzelanschlussleitungen A bis G der Entwässerungsgegenstände im abgebildeten UG eines Wohngebäudes **(Bild 1)**.

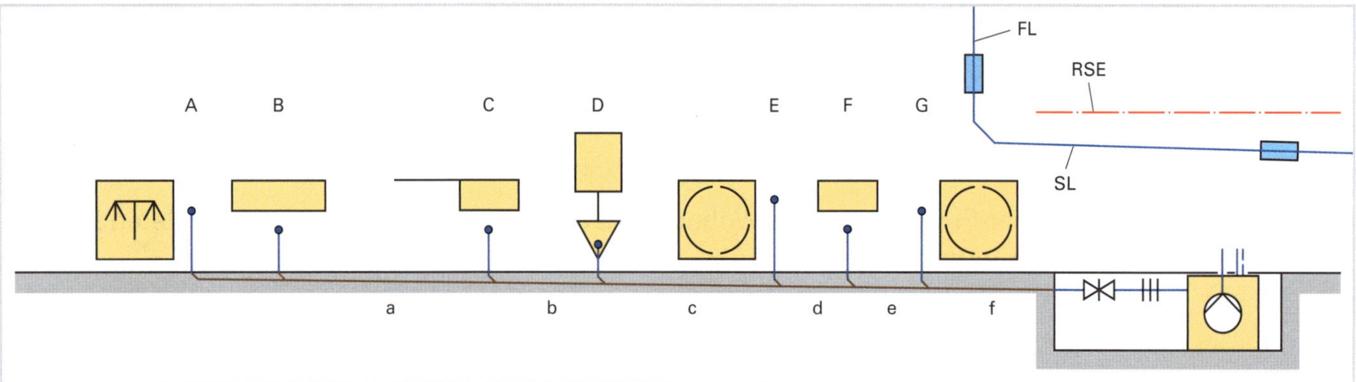

Bild 1: Nennweiten der Zulaufleitung

b) Ermitteln Sie die Nennweiten der Abschnitte a bis f der Zulaufleitung (Sammelanschlussleitung) der geschlossenen Hebeanlage im UG.

EAL	A	B	C	D	E	F	G
DN							

SAL	a	b	c	d	e	f
$\sum$DU						
DN						

c) Ergänzen Sie in der Skizze die Leitungsanschlüsse der geschlossenen Hebeanlage und benennen Sie die eingeplanten Armaturen **(Bild 1)**.

– Dachrinnen und Regenfallrohre

9.13 a) Ein Wohnhaus in Leipzig mit einem symmetrischen, ziegelgedeckten Satteldach hat eine rechteckige Dachgrundfläche von 14,60 m Länge und 8,80 m Breite. Welche Größe muss die vorgehängte halbrunde Zinkrinne haben, wenn jede Seite des Daches ein Regenfallrohr erhält?

b) Ermitteln Sie die Nennweite der Regenfallrohre, wenn konische Ablaufstutzen verwendet werden.

c) Erstellen Sie auf einem gesonderten Blatt einen tabellarischen Materialauszug nach vorgegebenem Muster, wenn die Höhe von Bodenniveau bis zur Dachtraufe ca. 7,80 m und der Vorsprung des Dachgesimses jeweils 0,70 m beträgt.

Materialliste

Pos	Menge	Materialbezeichnung

II Systemanalyse und Instandhaltung

1 Technologie

1.1 a) Grenzen Sie den Gültigkeitsbereich der DIN EN 12056, der DIN 1986-100 und der DIN EN 752 in der Entwässerungsanlage ab **(Bild 1)**.

① ______

② ______

③ ______

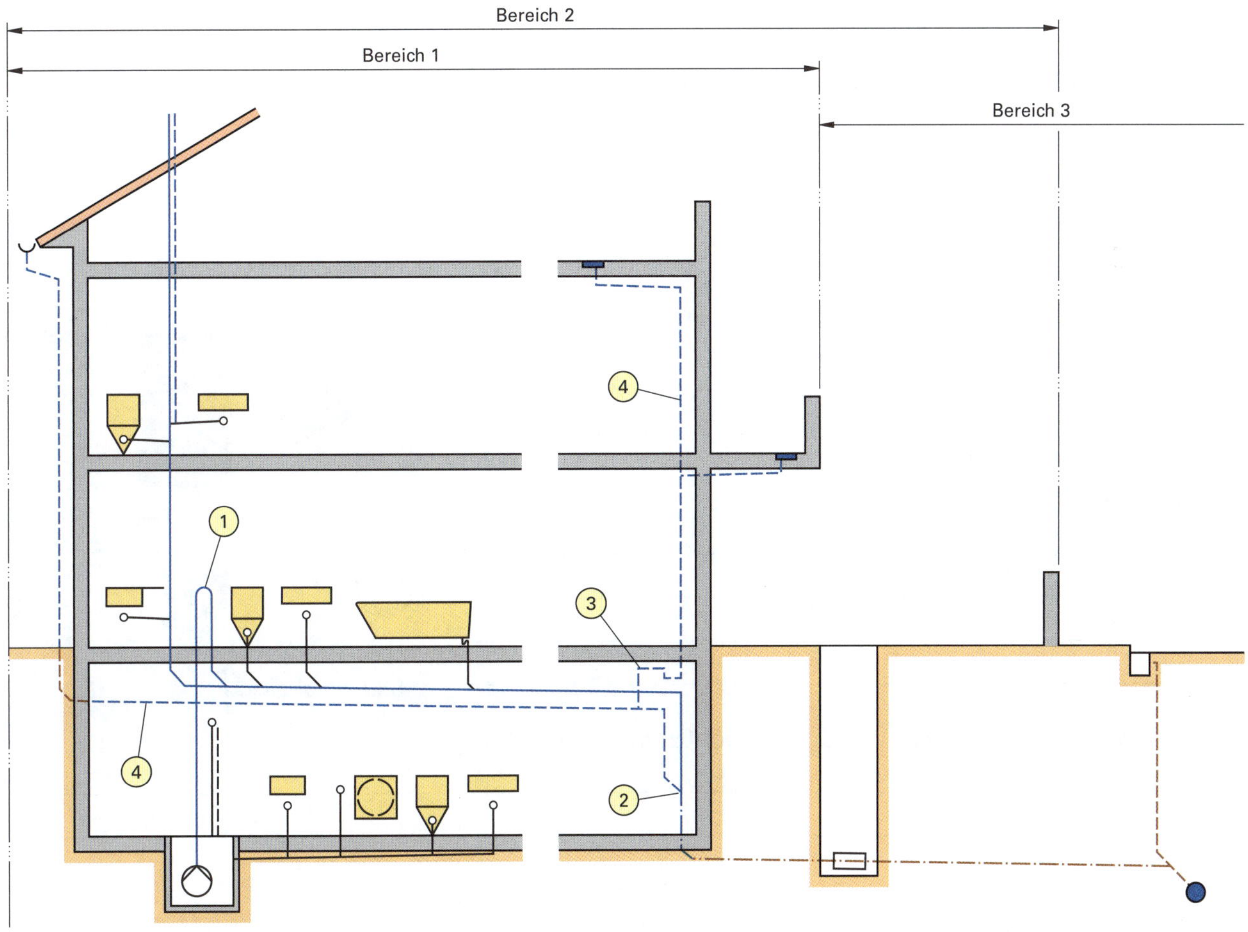

Bild 1: Entwässerungsanlage

b) Beurteilen Sie die Leitungsverlegung in Punkt ① und Punkt ②.

______

c) Aus welchem Grund ist Bauteil ③ in die Anlage eingebaut?

______

d) Welche Werkstoffe sind für Leitung ④ zugelassen und welche zusätzliche Maßnahme ist bei diesen Leitungen erforderlich?

______

1.1 e) Welche wichtigen Bauteile wurden bei den Übergängen der Fall- in die Sammelleitungen und der Sammel- in die Grundleitungen nicht vorgesehen **(Bild 1, Seite 69)?**

1.2 a) Welche Art von Schmutzwasserleitung ist in der Skizze unter ① abgebildet **(Bild 1)?**

b) Überprüfen Sie, ob die Anwendungsgrenzen eingehalten sind. Welche Maßnahme ist zu treffen, wenn diese überschritten sind?

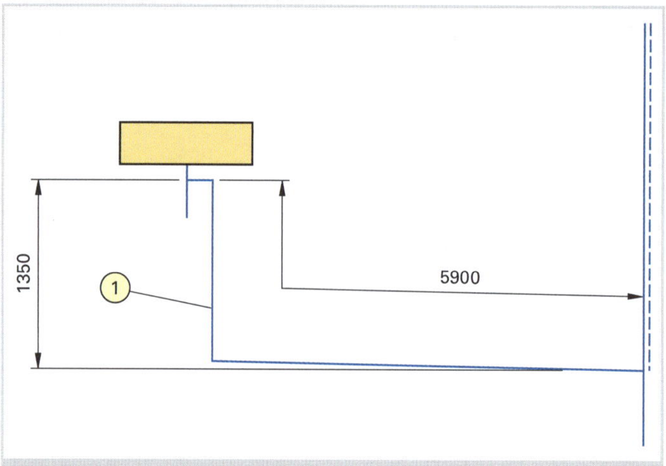

Bild 1: Abwasseranlage

1.3 a) Für eine Spüleinrichtung liegt nur ein englischsprachiger Katalog mit **Bild 2** und folgendem Text vor:
Electronic kit iQ 110 E 1 with cover plate, urinal trap with:
– sensor and cable, – microprocessor, – solenoid valve,
– cover plate and frame fasteners.
Übersetzen Sie den Text ins Deutsche.

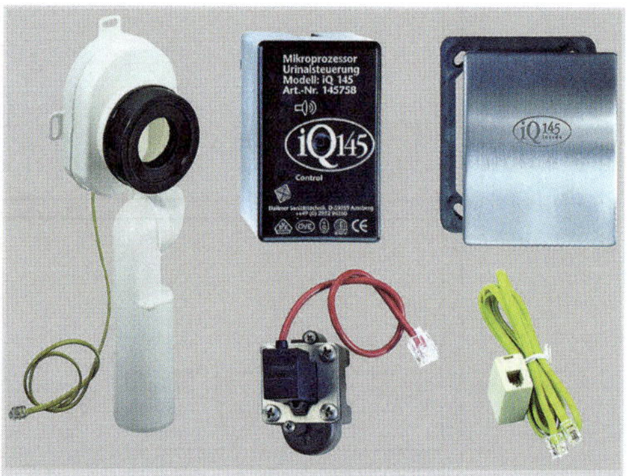

Bild 2: Urinalsifon

b) Erklären Sie kurz die Art der Spüleinrichtung.

1.4 a) In dem englischsprachigen Prospekt eines Herstellers ist ein Bauteil für Entwässerungsanlagen abgebildet, das Ihnen unbekannt ist **(Bild 3).** Übersetzen Sie den beigefügten Text:
Type RS 4 non-return valve, vertical or horizontal installation, with: rising ball seal, body: polypropylene, RS 4.5: with two cleaning eyes.

Bild 3: Selbsttätige Absperrarmatur

b) Erläutern Sie, um welches Bauteil es sich handelt.

1.5 a) Für das abgebildete Ventil ist die Erklärung der Funktion nur in englisch erhältlich **(Bild 1).** Übersetzen Sie den folgenden Text ins Deutsche.
With a pressure drop in the system, the valve opens allowing air to equalize the pressure. With the valve closed, the valve is tightly sealed. No foul air can escape.

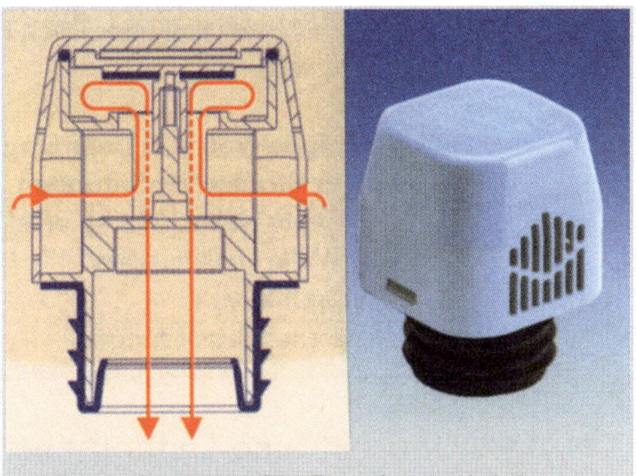
Bild 1: Armatur für Druckausgleich

b) Erklären Sie kurz die Funktion dieses Ventils.

1.6 a) Für die behindertengerechte Badplanung liegt eine Montagezeichnung mit englischem Text vor **(Bild 2).**
Übersetzen Sie den Text ins Deutsche.
Type 300 KS concealed trap conforming to DIN 19541 with: space saving built – in trap body, height adjustable inlet, removable trap insert, cover plate, material: polypropylene, inlet: white PP.

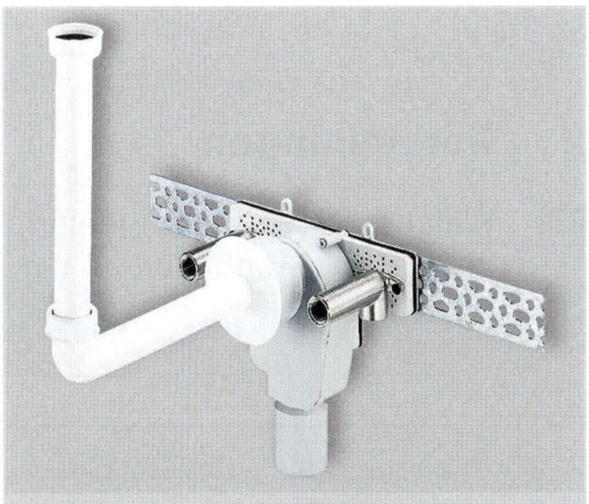
Bild 2: Waschtisch-Ablaufarmatur

b) Erklären Sie kurz die Montageart des Sanitärgegenstandes mit der abgebildeten Ablaufarmatur **(Bild 2).**

1.7 Bei Ihrem Kunden soll im Zuge der Gebäudesanierung die erdverlegte Schmutzwasserleitung zwischen Vorder- und Hinterhaus wie abgebildet auf Dichtheit geprüft werden **(Bild 3).**

a) Welche drei Möglichkeiten der Dichtheitsprüfung von erdverlegten Freispiegelleitungen unterscheidet man?

①
②
③

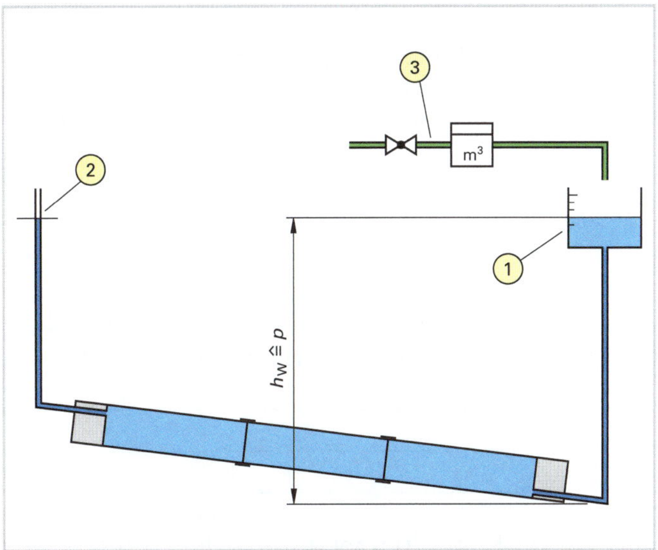

Bild 3: Dichtheitsprüfung bei Abwasserleitungen

b) Welche der Prüfmöglichkeiten wird in diesem Fall angewendet?

c) Beschreiben Sie stichwortartig das Vorgehen bei der Dichtheitsprüfung.

d) Mit welchem Druck ist die Grundleitung zu prüfen?

e) An welcher Stelle der zu prüfenden Anlage wird dieser Druck gemessen?

f) Wann gilt eine Leitung nach DIN EN 1610 als dicht?

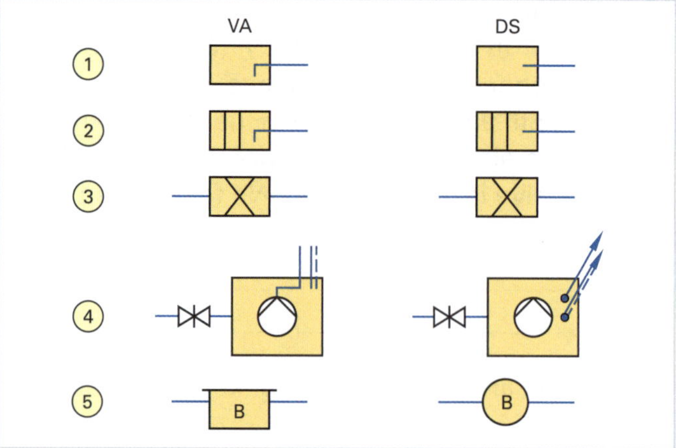

Bild 1: Sinnbilder Abwasserinstallation

2 Darstellungen

2.1 Welche Entwässerungseinrichtungen sind durch die Sinnbilder ① bis ⑤ dargestellt **(Bild 1)?**

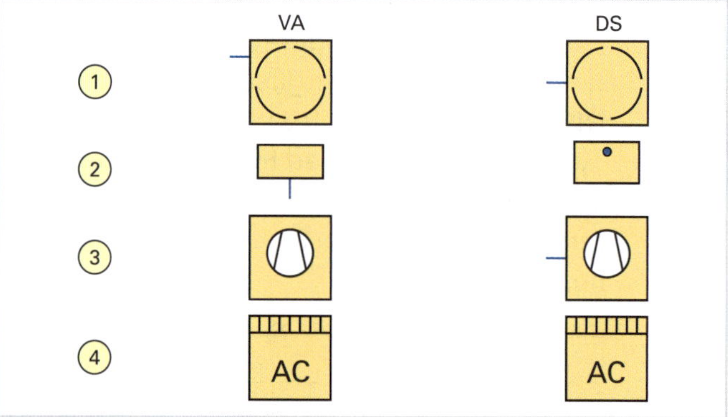

Bild 2: Ausstattung Küche, Hausarbeitsraum

2.2 Benennen Sie für die Küche und den Hausarbeitsraum die Entwässerungsgegenstände ① bis ④ **(Bild 2).**

2.3 Auf der Ihnen vorliegenden Zeichenschablone sind die Sinnbilder ① bis ⑤ nach DIN 1986-100 abgebildet. Um welche Entwässerungsgegenstände handelt es sich **(Bild 3)?**

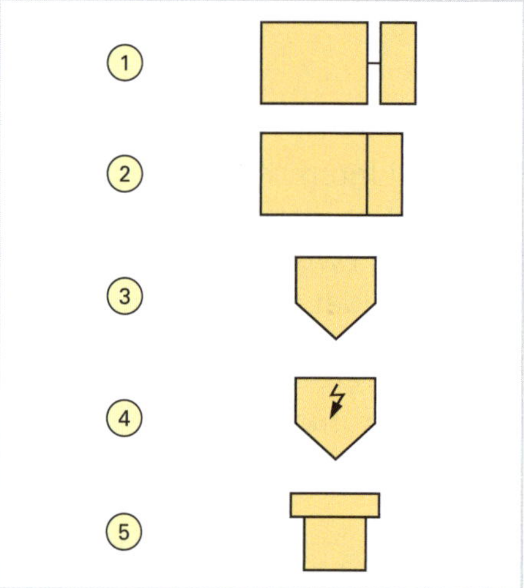

Bild 3: Sinnbilder

2.4 a) Bezeichnen Sie präzise die in a) und b) abgebildeten Formstücke für Abwasserleitungen **(Bild 4).**

b) Ihr Kunde bemerkt, dass die Formstücke in Situation a) anders eingebaut sind als in Situation b) **(Bild 4).**
Nennen Sie jeweils Leitungsabschnitte, wo die Einbauart a) bzw. die Einbauart b) sinnvoll ist.

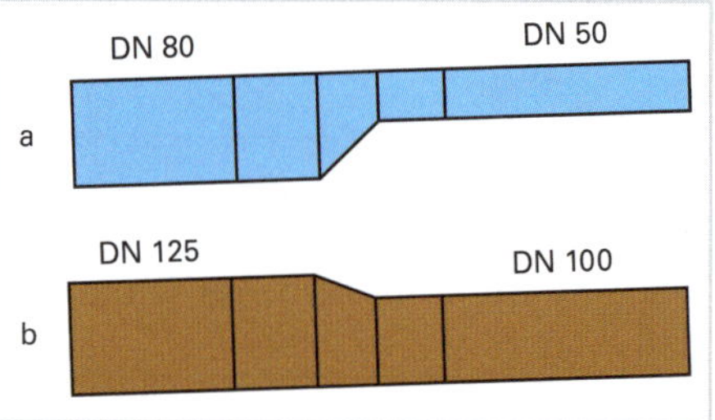

Bild 4: Abwasserleitungen

III Kundenauftrag

1 Entwässerung Küche und Bad

Für das Zweifamilienhaus Kappler, Bergstraße 11 in Düsseldorf, ist die Gebäudeentwässerung auszuführen.

Es ist folgende Ausstattung vorgesehen:

Bad ⇒ 1 Badewanne 1700 mm × 750 mm,
1 Duschwanne 800 mm × 800 mm,
1 WC wandhängend mit 6-l-Spülkasten,
1 Waschtisch 630 mm,
1 Urinal mit Druckspüler,

Küche ⇒ 1 Einfachspüle 1000 mm × 600 mm Becken links,
1 Geschirrspüler.

Die Fläche des Flachdaches mit Kiesschüttung beträgt 146 m^2 und soll zu gleichen Teilen über zwei innen liegende Regenfallrohre in Teilfüllung entwässert werden. Planen Sie die Entwässerungsanlage unter Berücksichtigung von DIN EN 12056 und DIN 1986-100 **(Bild 1)**.

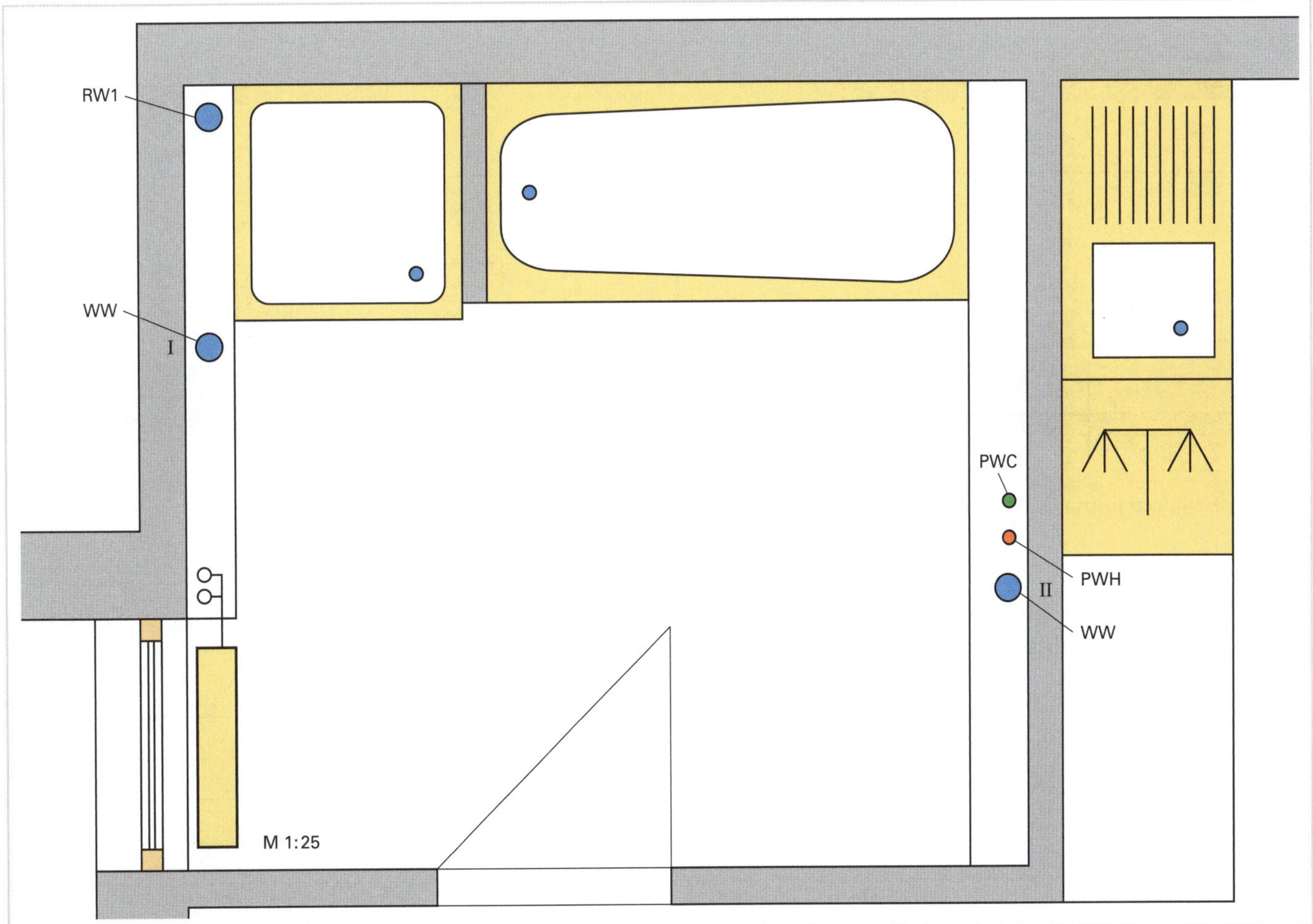

Bild 1: Küche und Bad im Zweifamilienhaus

1.1 a) Ergänzen Sie die Bad- und die Küchenplanung unter Berücksichtigung der Mindestabstände und der erforderlichen Bewegungsflächen so, dass später eine Grauwassernutzung mit minimalem Aufwand nachgerüstet werden kann.

1.1 b) Beraten Sie Familie Kappler über mögliche Sanitärwerkstoffe für Bad und Küche. Nennen Sie die Vorteile der von Ihnen vorgeschlagenen Materialien.

1.2 a) Legen Sie die Lüftungsart der beiden vorgesehenen Schmutzwasser-Fallleitungen und der Anschlussleitungen fest und begründen Sie Ihre Wahl.

b) Zeichnen Sie die Trinkwasser- und die Schmutzwasserleitungen der Anschlüsse für die Sanitärgegenstände in Bad und Küche ein **(Bild 1, Seite 73)**.

c) Ergänzen Sie im Strangschema die Trinkwasser- und die Abwasseranlage (OG) unter Berücksichtigung der geltenden Vorschriften **(Bild 1)**.

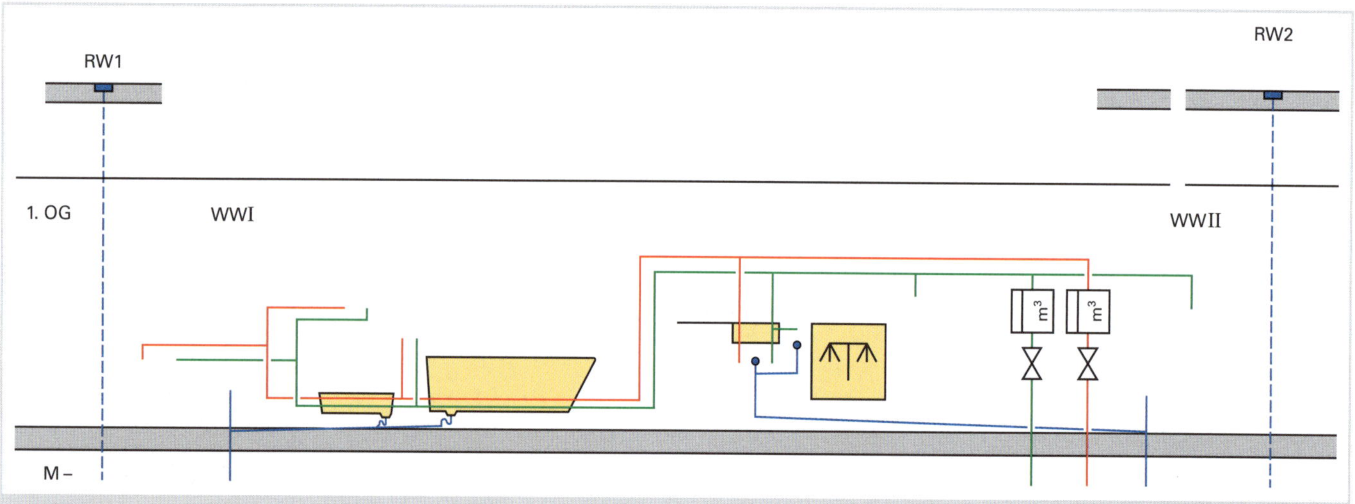

Bild 1: Strangschema OG, Zweifamilienhaus

d) Nennen Sie mindestens sechs Montageregeln, die bei der Montage der Schmutzwasser-Fallleitungen zu beachten sind.

①
②
③
④
⑤
⑥

e) Wie vermeiden Sie Fremdeinspülung und Rückspülung bei der Verbindung der Anschlussleitungen mit den Schmutzwasser-Fallleitungen I und II?

f) Die zu erwartende Wärmedehnung bei den Schmutzwasser-Fallleitungen zwischen der obersten Anschlussleitung im EG und der untersten im OG ist zu ermitteln. Der Höhenunterschied zwischen diesen beiden Anschlussleitungen beträgt 2,45 m, die zu erwartende Erwärmung 24 °C. Welche Längenänderung tritt auf, wenn als Werkstoff GG, welche, wenn PE-HD verwendet wird?

g) Nennen Sie vier Maßnahmen, die erforderlich sind, um bauliche Schäden durch die Wärmedehnung bei Fall- und Anschlussleitungen zu vermeiden.

① ______________________ ③ ______________________

② ______________________ ④ ______________________

h) Bestimmen Sie die Nennweiten der Schmutzwasser-Anschluss-, Fall- und Lüftungsleitungen.

Nennweiten Schmutzwasserleitungen

FL I	Gegenstand	DU	∑DU	DN	FL II	Gegenstand	DU	∑DU	DN
EAL			–		EAL			–	
			–					–	
			–					–	
SAL	–	–			SAL	–	–		
FL	–	–				–	–		
LL		–	–				–	–	
$\dot{V}_{WW}$ =									

i) Überprüfen Sie die Anwendungsgrenzen der Anschlussleitungen.

2 Entwässerung im Untergeschoss

2.1 a) Worauf ist beim Anschluss der Entwässerungsgegenstände im Untergeschoss des Zweifamilienhauses zu achten? Erläutern Sie dem Bauherrn die vorzusehenden Maßnahmen **(Bild 1, Seite 76)**.

b) Planen Sie für das Untergeschoss eine möglichst sichere Entwässerung und ergänzen Sie das Strangschema (UG) **(Bild 1, Seite 76)**.

c) Worauf ist bei den Verbindungsstellen der Schmutzwasserleitung von der Pumpe bis zu dem Anschluss an die Schmutzwasserleitung aus den oberen Geschossen zu achten?

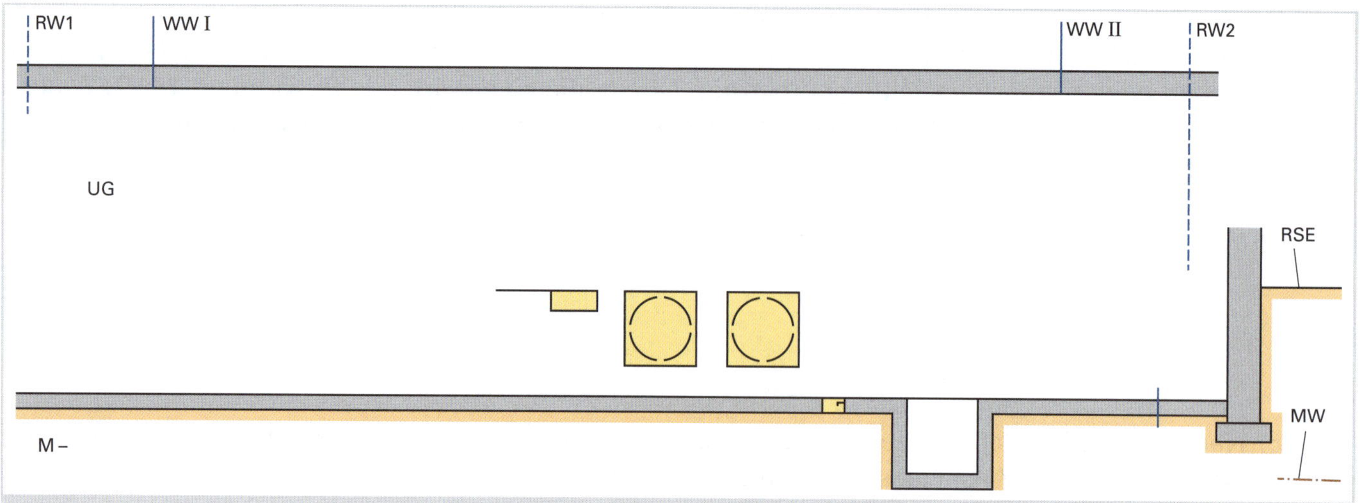

Bild 1: Strangschema UG, Zweifamilienhaus

d) Wie ist die Schmutzwasserleitung von der Pumpe an die Schmutzwasserleitung aus den oberen Geschossen anzuschließen **(Bild 1)?**

e) Welche Nennweiten erhalten die Einzel- und die Sammelanschlussleitungen, die in den Pumpensumpf entwässert werden, wenn ein Bodenablauf DN 70 vorgesehen ist.

Nennweiten von Anschlusswasserleitungen

Einzelanschlussleitungen					**Sammelanschlussleitungen**			
SG	Sp	WM	WM	BA	TS	a	b	c
DU					$\sum$DU			
DN					DN			

2.2 a) Die Nennweite der beiden Regenfallrohre ist zu ermitteln.

b) Welche zusätzlichen Maßnahmen sind bei der Verlegung der innen liegenden Regenwasserleitungen zu beachten?

c) Begründen Sie, weshalb Regen- und Schmutzwasserleitungen beim Mischsystem erst außerhalb der Gebäude zusammengeführt werden sollen.

d) Welche Vorschrift gilt für die Anzahl von Dachabläufen für innen liegende Fallrohre und Dachrinnen?

3 Wohnhaus

Ein Kunde beabsichtigt ein Wohnhaus zu kaufen und beauftragt Sie, die Abwasseranlage zu überprüfen **(Bild 1).**

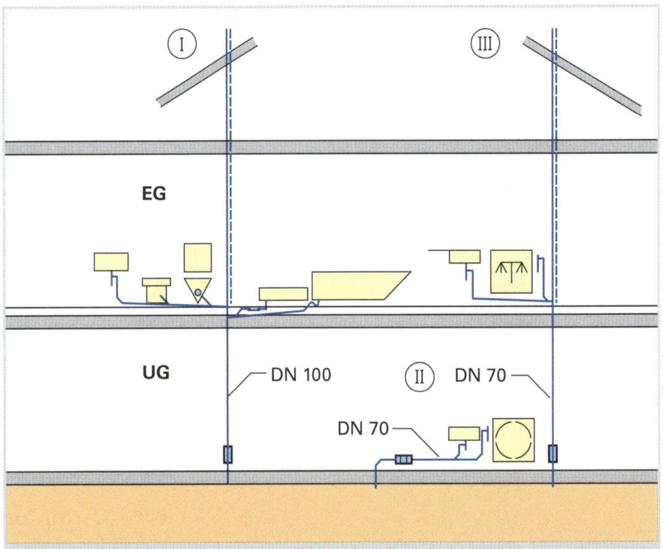

Bild 1: Strangschema Wohnhaus

3.1 a) Welche Leitungsarten nach DIN 1986-100 sind bei Strang I und Strang III abgebildet?

___

___

___

b) Welche Sicherungsmaßnahmen sind in Strang II der Abwasseranlage vorgesehen?

___

___

___

c) Welche Maßnahme ist nötig, wenn bei den Ablaufstellen an Strang II Gurgelgeräusche und Geruchsbelästigungen auftreten?

___

3.2 Erklären Sie die Anschlussart der Duschwanne im 1. OG.

___

3.3 Der Kunde möchte im UG ein WC einrichten. Welche Lösung empfehlen Sie, wenn die Rückstauebene 1,72 m über FFB UG liegt?

___

4 Abscheideanlagen

Sie werden zu einem Betrieb gerufen, der Fleisch verarbeitet und ein Restaurant betreibt, das Angestellten der umliegenden Betriebe einen Mittagstisch bietet, weil es Probleme mit der Entwässerungsanlage gibt. Im Untergeschoss des Betriebes finden Sie eine Abscheideanlage, die dem Schema in **Bild 2** entspricht.

4.1 Um was für eine Anlage handelt es sich?

4.2 Benennen Sie die Teile ① bis ⑤ der Anlage?

___

___

___

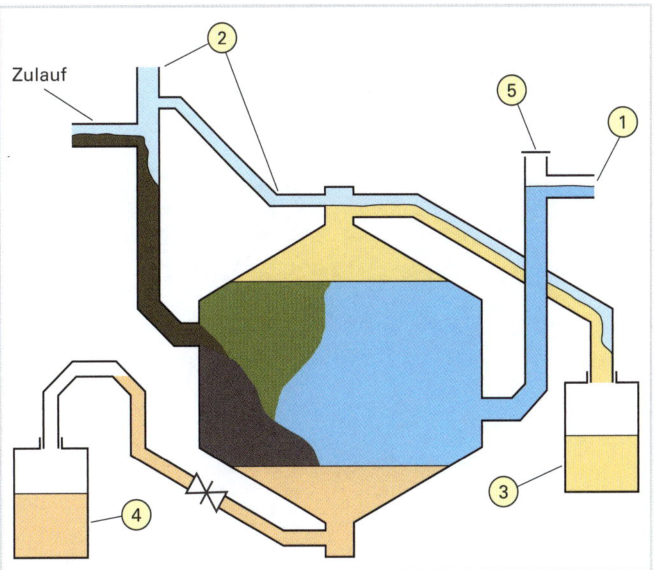

Bild 2: Abscheideanlage

4.3 Beschreiben Sie stichwortartig die Funktion dieser Abscheideanlage.

___

___

___

4.4 Welche Vorteile bietet diese Abscheiderbauart gegenüber einer im Erdreich gelagerten?

___

___

7 Wärmeverteilungsanlagen installieren
Installation of heat distribution systems

I Arbeitsplanung // Work planning

1	**Wärmeverteilung**	Heat distribution
2	**Montage von Rohrleitungen**	Installation of pipes
3	**Montage von Heizkörpern**	Installation of radiators
4	**Darstellungen**	Illustrations
5	**Berechnungen**	Calculations

II Systemanalyse und Instandhaltung // System analysis and maintenance

1	**Armaturen**	Valves
2	**Pumpen**	Pumps
3	**Anlagenhydraulik**	System hydraulics
4	**Inbetriebnahme**	Set up and start of operation
5	**Heizkosten**	Heating costs

III Kundenauftrag // Customer order

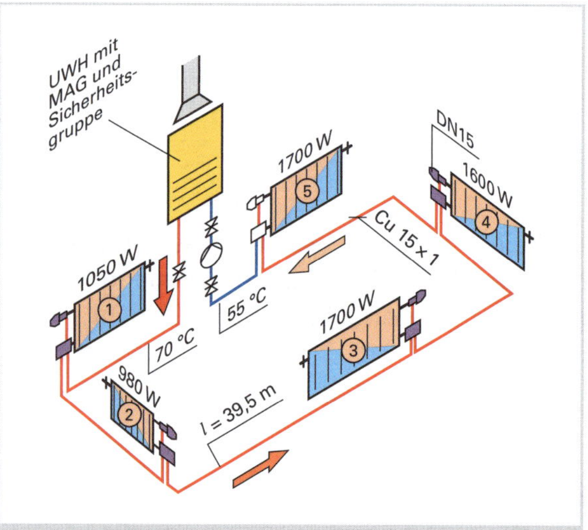

Einrohrheizung

Sonderheizkörper

I Arbeitsplanung

1 Wärmeverteilung

1.1 Wie erfolgt bei einer PWW-Heizung der Wärmetransport vom Wärmeerzeuger zum Heizkörper und welche Systeme sind dabei möglich?

1.2 Nennen Sie drei verschiedene Heizkörperarten und je zwei Bauformen dazu.

1.3 Wie erfolgt die Wärmeabgabe der Heizkörper an die Aufenthaltsräume und geben Sie die prozentuale Aufteilung der Wärmeabgabe an.

1.4 Weshalb sollen Heizkörper möglichst unter den Außenfenstern angeordnet werden?

1.5 Begründen Sie, weshalb im Wohnungsbau im Wesentlichen nur noch Platten- oder Flachheizkörper eingebaut werden.

1.6 Beschreiben Sie die verschiedenen Flachheizkörper-Typen und die sich dadurch ändernde Wärmeabgabe an den Raum.

1.7 Was bedeutet die Heizkörperbezeichnung Typ 21 – 350 × 800?

1.8 Nennen Sie drei Beispiele für den Einsatz von Röhrenradiatoren und drei für Sonderheizkörper.

1.9 Wie erfolgt die Wärmeabgabe bei Konvektoren und wovon ist deren Leistung abhängig?

1.10 Erklären Sie den Begriff „Flächenheizung“ und nennen Sie dazu drei Beispiele.

1.11 Wie erfolgt im Wesentlichen bei Flächenheizungen die Wärmeabgabe an die Räume?

1.12 Nennen Sie fünf Vor- und vier Nachteile der Flächenheizungen gegenüber von Radiatorenheizungen.

Vorteile:

Nachteile:

1.13 Unterscheiden Sie vom Aufbau her die Flächenheizungssysteme „Nass- und Trockenverlegung“.

1.14 Welche Vorteile bietet die Verwendung eines Trockenestrichs?

1.15 Nennen Sie Gründe für den Einbau einer Wandheizung.

1.16 Begründen Sie, wann für bestimmte Räumlichkeiten der Einsatz einer Deckenheizung sinnvoll ist.

2 Montage von Rohrleitungen

2.1 Nennen Sie drei verschiedene Rohrwerkstoffe und die jeweils dazu passende Verbindungstechnik.

2.2 Nennen Sie drei verschiedene Möglichkeiten, wo innerhalb des Gebäudes die Heizungsrohre verlegt werden können.

2.3 Wie lassen sich bei Heizungsleitungen Richtungsänderungen durchführen? Nennen Sie drei Möglichkeiten.

2.4 Welche Vorteile bietet das Biegen von Rohrleitungen? Nennen Sie drei verschiedene Verfahren.

a) ______

b) ______

c) ______

2.5 Von welchen Faktoren hängt der Mindestbiegeradius bei Heizungsleitungen ab?

______

2.6 Beschreiben Sie, wie bei der horizontalen Rohrverlegung die Wärmedehnung der Leitungen berücksichtigt werden kann.

______

______

______

2.7 Von welchen Faktoren ist die Art und die Anzahl der Rohrbefestigungen abhängig?

______

______

2.8 Begründen Sie, weshalb Heizungsrohre eine Wärmedämmung erhalten müssen.

______

______

2.9 Nennen Sie je ein Beispiel für die verschiedenen Dämmschichtdicken bei Heizungsleitungen und in welcher Verordnung wird dies geregelt?

______

______

______

3 Montage von Heizkörpern

3.1 Nennen Sie drei mögliche Stellen, an denen in Wohngebäuden Heizkörper montiert werden können und welche Befestigungen sind möglich?

______

______

______

3.2 Welcher Fußbodenabstand Δh_1 ist bei einem frei aufgestellten Heizkörper einzuhalten und wie groß ist der Abstand Δh_2 zu einer Fensterbrüstung?

______

______

3.3 Nennen Sie drei Möglichkeiten, wie bei einer Zweirohrheizung der Heizkörper an das Rohrnetz angeschlossen werden kann?

______

______

3.4 Welche Aufgabe hat ein Strahlungsschirm am Heizkörper und wann muss dieser eingebaut werden?

______

______

4 Darstellungen

4.1 Skizzieren Sie die Sinnbilder für die Rohreinbauelemente:

a) Rückschlagklappe ____________
b) Absperrschieber ____________
c) Absperrhahn ____________
d) Pumpe ____________
e) MAG ____________
f) Dreiwege-Motorventil ____________
g) Kappenventil ____________
h) Sicherheitsventil ____________

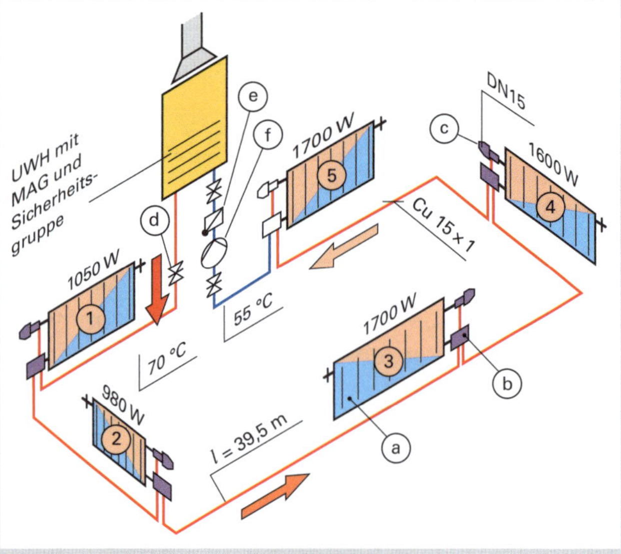

Bild 1: Wärmeverteilungssystem

4.2 Benennen Sie das dargestellte Wärmeverteilungssystem und die gekennzeichneten Bauteile **(Bild 1)**.

a) ____________ b) ____________
c) ____________ d) ____________
e) ____________ f) ____________

4.3 Zeichnen Sie den kompletten Pumpeneinbau mit allen Armaturen in das **Bild 2.**

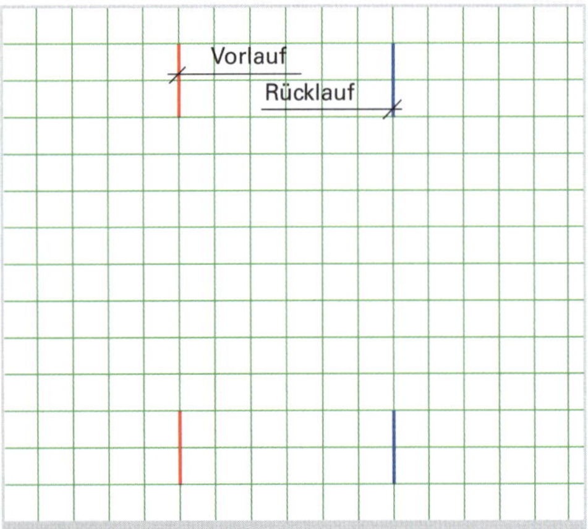

Bild 2: Pumpeneinbau

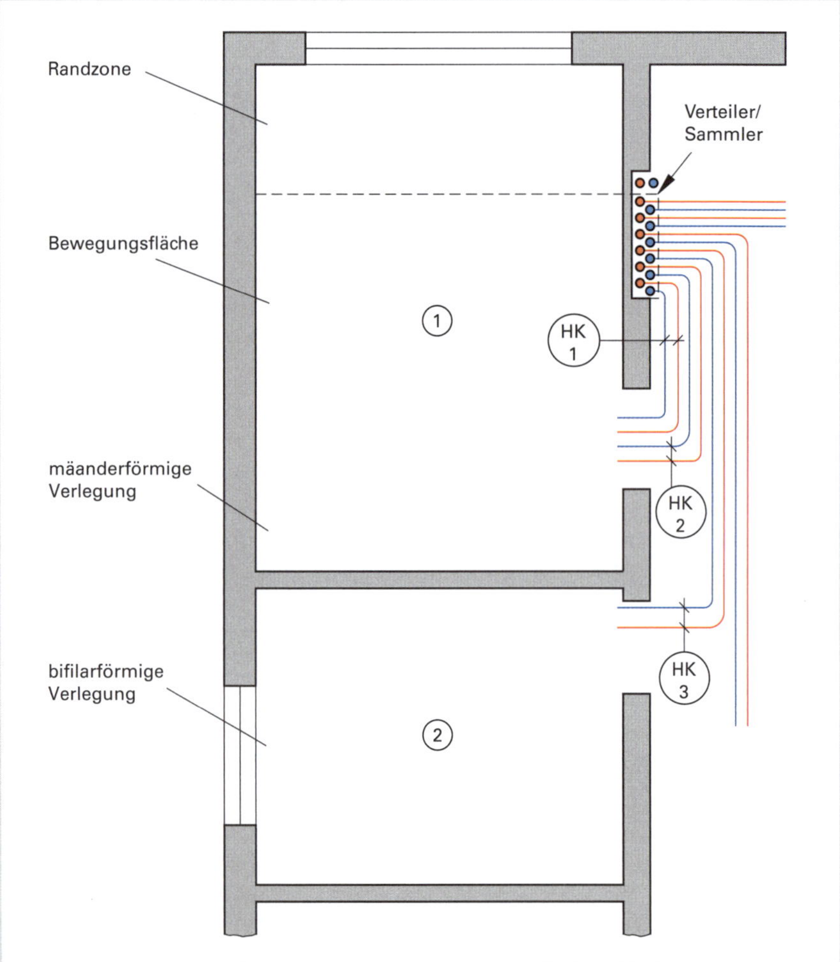

Bild 3: Wohnungsgrundriss

4.4 Zeichnen Sie in den dargestellten Wohnungsgrundriss die Rohrleitungen für die Heizkreise einer Fußbodenheizung unmaßstäblich ein **(Bild 3).**
Raum 1:
Heizkreis 1 (Randzone), Heizkreis 2 (Bewegungsfläche).
Beide Heizkreise mit mäanderförmiger Verlegung.
Raum 2: Heizkreis 3, bifilare Verlegung, für die Bewegungsfläche.

4.5 Bestimmen Sie das Verlegesystem und benennen Sie die gekennzeichneten Bauteile, die zum Aufbau der dargestellten Fußbodenheizung gehören **(Bild 1).**

Verlegesystem: ____________________

① ____________________

② ____________________

③ ____________________

④ ____________________

⑤ ____________________

⑥ ____________________

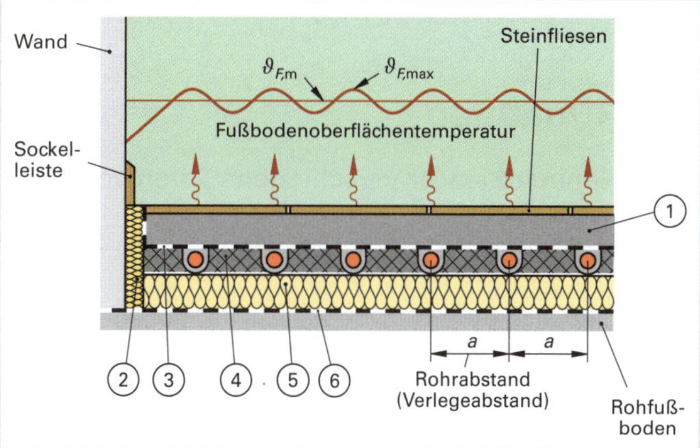

Bild 1: Fußbodenheizung, Verlegesystem

5 Berechnungen

5.1 Die Norm-Heizlast eines Wohnraumes beträgt 1100 W. Berechnen Sie die Heizkörperleistung bei einem Auslegungszuschlag von 15 %.

5.2 Berechnen Sie die Übertemperatur für die Auslegung eines Heizkörpers bei der Systemtemperatur 65/50 °C und einer Raumlufttemperatur von 20 °C.

5.3 Eine NTR-Heizung wird mit folgenden Temperaturen betrieben: ϑ_V = 55 °C, ϑ_R = 45 °C, ϑ_i = 22 °C. Bestimmen Sie die Übertemperatur.

5.4 Die Norm-Heizlast in einem Schlafraum wurde mit 775 W ermittelt. Bestimmen Sie den Umrechnungsfaktor f_u und die Größe des Plattenheizkörpers bei der Systemtemperatur 60/45 °C. Die Brüstungshöhe beträgt 86,5 cm.

5.5 Welche Norm-Heizleistung liefert ein Stahlradiator mit der Bezeichnung 26/600/110 bei den Systembedingungen 75/65/20 und bestimmen Sie die Abmessungen des Heizkörpers.

5.6 Die Wärmeleistung eines Heizkörpers beträgt 1475 W. Berechnen Sie den Massenstrom, wenn die Heizungsanlage mit 65/50 °C betrieben wird.

5.7 In einer Wärmeverteilungsanlage PWW 55/40 °C hat der letzte Heizkörper eine Wärmeleistung von 1780 W. Bestimmen Sie den R-Wert und den Druckverlust für eine 8,9 m lange Kupferrohrleitung Cu 15 × 1. Berechnen Sie die Einzelwiderstände Z, wenn für Fittings und Heizkörper der gleiche Druckverlust wie für die gerade Rohrleitung benötigt wird.

II Systemanalyse und Instandhaltung

1 Armaturen

1.1 Nennen Sie vier verschiedene Arten von Heizungsarmaturen und deren Aufgaben.

a) ________ b) ________ c) ________ d) ________

a) ________________
b) ________________
c) ________________
d) ________________

1.2 Beschreiben Sie die wesentlichen Unterschiede zwischen einem

a) Geradsitzventil ________________

________________ und

b) einem Hahn. ________________

____

1.3 Weshalb ist ein Eckventil strömungsgünstiger als ein Schrägsitzventil?

____

1.4 Nennen Sie je zwei Beispiele für a) Regelventile und b) Sicherheitsarmaturen.

a) ________________
b) ________________

1.5 Welche Aufgaben hat ein Rückschlagventil, das nach der Umwälzpumpe eingebaut ist?

____

____

1.6 Nennen Sie die beiden möglichen Funktionen eines Drei-Wege-Mischers.

a) ________________ b) ________________

1.7 Skizzieren Sie farbig die Funktionen eines Drei-Wege-Mischers mit Strömungspfeilen und Pumpeneinbau.

a) b)

1.8 Welche Aufgabe hat ein Überströmventil, das nach einer Umwälzpumpe zwischen dem Vor- und Rücklauf montiert wird?

____

____

2 Pumpen

2.1 Welche Aufgabe hat die Pumpe im Heizungssystem und welche Bauarten werden als Heizungsumwälzpumpen verwendet?

____

____

2.2 Nennen Sie die für die Pumpenauswahl maßgebenden Größen und die dazu gehörenden Einheiten.

____

2.3 Erklären Sie die nachfolgenden Begriffe.
Pumpenkennlinie:

Rohrnetzkennlinie:

Betriebspunkt:

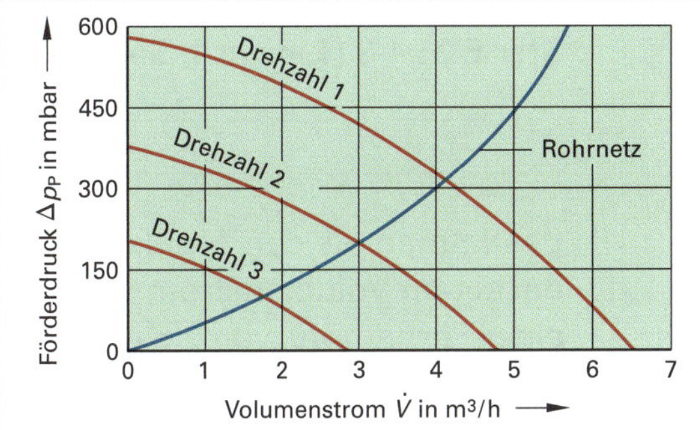

Bild 1: Pumpendiagramm

2.4 Ermitteln Sie aus dem Pumpendiagramm einer dreistufigen Umwälzpumpe die jeweiligen Betriebspunkte bei den Drehzahlen 1 bis 3 **(Bild 1)**.

Spezification
single pump,
energie-saving pump,
electronically controlled,
with screw connection,
control mode Δp – cv
for optimum
load adjustment

Bild 2: Pumpenbauart

2.5 Pumpenangaben in Englisch.

a) Nennen Sie den Fachausdruck für die dargestellte Pumpenart **(Bild 2)**.

b) Übersetzen Sie die Pumpenbeschreibung in die deutsche Sprache **(Bild 2)**.

c) Für welchen Temperaturbereich ist die Pumpe zugelassen und wie hoch ist der maximal zulässige Anlagendruck **(Tabelle 1)**?

d) Mit welcher Stromart ist die Pumpe anzuschließen und wie lautet die Schutzart des Pumpenmotors **(Tabelle 1)**?

Tabelle 1: Pump Specification

Technical data			
Approved fluids			
Heating water in accordance with VDI 2035			
Performance			
Delivery head	max. 5,0 m		
Volume flow	max. 3,5 m³/h		
Speed range	500–2600 rpm		
Permitted temperature range	20 °C to 110 °C		
Electrical connection			
Mains connection	1 ~ 230 V, 50 Hz		
Motor			
Protection class	IP 42		
Insulation class	F		
Pump: Dimensions and weights			
	thread Rp	overall length (mm)	weight kg
Star-E 20/1-3	1	130	2,2
Star-E 20/1-5	1	130	2,5
Star-E 25/1-3	11/2	180	2,4
Star-E 25/1-5	11/2	180	2,6
Motor data	Motor 50 Hz, 1 ~ 230 V		Curvent I (A)
Star-E 20/1-3	•		0,28
Star-E 20/1-5	•		0,43
Star-E 25/1-3	•		0,28
Star-E 25/1-5	•		0,43

2.5 e) Nennen Sie die Rohrverbindungsart, Nennweite, Baulänge und maximale Stromaufnahme für eine Star-E 25/1-3 **(Tabelle 1, Seite 85).**

____

____

f) Bestimmen Sie den Typ der Umwälzpumpe bei einem Volumenstrom von 2,0 m^3/h und einer Förderhöhe von 2,5 m WS **(Bild 1).**

____

2.6 Weshalb kommen in Wärmeverteilungsanlagen immer häufiger regelbare Pumpen zum Einsatz?

____

____

____

____

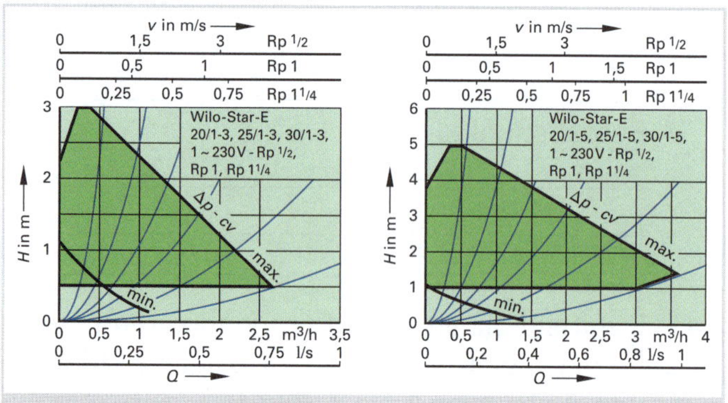

Bild 1: Pumpendiagramm

2.7 Beschreiben Sie die Bedeutung, wenn im Pumpendisplay einer regelbaren Umwälzpumpe erscheint:

$\Delta p - c$: ____

____ oder

$\Delta p - v$: ____

____

2.8 Begründen Sie, weshalb die Umwälzpumpe in der Regel im Heizungsvorlauf eingebaut werden soll.

____

____

____

2.9 Erklären Sie, was mit dem dargestellten Energielabel erreicht werden soll **(Bild 2).**

____

____

____

____

____

____

____

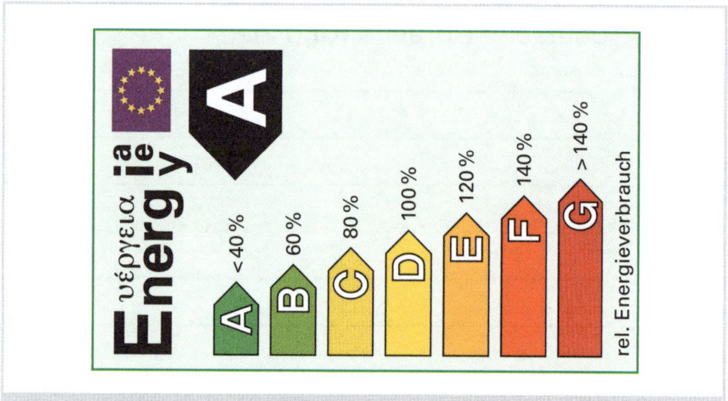

Bild 2: Energielabel für Heizungspumpen

3 Anlagenhydraulik

3.1 Weshalb muss bei allen Wärmeverteilungsanlagen nach der Inbetriebnahme ein hydraulischer Abgleich vorgenommen werden?

____

____

____

3.2 Über welche Bauteile oder Armaturen kann der hydraulische Abgleich erreicht werden?

a) Einfamilien-Wohnhaus: ______________________________

b) Mehrfamilien-Wohnhaus: ______________________________

3.3 Nennen Sie zwei Möglichkeiten, wie der Differenzdruck für den hydraulischen Abgleich bestimmt wird.

3.4 Wann ist es zweckmäßig in einem Heizungssystem eine hydraulische Weiche einzusetzen?

3.5 Erläutern Sie die Funktion einer hydraulischen Weiche.

4 Inbetriebnahme

4.1 Nennen Sie die einzelnen Arbeitsschritte, die vor der Inbetriebnahme einer Heizungsanlage durchzuführen sind.

4.2 Unter welchen Voraussetzungen muss ein Heizungssystem mit aufbereitetem Kesselwasser gefüllt werden?

4.3 Weshalb müssen Heizungsanlagen vor der Inbetriebnahme und während des Hochheizens mehrfach entlüftet werden?

4.4 Beschreiben Sie, wie ein Heizungssystem entlüftet werden kann, und nennen Sie die Stellen, an denen die dafür erforderlichen Bauteile installiert werden sollten.

4.5 Weshalb sollte das vollständige Entleeren einer Heizungsanlage nur in seltenen Fällen vorgenommen werden?

4.6 Wovon ist der Fülldruck einer Wärmeverteilungsanlage abhängig?

5 Heizkosten

5.1 Weshalb müssen die jährlichen Heizkosten für jede Wohnung genau erfasst und abgerechnet werden?

5.2 Welche Einzelkosten werden über den Wärmeverbrauch in der jährlichen Heizkostenrechnung berücksichtigt?

5.3 Nennen Sie drei verschiedene Möglichkeiten, wie der Wärmeverbrauch in Mehrfamilienhäusern genau ermittelt werden kann.

III Kundenauftrag

1 Rohrpassstück

Für eine Wärmeverteilungsanlage soll ein Rohrpassstück durch Warmbiegen angefertigt werden **(Bild 1)**.

1.1 Erläutern Sie die einzelnen Angaben des verwendeten Rohrwerkstoffes.

1.2 Bestimmen Sie Außendurchmesser, Wanddicke, Innendurchmesser und lichte Querschnittsfläche des Rohres.

1.3 Erklären Sie die Bezeichnungen PN 6 und B1 beim Flansch.

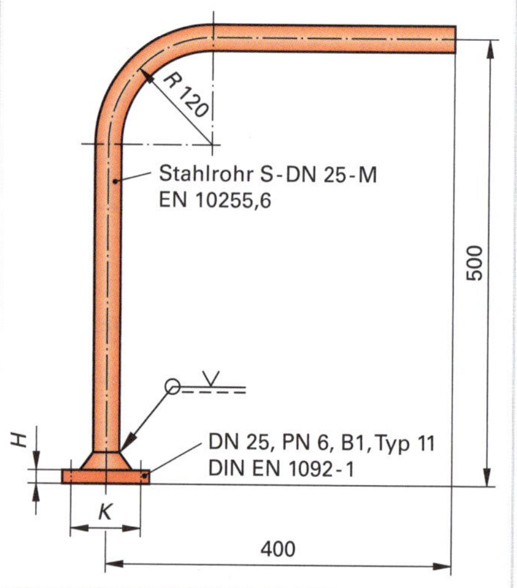

Bild 1: Rohrpassstück

1.4 Welche Verbindungstechnik zwischen Rohr und Flansch ist herzustellen? Geben Sie die genaue Bezeichnung an.

1.5 Berechnen Sie die Anwärmlänge für den dargestellten Rohrbogen.

1.6 Bestimmen Sie die gesamte Rohrlänge des herzustellenden Rohrpassstückes.

1.7 Ermitteln Sie den Wasserinhalt des Rohrstückes.

1.8 Wie viele Rohrhalterungen sind für die Befestigung einer nachfolgenden 13,5 m langen Rohrleitung mit der gleichen Nennweite erforderlich, bei gleichen Befestigungsabständen, wenn die erste und letzte Halterung je 40 cm Abstand von der Richtungsänderung haben?

1.9 Zeichnen Sie das Rohrpassstück im Maßstab M 1:5 auf dem Vorgabeblatt ein **(Bild 1).**

1.10 Tragen Sie die vorgegebenen Maße in die Zeichnung ein und geben Sie die Flanschhöhe H sowie den Lochkreisdurchmesser K an.

1.11 Wie viele Schrauben sind für die Flanschverbindung erforderlich? Geben Sie die Abmessungen und die DIN-Bezeichnung der Schrauben an.

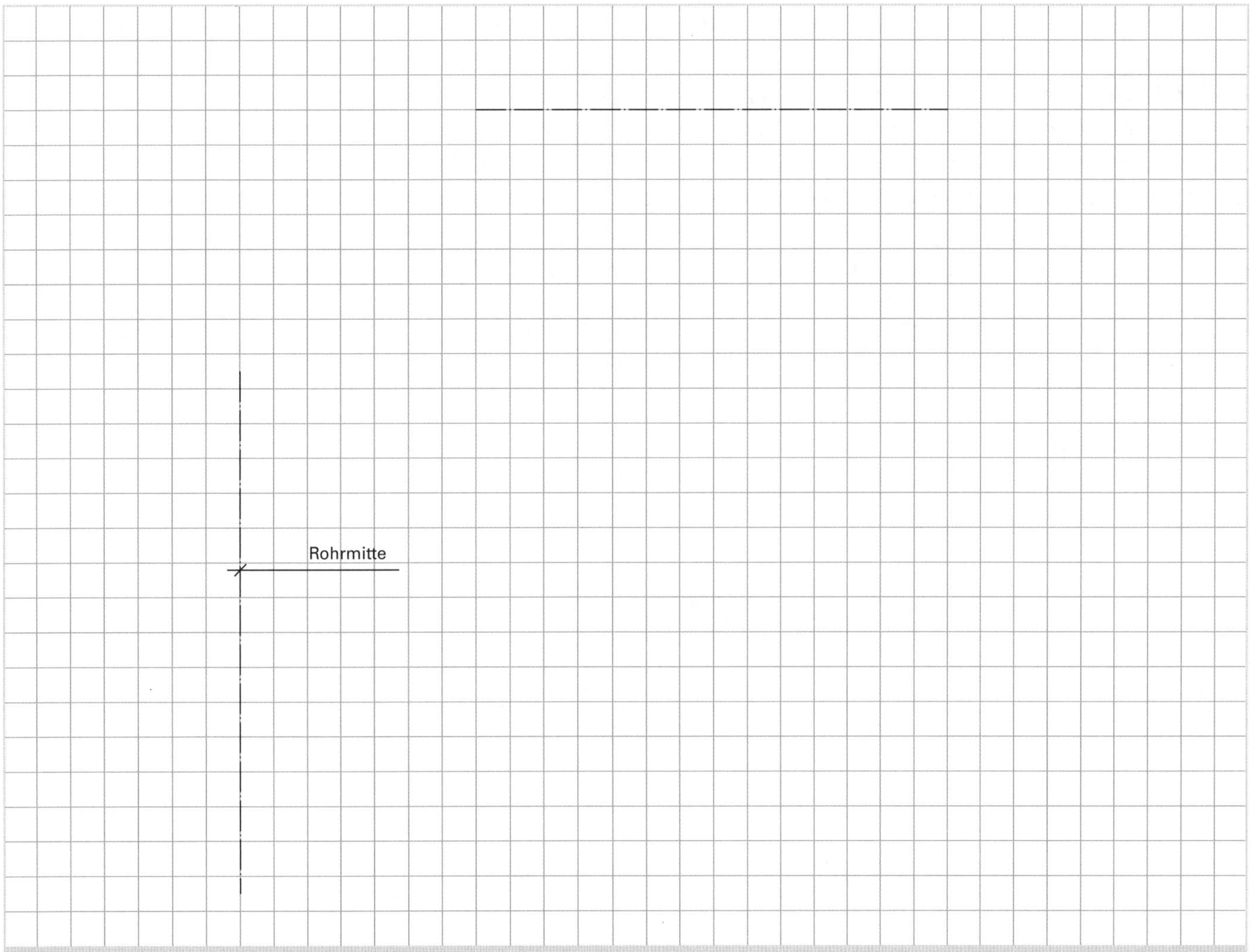

Bild 1: Rohrpassstück, M 1:5, Vorgabeblatt

1.12 Beschreiben Sie in der Reihenfolge die notwendigen Arbeitsgänge, um das Rohrpassstück herzustellen, und welche Werkzeuge sind dafür erforderlich.

Lfd. Nr.	Arbeitsschritte/Tätigkeiten	Werkzeug/Hilfsmittel
1		
2		
3		
4		
5		
6		
7		
8		

2 Änderung einer Wärmeverteilungsanlage

In einem 1985 erstellten Zweifamilien-Wohnhaus soll der dargestellte Kellerraum künftig als Gästezimmer/ Hobbyraum genutzt werden **(Bild 1).** Hierfür sollen zwei Ventilheizkörper mittig unter dem jeweiligen Fenster angeordnet werden. Der Kunde wünscht eine detaillierte Planung mit einem Kostenvoranschlag.
Folgende Gebäudedaten sind bekannt: Das Wohnhaus wird durch einen Gaskessel aus dem Jahr 1999 mit einer Nennleistung von 24,0 kW beheizt und ist mit einer witterungsgeführten Kesselwasser-Temperaturregelung ausgerüstet. Die Systemtemperatur beträgt 60/45 °C. Die Verteilungsleitungen wurden hartgelötet und sind unter der Decke im Nachbarraum verlegt. Der Fußboden verfügt über einen schwimmenden Estrich.

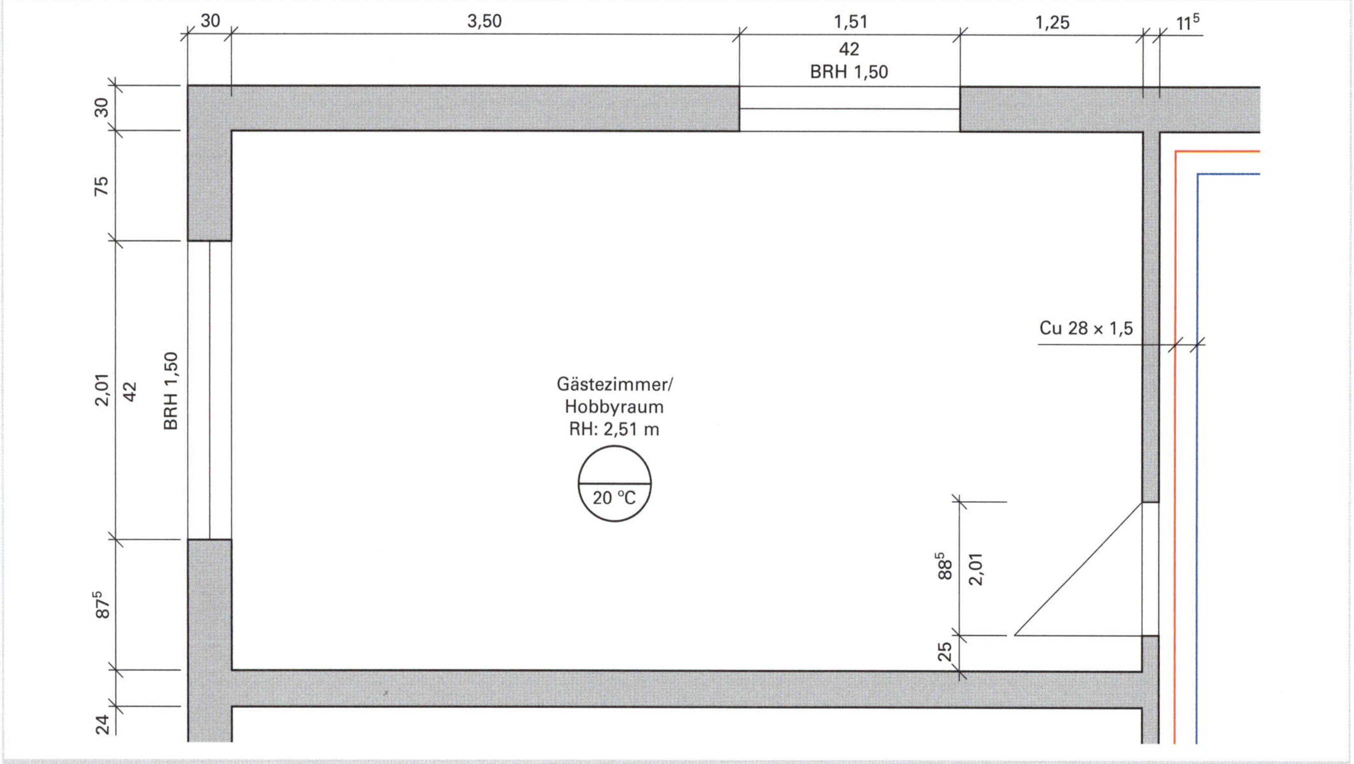

Bild 1: Grundriss, M 1:50, Vorgabeblatt

2.1 Welches Wärmeverteilungssystem wurde bei dem Gebäude verwendet und aus welchem Werkstoff sind die Vor- und Rücklaufleitungen?

2.2 Im Gästezimmer/Hobbyraum sollen keine Heizungsleitungen sichtbar sein. Welche Rohrverlegeart schlagen Sie vor?

2.3 Aus Sicherheitsgründen sollen die Vor- und Rücklaufleitungen weder geschweißt noch gelötet werden. Welche Verbindungstechnik wählen Sie?

2.4 Von welchen Faktoren ist die Wärmedehnung der Heizungsleitungen abhängig und wie kann in diesem Fall die Längenänderung aufgefangen werden?

2.5 Welche Heizkörperbefestigung wählen Sie?

2.6 Wie erfolgt der hydraulische Abgleich für die beiden zu installierenden Heizkörper?

2.7 Berechnen Sie überschlägig die Heizlast bei einem flächenbezogenen Heizlastfaktor von $\Phi' = 80\ \text{W/m}^2$.

2.8 Bestimmen Sie die zusätzliche Wiederaufheizleistung Φ_{RH} bei einer Wiederaufheizzeit von 2 h, einer mittleren Gebäudemasse, einem Luftwechsel von 0,5 h^{-1} und einer Temperaturabsenkung von 2 K.

2.9 Berechnen Sie die Gesamt-Heizkörperleistung $\dot{Q}_{HK}$ für das Gästezimmer/den Hobbyraum.

2.10 Ermitteln Sie die Größe der beiden Heizkörper, die entsprechend der Fensterbreite unterschiedlich lang sein können.

2.11 Wie groß sind der Massenstrom, die Fließgeschwindigkeit und der R-Wert in den Heizkörper-Anschlussleitungen, wenn diese mit DN 12 (15 × 1) dimensioniert wurden?

2.12 Berechnen Sie das höchst mögliche Δl der Vorlaufleitung zwischen der senkrechten Leitung an der Innenwand und der Außenwand, wenn die Anlage mit Wasser von 10 °C gefüllt wird.

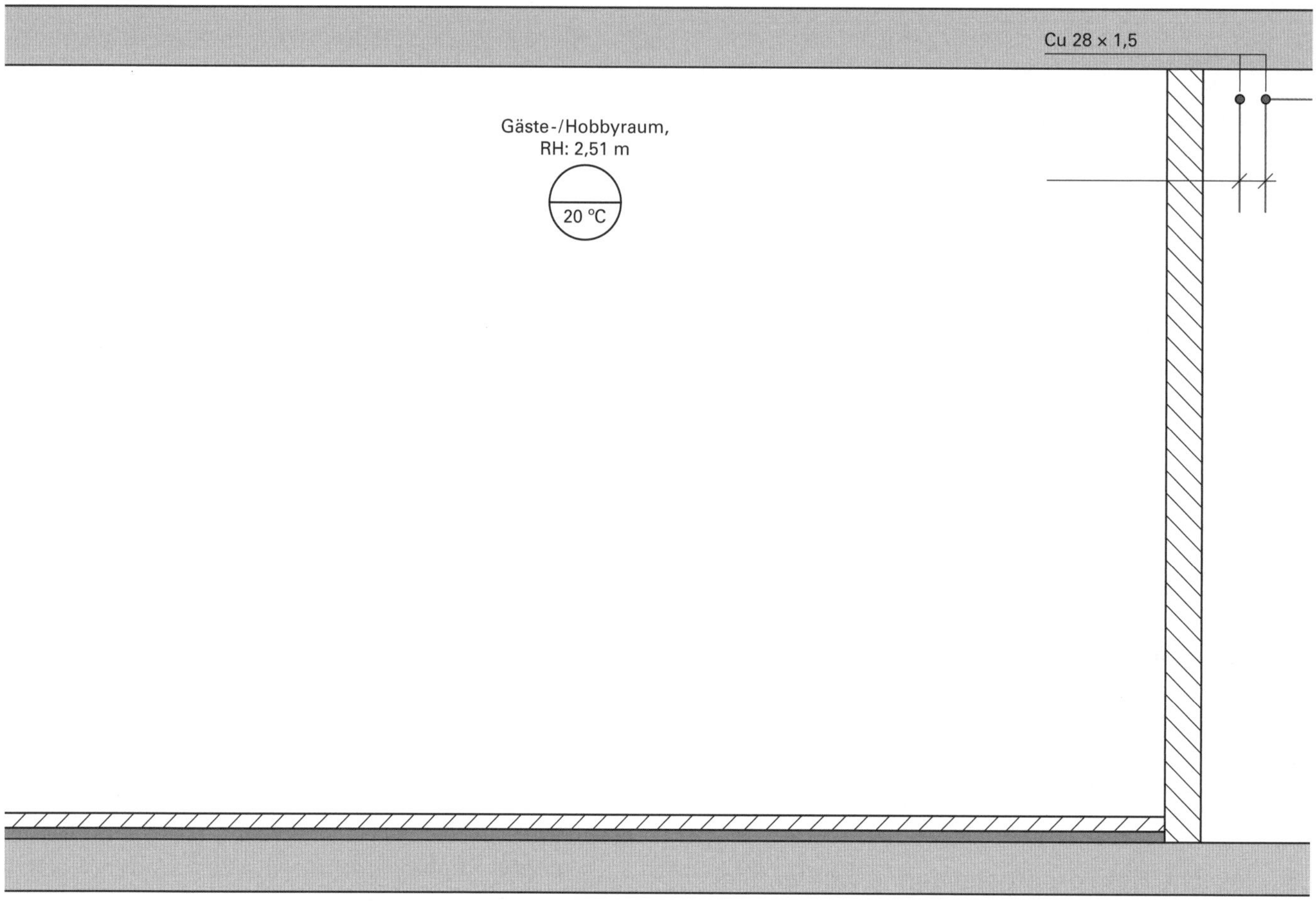

Bild 1: Strangschema, M 1:25; Vorgabeblatt

2.13 Zeichnen Sie in den gegebenen Grundriss des Gästezimmers die Heizkörper mit den erforderlichen Vor- und Rücklaufleitungen ein **(Bild 1, Seite 90)**.

2.14 Tragen Sie normgerecht die Heizkörpergrößen und die Nennweiten der Leitungen ein.

2.15 Erstellen Sie ein Strangschema von der erweiterten Heizungsanlage im Maßstab 1:25 **(Bild 1)**. Beginnen Sie bei den Deckenleitungen im Nachbarraum.

2.16 Fertigen Sie eine Materialliste mit einem Angebotspreis nach dem vorgegebenen Muster **(Tabelle 1: Vorgabeblatt, Seite 93)**.
Die Einzelpreise werden den vorhandenen Firmenkatalogen entnommen.
Die Montagezeit soll nach Erfahrungswerten geschätzt werden.
Der Stundenverrechnungssatz wird für einen Monteur mit 39,80 €/Std. angenommen.

Tabelle 1: Vorgabeblatt

Materialliste/Angebotspreis				
Projekt/Bauherr: ______				
Datum: ______		**Bearbeiter:** ______		**Blatt-Nr.** ______
Pos.	**Menge**	**Arbeitsschritte/Tätigkeiten**	**Preis je Stück**	**Gesamtpreis**
Gesamt-Materialpreis				
Montagepreis ______ Std. × ______ €/Std.				
Nettoangebotspreis				
Bruttoangebotspreis				

2.17 Fertigen Sie für vorstehenden Kundenauftrag einen Montageplan über alle erforderlichen Arbeitsschritte, die nacheinander ausgeführt werden müssen. Verwenden Sie dafür folgendes Schema.

Lfd. Nr.	Arbeitsschritte/Tätigkeiten
1	
2	
3	
4	
5	
6	
7	
8	
9	
10	
11	
12	
13	
14	

3 Drei-Zimmer-Etagenwohnung, Berechnung

Für die dargestellte Etagenwohnung soll die komplette Wärmeversorgungsanlage mit einer Systemtemperatur 65/50 °C geplant und installiert werden **(Bild 1, Seite 95)**.

Die Wärmeerzeugung erfolgt durch ein wandhängendes Gasbrennwertgerät in der Küche. Unter dem Wandgerät, mit einem Nennbelastungsbereich von 3,5 kW bis 15,0 kW, ist ein TWE mit 120 Liter Inhalt angeordnet. Die technischen Daten und Abmessungen siehe **Tabelle 1, Seite 165.**

In den Aufenthaltsräumen sind Kompaktheizkörper einzuplanen, die mittig unter den Fenstern anzuordnen und im Zweirohrsystem anzuschließen sind. Als Vor- und Rücklaufleitungen sollen wärmegedämmte Kunststoff-Metall-Verbundrohre verlegt werden. Senkrechte Leitungen sind in starrer, über dem Rohfußboden verlegte Leitungen in flexibler Ausführung zu installieren.

Zur überschlägigen Berechnung der Heizlast gelten folgende Bedingungen: Flur $\Phi' = 30\ W/m^2$, Bad $\Phi' = 45\ W/m^2$, alle übrigen Räume $\Phi' = 35\ W/m^2$. Der Flur erhält keinen Heizkörper, die erforderliche Heizlast wird den Räumen Wohnen und Kind im Verhältnis 1:1 zugeschlagen. Im Bad wird ein Handtuchheizkörper installiert, der 2/3 der berechneten Heizlast übernimmt. Das fehlende Drittel wird dem Raum über eine Fußboden-Rohrschlange zugeführt, die am Rücklauf des Heizkörpers angeschlossen wird.

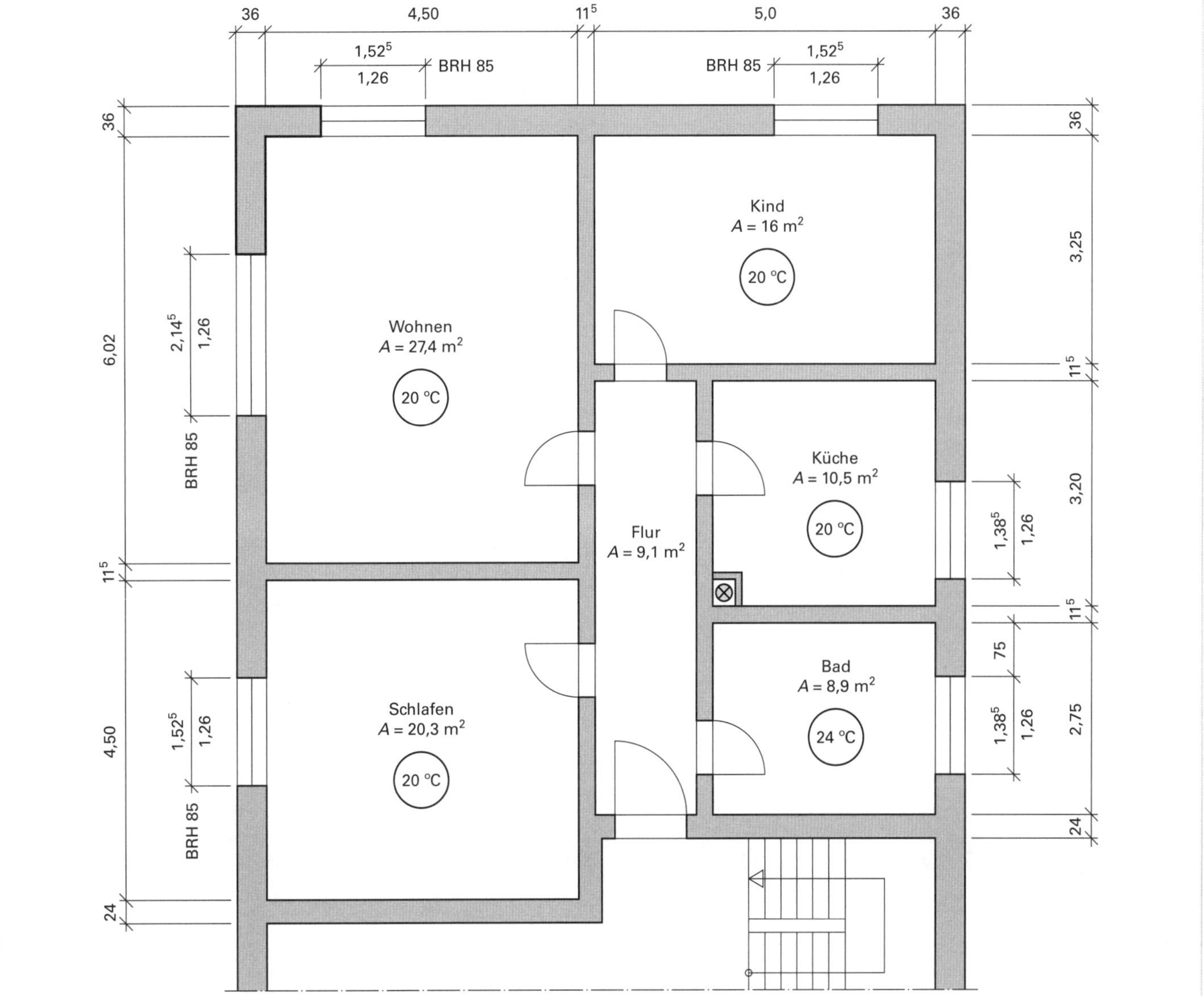

Bild 1: Grundriss, Drei-Zimmer-Etagenwohnung

3.1 Benennen Sie die genaue Werkstoffbezeichnung der Vor- und Rücklaufleitungen und welche Verbindungstechnik wählen Sie?

____

____

3.2 Wie führen Sie das Kreuzen der Rohrleitungen aus, wenn die Höhe der Wärmedämmung des Fußbodens 4 cm beträgt und die Betondecke nicht aufgespitzt werden darf?

____

____

3.3 Wie berücksichtigen Sie die Wärmedehnung der Fußbodenleitungen und welche Befestigungsart wählen Sie?

____

____

____

3.4 Welche Gasbrennwert-Geräteart wählen Sie, hinsichtlich der Verbrennungsluftversorgung?

____

____

3.5 Geben Sie die Gasgerätebezeichnung, den Durchmesser und den Werkstoff der Abgasleitung an.

3.6 Erklären Sie die Heizkörperbezeichnung 21 – 600/1200.

3.7 Wie wirken sich niedrigere Vor- und Rücklauftemperaturen auf die Auswahl der Heizkörper aus und welche Rolle spielt dabei zusätzlich die Raumtemperatur?

3.8 Weshalb muss der Kunde vor der Materialbestellung entscheiden, ob die Etagenwohnung mit einer Einrohr- oder Zweirohrheizung ausgestattet werden soll?

3.9 Berechnen Sie gemäß den Vorgaben überschlägig die Heizlast für die einzelnen Räume. Verwenden Sie dafür das vorgegebene Schema **(Tabelle 1)**.

Tabelle 1: Heizlast Φ, überschlägig

Raum Nr.	Fläche in m²	Flächenbez. Heizlast Φ' in W/m²	Heizlast Φ in W	Wiederaufheizfaktor f_{RH} in W/m²	Wiederaufheizleistung Φ_{RH} in W	Heizkörperleistung $\dot{Q}_{HK}$ in W

3.10 Bestimmen Sie die zusätzliche Wiederaufheizleistung bei einer Wiederaufheizzeit von 2 h, einer mittleren Gebäudemasse, dem Luftwechsel 0,5 h^{-1} und einer Temperaturabsenkung von 1 K **(Tabelle 1)**.

3.11 Berechnen Sie die Auswahlheizleistung der Heizkörper für die einzelnen Räume **(Tabelle 2)**.

Tabelle 2: Auslegung der Heizkörper

Raum	ϑ_i in °C	$\Delta\vartheta_ü$ in K	f_u in %	$\dot{Q}_{HK}$ in W	$\dot{Q}_{Ausw.}$ in W	$\dot{q}_n$ in W/m	Heizkörperabmessungen

3.12 Ermitteln Sie die Massenströme, Fließgeschwindigkeiten und R-Werte für den ungünstigsten Strang zum Heizkörper in Raum 1 **(Tabelle 1).**

3.13 Bestimmen Sie die Rohrweiten für die einzelnen Teilstrecken des kompletten Heizstranges, wenn der R-Wert von 0,8 mbar/m nicht überschritten werden soll **(Tabelle 1).**

3.14 Zeichnen Sie das wandhängende Gasbrennwertgerät, die geplanten Heizkörper und die Rohrleitungen in den Grundriss der Etagenwohnung ein **(Bild 1, Seite 95).**

3.15 Zeichnen Sie ein 30°-Raumschema von der gesamten Etagenheizung in das Vorgabeblatt **Bild 1.**

Tabelle 1: Rohrnetzberechnung

Nr.	$\dot{Q}$ W	$\dot{m}$ kg/h	l m	DN	v m/s	R mbar/m	$l \cdot R$ mbar

Bild 1: Vorgabeblatt, Raumschema

3.16 Erstellen Sie ein flächenhaftes Strangschema von der Etagenheizung. Tragen Sie den Wärmeerzeuger, die Raumnummern, Heizkörper und Rohrleitungen ein **(Bild 1)**.

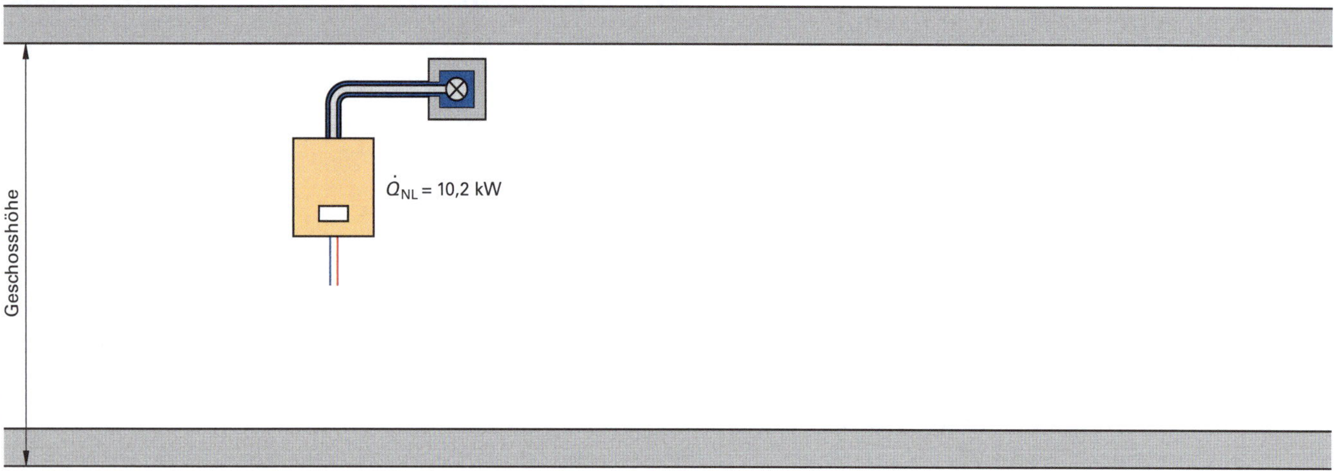

Bild 1: Vorgabeblatt, flächenhaftes Strangschema

3.17 Fertigen Sie eine Materialzusammenstellung für die Heizungsanlage nach vorgegebenem Schema.

Materialliste

Projekt/Bauherr: ______

Datum: ______ **Bearbeiter:** ______ **Blatt-Nr.** ______

Pos.	**Menge**	**Materialbezeichnung**

4 Drei-Zimmer-Etagenwohnung, Inbetriebnahme

Nach der Installation der Wärmeverteilungsanlage, **Kap. 3, Seite 94,** erfolgt die Inbetriebnahme und die Übergabe an den Kunden.

4.1 Nennen Sie die einzelnen Arbeitsschritte, die vor der Inbetriebnahme der Anlage durchzuführen sind.

______
______
______
______
______
______

4.2 Welche Folgen können entstehen, wenn diese Arbeitsschritte nicht durchgeführt werden?

4.3 Nach dem Hochheizen der Heizungsanlage stellen Sie fest, dass, trotz mehrfachen Entlüftens, der kleine Heizkörper im Wohnzimmer nicht richtig warm wird, während der Wärmetauscher in der Küche eine zu hohe Temperatur hat. Welche Ursache kann dies haben und wie kann das Problem gelöst werden?

4.4 Aus den Herstellerunterlagen für das Brennwertgerät sind die technischen Daten bekannt **(Tabelle 1)**. Bestimmen Sie den Einstellwert, wenn $H_{I,B}$ = 9,6 kWh/m³.

4.5 Nennen Sie die beiden Möglichkeiten, wie das Gasbrennwertgerät eingestellt werden kann und beschreiben Sie ausführlich eine Methode.

Tabelle 1: Technische Daten für Gasbrennwertgerät

EcoTherm Plus WGB ...	**15 C**
Produkt-ID-Nr.	CE-0085 BL 05
Nennbelastungsbereich (kW)	3,5 bis 15
Nennleistungsbereich 50/30 °C (kW)	3,7 bis 15,6
Nennleistungsbereich 80/60 °C (kW)	3,4 bis 14,6
Normnutzungsgrad η_N bei 40/30 °C (%)	109
Modulationsbereich (%)	23 bis 100
NO_x-Normemissionsfaktor eN (mg/kWh)	< 15
CO-Normemissionsfaktor eN (mg/kWh)	< 5
Abmessungen (mm)	
Höhe	852
Breite	480
Tiefe	366
Masse (kg)	43

4.6 Bestimmen Sie die Wirkungsgrade bei den beiden angegebenen Nennleistungsbereichen.

4.7 Erklären Sie dem Kunden, weshalb der Wirkungsgrad des Brennwertgerätes bei der Systemtemperatur 50/30 °C höher ist als bei der Systemtemperatur 80/60 °C.

4.8 Begründen Sie, weshalb in den technischen Daten ein Normnutzungsgrad von 109 % angegeben ist, obwohl eigentlich mehr als 100 % nicht möglich sind.

4.9 Erklären Sie dem Kunden die Bedeutung des angegebenen Modulationsbereiches.

I Arbeitsplanung // Work planning

1	**Ausstattung von Sanitärräumen**	Equipping sanitary rooms
2	**Montage von Sanitärgegenständen**	Installation of sanitary objects
3	**Stellflächen, Mindestabstände und Bewegungsflächen**	Footprints, minimum distances and movement areas
4	**Barrierefreie Sanitärräume**	Barrier-free sanitary rooms
5	**Vorwandinstallation, Aussparungen, Schlitze**	Front-wall installations, cut-outs, slits
6	**Elektrische Schutzbereiche**	Electrical protection areas
7	**Fliesengerechte Installation**	Installation allowing tiling
8	**Darstellungen**	Illustrations
9	**Planung Duschbad und Küche**	Planning shower bath and kitchen

II Systemanalyse und Instandhaltung // System analysis and maintenance

1	**Armaturen**	Fittings
2	**Sicherung von Badewannenarmaturen**	Securing of bath fittings
3	**Lüftung von Sanitärräumen**	Ventilation of sanitary rooms

III Kundenauftrag // Customer order

Wand-WC mit Bidet

Badewannenanlage

I Arbeitsplanung

1 Ausstattung von Sanitärräumen

1.1 Nennen Sie dem Kunden drei keramische und zwei metallische Werkstoffe, die für die Herstellung von Sanitärgegenständen verwendet werden.

1.2 Welche Kunststoffe werden für die Herstellung von Sanitärgegenständen verwendet?

1.3 Erläutern Sie Ihrem Kunden Vor- und Nachteile von Sanitärgegenständen aus Kunststoff.

1.4 Welche unterschiedlichen Mischarmaturen können Sie Ihrem Kunden hinsichtlich der Mischtechnik und der Art der Montage anbieten?

1.5 Worauf ist bei der Auswahl von Sanitärarmaturen zu achten? Nennen Sie vier Sachverhalte.

1.6 Nennen Sie je eine Sicherheits- und eine Sicherungsmaßnahme mit der Thermostat-Mischarmaturen ausgestattet sein sollten.

1.7 Welche Spüleinrichtungen stehen für Toiletten bzw. Urinale hinsichtlich der Spültechnik und der Bedienung zur Verfügung?

1.8 Nennen Sie Ihrem Kunden je zwei Vor- und Nachteile von Druckspülern im Vergleich zu Spülkästen.

1.9 Welche Sanitärgegenstände sollte das Bad einer Wohnung ohne separates WC enthalten?

1.10 Welche Ausstattung soll ein separates WC mindestens enthalten?

1.11 Welche Ausstattung sollte in einer zeitgemäßen Küche vorhanden sein?

1.12 Welche zusätzliche Ausstattung würden Sie einem Kunden mit einer größeren Familie für die Badausstattung empfehlen?

---

2 Montage von Sanitärgegenständen

2.1 Benennen Sie dem Kunden die Ausstattungsteile der Waschbeckenanlage und tragen Sie die fehlenden Montagemaße ein **(Bild 1)**.

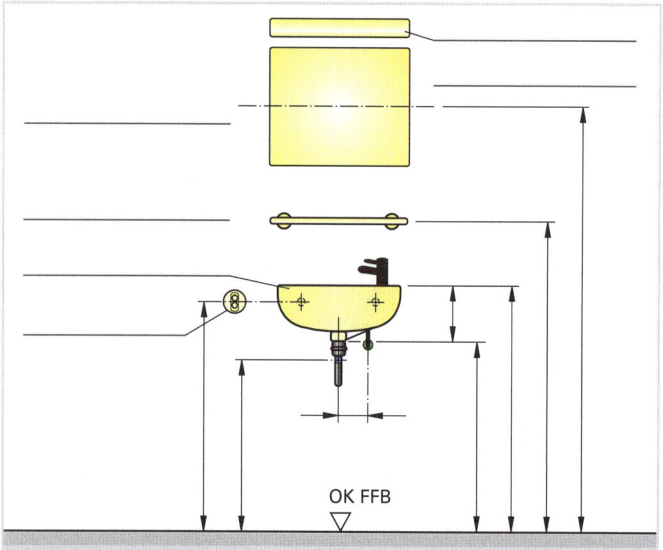

Bild 1: Montagebeispiel Waschbeckenanlage

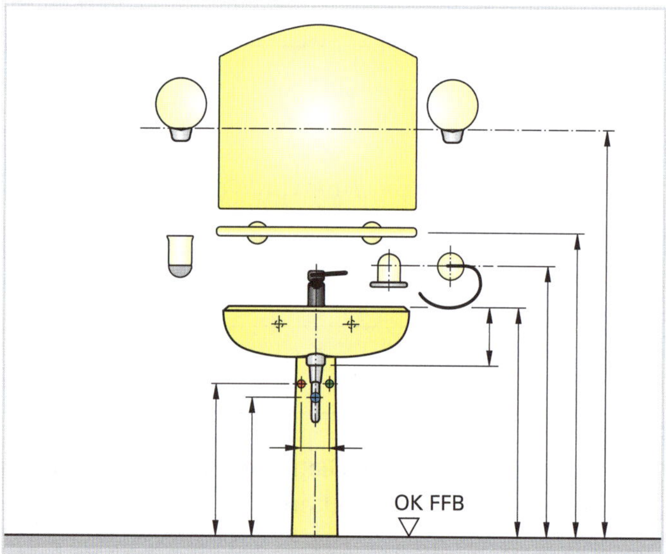

Bild 2: Montagebeispiel Waschtischanlage

2.2 Tragen Sie die fehlenden Montagemaße der Ausstattungsteile der Waschtischanlage ein **(Bild 2)**.

2.3 Erklären Sie dem Kunden die Unterschiede der abgebildeten WC-Anlagen und tragen Sie die fehlenden Montagemaße ein **(Bild 3)**.

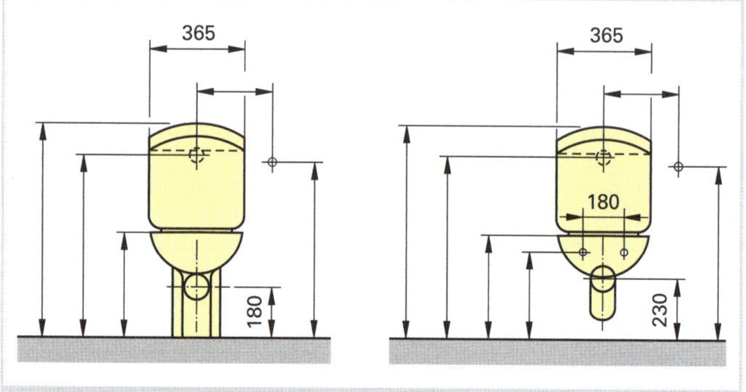

Bild 3: Montagebeispiele WC-Anlagen

2.4 Benennen Sie dem Kunden die Ausstattungsteile der Badewannenanlage und tragen Sie die fehlenden Montagemaße ein **(Bild 1, Seite 103)**.

2.5 Erläutern Sie Ihrem Kunden, welche Arten von Badewannen zu unterscheiden sind.

2.6 Was versteht man unter einer indirekten Entwässerung? Erläutern Sie den Sachverhalt anhand der Abwasseranschlüsse von Duschwanne und Badablauf.

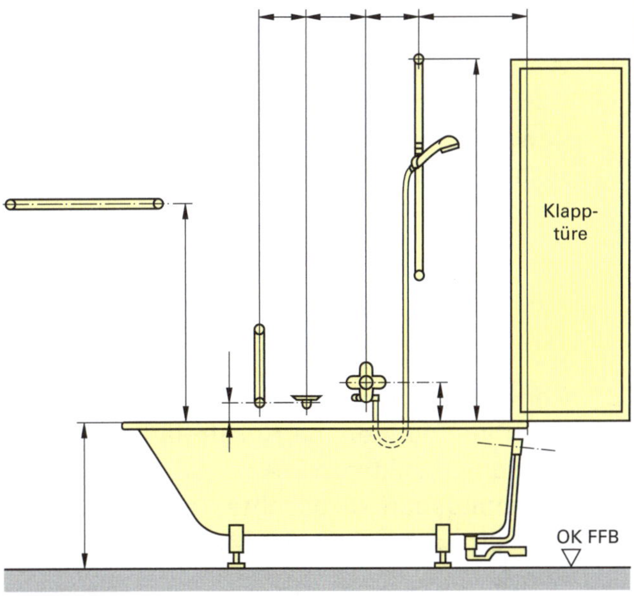

Bild 1: Badewannenanlage

3 Stellflächen, Mindestabstände und Bewegungsflächen

3.1 Ihr Kunde will ein WC einrichten lassen und erfragt die erforderlichen Mindestmaße, die der Raum haben muss, wenn Mindestabstände und Mindestbewegungsflächen eingehalten werden. Ermitteln Sie die Mindestlänge und die Mindestbreite des Raumes, wenn das wandhängende WC 600 mm × 400 mm und das Waschbecken 500 mm × 450 mm misst und beide an der gleichen Wand montiert werden sollen?

3.2 Wie lang muss die Wandfläche eines Bades von Raumecke zu Raumecke mindestens sein, wenn ein Waschtisch 600 mm × 550 mm, ein Bidet 400 mm × 600 mm und ein WC 400 mm × 600 mm einzuplanen sind?

3.3 Welche Mindestbewegungsfläche ist für Badewannen, welche für Duschwannen einzuhalten?

3.4 Anlässlich der Planung einer Kochküche sind die Mindestbewegungsfläche für die Geschirrspülmaschine und für den Hausarbeitsraum die Bewegungsfläche der Waschmaschine und des Wäschetrockners zu bestimmen.

4 Barrierefreie Sanitärräume

4.1 Welche Fläche muss für den Duschbereich, welche für den Badewannenbereich bei rollstuhlgerechter Planung vorgegeben werden?

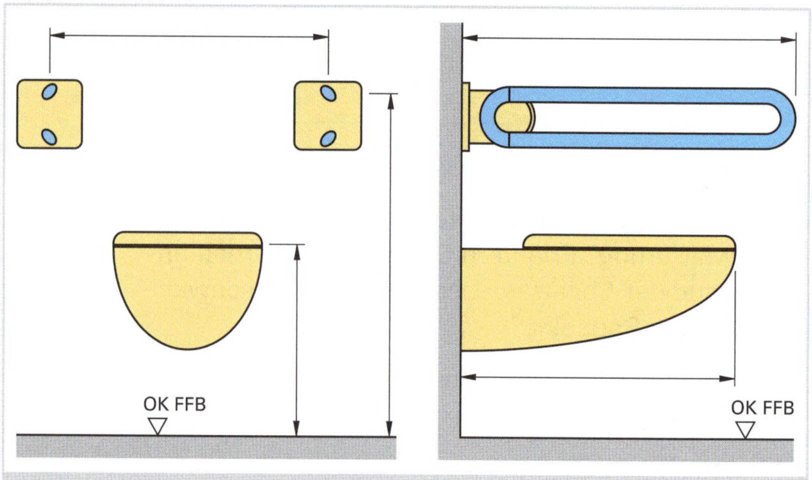

Bild 1: WC-Anlage, rollstuhlgerecht

4.2 Nennen Sie Sachverhalte, die bei der Planung von barrierefreien, rollstuhlgerechten WC-Anlagen im Wohnungsbau zu beachten sind, und ergänzen Sie die Maße in **Bild 1.**

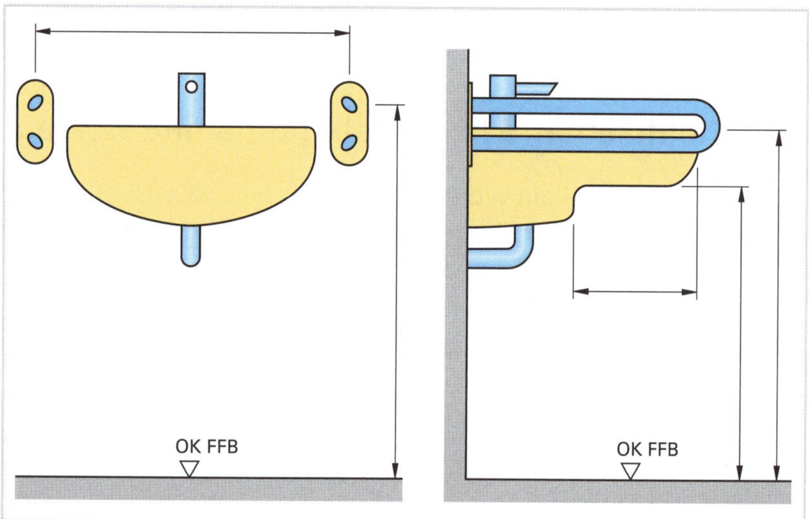

Bild 2: Waschtischanlage, rollstuhlgerecht

4.3 Welche Sachverhalte sind bei der Planung von barrierefreien, rollstuhlgerechten Waschtischanlagen im Wohnungsbau zu beachten? Ergänzen Sie fehlende Maße in **Bild 2.**

5 Vorwandinstallation, Aussparungen, Schlitze

5.1 Worauf ist bei der Planung von Sanitäranlagen in Vorwandinstallation hinsichtlich der Befestigung der Installationssysteme zu achten?

5.2 Welche Ausführungsvarianten von Vorwandinstallationen sind zu unterscheiden?

5.3 Welche Tiefe muss bei einer Vorwandinstallation berücksichtigt werden:

a) bei waagrechter Leitungsführung, ______

b) bei senkrechter Leitungsführung? ______

5.4 Weshalb ist das Stemmen von Schlitzen unzulässig?

______

______

5.5 Wie lassen sich Schlitze ohne Beschädigung der Wände herstellen?

______

5.6 Welche Dicke muss eine Wand mindestens haben, wenn für eine Rohrleitung von 1,10 m Länge ($d_a \leq$ 24 mm mit Isolierung) ein waagrechter Schlitz hergestellt werden soll?

______

5.7 Erläutern Sie die Sinnbilder für Grundriss und Vorderansicht von Schlitzen und Aussparungen **(Bild 1)**.

______

______

______

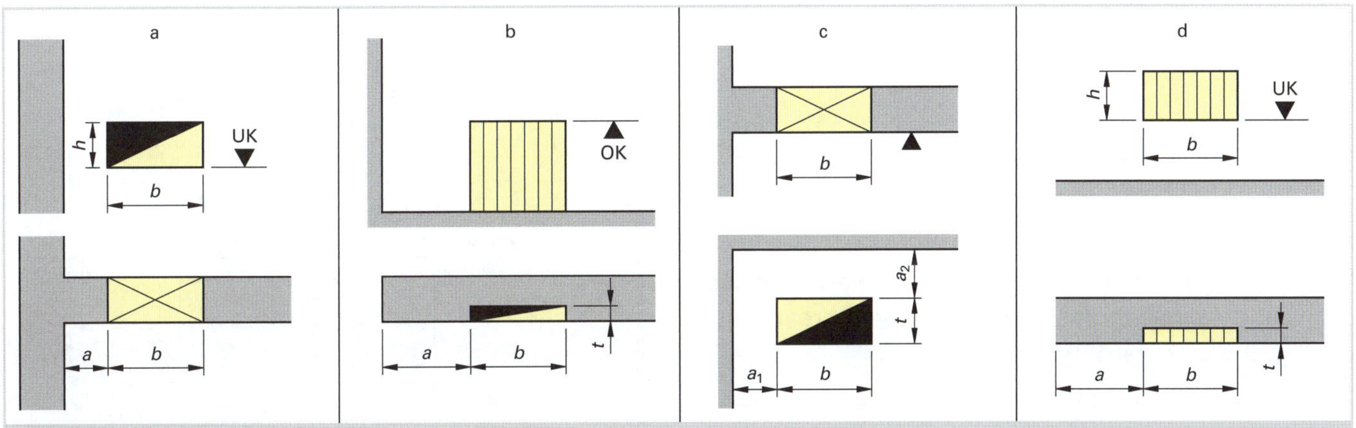

Bild 1: Aussparungen

6 Elektrische Schutzbereiche

6.1 Bei Elektroinstallationen sind Schutzbereiche 0, 1 und 2 zu beachten. Welche Teile der Sanitäranlagen umfassen jeweils diese Schutzbereiche **(Bild 1, Seite 106)?**

______

______

______

6.2 Welche Maßnahmen und welche elektrischen Installationen sind in diesen Schutzbereichen unzulässig?

______

______

______

______

6.3 Welche Netzspannung ist im inneren Bereich von Bade- und Duschwannen zulässig?

6.4 Welche Betriebsmittel sind im inneren Bereich von Bade- und Duschwannen zulässig?

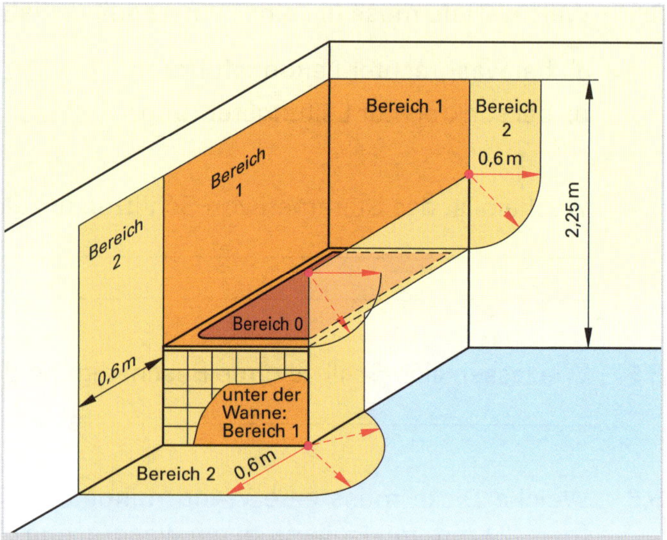

Bild 1: Bereichsgrenzen

7 Fliesengerechte Installation

7.1 Wie können die Achsen (Mitten) von Sanitärgegenständen bei der fliesengerechten Installation angeordnet werden **(Bild 2)?**

7.2 Wie können Trinkwasser-, Trinkwarmwasser- und Abwasseranschlüsse im Fliesenraster angeordnet werden?

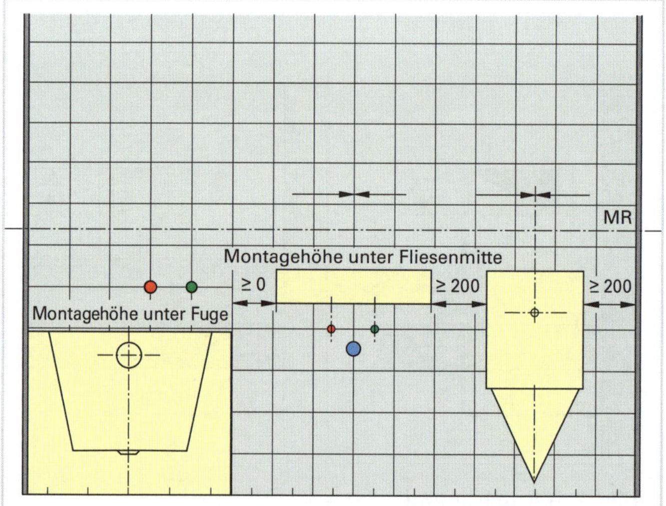

Bild 2: Bad, fliesengerecht installiert

7.3 Wie werden die Höhen der Leitungsanschlüsse (PWC, PWH, WW) im Fliesenrasterplan vermaßt? (Begründung).

7.4 Wie werden waagrechte Abstände der Achsen (Mitten) von Sanitärgegenständen im Fliesenrasterplan vermaßt? (Begründung).

7.5 Wie sind die PWC- und PWH-Anschlüsse der Wannenfüll- und Brausearmatur in das Fliesenraster eingefügt **(Bild 2)?**

7.6 Wie sind die PWC-, PWW- und WW-Anschlüsse des Waschtisches in das Fliesenraster eingefügt **(Bild 2, Seite 106)?**

7.7 Wie sind Trinkwasser-, Abwasser- und Spülrohranschluss des Hänge-WC in das Fliesenraster eingefügt (Begründung) **(Bild 2, Seite 106)?**

7.8 In das Arbeitszimmer eines Kunden ist ein Waschtisch 750 mm × 525 mm fliesengerecht zu installieren. Als Fliesenmaß sind 200 mm × 200 mm, als Fugenbreite 3 mm gewählt. Die Waschtischmitte ist auf Fliesenmitte anzuordnen und soll 4,5 Fliesen von der linken Raumecke (A) entfernt sein (Fliesenbezugskante FBK).
Ermitteln Sie die fliesengerechten Höhen für die Anschlüsse PWC, PWH und WW.
Zeichnen Sie fliesengerecht den Waschtisch mit Anschlüssen in das Fliesenraster ein und vermaßen Sie die Anschlüsse auf den Meterriss und die Waschtischachse auf die FBK **(Bild 1).**
Zeichnen Sie eine Keramikablage 600 mm × 60 mm und einen rechteckigen Spiegel 600 mm × 500 mm fliesengerecht ein und bemaßen Sie die Montagehöhen der Sanitärgegenstände auf den Fertigfußboden.

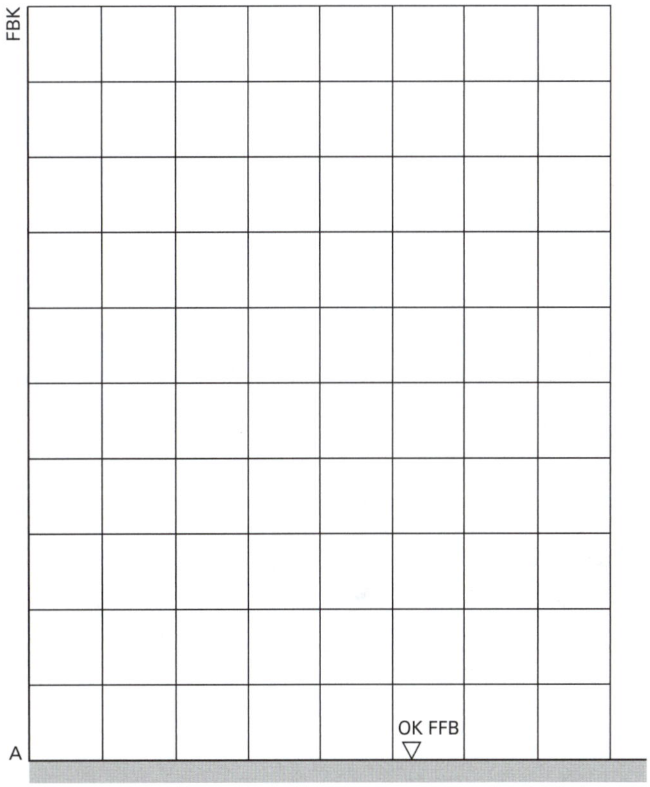

Bild 1: Waschtischanlage, fliesengerecht, M 1:20

7.9 In den im Grundriss vorgegebenen Raum für das Duschbad sind ein Waschtisch 600 mm × 550 mm, ein WC 540 mm × 360 mm wandhängend (Anschlüsse über FFB: h_{AW} = 230 mm, h_{SPR} = 365 mm, h_{TW} = 1045 mm) mit UP-SPK ($h \times b \times t$ = 490 mm × 456 mm × 123 mm, Mitte Bedienplatte h_{BP} = 1000 mm ± 40 mm), eine Dusche 900 mm × 900 mm × 159 mm in Vorwand-Montage zu installieren. Die Montage soll fliesengerecht erfolgen. Fliesenbezugskante ist die linke Ecke (A). Mindestabstände sind einzuhalten. Gewählt wurden Fliesen 200 mm × 200 mm und Fugen 3 mm.
Die Achsen von Waschtisch und WC sollen auf Fliesenmitte liegen. Die Dusche erhält eine Aufputz-Mischarmatur. Zeichnen sie die Sanitärgegenstände fliesengerecht mit Anschlüssen PWC, PWH und WW in das Fliesenraster ein. Vermaßen Sie die senkrechten Maße der Anschlüsse auf den Meterriss, die waagrechten Maße auf die FBK und die Montagehöhen der Sanitärgegenstände auf den Fertigfußboden **(Bild 1 und Bild 2, Seite 108).**

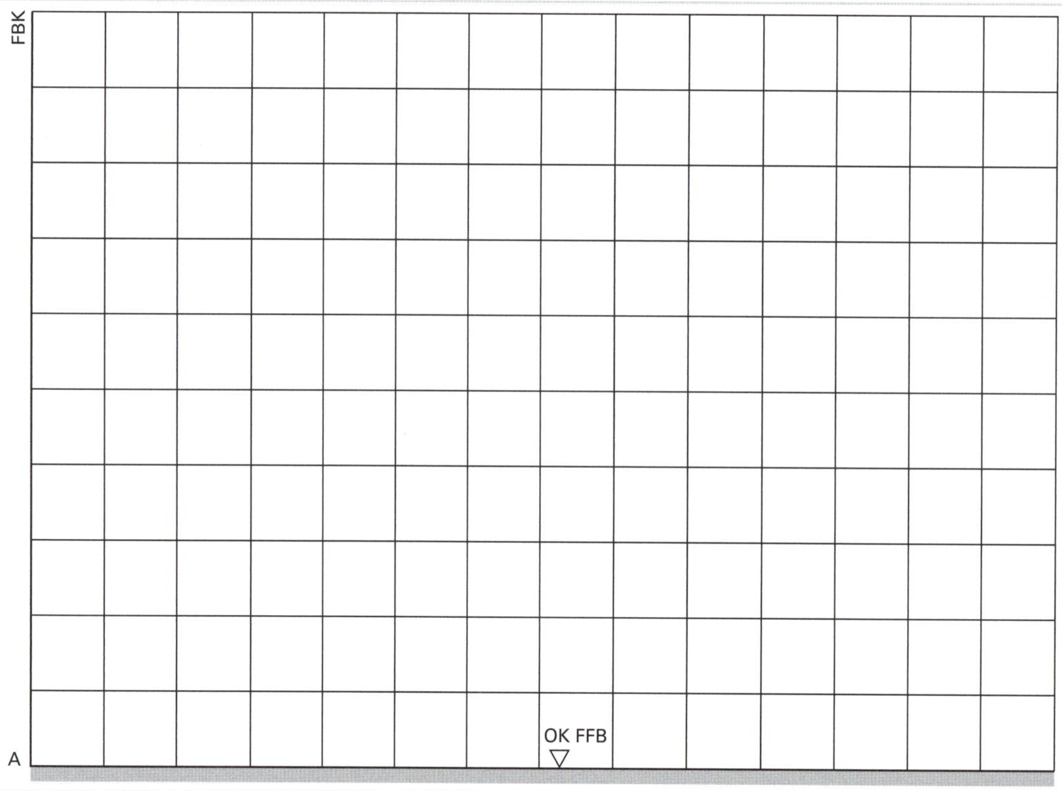

Bild 1: Duschbad, fliesengerecht, M 1:20

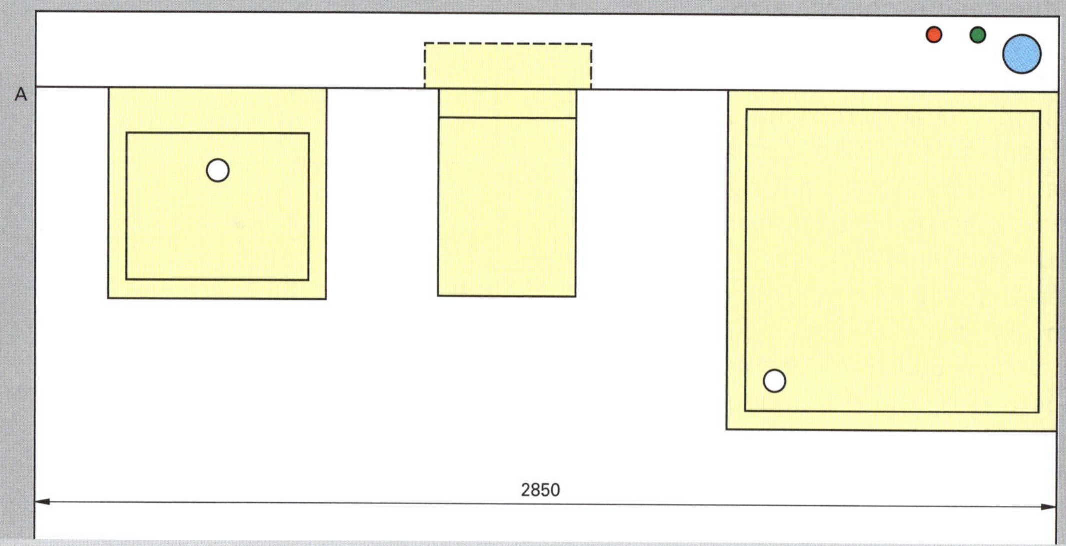

Bild 2: Duschbad, Grundriss, M 1:20

8 Darstellungen

8.1 Zeichnen Sie die Sinnbilder folgender Sanitärgegenstände in die Draufsicht und tragen Sie zweckmässige Mindestbewegungsflächen ein: Hänge-WC mit UP-Spk., Waschtisch, Bidet, Badewanne **(Bild 1, Seite 109)**.

8.2 Zeichnen Sie die Sinnbilder folgender Sanitärgegenstände in der Vorderansicht und tragen Sie die jeweiligen Mindestabstände zu Wänden ein: Hänge-WC mit UP-Spk., Waschtisch, Bidet, Badewanne **(Bild 2, Seite 109)**.

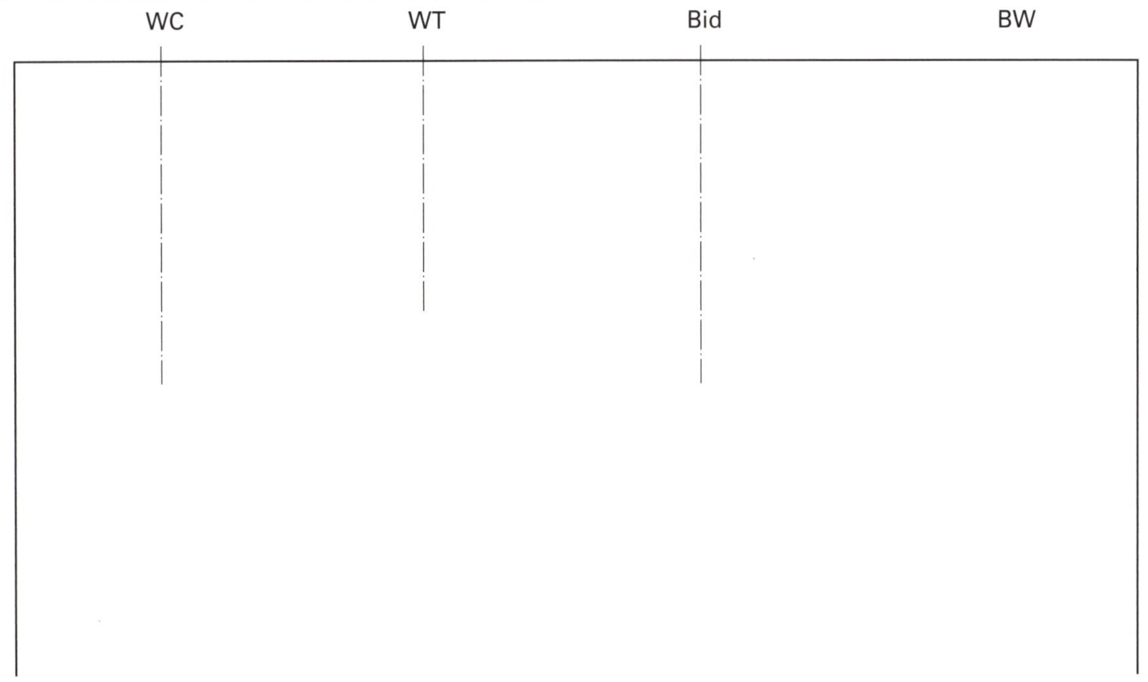

Bild 1: Mindestbewegungsflächen, M 1:20

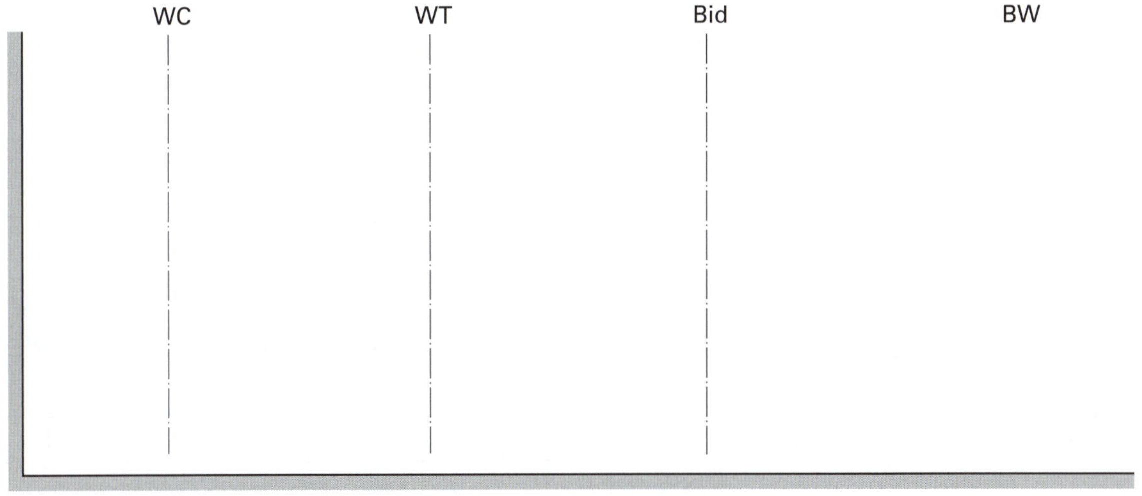

Bild 2: Mindestabstände, M 1:20

9 Planung Duschbad und Küche

9.1 Planen Sie in den vorgegebenen Raumgrundriss ein Duschbad mit Duschwanne 1000 mm × 800 mm, ein Hänge-WC mit UP-Spk. und einen Waschtisch 600 mm × 550 mm im Maßstab 1:20 ein **(Bild 1, Seite 110)**.

9.2 Tragen Sie in den Grundriss sinnvolle Bewegungsflächen für die Sanitärgegenstände ein.

9.3 Zeichnen Sie in den Grundriss die Trinkwasser-, Trinkwarmwasser- und Abwasserleitungen ein.

9.4 Erstellen Sie gemäß der Draufsicht der Küche und des Duschbades ein Strangschema mit Sanitärgegenständen, Trinkwasser-, Trinkwarmwasser- und Abwasserleitungen im Maßstab M 1:20.
Für Trinkwasser- und Trinkwarmwasserleitungen werden starre Rohre verwendet. Die Reihenfolge der Anschlüsse im Strangschema muss mit denen im Grundriss übereinstimmen **(Bild 1, Seite 111)**.

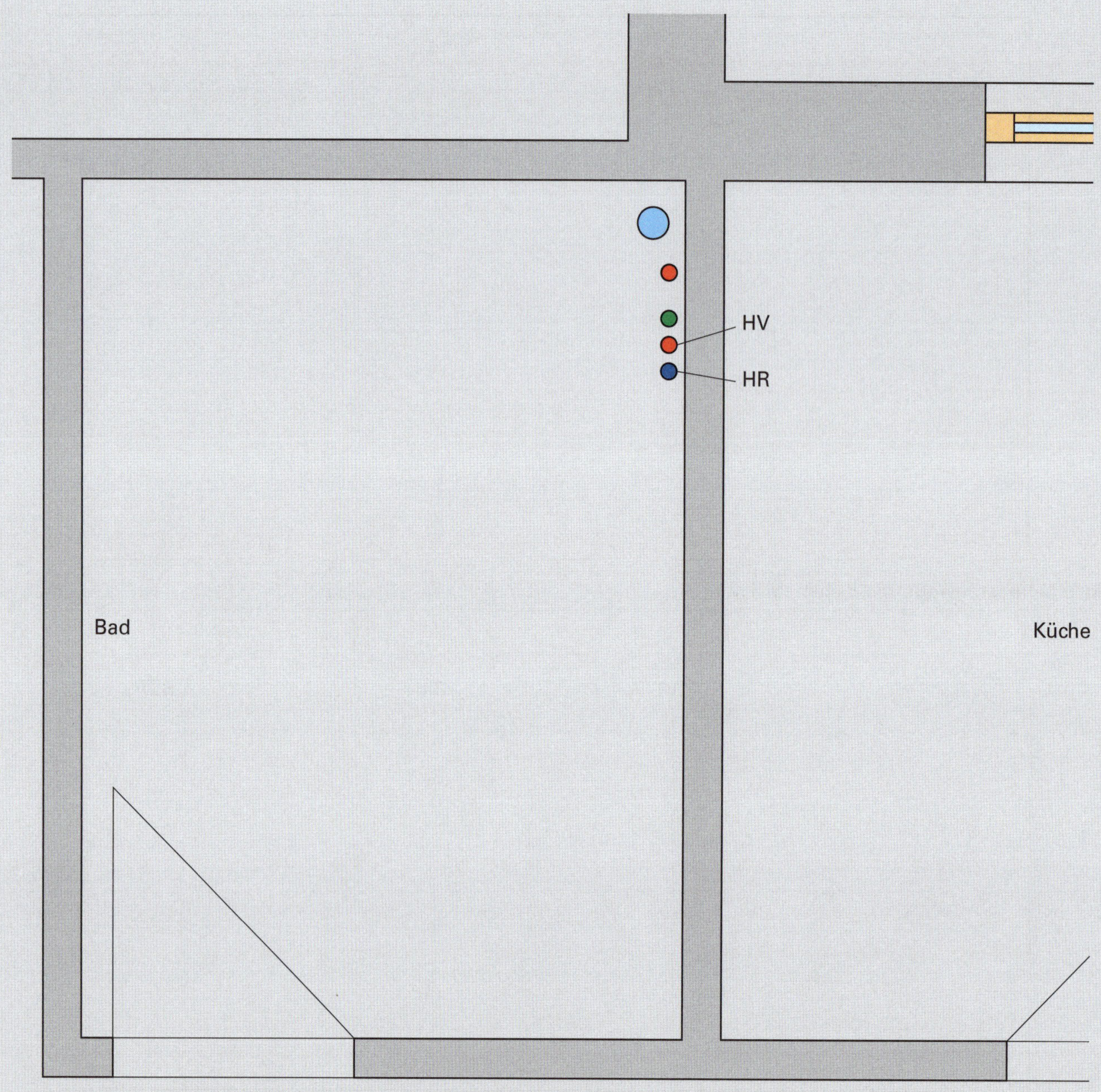

Bild 1: Duschbad und Küche, M 1:20

9.5 Der Heizkörper für die Beheizung des Duschbades soll als Badetuchtrockner (l = 600 mm) verwendbar sein. Planen Sie diesen in den Raum ein und zeichnen Sie die Anschlussleitungen HV und HR in den Grundriss **(Bild 1)**.

9.6 Planen Sie in den vorgegebenen Raum alternativ ein Bad mit Badewanne 1700 mm × 750 mm, Hänge-WC mit UP-Spk. und Waschtisch 600 mm × 550 mm ein **(Bild 1, Seite 112)**.

9.7 Beraten Sie den Kunden über die Möglichkeiten, das fensterlose Bad zu lüften.

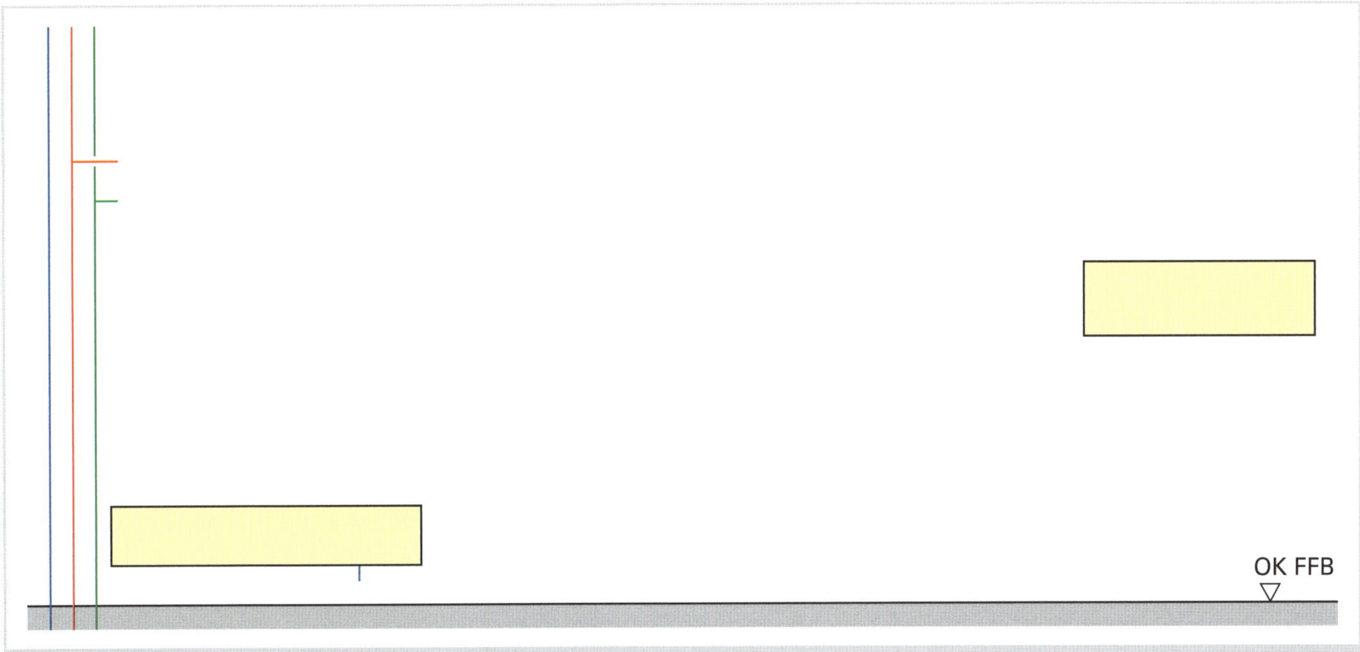

Bild 1: Strangschema Duschbad, M 1 : 20

9.8 Beurteilen Sie die Anordnung der Sanitärinstallation von der Küche hinsichtlich des Schallschutzes **(Bild 1, Seite 110)**.

9.9 Benennen Sie die erforderlichen Module der Vorwandinstallation für das Duschbad **(Bild 2)**.

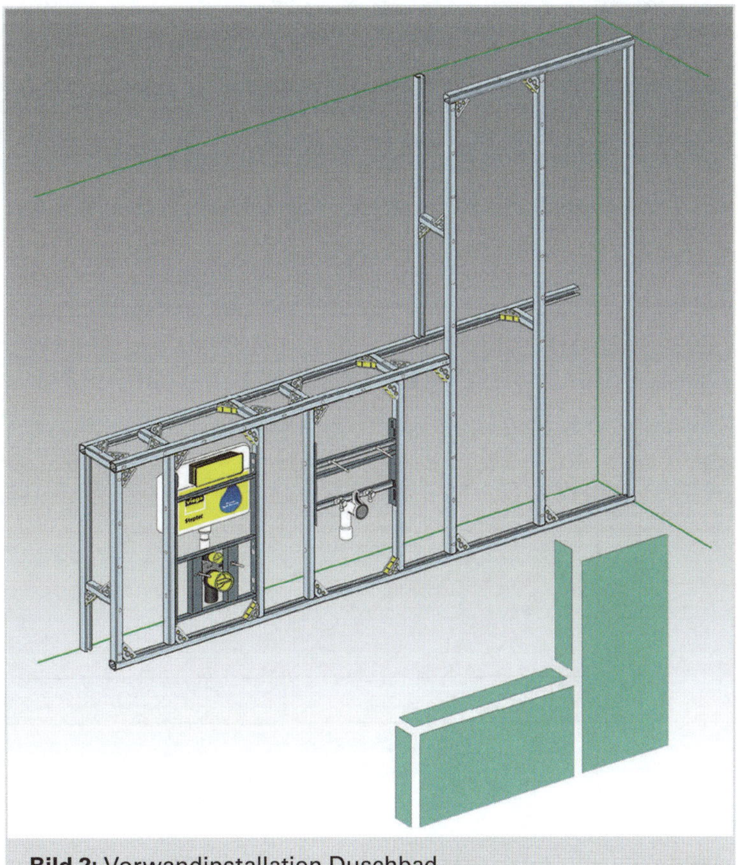

Bild 2: Vorwandinstallation Duschbad

9.10 Ermitteln Sie die benötigten Längen der Montageschienen für die Vorwandinstallation, wenn nach Angaben des Herstellers überschläglich 5,5 m Schienen je m^2 Beplankungsfläche benötigt werden („Schienenfaktor“) und das Zubehör ebenfalls mit Bezug auf die Beplankungsfläche errechnet wird (Komplettpaket je m^2 Beplankungsfläche). Die Lieferlänge der Montageschienen beträgt 5,00 m.

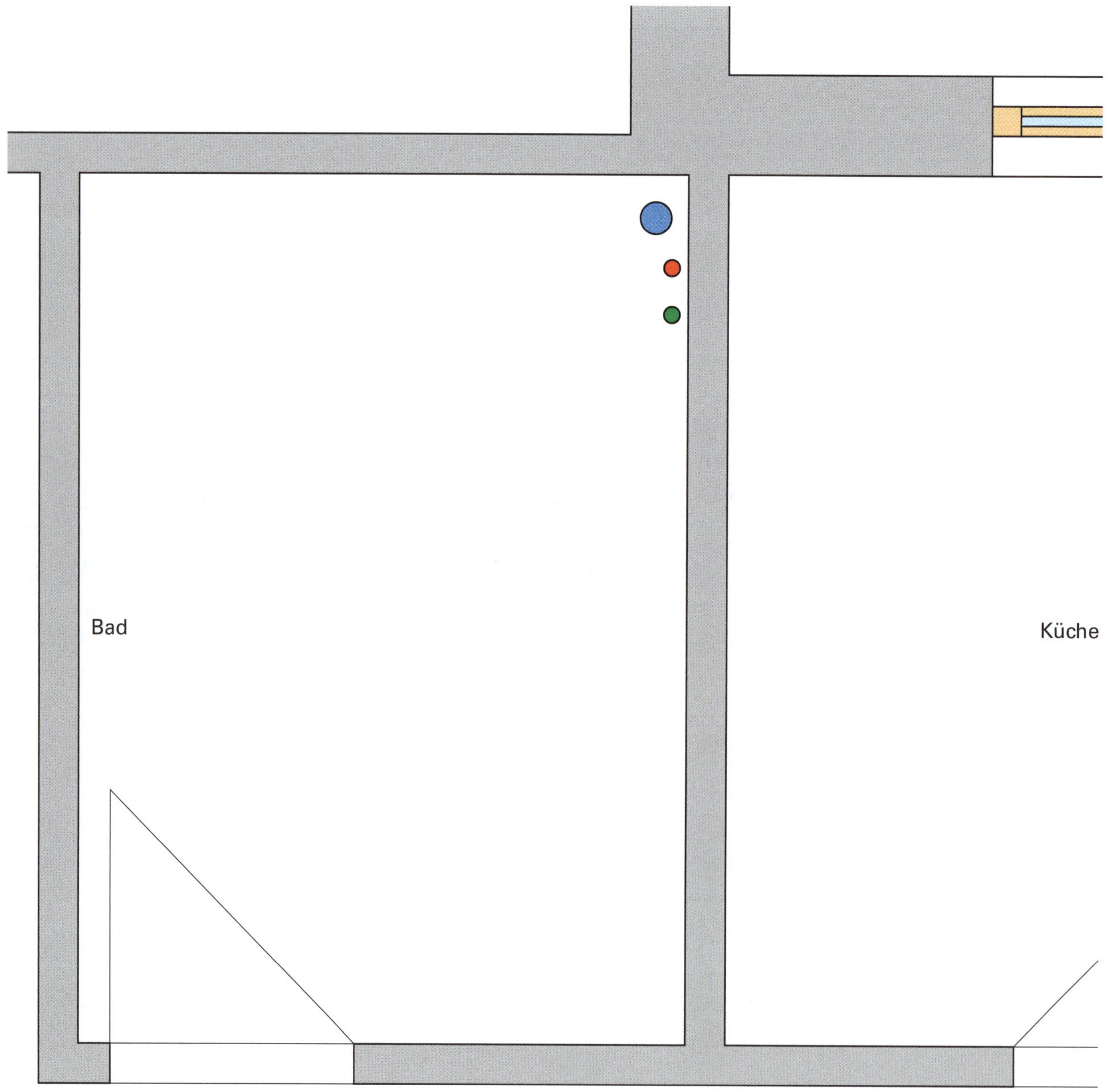

Bild 1: Küche und Bad, M 1:20

II Systemanalyse und Instandhaltung

1 Armaturen

1.1 Welche Vor- und welche Nachteile bieten Spülkästen gegenüber Druckspülern?

1.2 Welche Art der Montage unterscheidet man bei Spülkästen?

1.3 Welche Arten von Entnahmearmaturen für Trinkwasser und Trinkwarmwasser unterscheidet man nach der Montage?

2 Sicherung von Badewannenarmaturen

2.1 Um welche Art von Auslaufarmaturen handelt es sich bei der Badewannenanlage **(Bild 1)?**

2.2 Worin besteht die besondere Problematik bei der Bauart dieser Badewannenzuläufe?

2.3 Benennen Sie die Sicherungsmaßnahmen ① und ② gegen Rückfließen und Rücksaugen von Nichttrinkwasser ins Trinkwasser.

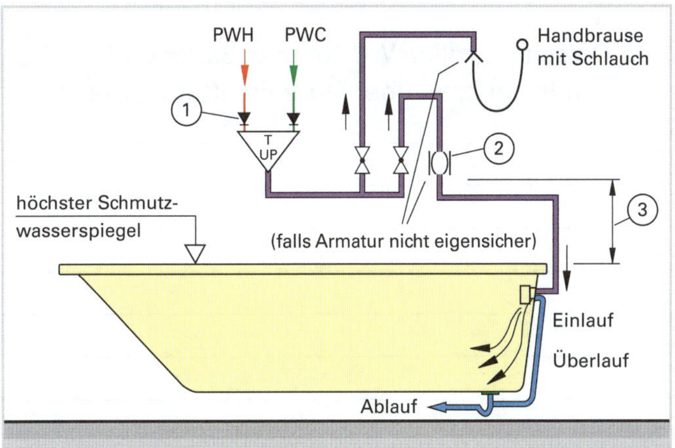

Bild 1: Badewannenanlage

2.4 Erklären Sie die jeweilige spezielle Aufgabe der Sicherungsmaßnahmen ① und ②.

2.5 Welche Höhe ist bei Punkt ③ mindestens einzuhalten, damit die Armatur ② wirkungsvoll sichert?

3 Lüftung von Sanitärräumen

3.1 Innen liegende, fensterlose Küchen, Bäder und Toiletten müssen gelüftet werden. Nennen Sie drei mögliche Arten der Lüftung und erklären Sie diese.

3.2 Wie kann Außenluft bei fugendichten Fenstern in die Räume transportiert werden?

3.3 Welche Luft-Volumenströme sind bei innenliegenden Bädern, welche bei innen liegenden WC-Räumen vorzusehen?

3.4 Weshalb sollen WC-Räume, Bäder und Küchen entlüftet bzw. über Flure belüftet werden?

3.5 Welche Lüftungsarten sind in **Bild 1,** welche in **Bild 2** vorgegeben?

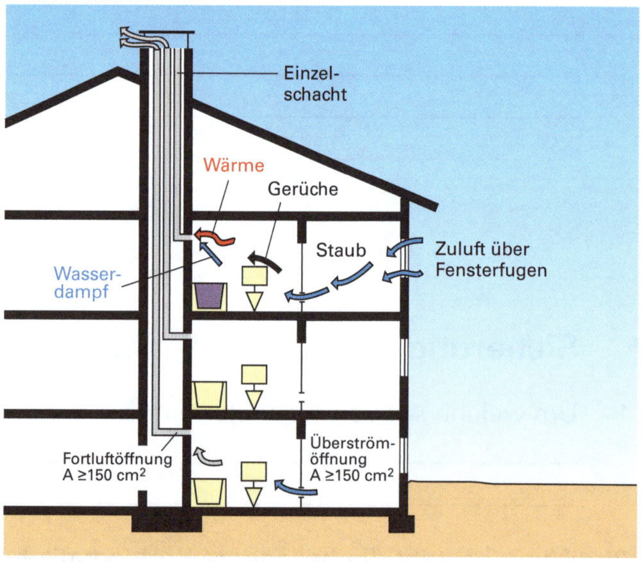

Bild 1: Lüftung von innen liegenden Wohnräumen

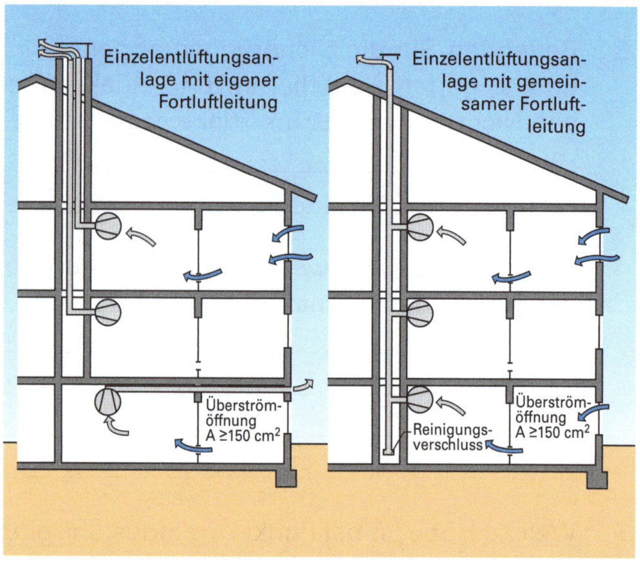

Bild 2: Lüftung von Wohnräumen

3.6 Ein Lüftungsgerät ist in Schutzart IPXS ausgeführt. Erläutern Sie die Schutzart und geben Sie an, in welchem Bereich einer Badewannen- oder Duschanlage dieses eingebaut werden kann.

3.7 Welche Schutzarten gibt es, mit denen Kleinraumventilatoren gesteuert werden können?

3.8 Die Wohnbereiche des abgebildeten Einfamilienhauses sind mit einer kontrollierten Wohnungslüftung ausgestattet **(Bild 1)**.
Welche Vorteile bietet die kontrollierte Wohnungslüftung?

3.9 Zeichnen Sie die Führung der Lüftungsleitungen, vom Lüftungsgerät ① im Flur ausgehend, in die unmaßstäbliche Zeichnung ein **(Bild 1)**.

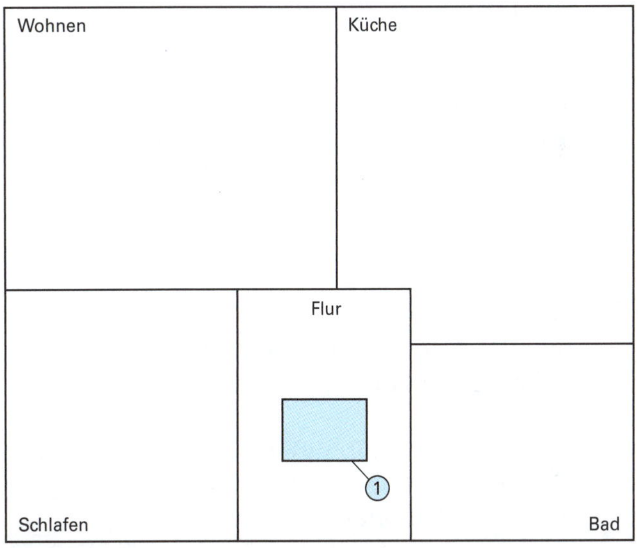

Bild 1: Kontrollierte Wohnungslüftung

3.10 Kennzeichnen Sie, welche Leitungen Zuluft, Fortluft, Abluft und Außenluft führen. Umluftbetrieb ist nicht vorgesehen.

3.11 Welche Drücke herrschen in den einzelnen Luftbereichen?

3.12 Begründen Sie die genannte Druckverteilung.

III Kundenauftrag

1 Gäste-WC

Ihr Kunde möchte einen vorhandenen Raum in seinem EFH zum Einrichten einer separaten Toilette mit WC, Urinal, Waschtisch nutzen. Der Raum soll über die vorhandene zentrale Warmwasserheizung (55/45) mit einem Flachheizkörper Bauhöhe H = 600 mm beheizt werden **(Bild 1)**.

1.1 Überprüfen Sie unter Beachtung der Abmessungen der Sanitärgegenstände, der Mindestabstände und der Mindestbewegungsflächen, ob die Größe des Raumes für das Vorhaben ausreicht. Machen Sie dem Kunden einen Vorschlag für die Ausstattung mit Vorwandinstallation und tragen Sie Ihre Lösung in den Grundriss ein **(Bild 1)**.

1.2 Bestimmen Sie die Größe des Flachheizkörpers, wenn für die Beheizung des Raumes eine Leistung von 335 W benötigt wird, und zeichnen Sie diesen in den Grundriss ein **(Bild 1)**.

1.3 Erläutern Sie dem Kunden die funktionalen Vorteile Ihrer Anordnung der Sanitärgegenstände.

1.4 Erläutern Sie dem Kunden Vorteile Ihrer Anordnung für die erforderlichen Installationen.

1.5 Zeichnen Sie die PWC-, PWH- und WW-Leitungen in den Grundriss ein. Dabei sollen für PWC und PWH starre Rohre verwendet werden.

1.6 Erstellen Sie dem Kunden ein Strangschema der Anlage und tragen Sie die Sanitärgegenstände, die Trinkwasser-, Trinkwarmwasser- und Abwasserleitungen ein **(Bild 2)**.

1.7 Erstellen Sie ein Strangschema, wenn für die Installation der Stockwerksverteilung von PWC und PWH flexible Rohre verwendet werden **(Bild 1, Seite 117)**.

1.8 Welche Vorteile bietet die von Ihnen gewählte Verteilungsart von PWC und PWH mit flexiblen Rohren?

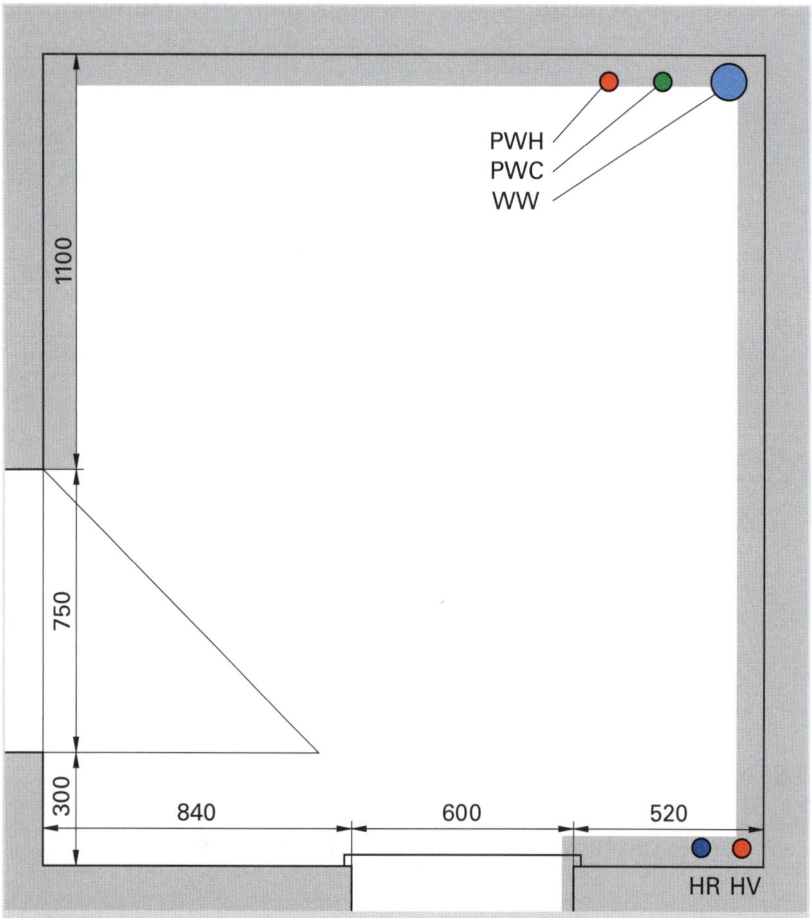

Bild 1: WC-Raum, M 1:20

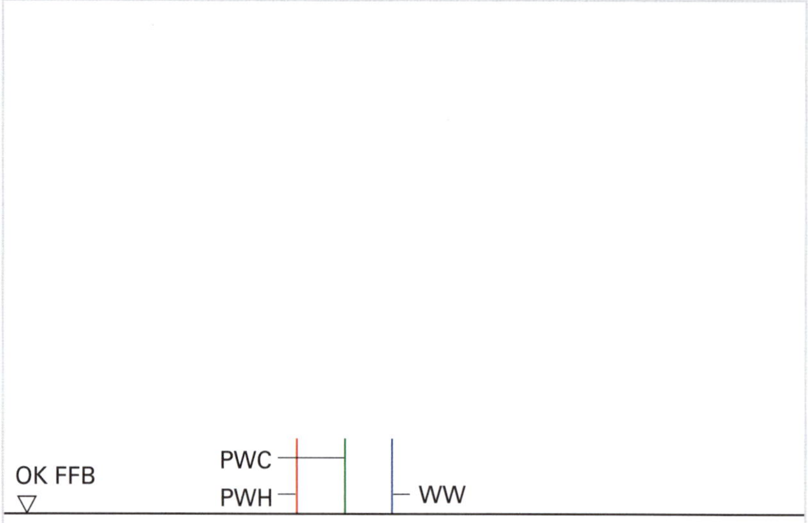

Bild 2: Schema WC-Anlage (starre Rohre), M 1:20

1.9 Erstellen Sie einen Material-Auszug der erforderlichen Absperr- und Entnahmearmaturen zum Anschluss der Sanitärgegenstände an die Trinkwasser- und Trinkwarmwasserleitungen.

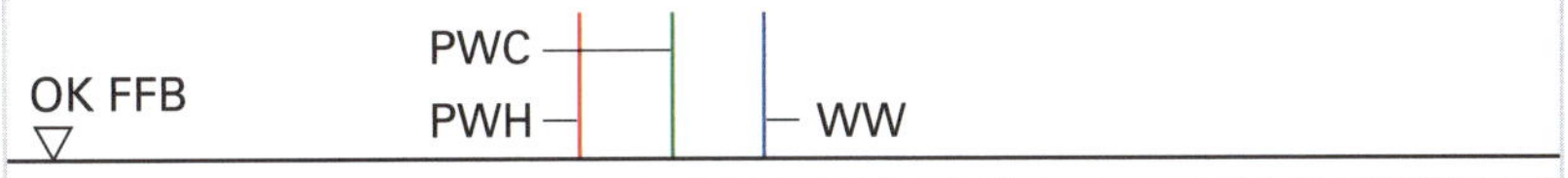

Bild 1: Schema WC-Anlage (flexible Rohre), M 1:20

Materialliste: Armaturen für WC-Anlagen

Pos.	Menge/Anzahl	Abmessungen/Bauart	Bemerkungen
01			
02			
03			
04			
05			

2 Einfamilienhaus

Für das Einfamilienhaus Werderstraße 27 sind Trinkwasser-, Abwasseranlage und die Sanitärinstallation zu erstellen. Nach Information des Wasser-Versorgungsunternehmens beträgt der Mindestversorgungsdruck 6,2 bar, die Gesamthärte 11 °d (1,96 mmol/l), der pH-Wert 6,9 .Das Bad soll ausgestattet werden mit:
1 Badewanne 1700 mm × 750 mm; 1 Brausewanne 800 mm × 800 mm; 1 WC, wandhängend mit UP-Spk.;
1 Bidet, wandhängend; 2 Waschtische, 630 mm breit (Montageabstand 100 mm).
Die **Badplanung** ist zu ergänzen. Das im Obergeschoss liegende Bad wird mit Vorwandinstallation (200 mm Montagetiefe), zentraler TWW (PWH)-Versorgung mit Zirkulation (PWH-C) und Einzelsicherung des TW (PWC) und des TWW (PWH) ausgestattet **(Bild 1, Seite 118)**.

2.1 Erklären Sie dem Kunden die Vor- und Nachteile der abgebildeten drei Spültechniken bei WC-Anlagen **(Bild 2)**.

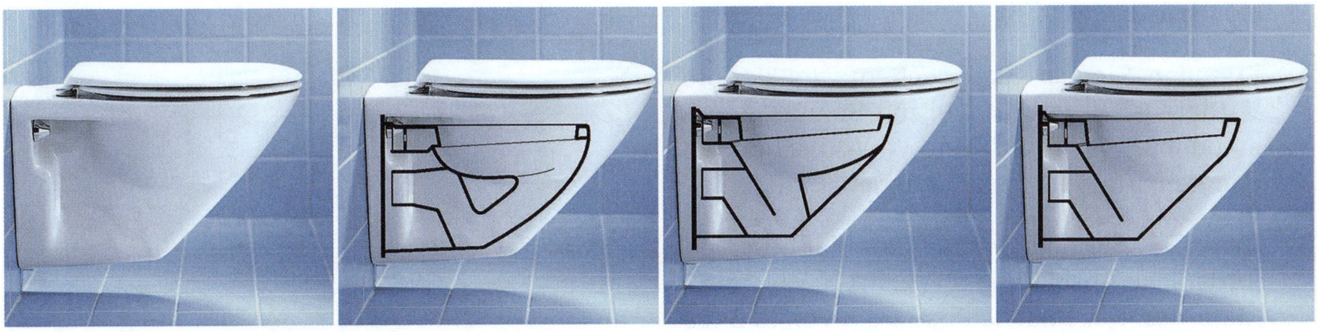

Bild 2: Spültechniken bei WC-Anlagen

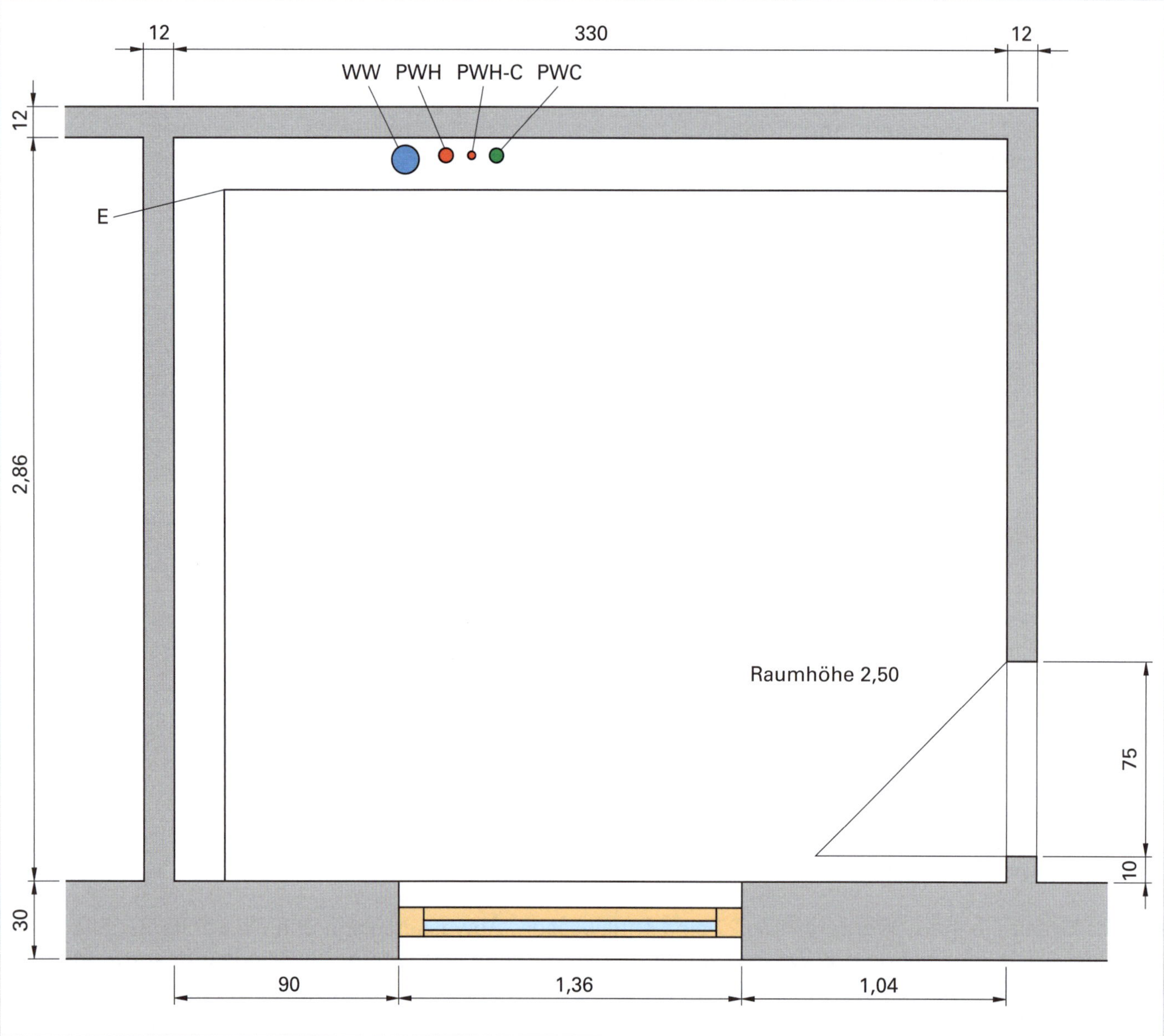

Bild 1: Grundriss Bad Einfamilienhaus, M 1:25

2.2 Planen Sie die Sanitärgegenstände unter Berücksichtigung der Mindestabstände und der erforderlichen Bewegungsflächen in den Grundriss M 1:25 ein **(Bild 1)**.

2.3 Zeichnen Sie die erforderlichen Anschlussleitungen PWC, PWH und WW in den Grundriss ein **(Bild 1)**.

2.4 Erstellen Sie ein Strangschema (geklappte Vorderansicht im M 1:20) mit Sanitärgegenständen, PWC-, PWH- und WW-Anschlüssen und den erforderlichen Leitungen **(Bild 2)**.

2.5 Bemaßen Sie alle senkrechten Maße der erforderliche Anschlüsse (PWC, PWH, WW) zum Meterriss. Der Bodenaufbau trägt von RFB bis FFB 120 mm auf.

2.6 Bemaßen Sie alle waagerechten Maße der erforderliche Anschlüsse (WW, PWC, PWH) zur Raumecke E.

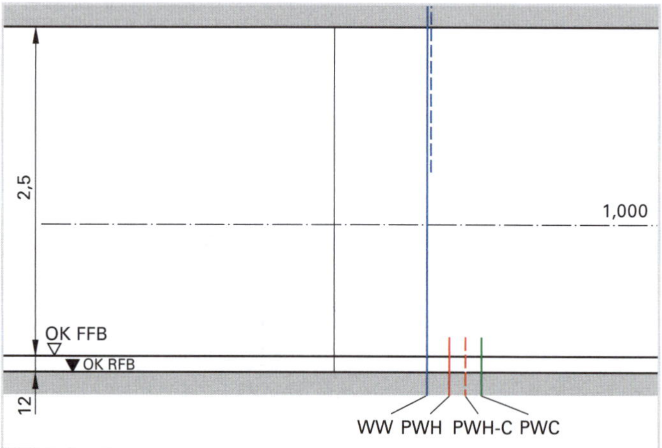

Bild 2: Geklappte Vorderansicht, Bad Einfamilienhaus

3 Hausanschlussraum im EFH

Die **Trinkwasseranlage** im Bereich des Hausanschlussraumes ist zu planen **(Bild 1)**.

3.1 Für die im Grundriss unmaßstäblich abgebildete Trinkwasseranlage im Hausanschlussraum ist das Strangschema im M 1:20 zu ergänzen **(Bild 2)**. Die Hauseinführung liegt 0,65 m von OK FFB bis Mitte Rohr DN 32, die Raumhöhe beträgt 2,50 m, der Abstand der Verteilungsleitungen soll jeweils 120 mm von UK Decke bis Mitte Rohr betragen. Das Ergebnis der Kundenberatung **(3.7)** ist hierbei zu berücksichtigen. Die Wasserzählanlage ist mit allen erforderlichen Apparaten und Armaturen einzuzeichnen.

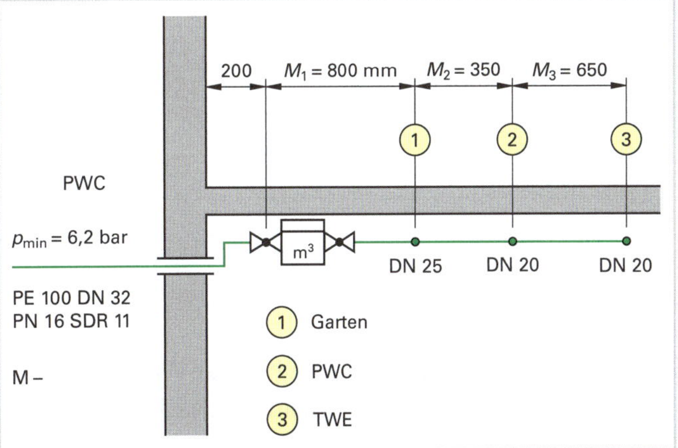

Bild 1: Grundriss Hausanschlussraum EFH

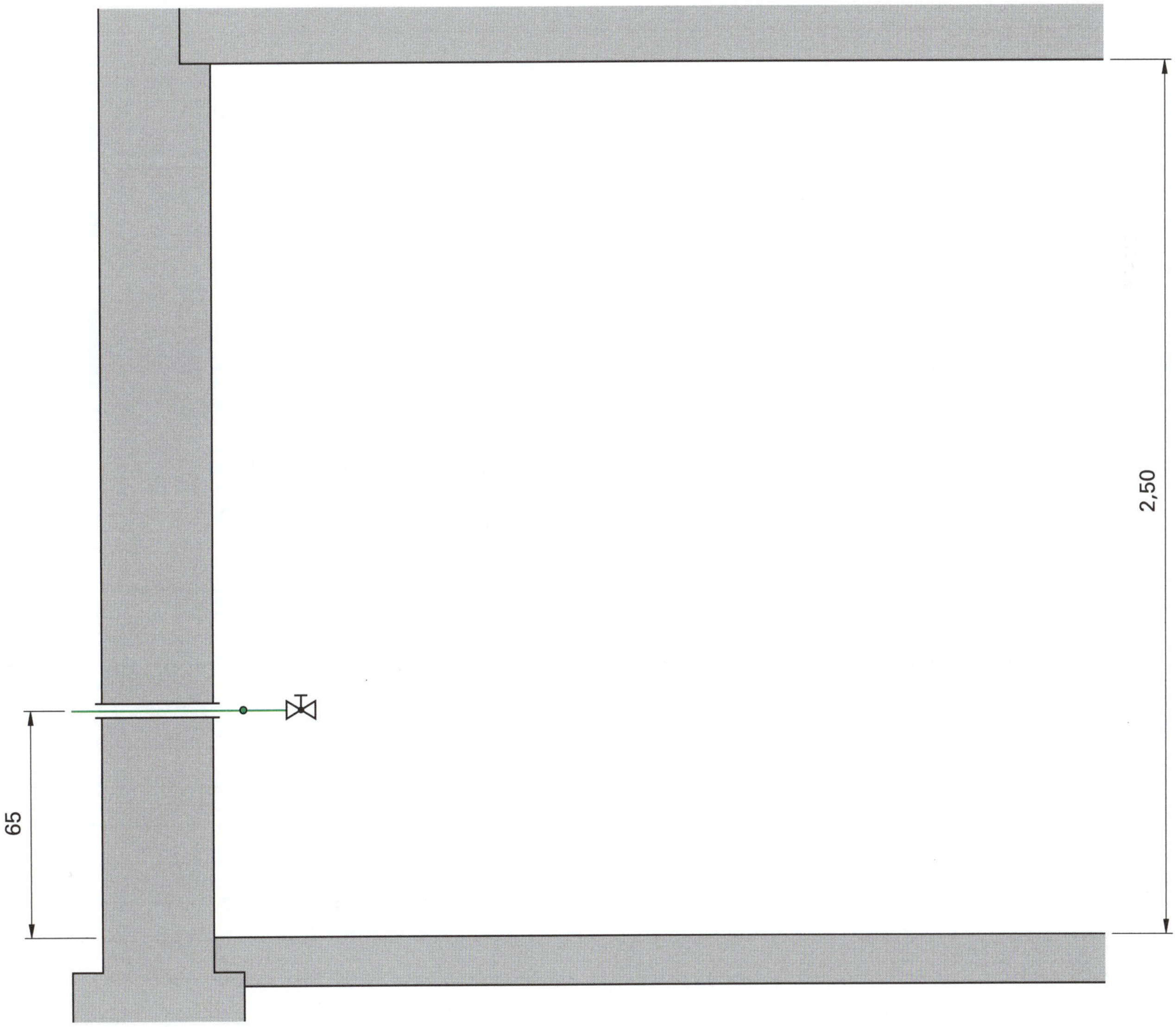

Bild 2: Vorderansicht Hausanschlussraum, M 1:20

3.2 Benennen Sie die von Ihnen vorgesehenen Armaturen und begründen Sie gegenüber dem Bauherren deren Notwendigkeit.

3.3 Beraten Sie den Kunden bei der Werkstoffwahl für die PWC- und PWH-Leitungen. Geben Sie mögliche Rohrarten und die gebräuchlichen Verbindungstechniken an **(Tabelle 1)**.

Tabelle 1: Rohrwerkstoffe für PWC- und PWH-Leitungen

Werkstoff	Verbindungstechnik	TW (PWC), TWW (PWH)

3.4 Beschreiben Sie stichwortartig die Montage der von Ihnen gewählten Rohrart.

3.5 Beschreiben Sie die Dichtheitsprüfung, die bei der von Ihnen empfohlenen Rohrart durchzuführen wäre.

3.6 Erläutern Sie dem Kunden mögliche Maßnahmen, die gegen Steinbildung durch die Wasserhärte bei der Trinkwassererwärmung getroffen werden können.

3.7 Beraten Sie den Kunden über die Möglichkeiten, um bei dem vorgegebenen Einfamilienhaus Trinkwasser einzusparen.

3.8 Die Ausführung der **Schmutzwasserleitungen** des Bades ist festzulegen **(Bild 1, Seite 118).** Beraten Sie den Kunden hinsichtlich der Werkstoffwahl bei den Schmutzwasserleitungen und nennen Sie für die gewählten Rohrarten die gebräuchlichen Verbindungstechniken.

3.9 Wie lüften Sie die Schmutzwasser-Fallleitung, wie die Anschlussleitungen?

3.10 Wie verhindern Sie Fremdeinspülung beim Anschluss an die Schmutzwasser-Fallleitung?

3.11 Ermitteln Sie die Nennweiten der Schmutzwasser-Anschlussleitungen für die gewählte Art der Lüftung (entsprechend **2.3** und **2.4, Seite 118)** gemäß DIN EN 12056 und DIN 1986-100.

3.12 Erstellen Sie einen Materialauszug für die Anschlussleitungen der Sanitärgegenstände im Bad mit den Formstücken für den Anschluss an die Fallleitung **(Tabelle 1).**

Tabelle 1: Materialliste Abwasseranlage

Pos.	Menge/Anzahl	Abmessungen/Bauart	DIN-Bez./Artikel-Nr.
01			
02			
03			
04			
05			

4 Rollstuhlgerechtes Bad

Ein Kunde möchte sich aus Altersgründen in den vorhandenen Raum seines Einfamilienhauses ein rollstuhlgerechtes Duschbad mit bodengleicher Dusche, WC und Waschtisch installieren lassen **(Bild 1)**.

4.1 Welche sinnvollen Bewegungsflächen sind für die Dusche, das WC und den Waschtisch vorzusehen?

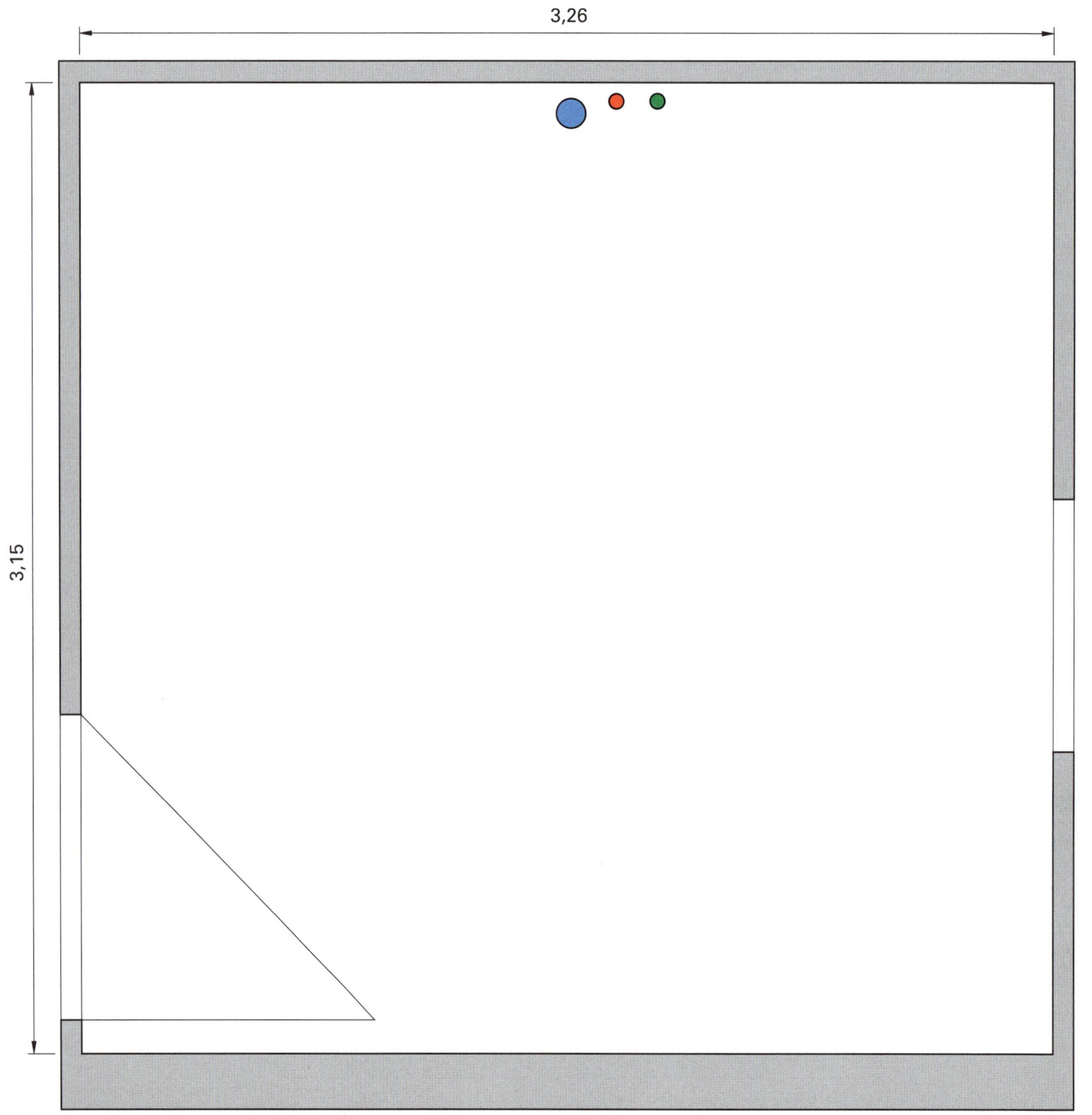

Bild 1: Duschbad, rollstuhlgerecht, M 1:20

4.2 Welche Montagehöhen und Abmessungen sind nach DIN 18025/1 einzuhalten für: das WC, die Dusche und den Waschtisch?

4.3 Wie schließen Sie den Abfluss des Waschtisches an?

4.4 Haltegriffe und Zubehöre werden oft nach individuellen Wünschen angebracht. Welche Maße sollte man als „Richtmaße" dabei zu Grunde legen?

4.5 Planen Sie den Grundriss des rollstuhlgerechten Duschbades im Maßstab 1:20 und tragen Sie die Mindestbewegungsflächen ein **(Bild 1, Seite 122).**

4.6 Zeichnen Sie die Anschlussleitungen für Trinkwasser, Trinkwarmwasser und für Abwasser in den Grundriss ein.

4.7 Überprüfen Sie die Schmutzwasser-Anschlussleitungen hinsichtlich der Einhaltung der Anwendungsgrenzen. Falls erforderlich, schlagen Sie eine Problemlösung vor.

4.8 Die bodengleiche Dusche wird mit einem vorgefertigten Hartschaumelement ausgeführt. Welche besonderen Vorteile hat die Verwendung dieses Bauteils?

4.9 Beschreiben Sie in Stichpunkten den Einbau des Hartschaumelements.

4.10 Welche Entnahmearmaturen schlagen Sie für die Ausstattung des Duschbades vor?

9 Trinkwasser-Erwärmungsanlagen installieren
Installation of heating systems for drinking water

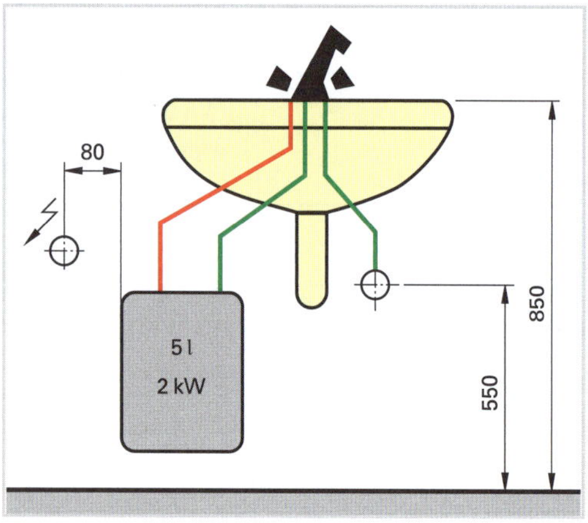

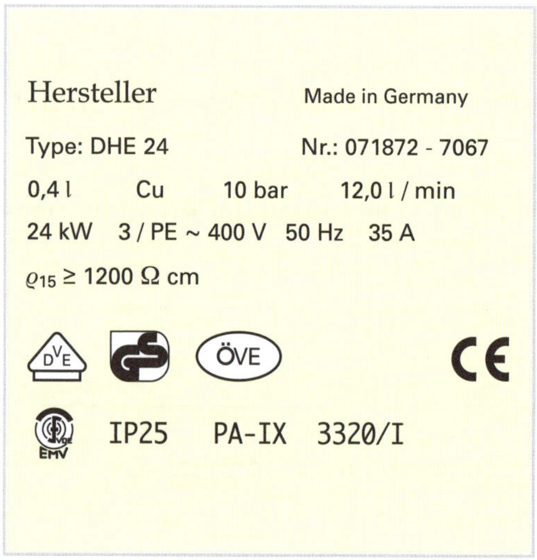

I Arbeitsplanung // Work planning

1	**Trinkwasser-Erwärmungsanlagen**	Heating systems for drinking water
2	**Bauarten von Trinkwassererwärmern**	Types of drinking water heaters
3	**Elektrische Speicher-Wasserheizer**	Electric storage water heaters
4	**Elektrische Kochendwasser-Geräte**	Electric boiling water machines
5	**Elektrische Durchfluss-Wasserheizer**	Electric continuous-flow water heaters
6	**Gasbeheizte Trinkwasserheizer**	Gas-heated drinking water heaters
7	**Solarbeheizte Wasserspeicher**	Solar-heated water tanks
8	**Wärmepumpen zur Trinkwassererwärmung**	Heat pumps for drinking water heating
9	**Leitungsanlagen für Trinkwassererwärmer**	Pipe systems for drinking water heaters
10	**Wärmedämmung**	Heat insulation
11	**Darstellungen**	Illustrations
12	**Berechnungen**	Calculations

II Systemanalyse und Instandhaltung // System analysis and maintenance

1	**Gerätetechnik**	Machine technology
2	**Bad mit E-Speicher-Wasserheizer**	Bath with e-storage water heater
3	**Renovierung Einfamilienhaus**	Renovation one-family house
4	**Berechnungen**	Calculations

III Kundenauftrag // Customer order

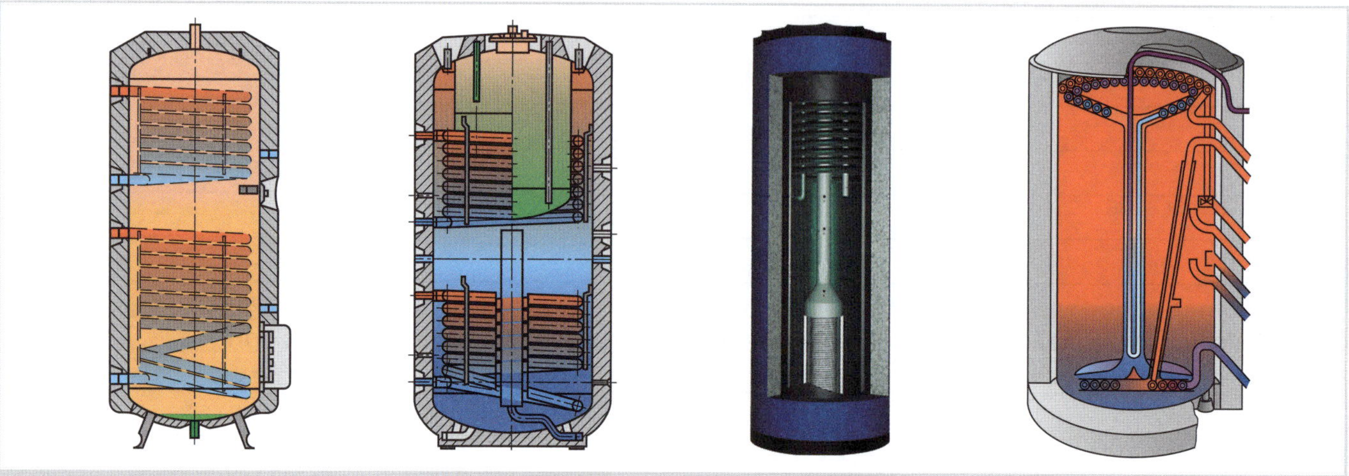

Arten von Speicher-Wassererwärmern

I Arbeitsplanung

1 Trinkwasser-Erwärmungsanlagen

1.1 Nennen Sie die drei wichtigsten Anforderungen der Nutzer an Trinkwasser-Erwärmungsanlagen.

1.2 Man unterscheidet bei den Richtwerten für den Warmwasserbedarf im Wohnungsbau Ansprüche einfacher, gehobener und komfortabler Ausstattung. Wie hoch ist jeweils der mittlere Richtwert für den Warmwasserbedarf je Person und Tag, wenn als Warmwassertemperatur 60 °C angenommen wird?

Ansprüche einfach: ______ gehoben: ______ komfortabel: ______

1.3 Für eine fünfköpfige Familie sind der Warmwasserbedarf bei 60 °C und die benötigte Wärmemenge je Tag und Monat abzuschätzen. Sie bewohnt eine Eigentumswohnung mit einer Wohnfläche von 110 m^2, das Badezimmer besitzt eine Badewanne (180 l) und eine Duschwanne mit Kopf- und Handbrause.

1.4 Welche Energiearten werden zur Trinkwassererwärmung eingesetzt? Nennen Sie dazu jeweils ein Beispiel.

1.5 Vergleichen Sie die wesentlichen Merkmale der Trinkwassererwärmung mit Sonnenenergie gegenüber der Erwärmung mit Heizöl.

1.6 Stellen Sie Vor- und Nachteile der Verwendung elektrischer Energie zur Trinkwassererwärmung zusammen.

1.7 In vielen Trinkwassererwärmern wird das Wasser im Gegenstromprinzip erwärmt. Ergänzen Sie die Skizze mit dem Verlauf der Wasserströme und begründen Sie die Anwendung dieses Prinzips **(Bild 1)**.

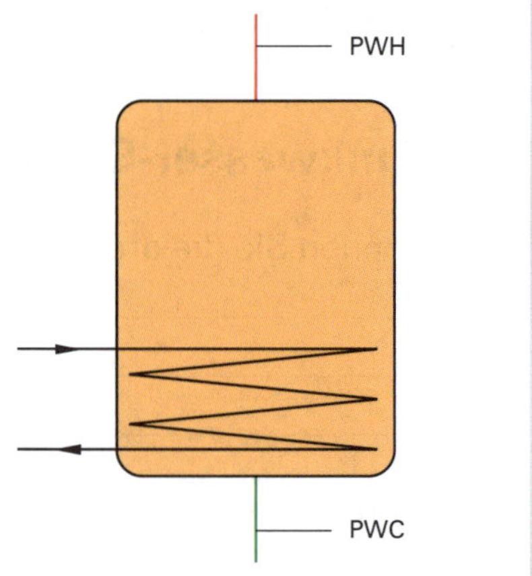

Bild 1: Gegenstromprinzip

1.8 Der oben abgebildete WW-Speicher wird durch einen Gasheizkessel erwärmt. Die Heizungsanlage ist mit unbehandeltem Wasser gefüllt. Nennen Sie die Flüssigkeitskategorie des Heizungswassers und beschreiben Sie die Gefährdung des Trinkwassers.

1.9 Man unterscheidet bei der Trinkwassererwärmung Einzel-, Gruppen- und Zentralversorgung. Stellen Sie Vor- und Nachteile dieser Systeme zusammen.

Einzelversorgung:

Gruppenversorgung:

Zentralversorgung:

2 Bauarten von Trinkwassererwärmern

2.1 Erläutern Sie den Unterschied zwischen offenen und geschlossenen Trinkwassererwärmern.

2.2 Nach der Beheizungsart unterscheidet man mittelbar und unmittelbar beheizte Wassererwärmer. Nennen Sie jeweils ein Beispiel.

2.3 Man unterscheidet Speicher- und Durchfluss-Wasserheizer. Nennen Sie die wichtigsten Argumente zum Einbau eines Speicher-Wasserheizers.

2.4 Was versteht man unter dem Bereitschaftsenergieverbrauch von Speichern?

2.5 In einem Einfamilienhaus wurde, um später einmal eine Solaranlage nachzurüsten, ein 500-Liter-Speicher eingebaut. Welche Nachteile hat der Einbau und Betrieb dieses Speichers?

2.6 Welche besonderen Vorteile haben Durchfluss-Wasserheizer hinsichtlich der Trinkwasserhygiene?

2.7 Welche Gründe begrenzen die Verwendung der Durchfluss-Wasserheizer?

2.8 Das Bad einer 3-Zimmer-Wohnung wird mit einem Gas-Durchfluss-Wasserheizer mit Warmwasser versorgt. Bei der Renovierung wünscht der Kunde den Einbau einer Dusche mit einer Kopf- und drei Seitenbrausen. Nehmen Sie Stellung zu seinem Wunsch und erläutern Sie die technischen Hintergründe.

2.9 Welche wichtigen Maßnahmen sind bei Planung und Betrieb der Warmwasseranlagen zum Schutz vor Verkeimung zu treffen?

Planung:

Betrieb:

2.10 Ein Kunde in einer Gemeinde mit sehr hartem Wasser besitzt einen indirekt beheizten Speicher-Wasserheizer, der vor etwa 18 Jahren eingebaut wurde. Begründen Sie, weshalb es angebracht ist, eine Wartung des Speichers durchzuführen.

3 Elektrische Speicher-Wasserheizer

3.1 Beschreiben Sie das Überlaufprinzip am Beispiel eines drucklosen 5-Liter-Elektrospeichers.

3.2 Welche Besonderheiten haben Mischbatterien für drucklose Speicher?

3.3 Durch welche Maßnahmen wird gewährleistet, dass während des Wasserzapfens beim drucklosen Speicher keine zu großen Druckerhöhungen entstehen?

3.4 Weshalb tropft beim drucklosen Speicher – trotz geschlossener Ventile der Mischbatterie – manchmal Wasser aus deren Auslauf?

3.5 Warum ist der Einsatzbereich der drucklosen Speicher begrenzt und welche Alternative bietet sich an?

3.6 Sie montieren einen 5-Liter-Kleinspeicher (2 kW) und stellen fest, dass die elektrische Anschlussleitung zu kurz ist, um den Stecker in die Steckdose einstecken zu können. Deshalb bauen Sie die vorhandene Anschlussleitung ab und fertigen eine neue, etwas längere Leitung. Sie haben diese handwerkliche Fertigkeit gelernt, denn Sie sind E-Fachkraft für festgelegte Tätigkeiten (SHK). Anschließend kommen Ihnen jedoch Bedenken, ob Sie dies überhaupt vornehmen durften.

a) Welche Folgen hätte dies hinsichtlich der Herstellergarantie?

b) Beschreiben Sie die verwendete elektrische Leitung.

c) Sie wussten keine Alternative, denn die Montagewand ist neu gefliest, die Steckdose war nicht mehr zu versetzen und Sie montierten die neue Leitung. Wer übernimmt die Gewährleistung für Ihre Arbeit?

3.6 d) Welche Überprüfungen müssten Sie durchführen, um die elektrische Sicherheit Ihrer Arbeit zu kontrollieren?

____

____

3.7 Beschreiben Sie die Funktion eines E-Kleinspeichers anhand des Schaltplans **(Bild 1)**.

____

____

____

____

____

____

____

____

____

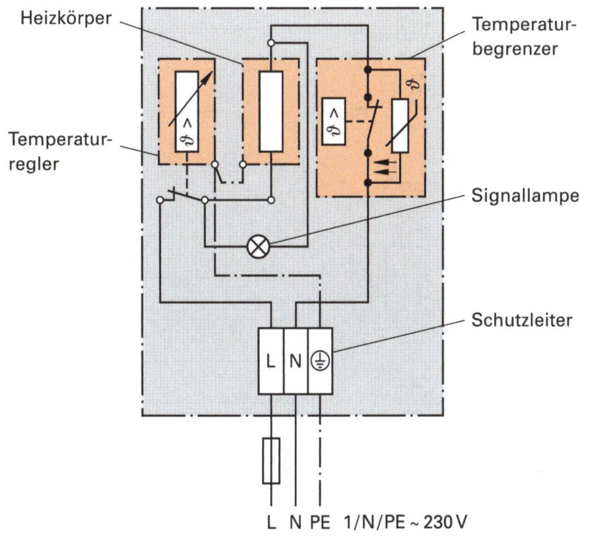

Bild 1: Schaltplan eines Kleinspeichers

3.8 Worin besteht der grundsätzliche Unterschied zwischen einem Einkreis- und einem Zweikreis-Speicher?

____

____

____

____

3.9 Sie tauschen einen alten 80-Liter-E-Speicher gegen ein neues, gleich großes Gerät.

a) Welche Sicherheitsmaßnahmen sind vor dem Abklemmen des alten Gerätes zu treffen?

____

b) Das alte Gerät war mit einer direkt aus der Wand kommenden 3-adrigen Leitung (3 × 1,5 mm^2) angeschlossen. Welche Voraussetzungen müssen gegeben sein, damit Sie diese Leitung für den Neuanschluss wieder benutzen können?

____

c) Wie müssen Sie vorgehen, wenn Sie erkennen, dass die vorhandene Leitung brüchig ist?

____

d) Sie entnehmen der Montageanleitung, dass das neue Gerät mit 1 kW, 2 kW, 4 kW und 6 kW angeschlossen werden könnte. Weshalb ist hier der Anschluss mit 4 kW und 6 kW nicht möglich?

____

e) Sie montieren das neue Gerät und schließen es entsprechend der Vorgabe für eine Leistung von 2 kW an **(Bild 2)**. Welche Schritte sind vorzunehmen, um dem Kunden eine zuverlässige und sichere Arbeit zu gewährleisten?

____

____

____

____

____

____

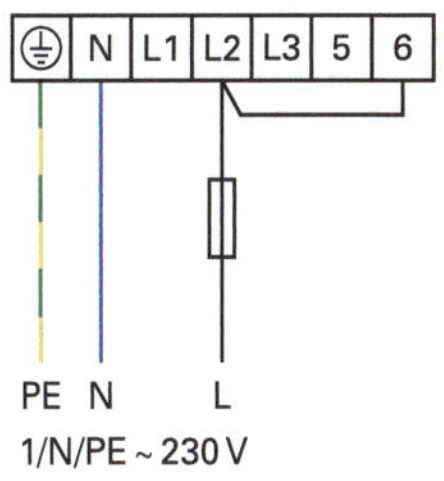

Bild 2: Einkreisanschluss 2 kW

3.9 f) Sie haben das Gerät nach Schaltplan angeschlossen **(Bild 1).**
Worum handelt es sich bei folgenden Bauteilen?

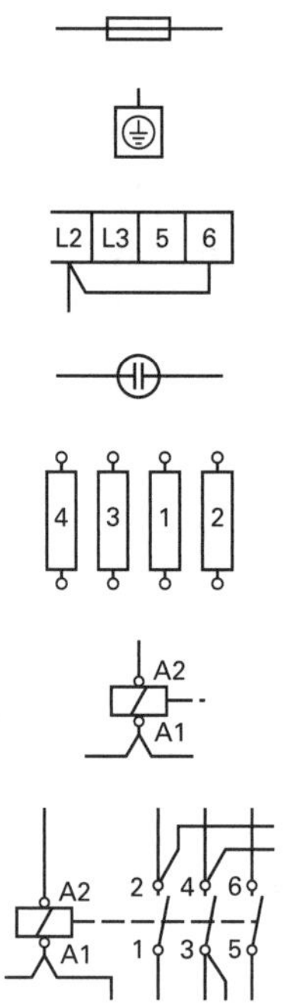

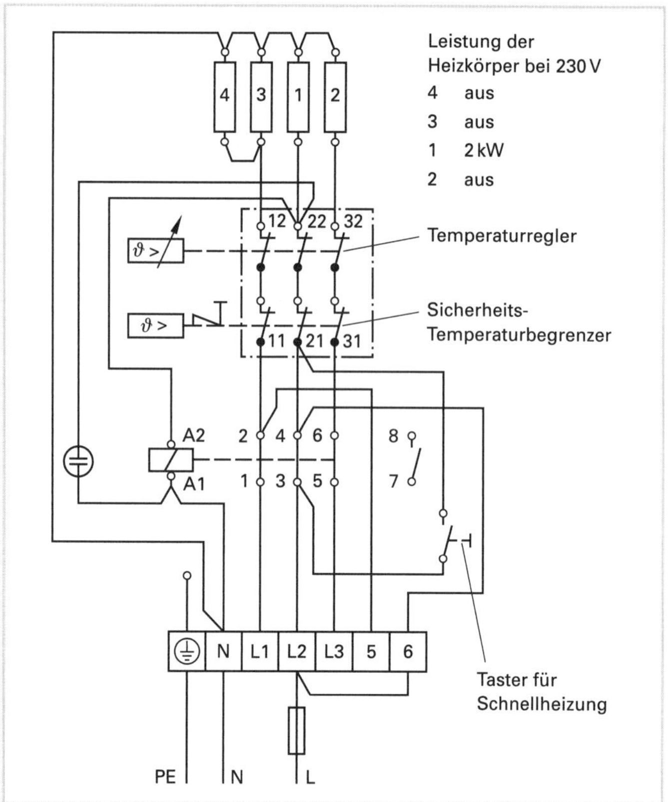

Bild 1: Schaltplan

g) Zeichnen Sie den Stromlauf in Farbe ein **(Bild 1).**

h) Beschreiben Sie den Funktionsablauf, beginnend damit, dass über den Temperaturregler eine Wärmeanforderung erfolgt.

i) Welche Voraussetzungen müssten gegeben sein, um das Gerät für eine Leistung von 6 kW anzuschließen **(Bild 2)?**

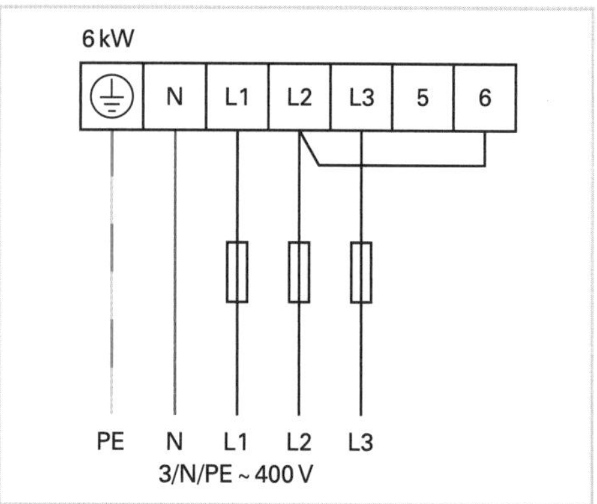

Bild 2: Anschluss 6 kW

3.9 j) Für den Zweikreisbetrieb erhält das Gerät zusätzlich noch einen EVU-Kontakt **(Bild 1)**. Wie wird dieser Kontakt geschaltet und wozu dient er?

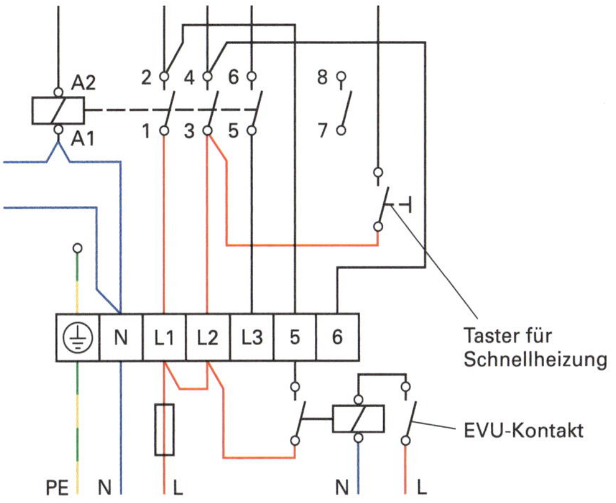

Bild 1: EVU-Kontakt für Zweikreisbetrieb

4 Elektrische Kochendwasser-Geräte

4.1 Beschreiben Sie die Wassererwärmung mit einem z. B. 5-Liter-Kochendwasser-Gerät.

5 Elektrische Durchfluss-Wasserheizer

5.1 Beschreiben Sie das Grundprinzip der Trinkwassererwärmung mit einem hydraulisch gesteuerten E-Durchfluss-Wasserheizer **(Bild 2)**.

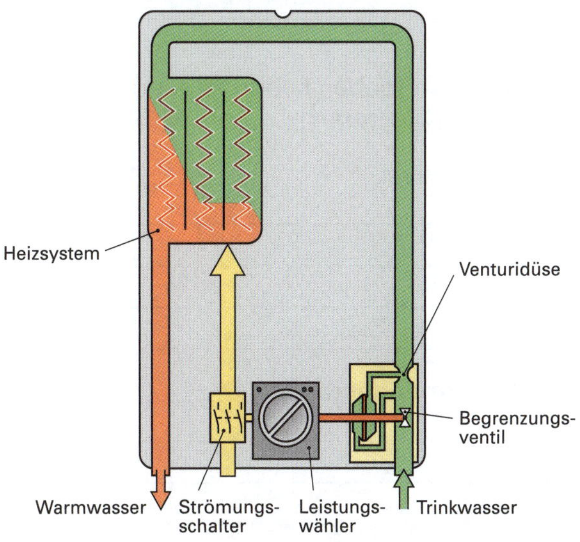

Bild 2: Schema eines hydraulisch gesteuerten Elektro-Durchfluss-Wasserheizers

5.2 Aus welchen Gründen müssen E-Durchfluss-Wasserheizer für z. B. Duschanlagen mit Drehstrom (3/PE ~ 400 V) angeschlossen werden?

5.3 In welchen grundlegenden Eigenschaften unterscheiden sich die elektronisch gesteuerten von den hydraulisch gesteuerten E-Durchfluss-Wasserheizern?

5.4 Welche besonderen Vorteile haben elektronisch geregelte E-Durchfluss-Wasserheizer?

5.5 Bei einer Solaranlage soll die Warmwasser-Zapftemperatur durch einen E-Durchfluss-Wasserheizer bei jeder Witterung auf 60 °C nachgeheizt werden. Der Handel bietet dazu elektronisch geregelte Varianten an. Warum sind die gesteuerten Geräte hierfür nicht geeignet?

6 Gasbeheizte Trinkwasserheizer

6.1 Aus welchen Gründen ist ein Gas-Durchlauf-Wasserheizer (G-DWH) ein sehr wirtschaftliches Gerät zur Wassererwärmung?

6.2 Aus welchen grundlegenden Bauteilen besteht ein G-DWH?

6.3 Welche Aufgaben haben folgende Bauteile des Wasserteils **(Bild 1)**?

Venturidüse:

Wassermengenregler:

Langsamzündventil:

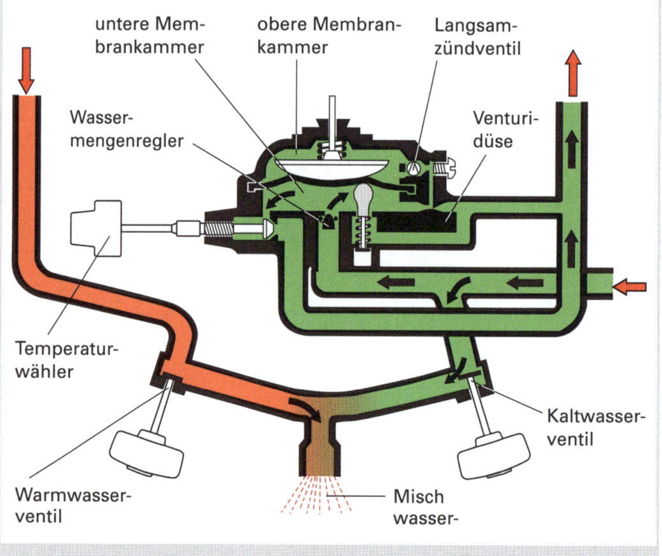

Bild 1: Wasserteil

6.4 Halbautomatische G-DWH besitzen in der Regel zur Überwachung der Flamme eine thermoelektrische Zündsicherung. Beschreiben Sie die Funktion dieser Sicherung.

6.5 Aus welchen Gründen benötigen automatische G-DWH zur Spannungsversorgung eine Batterie oder einen Netzanschluss?

6.6 Viele moderne Gasgeräte besitzen eine Ionisations-Flammenüberwachung. Beschreiben Sie deren Funktion.

6.7 G-DWH Art B besitzen eine Strömungssicherung. Welche Aufgaben hat diese?

6.8 Welche besondere Sicherung benötigt ein G-DWH Art B, der in Aufenthaltsräumen aufgestellt wird, um die Bewohner nicht zu gefährden? Beschreiben Sie deren Funktion.

6.9 Beschreiben Sie in Stichpunkten den Aufbau eines Gas-Vorrats-Wasserheizers (G-VWH).

6.10 Weshalb werden heute in der Regel indirekt beheizte Wasserspeicher anstatt eines G-VWH eingebaut?

6.11 Welche Besonderheiten haben Ladespeicher gegenüber einem konventionellen Speicher?

7 Solarbeheizte Wasserspeicher

7.1 Aus welchen Komponenten besteht eine Solaranlage und welche Aufgaben haben diese?

7.2 Eine Solaranlage zur Trinkwassererwärmung wird geplant. Angestrebt wird z. B. 60 % solare Deckungsrate.

a) Erläutern Sie den Begriff der solaren Deckungsrate.

b) Weshalb ist es sehr aufwändig bis unmöglich, diese Deckungsrate zu steigern oder bis auf 100 % zu erhöhen?

7.3 Beschreiben Sie den Weg der Sonneneinstrahlung auf einen Flachkollektor.

7.4 Welche besonderen Vorteile haben Röhrenkollektoren und für welche Anwendungen sind diese den Flachkollektoren zu bevorzugen?

7.5 Solarstationen vereinfachen die Installation einer Solaranlage. Aus welchen Bauteilen bestehen sie?

7.6 Welche Besonderheit gilt für die Ausführung der Abblaseleitung des Sicherheitsventils der Solaranlage?

7.7 Welche beiden wichtigen Aufgaben hat das Membranausdehnungsgefäß der Solaranlage?

7.8 Erläutern und vergleichen Sie die Wirkungsweise einer High-Flow- und einer Low-Flow-Solaranlage.

7.9 Erklären Sie den Begriff bivalenter Trinkwassererwärmer.

7.10 a) Aus welchen Gründen werden zum Speichern der Solarwärme oftmals Schicht-Ladespeicher verwendet?

b) Beschreiben Sie den Ladevorgang dieses Speichers.

c) Zur Speicherung größerer Mengen der Solarwärme benötigt man ein großes Speichervolumen. Welche hygienischen Probleme können dadurch beim Speichern des Trinkwassers entstehen?

d) Beschreiben Sie die Trinkwassererwärmung des Schicht-Ladespeichers **(Bild 1)**. Beurteilen Sie ihn hinsichtlich Hygiene und Volumenstrom des erwärmten Trinkwassers.

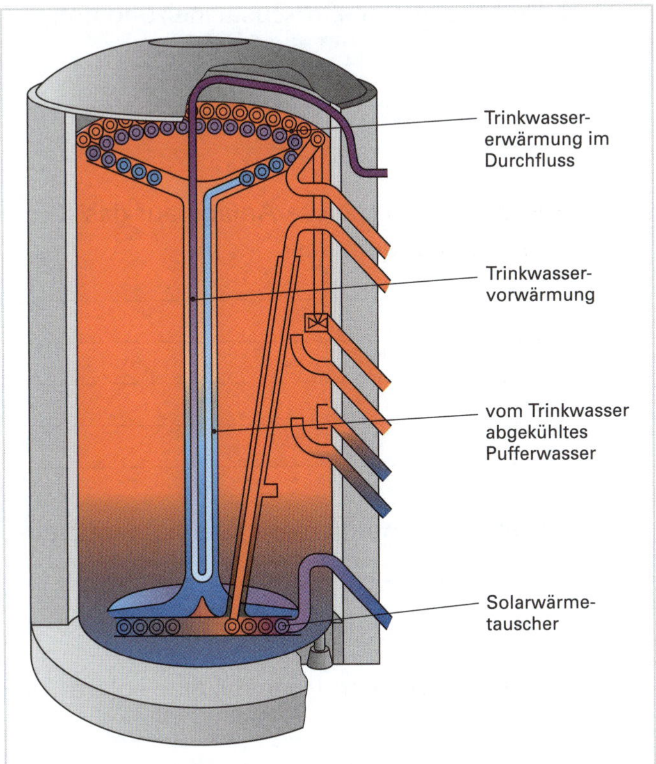

Bild 1: Schicht-Ladespeicher

8 Wärmepumpen zur Trinkwassererwärmung

8.1 Beschreiben Sie die Arbeitsweise einer Luft-Wasser-Wärmepumpe.

8.2 Ein Kunde wünscht die Aufstellung einer Luft-Wasser-Wärmepumpe mit darunter angeordnetem Speicher **(Bild 1)**. Beraten Sie ihn hinsichtlich folgender Fragen:

a) Ist mit einer Energiekosteneinsparung gegenüber der Erwärmung mit Gas oder Öl zu rechnen?

b) Welche Betriebsweise ist sinnvoll, parallel oder alternativ zum Heizkessel?

c) Wozu ist die Elektro-Zusatzheizung nötig?

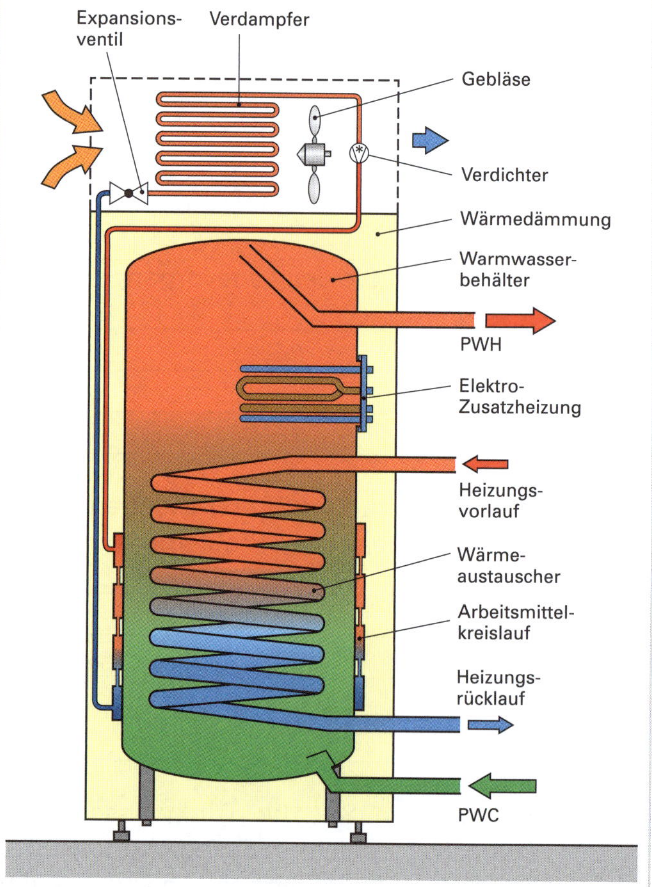

Bild 1: Speicher-TWH mit Wärmepumpe

d) Wie wirkt sich diese Anlage auf das Klima im Aufstellraum aus?

e) Weshalb benötigt diese Wärmepumpe einen Abwasseranschluss?

f) Ist es möglich und sinnvoll eine solare Trinkwassererwärmung zu ergänzen?

9 Leitungsanlagen für Trinkwassererwärmer

9.1 Aus welchen Gründen sind beim Einbau eines Trinkwassererwärmers Sicherungs- und Sicherheitsarmaturen einzubauen?

9.2 Welche Schutzarmaturen sind bei der Montage eines drucklosen 5-Liter-Untertischspeichers vorzusehen?

9.3 Ergänzen Sie die erforderlichen Armaturen zum Anschluss eines TWE mit 300 Liter Inhalt. Benennen Sie diese in Flussrichtung des Trinkwassers **(Bild 1)**.

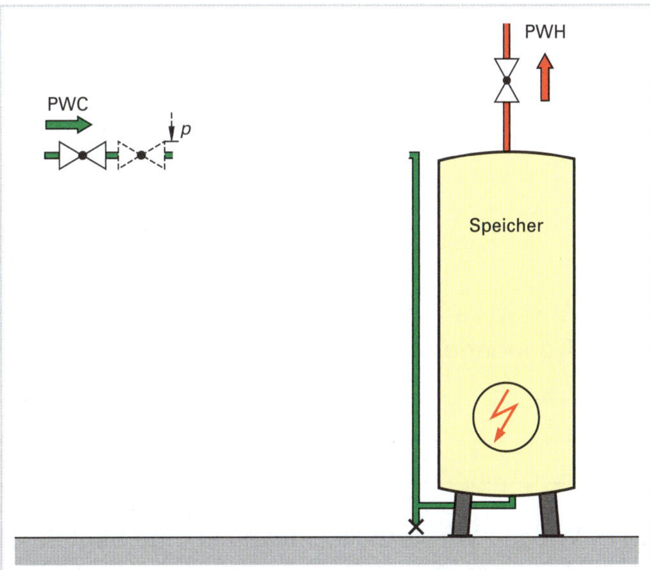

Bild 1: Speicheranschluss

9.4 Welche Aufgaben hat das gestrichelt eingezeichnete Ventil? Unter welchen Voraussetzungen muss es eingebaut werden?

9.5 Nennen Sie die Regeln für die Auswahl der Größe und des Montageorts des Sicherheitsventils.

9.6 Nach welchen Grundsätzen ist die Abblaseleitung des Sicherheitsventils zu dimensionieren und zu verlegen?

9.7 Warum stellen Legionellen eine Gefahr für den Menschen dar und welche Gründe führen zu ihrer Vermehrung im Trinkwasser?

9.8 Nennen Sie Regeln für das Erstellen und den Betrieb der Trinkwasseranlagen zur Vermeidung der Legionellenbildung.

9.9 a) Welches besondere Risiko stellen Warmwasser-Zirkulationssysteme hinsichtlich des Legionellenproblems dar?

b) Durch welche Maßnahmen kann die Legionellenbildung dabei verhindert werden?

9.10 Warum kann bei Mehrfamilienhäusern die Warmwasser-Zirkulation nicht bis zu den Zapfstellen in den Wohnungen geführt werden?

9.11 Welche Vor- und Nachteile hat eine Begleitheizung mit einem selbst regelnden Heizband gegenüber der Warmwasser-Zirkulation?

9.12 Bei absperrbaren Rohrstrecken mit Begleitheizung ist ein Hinweisschild anzubringen: „Vor dem Schließen des Absperrventils ist die Begleitheizung abzuschalten." Begründen Sie diese Vorschrift.

10 Wärmedämmung

10.1 Wie wird die Wärmeleitfähigkeit von Baustoffen angegeben?

10.2 a) Welche Dicke der Dämmschicht schreibt die EnEV für die Wärmedämmung eines Kupferrohres 22 × 1 vor?

b) Weshalb ist in der Regel die Dämmschichtdicke der Materialien vieler Hersteller wesentlich größer?

10.3 Welche Dämmschichtdicken gelten nach der EnEV für:

a) Warmwasserleitungen innerhalb einer Wohnung,

b) zirkulierende Warmwasserleitungen und

c) Leitungen in Deckendurchbrüchen?

11 Darstellungen

Bei der Renovierung eines Badezimmers werden die vorhandene Einrichtung und die alten Rohrleitungen entfernt. Entsprechend der Montageskizze werden die Einrichtungsgegenstände angeordnet **(Bild 1).** Die Warmwasserversorgung soll durch einen E-Speicher (100 Liter) erfolgen. Der Speicher wird am Fußende der Wanne auf der Vorwandkonstruktion montiert.

11.1 Zeichnen Sie die Montagewand mit den Einrichtungsgegenständen entsprechend den Vorgaben M 1:20 auf ein eigenes Blatt DIN A4.

11.2 Ergänzen Sie den E-Speicher mithilfe von Firmenunterlagen **(Bild 2 und 3).**

11.3 Stellen Sie eine Möglichkeit der Rohrführung für Kalt-, Warm- und Abwasser in der Vorderansicht dar.

11.4 Markieren und bemaßen Sie für den Elektriker die Stelle, an der die Anschlussleitung durch die Fliesen münden sollte.

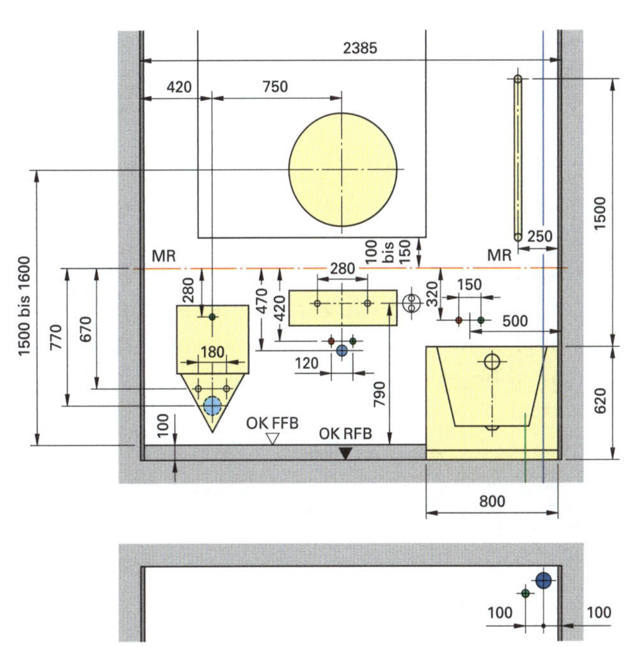

Bild 1: Montageskizze Badezimmer

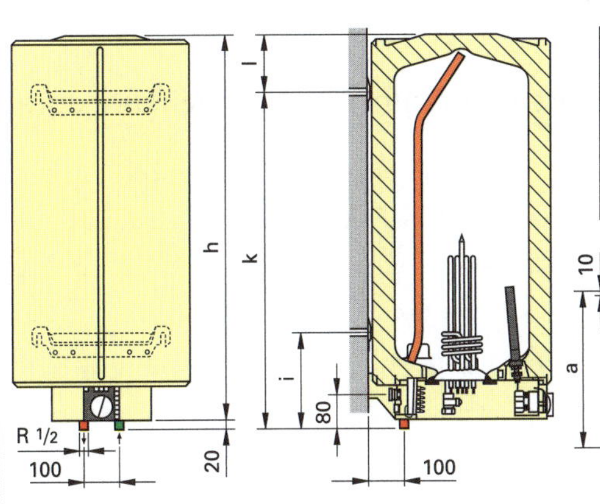

SH 100 S	
a	510
b	510
h	1030
i	-
k	900
l	150

Bild 2: Gerätemaße E-Speicher

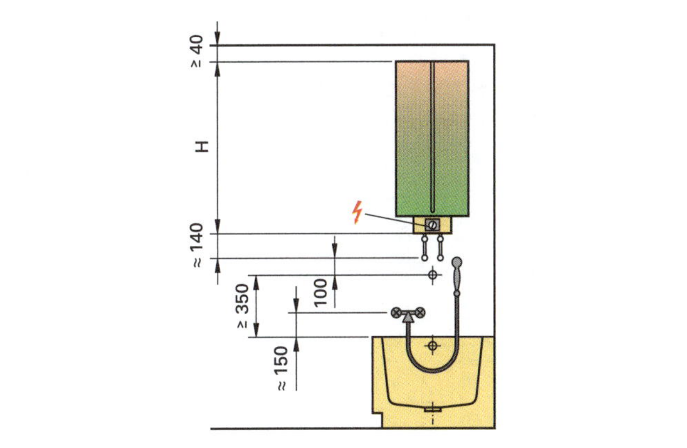

Bild 3: Montagemaße E-Speicher

12 Berechnungen

12.1 Eine Küchenspüle erhält einen drucklosen 5-Liter-E-Speicher. Auf welche Temperatur ist er aufzuheizen, wenn man 7,5 l Spülwasser von 45 °C erhalten möchte? Die Kaltwassertemperatur beträgt 12 °C.

12.2 Die Kopfbrause einer Komfortdusche benötigt einen Wasserstrom von 24 l/min. Sie wird durch einen E-Speicher von 100 l, der auf 60 °C aufgeheizt ist, versorgt. Die Kaltwassertemperatur beträgt 10 °C.

a) Wie viel Liter Duschwasser von 38 °C stehen zur Verfügung?

b) Wie lange kann man bei 38 °C duschen, wenn man annimmt, dass der Speicher in dieser Zeit nicht nachheizt?

12.3 Zum Baden in einer Komfort-Badewanne sind 210 Liter Wasser von 40 °C erforderlich. Wie groß muss ein Trinkwasserheizer mindestens sein, wenn er bei der Badewasserzubereitung nur zur Hälfte entleert werden sollte? Die Kaltwassertemperatur beträgt 10 °C, der Speicher ist gleichmäßig auf 60 °C aufgeheizt.

12.4 Ein DWH liefert einen Volumenstrom von 10 l/min bei einer Temperaturerhöhung von 30 K.

a) Wie groß ist die Leistung des Gerätes?

b) Wie lange braucht man, um bei dieser Leistung eine Badewanne mit 160 Liter Wasser von 40 °C zu füllen? Die Kaltwassertemperatur beträgt 12 °C.

c) Wie viel m^3 Gas benötigt man dafür, wenn der Betriebsheizwert 9,6 kWh/m^3 und der Wirkungsgrad 88 % betragen?

II Systemanalyse und Instandhaltung

1 Gerätetechnik

1.1 a) Wie nennt man diesen Trinkwasserheizer **(Bild 1)**?

____

b) Benennen Sie die Positionen 1 bis 10 in englischer Sprache.

① ______________________________
② ______________________________
③ ______________________________
④ ______________________________
⑤ ______________________________
⑥ ______________________________
⑦ ______________________________
⑧ ______________________________
⑨ ______________________________
⑩ ______________________________

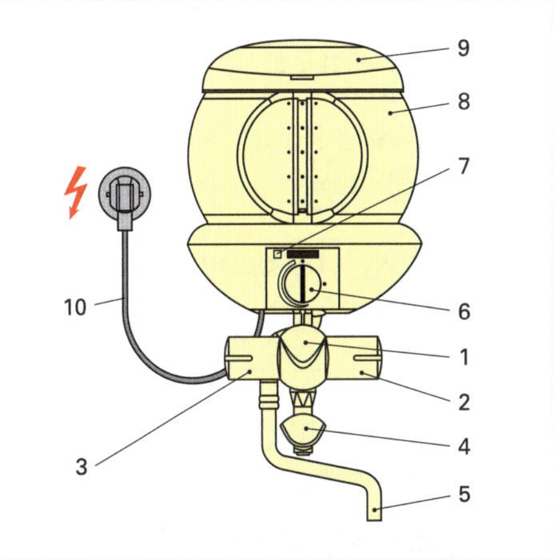

Bild 1: Trinkwasserheizer

1.2 Beschreiben Sie die Benutzung dieses Gerätes **(Bild 1)**.

____
____
____
____

1.3 In den Planungs- und Wartungsunterlagen zu diesem Gerät finden Sie den Schaltplan **(Bild 2)**. Bezeichnen Sie die Teile 1 bis 5.

____
____
____
____
____
____
____
____

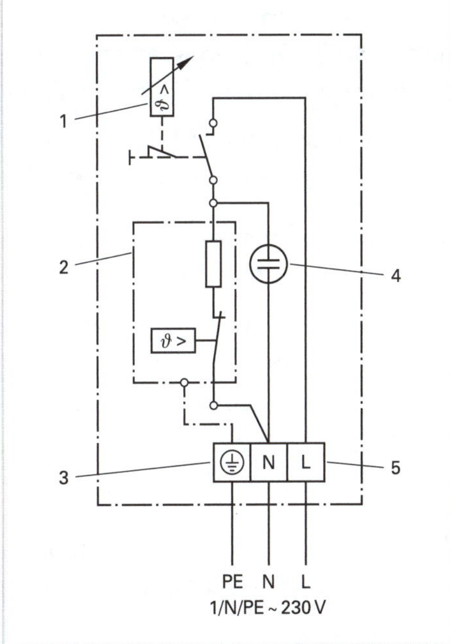

Bild 2: Schaltplan

1.4 Welche Aufgabe hat Teil 1 **(Bild 2)**?

____
____

1.5 Wozu dient bei dem Gerät dieses Teil?

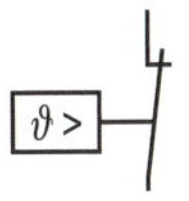

____
____
____
____
____

1.6 Welche Ratschläge geben Sie dem Kunden hinsichtlich Gerätepflege? Welchen Zweck hat die große Behälteröffnung an der Oberseite des Boilers **(Bild 1, Seite 141)**?

2 Bad mit E-Speicher-Wasserheizer

Im Bad eines Kunden finden Sie über der Wanne und unter dem Waschtisch einen E-Speicher-Wasserheizer **(Bild 1)**.

2.1 Um welche Bauart handelt es sich jeweils und woran erkennen Sie dies?

2.2 Das Bad soll neue Trinkwasserarmaturen erhalten. Welche Besonderheiten müssen diese Armaturen aufweisen?

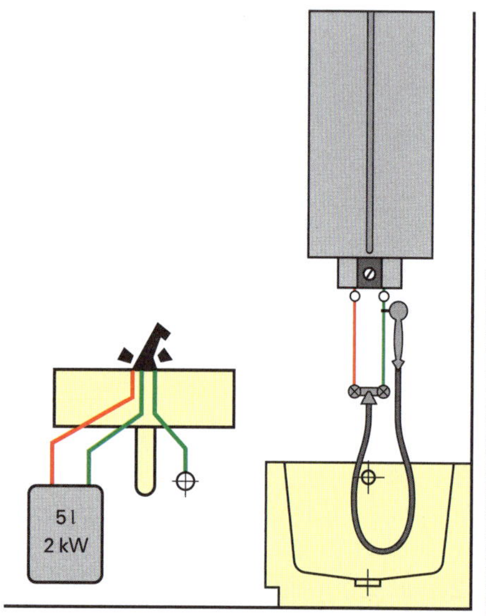

Bild 1: Waschtisch und Wanne mit TWH

3 Renovierung Einfamilienhaus

Ein Einfamilienhaus soll renoviert werden. Der vorhandene Ölkessel mit unten liegendem Speicher wird durch einen Öl-Brennwertkessel ersetzt. Zur Energieeinsparung wünscht der Bauherr die Nutzung der Solarenergie mindestens für die Trinkwassererwärmung, eventuell auch zur Heizungsunterstützung.

Das Haus ist Baujahr 1980, $1^1/_2$-geschossig, vollständig unterkellert, Wohnfläche etwa 150 m^2, durchschnittliche Ausstattung, neue Dacheindeckung mit Ton-Dachziegeln.

3.1 Welche weiteren Angaben über das Einfamilienhaus benötigen Sie mindestens für eine Vorplanung dieses Projekts?

3.2 Beraten Sie den Kunden über verschiedene Möglichkeiten der Nutzung der Solarwärme und den erforderlichen technischen Aufwand dazu.

a) Solare Trinkwassererwärmung:

b) Solare Trinkwassererwärmung und Heizungsunterstützung:

3.3 Aus Kostengründen möchte der Kunde auf die solare Heizungsunterstützung verzichten. Er bittet Sie, ihm an Ort und Stelle die erforderlichen Arbeiten für den Kesseltausch und den zusätzlichen Aufwand für die Installation der Solaranlage zu erläutern.
Geben Sie dem Kunden einen Überblick über die Demontage- und Installationsarbeiten für die neue Heizungsanlage.

4 Berechnungen

Sie haben bei der Renovierung einer Dusche auf Wunsch des Kunden einen Luxus-Brausekopf installiert. Schon beim ersten Duschen ist seine Freude an dieser Investition schnell verflogen. Er ruft Sie an und erklärt, er habe sich voller Freude unter die Dusche gestellt, aber schon nach 5 Minuten sei nur noch kaltes Wasser gekommen. Dies sei für ihn unzumutbar, er werde die fällige Rechnung nicht bezahlen. Sie beruhigen ihn und versprechen, schnellstens zu ihm zu kommen und dieses Problem zu untersuchen.

4.1 Beim Kunden nehmen Sie die Daten der Trinkwasser-Erwärmungsanlage auf:
Einfamilienhaus, Ölheizkessel: Leistung 18 kW mit unten angeordnetem Speicher, Inhalt 120 Liter, Warmwassertemperatur auf 45 °C eingestellt. Die Kaltwassertemperatur beträgt 10 °C.
Dem Katalog des Brausenkopfherstellers entnehmen Sie einen erforderlichen Wasserstrom von 21 l/min bei 4 bar Fließdruck.
Berechnen Sie die sich damit ergebende Duschzeit, wenn der Speicherinhalt zu 75 % für den Duschvorgang genutzt wird. Nehmen Sie an, dass die Duschtemperatur 40 °C betragen könnte.

4.2 Welche Lösungen schlagen Sie dem Kunden vor?

4.3 Sie weisen den Kunden auf die sehr hohen Energiekosten für die Trinkwassererwärmung hin. Dabei zeigt er die Erkenntnis auf, dass es sinnvoll wäre, eine Solaranlage mit einem größeren Speicher einbauen zu lassen. Aus der Erkenntnis der vorhandenen Problematik unterbreiten Sie ihm ein Angebot mit einem 300-Liter-Kombispeicher.
Der Kunde fragt sofort, ob es mit diesem Speicher möglich sei, seine 200-Liter-Badewanne zu füllen und trotzdem noch eine annehmbare Zeit zu duschen. Berechnen Sie die mögliche Duschzeit, wenn man annimmt, dass der Speicher mindestens auf 50 °C aufgeheizt ist.

4.4 Aus welchen Gründen sollte man bei noch größeren Trinkwassererwärmern zu Pufferspeicher-Lösungen übergehen?

III Kundenauftrag

1 Renovierung Gäste-WC

Ein Gäste WC besitzt ein Handwaschbecken mit nur einem Kaltwasseranschluss. Bei der Renovierung soll an seiner Stelle ein etwa 50 cm breiter Waschtisch mit Kalt- und Warmwasser eingebaut werden.

1.1 Sie entscheiden sich für einen E-Speicher. Beschreiben Sie seine Ausführungsart und die Voraussetzungen zur Installation.

1.2 Der Kunde wünscht eine Einhand-Mischbatterie. Welche besondere Ausführung ist hier zu verwenden?

1.3 Im Montagezubehör finden Sie ein Stück dünnen Kunststoffschlauch, dieser soll entsprechend dem Leitungsdruck nach Anleitung abgeschnitten und im Zulauf des Speichers eingebaut werden. Wozu dient diese Maßnahme?

1.4 Nach der Installation wird diese Anlage dem Kunden übergeben. Auf welche Besonderheiten beim Betrieb dieses Speichers ist er hinzuweisen?

1.5 Alternativ wäre auch der Einbau eines druckfesten Elektro-Klein-Durchfluss-Wasserheizers möglich. Welchen Vorteil hätte dies hinsichtlich Armaturenauswahl?

1.6 Weshalb wäre bei beiden Varianten der Einbau einer Zweigriffarmatur zweckmäßiger?

1.7 Bei den technischen Angaben des gewählten drucklosen 5-Liter-Speichers finden Sie Spezifikationen zur Sicherheit und Qualität. Erklären Sie diese.

IP 24

1.8 Fertigen Sie eine Montageskizze des Waschtisches mit offenem Speicher M 1:10 und ergänzen Sie die erforderlichen Rohrleitungen **(Bild 2).**
Die Maße des Waschtisches und des Speichers entnehmen Sie den Herstellerunterlagen **(Bild 1).**

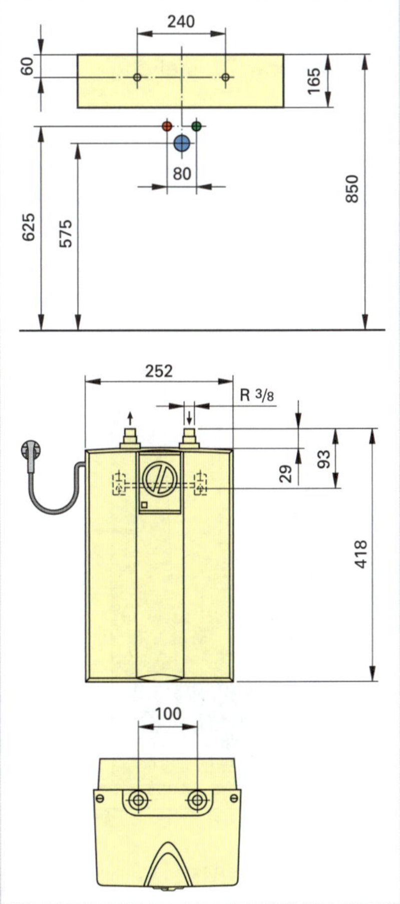

Bild 1: Montagemaße nach Herstellerunterlagen

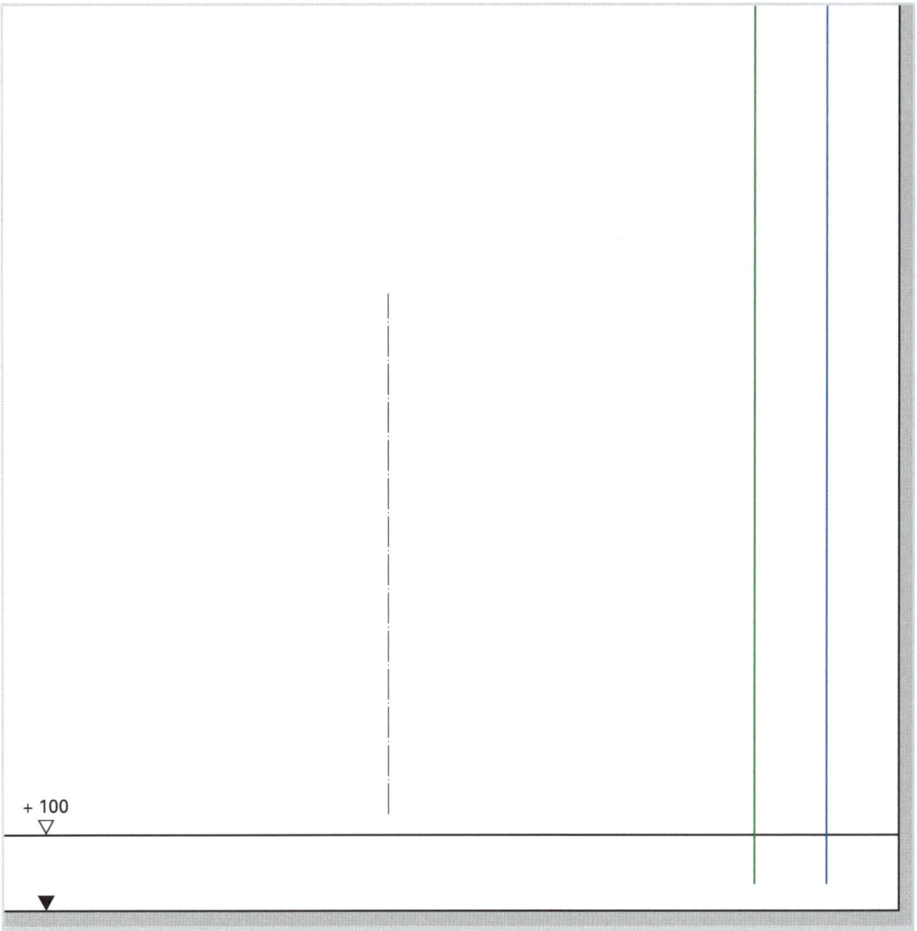

Bild 2: Montageskizze druckloser Speicher, M 1:10

2 Heizungsanlage mit Solarunterstützung

Ein neu erbautes Einfamilienhaus erhält als Heizungsanlage einen Brennwert-Wandkessel, eine Solaranlage und einen Kombispeicher **(Bild 1)**.

Den Angaben im Planungskatalog ist zu entnehmen, dass der Anlagenrücklauf durch den Kombispeicher angehoben wird. Die weitere Anhebung auf die erforderliche Vorlauftemperatur erfolgt durch den Wandkessel.

Technische Daten:

Speicherinhalt	750 l
Inhalt reiner Pufferteil	275 l
Inhalt Trinkwasser:	
– gesamt	300 l
– Bereitschaftsteil	150 l
Inhalt Solarwärmetauscher	1,4 l
Größe Solarwärmetauscher	1 m²
Bereitschaftswärmeaufwand bei Wassertemperatur 65 °C und Umgebungstemperatur 20 °C	3,37 kWh/24 h
Leistungskennzahl	3,8
Masse netto	250 kg

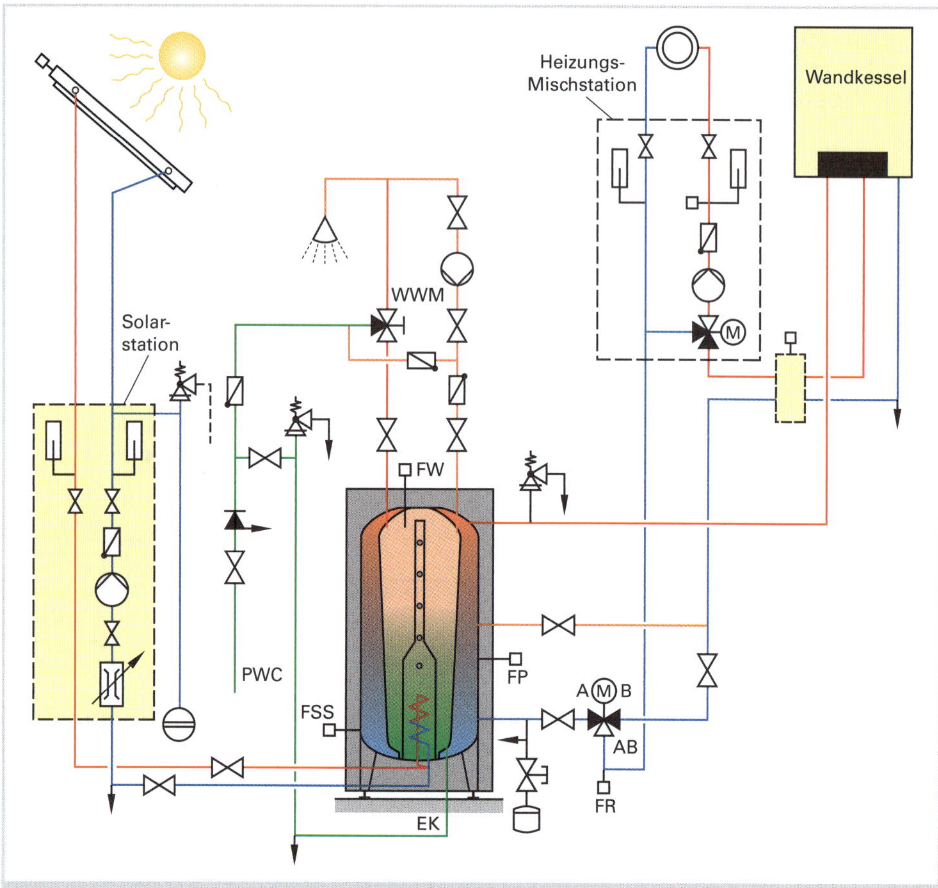

Bild 1: Heizungsanlage mit Solar-Unterstützung, vereinfachte Darstellung

2.1 a) Benennen Sie die Anschlüsse des Speichers in Deutsch und Englisch **(Bild 2)**.

① ______________________

② ______________________

③ ______________________

④ ______________________

⑤ ______________________

⑥ ______________________

⑦ ______________________

⑧ ______________________

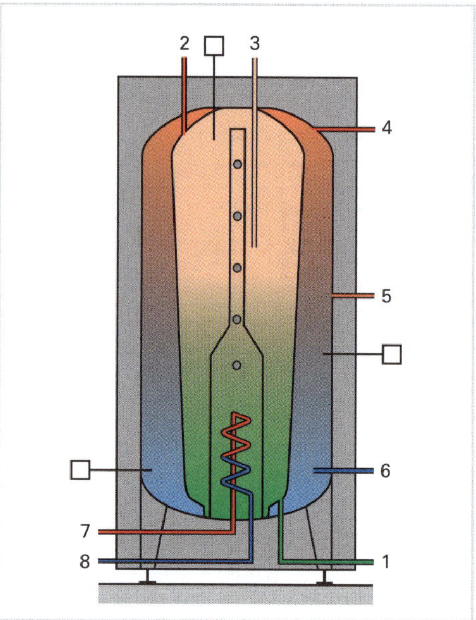

Bild 2: Kombispeicher

b) Beschreiben Sie den Aufbau des Kombispeichers.

2.2 Welche Bauteile sind zum Schutz des Trinkwassers in die Speicheranschlussleitung einzuplanen?

2.3 Welche Regeln sind bei Auswahl, Anordnung und Montage des Sicherheitsventils zu beachten?

2.4 Um welche Armatur handelt es sich bei dem Bauteil WWM und wozu dient sie **(Bild 1, Seite 146)?**

2.5 Wozu dient das 3-Wege-Ventil im Heizungsrücklauf?

2.6 Der Temperaturfühler FP misst eine höhere Temperatur als der Fühler FR. Welchen Weg nimmt das Heizungswasser in diesem Fall?

2.7 Die Temperatur bei FP ist niedrig. Welche Stellung hat das 3-Wege-Ventil?

2.8 Beschreiben Sie die Schritte zur Nachheizung des Speicherwassers durch den Wandkessel.

2.9 Erläutern Sie den Begriff „Bereitschaftswärmeaufwand". Vergleichen Sie die daraus entstehenden Kosten im Sommer mit denen im Winter.

2.10 Bei der Inbetriebnahme wird der Speicher einmal von 15 °C auf 60 °C aufgeheizt.

a) Welche Wärmemenge ist zur Aufheizung des Speichers (Wasser- und Speichermasse) erforderlich?

b) Wie viele m^3 Erdgas ($H_{I,B}$ = 10 kWh/m^3) wären nötig, wenn man durch die Brennwertnutzung einen Wirkungsgrad von 100 % annehmen könnte?

10 Wärmeerzeugungsanlagen für gasförmige Brennstoffe installieren
Installation of heating generator systems for gaseous fuels

I Arbeitsplanung // Work planning

1	**Brennstoffe und Brennstofflagerung**	Fuels and fuel tanks
2	**Brennstoffleitungen**	Fuel pipes
3	**Wärmeerzeuger**	Heat generator
4	**Gasgeräte**	Gas heat tools
5	**Gasbrenner**	Gas burner
6	**Abgasanlage**	Exhaust-gas system
7	**Darstellungen**	Illustrations
8	**Berechnungen**	Calculations

II Systemanalyse und Instandhaltung // System analysis and maintenance

1	**Leitungsanlage**	Pipe system
2	**Brennwertkessel**	Condensing boiler
3	**Inbetriebnahme**	Set-up and start of operation
4	**Verbrennung**	Combustion
5	**Abgasanlage**	Exhaust-gas system
6	**Berechnungen**	Calculations
7	**Verbrennungsluft-Verbund**	Combustion air composite

III Kundenauftrag // Customer order

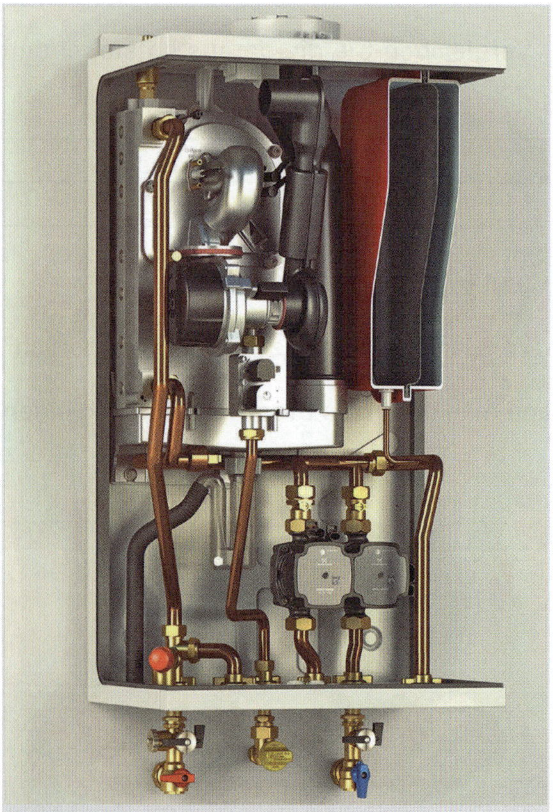

Gas-Brennwert-Wandkessel

Flüssiggasversorgung

I Arbeitsplanung

1 Brennstoffe und Brennstofflagerung

1.1 Nennen Sie vier verschiedene fossile Brennstoffe und beschreiben Sie deren Entstehung.

1.2 Nennen Sie verschiedene Erdgase und wodurch unterscheiden sich diese.

1.3 Nennen Sie drei Möglichkeiten, um Erdgas zu speichern.

1.4 Erklären Sie den Begriff „Flüssiggas“. Und wie wird es gewonnen?

1.5 Nennen Sie verschiedene Anwendungsgebiete für Flüssiggase.

1.6 An welchen Orten dürfen Flüssiggase gelagert werden und welche Behälter sind dafür zulässig?

1.7 Unter welchen Bedingungen dürfen Flüssiggasflaschen in Aufenthaltsräumen innerhalb von Wohnungen aufgestellt werden?

1.8 Tragen Sie die fehlenden Maße für die Sicherheitsbereiche bei oberirdisch aufgestellten Flüssiggasbehältern in die Zeichnung ein **(Bild 1)**.

1.9 Erklären Sie die Bedeutung von Zone 2 bei Flüssiggasbehältern **(Bild 1)**.

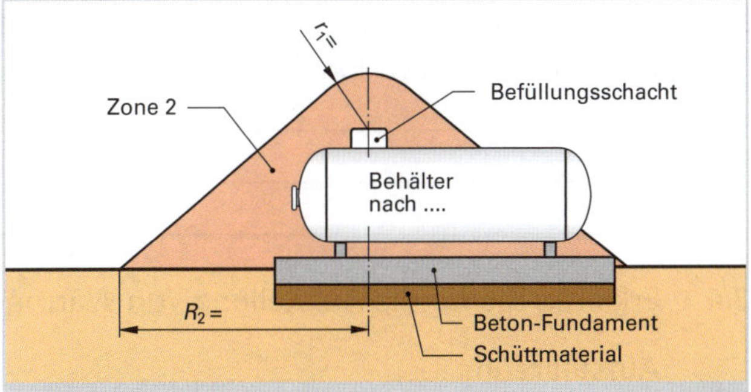

Bild 1: Flüssiggastank

2 Brennstoffleitungen

2.1 Wer darf Arbeiten an Gasleitungen $p_e \leq 1000$ mbar ausführen und wo können die dafür geltenden Regeln nachgelesen werden?

2.2 Weshalb müssen Hohlräume, in denen Gasleitungen verlegt sind, be- und entlüftet werden und wie groß sind die Querschnitte der Öffnungen?

2.3 Wie viele Halterungen sind bei einer 14,5 m langen horizontalen Gasleitung erforderlich?

a) DN 32, Stahlrohr DIN EN 10255

b) d_a 32 mm Kunststoff-Innenleitung

2.4 Nennen Sie verschiedene Werkstoffe für Flüssiggasleitungen.

2.5 Weshalb können Flüssiggasbehälter bei der Gasentnahme an der Außenwand vereisen?

3 Wärmeerzeuger

3.1 Welche Wärmeerzeuger werden als Niedertemperaturkessel bezeichnet?

3.2 Erklären Sie den Unterschied zwischen einem Naturzug- und einem Überdruck-Wärmeerzeuger.

3.3 In welchen Räumen dürfen Wärmeerzeuger aufgestellt werden und welche Bedingungen hinsichtlich Brennstoffart und Nennleistung müssen dabei eingehalten werden?

3.4 Erklären Sie für die Aufstellung von Wärmeerzeugern die Begriffe

Aufstellraum,

Heizraum.

3.5 Welche Forderungen müssen erfüllt werden, um in einem besonderen Aufstellraum den gefahrlosen Betrieb von Heizkesseln mit $\dot{Q}_{NL} > 50{,}0$ kW zu garantieren?

3.6 Erklären Sie das Prinzip der Brennwerttechnik bei Wärmeerzeugern.

3.7 Welche Wirkungsgrad-Verbesserungen können durch den Einsatz der Brennwerttechnik bei

Ölheizkesseln, ______ Gasheizkesseln ______ erreicht werden?

4 Gasgeräte

4.1 Gasgeräte werden in die Arten A bis C eingestuft. Welches sind die dafür maßgebenden Unterscheidungskriterien?

4.2 Welcher Gasgeräteart werden Wärmeerzeuger für feste und flüssige Brennstoffe zugeordnet? Begründen Sie Ihre Antwort.

4.3 Erklären Sie an Gasgeräten die Begriffe

raumluftabhängig, ______
raumluftunabhängig, ______
Schutzziel 1, ______
Schutzziel 2. ______

4.4 Durch welche baulichen Maßnahmen kann ein Verbrennungsluft-Verbund hergestellt werden?

5 Gasbrenner

5.1 Beschreiben Sie die Funktion eines Strahlungsbrenners anhand des Bildes. Wo liegen dessen Vorteile gegenüber einem Gebläsebrenner **(Bild 1, Seite 152)?**

5.2 Benennen Sie verschiedene Arten von atmosphärischen Gasbrennern.

5.3 Weshalb muss die Flammentemperatur bei atmosphärischen Brennern herabgesetzt werden? Nennen Sie geeignete Maßnahmen um dies zu erreichen.

5.4 Beschreiben Sie die Funktion eines modulierenden Brenners und wo kommen diese zum Einsatz?

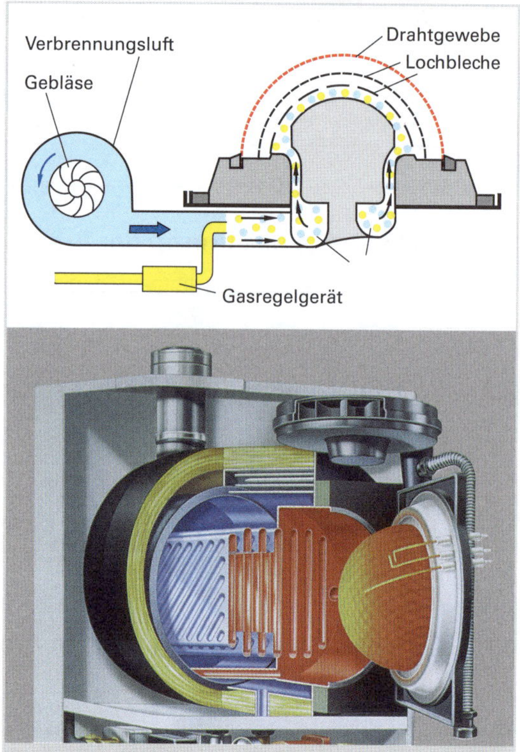

Bild 1: Strahlungsbrenner

6 Abgasanlage

6.1 Welche Aufgaben haben Abgasklappen?

6.2 Benennen Sie die Aufgaben von Nebenluftvorrichtungen.

6.3 Erklären Sie den Begriff „wirksame Schornsteinhöhe".

6.4 Bei welchen Wärmeerzeugern müssen Strömungssicherungen eingebaut werden?

6.5 Weshalb dürfen Brennwert-Wärmeerzeuger nicht an herkömmliche Schornsteine angeschlossen werden?

____

____

6.6 Welche Wärmeerzeuger müssen mit einer Abgas-Überwachungseinrichtung ausgestattet werden?

____

____

7 Darstellungen

7.1 Ergänzen Sie in der Zeichnung Gasgeräteart, Gerätekennzeichnung und die fehlenden Begriffe **(Bild 1)**.

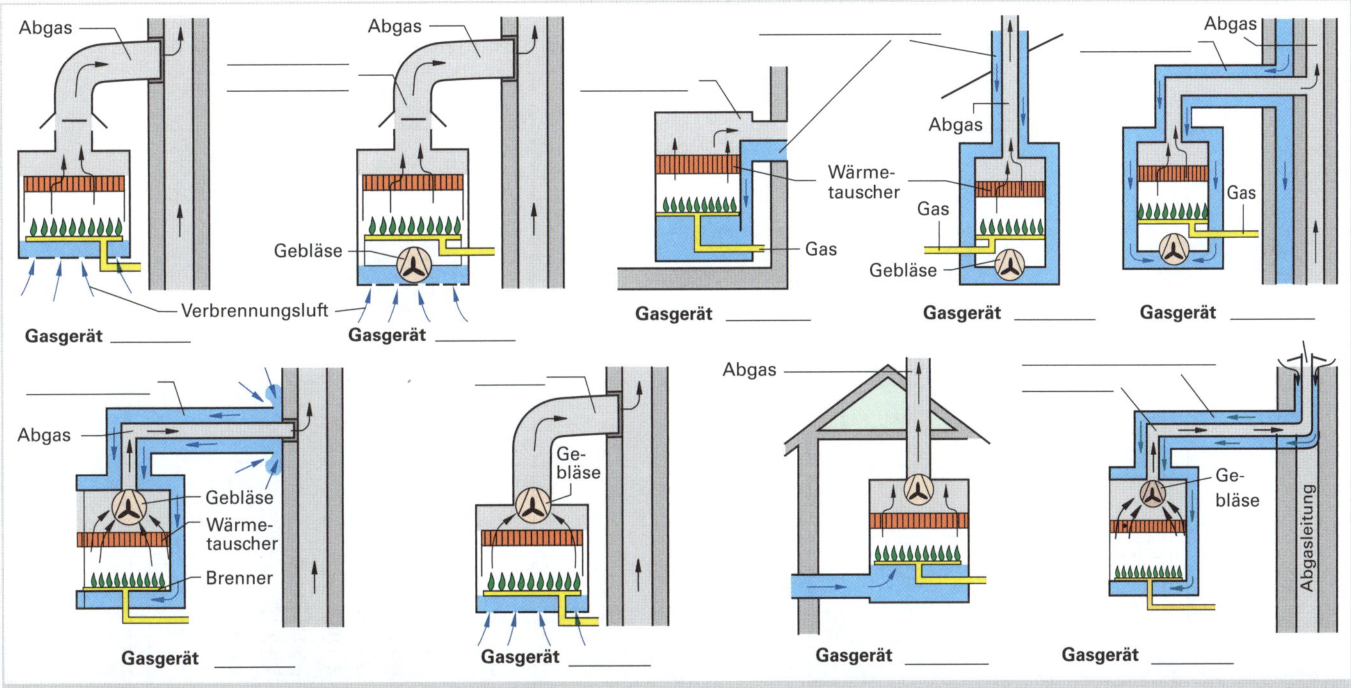

Bild 1: Prinzipdarstellung von Gaswärmeerzeugern

7.2 An dem teilweise im Schnitt dargestellten Wärmeerzeuger sind die gekennzeichneten Bauteile zu benennen **(Bild 2)**.

1 ____________________

2 ____________________

3 ____________________

7.3 Wie erfolgt bei diesem Heizkessel die Wärmeübertragung von der Brennerflamme auf das Heizmedium?

____

____

____

7.4 Je nach Brennraumkonstruktion und Brenneranordnung werden die Heiz- und Abgase durch verschiedene Umlenkungen abgeführt. Benennen Sie das Prinzip der im Bild dargestellten Heizgasführung.

____

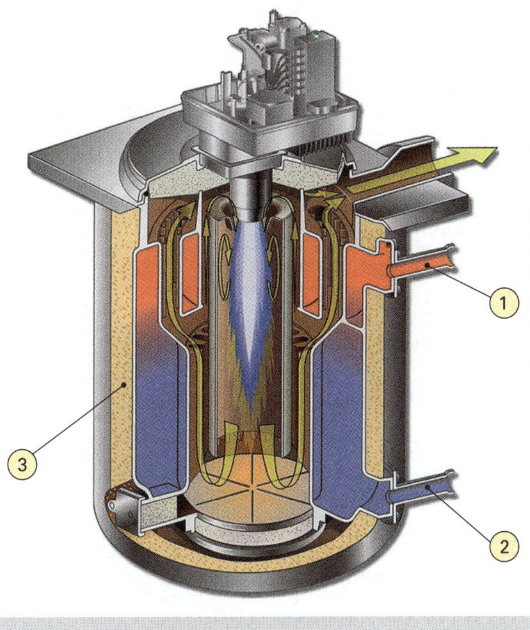

Bild 2: Wärmeerzeuger

7.5 Skizzieren und benennen Sie das Prinzip der Heizgasführungen bei den abgebildeten Wärmeerzeugern **(Bild 1)**.

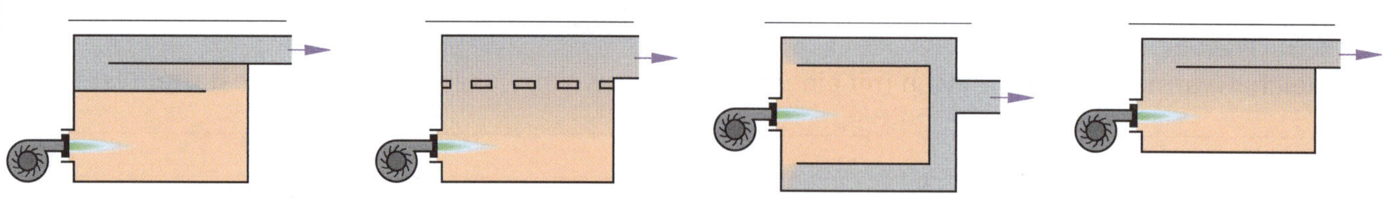

Bild 1: Heizgasführungen und Abgasableitung

7.6 In dem dargestellten Duschraum soll ein Kombi-Wasserheizer (KWH) mit $\dot{Q}_{NL}$ = 24,3 kW installiert und an die Abgasleitung angeschlossen werden **(Bild 2)**.
Alle erforderlichen technischen Informationen dafür entnehmen Sie **Tabelle 1** und **Bild 3**.

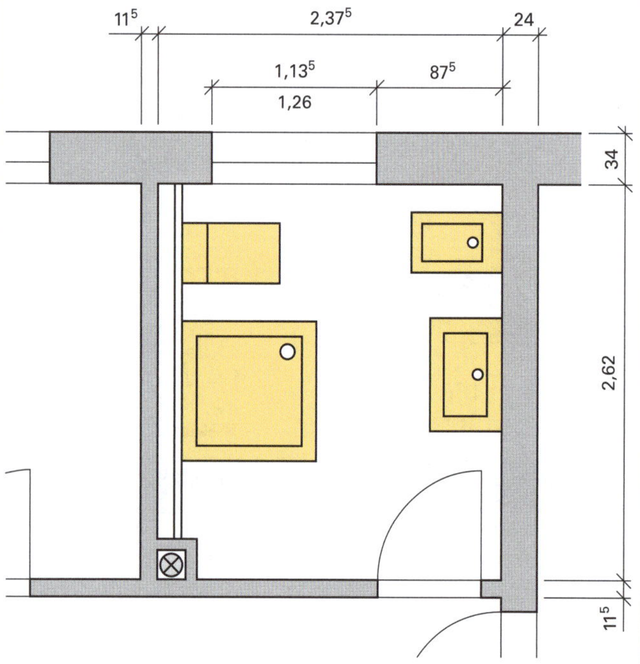

Bild 2: Grundriss Duschraum, M 1:50

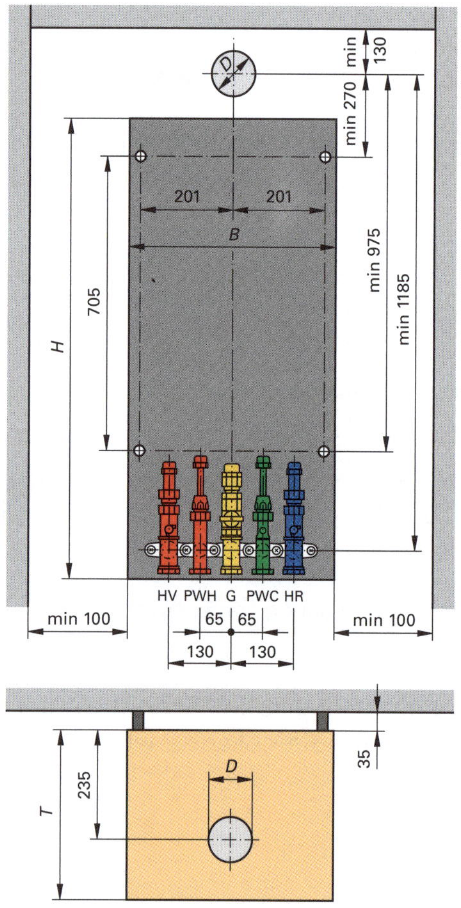

Bild 3: Kombi-Wasserheizer

Tabelle 1: Technische Daten, Kombi-Wasserheizer

Modell		**KWH 18**	**KWH 24**
Nennbelastung	kW	**20,2**	**27,0**
Nennleistung	kW	**18,1**	**24,3**
Nennleistungsbereich	kW	**9,1 – 18,2**	**10,9 – 24,3**
Abgastemperatur	°C	**142**	**132**
Abgasstutzen *D*	mm	**110**	**130**
Höhe *H*	mm	**850**	**850**
Breite *B*	mm	**440**	**440**
Tiefe *T*	mm	**360**	**360**
Gasanschluss	DN	**20**	**20**
Heizungsvorlauf	DN	**20**	**20**
Heizungsrücklauf	DN	**20**	**20**
Kaltwasseranschluss	DN	**15**	**15**
Warmwasseranschluss	DN	**15**	**15**

a) Zeichnen Sie den Wärmeerzeuger maßstäblich in den Grundriss ein **(Vorgabe, Bild 2)**.

b) Fertigen Sie eine Montageskizze M 1:20, vom KWH mit allen erforderlichen Maßangaben, mit Gas-, Abgas- und Wasseranschlüssen **(Bild 1, Seite 155)**.

c) Erstellen Sie eine Material- und Werkzeugliste für die Montage des Gasgerätes nach vorgegebenem Muster **(Seite 155)**.

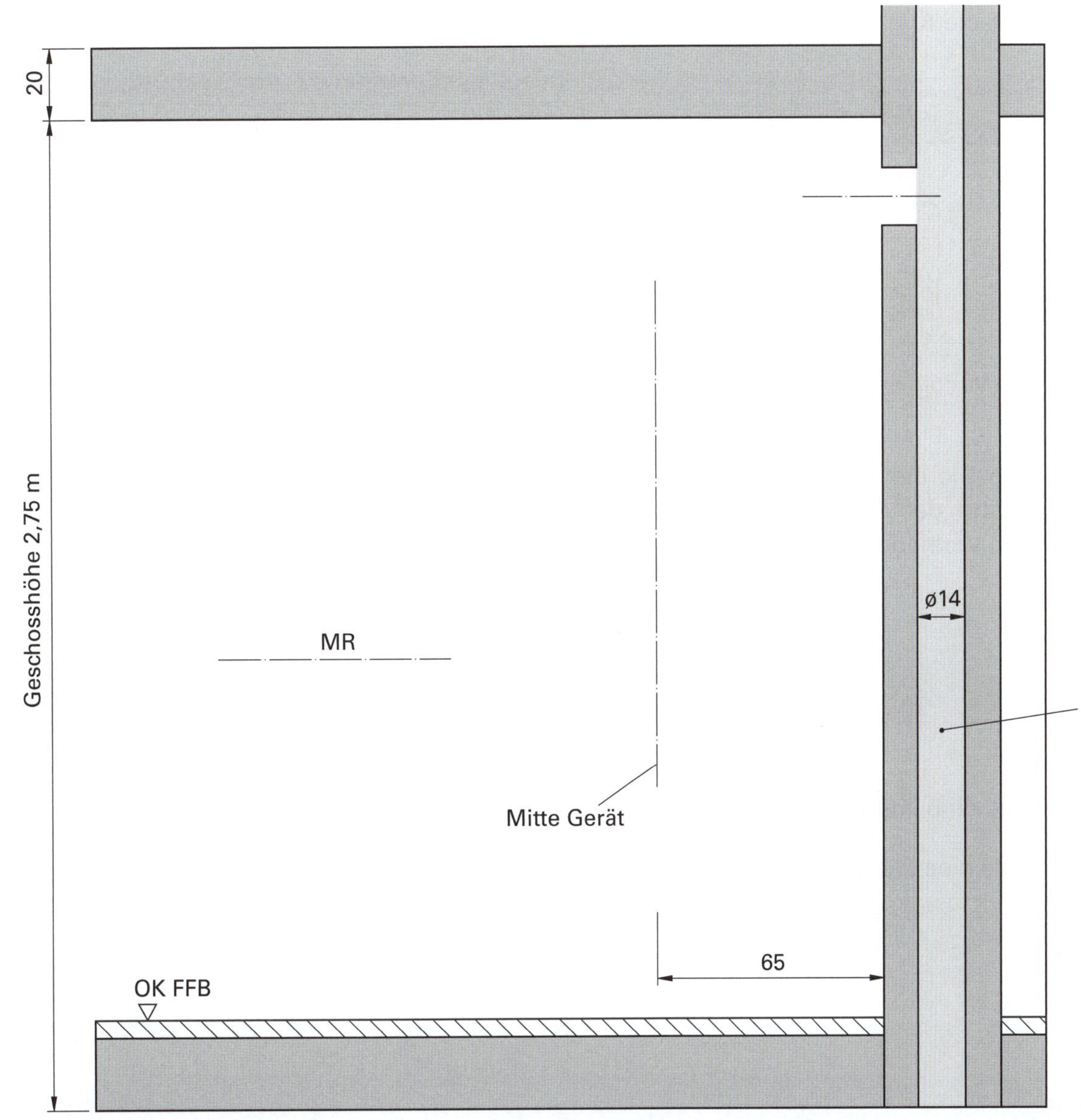

Bild 1: Wandansicht, M 1:20

Pos.	Menge	Materialbezeichnung	Werkzeug

7.7 Ein Gasheizkessel mit atmosphärischem Brenner wird mit einem VWH über ein gemeinsames Verbindungsstück an die Abgasleitung angeschlossen **(Prinzipskizze, Bild 1).**

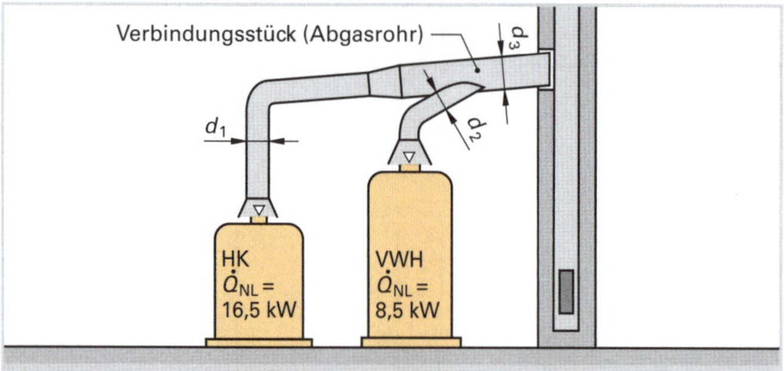

Bild 1: Abgasanschluss, Prinzipskizze

Tabelle 1: Bestimmung von Verbindungsstücken

Nennleistung $\dot{Q}_{NL}$ kW	*A* cm²	*d* cm	*A* cm²	*a* cm	*A* cm²	*l* cm	*b* cm
bis 2,8	20	5	25	5	24	6	4
über 2,8 bis 4,2	28	6	36	6	35	7	5
über 4,2 bis 5,9	38	7	49	7	48	8	6
über 5,9 bis 9,1	50	8	64	8	70	10	7
über 9,1 bis 13,2	62	9	81	9	77	11	7
über 13,2 bis 17,4	80	10	100	10	104	13	8
über 17,4 bis 21,6	95	11	121	11	126	14	9
über 21,6 bis 27,2	115	12	144	12	150	15	10
über 27,2 bis 34,9	135	13	169	13	176	16	11
über 34,9 bis 43,9	150	14	196	14	204	17	12

a) Bestimmen Sie die Durchmesser der Abgasrohre und den Durchmesser des gemeinsamen Verbindungsstückes **(Tabelle 1).**

b) Fertigen Sie eine unmaßstäbliche Montageskizze der Abgasleitungen **(Bild 2).**

c) Erstellen Sie eine Material- und Werkzeugliste für die Montage der Abgasleitungen **(Vorgabeblatt).**

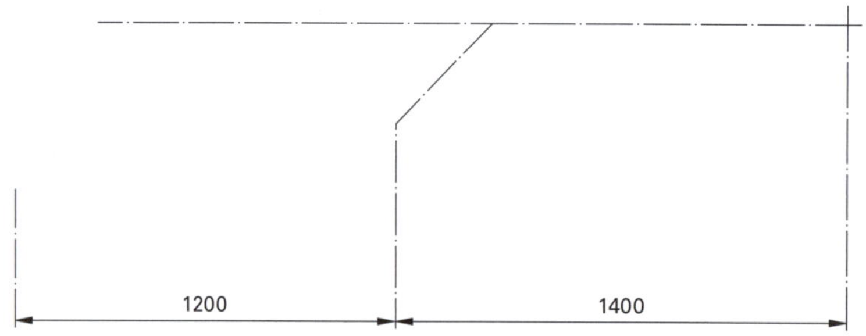

Bild 2: Montageskizze, M 1:20

Pos.	Menge	Materialbezeichnung	Werkzeug

8 Berechnungen

8.1 Wie viele Halterungen sind für eine 10,8 m lange Gasleitung aus Stahlrohr DN 20 erforderlich, bei gleicher Teilung und einem Wandabstand von a/2 für die erste und die letzte Rohrschelle?

8.2 Wie viele m^3 Erdgas können in einer Ferngasleitung von 27,5 km Länge DN 200 aus Stahl gespeichert werden bei $\Delta p_{ü} = 38$ bar?

8.3 Wie viele m^3 können zusätzlich von der Gasleitung aufgenommen werden, wenn der Überdruck auf 45 bar erhöht wird und eine Nennweite von DN 250 zum Einsatz kommt?

8.4 Ein Umlauf-Wasserheizer hat eine Nennleistung von 18,0 kW. Welche Gasmenge ist erforderlich, wenn der UWH pro Jahr 3250 Stunden im Betrieb ist und der Kesselwirkungsgrad mit 88 % festliegt? Der $H_{I,B}$ beträgt 9,2 kWh/m^3.

8.5 Ein Gasheizkessel hat einen Kesselwirkungsgrad von 85 %, eine Nennleistung von 28,0 kW und ist jährlich 2980 Stunden im Betrieb. Wie viel m^3 Erdgas E werden mit einem Brennwertgerät eingespart, wenn vom NB der $H_{I,B}$ mit 9,93 kWh/m^3 und der $H_{S,B}$ mit 11,0 kWh/m^3 angegeben wird?

8.6 Ein Umlauf-Wasserheizer hat einen Propangasverbrauch von 0,8 m^3/h. Der CO_2-Gehalt im Abgas beträgt 11,5 %. Berechnen Sie die tatsächliche Verbrennungsluftmenge.

8.7 Im Abgasrohr an einem Heizkessel für Erdgas E werden 9 % Kohlenstoffdioxid und eine Temperatur von 180 °C gemessen. Die Temperatur im Aufstellraum beträgt 18 °C. Bestimmen Sie die Luftverhältniszahl, den tatsächlichen Luftbedarf und den feuerungstechnischen Wirkungsgrad.

II Systemanalyse und Instandhaltung

1 Leitungsanlage

1.1 Welche Arbeitsschritte sind bei der Vorprüfung (Belastungsprüfung) einer Gasleitung durchzuführen?

1.2 Zu welchem Zeitpunkt ist bei Gasleitungen eine Hauptprüfung (Dichtheitsprüfung) vorgeschrieben?

a)

b)

c)

1.3 Weshalb wird die Vorprüfung bei Gasleitungen als Belastungsprobe und die Hauptprüfung als Dichtheitskontrolle bezeichnet?

1.4 Wann müssen Flüssiggasanlagen geprüft werden und welche Prüfungen sind durchzuführen?

1.5 Bei Feststellung von Gasgeruch in Wohnungen sollen in den Räumen keine elektrischen Klingeln, Schalter und auch kein Telefon benutzt werden. Begründen Sie diese Vorschrift.

1.6 Benennen Sie drei aktive und drei passive Maßnahmen, um Manipulationen an Gasleitungen zu verhindern.

	aktive Maßnahmen		passive Maßnahmen
1		1	
2		2	
3		3	

2 Brennwertkessel

2.1 Weshalb muss ein Brennwertkessel einen Kondensatanschluss haben?

2.2 Wie muss die Ableitung des Kondensates vorgenommen werden und welche behördlichen Vorschriften sind dafür einzuhalten?

2.3 Beschreiben Sie die Aufgabe und die Funktion eines Membran-Ausdehnungsgefäßes.

2.4 Weshalb müssen alle Gasgeräte ohne EE-Kennzeichnung am Einbauort eingestellt werden?

3 Inbetriebnahme

3.1 Welche Arbeiten sind grundsätzlich am Wärmeerzeuger durchzuführen, bevor eine Neuanlage eingeschaltet werden darf?

3.2 Welche Kontrollen sind an den Rohrleitungen vorzunehmen, bevor die Heizungsanlage gefüllt wird?

3.3 Beschreiben Sie die einzeln durchzuführenden Arbeitsschritte vor der Inbetriebnahme eines Gas-Brennwertgerätes.

3.4 Welche Messungen sind nach der Inbetriebnahme eines Gasheizkessels am Wärmeerzeuger durchzuführen?

4 Verbrennung

4.1 Was versteht man unter einer vollständigen Verbrennung und wie kann es zu einer unvollständigen Verbrennung kommen?

4.2 Welche Verbrennungsprodukte weisen auf eine unvollständigen Verbrennung hin?

5 Abgasanlage

5.1 Welche Messungen werden bei der Funktionsprüfung einer Abgasanlage durchgeführt?

5.2 Erklären Sie, wie die Funktion einer Abgasüberwachungs-Einrichtung geprüft wird?

6 Berechnungen

6.1 Ein Gasheizkessel hat eine Nennbelastung von 41,0 kW. Berechnen Sie den Einstellwert und den Anschlusswert, wenn der Betriebsheizwert H_{IB} 9,4 kWh/m^3 beträgt.

6.2 Der Anschlusswert eines Gas-Raumheizers beträgt 1,35 m^3/h bei einem Betriebsheizwert H_{IB} von 8,95 kWh/m^3. Berechnen Sie den Einstellwert des Wärmeerzeugers. Welche Nennleistung hat der Raumheizer bei einem Wirkungsgrad von 79 %?

Tabelle 1: Einstellung nach dem Düsendruck (Herstellerangabe)

Gasart	Wobbe-Index (kWh/m^3)	Düsendruck bei Nennbelastung in mbar Klammern = 85 % Nennbelastung		
		MAG 275	MAG 350	MAG 400
2. Gasfamilie	11,65	7,3 (5,2)	8,7 (6,3)	6,7 (4,9)
	11,90	7,0 (5,0)	8,3 (6,0)	6,5 (4,7)
Erdgase Gruppe LL	12,15	6,7 (4,8)	8,0 (5,8)	6,2 (4,5)
	12,40	6,4 (4,6)	7,7 (5,5)	5,9 (4,3)
	12,65	6,2 (4,5)	7,4 (5,3)	5,7 (4,1)
2. Gasfamilie	12,90	5,9 (4,3)	7,1 (5,1)	5,5 (4,0)
	13,25	9,3 (6,7)	11,1 (8,0)	8,7 (6,3)
	13,50	8,9 (6,4)	10,7 (7,7)	8,4 (6,1)
	13,75	8,6 (6,2)	10,3 (7,4)	8,1 (5,8)
Erdgase Gruppe E	14,00	8,3 (6,0)	9,9 (7,2)	7,8 (5,6)
	14,25	8,0 (5,8)	9,6 (6,9)	7,5 (5,4)
	14,50	7,7 (5,6)	9,2 (6,7)	7,3 (5,2)

6.3 Auf welchen Düsendruck muss ein MAG 400 eingestellt werden, wenn der Wobbe-Index im Versorgungsgebiet mit Wo = 14,25 kWh/m^3 angegeben wird **(Tabelle 1, Seite 160)?**

6.4 Ein Gasheizkessel hat eine Nennbelastung von 30,6 kW. Wie groß ist der Einstellwert, wenn der $H_{\mathrm{I,B}}$ = 9,36 kWh/m^3 beträgt?

6.5 Die Nennleistung eines Umlauf-Wasserheizers ist mit 22,7 kW und die Nennbelastung mit 27,0 kW auf dem Typenschild angegeben. Bei der Wartung haben Sie einen Gasverbrauch von 59,5 l/min gemessen. Der Betriebsheizwert wird vom NB mit 9,1 kWh/m^3 angegeben. Überprüfen Sie die Brennereinstellung, berechnen Sie den Wirkungsgrad und den Anschlusswert des UWH bei dem gemessenen Gasverbrauch.

6.6 Vor Beginn der Wartungsarbeiten wurden an einem Kombi-Wasserheizer mit $\dot{Q}_{\mathrm{NL}}$ = 27,9 kW folgende Werte gemessen:
ϑ_{PWC} = 9 °C; ϑ_{PWH} = 50 °C; $\dot{V}_{\mathrm{PWH}}$ = 8,5 l/min; Gasdurchsatz = 54,5 l/min. Der $H_{\mathrm{I,B}}$ wird vom NB mit 9,9 kWh/m^3 angegeben.

a) Überprüfen Sie rechnerisch, ob das Gasgerät richtig eingestellt war.

b) Welche Wartungsarbeiten müssen an dem Wärmeerzeuger aufgrund Ihrer Überprüfung durchgeführt werden?

6.7 Der Gasheizkessel in einem Dreifamilien-Wohnhaus hat eine Nennbelastung von 25,6 kW, einen Jahresnutzungsgrad von 83 % und ist jährlich 1750 Stunden in Betrieb. Welche Energiekosten müssen bezahlt werden, wenn der Betriebsheizwert 9,6 kWh/m^3 beträgt und der Energiepreis mit 0,64 €/m^3 berechnet wird? Welche Kosten können jährlich eingespart werden, wenn ein Brennwertkessel eingesetzt wird und der $H_{\mathrm{S,B}}$ = 10,7 kWh/m^3 beträgt?

7 Verbrennungsluft-Verbund

7.1 In einer Etagenwohnung soll im Bad ein DWH installiert werden **(Bild 1, Seite 162).** Alle Innentüren sind ohne Dichtungen. Unter welchen baulichen Bedingungen darf das Gasgerät Art B_{11} betrieben werden? Führen Sie den Nachweis für Schutzziel 1 und Schutzziel 2.

7.2 In der Wohnung eines Mehrfamilien-Wohnhauses haben alle Türen 3-seitig umlaufende Dichtungen **(Bild 2, Seite 162).** Bestimmen Sie die Art des Verbrennungsluft-Verbundes. Unter welchen Bedingungen können Schutzziel 1 und Schutzziel 2 für den eingeplanten Wärmeerzeuger erreicht werden? Führen Sie den rechnerischen Nachweis.

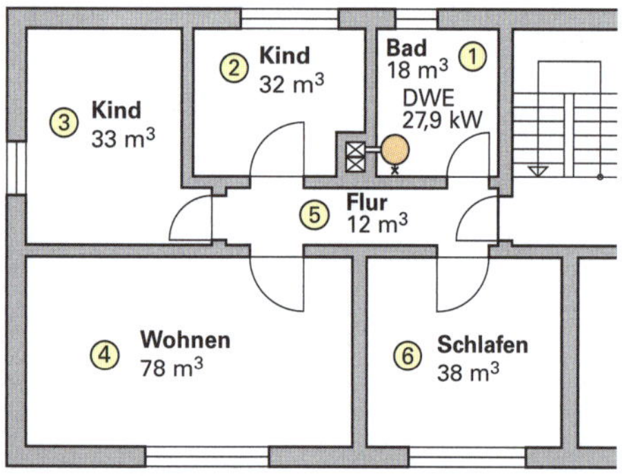

Bild 1: Etagenwohnung, Baujahr 2004

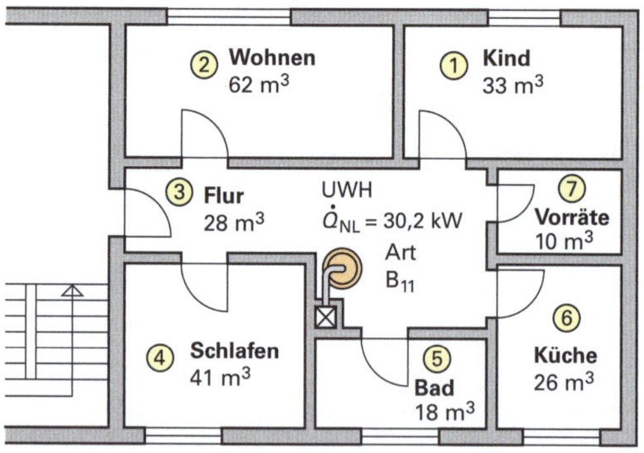

Bild 2: Wohnung im Mehrfamilienhaus, Baujahr 2003, wärmetechnische Sanierung 2015

Schutzziel 1 für Gasgeräte Art B_1 und Art B_4

Raum-Leistungsverhältnis RLV $\geq$ 1 m³ je 1,0 kW · $\dot{Q}_{NB}$. Raumverbund ist möglich, aber nur mit unmittelbar benachbarten Räumen und zwei Gittern in den Türen von je 150 cm² freiem Querschnitt.
Nachweise für Schutzziel 1: Abgasverdünnung im Anfahrzustand

zu 7.1 ______________________

____

____

____

zu 7.2 ______________________

____

____

____

Schutzziel 2 für Gasgeräte Art B_1 bis Art B_5

Verbrennungsluft-Versorgung im Betriebszustand $q_{Bed} \geq 1{,}6\ m^3/h \cdot \Sigma\dot{Q}_{NL}$ je nach Haustyp, Gebäudealter und Gebäudebauart.

$$q_{VL,\,anr} = V_R \cdot n$$

$$n = f_{wirk} \cdot n_{50} \cdot 0{,}1857$$

$q_{VL,\,anr}$ anrechenbarer Verbrennungsluft-Volumenstrom in m³/h
V_R Raumvolumen in m³

n berechn. Luftwechselrate nach Haustyp in 1/h
f_{wirk} Korrekturfaktor je nach Gebäudeart
n_{50} Auslegungswert der Luftwechselrate in 1/h

f_{wirk} = 0,7 für eingeschossige Wohnung
f_{wirk} = 0,8 für mehrgeschossige Wohnung

Aufgabe 7.1: Nachweise von Schutzziel 2

Wohnungs-/ Gebäudedaten			Verbrennungsluft-Versorgung q_{VL} Innentüren ohne Dichtung					
Raumart/ Raum-Nr.	Raumvolumen in m³	Referenzwert je nach Haustyp	Aufstellungsraum/ Volumenstrom m³/h	Kurve 1 in m³/h	Kurve 2 in m³/h	Kurve 3 in m³/h	zusätzliche Öffnung z. B. ALD in m³/h	Σ Volumenstrom Σq_{VL} in m³/h
Verbrennungsluft-Versorgung						Σq_{VL} ______		

Aufgabe 7.2: Nachweise von Schutzziel 2

Wohnungs-/ Gebäudedaten			Verbrennungsluft-Versorgung q_{VL} Innentüren mit 3-seitiger Dichtung					
Raumart/ Raum-Nr.	Raumvolumen in m³	Referenzwert je nach Haustyp	Aufstellungsraum/ Volumenstrom m³/h	Kurve 1 in m³/h	Kurve 2 in m³/h	Kurve 3 in m³/h	zusätzliche Öffnung z. B. ALD in m³/h	Σ Volumenstrom Σq_{VL} in m³/h
Verbrennungsluft-Versorgung						Σq_{VL} ______		

III Kundenauftrag

1 Gasleitung

1.1 In dem dargestellten Aufstellraum ist ein Gasheizkessel und ein gasbeheizter VWH installiert **(Bild 2)**. Die Gasleitung mit HAE und Gaszähler ist vorgegeben. Die Gasleitung hat einen Deckenabstand von 5,0 cm und endet an den Wärmeerzeugern, Höhenmaße beachten. Zeichnen Sie in das vorgegebene Raumschema die Gasleitung ein, beginnend bei der HAE bis zu den beiden Wärmeerzeugern. Der Gaszähleranschluss ist spannungsfrei darzustellen **(Bild 1)**.

1.2 Erstellen Sie von der Gasleitung eine Materialliste mit allen Armaturen, Fittings, den erforderlichen Halterungs- und Befestigungsmaterialien sowie alle für die Montage notwendigen Werkzeuge **(Tabelle 1, Seite 164)**.

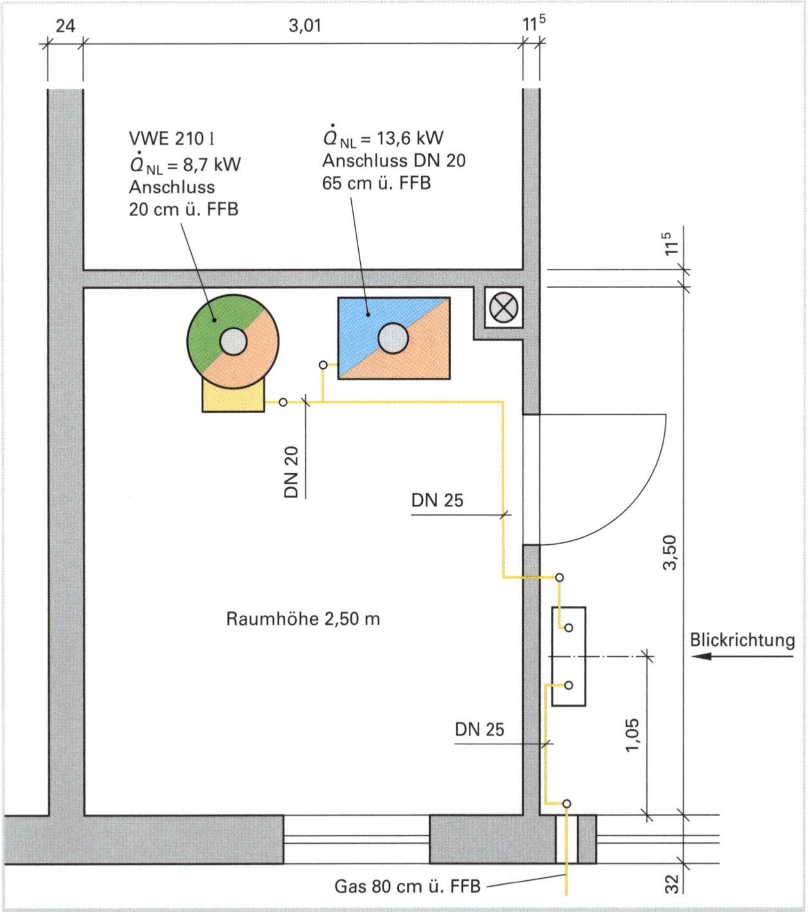

Bild 2: Aufstellraum

Bild 1: Raumschema, Vorgabeblatt

Pos.	Menge	Materialbezeichnung	Werkzeug

2 Gas-Brennwert-Heizung

Für den Neubau einer Doppelhaushälfte wünscht der Kunde die detaillierte Ausarbeitung einer Heizungsanlage **(Bild 1).** Der Bauherr hat mit dem Architekten bereits entschieden, dass die Beheizung des Gebäudes mit einem Gas-Brennwertgerät erfolgen soll. Der Vorrats-Wasserheizer mit 120 Liter Inhalt wird unter dem wandhängenden Gasgerät angeordnet. Wärmeerzeuger, VWH und Gaszähler werden im Hausarbeitsraum untergebracht. Die Aufstellung der Geräte ist durch die Abgasleitung und durch die Hauseinführung der Gasleitung vorgegeben. Die Grundfläche des Gebäudes beträgt für das EG = 66,8 m^2 und für das DG = 65,5 m^2. Als spezifische Normheizlast sind 72,5 W/m^2 vorgegeben.

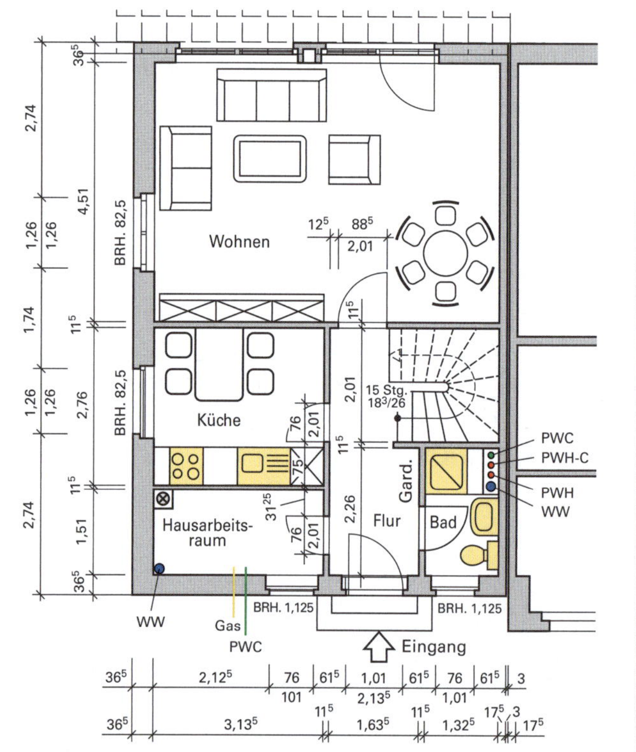

Bild 1: Grundriss Erdgeschoss

Arbeitsplanung

2.1 Berechnen Sie die Nennleistung des Gas-Brennwertgerätes.

2.2 Wählen Sie aus den technischen Unterlagen ein Gasgerät und den VWH aus **(Bild 1 u. Tabellen 1–3, Seite 165).**

Gasgerät: ______________________ VWH: ______________________

2.3 Wodurch unterscheiden Sich die Gerätekategorien B_{33}, C_{43X} und C_{53X} und welche haben Sie gewählt?

B_{33} ______________________

C_{43X} ______________________

C_{53X} ______________________

Gewählt: ______________________

2.4 Geben Sie die Abmessungen für die ausgewählten Geräte an.

Gasgerät: Höhe __________ Breite __________ Tiefe __________

VWH: Höhe __________ Breite __________ Tiefe __________ Masse __________

2.5 Erklären Sie, weshalb am Abgasstutzen der Durchmesser mit 80/125 mm angegeben ist.

____

____

Tabelle 1: Technische Daten, wandhängendes Gas-Brennwertgerät

Modell		WGB15C	WGB20C	WGB28C
Gerätekategorie		B_{23}, B_{33}, C_{13X}, C_{33X}, C_{43X}, C_{53X}, C_{63X}		
Nennbelastungsbereich	kW	3,5 – 15,0	4,5 – 20,0	6,5 – 28,0
Nennleistungsbereich 80/60 °C	kW	3,4 – 14,6	4,3 – 19,4	6,3 – 27,2
Nennleistungsbereich 50/30 °C	kW	3,7 – 15,6	4,8 – 20,8	7,0 – 29,2
Abgastemperatur	°C	62	64	63
Abgasstutzen	mm	80/125	80/125	80/125
Elektroanschluss			230 V/50 Hz	
Gewicht	kg	48	48	58
Höhe	mm	852	852	852
Breite	mm	480	480	480
Tiefe	mm	366	366	407
Gasanschluss	DN	15	15	20
Heizungsvorlauf	DN	20	20	25
Heizungsrücklauf	DN	20	20	25
Speichervorlauf	DN	20	20	25
Speicherrücklauf	DN	20	20	25
Kondenswasseranschluss	Ø mm	25	25	25

Tabelle 2: Vorrats-Wasserheizer VWH

Modell		WGB20C	WGB28C
Speicherinhalt	l	120	160
Heizwasserinhalt	l	5,2	5,2
Heizfläche	m^2	0,72	0,72
Leistungskennzahl NL bei ϑ_{HV} = 80 °C und ϑ_{SP} = 60 °C		1,4	2,2
Dauerleistung bei ϑ_{HV} = 80 °C von 10 °C auf 45 °C	in kW	22,0	22,0
Gewicht	kg	42	47
Höhe	mm	845	1045
Breite	mm	560	560
Tiefe	mm	575	575
PWC/PWH	DN	20	20
PWH-C	DN	20	20
HV/HR	DN	20	20

Tabelle 3: Gerätekombination

Maße in mm	H	I	J	K	L
WGB15C – 28C mit Speicher 120 l	2020	1906	1880	1030	845
WGB15C – 28C mit Speicher 160 l	2220	2106	2080	1230	1045

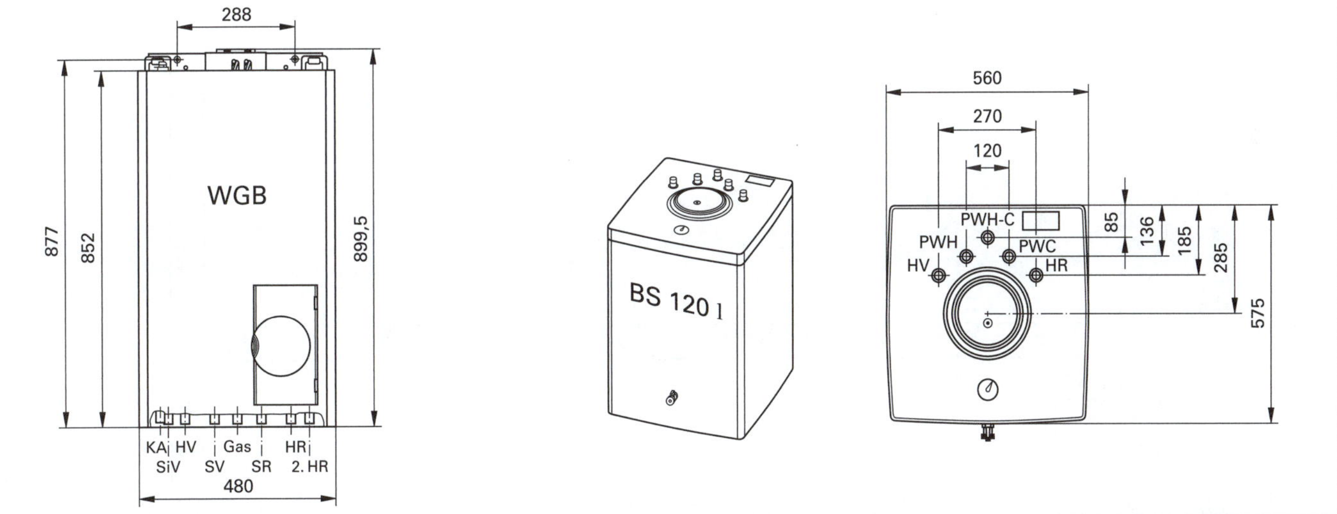

Bild 1: Technische Daten, Gas-Brennwertgerät und Vorrats-Wasserheizer

2.6 Weshalb ist an dem Gasgerät ein Kondenswasseranschluss vorgesehen?

____

____

2.7 Benennen Sie die markierten Einbauteile des Gas-Brennwertgerätes **(Bild 1, Seite 166).**

① ____________ ③ ____________ ⑤ ____________

② ____________ ④ ____________ ⑥ ____________

2.8 Bestimmen Sie das Maß I als Oberkante für das Gasgerät und das Abstandsmaß X zwischen WGB und VWH **(Bild 2, Seite 166).**

I = ____________ mm, X = ____________ mm

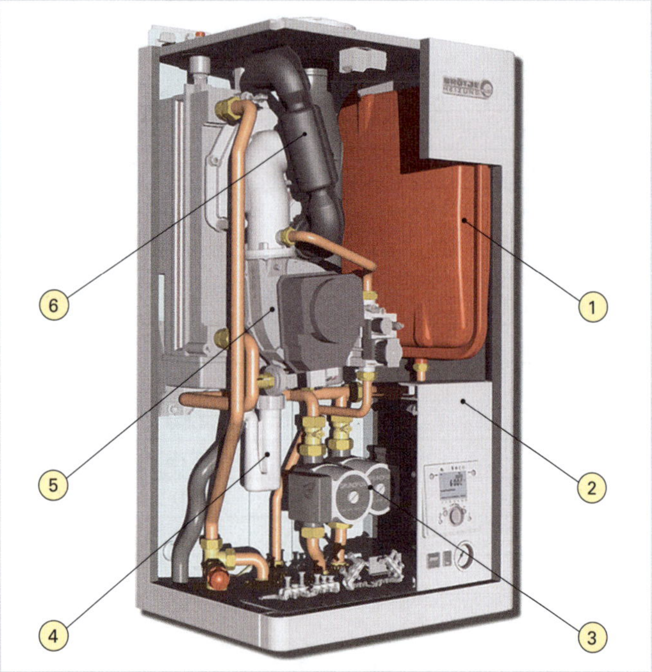

Bild 1: Gas-Wandgerät

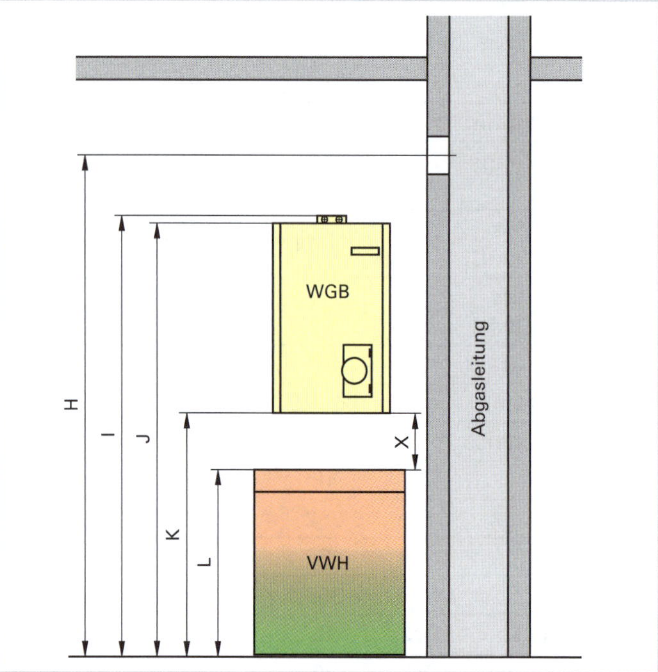

Bild 2: Gerätekombination

2.9 Zeichnen Sie in den gegebenen Grundriss des Hausarbeitsraumes das Gasgerät, den VWH und einen Zweistutzen-Gaszähler ein **(Bild 3)**.

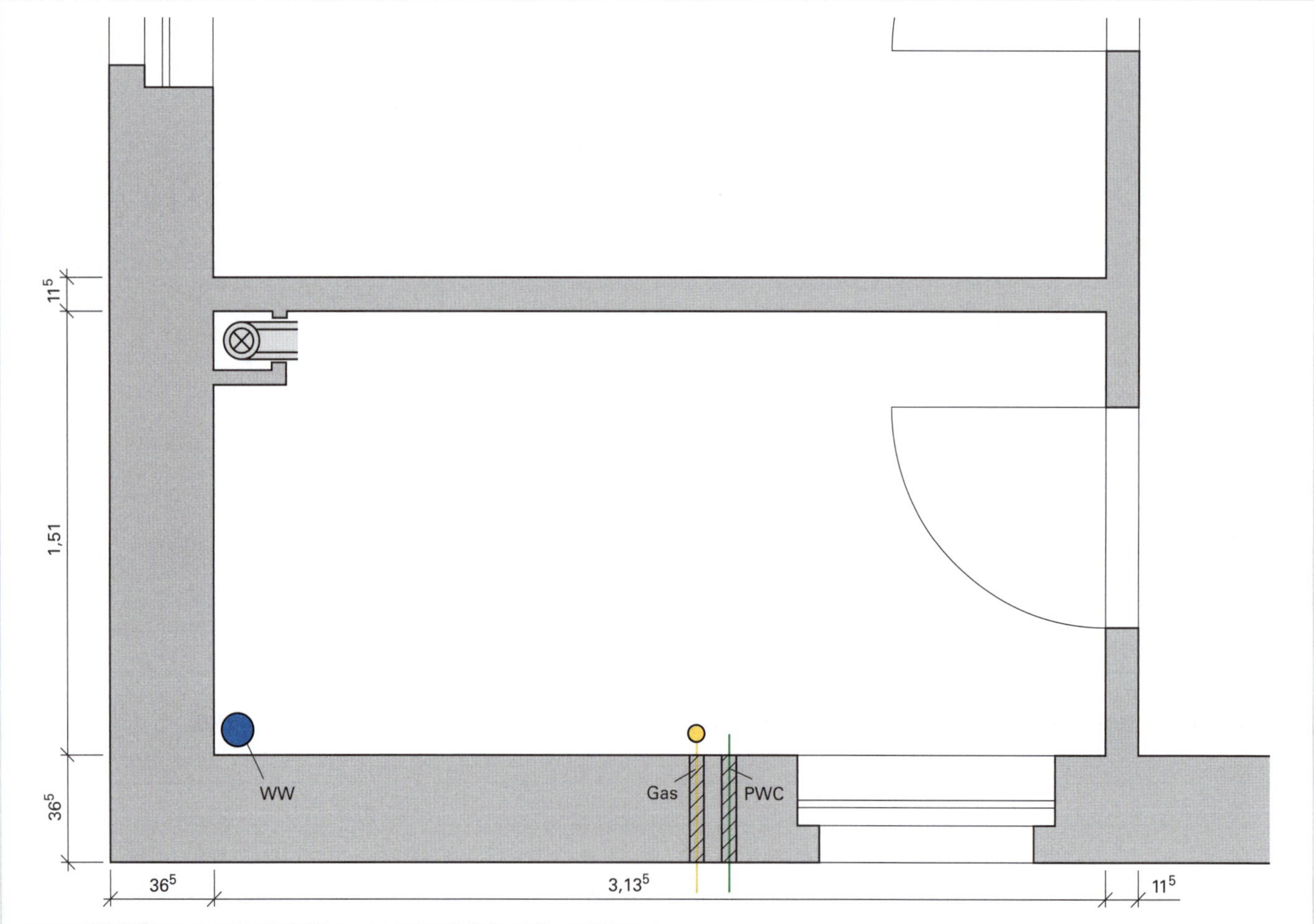

Bild 3: Hausarbeitsraum, Grundriss, M 1:25

2.10 Zeichnen Sie ein Raumschema von der Gasleitung mit Armaturen, beginnend an der Hauseinführung **(Bild 1)**.

Bild 1: Vorgabeblatt, Isometrie

2.11 Bezeichnen Sie in dem vorgegebenen Strangschema alle Rohrleitungen mit Abkürzungen, legen Sie diese farbig an und tragen Sie die Anschlussnennweiten ein **(Bild 2)**.

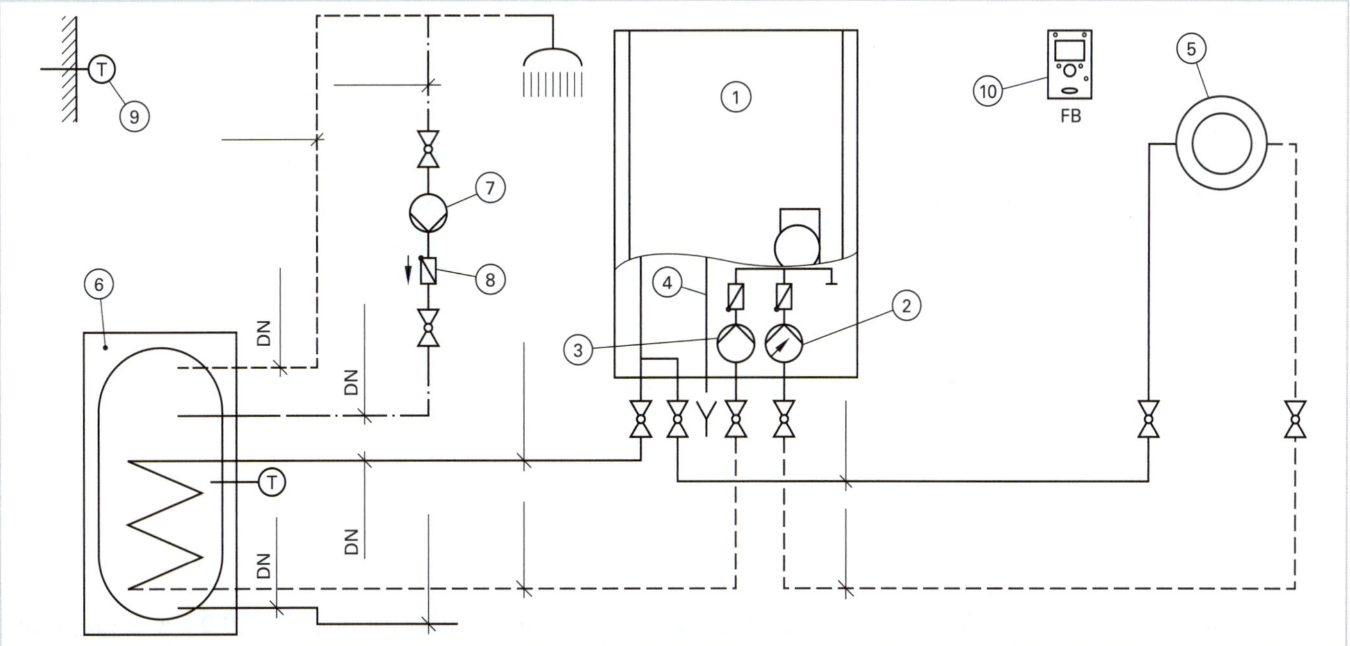

Bild 2: Hydraulikschema

2.12 Benennen Sie die mit Pos 1 bis Pos 10 gekennzeichneten Anlagenteile.

① ______________________ ⑤ ______________________ ⑨ ______________________

② ______________________ ⑥ ______________________ ⑩ ______________________

③ ______________________ ⑦ ______________________

④ ______________________ ⑧ ______________________

2.13 Gasinstallation

a) Nennen Sie drei Rohrwerkstoffe die hauptsächlich für Gas-Innenleitungen verwendet werden und welche Verbindungstechniken sind dafür zugelassen?

b) Wie erfolgt die Befestigung von Gas-Innenleitungen und worauf ist bei Wand- und Deckendurchführungen zu achten?

c) Welche Aufgabe haben Gasströmungswächter und wo müssen diese eingebaut werden?

2.14 Inbetriebnahme

a) Nach der Montage – aber noch vor der Inbetriebnahme – sind an der Heizungsanlage noch wichtige Arbeiten auszuführen. Benennen Sie diese und in welcher Reihenfolge gehen Sie vor?

1
2
3
4
5

b) Welche Prüfungen sind bei Gas-Innenleitungen vor der Inbetriebnahme durchzuführen und wodurch unterscheiden sich diese?

c) Berechnen Sie den Einstellwert und den Anschlusswert für das Gas-Brennwertgerät bei einem $H_{s,B}$ von 11,1 kWh/m³.

d) Die Nennbelastung für das Gasgerät WGB 20 C ist laut Herstellertabelle mit 20,0 kW angegeben **(Tabelle 1, Seite 165).** Welche Wirkungsgrade erreicht das Gasgerät bei den Heizwassertemperaturen 50/30 °C und bei 80/60 °C?

e) Begründen Sie, weshalb in der Herstellertabelle nur ein Nennbelastungsbereich, aber zwei Nennleistungsbereiche angegeben werden?

f) Gasgeräte müssen vor Ort eingestellt werden. Nennen Sie zwei verschiedene Einstellmethoden.

g) Beschreiben Sie eines dieser Verfahren. Listen Sie dafür die einzelnen Arbeitsschritte und die erforderlichen Messinstrumente auf.

2.15 Elektrotechnik

Nach dem das Gasgerät an das elektrische Leitungsnetz angeschlossen wurde, muss mit einem Vielfach-Messgerät (Multimeter) festgestellt werden, ob die Adern richtig verdrahtet wurden.

a) Zeichnen Sie in den Gasgeräteverdrahtungsplan den von Ihnen herzustellenden Elektroanschluss farbig ein **(Bild 1)**.

b) Auf welchen Messbereich ist das Messgerät einzustellen?

c) Welche Spannungen messen Sie zwischen den Anschlussklemmen des Gasgerätes und wie ist die Farbkennzeichnung der einzelnen Leiter? Verwenden Sie dafür **Tabelle 1**.

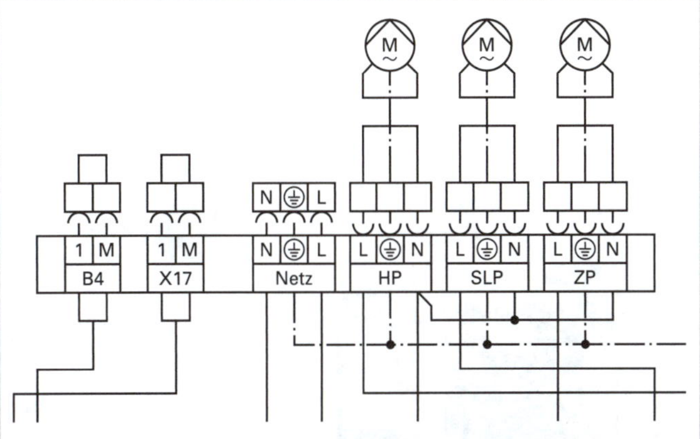

Bild 1: Verdrahtungsplan, WGB

Tabelle 1: Lösung für Aufgabe 2.15 c

El. Leiter	Spannung	Farbkennzeichnung
L1 – N		L1 –
L1 – PE		PE –
N – PE		N –

2.16 Funktionsprüfung der Abgasanlage

a) Was soll mit der Funktionsprüfung der Abgasanlage festgestellt werden?

b) Welche Messungen werden bei Wärmeerzeugern vom Bez.-Schornsteinfegermeister durchgeführt?

c) Bei welchen Gasgerätearten sind Abgasüberwachungseinrichtungen vorgeschrieben?

2.17 Kundeneinweisung

a) Welche Sicherheitseinrichtungen am Gas-Brennwertgerät sind dem Betreiber der Anlage besonders zu erklären?

b) Welche Unterlagen übergeben Sie dem Betreiber der Wärmeerzeugungsanlage nach der Einweisung?

I Arbeitsplanung // Work planning

1	**Brennstoffe und Brennstofflagerung**	Fuels and fuel tanks
2	**Brennstoffleitungen**	Fuel pipes
3	**Wärmeerzeuger**	Heat generator
4	**Ölbrenner**	Oil burner
5	**Abgasanlage**	Exhaust-gas system
6	**Darstellungen**	Illustrations
7	**Berechnungen**	Calculations

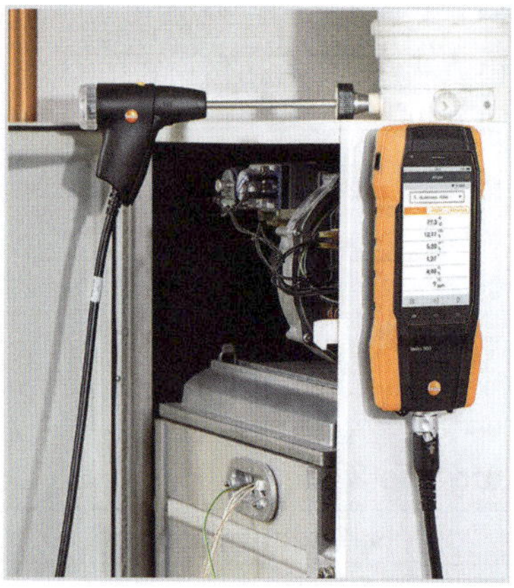

II Systemanalyse und Instandhaltung // System analysis and maintenance

1	**Brennwertkessel und Sicherheitseinrichtungen**	Condensing boiler and safety equippings
2	**Inbetriebnahme**	Set-up and start of operation
3	**Verbrennung**	Combustion
4	**Abgasanlage**	Exhaust-gas system
5	**Darstellungen**	Illustrations
6	**Berechnungen**	Calculations

III Kundenauftrag // Customer order

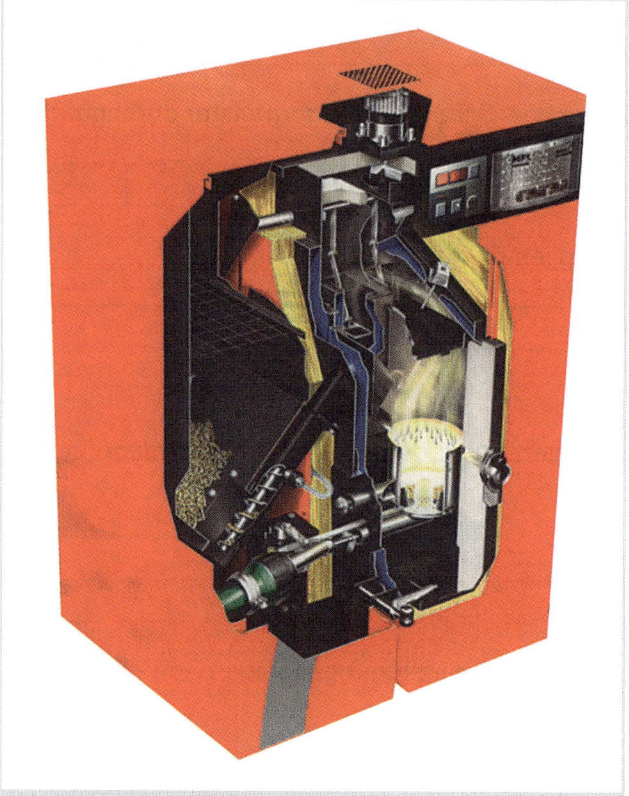

Pelletsheizkessel

Ölwärmeerzeuger

I Arbeitsplanung

1 Brennstoffe und Brennstofflagerung

1.1 Nennen Sie vier verschiedene fossile Brennstoffe und beschreiben Sie deren Entstehung.

1.2 Nennen Sie verschiedene Heizöle und wodurch unterscheiden sich diese?

1.3 Was bedeutet bei Heizöl EL

a) Flammpunkttemperatur,

b) Pourpoint,

c) Viscosität?

1.4 Beschreiben Sie, an welchen Orten Heizöl gelagert werden darf und welche maximalen Mengen sind jeweils zulässig?

1.5 Bis zu welcher Höhe dürfen Heizölbehälter höchstens befüllt werden?

2 Brennstoffleitungen

2.1 Aus welchem Rohrwerkstoff, mit welcher Verbindungstechnik und mit welchem Flussmittel wird die Ölleitung zwischen dem Behälter und dem Brenner in der Regel hergestellt?

2.2 Nennen Sie die fehlenden Begriffe von **Bild 1.**

① ______________________

② ______________________

③ ______________________

④ ______________________

⑤ ______________________

⑥ ______________________

2.3 Welche Aufgabe hat in einer Ölansaugleitung das

a) Fußventil

____

____

b) Schnellschlussventil?

____

____

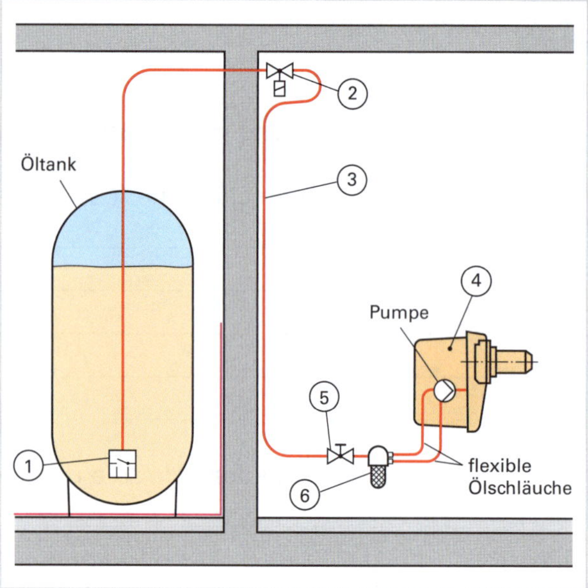

Bild 1: Heizölleitungen

3 Wärmeerzeuger

3.1 Welche Wärmeerzeuger werden als Niedertemperaturkessel bezeichnet?

____

3.2 Erklären Sie den Unterschied zwischen einem Naturzug- und einem Überdruck-Wärmeerzeuger.

____

____

3.3 Nennen Sie drei verschiedene nachwachsende Rohstoffe, die bei der Wärmeerzeugung immer mehr an Bedeutung gewinnen.

____

____

3.4 In welchen Räumen dürfen Wärmeerzeuger aufgestellt werden und welche Bedingungen hinsichtlich Brennstoffart und Nennleistung müssen dabei eingehalten werden?

____

____

____

3.5 Erklären Sie für die Aufstellung von Wärmeerzeugern die Begriffe

Aufstellraum ______________________

____

Heizraum ______________________

____

3.6 Welche Forderungen müssen erfüllt werden, um in einem besonderen Aufstellraum den gefahrlosen Betrieb von Heizkesseln mit $\dot{Q}_{NL}$ > 50,0 kW zu garantieren?

____

____

____

3.7 Welche Wirkungsgrad-Verbesserungen können durch den Einsatz der Brennwerttechnik bei

Ölheizkesseln ______________________

____

Gasheizkesseln ______________________

____

erreicht werden?

3.8 Erklären Sie die Wirkungsgrad-Unterschiede bei den verschiedenen Brennstoffen.

____

____

____

4 Ölbrenner

4.1 Nennen Sie drei verschiedene Arten von Ölbrennern.

____

____

____

4.2 Benennen Sie die gekennzeichneten Teile am Ölgebläsebrenner **(Bild 1).**

① ______________________

② ______________________

③ ______________________

④ ______________________

⑤ ______________________

⑥ ______________________

⑦ ______________________

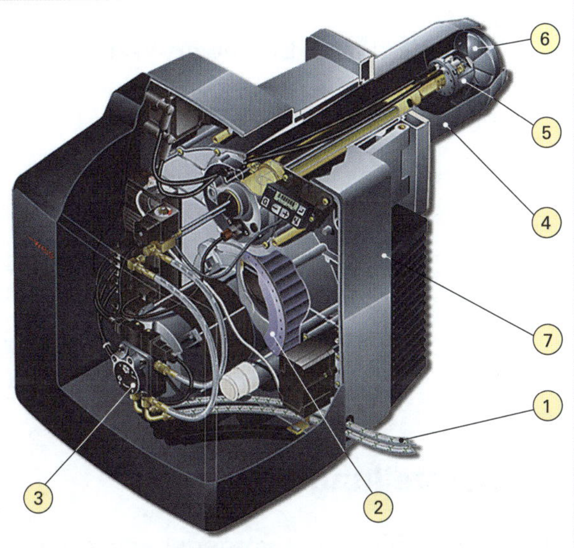

Bild 1: Ölgebläsebrenner

4.3 Wovon ist der Öldurchsatz bei Brennerdüsen abhängig und wie kann dieser verändert werden?

____

4.4 Wie kann der Ölstrahl bei Öldüsen ausgebildet sein?

____

4.5 Wonach werden die Art des Ölstrahles und der Sprühwinkel bei Ölbrennerdüsen ausgewählt?

____

____

4.6 Wodurch werden beim Blaubrenner in der Regel höhere Wirkungsgrade erreicht als bei Gelbbrennern?

____

____

4.7 Welche Aufgabe hat die Stauscheibe bei Gebläsebrennern und wonach richtet sich die Einstellung?

____

____

5 Abgasanlage

5.1 Welche Aufgaben haben Abgasklappen?

5.2 Benennen Sie die Aufgaben von Nebenluftvorrichtungen.

5.3 Erklären Sie den Begriff „wirksame Schornsteinhöhe".

5.4 Weshalb dürfen Brennwert-Wärmeerzeuger nicht an herkömmliche Schornsteine angeschlossen werden?

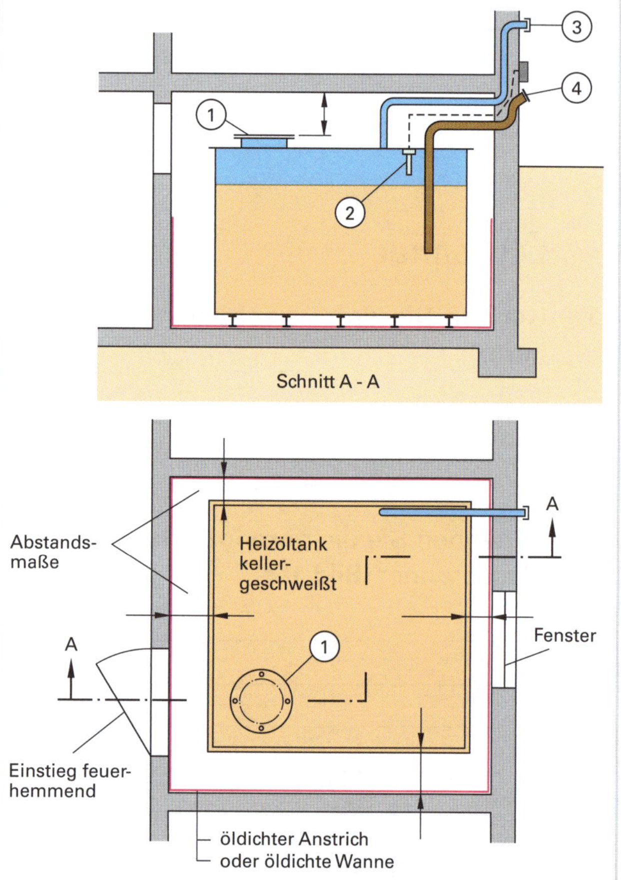

Bild 1: Stahltank, kellergeschweißt

6 Darstellungen

6.1 Tragen Sie in die vorgegebene Zeichnung eines Heizöltanks aus Stahlblech die Mindestabstandsmaße ein und ergänzen Sie die fehlenden Begriffe **(Bild 1)**.

①

②

③

④

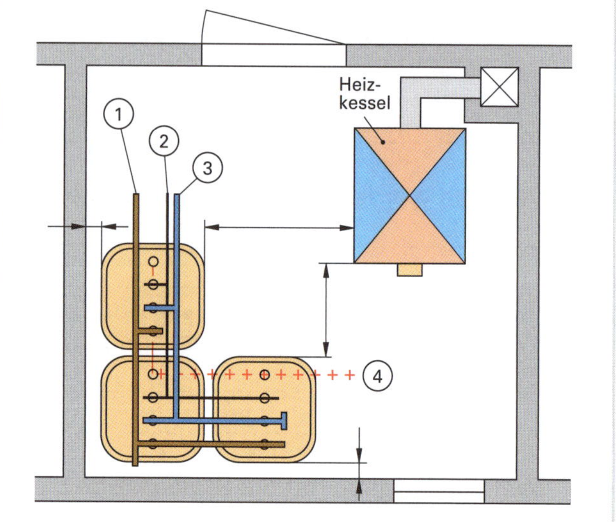

Bild 2: Öllagerung im Aufstellraum

6.2 Im Aufstellraum für einen Wärmeerzeuger soll gleichzeitig Heizöl gelagert werden **(Bild 2)**. Tragen Sie in die Zeichnung die fehlenden Abstandsmaße ein und ergänzen Sie die fehlenden Begriffe in englischer Sprache.

①

②

③

④

7 Berechnungen

7.1 Für ein Dreifamilien-Wohnhaus wurde eine Normheizlast von 39,0 kW ermittelt. Berechnen Sie den Jahresbrennstoffbedarf für Heizöl EL, wenn der Heizkessel 1600 h/a in Betrieb ist und der Jahresnutzungsgrad 82 % beträgt.

7.2 Eine Heizungsanlage besteht aus einem Gussheizkessel mit 125 kg, dem Stahlrohrsystem mit 160 kg, den Stahlheizkörpern mit 104 kg und dem Wasserinhalt mit 182 l. Berechnen Sie die Nennleistung des Kessels, wenn die gesamte Heizungsanlage in 25 min von 12 °C auf 75 °C aufgeheizt werden soll. Welche Ölmenge ist für das Hochheizen der Anlage notwendig, bei einem H_i von 10 kWh/l und einem Kesselwirkungsgrad von 87 %?

7.3 Berechnen Sie den Öldurchsatz einer Ölbrennerdüse für Heizöl EL, wenn die Nennleistung 22,5 kW und der Kesselwirkungsgrad 89 % betragen.

7.4 Bestimmen Sie die Ölbrennerdüsen für Heizöl EL bei einem Kesselwirkungsgrad von 91 % für

$\dot{Q}_{NL}$ = 64 kW, Öldruck etwa 11,0 bar,

$\dot{Q}_{NL}$ = 87 kW, Öldruck etwa 13,0 bar.

7.5 An einem Ölheizkessel wird im Abgas ein Rest-Sauerstoffgehalt von 3,6 % gemessen. Wie groß ist der Luftüberschuss oder die Luftverhältniszahl? Wie viel Verbrennungsluft wurde 1,0 kg Heizöl EL tatsächlich zugeführt?

7.6 Im Abgasrohr eines Ölheizkessels werden 5,6 % Restsauerstoff und eine Abgastemperatur von 220 °C gemessen. Die Verbrennungsluft-Temperatur beträgt 20 °C. Berechnen Sie den feuerungstechnischen Wirkungsgrad, die Luftverhältniszahl und den tatsächlichen Luftbedarf.

II Systemanalyse und Instandhaltung

1 Brennwertkessel und Sicherheitseinrichtungen

1.1 Weshalb muss ein Brennwertkessel einen Kondensatanschluss haben?

1.2 Wie muss die Ableitung des Kondensates vorgenommen werden und welche behördlichen Vorschriften sind dafür einzuhalten?

1.3 Beschreiben Sie die Aufgabe und die Funktion eines Membranausdehnungsgefäßes.

1.4 Beschreiben Sie die Dichtheitsprüfung von Ölleitungen.

1.5 Wer darf einen im Keller aufgestellten Öltank mit 15000 Liter Inhalt überprüfen und welche Prüfintervalle sind festgelegt?

1.6 Beschreiben Sie die Funktion des Grenzwertgebers bei Heizöltanks.

2 Inbetriebnahme

2.1 Welche Arbeiten sind grundsätzlich am Wärmeerzeuger durchzuführen, bevor eine Neuanlage eingeschaltet werden darf?

2.2 Welche Kontrollen sind an den Rohrleitungen vorzunehmen, bevor die Heizungsanlage gefüllt wird?

2.3 Beschreiben Sie die einzeln durchzuführenden Arbeitsschritte vor der Inbetriebnahme eines Öl-Brennwertgerätes.

2.4 Welche Messungen sind nach der Inbetriebnahme eines Ölheizkessels am Wärmeerzeuger durchzuführen?

2.5 An welchen Wärmeerzeugern müssen thermische Ablaufsicherungen eingebaut werden? Beschreiben Sie deren Funktion.

3 Verbrennung

3.1 Was versteht man unter einer vollständigen Verbrennung und wie kann es zu einer unvollständigen Verbrennung kommen?

3.2 Welche Verbrennungsprodukte weisen auf eine unvollständigen Verbrennung hin?

4 Abgasanlage

4.1 Welche Messungen werden bei der Funktionsprüfung einer Abgasanlage durchgeführt?

4.2 Vor dem Kauf eines Wohngebäudes wünscht der Kunde die Überprüfung der Wärmeerzeugungsanlage. Dabei wird Ihnen die Bescheinigung von der letzten Messung durch den Bez.-Schornsteinfegermeister vorgelegt **(Bild 1, Seite 179)**.

a) Bestimmen Sie rechnerisch den Abgasverlust nach den gemessenen Werten.

b) Wie hoch ist der zulässige Grenzwert für den eingebauten Heizkessel und welche Verordnung ist dafür maßgebend?

c) Entspricht das Ergebnis den gesetzlichen Vorschriften?

d) Überprüfen Sie den Öldurchsatz der eingebauten Öldüse entsprechend der Nennleistung.

e) Weshalb hat der Gesetzgeber allgemein verbindliche Abgaswerte festgelegt?
In welchen Zeitabständen und von wem wird die Einhaltung der Grenzwerte kontrolliert?

f) Wie würden Sie den Kunden im Hinblick auf einen eventuellen Austausch des Wärmeerzeugers beraten?

Anschrift des Bez.-Schornsteinfegermeisters

Anschrift des Betreibers

12.10.2021 ◀ **Tag der Messung**

☐	Messung gemäß § 14 Abs. 1	☒	für den Betreiber
☒	wiederkehrende Messung gemäß § 15	☐	für die Behörde
☐	Wiederholungsmessung gemäß § 14 Abs. 4	☐	für den Bez.-Schornsteinfegerm.
☐	Messung auf Anordnung	☐	

Aufstellungsort der Anlage
(nur ausfüllen, wenn nicht mit der Anschrift des Betreibers übereinstimmend)

Gebäudeteil

Bescheinigung

über das Ergebnis der Messung an einer Feuerungsanlage für flüssige oder gasförmige Brennstoffe gemäß §§ 14, 15 der Ersten Verordnung zur Durchführung des Bundes-Immissionsschutzgesetzes (Verordnung über Kleinfeuerungsanlagen – 1. BImSchV)

Wärmeaustauscher
Hersteller: Buderus — Typ/Baujahr: G 205 U/43-6, 1989 — Nennwärmeleistung in kW: 43,00

Brenner
Hersteller: Buderus — Typ/Baujahr: BRE 1,4-43, 1988

ohne Gebläse ☐ — mit Gebläse ☒ — Verdampfungsbrenner ☐

Leistungsbereich: in kg/h (Ölbrenner) ☒ — in kW (Gasbrenner) ☐ — von 1,40 bis 4,00 — Leistung bei Messung (nur bei modulierenden oder mehrstufigen Brennern) ☐

Brennstoff
Heizöl EL ☒ — ohne Gebläse ☐ — Flüssiggas Flüssiggas-Luft-Gemisch ☐ — Stadtgas ☐ — Sonstiger Brennstoff gemäß §3 ☐

Art der Anlage
Heizung ☐ — Heizung mit Brauchwasser ☒ — Brauchwasseranlage ☐ — Lufterhitzer ☐ — Feuerstätte anderer Art ☐

Messergebnis

Rußzahl 1: 0 — 2: 0 — 3: 0	Wärmeträgertemperatur in °C: 60
Mittelwert ▶ 0	Verbrennungslufttemperatur in °C: 16,0
Ölderivate: ja ☐ nein ☒	Abgastemperatur in °C: 173,0
Abgasverlust in % (ohne Toleranz):	Sauerstoff ☒ Kohlenstoffdioxid ☐ Volumengehalt in %: 5,8
	Druckdifferenz in hPa: 0,10

Das Messergebnis **entspricht** der Verordnung ☐

Das Messergebnis **entspricht nicht** der Verordnung ☐

Bemerkungen:

weil:
☐ Abgasverlust über ___ %
☐ Rußzahl über
☐ Ölderivate im Abgas

12.10.2021 — U. Uhr

Datum — Unterschrift

Zutreffendes bitte ankreuzen bzw. Werte einsetzen

Ergibt eine Messung, dass die Anlage den Anforderungen der Verordnung nicht entspricht, so ist der Betreiber verpflichtet, die notwendigen Verbesserungsmaßnahmen an der Anlage zu treffen.
Die Messung ist innerhalb von **sechs Wochen** zu wiederholen. Geben Sie mir bitte Nachricht, sobald die Wiederholungsmessung erfolgen kann.

5 Darstellungen

5.1 Benennen Sie die gekennzeichneten sicherheitstechnischen Einbauteile für eine geschlossene Ölheizanlage **(Bild 1)**.

① ______________________________

② ______________________________

③ ______________________________

④ ______________________________

⑤ ______________________________

⑥ ______________________________

⑦ ______________________________

⑧ ______________________________

⑨ ______________________________

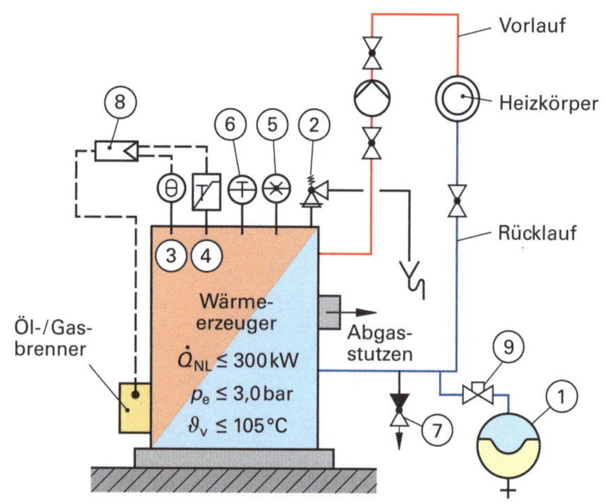

Bild 1: Geschlossene Anlage, Sicherheitsausrüstung

5.2 Benennen Sie die gekennzeichneten sicherheitstechnischen Ausrüstungselemente für einen Festbrennstoffkessel **(Bild 2)**.

① ______________________________

② ______________________________

③ ______________________________

④ ______________________________

⑤ ______________________________

⑥ ______________________________

⑦ ______________________________

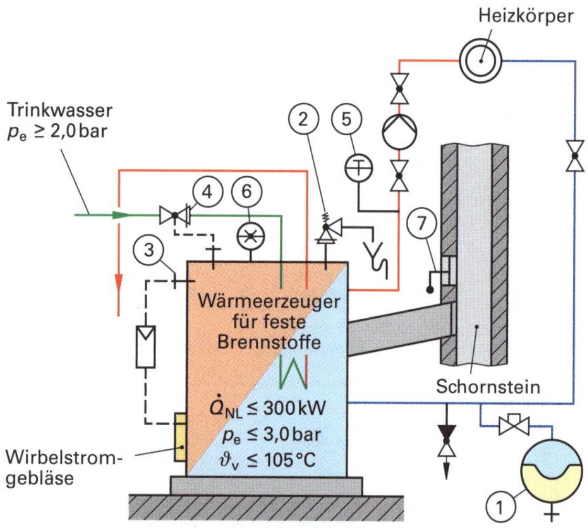

Bild 2: Festbrennstoff-Kessel, Sicherheitsausrüstung

5.3 In dem gezeichneten Tankraum ist ein kellergeschweißter Öltank einzubauen **(Bild 3)**.

a) Zeichnen Sie auf einem Extrablatt den Tankraum 01 im Maßstab 1:20.

b) Zeichnen Sie den größtmöglichen Öltank ein und vermaßen Sie die Mindestabstände zu den Wänden und zur Decke.

c) Zeichnen Sie farbig den öldichten Wand- und Bodenanstrich ein.

d) Berechnen Sie den Rauminhalt des von Ihnen gezeichneten Öltanks.

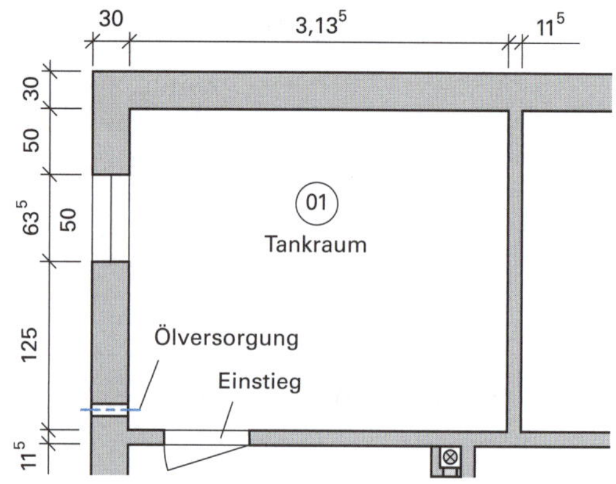

Bild 3: Tankraum

e) Ermitteln Sie die maximale Ölmenge, die in den Behälter eingefüllt werden kann.

5.3 f) Bestimmen Sie die Mindesthöhe des öldichten Anstriches.

g) Ermitteln Sie die Unterkante der Einstiegsöffnung zum Tankraum. Gemessen von OKFF.

6 Berechnungen

6.1 Bestimmen Sie die Nennweite für eine Ölansaugleitung, wenn für den Heizkessel $\dot{Q}_{NL}$ = 26,5 kW beträgt.

6.2 Der Wärmeerzeuger in einem Dreifamilien-Wohnhaus hat eine Nennleistung von 33,5 kW. Berechnen Sie den Jahresbrennstoffbedarf für Heizöl EL, wenn der Jahresnutzungsgrad bei 81 % liegt. Bestimmen Sie die Größe des Öltanks bei einer 1,3-fachen Bevorratung.

6.3 Berechnen Sie den Holzbedarf und die Größe des Lagerraumes für eine Pellets-Heizung in einem Einfamilien-Wohnhaus **(Tabelle 1).** Die Normheizlast beträgt 10,5 kW und der Nutzungsgrad 84 %. Der jährliche Warmwasserbedarf von 55 m^3/a wird zentral von 12 °C auf 60 °C erwärmt, der Jahresnutzungsgrad liegt dabei bei 58 %.

Tabelle 1: Lagervolumen bei Holzheizung

Kessel-leistung	Jahres-betriebs-stunden	Energie-bedarf	Holzbedarf		Lagervolumen	
			Laubholz	Pellets	Laubholz	Pellets
kW	h/a	kWh/a	m^3/a	m^3/a	m^3	m^3
Einfamilien-Wohnhaus						
12,0	1450	17400	8,3	5,5	12,0	9,0
Mehrfamilien-Wohnhaus						
17,5	1600	28000	13,3	8,8	19,0	13,0
25,0	1600	40000	19,4	12,6	28,0	18,0
30,0	1600	48000	22,9	15,1	32,0	23,0

III Kundenauftrag

1 Öllagerraum für Wohnhaus

Im Kellergeschoss eines Zweifamilien-Wohnhauses ist im Raum 02 die Brennstoffversorgung vorgesehen **(Bild 1)**. Die Heizöllagerung erfolgt mit Batterietanks aus Kunststoff. Im Aufstellraum 01 sollen der Wärmeerzeuger mit einer Nennleistung von 26,5 kW und ein indirekt beheizter VWH mit 190 l Inhalt untergebracht werden.

1.1 Nennen Sie verschiedene Möglichkeiten der Öllagerung.

1.2 Wie viele Liter Heizöl dürfen höchstens innerhalb von Gebäuden gelagert werden?

1.3 Wie groß wird die Füllleitung dimensioniert und welcher Werkstoff kann dafür verwendet werden?

1.4 Welche Aufgabe hat eine Lüftungsleitung für einen Öltank und wie groß muss diese dimensioniert werden?

1.5 Berechnen Sie den Jahresbrennstoffbedarf für die Gebäudeheizung bei einem Jahresnutzungsgrad von 82 %.

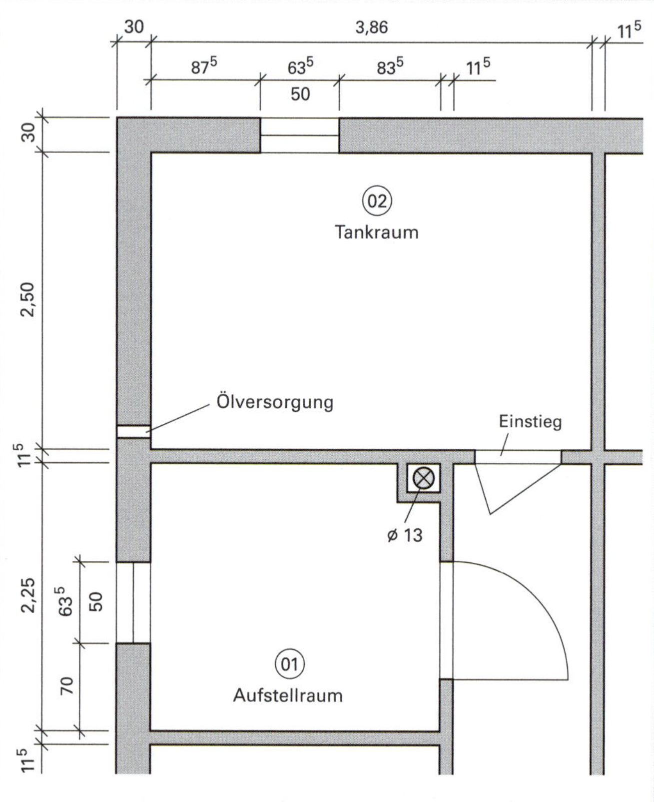

Bild 1: Öllagerraum

1.6 Berechnen Sie den Brennstoffbedarf für die zentrale Trinkwassererwärmung bei einem Jahresnutzungsgrad von 73 %, einem Warmwasserverbrauch von 55 m^3 je Familie und einer Temperaturerhöhung von 12 °C auf 60 °C.

1.7 Ermitteln Sie das Tankvolumen für ein Jahr bei einer 15 %-igen Vorratsreserve.

1.8 Bestimmen Sie Anzahl, Art und Größe der Batterietanks.

1.9 Ermitteln Sie den Durchmesser und die Länge der Heizölleitung.

1.10 Zeichnen Sie auf einem Extrablatt den Aufstell- und den Tankraum im Maßstab 1:20 **(Bild 1, Seite 182).**

1.11 Zeichnen Sie in den Tankraum die berechneten Batterietanks ein, einschließlich Füll- und Lüftungsleitung.

1.12 Wählen Sie für das Wohngebäude den Wärmeerzeuger und den VWH aus und zeichnen Sie beide in den Aufstellraum ein. Die Maße für den Heizkessel entnehmen Sie **Bild 1, Seite 187.**

1.13 Zeichnen Sie die Heizölleitung von den Batterietanks zum Wärmeerzeuger ein.

1.14 Tragen Sie in die Materialliste alle erforderlichen Bauteile für die Brennstoffversorgung ein.

Pos.	Menge	Materialbezeichnung

1.15 Nennen Sie, je nach der Wirkungsweise, verschiedene Ölstandsanzeiger.

1.16 Welche Heizöltanks müssen mit einer Leckanzeige ausgerüstet werden?

1.17 Beschreiben Sie die Funktion eines Leckwarngerätes bei Öltankanlagen.

1.18 Mit welchem Druck werden Heizölleitungen geprüft?

1.19 Beschreiben Sie die Inbetriebnahme der Brennstoffversorgungsanlage.

1.20 Bei der Inbetriebnahme der Heizölanlage geht der Brenner, trotz mehrfachen Startens, immer wieder auf Störung. Welche Ursachen kann diese Störung haben und wie lassen sich diese beheben?

a)

b)

1.21 Erstellen Sie einen Montageplan mit den einzelnen Arbeitsschritten für die Erstellung der gesamten Brennstoffversorgung nach vorgegebenem Muster.

Lfd. Nr.	Arbeitsschritte/Tätigkeiten
1	
2	
3	
4	
5	
6	
7	
8	
9	

1.22 Welche Angaben muss ein Prüf- und Abnahmeprotokoll für die Brennstoffversorgungsanlage enthalten?

1.23 Welche Betriebs- und Wartungsanleitungen sind dem Betreiber zu übergeben?

1.24 Bestimmen Sie den Öldurchsatz für die Heizöldüse bei einem Kesselwirkungsgrad von 91 %.

1.25 Ermitteln Sie die Größe der Öldüse und den Düsendruck.

1.26 Bestimmen Sie den jährlichen Gasverbrauch, wenn statt eines Ölkessels ein Gasheizkessel eingebaut würde. Der $H_{\mathrm{I,B}}$ beträgt 9,9 kWh/m³.

1.27 Wie hoch wäre der jährliche Gasverbrauch, wenn ein Gas-Brennwertgerät zum Einsatz kommen würde? Der $H_{\mathrm{S,B}}$ beträgt 11,2 kWh/m³.

1.28 Fertigen Sie einen Verbrauchskostenvergleich zwischen dem Ölheizkessel und dem Gas-Brennwertgerät. Verwenden Sie dafür die derzeit gültigen Brennstoffkosten, einschließlich Zählergebühr beim Gas und der gesetzlichen Mehrwertsteuer.

2 Austausch Wärmeerzeuger

Im Kellergeschoss eines Zweifamilien-Wohnhauses ist im Raum 1.02 ein Wärmeerzeuger mit unten liegendem Warmwasser-Speicher installiert **(Bild 1)**. Der ölbeheizte Kessel hat eine Nennleistung von 40,0 kW. Da die nach BImSchV geforderten Abgaswerte nicht mehr erreicht werden, muss ein neuer Wärmeerzeuger eingebaut werden, für den eine Nennleistung von 23,3 kW ermittelt wurde.

Die Trinkwassererwärmung soll durch einen nebenstehenden, indirekt beheizten VWH mit 400 Liter Inhalt erfolgen, bei dem gleichzeitig auch ein Solarkreislauf vorgesehen wird.

Da in dem Wohngebiet noch keine Erdgasleitungen verlegt wurden, bleibt es bei einem ölbeheizten Wärmeerzeuger.

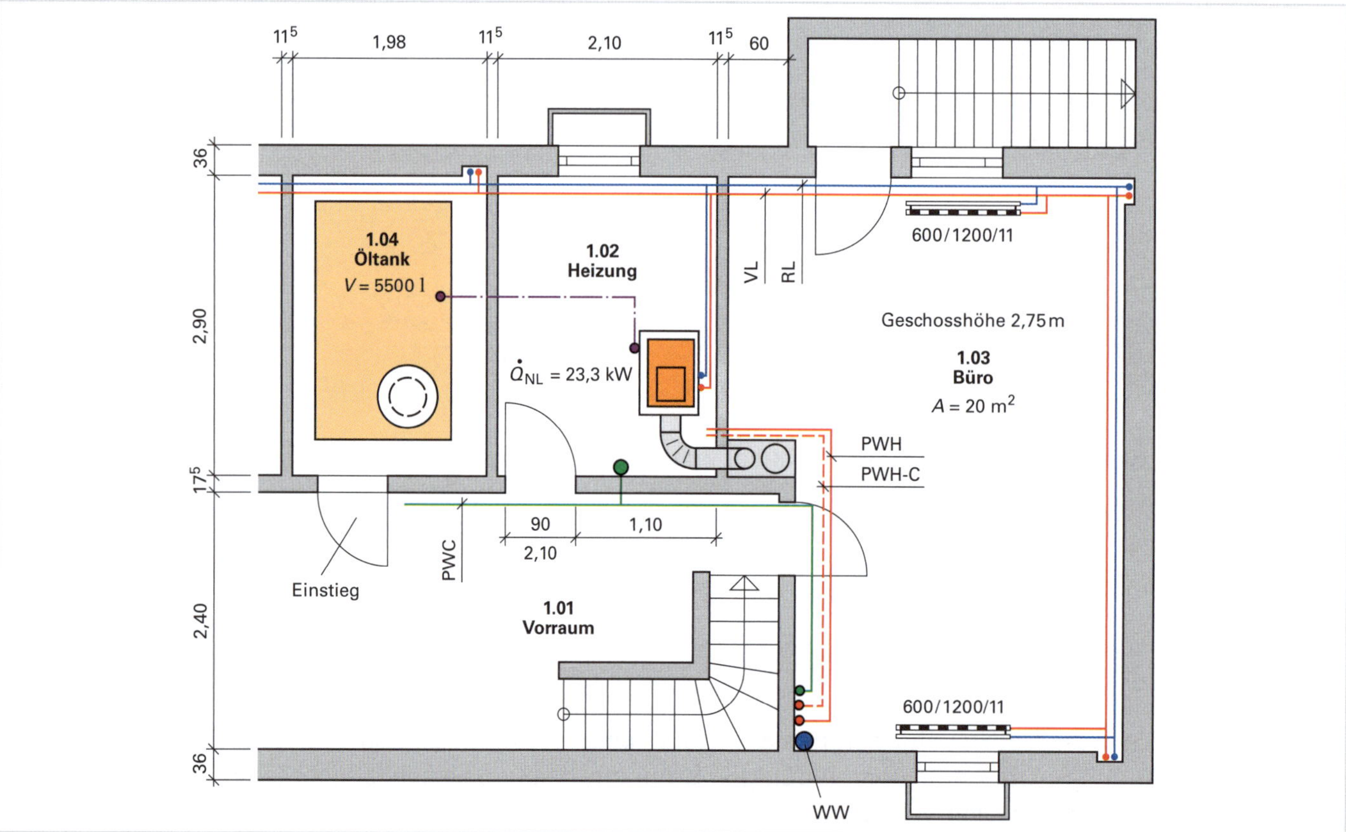

Bild 1: Grundriss Kellergeschoss

2.1 Fertigen Sie eine Aufstellung über alle erforderlichen Arbeitsschritte, um den vorhandenen Ölheizkessel zu demontieren.
Beginnen Sie dabei mit den Elektroarbeiten nach dem vorgegebenen Schema.

Lfd. Nr.	Arbeitsschritte/Tätigkeiten
1	Wärmeerzeuger ...
2	
3	
4	
5	
6	

2.2 Wählen Sie einen Heizkessel und einen Vorrats-Wasserheizer aus den nachstehenden Firmenunterlagen aus **(Bild 1 und Bild 2)**.

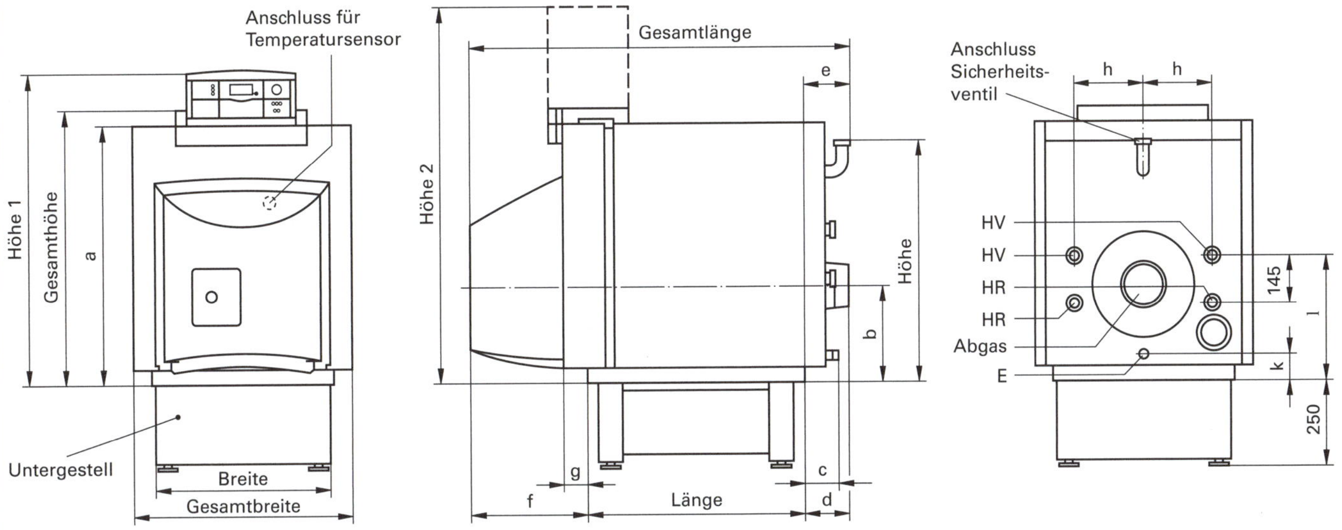

Nennleistung - Typ VB2A	kW	15	18	22	27	33	40	50	63
Abmessungen Kesselkörper									
Länge	mm	520	520	577	656	768	817	956	1070
Breite	mm	492	492	537	565	565	674	702	702
Höhe	mm	669	669	691	708	708	819	853	853
Gesamtabmessungen									
Gesamtlänge	mm	1052	1052	1109	1188	1300	1421	1560	1674
Gesamtbreite	mm	594	594	639	667	667	776	804	804
Gesamthöhe (Betrieb)	mm	795	795	808	815	815	950	975	975
- Höhe 1 (Regelung in Bedienungsposition)	mm	914	914	927	934	934	1050	1085	1085
- Höhe 2 (Regelung in Wartungsposition)	mm	1143	1143	1156	1163	1163	1275	1310	1310
Höhe Untergestell	mm	250	250	250	250	250	250	250	250
Gewicht Kesselkörper	kg	112	113	135	164	185	260	335	367
Gesamtgewicht	kg	147	148	171	201	223	311	388	422
Heizkessel mit Wärmedämmung									
Brenner und Kesselkreisregelung									
Inhalt Kesselwasser	l	49	49	61	76	89	140	199	223
Zul. Betriebsdruck	bar	3	3	3	3	3	3	3	3
Anschlüsse Heizkessel									
Kesselvor- und -rücklauf	R	1 1/2	1 1/2	1 1/2	1 1/2	1 1/2	1 1/2	1 1/2	1 1/2
Sicherheitsanschluss (Sicherheitsventil)	R	1 1/2	1 1/2	1 1/2	1 1/2	1 1/2	1 1/2	1 1/2	1 1/2
Entleerung	R	3/4	3/4	3/4	3/4	3/4	3/4	3/4	3/4
Abgaseanschluss	Ømm	130	130	130	130	130	150	150	150

Bild 1: Ölheizkessel mit technischen Daten

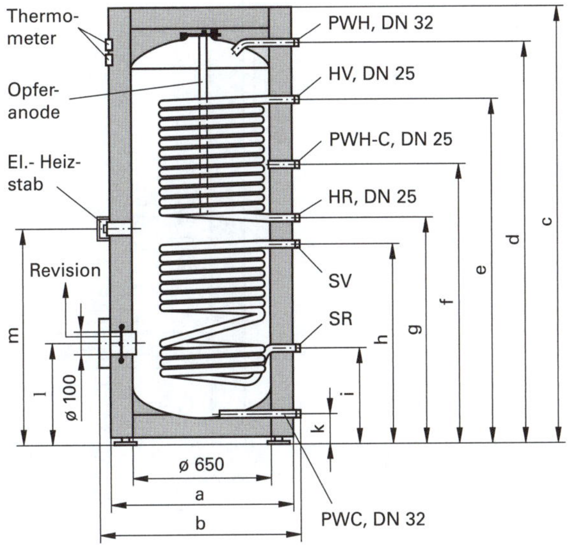

Bild 2: Vorrats-Wasserheizer mit technischen Daten

Tabelle 1: Abmessungungen für Vorrats-Wasserheizer

Speicherinhalt	l	400	500
Gewicht, Masse	kg	167	205
Kippmaß ohne Wärmedämmung	mm	1550	1910
a	mm	850	850
b	mm	918	918
c	mm	1630	1955
d	mm	1458	1784
e	mm	1204	1444
f	mm	1044	1230
g	mm	924	1044
h	mm	804	924
i	mm	349	349
k	mm	107	107
l	mm	422	422
m	mm	864	984

2.3 Übertragen Sie aus den technischen Unterlagen, **Bild 1, Bild 2 und Tabelle 1, Seite 187.**

Heizkessel: Typ ________, Nennleistung ________, Gesamtlänge ________, Gesamthöhe ________

VWH: Inhalt ____________, Gesamthöhe ____________, Kippmaß ____________

2.4 Welche Bedeutung hat das Kippmaß beim VWH?

____

____

2.5 Zeichnen Sie in den gegebenen Grundriss den Heizkessel und den VWH mit den erforderlichen Maßangaben ein **(Bild 1).**

2.6 Übertragen Sie von **Bild 1, Seite 186** die fehlenden Raummaße.

2.7 Tragen Sie an den vorgegebenen Rohrleitungen die fehlenden Abkürzungen für die transportierten Flüssigkeiten ein.

2.8 Geben Sie die fehlenden Mindestabstandsmaße vom standortgefertigten Öltank zu den Wänden an und tragen Sie den Durchmesser sowie den Werkstoff der Ölleitung in den Grundriss ein.

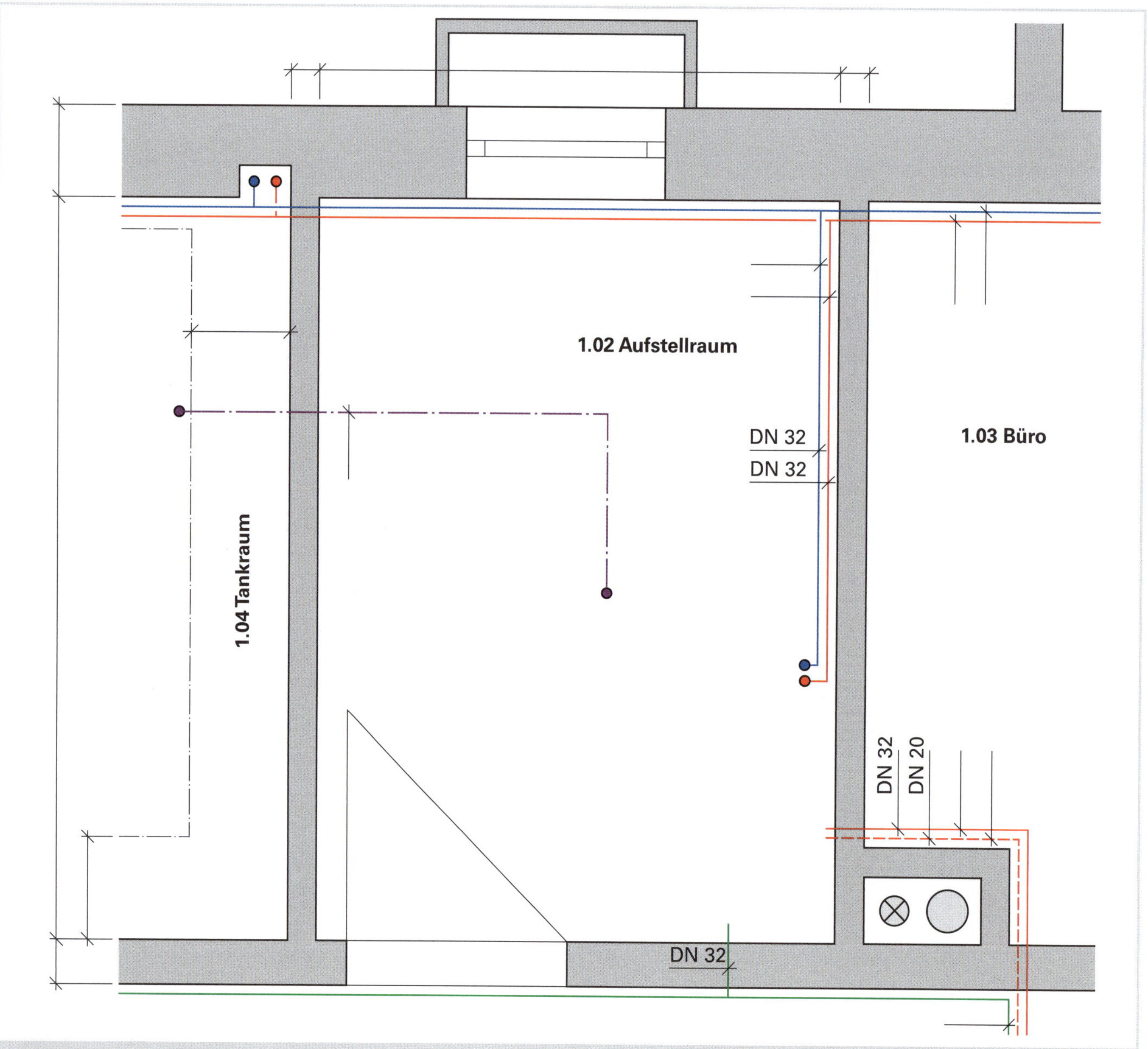

Bild 1: Grundriss Aufstellraum, M 1:20

2.9 In dem dargestellten Anlagenschema vom Aufstellraum sind alle Leitungen und Armaturen eingezeichnet **(Bild 1)**.

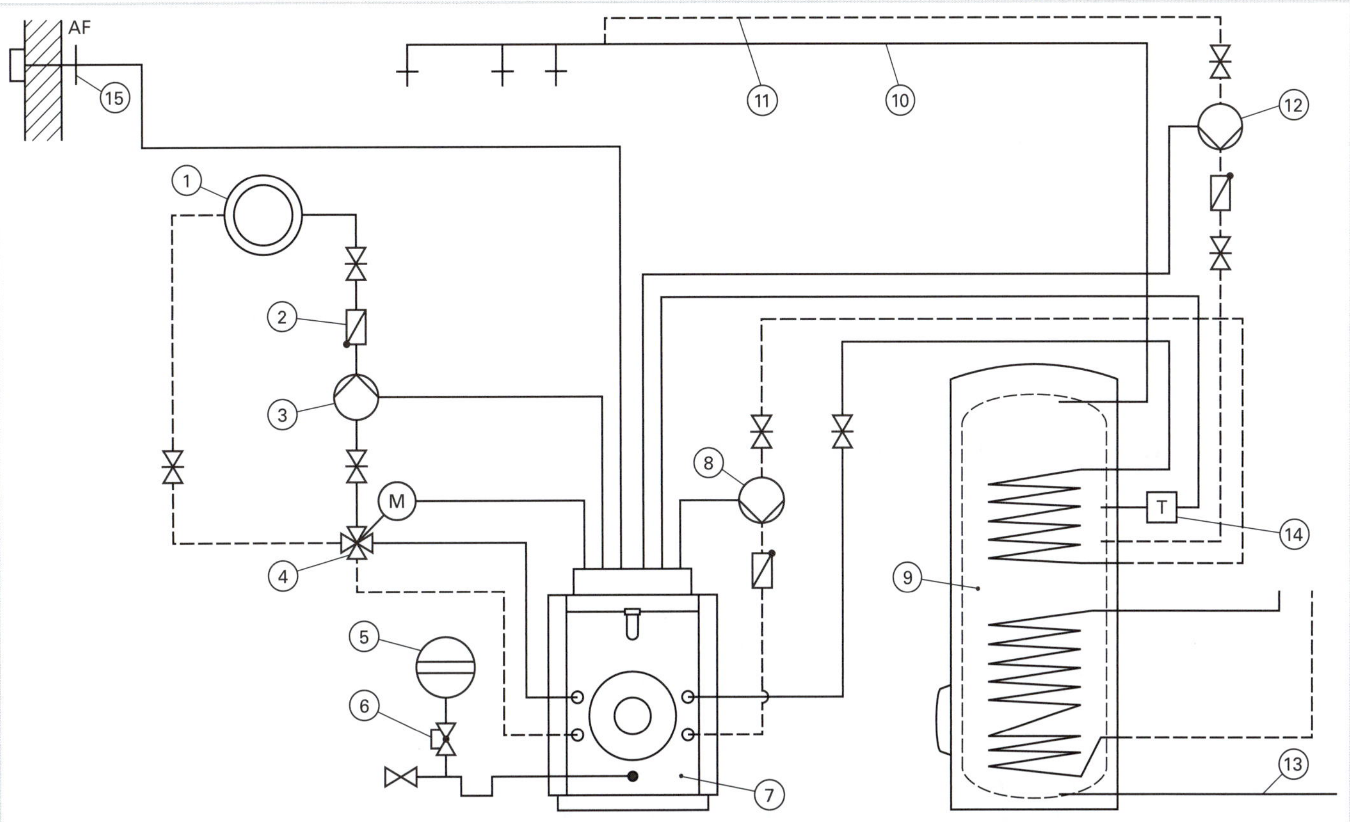

Bild 1: Anlagenschema für Zweifamilien-Wohnhaus

a) Legen Sie das Anlagenschema farbig an.

b) Benennen Sie die im Anlagenschema gekennzeichneten Anlagenteile Pos. 1 bis Pos. 15 **(Bild 1)**.

1	______	6	______	11	______
2	______	7	______	12	______
3	______	8	______	13	______
4	______	9	______	14	______
5	______	10	______	15	______

c) Tragen Sie in das Anlagenschema durch Pfeile die Fließrichtung aller wasserführenden Leitungen ein.

d) Zeichnen Sie in die Trinkwasserleitung zum VWH (Pos. 13) alle Armaturen nach DIN 1988 ein.

e) Beschreiben Sie die im Anlagenschema dargestellte Heizkesselregelung.

______

______

______

f) Begründen Sie, weshalb der Wärmeerzeuger zwei Vorlauf- und zwei Rücklaufanschlüsse hat.

______

______

g) Erklären Sie, wofür in dem Anlagenschema die drei Rückschlagklappen eingebaut wurden.

______

______

2.10 Berechnen Sie die Größe des Ausdehnungsgefäßes für die Radiatorenheizung bei $\dot{Q}_{NL}$ = 23,3 kW und bestimmen Sie die Nennweite des Sicherheitsventils. Anlagenhöhe = 9,5 m, p_{SV} = 3,0 bar.

2.11 Bestimmen Sie den Öldurchsatz der Ölbrennerdüse bei einem Kesselwirkungsgrad von 89 %.

2.12 Erstellen Sie eine Materialliste nach vorstehendem Muster, die alle relevanten Bauteile für den Austausch des Wärmeerzeugers für die Umbaumaßnahme im Aufstellraum enthält.

Materialliste

Pos.	Menge	Artikel/Bauteil
1		
2		
3		
4		
5		

2.13 Fertigen Sie einen detaillierten Arbeitsplan nach vorstehendem Muster über die Montage des Heizkessels sowie über die Herstellung der einzelnen Rohrverbindungen.

Lfd. Nr.	Arbeitsschritte/Tätigkeiten
1	Wärmeerzeuger in den Aufstellraum transportieren, an der vorgesehenen Position gemäß Zeichnung aufstellen und ausrichten.
2	
3	
4	
5	

2.14 Elektroarbeiten

a) Zählen Sie die einzelnen Arbeitsschritte für den Elektroanschluss an den Heizkessel und die Zirkulationspumpen in einer zeitlichen Reihenfolge auf.

b) Benennen Sie die verwendeten elektrischen Leiter und wie sind diese gekennzeichnet?

c) Fertigen Sie dazu eine Anschlussskizze.

2.15 Überprüfen Sie die Heizkörperleistung der vorhandenen Kompaktheizkörper im Raum 1.03 bei einer spezifischen Normheizlast von 75 W/m^2, einer Systemtemperatur PWW 65/50 °C und einem Heizkörperzuschlag von 10 % **(Bild 1, Seite 186)**.

2.16 Berechnen Sie den Jahresbrennstoffbedarf für das Zweifamilien-Wohnhaus bei einem Jahresnutzungsgrad von 81 % und einem Heizwert H_i = 10,0 kWh/l.

2.17 Überprüfen Sie rechnerisch für welchen Zeitraum der gefüllte Öltank ausreicht, wenn er zu 95 % gefüllt ist **(Bild 1, Seite 186)**.

2.18 Beschreiben Sie die Inbetriebnahme des Wärmeerzeugers sowie des Vorrats-Wasserheizers. Nennen Sie die einzelnen Arbeitsschritte stichwortartig in der zeitlichen Reihenfolge.

Lfd. Nr.	Arbeitsschritte/Tätigkeiten
1	
2	
3	
4	
5	
6	

2.19 Nach der Inbetriebnahme erfolgt die Abgasmessung und die Einregulierung des Wärmeerzeugers. Dabei werden folgende Werte gemessen: Abgastemperatur 195 °C, Raumtemperatur 20 °C, Kohlenstoffdioxid-Gehalt 11,6 %. Berechnen Sie den Abgasverlust und den feuerungstechnischen Wirkungsgrad.

2.20 a) Beschreiben Sie in Stichworten, wie die Einweisung des Betreibers der Anlage erfolgt.

b) Welche Unterlagen sind dem Betreiber zu übergeben?

c) Weshalb ist dem Kunden unbedingt ein Wartungsvertrag zu empfehlen?

2.21 Beschreiben Sie in Stichworten, wie Sie Ihren Betrieb bei der Kundeneinweisung repräsentieren. Achten Sie dabei auf:

a) das Auftreten

b) die Sprache

c) die Kleidung

d) die Übergabe der Unterlagen

12 Ressourcenschonende Wärmeerzeugungsanlagen installieren
Installation of resource-saving heating systems

I Arbeitsplanung // Work planning

1	**Technologie**	Technology
2	**Solaranlagen**	Solar systems
3	**Wärmepumpen**	Heat pumps
4	**Blockheizkraftwerke**	Block heat generators

II Systemanalyse und Instandhaltung // System analysis and maintenance

1	**Technologie**	Technology

III Kundenauftrag // Customer order

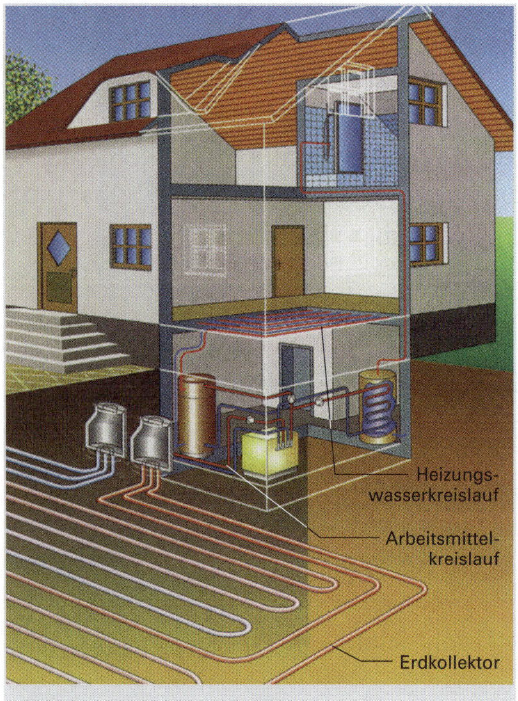

Erdreich-Wasser-Wärmepumpe

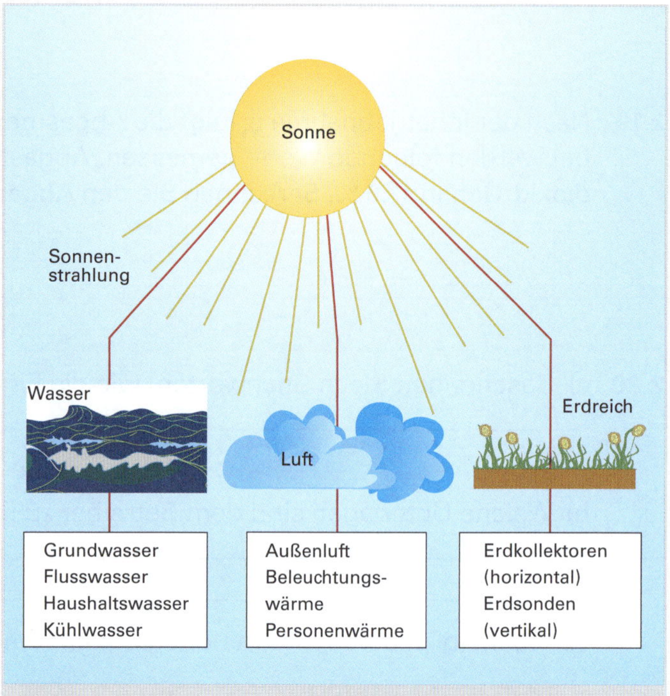

Wärmequellen

I Arbeitsplanung

1 Technologie

1.1 Erklären Sie den Begriff: „Ressourcenschonende Energienutzung".

1.2 Was versteht man unter regenerativen Brennstoffen? Benennen Sie drei verschiedene Arten.

1.3 Welche Vorteile hat die ressourcenschonende Energienutzung für den Wohnungs- oder Hausbesitzer und für die Umwelt?

1.4 Nennen Sie fünf ressourcenschonende Anlagen, die bereits heute in der Gebäude- und Energietechnik eingesetzt werden.

1.5 Weshalb kann man Wärmeerzeuger mit Brennwerttechnik zu den ressourcenschonenden Anlagen zählen?

1.6 Nennen Sie drei Möglichkeiten, wie bei Lüftungs- und Klimaanlagen Wärmeenergie eingespart werden kann.

1.7 Welche Art der Energienutzung wird im Bild dargestellt und welche Energieform wird damit gewonnen **(Bild 1)**?

Bild 1: Energienutzung

2 Solaranlagen

2.1 Welche Arten von Solaranlagen wurden auf dem Dach installiert **(Bild 2)**?

1 __________

2 __________

Bild 2: Solaranlagen

2.2 Wie wird die Sonnenenergie bei thermischen Solar- und wie bei Photovoltaikanlagen genutzt?

2.3 Nennen Sie verschiedene Einsatzmöglichkeiten von Solaranlagen in Wohngebäuden.

2.4 Nennen Sie verschiedene Kollektorarten, die in der Solarthermie verwendet werden.

2.5 Von welchen Faktoren ist die Wärmeleistung eines Sonnenkollektors abhängig?

2.6 Welches ist die optimale Ausrichtung und welches der optimale Neigungswinkel bei Sonnenkollektoren?

2.7 Weshalb können Kollektoren für Photovoltaikanlagen auch senkrecht montiert werden?

2.8 Benennen Sie die gekennzeichneten Bauteile der Solarstation **(Bild 1)**.

① ______________________

② ______________________

③ ______________________

④ ______________________

⑤ ______________________

⑥ ______________________

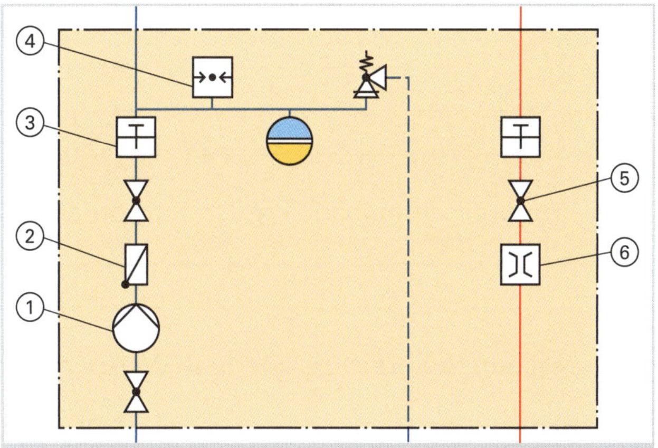

Bild 1: Solarstation

2.9 Weshalb muss eine thermische Solaranlage in der Regel mit einem Frostschutzmittel gefüllt werden?

____

____

____

____

____

____

3 Wärmepumpen

3.1 Erklären Sie die Funktion der schematisch dargestellten Wärmepumpe **(Bild 2)**.

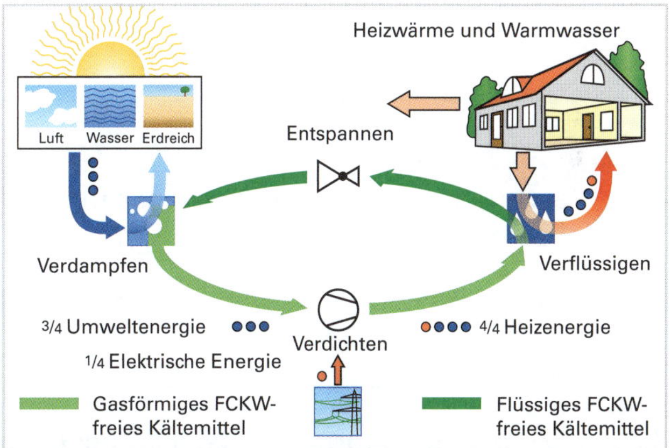

Bild 2: Wärmepumpe, schematisch

____

____

____

____

____

____

____

____

3.2 Nennen Sie verschiedene Bauarten von Wärmepumpen.

____

____

____

____

____

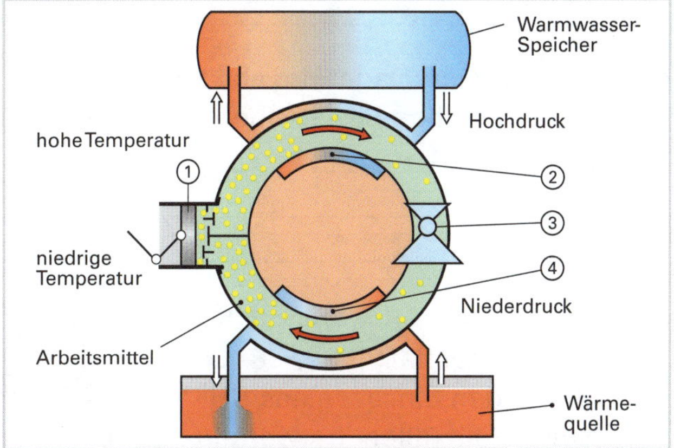

Bild 3: Kompressorwärmepumpe

3.3 Benennen Sie die gekennzeichneten Bauteile der dargestellten Kompressorwärmepumpe **(Bild 3)**.

① ______________________ ③ ______________________

② ______________________ ④ ______________________

____

____

____

3.4 Beschreiben Sie die Wirkungsweise der dargestellten Wärmepumpe **(Bild 3, Seite 195)**.

3.5 Wodurch unterscheiden sich Kompressions- von Absorptionswärmepumpen?

3.6 Nennen Sie drei verschiedene Wärmequellen für den Betrieb vorstehender Wärmepumpen.

a) ______ b) ______ c) ______

4 Blockheizkraftwerke

4.1 Was versteht man unter einem BHKW?

4.2 Beschreiben Sie die Funktion eines BHKW mit Verbrennungsmotor.

4.3 Welche Energieformen entstehen bei einem BHKW und wie können diese Energieformen in Wohngebäuden genutzt werden?

4.4 In einer Kläranlage wird elektrische Energie für Pumpen und Wärmeenergie für die Faulschlammtrocknung benötigt. Beschreiben Sie, wie hierbei ein BHKW wirkungsvoll eingesetzt werden kann.

4.5 Beschreiben Sie, wie sich ein landwirtschaftlicher Betrieb durch den Einsatz eines BHKW selbst mit allen notwendigen Energieformen versorgen kann **(Bild 1)**.

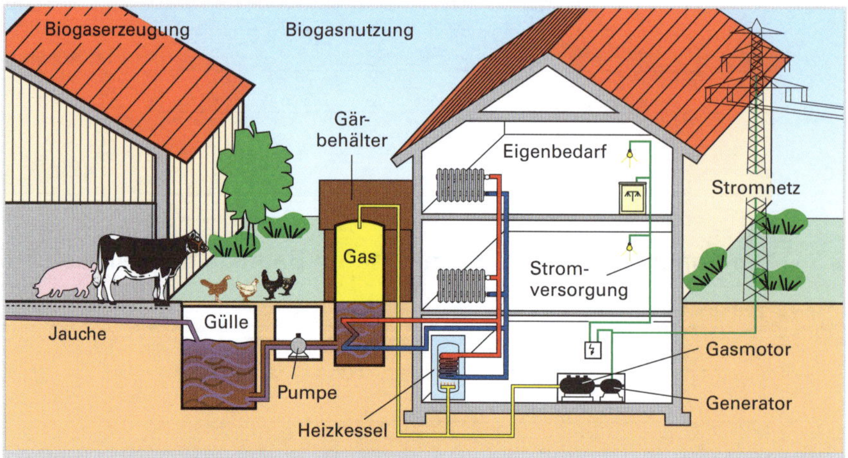

Bild 1: Energiegewinnung mit BHKW

4.6 Nennen Sie zwei zusätzliche Blockheizkraftwerke, die aber nicht mit einem Verbrennungsmotor betrieben werden.

II Systemanalyse und Instandhaltung

1 Technologie

1.1 Nennen Sie drei Umweltbelastungen, die bei der Verbrennung durch Abgase verursacht werden.

1.2 Erklären Sie den Begriff „Emissionen".

1.3 Wodurch entsteht der Treibhauseffekt?

1.4 Welches sind die wesentlichen Luft-Schadstoffe, durch die der Treibhauseffekt ausgelöst wird?

1.5 Wodurch entsteht „saurer Regen"?

1.6 Welche Nachteile für die Umwelt entstehen durch den sauren Regen?

1.7 Nennen Sie Möglichkeiten, mit denen jeder die Umweltbelastungen durch Abgase verringern kann.

1.8 Was versteht man unter „CO_2-neutrale Verbrennung"?

III Kundenauftrag

1 Umweltbelastungen

Beim Europäischen Klimagipfel im März 2007 und beim Welt-Klimagipfel 2012 in Doha wurde vereinbart, dass bis zum Jahr 2020 der Ausstoß an Treibhausgasen im Vergleich zu 1990 um 20 % gesenkt werden soll.

1.1 Nennen Sie die fünf hauptsächlichen Primärenergieträger für Deutschland.

1 ______________________________
2 ______________________________
3 ______________________________
4 ______________________________
5 ______________________________

1.2 Um wie viel Prozent müsste Deutschland seine Primärenergieträger verringern **(Bild 1)**?

____

1.3 Erklären Sie den Zusammenhang zwischen dem Klimaschutz und dem Verbrauch an Primärenergien.

____
____
____
____
____

1.4 Mit welchen Energiearten will Deutschland dieses Ziel erreichen?

____
____
____
____

1.5 Erklären Sie, was die dargestellte Karikatur mit dem Europäischen Klimagipfel zu tun hat **(Bild 2)**.

____
____
____
____
____
____
____
____
____

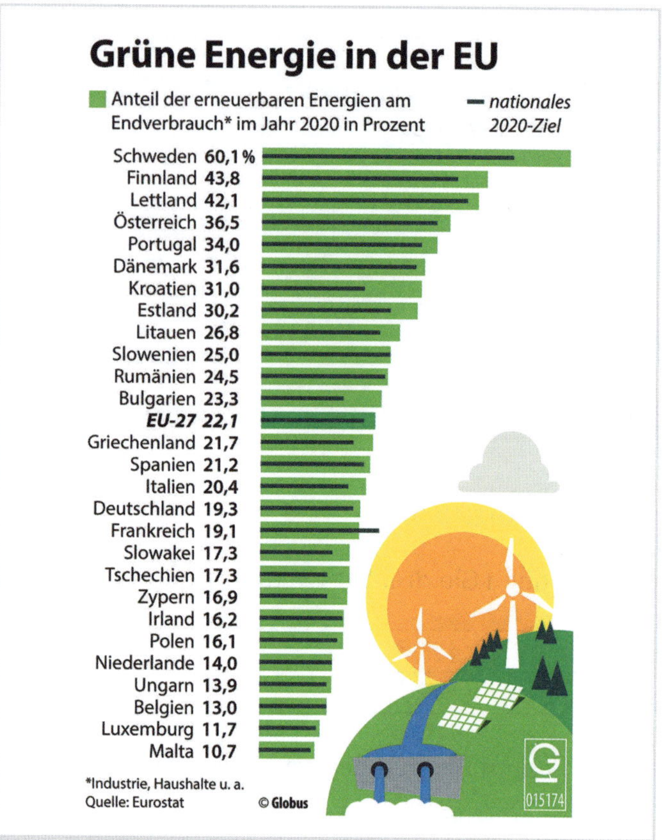

Bild 1: Europäischer Klimagipfel

Bild 2: Klima-Kanzlerin

1.6 Für den Einsatz von regenerativen Energien werden vom Staat finanzielle Zuschüsse gewährt. Nennen Sie mögliche Anreize für den Hausbesitzer.

____
____
____
____
____
____

2 Solaranlage, allgemein

2.1 Aus welchen Strahlungsarten setzt sich die Globalstrahlung zusammen und welche Art kann von einer thermischen Solaranlage am besten genutzt werden?

____

____

____

____

____

____

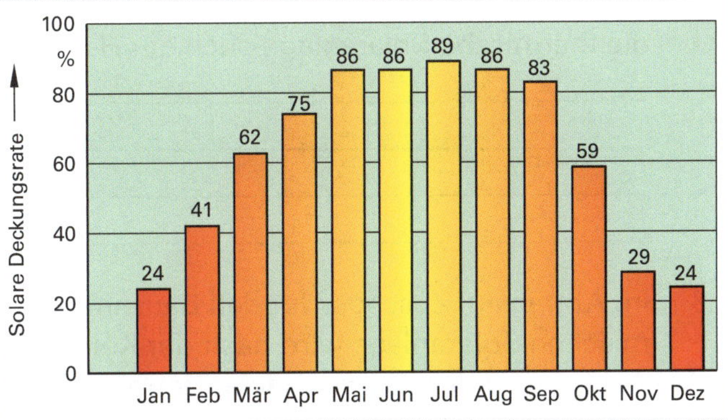

Bild 1: Solare Deckungsrate bei TWE

2.2 Erklären Sie anhand des Schaubildes den Begriff „Solare Deckungsrate" für die Trinkwassererwärmung in einem Einfamilien-Wohnhaus. Wie hoch ist diese im Monat März **(Bild 1)?**

____

____

____

____

____

____

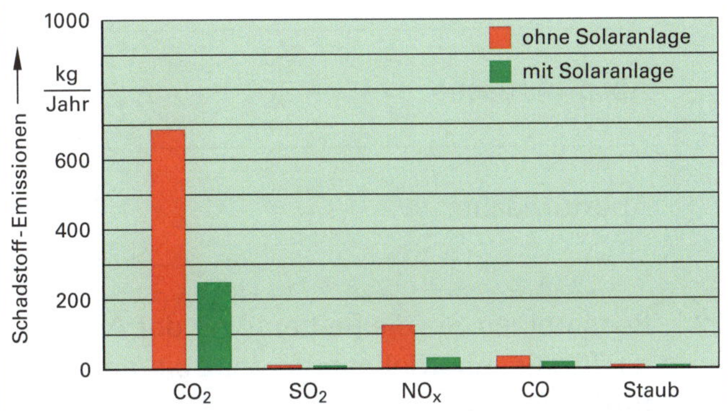

Bild 2: Schadstoffemissionen

2.3 Welche Schadstoffemissionen können durch den Einsatz der Solarthermie verringert werden **(Bild 2)?**

____

____

____

____

____

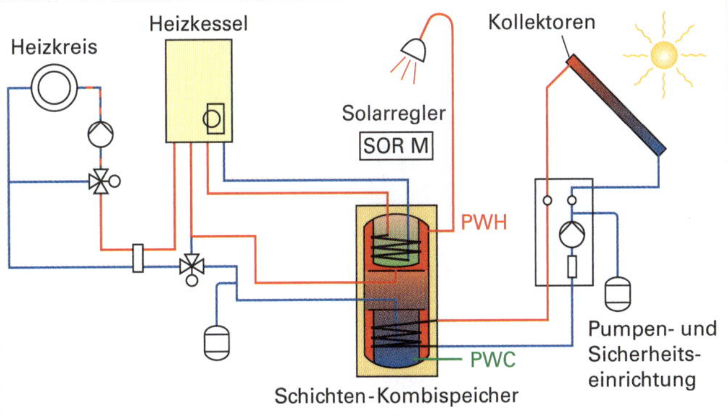

Bild 3: Solare Trinkwassererwärmung und Heizungsunterstützung

2.4 Wie viele Schadstoffemissionen in kg/Jahr können durch den Einsatz von Solaranlagen bei einem Einfamilien-Wohnhaus eingespart werden, an

CO_2 ______________________________ kg/a

NO_x ______________________________ kg/a

2.5 Welche Bauteile sind bei der dargestellten Solaranlage ergänzt oder geändert worden, damit diese auch der Heizungsunterstützung dient **(Bild 1, Seite 201 und Bild 3)?**

____

____

____

____

2.6 Wie ändert sich das Kosten-/Nutzenverhältnis, wenn die Anlage auch der Heizungsunterstützung dient?

____

____

____

____

____

____

____

____

2.7 Welche Korrektur bei der Ausrichtung der Sonnenkollektoren müsste vorgenommen werden, wenn die thermische Solaranlage auch der Heizungsunterstützung dienen soll?

2.8 Im Antrag auf Zuschuss für den Bau einer thermischen Solaranlage wird nach der Kollektor-, Absorber- oder Aperturfläche gefragt. Erklären Sie diese Begriffe und tragen Sie diese in die Zeichnung ein **(Bild 1)**.

Kollektorfläche:

Absorberfläche:

Aperturfläche:

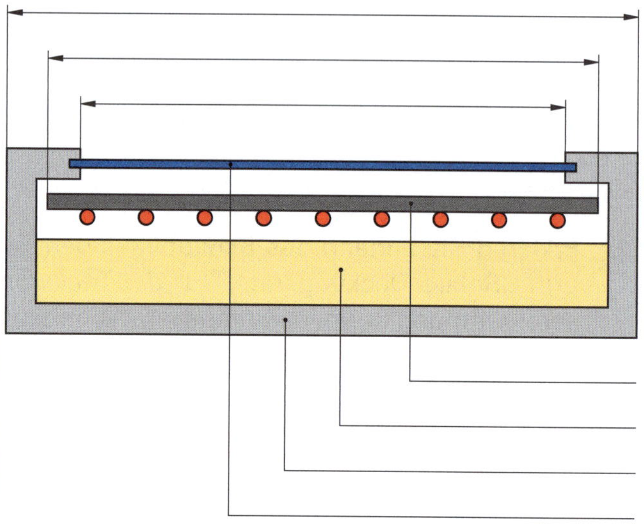

Bild 1: Flachkollektor

2.9 Beschreiben Sie die Reihenfolge der Arbeiten, die für die Inbetriebnahme der Solaranlage erforderlich sind.

Lfd. Nr.	Arbeitsschritte/Tätigkeiten	Werkzeug

2.10 Schildern Sie in Stichworten, wie Sie die Einweisung des Betreibers der Anlage durchführen.

2.11 Welche Unterlagen sind dem Betreiber der Anlage zu übergeben?

2.12 Weshalb ist dem Kunden unbedingt ein Wartungsvertrag für SHK-Anlagen zu empfehlen?

2.13 Welche Arbeiten sind bei der Wartung einer Solaranlage durchzuführen und welche Werkzeuge oder Messgeräte sind dafür erforderlich?

Lfd. Nr.	Arbeitsschritte/Tätigkeiten	Werkzeug

3 Solaranlage für Wohnhaus

Für ein Einfamilien-Wohnhaus soll eine thermische Solaranlage geplant und installiert werden. Im Haushalt leben insgesamt vier Personen. Das Gebäude besitzt ein Flachdach.
Führen Sie die notwendigen Planungen durch und beraten Sie den Hauseigentümer.

3.1 Benennen Sie die im Anlagenschema dargestellten Bauteile und zeichnen Sie die Fließrichtungen in allen Leitungen ein **(Bild 1)**.

① ______________________

② ______________________

③ ______________________

④ ______________________

⑤ ______________________

⑥ ______________________

⑦ ______________________

⑧ ______________________

⑨ ______________________

⑩ ______________________

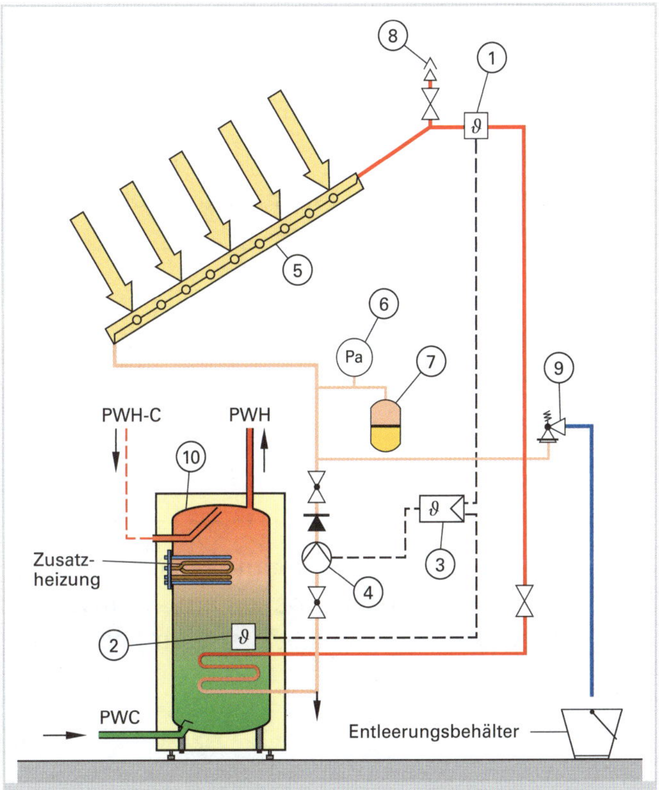

Bild 1: Solaranlage für Trinkwassererwärmung

3.2 Beschreiben Sie stichwortartig die Funktionsweise der dargestellten thermischen Solaranlage zur Trinkwassererwärmung.

____

____

____

____

____

3.3 Beschreiben Sie, unter Verwendung von **Bild 1,** die Regelung der thermischen Solaranlage.

____

____

____

3.4 Begründen Sie, weshalb in dem Trinkwassererwärmer zwei Wärmetauscher eingebaut sind **(Bild 1)**.

____

____

____

3.5 Weshalb befindet sich ein Wärmetauscher im oberen und ein Wärmetauscher im unteren Speicherbereich **(Bild 1, Seite 201)**?

3.6 Welche Sicherheitseinrichtungen müssen bei der thermischen Solaranlage eingebaut werden **(Bild 1, Seite 201)**?

3.7 Nennen Sie Möglichkeiten, wie Solarspeicher für die Trinkwassererwärmung gegen Korrosion geschützt werden können.

3.8 Mit welcher Flüssigkeit muss der Solarkreislauf befüllt werden?

3.9 Worauf ist bei der Flachdachaufstellung von Sonnenkollektoren besonders zu achten?

3.10 Berechnen Sie die benötigte tägliche Wärmemenge in Wh für die Trinkwassererwärmung des Vier-Personen-Haushaltes bei einem Warmwasserbedarf von 40 Litern pro Person. Dabei soll das Trinkwasser von 12 °C auf 60 °C erwärmt werden.

3.11 Bestimmen Sie die Kollektorfläche, wenn die Neigung der Kollektoren 40° beträgt und die Ausrichtung nach Südwesten erfolgt. Der Deckungsanteil liegt bei 55 %.

3.12 Bestimmen Sie die Größe des Solarspeichers für die Trinkwassererwärmung für den Vier-Personen-Haushalt.

3.13 Beschreiben Sie die einzelnen Arbeitsschritte, die für die Montage der thermischen Solaranlage erforderlich sind. Unterteilen Sie dabei die Arbeitsschritte sinnvoll nach Baugruppen oder Bauteilen.

Lfd. Nr.	Arbeitsschritte/Tätigkeiten	Werkzeug

4 Wärmepumpe

4.1 In welchem Aggregatzustand befindet sich das Arbeitsmedium und welcher Druck herrscht in den verschiedenen Leitungsteilen der dargestellten Wärmepumpe **(Bild 1)**?

Saugleitung:
Druck ______ Arbeitsmedium ___________

Druckleitung:
Druck ______ Arbeitsmedium ___________

Flüssigkeitsleitung:
Druck ______ Arbeitsmedium ___________

Einspritzleitung:
Druck ______ Arbeitsmedium ___________

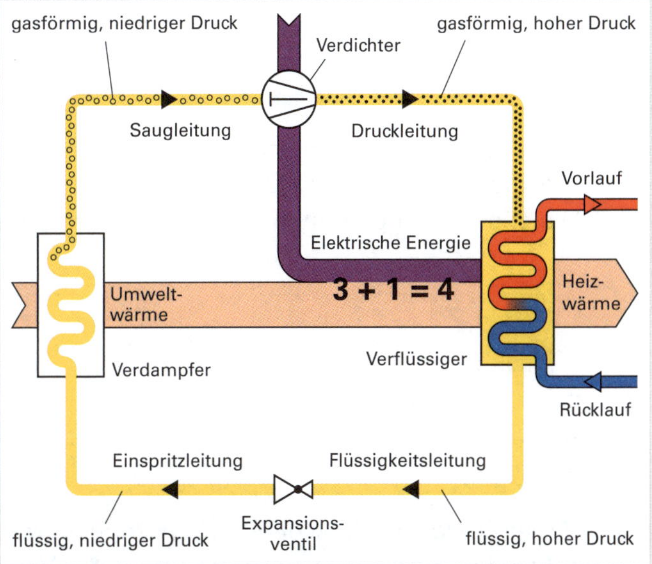

Bild 1: Prinzipschaltbild WP

4.2 Was bedeuten die Ziffern **3 + 1 = 4** im Schema der Wärmepumpe **(Bild 1)**?

____
____
____
____
____

4.3 Aus welchen physikalischen Größen wird die Leistungszahl einer Wärmepumpe ermittelt und wie lautet die Formel dafür?

____
____
____
____
____
____
____

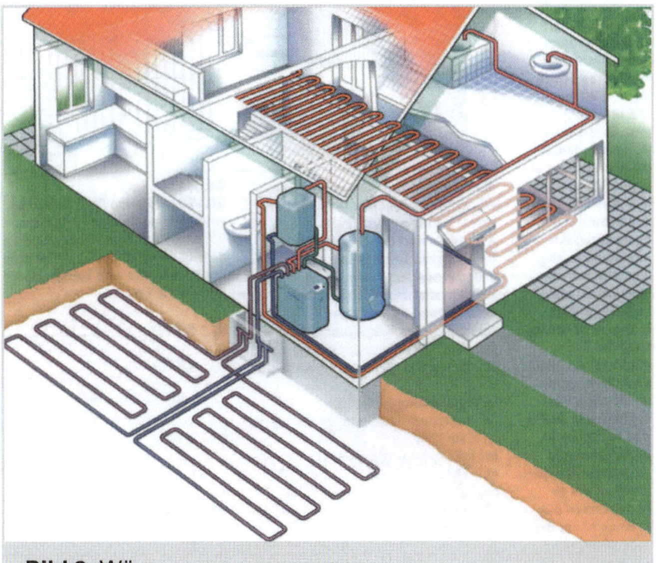

Bild 2: Wärmepumpe

4.4 Erklären Sie die Begriffe „monovalente" und „bivalente" Betriebsweise bei Wärmepumpen.

4.5 Beschreiben Sie die Funktion der dargestellten Wärmepumpe **(Bild 2, Seite 203)**.

4.6 Unter welchen Bedingungen kann diese Art der WP dem Hausbesitzer nur empfohlen werden?

4.7 Nennen Sie eine andere Möglichkeit, um eine WP nach dem gleichen Wirkungsprinzip einzubauen.

4.8 Eine Sole-Wasser-Wärmepumpe wird mit folgenden Betriebsdaten angeboten: Leistungszahl 4,4; Wärmequellentemperatur 0 °C; Vorlauftemperatur +35 °C; Heizleistung 7,8 kW.
Welche Leistungsaufnahme darf der Verdichter der Wärmepumpe höchstens haben?

4.9 Für eine Wasser-Wasser-Wärmepumpe werden vom Hersteller als Betriebswerte genannt: Leistungszahl 5,4; Grundwassertemperatur +10 °C; Vorlauftemperatur +35 °C; Leistungsaufnahme 1,3 kW.
Welche Heizleistung liefert das Gerät?

4.10 Erklären Sie a) den Begriff und b) die Wirkungsweise der Kraft-Wärme-Kopplung (KWK).

a)

b)

4.11 Worin liegt der Vorteil dieser Technologie im Hinblick auf das Klimaschutzprogramm der BRD?

5 Energetische Bewertung von Gebäuden

5.1 Erklären Sie die Abkürzung EnEV, welche Bedeutung hat diese Vorschrift für alle Gebäudearten und welche ist derzeit gültig?

5.2 Durch welche Kombinationen können Mindestanforderungen an den Primärenergiebedarf nach der EnEV erfüllt werden?

5.3 Wie berechnet sich der Primärenergiebedarf eines Wohngebäudes?

5.4 Wodurch unterscheidet sich der Heizwärmebedarf vom Jahresprimärenergiebedarf?

5.5 Überprüfen Sie, ob die nachstehend aufgeführten Daten des Einfamilien-Wohnhauses die EnEV-Anforderungen erfüllen:
Wärmeübertragende Umfassungsfläche 524,4 m^2; eingeschlossenes Gebäudevolumen 624,3 m^3; Heizwärmebedarf 75,1 kWh/(m^2 · a); Gas-Brennwertgerät; zentrale Trinkwassererwärmung; Fensterlüftung.

5.6 Nennen Sie drei Möglichkeiten, um den individuellen Energieverbrauch von Wohngebäuden zu erfassen.

5.7 Weshalb muss der Energieverbrauch nach der EnEV und der Heizkostenverordnung getrennt ermittelt werden?

In der Presse wird immer öfter von Wärmerückgewinnung, fossilen Energieträgern und energetischer Bewertung von Wohngebäuden geschrieben. Hierfür sollen Energieausweise ausgestellt werden.

5.8 Was soll mit diesen Energieausweisen erreicht werden und welche Arten werden unterschieden?

5.9 Erklären Sie den Begriff „Jahresprimärenergiebedarf". Welche Energieströme werden unterschieden?

5.10 Welche Aufgaben hat in diesem Zusammenhang ein Energieberater?

5.11 Wie erfolgt die Ausbildung zum Energieberater?

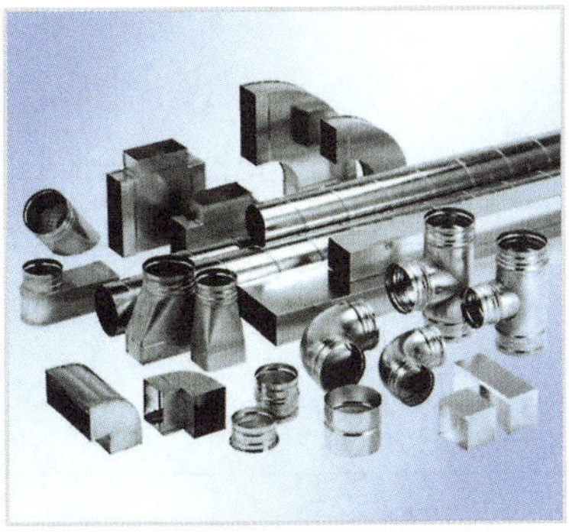

I Arbeitsplanung // Work planning

1	**Grundlagen**	Basics
2	**Bauteile in RLT-Anlagen**	Parts of air-conditioning systems
3	**Regelung von RLT-Anlagen**	Control of air-conditioning systems
4	**Darstellungen**	Illustrations
5	**Berechnungen**	Calculations

II Systemanalyse und Instandhaltung // System analysis and maintenance

1	**Technologie**	Technology
2	**Berechnungen**	Calculations
3	**Kontrollierte Wohnraumlüftung**	Ventilation of residential buildings

III Kundenauftrag // Customer order

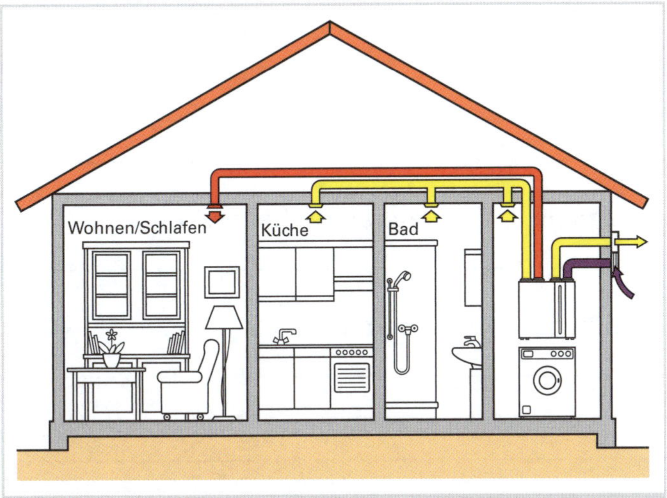

Zentrale Lüftungsanlage in einem Einfamilienhaus

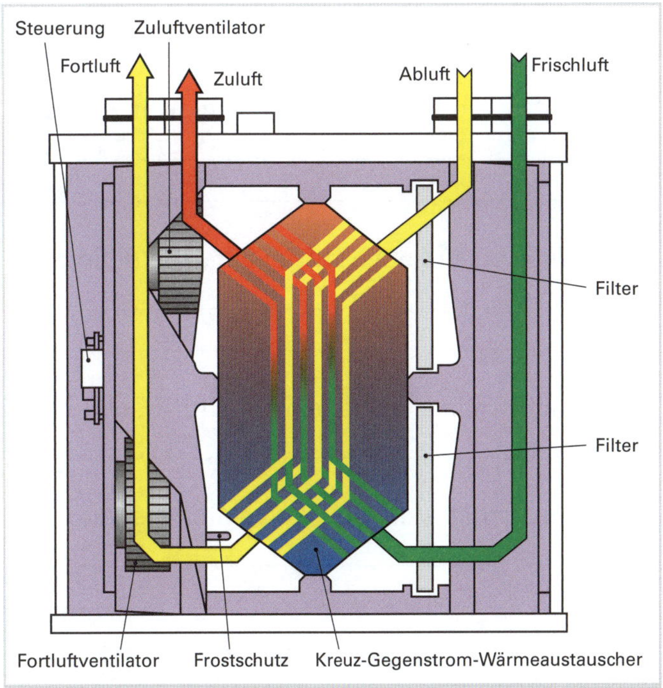

Kompaktes Lüftungsgerät mit Wärmerückgewinnung

I Arbeitsplanung

1 Grundlagen

1.1 Nennen Sie mindestens fünf Einflussgrößen auf die thermische Behaglichkeit in Aufenthaltsräumen.

1.2 Welche Bedeutung haben MAK-Werte für die Auslegung von RLT-Anlagen?

1.3 Welche beiden Möglichkeiten nutzt der menschliche Körper vorwiegend, um seine Temperatur zu regeln?

1.4 Welche beiden prinzipiellen Möglichkeiten zur Gebäudebelüftung gibt es und wie werden diese unterteilt?

1.5 Welche Zustandsgrößen (Parameter) der Luft sind zur Auslegung von RLT-Anlagen zwingend notwendig?

1.6 Wie ist die absolute Luftfeuchtigkeit definiert?

1.7 Wie ist die relative Luftfeuchtigkeit definiert?

1.8 Wie verhält sich die relative und absolute Feuchte, wenn die Lufttemperatur erhöht wird?

1.9 Wie verhält sich die relative und absolute Feuchte, wenn die Lufttemperatur sinkt?

1.10 Was ist unter dem Sättigungszustand der feuchten Luft zu verstehen?

1.11 Mit welchen Messgeräten werden der absolute Druck der Luft und die relative Feuchte der Luft gemessen?

1.12 Erklären Sie, warum im Winter die Raumluft in beheizten Räumen trockener ist als im Sommer.

1.13 Welche Zulufttemperatur darf bei Kühlung im Sommerbetrieb nicht unterschritten werden und welchen Wert soll die Luftgeschwindigkeit im Raum nicht überschreiten?

1.14 Wodurch unterscheiden sich Lüftungsanlagen von Teilklimaanlagen?

2 Bauteile in RLT-Anlagen

2.1 Nennen Sie jeweils drei Luftfilterarten, unterteilt nach ihrer Bauart sowie nach ihrem Abscheidegrad.

2.2 Unter welchen Umständen müssen Filter auch in die Abluft eingebaut werden?

2.3 Welche Energieträger können in Heizregistern zum Einsatz kommen?

2.4 Weshalb ist unmittelbar hinter einem Lufterhitzer ein Frostschutzthermostat anzuordnen und welche Aufgabe hat dieser?

2.5 Welche Aufgabe haben Leitbleche in Lüftungskanälen?

2.6 Weshalb sind nach Kühlregistern Tropfenabscheider anzuordnen?

2.7 Welche Möglichkeiten der Luftbefeuchtung in Klimaanlagen gibt es?

2.8 Weshalb ist in der Regel hinter einem Sprühbefeuchter ein Nacherhitzer anzuordnen?

2.9 Worauf ist bei der Auswahl von Wetterschutzgittern für den Einbau in zugänglichen Bereichen zu achten?

2.10 Nennen Sie wesentliche Bestandteile einer RLT-Anlage bei der kontrollierten Wohnraumbelüftung („Kaskadenschaltung“).

2.11 Weshalb ist eine regelmäßige Wartung der Luftfilter notwendig?

2.12 Nennen Sie drei Ventilatorarten entsprechend ihrer Bauform. Wie unterscheiden sich diese in der Luftführung?

2.13 Welche Aufgabe hat eine Brandschutzklappe K90?

2.14 Benennen Sie die Bauteile der Klimaanlage **(Bild 1)**.

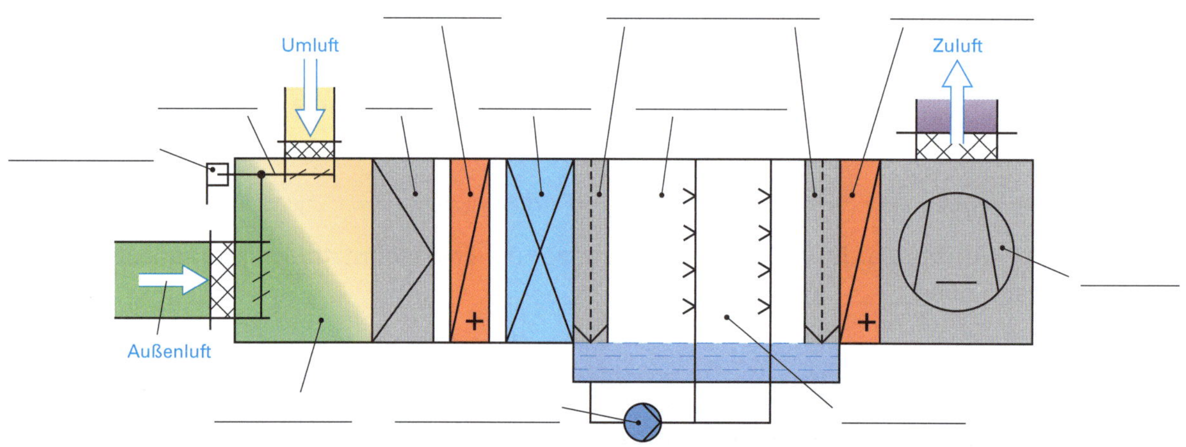

Bild 1: Bauteile einer Klimaanlage

2.15 Welche Aufgabe hat ein Rauchmelder?

2.16 Was versteht man unter Splitgeräten und wie ist deren Aufbau?

2.17 Welche Vorteile haben Splitgeräte gegenüber Kompaktgeräten?

2.18 In Passivhäusern bietet sich eine Zuluftheizung an. In diesem Zusammenhang kann auf eine Wärmedämmung des Zuluftkanals im beheizten Bereich verzichtet werden. Welche Vorteile entstehen dadurch?

3 Regelung von RLT-Anlagen

3.1 Nennen Sie Möglichkeiten, wie Radialventilatoren geregelt werden können.

3.2 Welche Aufgabe hat der Minimalbegrenzer in einer Lüftungsanlage?

3.3 Welche Aufgabe hat der Maximalbegrenzer in einer Lüftungsanlage?

3.4 Beschreiben Sie, wie die Raumtemperaturregelung a) im Winter und b) im Sommer erfolgt **(Bild 1)**.

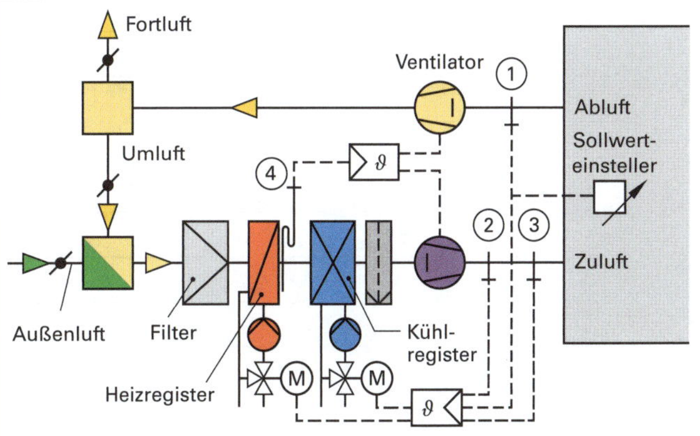

① Abluft-/Raumthermostat
② Minimalbegrenzer
③ Maximalbegrenzer
④ Frostschutzthermostat

Bild 1: Raumlufttemperaturregelung

3.5 Beschreiben Sie, wie die Regelung der Luftfeuchtigkeit a) im Sommer und b) im Winter erfolgt **(Bild 2)**.

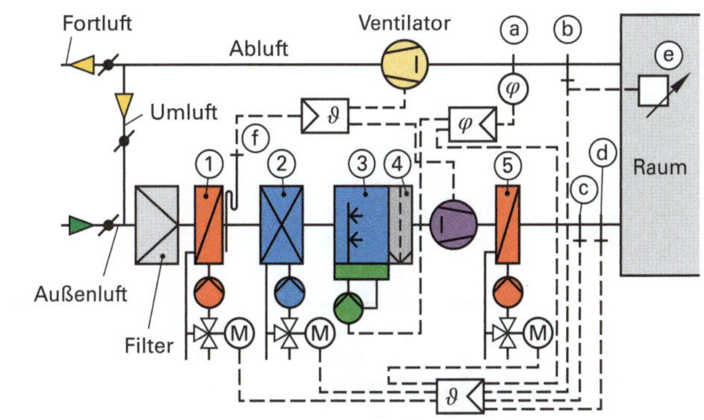

① Heizregister
② Kühlregister
③ Sprühbefeuchter
④ Tropfenabscheider
⑤ Nacherhitzer

ⓐ Hygrostat
ⓑ Abluft-/Raumthermostat
ⓒ Minimalbegrenzer
ⓓ Maximalbegrenzer
ⓔ Sollwertversteller
ⓕ Frostschutzthermostat

Bild 2: Luftfeuchtigkeitsregelung

4 Darstellungen

4.1 Stellen Sie folgende Falzarten für Längsnähte bei Lüftungskanälen dar:

Längsfalz Maschineneckfalz Eckfalz Stehfalz Pittsburghfalz Schnappfalz

4.2 Zeichnen Sie in das Schema eines Zuluftgerätes die Bauteile, die die dargestellten Zustandsänderungen für den Sommer- und den Winterbetrieb ermöglichen **(Bild 2)**.
Benennen Sie die Bauteile und beschreiben Sie die Zustandsänderungen unter Verwendung der angegebene Punkte **(Bild 1 und Bild 2)**.

____
____
____
____
____
____
____
____
____
____
____
____
____
____
____
____
____
____
____

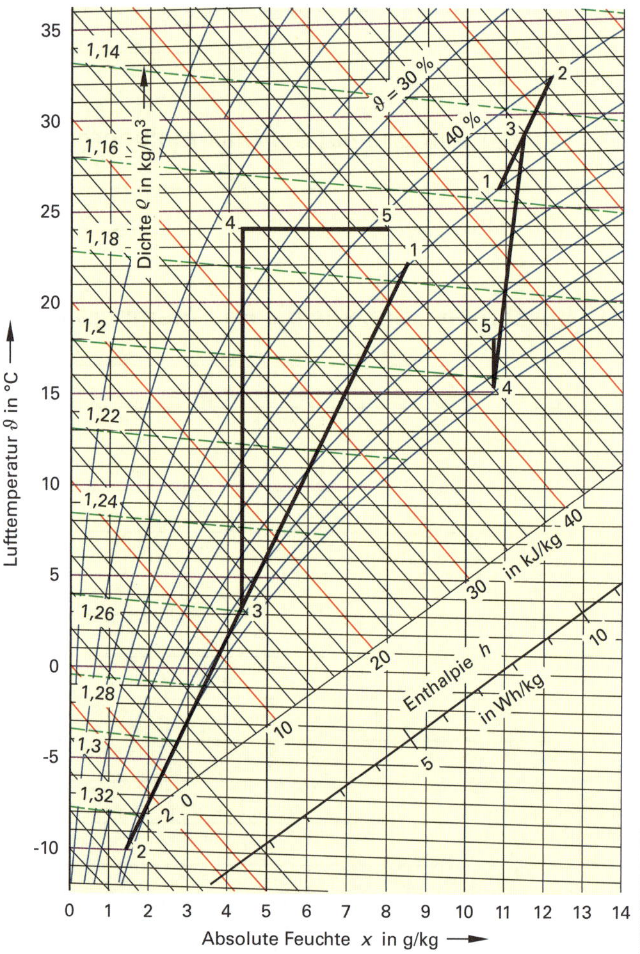

Bild 1: Zustandsänderung im Sommer- und Winterbetrieb

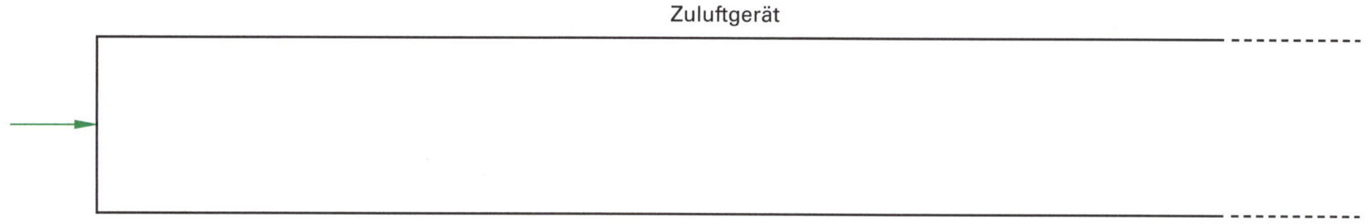

Bild 2: Bauteile der Zuluftanlage

Bezeichnung:

① ______________ ② ______________ ③ ______________
④ ______________ ⑤ ______________ ⑥ ______________
⑦ ______________ ⑧ ______________ ⑨ ______________
⑩ ______________

Zustandsänderungen:

Sommerbetrieb

1 / 2 nach 3: ______________ 3 nach 4: ______________ 4 nach 5: ______________

Winterbetrieb

1 / 2 nach 3: ______________ 3 nach 4: ______________ 4 nach 5: ______________

5 Berechnungen

5.1 Ermitteln Sie, um wie viele m^3 die Außenluftmenge nach den Arbeitsstättenrichtlinien für eine Gaststätte reduziert werden kann, wenn die Gaststätte mit 12 Tischen mit je 4 Stühlen ausgestattet ist und das Rauchen nicht mehr gestattet ist.

5.2 Nach DIN EN 13779 wird für einen Klassenraum eine Lüftungsanlage RAL 2 mit $q_v = 3{,}5\ m^3/(m^2 \cdot h)$ vorgesehen. Welchem Luftwechsel β in (1/h) würde das bei einem Schulraum mit einer Grundfläche von 7,5 m × 9 m und einer lichten Höhe von 3,1 m entsprechen?

5.3 Der Architekt gibt Ihnen ein lichtes Maß für die Deckenabhängung von 37 cm in den Büroräumen an. Er bittet Sie zu überprüfen, ob dieses Maß ausreichend für den Einbau eines Wickelfalzrohres ist. Sollte es nicht möglich sein, möchte er von Ihnen die Abmessungen für einen quadratischen Blechkanal wissen. Die Luftmenge beträgt 620 m^3/h und die Strömungsgeschwindigkeit 4,5 m/s.

5.4 Ein rechteckiger Blechkanal 250 mm/300 mm soll durch ein Wickelfalzrohr ersetzt werden. Berechnen Sie den Durchmesser. Die Fließgeschwindigkeit darf sich nicht erhöhen.

5.5 Vervollständigen Sie folgende Tabelle mit Hilfe des Mollier-Diagrammes **(Bild 1)**.

ϑ in °C	φ in %	x in g/kg	h in kJ/kg	ϱ in kg/m³
20	40			
15		8		
	100	5		

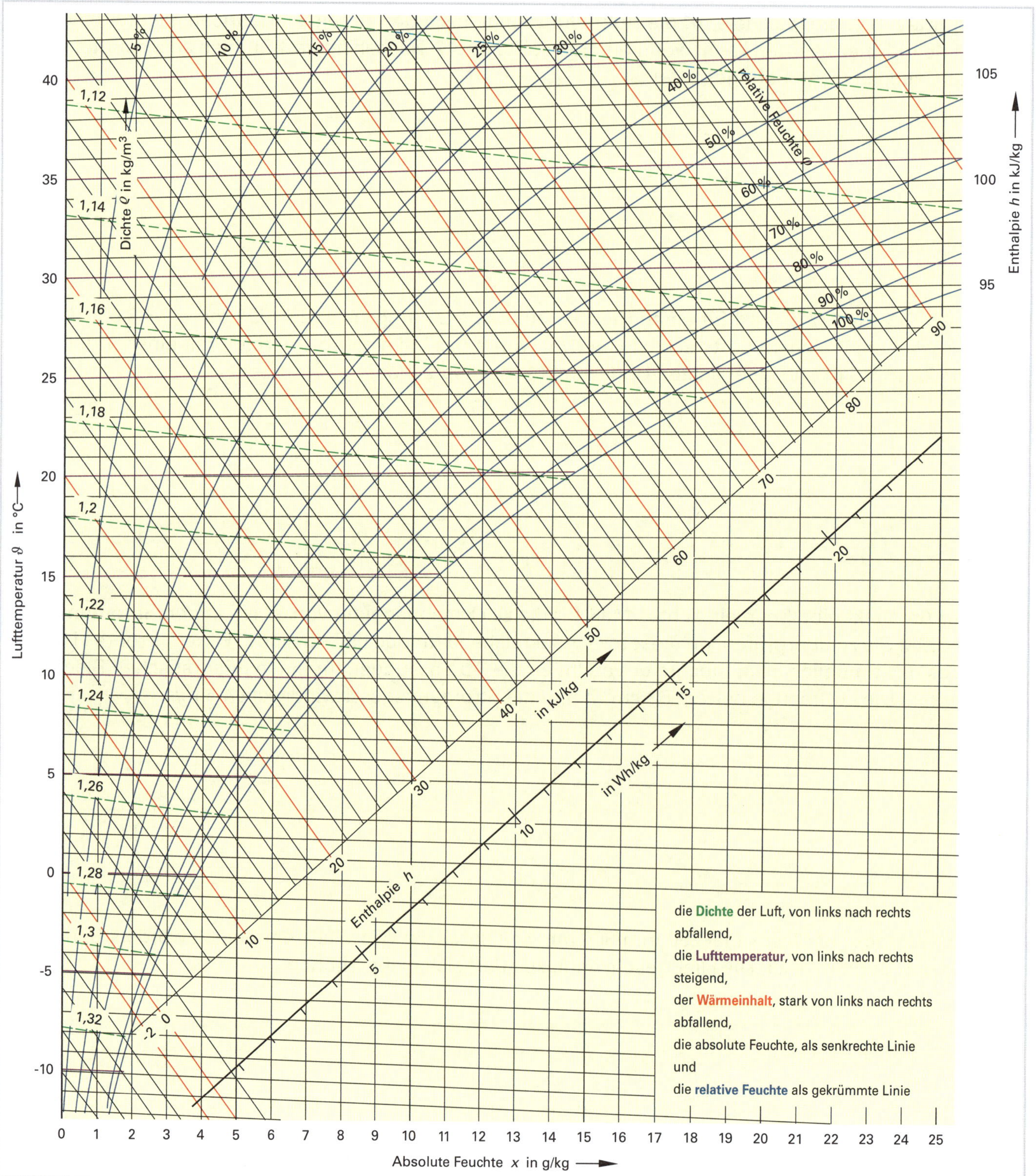

Bild 1: Mollier-h,x-Diagramm

5.6 In einer Mischkammer wird Außenluft 3000 kg/h, $\vartheta = -5$ °C und $\varphi = 85$ % mit 2000 kg/h Abluft, $\vartheta = 20$ °C und $\varphi = 60$ % gemischt. Bestimmen Sie die Temperatur und die relative Feuchte der Mischluft rechnerisch sowie mithilfe des h,x-Diagrammes **(Bild 1, Seite 214)**.

II Systemanalyse und Instandhaltung

1 Technologie

1.1 Ein Kunde meldet Ihnen ein Versagen seiner neuen Klimaanlage an heißen Sommertagen. Er ist sehr verärgert, dass er bei Außentemperaturen von über 32 °C am Raumtemperaturregler einen Sollwert von 20 °C einstellt, dieser jedoch nie erreicht wird. Was antworten Sie dem Kunden?

1.2 Nennen Sie mögliche Ursachen für Zugerscheinungen in klimatisierten Räumen.

1.3 Sie stellen am Luftauslass Feuchtigkeitsbildung fest. Wo könnte diese herrühren?

1.4 Die jährlichen Wartungskosten für Klimaanlagen liegen bei etwa 5 % der Investitionskosten. Ein Kunde möchte daher auf eine jährliche Wartung verzichten. Welche Nachteile ergeben sich?

1.5 Ein Kunde beklagt, dass während des Betriebes der Lüftungsanlage Pfeifgeräusche im Gebäude zu hören seien. Welche Ursachen könnte das haben und wie kann dieser Zustand beseitigt werden?

2 Berechnungen

2.1 Überprüfen Sie mittels h,x-Diagramm **(Bild 1, Seite 214)**, ob das eingebaute Heizregister mit einer Leistung von 12,5 kW ausreichend ist, um stündlich 1200 m³ Außenluft ($\vartheta_{AU} = -12$ °C, $\varphi = 80$ %) auf eine Zulufttemperatur von 22 °C zu erwärmen. Bestimmen Sie zusätzlich die relative Feuchte nach dem Heizregister.

2.2 Ein Kunde hat erfahren, dass die Reduzierung der Zulufttemperatur eine Verringerung der Zuluftmenge bei gleicher Kühlleistung zur Folge hat. Er möchte von Ihnen wissen, auf welchen Wert die Zulufttemperatur gesenkt werden kann, ohne dass sich Schwitzwasser am Luftauslass bildet. Die Raumtemperatur soll bei 26 °C und die relative Luftfeuchte bei etwa 50 % liegen.

2.3 Überprüfen Sie, ob die vom Hersteller angegebene Rückwärmezahl Φ = 0,5 bis 0,6 eingehalten wird, wenn die Messung folgende Werte ergab **(Bild 1)**:

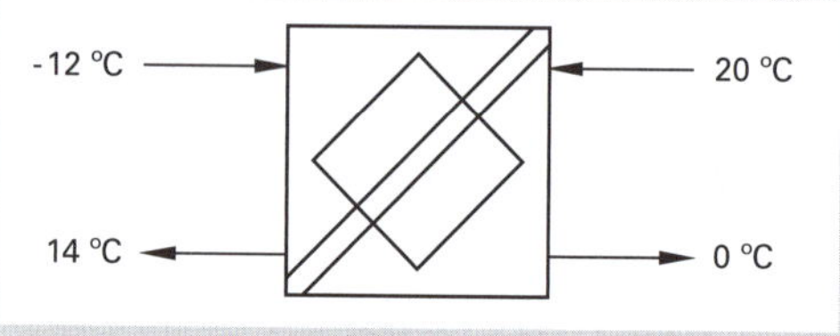

Bild 1: Kreuzstrom-Wärmetauscher

3 Kontrollierte Wohnraumlüftung (WRL)

3.1 Weshalb muss bei Neubauten grundsätzlich eine kontrollierte Wohnraumlüftung eingeplant werden?

3.2 Welche Räume müssen dabei belüftet und welche entlüftet werden?

3.3 Nennen Sie drei verschiedene Arten, wie eine kontrollierte WRL aufgebaut und geplant werden kann.

3.4 Ein Deckenlüftungsgerät mit WRG Typ 220 D ist in einer Etagenwohnung installiert **(Bild 1, Seite 217)**.

a) Bestimmen Sie die Abmessungen des Gerätes für Länge, Breite und Höhe in mm.

b) Wie groß sind die Durchmesser der Luftanschlussstutzen am Gerät?

c) Bestimmen Sie für Drehzahlstufe 8 den Volumenstrom bei einem Δp von 150 Pa.

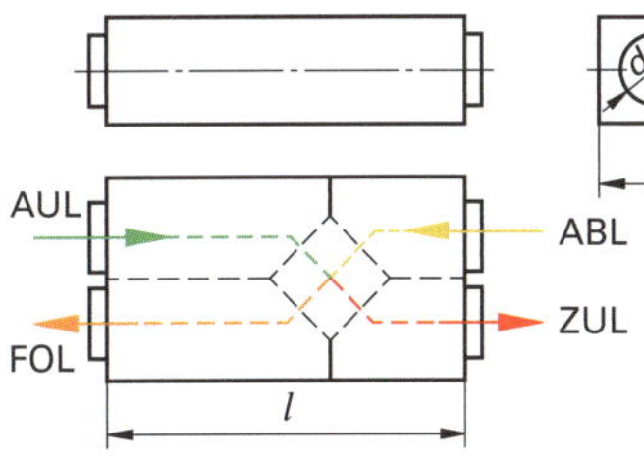

Abmessungen für Deckengeräte mit WRG

Typ	Volumenstrom $\dot{V}$ in m^3/h	Länge l in mm	Breite b in mm	Höhe h in mm	Durchmesser d in mm
220 D	220	1140	548	236	125
340 D	340	1185	626	94	160

Kennlinienfeld 220 D

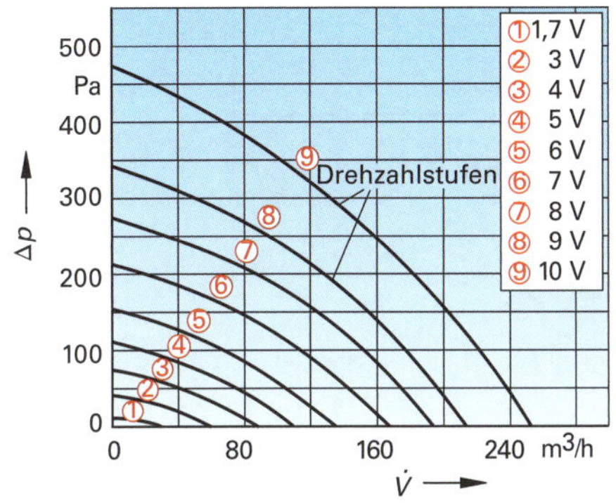

Kennlinienfeld 340 D

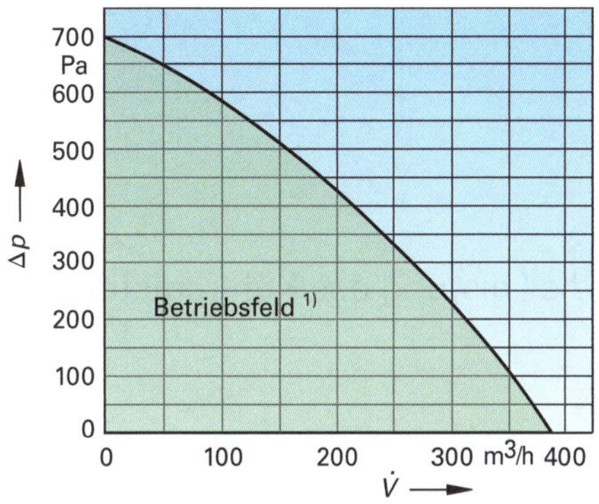

1) Betriebsstufen frei definierbar innerhalb des Betriebsfeldes

Bild 1: Deckengeräte mit WRG, Aufgabe 3.4, Seite 216

III Kundenauftrag

1 Klimaanlage für Bürogebäude

Für ein Bürogebäude mit einem Raumvolumen von 2200 m^3 ist eine Klimaanlage zu planen. Bei einem Kundengespräch einigen Sie sich auf folgende grobe Eckpunkte. Um die Kosten so gering wie möglich zu halten, wird auf eine Luftbefeuchtung verzichtet und entsprechend der Arbeitsstättenrichtlinie als geringste Raumtemperatur im Sommer 26 °C und für den Winter 20 °C angenommen. Die relative Luftfeuchte im Raum soll im Sommer bei 50 % und kann im Winter bei 15 % liegen. Aus der Klimazonenkarte wurde eine max. Auslegungstemperatur von ϑ = 33 °C sowie eine absolute Luftfeuchte von 12 g/kg entnommen. Die Zulufttemperatur soll im Sommer nicht unter 17 °C und im Winter max. 22 °C betragen. Die Kühllast beträgt 20 kV/kW.

Im Sommer soll der Mindestaußenluftstrom 3000 m^3/h und im Winter 2000 m^3/h betragen. Umluftbetrieb ist nur für den Sommer vorgesehen. Als Wärmerückgewinnung ist ein Plattenwärmetauscher mit einer Rückwärmezahl von 0,5 geplant. Im Winter beträgt die min. Auslegungstemperatur –12 °C bei 80 % rel. Feuchte.

Erstellen Sie ein Anlagenkonzept, nach dem eine erste Kostenschätzung erfolgen kann.

1.1 Tragen Sie alle gegebenen Zustandswerte in das h,x-Diagramm **(Bild 1, Seite 214).**

1.2 Bestimmen Sie alle erforderlichen Luftmassenströme für den Sommer- sowie Winterbetrieb und tragen Sie die ermittelten Werte in die Lüftungsschemata **(Bild 1 und Bild 2, Seite 218).**

1.3 Bestimmen Sie die erforderliche Wärmeleistung des Heizregisters im Winterbetrieb.

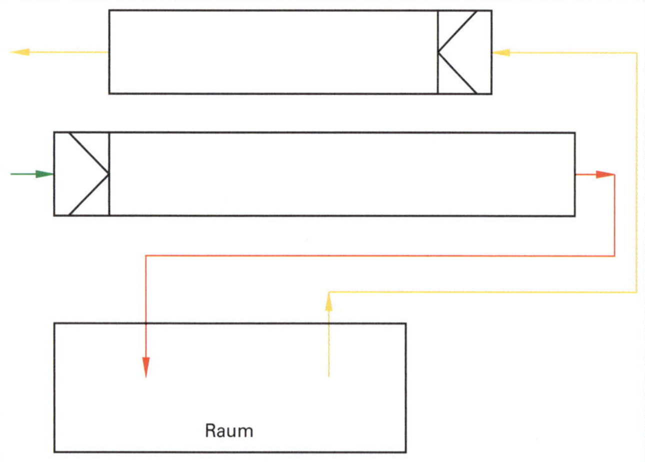

Bild 1: Sommerbetrieb

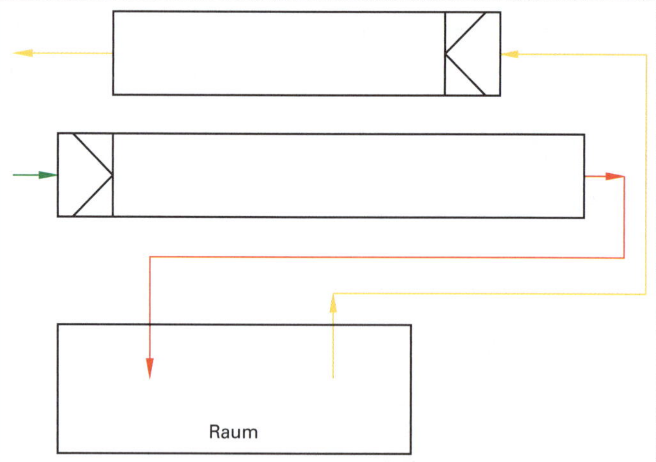

Bild 2: Winterbetrieb

1.4 Bestimmen Sie die Leistung des Kühlregisters im Sommerbetrieb.

1.5 Bestimmen Sie die Größe der Klimablöcke bei einer Luftgeschwindigkeit ≤ 5 m/s **(Bild 3)**.

KG Standard		40	63	100	160	250
Ventilatorteil	L	630	800	1000	1250	1600
	B	630	800	1000	1250	1600
	H	630	800	1000	1250	1600
Erhitzerteil	L	300	300	340	340	340
	B	630	800	1000	1250	1600
	H	630	800	1000	1250	1600
Kühlerteil *vertikal	L	500/800*	500/800*	540/1000*	540/1000*	540/1000*
	B	630	800	1000	1250	1600
	H	630	800	1000	1250	1600
Misch-Fortluftteil	L	460	630	830	910	1090
	B	630	800	1000	1250	1600
	H	830	800	1000	1250	1600

Bild 3: Komponentenabmessungen

2 Kundenreklamation

Nach der Inbetriebnahme der Klimaanlage kommt es zu Beschwerden durch die Angestellten der Firma **(Aufgabe 1, Bürogebäude, Seite 215)**. Der Kunde überlegt, ob nicht doch nachträglich ein Luftbefeuchter in die Anlage eingebaut werden soll.

2.1 Berechnen Sie die erforderliche Wärmeleistung in kW für einen Dampfbefeuchter, wenn dieser 2000 m³/h Außenluft von –12 °C und φ = 80 % auf 22 °C Zulufttemperatur mit φ = 45 % befeuchten soll und die Befeuchtung isotherm abläuft.

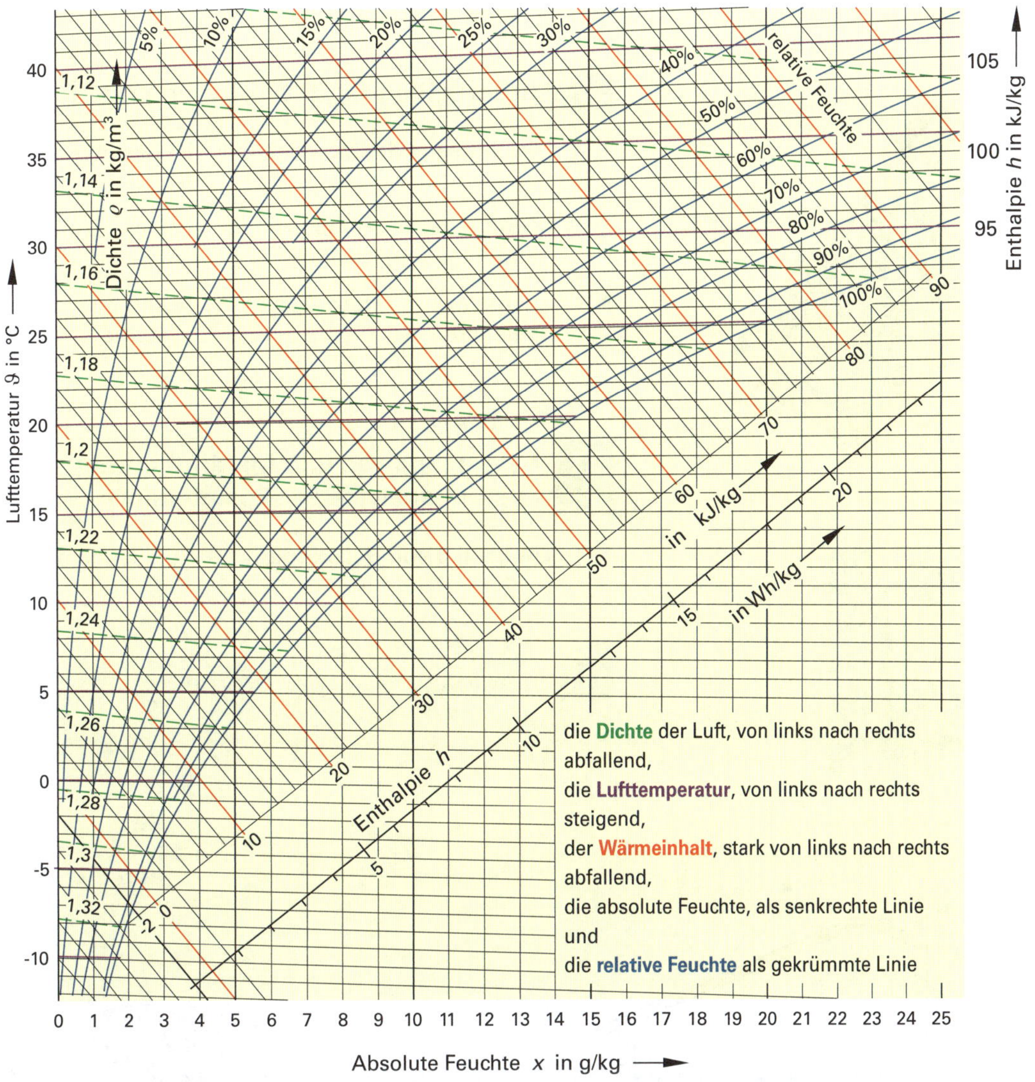

Bild 1: h,x-Diagramm zur Bestimmung des Zustandsverlaufs bei Einsatz der Befeuchter

2.2 Überprüfen Sie anhand des h,x-Diagramms den Unterschied zwischen einem Dampfbefeuchter und einem Umlauf-Wasserbefeuchter **(Bild 1)**.

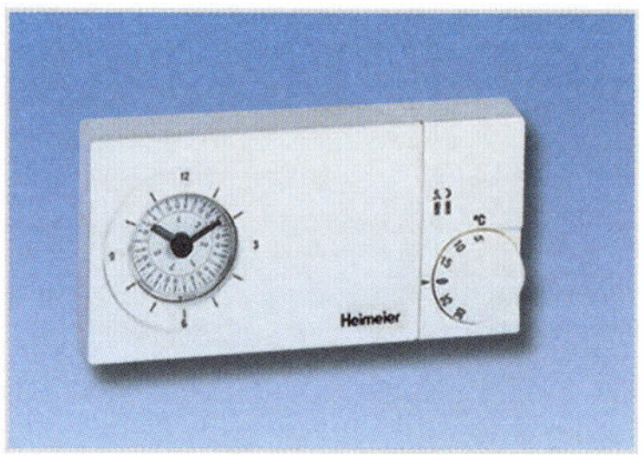

I Arbeitsplanung // Work planning

1	**Grundlagen der Messtechnik**	Basics of measurement techology
2	**Grundlagen der Steuerungs- und Regelungstechnik**	Basics of process control engineering
3	**Regelung von Heizungs-anlagen**	Automatic control of heating systems

II Systemanalyse und Instandhaltung // System analysis and maintenance

1	**Regelung von Heizkörpern**	Regulation of radiators

III Kundenauftrag // Customer order

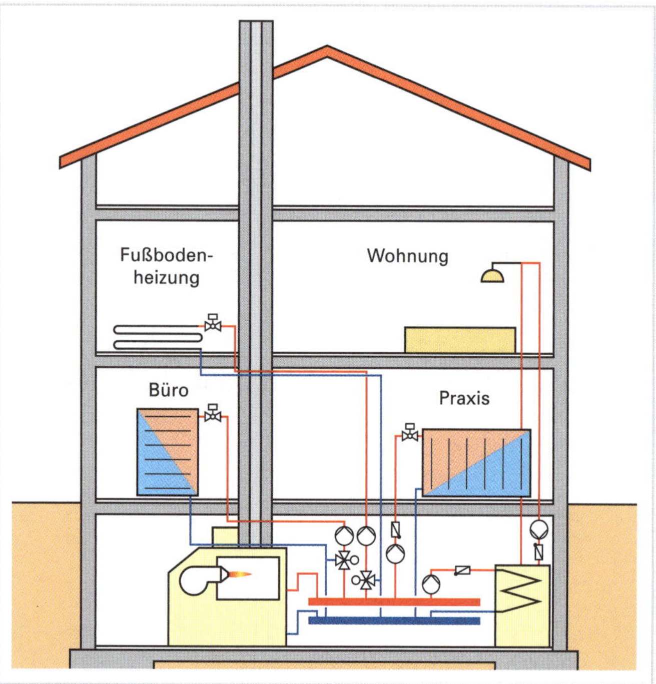

Regelkeise einer Heizungsanage

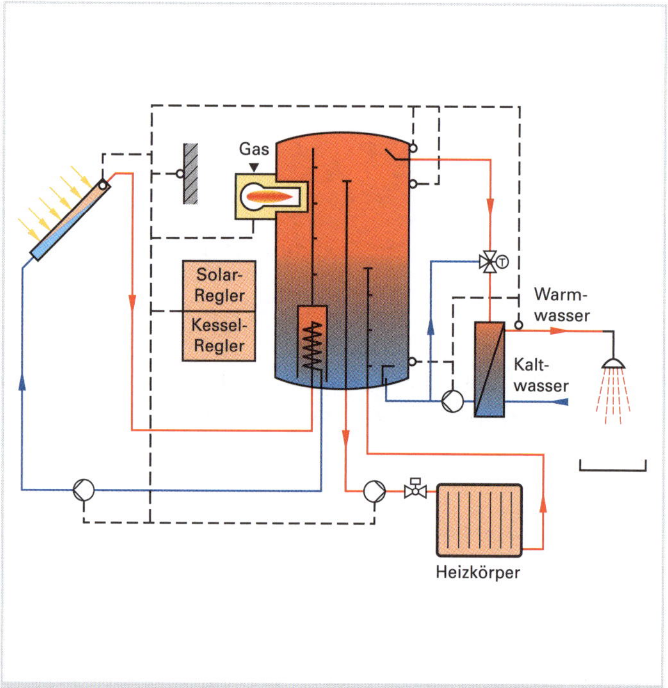

Anlagenschema für eine Solar-Brennwert-Anlage

I Arbeitsplanung

1 Grundlagen der Messtechnik

1.1 Was ist unter dem Begriff **Messen von Größen** zu verstehen?

____

____

1.2 Für die Durchführung von Messungen ist es wichtig, den zu erwartenden Messwert schon vor der Messung einem Messbereich zuzuordnen. Warum ist die Kenntnis des Messbereiches so wichtig?

____

____

____

1.3 Wer darf eine Erst- bzw. Nacheichung von Messgeräten durchführen?

____

____

____

____

1.4 Wie lange sind die Eichzeiten bei folgenden Messgeräten?

a) Abgasmessgerät ___ b) Gaszähler ___ c) Kaltwasserzähler ___ d) Warmwasserzähler ___

1.5 Nennen Sie die Messgeräte, mit denen folgende physikalische Größen gemessen werden.

a) Spannung ______________________
b) Stromstärke ______________________
c) Elektrischer Widerstand ______________________
d) Temperatur in Flüssigkeiten ______________________
e) Temperatur einer Oberfläche ______________________
f) Relative Luftfeuchte ______________________
g) Luftdruck ______________________
h) Druck in einer Wasserleitung ______________________

1.6 Erläutern Sie, was unter folgenden Druckarten zu verstehen ist.

a) Absoluter Druck ______________________
b) Atmosphärischer Druck ______________________
c) Überdruck ______________________
d) Unterdruck ______________________
e) Prüfdruck ______________________
f) Betriebsdruck ______________________

1.7 Zur Messung der Temperatur werden oft Widerstandsthermometer und Thermoelemente genutzt. Erläutern Sie, worauf diese beiden Messverfahren beruhen.

____

____

____

____

____

____

1.8 Erklären Sie, wofür NTC- und PTC-Fühler eingesetzt werden und wie diese funktionieren.

1.9 Nennen Sie mindestens drei Faktoren, die bei der Anbringung von Außenfühlern für die Witterungsführung von Heizungsanlagen beachtet werden müssen.

1.10 Sie sollen die Ausgangsspannung sowie die Stromaufnahme eines Transformators messen. Womit und wie messen Sie? Fertigen Sie einen Schaltplan an **(Bild 1)**.

Bild 1: Schaltplan Transformator

2 Grundlagen der Steuerungs- und Regelungstechnik

2.1 Was ist unter dem Begriff Steuerung zu verstehen?

2.2 Was ist unter dem Begriff Regelung zu verstehen?

2.3 Nach dem Regelverhalten werden stetige und unstetige Regler unterschieden. Ordnen Sie die folgenden Regler zu: Zweipunktregler, P-Regler, I-Regler, Dreipunktregler, Dreipunktregler mit Schrittmotor, PI-Regler, PID-Regler.

Unstetige Regler:

Stetige Regler:

2.4 Welche Aufgabe hat ein Regler?

2.5 Nennen Sie zwei Einsatzbeispiele für stetige Regler.

2.6 Nennen Sie drei Einsatzbeispiele für Zweipunktregler.

2.7 Erläutern Sie die Begriffe a) Proportionalbereich X_P und b) Stellbereich Y_h eines P-Reglers.

a)

b)

2.8 Beschreiben Sie das Regelverhalten eines P-Reglers und zeichnen Sie die Sprungantwort in **Bild 1.**

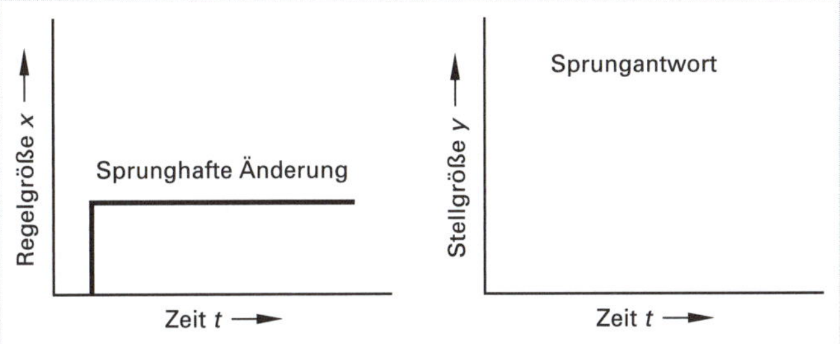

Bild 1: Regelverhalten eines P-Reglers

2.9 Beschreiben Sie das Regelverhalten eines I-Reglers und zeichnen Sie die Sprungantwort in **Bild 2.**

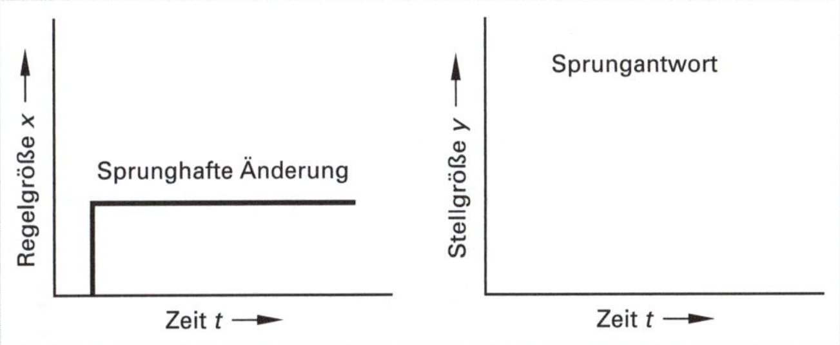

Bild 2: Regelverhalten eines I-Reglers

2.10 Beschreiben Sie das Regelverhalten eines D-Reglers.

2.11 Welcher Vorteil ergibt sich bei der Kombination von P- und I-Regler zum PI-Regler?

3 Regelung von Heizungsanlagen

3.1 Welche Regelungen an zentralen Heizungsanlagen werden durch die EnEV zwingend vorgeschrieben?

3.2 Erklären Sie dem Kunden, wie an seinem Heizkessel die Kesselwasser-Temperaturregelung funktioniert. Verwenden Sie dazu die Heizkennlinien und die Heizkurven-Anhebung **(Bild 1 und Bild 2)**.

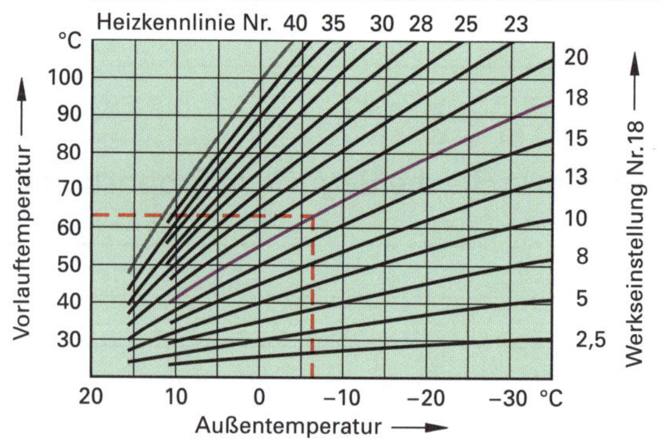

Bild 1: Heizkennlinien

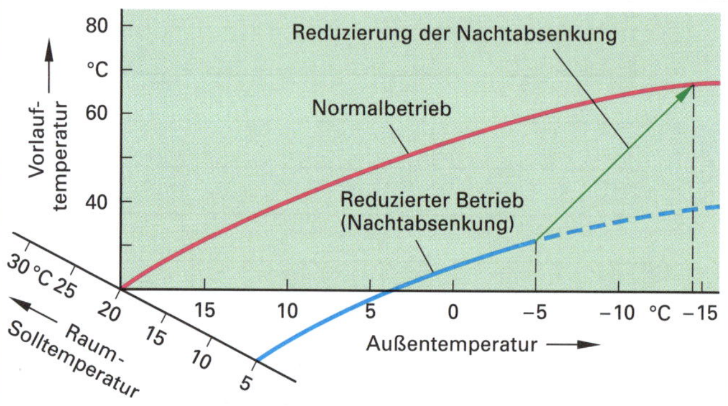

Bild 2: Heizkurvenanhebung

3.3 Erklären Sie Ihrem Kunden, wie die Vorlauftemperaturregelung funktioniert und welche Vorteile ihm diese Regelung gegenüber der Kesselwasser-Temperaturregelung bringt **(Bild 3)**.

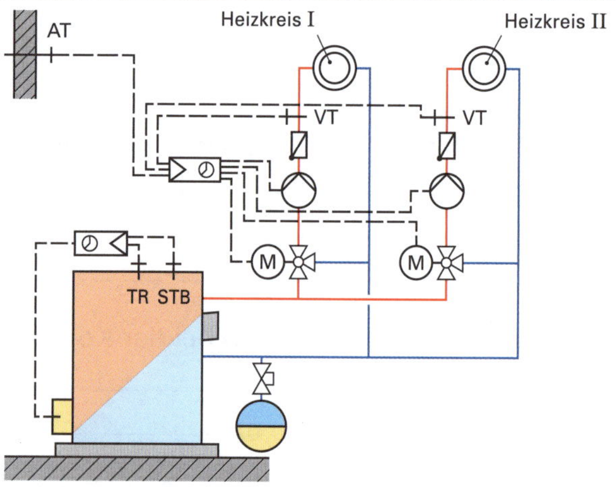

Bild 3: Vorlauftemperaturregelung

3.4 Welche Auswirkungen hat eine zu flach eingestellte Heizkurve auf die Vorlauftemperatur?

3.5 Unter welchen Bedingungen ist es sinnvoll, statt einer Kesselwasser-Temperaturregelung eine Vorlauftemperaturregelung vorzusehen?

3.6 Weshalb wird in der EnEV eine Einzelraum-Temperaturregelung gefordert?

3.7 Ihr Kunde möchte, dass Sie ihm das mit der Kostenschätzung übergebene Heizungsschema hinsichtlich der Heizungsregelung erläutern. Von besonderer Bedeutung sind dabei für ihn die Begründung für die Wahl der drei Regler und deren Aufgaben **(Bild 1)**.

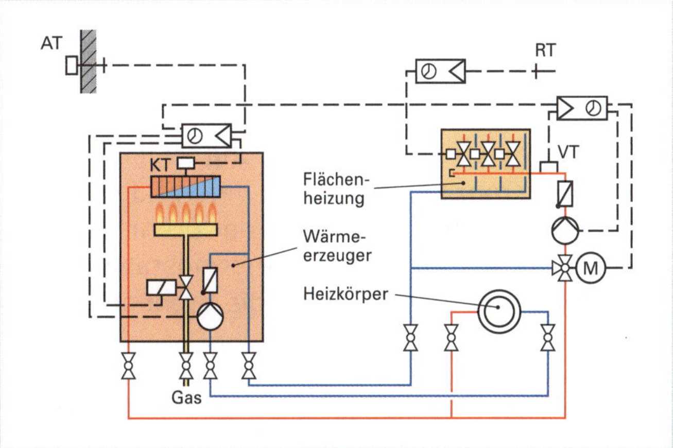

Bild 1: Heizungsregelschema

3.8 Erklären Sie die Funktion des Thermostatventils **(Bild 2)**.

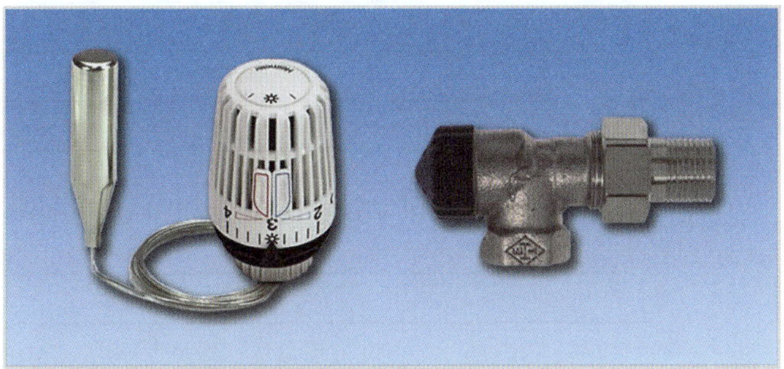
Bild 2: Thermostatventil ohne Hilfsenergie

3.9 Beschreiben Sie im zeitlichen Ablauf die einzelnen Funktionen in einem Ölfeuerungsautomaten entsprechend dem gegebenen Funktionsablaufplan und erläutern Sie die Zeiten t_1 und t_2 **(Bild 1)**.

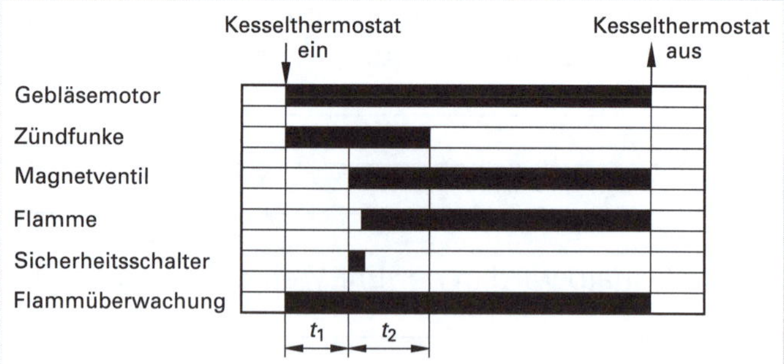

Bild 1: Ölfeuerungsautomat

3.10 Die nebenstehende Abbildung zeigt im oberen Diagramm den typischen Verlauf der Kesselwassertemperatur, wenn der Brenner mit einem Zwei-Punkt-Kesselthermostat geregelt wird. Im unteren Teil ist die Brennerfunktion dargestellt **(Bild 2)**.

a) Was bedeuten in den Abbildungen die Punkte X_o, X_u, t_1 und t_2?

X_o =

X_u =

t_1 =

t_2 =

b) Weshalb steigt die Temperatur über X_o und fällt unter X_u?

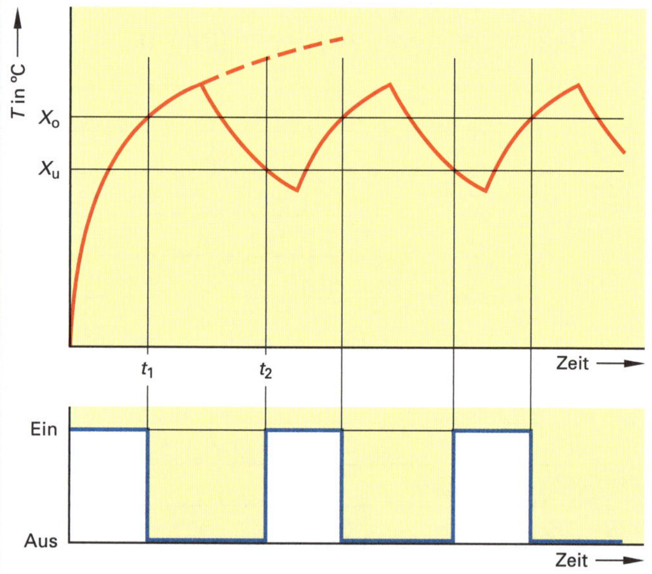

Bild 2: Brennersteuerung und Kesseltemperatur bei einem Zwei-Punkt-Regler

c) Nennen Sie zwei Vorteile eines modulierenden Brenners gegenüber der Zweipunktregelung.

3.11 Ein Kunde bittet Sie, ihm die unterschiedlichen Möglichkeiten zur stufenlosen Drehzahländerung von Umwälzpumpen mit automatischer Leistungsregelung zu erklären.

a) Δp-c-Regelung (Konstantdruckregelung) **(Bild 3)**.

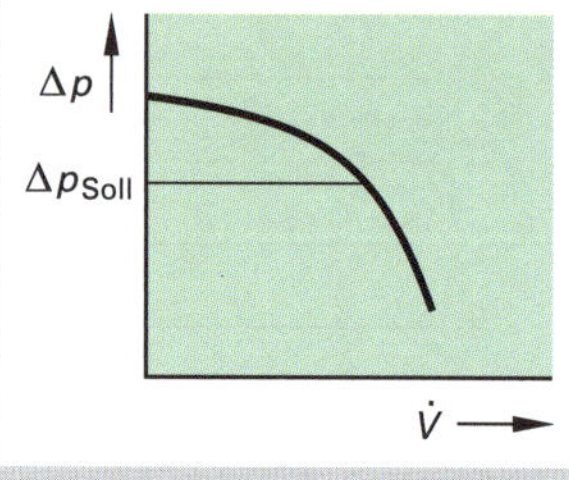

Bild 3: Konstantdruck

b) Δp-ν-Regelung (Proportionalregelung) **(Bild 1)**.

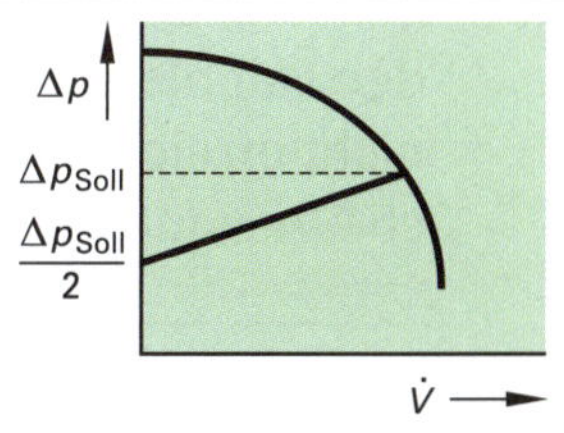

Bild 1: Proportionaldruck

c) Δp-T-Regelung (temperaturgeführte Differenzdruckreglung)

3.12 Nennen Sie die Bauteile, welche zur Regelung einer Solaranlage notwendig sind, und beschreiben Sie die Funktionsweise einer Solarregelung für Brauchwasser.

II Systemanalyse und Instandhaltung

1 Regelung von Heizkörpern

1.1 Ein Kunde ruft Sie an und sagt Ihnen, dass er, seit Sie den Heizkörper ausgetauscht haben, laute Klopfgeräusche im Thermostatventil hört. Nennen Sie mögliche Ursachen und beschreiben Sie den Austausch der Armatur.

1.2 Sie sollen bei einem Kunden die Dimensionierung eines Heizkörper-Thermostatventiles überprüfen. Welche Angaben benötigen Sie?

1.3 Sie werden zu einem Kunden geschickt, dessen Thermostatventil sich nicht schließen lässt. Nennen Sie mögliche Ursachen.

1.4 Welche Ursachen sind möglich, wenn die gewünschte Raumtemperatur nicht erreicht wird?

1.5 Ein Neukunde möchte gern von Ihnen wissen, warum seine Heizkörper vor allem in den Morgenstunden kalt bleiben, obwohl er seine Thermostatventile voll öffnet, und die gewünschte Raumtemperatur nicht erreicht ist. Am Tage beobachtet er dies auch, jedoch nicht immer zu den gleichen Zeiten. Welche Vermutung äußern Sie gegenüber dem Kunden?

____

____

____

____

1.6 Nennen Sie Gründe für den Einbau von Thermostatventilen.

a) Fühler und Temperatureinstellung am Ventil,

b) Fernfühler und Temperatureinstellung am Ventil und

c) Fernfühler und Temperatureinstellung am Fernfühler.

a) ______________________________

b) ______________________________

c) ______________________________

III Kundenauftrag

1 Gas-Brennwertgerät und Lufterhitzer

Im Neubau eines Einfamilien-Wohnhauses soll im Kellergeschoss ein wandhängendes Gas-Brennwertgerät eingebaut werden. Zusätzlich zum Wohngebäude soll noch ein angrenzendes Werkstattgebäude mit beheizt werden. Der Kunde möchte im Wohnbereich eine Fußbodenheizung haben. Bei der Beheizung des Werkstattgebäudes entschied sich der Kunde für einen 4-stufigen Luftheizer (PWW 70/50) **(Bild 1)**.

1.1 Ergänzen Sie im Strangschema die fehlenden Bauteile und tragen Sie deren Bezeichnungen in die Legende ein **(Seite 229)**.

1.2 Zeichnen Sie die erforderlichen Steuerleitungen in das Strangschema ein.

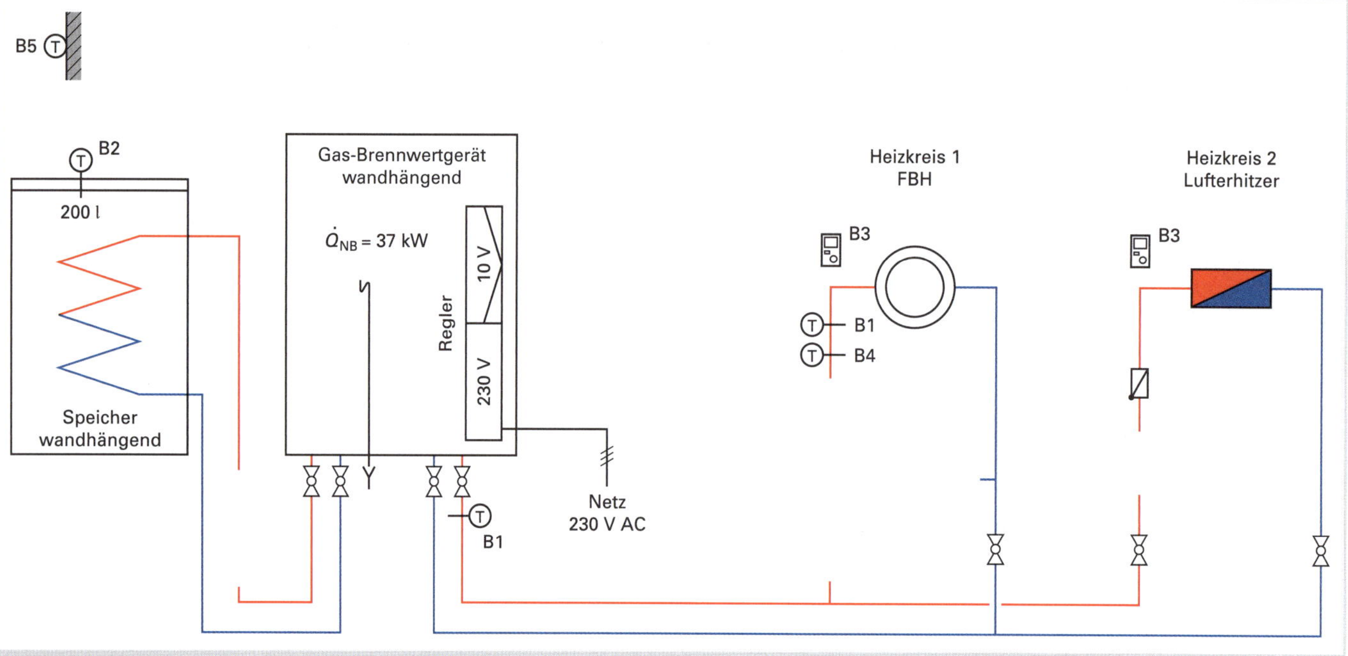

Bild 1: Heizungsschema mit Steuerleitungen

1.3 Legende **zu Bild 1, Seite 228**

B1 ____________________ B2 ____________________

B3 ____________________ B4 ____________________

B5 ____________________ M1 ____________________

M2 ____________________ M3 ____________________

Y1 ____________________

2 Störung einer Heizungsanlage

Sie werden zu einer Heizungsanlage gerufen, welche dem Kunden eine Störung anzeigt. Die Abfrage des Fehlercodes ergibt den Fehlercode 800. Ihnen stehen neben den erforderlich Werkzeugen und Messgeräten folgende Dokumentationsauszüge zur Verfügung **(Bild 1 und Bild 2, Seite 230 und Bild 1, Seite 231).**

2.1 Um welches Problem handelt es sich, wenn die Nr. 800 angezeigt wird?

2.2 Welche Auswirkungen hat dieser Fehler auf die Betriebsweise der Heizungsanlage?

2.3 An welchen Klemmen befindet sich das voraussichtlich defekte Bauteil?

2.4 Nennen Sie mögliche Fehlerursachen.

2.5 Beschreiben Sie, wie und mit welcher Messtechnik Sie

a) die Leitungen, ____________________

b) die Fühler ____________________

prüfen.

2.6 Sie messen am Fühler einen Widerstand von 9000 Ohm. Die Außentemperatur beträgt 0 °C. Welche Schlussfolgerungen ziehen Sie daraus?

In dieser Störungstabelle sind mögliche Anlagenfehler aufgelistet, d.h. Störungen von EMS-Komponenten. Die Heizungsanlage bleibt bei einem Anlagefehler soweit möglich in Betrieb, d.h. es kann noch Wärme erzeugt werden (jedoch ungünstiger Betriebspunkt).

SC: Servicecode

FC: Fehlercode, wird nach Drücken der Taste „Anzeige" angezeigt.

HK 1/2: Heizkreis 1 bzw. 2

Anwenderhinweis:

Andere Störungen sind in der Unterlage der jeweils eingesetzten Funktionsmodule beschrieben.

Anwenderhinweis:

Bei Anlagenfehlern ist kein Reset erforderlich. Falls Sie den Anlagenfehler nicht beseitigen können, wenden Sie sich bitte an den zuständigen Servicetechniker oder an Ihre Niederlassung.

SC	FC	Störung	Auswirkung auf das Regelverhalten	Mögliche Ursache	Abhilfe
A01	800	Außenfühler	Es wird die minimale Außentemperatur angenommen.	Fühler falsch angeschlossen oder angebracht. Bruch oder Kurzschluss der Fühlerleitung. Fühler defekt.	• Fühleranschluss und Fühlerleitung prüfen. • Fühleranbringung prüfen. • Widerstandskennwert mit Fühlerkennlinie vergleichen.
A01	808	Warmwasserfühler 1	Es wird kein Warmwasser mehr bereitet.	Fühler falsch angeschlossen oder angebracht. Bruch oder Kurzschluss der Fühlerleitung. Fühler defekt.	• Fühleranschluss und Fühlerleitung prüfen. • Fühleranbringung am Speicher prüfen. • Widerstandskennwert mit Fühlerkennlinie vergleichen.
A01	809	Warmwasserfühler 2			
A01	810	Warmwasser bleibt kalt	Es wird ständig versucht, den Warmwasserspeicher auf den eingestellten Warmwasser-Sollwert aufzuheizen. Warmwasservorrang wird nach Erscheinen der Fehlermeldung ausgeschaltet.	Ständige Zapfung oder Leckage.	• Ggf. Leckage beseitigen.
				Fühler falsch angeschlossen oder angebracht. Bruch oder Kurzschluss der Fühlerleitung. Fühler defekt.	• Fühleranschluss und Fühlerleitung prüfen. • Fühleranschluss am Speicher prüfen. • Widerstandskennwert mit Fühlerkennlinie vergleichen.
				Ladepumpe falsch angeschlossen oder defekt.	• Funktion der Ladepumpe z. B. mit Funktionstest/ Relaistest prüfen.

Bild 1: Anlagenfehler

Warnung

LEBENSGEFAHR

durch elektrischen Strom

- Schalten Sie die Heizungsanlage vor jeder Messung stromlos.

Vergleichende Temperaturen (Raum-, Vorlauf-, Außen- und Abgastemperatur) bitte stets in Fühlernähe messen. Die Kennlinien bilden Mittelwerte und sind mit Toleranzen behaftet. Messen Sie den Widerstand an den Kabelenden.

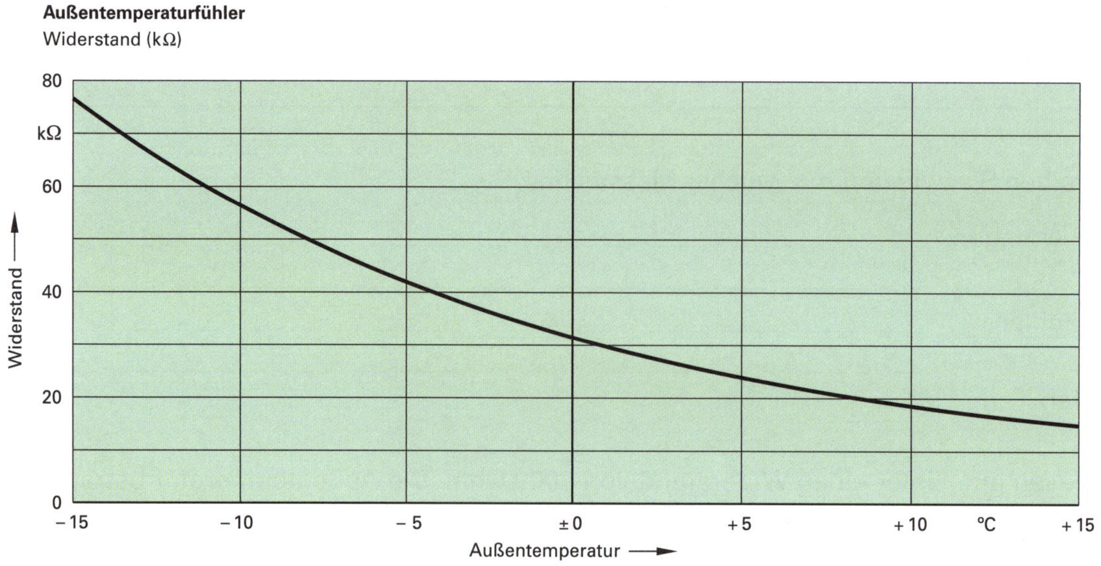

Bild 2: Fühlerkennlinie

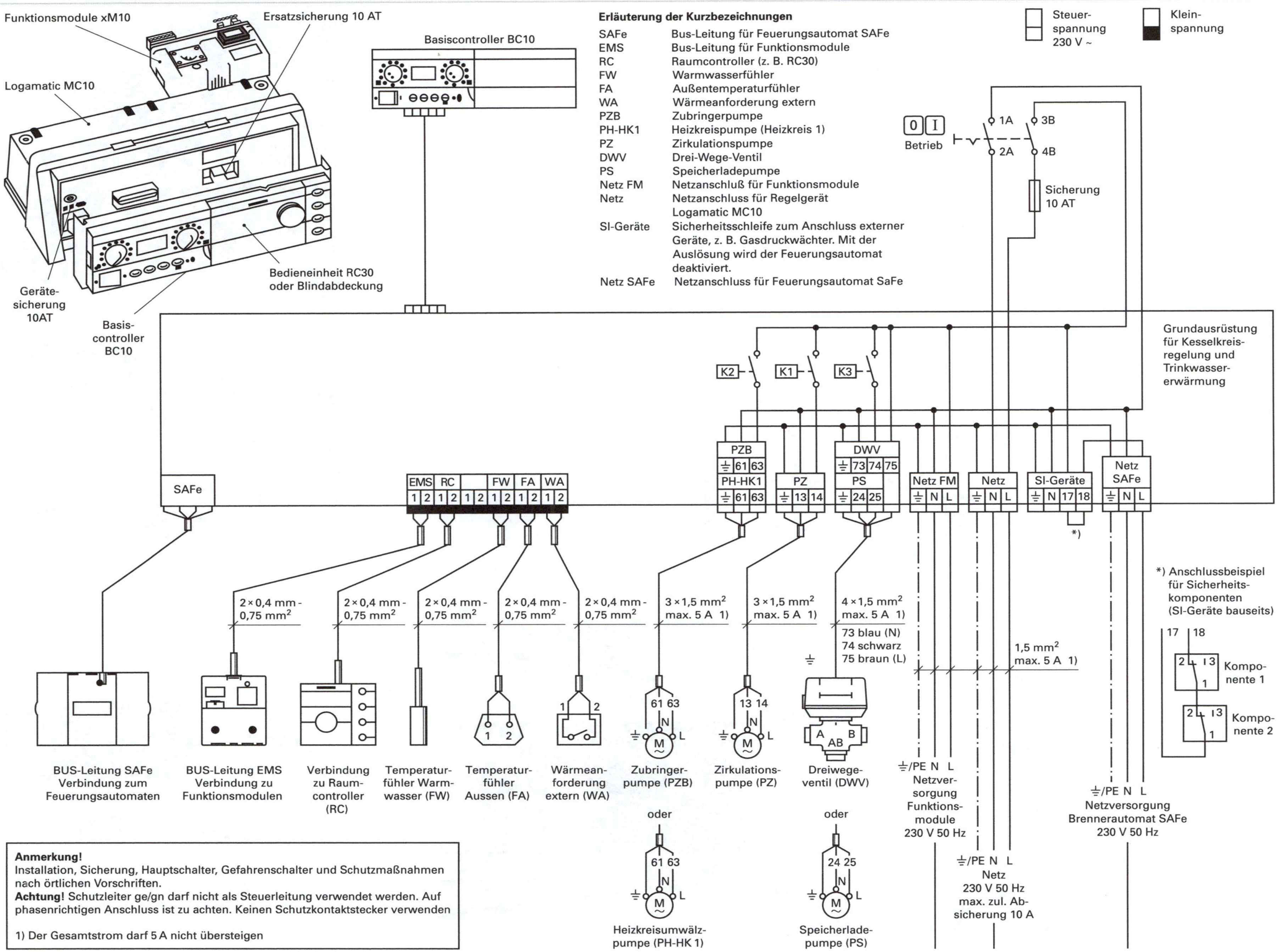

Erläuterung der Kurzbezeichnungen

SAFe	Bus-Leitung für Feuerungsautomat SAFe
EMS	Bus-Leitung für Funktionsmodule
RC	Raumcontroller (z. B. RC30)
FW	Warmwasserfühler
FA	Außentemperaturfühler
WA	Wärmeanforderung extern
PZB	Zubringerpumpe
PH-HK1	Heizkreispumpe (Heizkreis 1)
PZ	Zirkulationspumpe
DWV	Drei-Wege-Ventil
PS	Speicherladepumpe
Netz FM	Netzanschluß für Funktionsmodule
Netz	Netzanschluss für Regelgerät Logamatic MC10
SI-Geräte	Sicherheitsschleife zum Anschluss externer Geräte, z. B. Gasdruckwächter. Mit der Auslösung wird der Feuerungsautomat deaktiviert.
Netz SAFe	Netzanschluss für Feuerungsautomat SaFe

Anmerkung!
Installation, Sicherung, Hauptschalter, Gefahrenschalter und Schutzmaßnahmen nach örtlichen Vorschriften.
Achtung! Schutzleiter ge/gn darf nicht als Steuerleitung verwendet werden. Auf phasenrichtigen Anschluss ist zu achten. Keinen Schutzkontaktstecker verwenden

1) Der Gesamtstrom darf 5 A nicht übersteigen

Bild 1: Schaltplan

I Arbeitsplanung // Work planning

1	**Instandhaltung**	Service and maintenance
2	**Trinkwasseranlagen**	Drinking water systems
3	**Entwässerung**	Drainage
4	**Heizungsanlagen**	Heating systems
5	**Brennstoffversorgungsanlagen, Heizölversorgung**	Fuel supply systems, heating oil supply

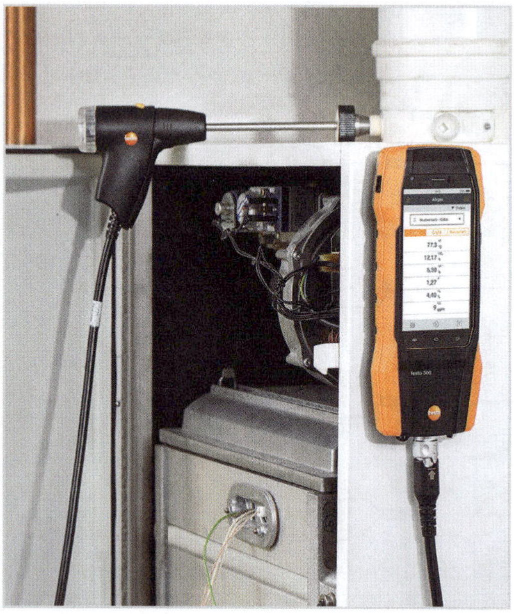

II Systemanalyse und Instandhaltung // System analysis and maintenance

1	**Gasanlagen**	Gas systems
2	**Flüssiggasanlagen**	Liquid gas systems
3	**Raumlufttechnische Anlagen**	Air conditioning systems

III Kundenauftrag // Customer order

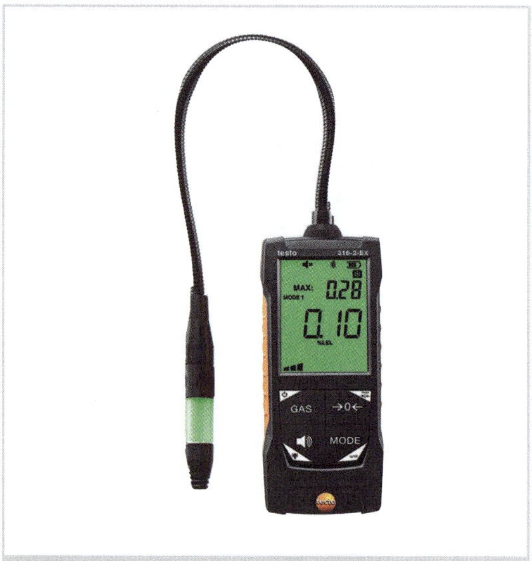

Leckortungsgerät für Brenngase

Kanalkamera

I Arbeitsplanung

1 Instandhaltung ⇒ Inspektion, Wartung und Instandsetzung

1.1 Welche Sachverhalte umfasst der Begriff „Instandhaltung"?

1.2 Erläutern Sie diese Sachverhalte.

1.3 Welche Vorgehensweisen werden bei der Instandhaltung unterschieden?

1.4 Welche Ziele hat Instandhaltung? Nennen Sie vier Sachverhalte.

1.5 Welche Hinweise enthält das BGB hinsichtlich der Instandhaltung von Gebäuden und Anlagen?

1.6 In welchen technischen Regelwerken ist die Problematik der Instandhaltung für den Bereich des Anlagenmechanikers SHK geregelt bei:

a) Trinkwasser- und Trinkwarmwasseranlagen,

b) Abwasseranlagen,

c) Regenwassernutzungsanlagen,

d) Gas- und Abgasanlagen,

e) Flüssiggasanlagen,

f) Heizungsanlagen,

g) RLT-Anlagen?

1.7 Welche Informationen muss ein Protokoll enthalten, das durchgeführte Inspektions- und Wartungsarbeiten bei SHK-Anlagen dokumentiert?

1.8 Entwerfen Sie auf einem gesonderten Blatt ein Formblatt zur Durchführung von Inspektions- und Wartungsarbeiten bei SHK-Anlagen (Inspektions- und Wartungsplan).

1.9 Durch welche Maßnahme kann der Betreiber von SHK-Anlagen dazu beitragen, deren Betrieb überschaubar zu erfassen?

2 Trinkwasseranlagen

2.1 Worauf ist beim Austausch von Absperr- und Entnahmearmaturen zu achten?

2.2 Für welchen Störfall benötigt man bei hydraulisch schließenden Armaturen eine Düsenreinigungsnadel, wie z. B. bei Druckspülern?

2.3 Wie macht sich dieser Störfall bemerkbar?

2.4 Nennen Sie vier Stellen, wo in einem EFH Rückflussverhinderer eingebaut sein können.

2.5 In welchen zeitlichen Abständen sind Rückflussverhinderer zu überprüfen?

2.6 Wie überprüfen Sie die Dichtheit von Rückflussverhinderern?

2.7 In welchen zeitlichen Abständen sind Feinfilter zu inspizieren und zu warten?

2.8 Um einen sicheren Betrieb zu gewährleisten, sind Druckregler und Druckerhöhungsanlagen instand zu halten. In welchen Zeitintervallen sollte dies erfolgen?

2.9 Welche Teile der Druckerhöhungsanlagen DEA sollen bei den Instandhaltungsarbeiten überprüft werden?

2.10 Folgende Sicherungsmaßnahmen gegen Rückfließen und Rücksaugen von NTW ins TW sind in einer Kundenanlage eingebaut: Rückflussverhinderer, Rohrunterbrecher, Rohrtrenner EA1 und freie Ausläufe. Welche Zeitabstände müssen Sie für die Inspektion dieser Bauteile einplanen?

2.11 In welchen Abständen sind Dosieranlagen zu überprüfen? Nennen Sie wichtige Maßnahmen.

2.12 Wie lässt sich bei Ionentausch-Enthärtungsanlagen der Regenerationsvorgang auslösen? Nennen Sie Inspektions- und Wartungsintervalle von Enthärtungsanlagen.

2.13 In welchen zeitlichen Abständen müssen PWC- und PWH-Zähler geeicht bzw. ausgetauscht werden?

2.14 Worauf ist beim Austausch der Wasserzähler in Mehrfamilienhäusern zu achten?

2.15 In welchen zeitlichen Abständen sind Sicherheitsventile zu überprüfen und welche Maßnahmen sind vorzunehmen?

3 Entwässerung

3.1 Welche Wartungstätigkeiten verlangen Geruchverschlüsse für einen störungsfreien Betrieb?

3.2 Auch Abwasserleitungen, Lüftungsleitungen und Belüftungsventile sind instand zu halten. Welche zeitlichen Abstände empfehlen Sie dem Kunden und worauf ist jeweils bei der Überprüfung zu achten?

3.3 Einer Ihrer Kunden hat aus öffentlichen Medien die Information erhalten, dass Versicherungen bei Schäden durch Rückstau nur zahlen, wenn die rückstaugefährdeten Abläufe durch aktive oder passive Rückstausicherung gesichert sind und diese Einrichtungen nachweisbar regelmäßig instand gehalten werden **(Bild 1).**
Erklären Sie dem Kunden den Sachverhalt des Rückstaues und die Definition der „Rückstauebene".

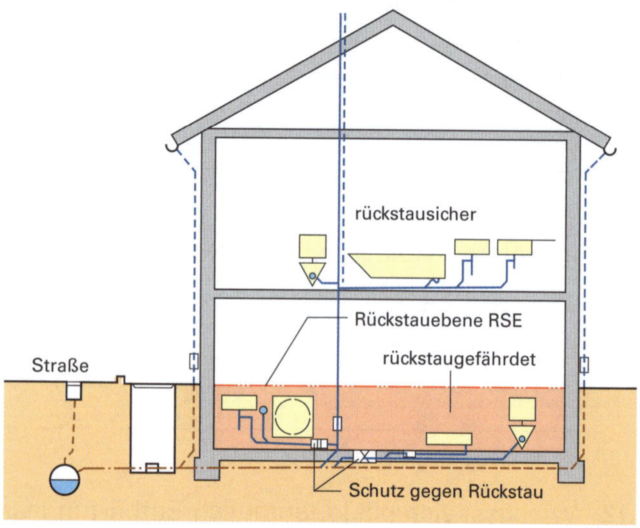

Bild 1: Rückstaugefährdung

3.4 Was versteht man unter aktiver und passiver Rückstausicherung?

3.5 In welchen Fällen kommen die jeweiligen Sicherungen zur Anwendung?

3.6 Bei der Überprüfung der Kundenanlage (Einfamilienhaus) stellen Sie fest, dass ein Bodenablauf mit Geruchverschluss und Rückstauverschluss eingebaut ist, der vor 1,5 Jahren zum letzten Mal gewartet wurde. Wie sind die Wartungsintervalle bei Rückstauverschlüssen und bei Hebeanlagen?

3.7 Sie erhalten von dem Kunden den Auftrag, die Rückstausicherung zu warten. Beschreiben Sie diesen Vorgang **(Bild 1, Seite 237).**

3.8 In der Abwasseranlage Ihres Kunden befindet sich ein Fettabscheider. Welche Bestimmungen gelten hinsichtlich der Inspektion und Wartung von Fettabscheidern?

____

____

____

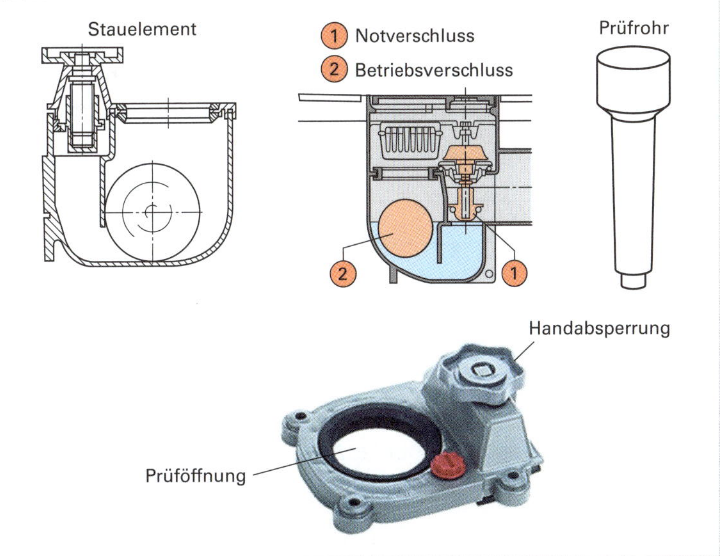

Bild 1: Wartung Rückstauverschluss

3.9 Wie verfahren Sie mit anfallenden Fettabfällen?

____

____

____

3.10 Wie erfolgt die Inbetriebnahme nach der Entsorgung der Fettabfälle?

____

____

____

3.11 Bei Abscheidern für Leichtflüssigkeiten ist die Instandhaltung besonders wichtig, damit keine Leichtflüssigkeiten in das Abwasser und so indirekt über undichte Grundleitungen auch in das Grundwasser gelangen können. In welchen Abständen sollen Inspektion und Wartung erfolgen?

____

____

____

3.12 Welche Tätigkeiten umfasst die Wartung von Leichtflüssigkeits- und Koaleszensabscheidern?

____

____

____

3.13 Gemäß dem Stand der Technik kommt bei Wärmeerzeugern immer mehr die Brennwerttechnik zur Anwendung.

a) Ab welchem pH-Wert muss Abwasser mit Kondensat aus größeren Brennwertgeräten neutralisiert werden und wie lässt sich ermitteln, dass neutralisiert werden muss?

____

____

b) Welche wichtigen Bauteile sind der Inspektion und der Wartung zu unterziehen?

____

____

____

c) In welchen Zeitabständen sollen Inspektion und Wartung erfolgen?

____

____

4 Heizungsanlagen

4.1 Welche Anlagenteile sind bei Instandhaltungsmaßnahmen des Brennstoff führenden Teils einer gasbeheizten Warmwasserheizung zu berücksichtigen?

4.2 Welche Anlagenteile sind bei Instandhaltungsmaßnahmen des Brennstoff führenden Teils einer ölbeheizten Warmwasserheizung zu berücksichtigen?

4.3 Welche Anlagenteile sind bei Instandhaltungsmaßnahmen des Wärmeerzeugers und den Bauteilen der Wärmeverteilung einer Warmwasserheizung zu berücksichtigen?

4.4 Welche Anlagenteile sind bei Instandhaltungsmaßnahmen der Abgasanlage einer Warmwasserheizung zu berücksichtigen?

4.5 Welche Instandhaltungsmaßnahmen hinsichtlich der Verbrennungsluft-Versorgung einer Wärmeerzeugungsanlage sind zu berücksichtigen?

4.6 Welches sind häufige Ursachen bei Störungen im Bereich der Heizölversorgung von Heizungsanlagen?

5 Brennstoffversorgungsanlagen, Heizölversorgung

5.1 Nennen Sie die Bauteile von Heizölversorgungsanlagen, die bei der Instandhaltung zu berücksichtigen sind.

5.2 Worauf ist beim Überprüfen von Heizöltanks zu achten und welche zeitlichen Abstände sind einzuhalten?

5.3 Welche drei Rohrleitungen sind bei der Instandhaltung von Heizölanlagen zu beachten?

5.4 Welche Maßnahmen umfasst die Überprüfung der Leckanzeige und welche Intervalle sind einzuhalten?

5.5 Wann soll der Grenzwertgeber der Heizölversorgung überprüft werden?

5.6 Welche Arbeiten sind bei der Wartung der Heizölvorfilter durchzuführen und wie oft sollen diese Arbeiten erfolgen?

II Systemanalyse und Instandhaltung

1 Gasanlagen

1.1 Worauf müssen Sie bei der Kontrolle der Gasleitungen in dem Wohnhaus Ihres Kunden achten und wie oft soll diese Kontrolle erfolgen?

1.2 Ihr Kunde hat eine Wohnung neu vermietet. Der neue Mieter möchte mit Gas kochen und möchte deshalb die vorhandene Gasleitung wieder in Betrieb nehmen. Welche Aufgabe haben Sie als VIU bei der Wiederinbetriebnahme?

1.3 Welche Arbeiten umfasst die Wartung von Gasgeräten Art B?

1.4 Wie verhalten Sie sich bei Gasgeruch in dem Geräteaufstellraum Ihres Kunden?

2 Flüssiggasanlagen

2.1 In welchen zeitlichen Abständen sind ortsfeste Behälter zu prüfen?

2.2 In welchen Zeitabständen sind ortsbewegliche Behälter zu prüfen?

2.3 Wie werden Flüssiggas-Versorgungsleitungen überprüft?

2.4 Wie werden Flüssiggas-Verbrauchsleitungen überprüft?

3 Raumlufttechnische Anlagen

3.1 Die RLT-Anlage Ihres Kunden ist schematisch abgebildet. Kennzeichnen Sie die Luftführung der Anlage, tragen Sie die Bezeichnungen der Luftarten a) bis d) bei den vorgesehenen Ein- und Ausgängen ein **(Bild 1, Seite 241)**.

a) ______ b) ______

c) ______ d) ______

3.2 Benennen Sie die Funktionen 1 bis 6 der sinnbildlich dargestellten Klimaanlage **(Bild 1, Seite 241)**.

① ______ ② ______

③ ______ ④ ______

⑤ ______ ⑥ ______

3.3 Nennen Sie vier Bauteile der Luftführung, die bei der Instandhaltung von RLT-Anlagen zu berücksichtigen sind.

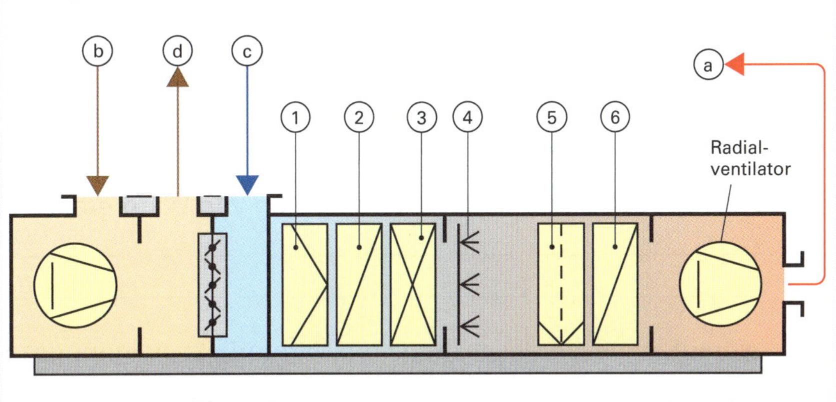

Bild 1: Klimagerät

3.4 Wie kann die Inspektion der Luftführung von RLT-Anlagen erfolgen?

3.5 Wie können Verschmutzungen in der Luftführung beseitigt werden?

3.6 Worauf ist bei der Reinigung der Luftwege in RLT-Anlagen zu achten?

3.7 Welche Tätigkeiten umfasst die Inspektion und die Wartung von Ventilatoren und in welchen zeitlichen Abständen sollen diese erfolgen?

3.8 Nennen Sie vier Tätigkeiten, die zur Instandhaltung von Elektromotoren durchzuführen sind.

3.9 Welche Informationen sollten für Instandhaltungsarbeiten bei Filtern vorhanden sein?

3.10 Welche Arbeiten umfasst die Inspektion bei Filtern?

3.11 Welche Tätigkeiten umfasst die Wartung von Filtern bei RLT-Anlagen?

3.12 Nennen Sie mögliche Inspektionstätigkeiten bei Wärmetauschern.

3.13 Welche Tätigkeiten sind bei der Wartung von Wärmetauschern wesentlich?

3.14 Worauf ist bei der Inspektion von Wärmerückgewinnungsanlagen zu achten?

3.15 Welche Arbeiten umfasst die Wartung bei Wärmerückgewinnungsanlagen?

3.16 Welche Gefahr besteht beim Betrieb von Luftbefeuchtungsanlagen in RLT-Anlagen ganz besonders?

III Kundenauftrag

1 Trinkwassererwärmung

Ein Kunde schildert folgende Situation: Er habe im Bad einen 80-Liter-Elektrospeicher und bemerke, dass in letzter Zeit die Wassermenge beim Baden immer geringer werde. Deshalb habe er die Warmwassertemperatur höher gedreht. Jetzt höre er beim Aufheizen ein Knistern im Gerät, sein Problem habe sich aber kaum gelöst.

1.1 Welche Fragen würden Sie dem Kunden zusätzlich stellen, um sich von der zu erwartenden Arbeit ein besseres Bild machen zu können?

1.2 Schildern Sie kurz Ihre Antwort an den Kunden.

1.3 Mit welchem Arbeitsumfang rechnen Sie?

1.4 Welche Ersatzteile sollten Sie zum Kunden mitnehmen?

1.5 Stellen Sie die eventuell benötigten Werkzeuge und Messgeräte zusammen.

1.6 Beschreiben Sie die erforderlichen Arbeitsschritte für die Wartungsarbeit.

2 Entkalken eines TWE

Der G-DWH der Kundenanlage gibt nicht die volle Leistung ab. Das PWH erreicht nicht die gewünschte Temperatur. Das Gerät wird mit Erdgas E(H) betrieben. Das Trinkwasser hat eine Gesamthärte von 2,4 mmol/l **(Bild 1)**.

2.1 Welche Ursache kann die zu niedrige Leistungsabgabe haben?

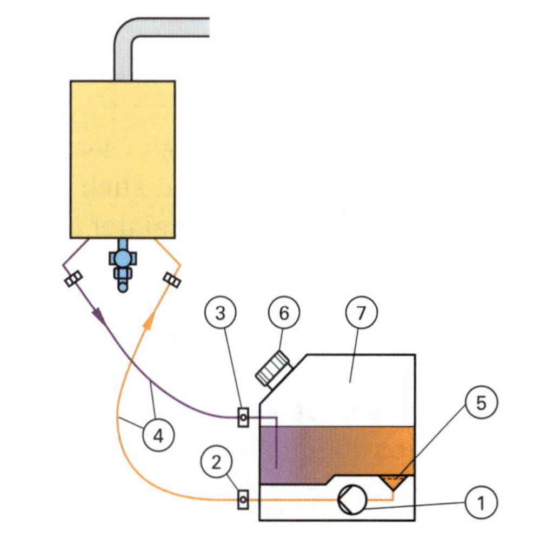

Bild 1: Entkalken eines TWE

2.2 Wie ließe sich die Störung beheben, läge die Ursache im Verbrennungsbereich?

2.3 Welche Maßnahme wäre erforderlich, hätten Sie den Eindruck, die Flammhöhe sei zu niedrig?

2.4 Welche Ursache könnte vorliegen, wenn die gasseitige Einstellung stimmt, das Trinkwasser aber trotz richtig eingestellter Durchflussmenge nicht ausreichend erwärmt wird?

2.5 Welche Ursache bleibt, wenn bei Wärmetauscher und Brenner keine Verschmutzung vorliegt und die Geräteeinstellung stimmt, und wie lässt sich diese Störung beheben?

2.6 Benennen Sie die Punkte ① bis ⑦ der „Entkalkungspumpe" **(Bild 1)**.

2.7 Beschreiben Sie stichwortartig die Entkalkung des Wärmetauschers.

2.8 Welche UVV sind bei dieser Arbeit zu beachten?

3 Regenwasser-Nutzungsanlagen

Für die Regenwasser-Nutzungsanlage Ihres Kunden sollen Sie die Instandhaltungsmaßnahmen nach DIN 1989-1 übernehmen. Dabei sind auch die Inspektions- und Wartungsintervalle zu berücksichtigen.

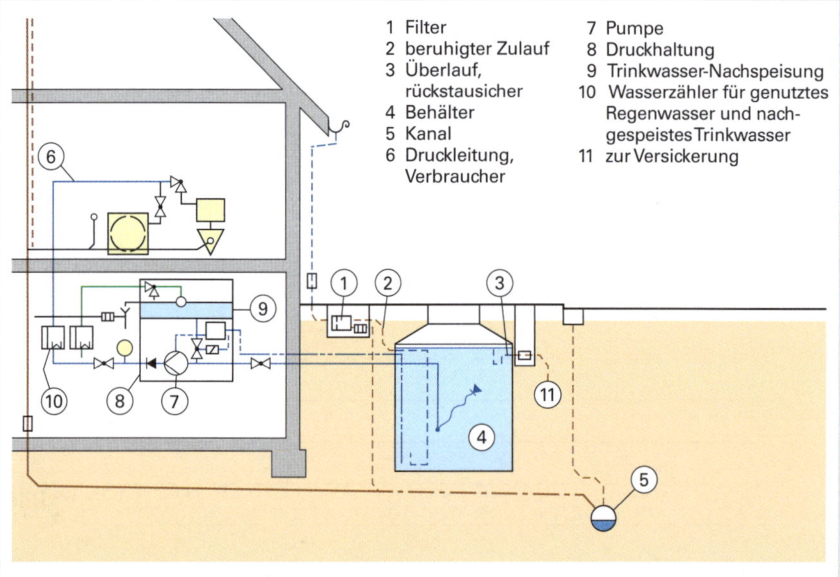

Bild 1: Regenwasser-Nutzungsanlage

3.1 Welche Anlagenteile sollte die Instandhaltung umfassen? Führen Sie die Bauteile in Fließrichtung des Regenwassers auf **(Bild 1)**.

3.2 Welche Inspektions- und Wartungsarbeiten erfordert der Regenwasserfilter?

3.3 Welche Tätigkeiten umfasst die Instandhaltung der Pumpenanlage?

3.4 Geben Sie die Tätigkeiten an, die für die Instandhaltung der Trinkwasser-Nachspeisung zu beachten sind.

3.5 Welche Anlagenteile sind bei der Instandhaltung von Anlagensteuerungen zu berücksichtigen?

3.6 Wie sind Regenwasser-Nutzungsanlagen bei Rückstaugefahr zu sichern?

4 Thermische Solaranlagen

Die schematisch abgebildete Solaranlage Ihres neuen Kunden dient zur Trinkwassererwärmung und ist mit vier Flachkollektoren ausgestattet. Die bivalente Anlage ist für sonnenfreie Zeiten mit einem Gas-Brennwertgerät ausgestattet. Sie erhalten von dem Kunden den Auftrag, die Instandhaltungsmaßnahmen für die Anlage zu übernehmen **(Bild 1)**.

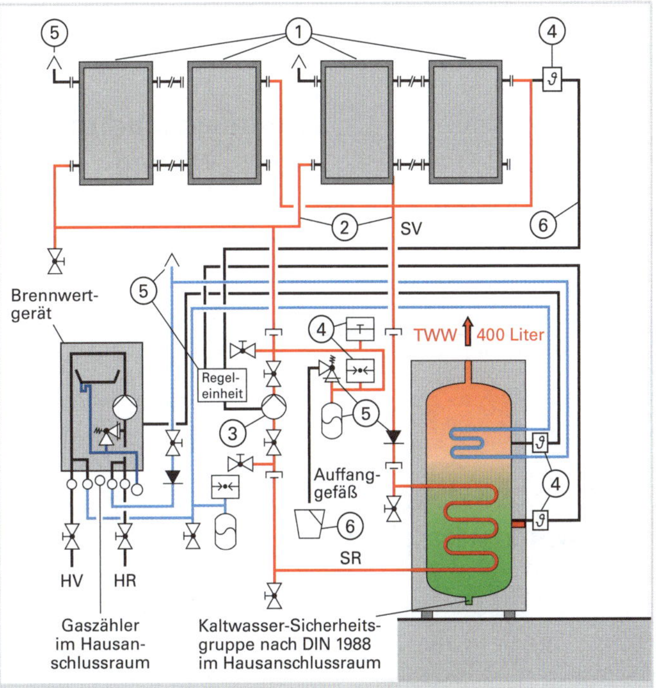

Bild 1: Bivalente Trinkwassererwärmung

4.1 Benennen Sie die Anlagenteile ① bis ⑥ der Solaranlage, bei denen wichtige Instandhaltungsarbeiten durchzuführen sind.

4.2 Weshalb soll man für die jährlichen Inspektions- und Wartungsarbeiten einen sonnigen Tag auswählen?

4.3 Welche Anforderungen werden an die Solarflüssigkeit als Wärmeträger (Arbeitsmittel) gestellt?

4.4 Worum handelt es sich bei der meistgebräuchlichen Solarflüssigkeit?

4.5 Ermitteln Sie mithilfe Ihres Tabellenbuches, welche Konzentration von Propylenglykol (Vol-%) die Solarflüssigkeit für die Flachkollektoren haben muss, wenn im Winter mit Temperaturen bis −21 °C zu rechnen ist.

4.6 Wie lässt sich feststellen, ob das Arbeitsmittel einer Solaranlage noch den Anforderungen entspricht?

4.7 Nennen Sie Inspektionsarbeiten, die an den Kollektoren durchzuführen sind.

4.8 Welche Wärmefühler sind für die Funktion der Anlage erforderlich und wie muss der Regler auf entsprechende Temperaturdaten reagieren?

Soziale Marktwirtschaft

Umgang mit Geld

1 Berufsbildung

1.1 In Deutschland erfolgt die Ausbildung in der Regel im dualen System. Erklären Sie, was darunter zu verstehen ist.

1.2 Nennen Sie je drei Vor- und drei Nachteile des dualen Systems.

Vorteile:

1
2
3

Nachteile:

1
2
3

1.3 Nennen Sie andere Ausbildungssysteme innerhalb von Europa, die ebenfalls zu einem qualifizierenden Abschluss führen.

1.4 Nennen Sie drei Gründe, die eine berufliche Umschulung notwendig machen können.

1.5 Weshalb wird es immer wichtiger, an beruflichen Fortbildungsveranstaltungen teilzunehmen?

2 Berufsausbildungsvertrag

2.1 In welchen Gesetzen wird in der BRD die Berufsbildung geregelt?

2.2 Wer überwacht die Berufsausbildung? Nennen Sie drei Angaben, die ein Berufsausbildungsvertrag mindestens enthalten muss.

2.3 Wer sind die Vertragspartner in einem Ausbildungsvertrag? Benennen Sie je drei Pflichten der beiden Vertragsparteien.

Vertragspartner

______________________ ______________________

Pflichten:

1 ______________________ 1 ______________________
2 ______________________ 2 ______________________
3 ______________________ 3 ______________________

____
____

2.4 Nennen Sie die drei Möglichkeiten, unter denen ein Ausbildungsvertrag gekündigt werden kann, und beschreiben Sie je ein Beispiel für eine Kündigung.

1 ____
2 ____
3 ____

zu 1: ____
zu 2: ____
zu 3: ____

2.5 Begründen Sie, weshalb das Führen des Ausbildungsnachweises und die Bestätigung durch Unterschriften für beide Vertragsparteien von entscheidender Bedeutung sein kann.

____
____
____
____

3 Arbeitsplatz

3.1 Nennen Sie drei positive und drei negative Einflüsse, die sich bei der Arbeitsplatzgestaltung auf die Leistungsfähigkeit eines Arbeitnehmers auswirken.

Positiv:

1 ______________________
2 ______________________
3 ______________________

Negativ:

1 ______________________
2 ______________________
3 ______________________

3.2 Erklären Sie an einem Beispiel den Begriff „Mobbing“ am Arbeitsplatz.

____
____
____
____

3.3 Welche Auswirkungen hat das Betriebsklima auf die Arbeitsleistung? Nennen Sie drei Beispiele.

____
____
____

4 Arbeitsschutz

4.1 Man unterscheidet den technischen und den sozialen Arbeitsschutz. Nennen Sie dazu jeweils drei Verordnungen oder Gesetze.

Technischer Arbeitsschutz:

1 ______________________
2 ______________________
3 ______________________
4 ______________________

Sozialer Arbeitsschutz:

1 ______________________
2 ______________________
3 ______________________
4 ______________________

4.2 Nennen Sie jeweils drei Beispiele, die in den von Ihnen genannten Verordnungen oder Gesetzen geregelt sind.

____
____
____
____

4.3 Wer ist für die Einhaltung der Schutzvorschriften zuständig?

____
____
____

4.4 Nennen Sie die häufigsten Ursachen (4), durch die in Ihrem Beruf Arbeitsunfälle passieren können.

____
____
____
____
____

4.5 Wer kontrolliert und überwacht die Einhaltung der Unfallverhütungsvorschriften?

____
____

4.6 Nennen Sie fünf Bestimmungen, die im Jugendarbeitsschutz aufgeführt sind.

____
____
____
____
____

4.7 Welche Möglichkeiten hat ein jugendlicher Auszubildender, wenn in seinem Betrieb häufig gegen das Jugendarbeitsschutzgesetz verstoßen wird?

____
____
____
____
____

5 Sozialversicherungen

5.1 Nennen Sie vier verschiedene Arten von Sozialversicherungen. Wer bezahlt dafür die notwendigen Beiträge?

5.2 Wie heißen die einzelnen Sozialversicherungsträger? Führen Sie jeweils zwei Leistungen auf, die dort abgerechnet werden können.

	Name:	**Leistungen:**
1		
2		
3		
4		

5.3 Nennen Sie vier private Zusatzversicherungen.

1
2
3
4

5.4 Wodurch unterscheiden sich die Sozialversicherungen von den privaten Zusatzversicherungen?

6 Vertragsrecht

6.1 Erklären Sie den Unterschied zwischen Rechtsfähigkeit und Geschäftsfähigkeit.

6.2 Benennen Sie die verschiedenen Stufen der Geschäftsfähigkeit. Geben Sie die Altersstufen und die Gültigkeit der Rechtsgeschäfte an.

6.3 Wie entsteht ein Kaufvertrag, welche Pflichten ergeben sich für beide Seiten daraus? Nennen Sie vier Möglichkeiten, unter denen Sie von einem Kaufvertrag zurücktreten können.

6.4 Nennen Sie je vier Möglichkeiten, die die beiden Vertragspartner bei Nichterfüllung der vereinbarten Leistungen haben.

6.5 Nennen Sie außer dem Kaufvertrag vier weitere Vertragsarten.

1
2
3
4

6.6 Beschreiben Sie die Unterschiede zwischen einem Mietvertrag und einem Leihvertrag.

6.7 Wie lange dauern die Verjährungsfristen, bei

- einem Grundstückskauf,
- Mängeln an Bauwerken,
- Handwerkerrechnungen,
- mangelhaften Lieferungen?

6.8 Nennen Sie vier Möglichkeiten wodurch eine Verjährungsfrist unterbrochen oder gestoppt werden kann.

7 Arbeitsrecht

Arbeitsvertrag

7.1 Unter welchen Voraussetzungen kommt ein Arbeitsvertrag zustande und welche Unterlagen müssen von Ihnen dem Arbeitgeber ausgehändigt werden?

7.2 Nennen Sie fünf Vertragsinhalte, die in der Regel bei einem Einstellungsgespräch ausgehandelt werden können.

7.3 Nennen Sie drei Rechte des Arbeitnehmers und drei Rechte des Arbeitgebers, die sich aus einem Arbeitsvertrag ergeben.

Arbeitnehmer: ____________________

____

Arbeitgeber: ____________________

____

7.4 Erläutern Sie den Begriff „befristetes Arbeitsverhältnis".

____

____

____

7.5 Wodurch kann ein Arbeitsverhältnis beendet werden und welche Fristen sind dabei zu beachten?

____

____

____

7.6 Welche Personengruppen genießen einen allgemeinen und welche einen besonderen Kündigungsschutz?

Allgemein: ____________________

Besonderer: ____________________

Tarifvertrag

7.7 Nennen Sie drei Arten von Tarifverträgen. Von welchen Parteien werden diese ausgehandelt?

____

____

____

____

7.8 Erklären Sie die Begriffe „Tarifautonomie", „Friedenspflicht" und „Unabdingbarkeit des Tarifvertrages".

a) ____________________

____

b) ____________________

____

c) ____________________

____

7.9 Welche Möglichkeiten haben die Vertragsparteien, um ihre Forderungen durchzusetzen und welche Folgen haben diese Maßnahmen für die Volkswirtschaft?

Möglichkeiten: ____________________

____

Folgen: ____________________

____

Betriebsvereinbarungen

7.10 Zwischen welchen Parteien können Betriebsvereinbarungen abgeschlossen werden?

____

7.11 Wodurch unterscheiden sich Tarifverträge von Betriebsvereinbarungen?

____

____

7.12 Nennen Sie fünf Inhalte, die in Betriebsvereinbarungen geregelt werden können.

Interessenvertretung

7.13 Nennen Sie die Gesetze, in denen die Interessenvertretungen der Arbeitnehmer geregelt sind.

7.14 Nennen Sie drei verschiedene Interessenvertretungen der Arbeitnehmer. Wann können diese in einem Betrieb eingerichtet werden?

7.15 In welchen Angelegenheiten hat der Betriebsrat ein Mitbestimmungsrecht?

7.16 Bei welchen betrieblichen Maßnahmen hat der Betriebsrat nur ein eingeschränktes Mitbestimmungsrecht?

Arbeitsgericht

7.17 Nennen Sie vier Streitigkeiten, für welche die Arbeitsgerichte zuständig sind.

7.18 Welcher Instanzenweg ist beim Arbeitsgericht zulässig und wie beginnt in der Regel ein Verfahren in der 1. Instanz?

7.19 Aus welchen Personen setzt sich das Landesarbeitsgericht zusammen und durch wen können Sie sich vor diesem Gericht vertreten lassen?

7.20 In der Regel werden Arbeitsgerichtstermine recht kurzfristig angesetzt und die Kosten für den Rechtsstreit sind relativ niedrig. Begründen Sie diesen Sachverhalt.

8 Umgang mit Geld

Zahlungsarten

8.1 Nennen Sie die drei verschiedenen Zahlungsarten.

8.2 Beschreiben Sie den Unterschied zwischen den einzelnen Zahlungsarten.

8.3 Was versteht man unter dem Begriff „moderner Zahlungsverkehr“ und unter welchen Voraussetzungen darf man daran teilnehmen?

8.4 Erklären Sie die Begriffe „Homebanking“ und „Telebanking“. Welche Vor- und Nachteile bieten diese Systeme?

8.5 Was versteht man unter dem Begriff „Plastikgeld“ und welche Zahlungskarten sind dafür möglich?

8.6 Kreditkarten verdrängen immer mehr die Bargeldzahlung.

a) Beschreiben Sie je drei Vor- und Nachteile beim Umgang mit Kreditkarten.

b) Wodurch sind Kreditkarten gegen Betrug geschützt?

Kaufkraft

Das statistische Bundesamt nennt für den Monat März 20XX einen Anstieg der Lebenshaltungskosten um 1,9 % zum Vormonat. Preistreiber waren z. B. Benzin, leichtes Heizöl, Gas und Strom.

8.7 Welche Ursachen haben Kaufkraftveränderungen und wovon sind diese abhängig?

8.8 Wie wird der Verbraucherindex ermittelt?

8.9 Erklären Sie den Begriff „Warenkorb" und benennen Sie die fünf hauptsächlichen Güterarten oder Gütermengen, die darin enthalten sind.

8.10 Welche Ursachen und welche Folgen können starke Kaufkraftschwankungen haben?

8.11 Welche Auswirkungen hat ein steigender Wechselkurs des Euro gegenüber dem US-Dollar für

a) den Export?
b) den Rohölpreis?
c) eine Urlaubsreise nach USA?
d) einen Autokauf in Deutschland?

8.12 Von welcher Institution wird der Wechselkurs des Euro festgelegt?

Sparen und Finanzieren

8.13 Weshalb ist auch in der heutigen Gesellschaft das Sparen noch wichtig?

8.14 Nennen Sie vier verschiedene Möglichkeiten, wie Geldvermögen gespart werden kann. Welche Faktoren sollten bei den verschiedenen Sparformen beachtet werden?

8.15 Nennen Sie drei verschiedene Kredit- oder Darlehensarten für Privatpersonen.

8.16 Worauf ist beim Vergleich von Kreditangeboten besonders zu achten?

8.17 Erklären Sie die Zeitungsüberschrift „Zunahme der Privatinsolvenz im letzten Jahr um 15 %".

8.18 Beschreiben Sie, wie eine Verbraucherinsolvenz abgewickelt werden kann.

9 Lohnformen

9.1 Nennen Sie drei verschiedene Lohnformen.

9.2 Wie wird der Bruttolohn berechnet, beim

Stückgeldakkord,

Stückzeitakkord?

9.3 Erklären Sie den Begriff „Beteiligungslohn". Welche Varianten werden unterschieden?

9.4 Nennen Sie drei soziale Gesichtspunkte, die bei einer gerechten Entlohnung berücksichtigt werden sollten.

9.5 Wodurch unterscheiden sich

Bruttolohn,

Nettolohn,

Ausbezahlter Lohn?

9.6 Was sind Lohnnebenkosten (Personalzusatzkosten)? Nennen Sie sechs Beispiele, die dazu gehören.

9.7 Inwieweit wirken sich die Lohnnebenkosten in deutschen Unternehmen negativ im internationalen Wettbewerb aus **(Bild 1)?**

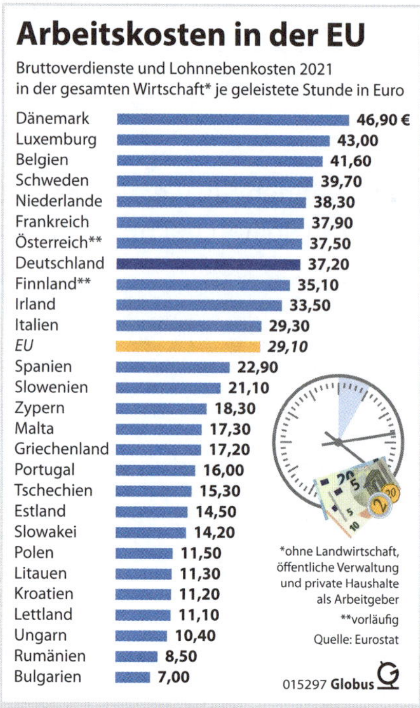

Bild 1: Arbeitskosten im Vergleich

9.8 Erklären Sie die Begriffe „ Nominallohn" und „Reallohn".

Nominallohn: ______________________________

Reallohn: ______________________________

9.9 Durch welche Faktoren kann die Arbeitsproduktivität in einem Betrieb sowohl positiv wie negativ verändert werden? Nennen Sie drei Beispiele.

Positiv: ______________________________

____

Negativ: ______________________________

____

10 Soziale Marktwirtschaft

Angebot und Nachfrage

10.1 Nennen Sie je einen anderen Begriff für „Angebot" und „Nachfrage". Welche Ziele verfolgen dort Verkäufer und Käufer?

____

____

____

10.2 Zählen Sie fünf verschiedene Marktarten auf. Womit wird dort gehandelt?

____

____

____

____

____

10.3 Wie kommt der Preis einer Ware am Markt zustande und was versteht man unter einem Gleichgewichtspreis?

____

____

____

10.4 Welche negativen Auswirkungen hat ein Oligopol auf den Markt?

____

____

Konzerne/Kartelle

10.5 Erklären Sie den Begriff „Kartell" und nennen Sie verschiedene Kartellarten.

____

____

____

____

10.6 Welche Nachteile können für den Verbraucher durch die Kartelle entstehen und wer überwacht dies in der BRD?

____

____

____

____

10.7 Nennen Sie eine andere zulässige Form von Unternehmens-Zusammenschlüssen und deren Struktur, die vom Bundeskartellamt überwacht werden.

10.8 Nennen Sie je zwei mögliche Vorteile und Nachteile, die durch Konzerne entstehen können.

Soziale Marktwirtschaft

10.9 Nennen Sie die Hauptunterschiede von der „Freien Marktwirtschaft" und der „Zentralen Verwaltungswirtschaft" zur „Sozialen Marktwirtschaft".

10.10 Zählen Sie vier Bereiche auf, mit denen der Staat lenkend in die Soziale Marktwirtschaft eingreift. Und welche Ziele werden damit verfolgt?

10.11 Erklären Sie den Begriff „Soziales Netz" und nennen Sie dazu sechs Beispiele.

10.12 Aus welchen Faktoren wird das Bruttoinlandsprodukt (BIP) ermittelt und wofür wird es benötigt?

10.13 Wodurch unterscheidet sich das nominale BIP vom realen BIP?

10.14 Nennen Sie je vier Bereiche, durch die das BIP erarbeitet wird. Und wofür wird es verwendet?

10.15 Wie und von wem werden die sozialen Sicherungssysteme finanziert?

10.16 Die Einnahmen des Staates bestehen im Wesentlichen aus Steuern und Zöllen. Nennen Sie die sieben höchsten Steuern und drei Zollarten.

Steuern: ______________________________

____

Zölle: ______________________________

____

10.17 Nennen Sie drei weitere Einnahmequellen des Staates.

____

____

10.18 Welche Ziele verfolgt der Staat durch seine Wirtschaftspolitik?

____

____

10.19 Welches sind jeweils die drei größten Ausgabenbereiche bei

Bund, ______________________________
Ländern, ______________________________
Gemeinden? ______________________________

10.20 Welche Steuereinnahmen erhalten Bund, Länder und Gemeinden gemeinsam?

____

____

10.21 Welche Arten von Steuereinnahmen sind für

Bund, ______________________________
Länder, ______________________________
Gemeinden? ______________________________

Steuererklärungen/Einkommensteuer

10.22 Nennen Sie die Personenkreise, die Lohn- bzw. Einkommensteuer an das Finanzamt abzuführen haben.

____

____

10.23 Welche Einkünfte sind nicht steuerpflichtig?

____

____

10.24 Die Berechnung der Lohnsteuer erfolgt nach Steuerklassen. Nennen Sie die Arbeitnehmer, die in Steuerklasse I, III bzw. V eingestuft werden.

a) Steuerklasse I: ______________________________
b) Steuerklasse III: ______________________________
c) Steuerklasse V: ______________________________

I Arbeitsplanung

1 Werkstofftechnik und Bauphysik

1.1

1 Stahlblech, verzinkt	α = 0,0115 mm/(m · K)	4 Titanzink	α = 0,022 mm/(m · K)
2 Edelstahl, rostfrei	α = 0,016 mm/(m · K)	5 Aluminium	α = 0,0238 mm/(m · K)
3 Kupfer	α = 0,0165 mm/(m · K)		

1.2 Kupfer: sehr gute Wärmeleitfähigkeit, λ = 393 W/(m · K);
Polystyrolschaum: sehr schlechte Wärmeleitfähigkeit, λ = 0,040 W/(m · K);
Die Wärmeleitfähigkeit ist das Maß für die Fähigkeit eines Stoffes, Wärmeenergie in sich zu leiten. Sie wird angegeben in Watt (W) je Meter (m) und Kelvin (K).

1.3 Die Streckgrenze ist die größtmögliche Zugspannung im Werkstück, ohne dass sich der Werkstoff bleibend verformt. Die Mindestzugfestigkeit ist die größtmögliche Zugspannung im Werkstück mit bleibender Verformung.

1.4 Asbestzement setzt beim Auflösen der Oberfläche oder in Bruchstellen Astbestfasern frei, diese sind krebserregend. Sie dürfen nicht eingeatmet werden. Kritisch sind ebenfalls Rückstände von Schleifstaub (Trennschleifer), der von der früheren Verarbeitung noch am Montageort liegt.

1.5 a) Messing: aus Kupfer und Zink Rotguss: aus Kupfer, Zink, Zinn und Blei
b) Rotguss ist korrosionssicherer bei der Verwendung in der Trinkwasserinstallation.

1.6 a) Weichlote für Klempnerarbeiten: aus Zinn und Blei, hellgrau, Lieferform: weiche Stangen,
Weichlote für die Kupferrohrinstallation: aus Zinn und Kupfer oder Silber, hell glänzend, Lieferform: auf Rollen.
b) Hartlote für die Kupferrohrinstallation: Phosphorlote aus Kupfer, (Silber), Phosphor, kupferfarbig, Lieferform: harte Stäbe; Silberlote aus Kupfer und Silber, silbrig glänzend, Lieferform, dünne Stäbe.

1.7 Thermoplast wird bei der Erwärmung weich, wird bei höherer Temperatur teigig, wie z. B. PE, PP. Thermoplaste sind in der Regel schweiß- und klebbar. PE kann in der Praxis nicht geklebt werden, vernetztes PE ist auch nicht mehr schweißbar. Duroplaste bleiben bei Erwärmung hart, sie werden durch Kleben verbunden. Beispiele für Thermoplaste: HT-Rohr, unvernetzte Trinkwasserrohre. Duroplaste: WC-Sitz, Acryl-Badewanne.

1.8 Ablagerungen von Schmutzteilchen, unvollständige oder abplatzende Schutzschichten führen zur Bildung von kleinen, elektrischen Spannungsunterschieden, die zur Zerstörung des Rohres führen können.

1.9 Liegt der Montageort an einer Trennwand zu einer Nachbarwohnung, ist die Mindestmasse der Wand an der Montagestelle 220 kg/m^2. Kann man die Befestigung an dieser Wand umgehen? Falls nicht, sind alle Befestigungen mit Schall schützenden Teilen auszuführen, Armaturen in der Armaturengruppe I.

1.10 Einbau einer zertifizierten Brandschutzmanschette, umhüllen des Rohres im Deckenbereich mit einer Brandschutzmatte nach Herstellerangabe.

2 Fertigungstechnik

2.1 Trennstelle anzeichnen, Rohrabschneider ansetzen, Schneidrädchen unter Drehen des Rohrabschneiders zustellen, nicht zu stark zustellen, mit Gefühl arbeiten. Innengrat entfernen.

2.2 Außen: Zugspannung, Dehnung des Werkstoffs; innen: Druckspannung, Stauchung; Mitte: neutrale Faser, ohne Veränderung.

2.3 Bördeln: Stauchung des Werkstoffs, Schweifen: Dehnung des Werkstoffs.

2.4 Flaschen gegen Umfallen sichern, Entnahme aus Azetylenflasche nur mit Flaschenkopf nach oben. Druckminderer Sauerstoff mit Überwurfmutter (Schraubenschlüssel verwenden), Gas mit Bügel anschließen, Dichtungen kontrollieren. Sind Rückschlagsicherungen vorhanden? Sind die Schläuche mit Griffstück in Ordnung und dicht angeschlossen? Ventile an Flaschen und Druckminderer aufdrehen, Dichtheit kontrollieren. Sauerstoff- und Azetylen-Arbeitsdruck bei strömendem Gas einstellen (Sauerstoff 2,5 bar/Azetylen etwa 0,4 bar).

2.5

AW aus PE:	Spiegelschweißen, E-Muffen, Steckmuffen
TW aus PVC:	Kleben (Quellschweißen), Klemmverschraubung
TW aus PE-X:	Klemm- oder Quetschverschraubung, Pressverbindung

2.6 Rohrende entgraten, weiche Rohre ggf. kalibieren, Rohrende außen und Muffe innen reinigen (Vlies), Lötpaste (Flussmittel) dünn auf das Rohrende außen auftragen, zusammenstecken und überflüssige Lötpaste entfernen. Mit weicher Flamme die Lötstelle erwärmen, bis die Lötpaste silbrig glänzt, Flamme abwenden, Lot gleicher Zusammensetzung wie die Paste zuführen; verbrauchte Länge vom Lot entspricht etwa dem Rohrdurchmesser. Lötstelle abkühlen lassen, Flussmittelreste entfernen.

2.7 Weichlöten ist aus Brandschutzgründen nicht zulässig. Das Lot würde im Brandfall aus der Lötstelle fließen, Gas könnte ausströmen.

3 Darstellungen

3.1 Pfeil zeigt auf Naht, 311 = Gasschweißen mit Azetylen und Sauerstoff, II = I-Naht, Kreis im Knick = umlaufende Naht

3.2 1 Rohrdurchbruch 15 cm Durchmesser, 2 Wandschlitz 76 cm breit, 126 cm hoch, 12 cm tief, 3 Wanddurchbruch 37,5 cm breit, 24 cm hoch, 4 Wandschlitz 24 cm breit, 76 cm hoch, 12 cm tief, 5 Deckendurchbruch 24 cm breit, 12 cm tief, 6 Deckendurchbruch 37,5 cm breit, 24 cm tief, 7 Oberkante Fertigfußboden, 8 Oberkante Rohfußboden 10 cm unter Oberkante Fertigfußboden.

3.3

1 Druckregelgerät (Gas)	2 Strömungswächter (Gas)	3 Abgasleitung
4 Magnetventil	5 Sicherheitsventil	6 Abwasser-Lüftungsleitung
7 Kellerentwässerungspumpe	8 Druckmessgerät	9 Wasserzähler
10 Geschirrspülmaschine		

3.4 Heizkörperanschluss

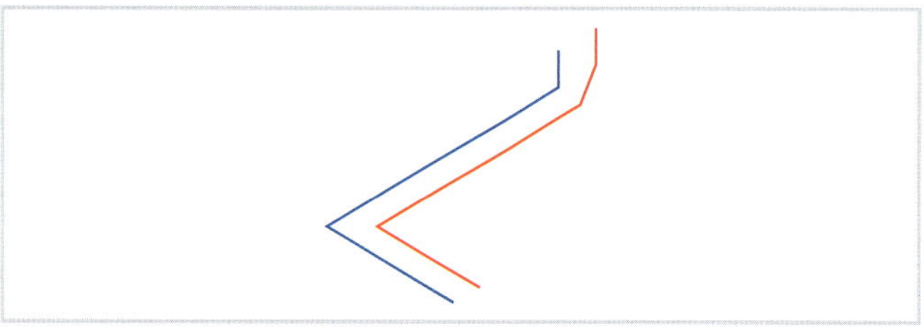

3.5 a) Quetschverbindung
b) 4 Stück Cu-Lötbogen 90° 15 mm
1 Stück Cu-Lötbogen 45° 15 mm (Alternative: Biegen)

4 Berechnungen

4.1 a) 5 m
b) Jeweils 2 Rohre 12 × 1 und 15 × 1 sind erforderlich.
c) 12 × 1: 5 m – (3 · 1,26 m + 0,74 m) = 0,48 m (Rest 1. Rohr)
5 m – (2 · 0,80 m + 1,05 m + 2,05 m) = 0,30 m (Rest 2. Rohr); 2 Rohre 12 × 1 nötig
15 × 1: 5 m – (3,47 m + 1,12 m) = 0,41 m (Rest 1. Rohr)
5 m – (1,12 m + 2 · 0,92 m + 3 · 0,12 m) = 1,68 m (Rest 2. Rohr); 2 Rohre 15 × 1 nötig

4.2 a) Teilungslänge l = 7,40 m – 2 · 0,60 m l = 6,20 m
Anzahl der Teile $n = l/a$ n = 6,20 m : 1,30 m n = 5 (4,8) aufgerundet
Genauer Abstand $a = l/n$ a = 6,20 m : 5 **a = 1,24 m**
b) Anzahl der Rohrschellen $N = n + 1$ **N = 6 Stück**

4.3 $l = l_1 + l_2 + l_3$ l_1 = 720 mm – 2 · 45 mm l_1 = 630 mm
l_2 = 200 mm – 2 · 45 mm l_2 = 110 mm
$l_3 = d \cdot \pi/2$ l_3 = 90 mm · π/2 l_3 = 141,4 mm **l = 881,4 mm**

4.4 a) $A_1 = D \cdot D \cdot \pi/4$ A_1 = 10 mm · 10 mm · π/4 **A_1 = 78,5 mm²**
b) $A_2 = d \cdot d \cdot \pi/4$ A_2 = 8 mm · 8 mm · π/4 **A_2 = 50,3 mm²**
c) $A_V = A_1 - A_2$ **A_V = 28,2 mm²** **A_V = 35,9 %**

4.5 v in l/m aus Tabellenbuch
a) V = 12 m · 0,314 l/m V = 3,77 l Zirkulation erforderlich, über 3 l Inhalt.
b) V = 7,20 m · 0,201 l/m V = 1,45 l Keine Zirkulation erforderlich, weniger als 3 l Inhalt.
c) V = 14 m · 0,133 l/m V = 1,86 l Keine Zirkulation erforderlich, weniger als 3 l Inhalt.

4.6 a) l = 320 mm + 2 · 75 mm l = 470 mm b = 220 mm + 2 · 75 mm b = 370 mm
Zuschnitt 500 mm × 400 mm
b) Umschlag **15 mm**
c) $V = l \cdot b \cdot h$ V = 3,2 dm · 2,2 dm · 0,75 dm **V = 5,28 dm³**
d) 1 Tafel = 2 · 5 Stück Es sind **5 Tafeln** nötig (1/2 Tafel als Rest).

4.7 a) D = 42 mm + 2 · 50 mm D = 142 mm $b = D \cdot \pi + 50$ mm **b = 496 mm**
b) n = 14 m : 0,95 m **n = 15 (14,7) Stück**
c) A = 15 m · 0,496 m **A = 7,44 m²**

4.8 a) $A = 2 \cdot l \cdot b/2$ A = 4,5 m · 1,3 m **A = 5,85 m²**
b) $A = l \cdot b$ A = 5 m · 3 m **A = 15 m²**
c) $A = L \cdot B - l \cdot b$ A = 5 m · 2,25 m – 2 m · 1,25 m **A = 8,75 m²**

II Systemanalyse und Instandhaltung

1 Werkstoffauswahl

1.1 DIN EN 1057, Rohrabmessung, DVGW-Prüfzeichen, Herstellerkennzeichung, RAL-Gütezeichen

1.2 Dreischichtiger Aufbau, mittlere Schicht aus Aluminium

1.3 a) Polyethylen, vernetzt b) Klemm- oder Pressverbindung

1.4 a) Blei b) Blei ist giftig, nach der Arbeit Hände waschen, keine Lötdämpfe einatmen.

2 Werkzeuge und Arbeitsverfahren

2.1 Zum Bohren in a) Stein, Beton b) Metall c) Holz, Spanplatten

2.2 a) Feine Zahnteilung, mindestens 24 Zähne/Zoll b) In Stoßrichtung

2.3 a) Schweifrand b) Sicke c) Umschlag d) Falz

3 Darstellungen

3.1 KFR-Ventil (Kombiniertes Freistromventil mit Rückflussverhinderer): Schutz des Trinkwassers,
Filter: Rückhalten von Verunreinigungen, Korrosionsschutz bei Kupfer- und verzinkten Stahlleitungen,
Druckminderer: Reduzieren und konstant halten des Drucks, Wasser sparen, Schallschutz.

3.2 **EG:** WT, **OG:** BD, WT

3.3 Absperrung, Rückflussverhinderer mit Prüfmöglichkeit, Manometeranschluss, Absperrventil, Sicherheitsventil

3.4 Isolierstück, Absperrhahn (HAE), Verschraubung, Druckregler mit Strömungswächter, Eckhahn

3.5 CE bedeutet „Communauté Européenne" (franz. für „Europäische Gemeinschaft"), gekennzeichnete Teile entsprechen Richtlinien der EG. DVGW ist die Deutsche Vereinigung des Gas- und Wasserfachs.

3.6 Zur Gartenzapfstelle

3.7 WC in EG und OG

3.8 Abwasser-Lüftungsleitung

3.9 Reinigungsstück

3.10 Gasabsperrhahn, thermisch erhöht belastbar (650 °C, 30 min. mit geringer Leckmenge).

III Kundenauftrag

1 Waschtischanschluss

1.1 **Vorteile:** Preisgünstig, leicht, schnell zu verarbeiten, kaum Inkrustationen.
Nachteile: Schlechtes Geräuschverhalten, brennbar.

1.2 Um Einspülung aus darüber liegenden Entwässerungsgegenständen zu verhindern, Reinigung durch Spirale vereinfacht.

1.3 Sifonanschlusswinkel DN 40, Bogen 45° DN 40, Rohr mit Muffe DN 40 500 mm, Abzweig DN 100/DN 40 88,5°

1.4 Mit Anschlussstopfen für Siphonanschlusswinkel DN 40/32 mm

1.5 Korrosionssicherheit, schnelle Verarbeitung

1.6 2 Stück T 20 × 16, 2 Stück Wandscheiben 16 × 1/2

1.7 Rohre trennen und entgraten (innen und außen), Dichtring des Fittings kontrollieren, zusammenstecken und Einstecktiefe markieren, mit zum System passender Presseinrichtung verpressen.

1.8 Mit einer passend gebogenen Loch-Schiene, Wandscheiben mit Gummieinlage zur Schiene verdrehsicher aufgeschraubt, Schalldämmung aufbringen.

1.9 Keine Mauer- und Gipserarbeiten erforderlich, sauberes Arbeiten, Arbeit ist durch den SHK-Fachmann im Anschluss an die Installation möglich, sofort zu fliesen.

2 Trinkwasserverteiler

Materialliste Trinkwasserverteiler

Datum: .... Bearbeiter: .... Blatt-Nr.: ....

Pos.	Menge	Bezeichnung	Werkstoff	Bemerkung
1	1	Reduziermuffe 1 × 3/4	Rotguss	Filter – DM
2	1	Übergangsmuffe 28 – 3/4	Edelstahl	DM – Ventil DN 15, Pressfitting
3	1	T-Stück 28	Edelstahl	DM – Ventil DN 15, Pressfitting
4	1	Übergangsmuffe 28 – 1/2	Edelstahl	DM – Ventil DN 15, Pressfitting
5	1	Bogen 90° 28	Edelstahl	Pressfitting
6	1	T-Stück reduziert 28 – 18	Edelstahl	Pressfitting
7	1	T-Stück reduziert 28 – 22	Edelstahl	Pressfitting
8	1	Reduzierstück 28 – 22	Edelstahl	Pressfitting
9	1	I-A Bogen 90° 22	Edelstahl	
		Alternativ: Horizontale Stecke nach DM in Rotguss (ohne Armaturen)		

3 Badrenovierung

3.1 Erfolgt eine zusätzlich Wärmedämmung der Wand? Heizkörperart und Farbe? Zusätzlicher Handtuchheizkörper mit E-Patrone?

3.2 Nischenhöhe und -tiefe unter der Fensterbank, Wandbeschaffenheit der Heizkörpernische? Sind Bohrkonsolen möglich?

3.3 Altes ungedämmtes EFH mit guten Fenstern: 150 W/m^2, höherwertiges EFH 15 Jahre alt: 100 W/m^2 als „sichere" Obergrenze fürs Bad.

3.4 Wandaufbau, Art der Aufhängung (Laschen am HK).

3.5 Anbindung mit Stahlrohr, Nabenabstand passt nicht, HK-Tiefe ergibt neuen Abstand der Anbindung

3.6 a) Je nach Art des Ventilkopfs: 24 °C oder eine entsprechende Einteilung,
b) Ventil würde öffnen, deshalb zudrehen bis Frostschutz,
c) Hängt von der Bausituation ab, Frostschutz bis Stufe 1.

4 Kesseltausch

4.1 Siehe **Bild 1**

4.2 Seitenwand-Kessel 71 cm (≥ 40 cm), Kessel-Speicher 14 cm (≥ 10 cm), Speicher-Seitenwand 17 cm (≥ 10 cm)

4.3 und **4.4** Siehe **Bild 1**

4.5 Rückschlagklappe, Druckmessgerät, Sicherheitsventil, Kappenventil, Ventil mit Rückflussverhinderer

4.6 Füllen und entleeren der Anlage.

4.7 Schnell und preisgünstig, spart Verschraubungen.

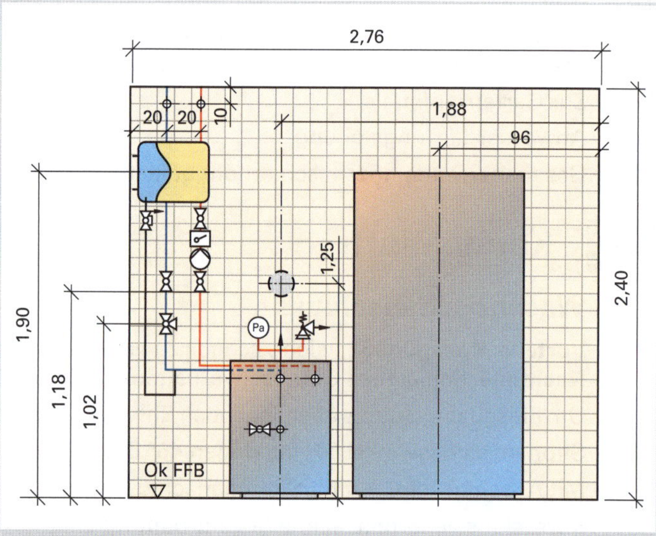

Bild 1: Montagewand

5 Kundengespräch

5.1 Maier Sanitär- und Heizungsbau, guten Morgen, Sie sprechen mit Herrn Müller.

5.2 Bemerken Sie den fehlenden Druck auch beim Füllen der Badewanne oder anderen Zapfstellen? Ist das Problem alt oder verschlechtert sich die Situation zusehends? Wurde das Wasser aus irgendeinem Grund vor kurzem abgestellt? Fabrikat und Typ des Trinkwasserfilters erfragen, falls nicht in Kundenkartei vorhanden (Kundenanschrift nicht vergessen).

5.3 Führung einer Kundenkartei, Dokumentation ausgeführter Arbeiten.

5.4 Anruf Kunde Weigand, Uhrzeit, Anschrift, Telefon. Mangelnder Wasserdruck, Problem verschärft sich. Vereinbarter Reparaturtermin, Rückrufmöglichkeit.

5.5 Filter nicht gewartet, Verkalkungen.

5.6 Filtereinsätze, neuen Filter.

5.7 Filtereinsatz, Stundenlohn, Fahrzeugpauschale, Mehrwertsteuer. Filterwechsel kann in 30 Minuten erledigt sein aber mit Zusatzarbeiten, wie z. B. Kontrolle des Druckminderers oder durch Undichtigkeiten an den Absperrventilen, ist zu rechnen.

I Arbeitsplanung

1 Werkzeuge und Geräte

1.1 Hammer: Stiel defekt, wackelt – befestigen oder austauschen.
Hammerbahn hat „Bart" — abschleifen, Fase anbringen.
Meißel: Schneide stumpf – schärfen; Bart: abschleifen und anfasen.
Feile: Heft lose – Heft fixieren.

1.2 a) Nicht verwenden, Reparatur durch E-Fachkraft veranlassen.
b) Die Maschine ist schutzisoliert, ohne Schutzleiter, die neue Anschlussleitung besitzt einen werkseitig dicht angeschlossenen Stecker.

1.3 a) Flaschen gegen Umfallen sichern, Entnahme aus der stehenden Azetylenflasche. Kontrolle der Schläuche und der Armaturen auf Beschädigungen. Anbau der Druckminderer, Sauerstoff-Druckminderer: Überwurfmutter mit Schraubenschlüssel anziehen, Azetylen-Druckminderer mit Bügel von Hand anbauen. Auswahl des Brenners nach Einsatzzweck. Öffnen der Ventile und Kontrolle der Dichtheit. Einstellen der Druckminderer bei strömendem Gas: Sauerstoff 2,5 bar, Azetylen etwa 0,4 bar. Gaseinstellung vorbereiten, Sauerstoffventil am Brenner zuerst, dann Azetylenventil öffnen. Brenner zünden.
b) Azetylenflasche mit Kopf nach oben? Kontolle der Druckminderer-Dichtungen am Flaschenanschluss. Sicherungen gegen Flammenrücktritt vorhanden? Zustand der Anlage, Dichtigkeit der Anschlüsse?

1.4 a) Kein Biegespray benutzt, Gerät alt.
b) Austausch des Andrückschuhs.

1.5 Schneidrädchen verbraucht, zu starkes Zustellen.

1.6 Anzeichnen einer senkrechten Linie mit der Wasserwaage, drehen um 180° (Libelle bleibt oben), anzeichnen der Senkrechten. Stimmen die Linien nicht überein, ist die Wasserwaage defekt.

1.7 Tausch der Scheibe je nach Arbeitszweck, dazu Netzstecker stets ziehen.

2 Elektrotechnik

2.1 Leitungen werden im Gebäude oder im Freien, Kabel im Erdreich oder Wasser verlegt.

2.2 L: schwarz, braun N: hellblau PE: grün-gelb

2.3 a) Eine bis mehrere Adern umhüllt mit einem Mantel aus Kunststoff.
b) Feste Verlegung in, auf, unter Putz, auch im Freien.

2.4 Mittlere PVC- oder Gummischlauchleitung (H05VV-F/H05RR-F) mit 3 Adern, $A \geq 1\ \text{mm}^2$.

2.5 Leitungen nur senkrecht oder waagerecht verlegen, 30 cm unter der fertigen Decke, 30 cm oder 1 m über dem fertigen Fußboden, 15 cm neben Raumecken.

2.6 Eingeschoben in auf Putz verlegtem Leerrohr oder in Kabelkanal eingelegt.

2.7 8 mm: $R \geq 4 \cdot d$ 8 bis 12 mm: $R \geq 5 \cdot d$

2.8 Erste Schelle im Abstand a = Biegradius + 50 mm von Richtungsänderungen, die weiteren Schellen müssen die Leitungen sicher tragen.

2.9 Ader kurz abisolieren, erster Hülsenlappen um die blanke Ader, den zweiten um das Ende der Isolierung legen und zusammenpressen.

2.10 Vermeiden des Aufspleißens der mehr- oder feindrähtigen Leiter.

2.11 Adern auf Klemmenlänge abisolieren, dabei PE-Leitung länger lassen, Aderenden verdrillen und Aderendhülsen aufpressen. Adern anklemmen, Zugentlastung so anklemmen, dass der Leitungsmantel etwa 2 mm nach innen übersteht.

2.12 In Wanne: 0; bis 2,25 m über Wanne: 1; 60 cm neben Wanne: 2.

2.13 IP = Schutzart (International Protection),
1. Kennziffer 4 Personenschutz gegen Zugriff mit Draht und Fremdkörperschutz $d \geq 1$ mm,
2. Kennziffer 4 Wasserschutz gegen Spritzwasser.

3 Darstellungen

3.1

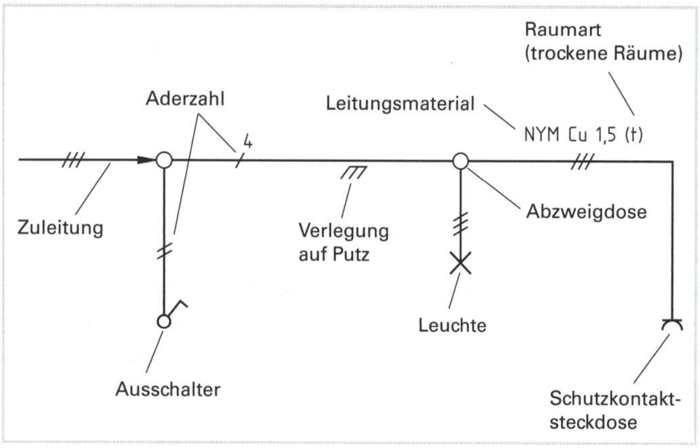

3.2

Leitung unter Putz	
Leitung mit 2 Leitern	
Schutzleiter PE	
Neutralleiter N	
Ausschalter, zweipolig	
Taster	
Einfachsteckdose mit Schutzkontakt	
Steckdose 3-fach	
Rasiersteckdose	
Leuchte, allgemein	
Warmwasserspeicher	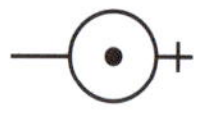
Waschmaschine	
Wäschetrockner	
Geschirrspülmaschine	

3.3

Anschlussklemme für Schutzleiter	
Abzweigdose	
Leuchte mit Glühlampe	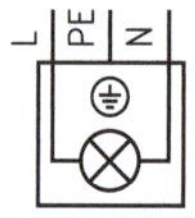
Leuchte mit Schutzisolierung	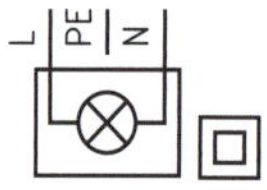
Schutzkontaktsteckdose	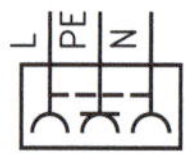

3.4

a) Übersichtsschaltplan

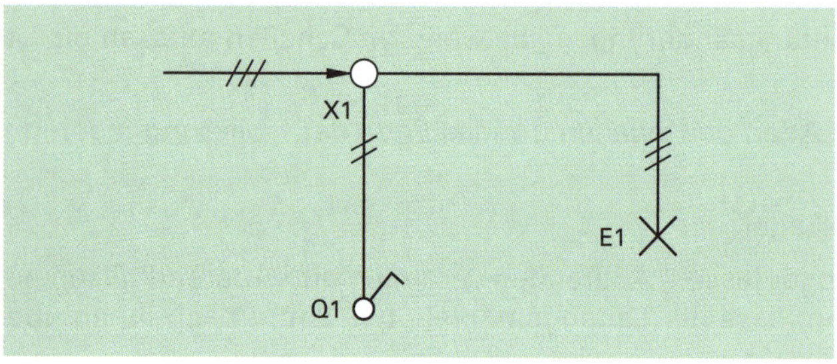

b) Stromlaufplan in zusammenhängender Darstellung

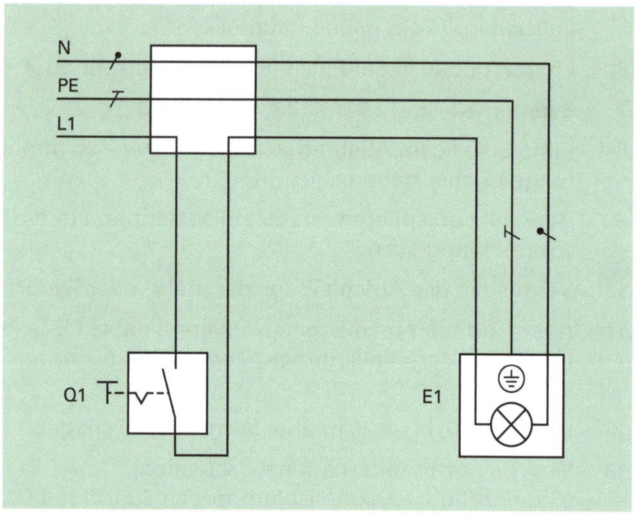

3.5 Über einen einpoligen Schalter mit Kontrollleuchte wird eine Leuchte mit Schutzleiteranschluss ein- und ausgeschaltet. Geschaltet wird der Außenleiter L1.

3.6 Stromlaufplan Badinstallation

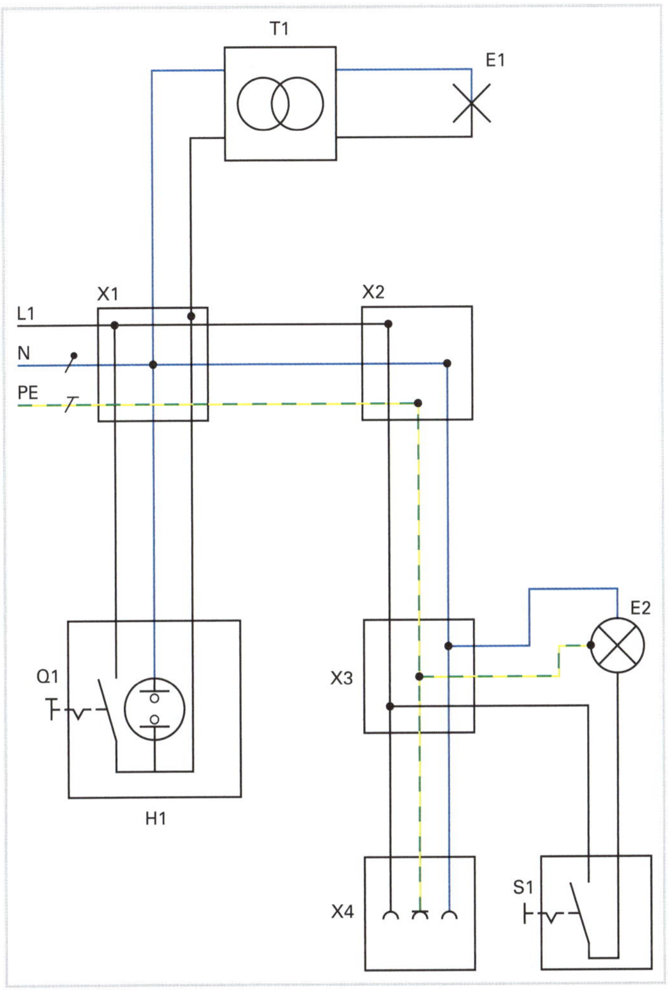

4 Berechnungen

4.1 $I = U/R$ $\quad I = 230\ \text{V}/80\ \Omega$ $\quad \boldsymbol{I = 2{,}875\ \text{A}}$

4.2 $P = U \cdot I$ $\quad P = 230\ \text{V} \cdot 4{,}35\ \text{A}$ $\quad \boldsymbol{P = 1000\ \text{W}}$

4.3 $I = P/U$ $\quad I = 3000\ \text{W}/230\ \text{V}$ $\quad \boldsymbol{I = 13\ \text{A}}$

4.4 $I = P/U$ $\quad I = 2000\ \text{W}/230\ \text{V}$ $\quad \boldsymbol{I = 8{,}7\ \text{A}}$
$R = U/I$ $\quad R = 230\ \text{V}/8{,}7\ \text{A}$ $\quad \boldsymbol{R = 26{,}4\ \Omega}$

4.5 $I = P/U$ $\quad I = (120\ \text{W} + 800\ \text{W} + 2000\ \text{W})/230\ \text{V}$
$\boldsymbol{I = 12{,}7\ \text{A}}$
Erforderlich sind 16 A.

Sollten Zusatzheizung und Heizlüfter gleichzeitig einschalten, reicht die Absicherung mit 10 A nicht mehr. Eine Änderung des Stromkreises durch Einbau einer neuen, stärkeren Sicherung ist Aufgabe einer Elektrofachkraft.

4.6 $P = U \cdot I$ $\quad P = 230\ \text{V} \cdot 16\ \text{A}$ $\quad \boldsymbol{P = 3680\ \text{W}}$

4.7 $I = P/U$ $\quad I = 2000\ \text{W}/230\ \text{V}$ $\quad \boldsymbol{I = 8{,}7\ \text{A}}$
3 Sicherungen zu je 10 A

4.8 a) $I_1 = P_1/U$ $\quad I_1 = 1500\ \text{W}/230\ \text{V}$
$I_1 = 6{,}5\ \text{A}$
$I_2 = P_2/U$ $\quad I_2 = 3200\ \text{W}/230\ \text{V}$
$I_2 = 13{,}9\ \text{A}$
$R_1 = U/I_1$ $\quad R_1 = 230\ \text{V}/6{,}5\ \text{A}$
$R_1 = 35{,}4\ \Omega$
$R_2 = U/I_2$ $\quad R_2 = 230\ \text{V}/13{,}9\ \text{A}$
$R_2 = 16{,}55\ \Omega$
$R_{ges} = R_1 + R_2$ $\quad R_{ges} = 35{,}4\ \Omega + 16{,}55\ \Omega$
$R_{ges} = 51{,}95\ \Omega$
damit $I_{ges} = U/R_{ges}$ $\quad \boldsymbol{I_{ges} = 4{,}43\ \text{A}}$

b) $U_1 = I_{ges} \cdot R_1$ $\quad U_1 = 4{,}43\ \text{A} \cdot 35{,}4\ \Omega$
$\boldsymbol{U_1 = 156{,}8\ \text{V}}$
$U_2 = I_{ges} \cdot R_2$ $\quad U_2 = 4{,}43\ \text{A} \cdot 16{,}55\ \Omega$
$\boldsymbol{U_2 = 73{,}3\ \text{V}}$

c) $P = I_{ges} \cdot U_{ges}$ $\quad P = 4{,}43\ \text{A} \cdot 230\ \text{V}$
$\boldsymbol{P = 1\ \text{kW}}$

4.9 $I = P/(U \cdot 1{,}73)$ $\quad I = 27\,000\ \text{W}/(400\ \text{V} \cdot 1{,}73)$
$\boldsymbol{I = 39\ \text{A}}$

4.10 $P = U \cdot I \cdot \cos\varphi$ $\quad P = 230\ \text{V} \cdot 0{,}31\ \text{A} \cdot 0{,}85$
$\boldsymbol{P = 60{,}6\ \text{W}}$

II Systemanalyse und Instandhaltung

1 Elektrogeräte, Haustechnik

1.1 a) RCD, Fehlerstrom-Schutzschalter, Thermoschutz gegen Überlast.

b) Beim Entnehmen höherer Leistungen die Leitung vollständig abwickeln, Beschädigungen durch E-Fachkraft reparieren lassen oder neue Kabeltrommel kaufen.

1.2

230 V	Nennspannung
50 Hz	Netzfrequenz
3,3 A	Nennstrom
710 W	Leistungsaufnahme
⧈	Gerät ist Schutzklasse II (schutzisoliert)

1.3 a) In der Abzweigdose ist der Leiter zum Notschalter und Heizkessel und an die geschaltete Beleuchtung angeklemmt.

b) Steckdose zur Kellerentwässerungspumpe über Notschalter ausgeschaltet (Schaltungsfehler).

c) Kontrolle der eingestellten Heizkurve, Außenfühler angeschlossen? Widerstandsmessung und Vergleich mit Sollwert bei entsprechender Temperatur (Montageanleitung).

d) Verbundrohr ist aus Kunststoff und deshalb nicht leitend, wird nicht angeschlossen.

2 Inspektion, Wartung und Instandsetzung

2.1 a) Ventil vor dem Wasserzähler schließen, Prüfschraube oder -ventil am KFR-Ventil vorsichtig öffnen, falls Wasserstrom endet, ist das KFR-Ventil dicht. Falls nicht, Rohrstrecke nach dem Ventil entleeren, falls noch Wasser kommt, kann auch das Ventil vor dem Wasserzähler undicht sein.

b) Oberteil abschrauben, bei gutem Zustand die Bauteile reinigen, Kalk abkratzen, gleitende Teile mit Armaturenfett einreiben, Dichtscheibe erneuern. Einfacher ist die Erneuerung des Oberteils.

2.2 a) Ablagerungen sind Brutstätten für Keime.
b) Fabrikat, Typ, Nennweite.
c) Arbeiten mit sauberen Händen und Werkzeugen, neue Filtertasse nur mit Hygienehandschuhen anfassen, Teile nur unter sauberem Wasser spülen.
d) Der Filterinnenraum ist stark verkrustet, kann zwar gereinigt werden. Eine neue Filtertasse wäre auch nicht sehr teuer. Es wurde aber festgestellt, dass sich die Filterglocke aus Kunststoff nicht mehr von Hand lösen lässt. Ein Tausch gegen neuen Filter wäre deshalb zu empfehlen.

2.3 a) 1 Rückflussverhinderer
2 Menbranausdehnungsgefäß
3 Wasserzähler (WC)
4 Magnetventil zur Trinkwasser-Nachspeisung
5 Freier Auslauf
b) Abpuffern von Druckspitzen zur sicheren Funktion des Druckschalters, Wasservorrat, damit die Pumpe bei Kleinmengen nicht anspringen muss.
c) Für die zur WC-Spülung benötigte Wassermenge ist eine Abwassergebühr zu bezahlen.

III Kundenauftrag

1 Heizungsnotschalter

1.1 Verlegung in einem starren Installationsrohr mit vorgefertigten Bögen.

1.2 Schutzleiter grün-gelb, Außenleiter schwarz, Neutralleiter hellblau, Aderenden in Klemmen geschützt. Bei Betätigung des Heizungsnotschalters wird Spannung freigegeben.

1.3 Mantelleitung NYM 3 × 1,5 mm^2

1.4 Anlagenteil frei schalten, Spannungsfreiheit prüfen, gegen Wiedereinschalten sichern, Bewohner informieren.

1.5 Besichtigen der ausgeführten Arbeiten, Anlage abgeschaltet, spannungslos; Prüfen des Schutzleiters und des Potenzialausgleichs, spannungslos, Sicherungen ausgeschaltet, Messen des Isolationswiderstandes (Leiter – PE) dazu am Verbraucher (L-N gebrückt).

1.6 Der Stromkreis wird erweitert, dies übersteigt den Arbeitsbereich der E-Fachkraft für festgelegte Tätigkeiten (SHK).

2 Reinigung Ölkessel

2.1 Schraubendreher-, Schraubenschlüssel-Satz, Sprühgerät, Reinigungskonzentrat für Klein-Ölkessel, Rußbürsten, Schmutz-Rußstaubsauger, Kabeltrommel, Handlampe, Taschenlampe, Atemschutz, Schutzbrille, Überzieh- oder saubere Tauschkleidung, Schutzfolie für Fußboden.

2.2 Energieeinsparung, Ruß bewirkt Energieverluste, Kontrolle der Verbrennungsqualität, Umweltschutz, störungsfreier Betrieb durch Tausch der Düse und des Ölfiltereinsatzes, kein Ärger mit dem Schornsteinfeger.

2.3 Mindestens 1 mal im Jahr.

2.4 Anlage stromlos machen, Betriebsschalter ausschalten, Brennstoffzufuhr sperren, Schalldämmhaube des Brenners abnehmen, Brennertüre abschrauben, falls vorhanden die Heizgasumlenkplatten herausnehmen, Heizgaszüge und Innenraum mit Bürste reinigen, aussaugen, Brennertürdichtung kontrollieren, Teile wieder anbauen.

2.5 Entfernen unbrennbarer Beläge, verringert die Korrosionsanfälligkeit des Brennraums, verringert die Neubildung von Belagschichten.

2.6 Spraydose schütteln, Feuerraum einsprühen, bis 15 Minuten einwirken lassen, Brenner einschalten und Kessel auf über 70 °C hoch heizen, 5 Minuten auf dieser Temperatur halten, Brenner abschalten, Feuerraum mit Bürste reinigen und aussaugen.

2.7 Kein Vergessen der Wartung, Voraussetzung für wenig Störungen, keine zusätzlichen Kosten, da der Schornsteinfeger kein zweites Mal kommen muss, Werksgarantie bleibt erhalten.

2.8 Wartungsarbeiten nach Checkliste und die damit zusammenhängenden Löhne, Fahrt und Nebenkosten.

2.9 Ersatzteile, Reparaturkosten, die entstehen, wenn z. B. nachweislich unsachgemäß Arbeiten durch Dritte an der Heizungsanlage ausgeführt wurden, Zuschläge für Nacht-, Sonn- und Feiertagsarbeiten.

3 Reparatur eines Absperrventils

3.1 Wann sind Sie daheim, damit ich die Reparatur ausführen kann? Wie alt ist die Anlage und welche Rohrwerkstoffe sind angeschlossen?

3.2 Ventiloberteile DN 20 und DN 25, Entleerungsventile verschiedener Ausführungen, Dichtungssatz mit Ventildichtscheiben und Oberteildichtungen, Armaturenfett, Hanf, Dichtpaste. Stahlbürste, Rohrzangen, Armaturenzange oder großer Rollgabelschlüssel, Hahnfräser.

3.3 Entfernen der Beläge an den Spindeln, Armaturenfett auftragen.

3.4 Ventil vor dem Abzweig zur Gartenleitung schließen, die anderen Stränge am Verteiler absperren, Gartenschlauch abmontieren, Gartenleitung entleeren.

3.5 Rollgabelschlüssel, Armaturenzange, Rohrzange falls neues Oberteil dabei.

3.6 Erneuerung des Oberteils, Kontrolle des Dichtsitzes, notfalls nachfräsen.

3.7 Armaturen und Sicherungsarmaturen im Arbeitsbereich (KFR-Ventil, Sicherung der Gartenleitung, Filter).

3.8 Ein Fachmann bietet die Gewährleistung für eine fachgerechte und sichere Reparatur und haftet für Fehler, wie z. B. Undichtigkeiten.

3.9 Eine direkte Verbindung Trinkwasser-Abwasser ist zum Schutz der Gesundheit der Hausbewohner verboten. Der Anschluss muss über einen freien Auslauf und einen Geruchverschluss erfolgen. Die Rückstausicherheit ist zu kontrollieren, ggf. Rückstauverschluss einbauen.

3.10 In der Regel baut man den Filter vor dem Druckminderer ein. Die Anordnung kann belassen werden, wenn das Sieb des Druckminderers nicht wiederholt verschmutzt.

4 Sanitärinstallation in einem Einfamilienhaus

4.1 Rückflussverhinderer: Insp. jährlich; Filter: Insp. 2-monatlich, Wartung Rückspülfilter 2-monatlich, andernfalls 6-monatlich Filterwechsel; Druckminderer: Insp. jährlich, Wartung 1 bis 3 Jahre. Kaltwasserzähler: Insp. monatlich, Wartung/Tausch alle 8 Jahre.

4.2 Sicherheitsventil zum Schutz des Solarspeichers vor zu hohem Druck.

4.3 Speicher mit 400 l erfordert ein SV mit mind. DN 20, vermutlich eingebaut ist ein SV mit Behälteranschluss DN 20, Abblaseleitung DN 25, Druckstufe 6 bar oder 8 bar.

4.4 Sie dient zur Entsorgung von Abwasserabläufen unter der Rückstauebene, ein Defekt führt zu Überschwemmung im Keller.

4.5 Anlagenteile, an denen der Betreiber selbst Inspektions- und Wartungsarbeiten ausführen darf, Zeitintervalle, zu den Teilen gehörende Bedienungsanleitungen der Hersteller (Beipackzettel).

5 Installation eines Kleinlüfters

5.1 Beschränkt auf Anschluss versorgungstechnischer Anlagen.

5.2 Lüfter mit eingebautem Nachlaufrelais.

5.3 IP = Schutzart (International Protection); 1. Kennziffer X Personenschutz nicht angegeben; 2. Kennziffer 4 Wasserschutz gegen Spritzwasser.

5.4 Der Schalldruckpegel ist eine physikalische Größe, angegeben in dB (Dezibel), seine Kennzeichnung ist durch ein Frequenzfilter (A) dem Hörempfinden des Menschen angepasst. 26 dB(A) sind leise.

5.5 Mantelleitung NYM 4 × 1 oder 4 × 1,5; Neutralleiter und 2 Außenleiter, PE nicht angeschlossen, da Ventilator schutzisoliert.

5.6

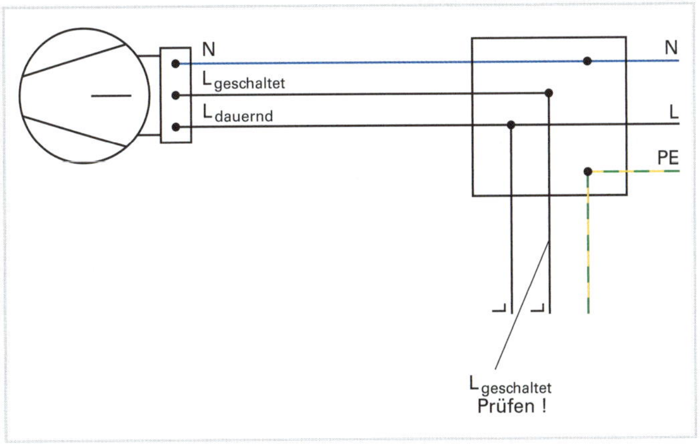

5.7 Geschalteter Außenleiter endet in Klemme, Kontrolle der Schaltfunktion durch Phasenprüfer oder Duspol.

5.8 Besichtigen der ausgeführten Arbeiten, Kontrolle des Stromlaufs und der Anschlussklemmen, Funktionsprüfung.

5.9 $W = P \cdot t$ $W = 8\ \text{W} \cdot 265\ \text{d} \cdot 2\ \text{h/d}$ $W = 5840\ \text{Wh}$

$K = W \cdot AP$ $K = 5{,}84\ \text{kWh} \cdot 0{,}20\ \text{€/kWh}$ $\mathbf{K = 1{,}17\ €}$

I Arbeitsplanung

1 Grundlagen

1.1 Anomalie des Wassers ⇒ größte Dichte bei + 4 °C:
Ausdehnung bei Erwärmung ⇒ Wasserbehälter können bei Erwärmung platzen,
Ausdehnung bei Abkühlung ⇒ Trinkwasseranlagen können bei Frost platzen.
Die Siedetemperatur des Wassers hängt ab vom umgebenden Druck ⇒ bei:
p = 1 bar ⇒ ϑ_S = 100 °C, p > 1 bar ⇒ ϑ_S > 100 °C, p < 1 bar ⇒ ϑ_S < 100 °C.
Zum Verdampfen von Wasser muss die „Verdampfungswärme" r (r = 627 Wh/kg) aufgewendet werden. Die Verdampfungswärme wird beim Kondensieren des Wasserdampfes wieder frei, was bei Brennwertgeräten genutzt wird.

1.2 Die Dichte des Wassers wird bei Erwärmung kleiner und bei Abkühlung größer. Kaltes Wasser sinkt nach unten, warmes Wasser steigt nach oben (Schwerkraftumlauf).

1.3 Als hydrostatischen Druck bezeichnet man den Druck, der durch die Gewichtskraft einer Flüssigkeitssäule entsteht.
$p_{hydr.} = h \cdot \varrho \cdot g$

1.4 Ruhedruck = statischer Druck = Druck, der vorliegt, wenn ein Medium nicht bewegt wird. Fließdruck ist der statische Restdruck, der vorliegt, wenn ein Medium bewegt wird. Fließdruck ≈ statischer Druck – Druckverluste.

1.5 Gesamtförderdruck (≙ Gesamtförderhöhe H_{ges}) = hydrostatischer Druck + Druckverluste durch Rohrreibung und Einzelwiderstände + erforderlicher Mindestfließdruck an der Entnahmestelle. $\Delta p_{ges} = \Delta p_{hydr} + \Delta p_{R+Z} + \Delta p_{min\,Fl}$

1.6 Wasser ist ein Lösemittel. Es kann Gase und Salze in Abhängigkeit von Wassertemperatur und pH-Wert lösen.

1.7 Nach DIN 2000 soll Trinkwasser sein: – frei von Krankheitserregern, – frei von gesundheitsschädlichen Stoffen, – keimarm, – appetitlich und klar, – geruchlos und geschmackvoll, – kühl (5 °C bis 15 °C), – bei gelösten Stoffen innerhalb der festgelegten Grenzwerte, – verfügbar in ausreichender Menge und ausreichendem Druck und es soll bei Bauteilen der Trinkwasseranlage keine Korrosionsschäden verursachen. Messung an der Entnahmestelle.

1.8 Trinkwasser darf sich im Bereich 6,5 ≤ pH ≤ 8,0 (9,5) bewegen.

1.9 Der pH-Wert ist eine Kennziffer, die die Konzentration der im Wasser enhaltenen H^+-Ionen angibt. Er lässt sich mit elektronischen Messgeräten oder auch mit Farbindikatoren ermitteln.

1.10 PE-HD, Klemmverbindung, PE-X, Klemmverbindung mit Stütz- und Schiebehülsen, PP-Heizelement-Muffenschweißen, PVC-C, Kleben, PB-Klemmverbindung, Heizelement-Muffenschweißen, Metall-Verbundrohr, Pressen, Edelstahl, Pressen.

1.11 „Hartes Wasser" enthält gelöste Kalzium- und Magnesiumverbindungen. Wasserhärte wird in mmol je Liter oder in °dH, nach dem Waschmittelgesetz in Härtestufen angegeben.

1.12 Für die Bestimmung der Wasserhärte ist ein Prüfset erforderlich. Der Gebrauch wird hier ausführlich beschrieben.

2 Wasserzählanlage, Verbrauchsleitungen

2.1 AV ⇒ Ventilteller schließt gegen die Fließrichtung des Wassers, Fließrichtung ist festgelegt. Die Spindel muss mehrmals gedreht werden.
AS ⇒ Schieberkeil, Schieberkolben oder Schieberplatte schließen quer (90°) zum fließenden Medium, Fließrichtung ist beliebig. Die Spindel muss mehrmals gedreht werden.
AH ⇒ durchbohrtes Drehteil (Kugel, Kegel) wird um 90° gedreht ⇒ auf/zu.
AK ⇒ drehbare Klappe wird um 90° gedreht ⇒ auf/zu.

2.2 PE-HD-Rohr ist besonders günstig für Erdverlegung, weil der Werkstoff: – korrosionsbeständig, – elastisch, – biegbar, – in großen Längen erhältlich und leicht zu verbinden ist.

2.3 Frostsichere Tiefe, Abstand zu Abwasser-Grundleitungen ≥ 1,00 m. Nicht tiefer legen als Abwasser-Grundleitungen, erdverlegte Leitungen nicht überbauen, Wanddurchführungen wasser-, gasdicht und elastisch, rund um die Rohrleitung im Abstand a ≥ 10 cm mit Sand verfüllen.

2.4 Tabelle 1: Beurteilung von Feinfiltern

Feinfilter	Vorteile	Nachteile
Rückspülbare Filter	Leicht zu reinigen, rückpülen, automatisches Rückspülen möglich, Leitung wird nicht geöffnet (Hygiene).	Filter wird nicht erneuert, Alterung.
Wechselfilter	Filter wird bei Wartung erneuert.	Leitung muss geöffnet werden, neuer Filter erforderlich, Filter nach längerer Zeit u. U. nicht mehr erhältlich.

2.5 Metallverbundrohr ist innen Kunststoffrohr ⇒ korrosionsbeständig, glatt, für Trinkwasser geeignet, in der Mitte Aluminiumrohr ⇒ gasdicht, mechanisch beständig, äußeres Kunststoffrohr ⇒ Korrosionsschutz gegen Baualkalien, unlösbare Verbindung ⇒ Pressen, lösbare Verbindung ⇒ Klemmringverschraubung.

2.6 Rohrwerkstoffe und Verbindungstechniken

Rohrart	Verbindungstechniken
Cu-Rohr	Pressen, (Hart- und) Weichlöten
Edelstahlrohr	Pressen
Gewinderohr verzinkt	Gewindeverbindung DIN EN 10242
PE-HD	Elektr. Muffenschweißen, Klemmringverbindungen
PE-X	Pressen, Klemmringverbindungen
PVC-U, PVC-C	Kaltschweißen
PP-R	Kaltschweißen, Klemmringverbindungen
PB	Muffenschweißen, Kaltschweißen, Klemmringverbindungen

3 Sicherung gegen Rücksaugen, Rückfließen und Rückdrücken von Nichttrinkwasser

3.1 Nichttrinkwasser kann durch Saugheberwirkung in die Trinkwasseranlage gesaugt werden. Saugheberwirkung entsteht, wenn ein hoch liegender Behälter zu einem tief liegenden Behälter eine leitende Verbindung hat (Rohr, Schlauch) und eine fallende Wassersäule Unterdruck erzeugt.

3.2 Rückfließen erfolgt bei geodätischem Höhenunterschied (Gefälle), Rückdrücken erfolgt bei höherem Druck, von Nichttrinkwasser- in Trinkwasseranlagen, wenn eine Verbindung entsteht.

3.3 Nach längeren Stillstandszeiten kann die Trinkwasserqualität durch in Lösung gehende Werkstoffe sowie durch Keimvermehrung in der Trinkwasserleitung negativ beeinflusst werden.

3.4 Bei WC, Urinal. Sicherungsmaßnahme erfolgt durch Systemtrennung mithilfe von freien Ausläufen AA, AB und freien Ausläufen mit Injektor AD (DIN EN 1717) oder freiem Auslauf und Rohrunterbrecher A1 (DIN 1988-100).

3.5 Ohne Additive ⇒ Trenner CA, Rohrtrenner GA (EA1) oder Sicherungskombination,
mit Additiven ⇒ Trenner BA, Rohrtrenner GB (EA2).

3.6 Freier Auslauf AA nach DIN EN 1717 ist ungehindert frei, freier Auslauf AF ist mit kreisförmigem Überlauf eingeschränkt.

3.7 Rohrbelüfter kombiniert mit einem Rückflussverhinderer HD zur Sicherung Flüssigkeitskategorie 1 bis 2 (DIN EN 1717), Sicherungskombination zur Sicherung Gefahrenklasse 1 bis 3 (DIN 1988-4).

3.8 Schlauchbrausen in Küche und Bad sind durch Rohrbelüfter kombiniert mit einem Rückflussverhinderer HD bzw. durch Sicherungskombination gegen Rückfließen und Rücksaugen zu sichern.

3.9 Einzelsicherung: jede Entnahmestelle muss der Gefährdungsklasse entsprechend eigensicher sein .
Sammelsicherung: Gruppen von Entnahmestellen werden der höchsten bestehenden Gefährdungsklasse entsprechend gemeinsam abgesichert (nicht mehr empfohlen).

4 Trinkwassernachbehandlung

4.1 Anteile von Kalzium, Magnesium und Kohlenstoff sind im richtigen Verhältnis als Kalziumhydrogenkarbonat $Ca(HCO_3)_2$ bzw. $Mg(HCO_3)_2$ im Wasser gelöst.

4.2 Das Kontrollstück ist leicht ausbaubar und dient zur Beurteilung des Rohrleitungssystems, ob zu viel Kalk, zu weiches Wasser, eine zu starke Konzentration in den Leitungen entstanden sind.

4.3 Dosieren von Phosphaten und Silikaten führt zur Stabilisierung des Lösungszustandes der Karbonathärte. „Wasserstein" fällt erst bei $\vartheta > 60$ °C aus. Bereits abgelagerter „Wasserstein" wird abgebaut.
Enthärtung durch Ionentausch ⇒ Ionen der Härtebildner Ca^{++} und Mg^{++} werden durch Na^{+}-Ionen ersetzt. Wenn das Austauscherharz gesättigt ist mit Ca^{++}- und Mg^{++}-Ionen, muss mit Kochsalz (NaCl) regeneriert werden. Bei beiden Verfahren wird die Trinkwasserqualität des WVU verändert. Grenzwerte sind einzuhalten ($P \leq 5$ mg/l, $Na \leq 200$ mg/l, $Si \leq 40$ mg/l).

4.4 Bei enthärtetem Wasser kann sich keine bzw. eine unzureichende Schutzschicht in den Rohren bilden. Daher kann eher ein Korrosionsschaden bei Rohrleitungen mit Enthärtungsanlagen entstehen.

5 Pumpen in Trinkwasseranlagen

5.1 Die Pumpe hebt im Saugrohr den Luftdruck ($p_L \approx 1$ bar) auf. Der umgebende Luftdruck drückt das Wasser mit 1 bar ≙ 10 mWS in die Saugleitung. In der Praxis wirken sich Leitungsverluste und der Dampfdruck der Flüssigkeiten negativ aus, sodass die praktische Saughöhe je nach Pumpenart bei etwa 6 m bis 8 m liegt.

5.2 Laufrad ①, Saugstutzen ② und Druckstutzen ③.

5.3 Das schnell drehende Laufrad ① der Pumpe schleudert das Wasser nach außen (Zentrifugal- oder Fliehkraftwirkung), wo ein Überdruck entsteht ⇒ Spiralgehäuse und Druckstutzen ①. In der Mitte des Laufrades entsteht ein Unterdruck ⇒ Saugstutzen ②.

5.4 Man unterscheidet selbst ansaugende und nicht selbst ansaugende, einstufige und mehrstufige, trocken aufgestellte und Unterwassermotorpumpen. Ferner unterscheidet man je nach Fördermedium Pumpen mit Sternrädern oder Kanalrädern oder Radialrad- und Axialradpumpen.

5.5 Sicherheitsventile verhindern unzulässigen Druckanstieg. Bei Kreiselpumpen sind sie erforderlich, wenn $p_{max} \geq 1{,}1 \cdot PN$ der Anlage. MAG halten den Druck, wenn die Pumpe abgeschaltet ist („Druckreserve"), und reduzieren die Schalthäufigkeit der Pumpen. RV halten den Druck, entlasten die Pumpen.

5.6 Hochdruckkreiselpumpen sind meist mehrstufige Kreiselpumpen, wie z. B. mit Förderhöhe 240 m und Förderstrom 120 m^3/h.

5.7 Bei Kreiselpumpen hängen Fördermenge und Förderdruck voneinander ab. Ist die Fördermenge groß, ergibt sich eine geringe Förderhöhe. Bei großen Förderhöhen ist die Fördermenge klein.

5.8 Die Pumpe ist geeignet. Sie liefert bei einem Förderdruck von 0,3 bar einen Förderstrom von 3,5 m^3/h (Pumpenkennlinie).

5.9 a) Die Pumpe ist elastisch zu lagern, spannungsfrei und elastisch an Saug- und Druckleitung anzuschließen (Schallschutz). Sicherheitsventil, Absperrarmaturen und Rückflussverhinderer einbauen. MAG vorsehen als Druckreserve und gegen Druckschläge. Störende Auswirkungen wie Druckschwankungen auf das Versorgungsnetz vermeiden. Bei wassergeschmierter Welle Abfluss vorsehen. Nach dem Anschluss die Drehrichtung prüfen, Ein- und Ausschaltdruck einstellen.

b) Waagerechte Lage der Welle beachten, Drehrichtung prüfen, druckseitig RV einbauen (keine TWW-Entnahme über den Rücklauf, Schwerkraftbremse), vor Inbetriebnahme Leitung spülen, Leitung und Pumpe entlüften.

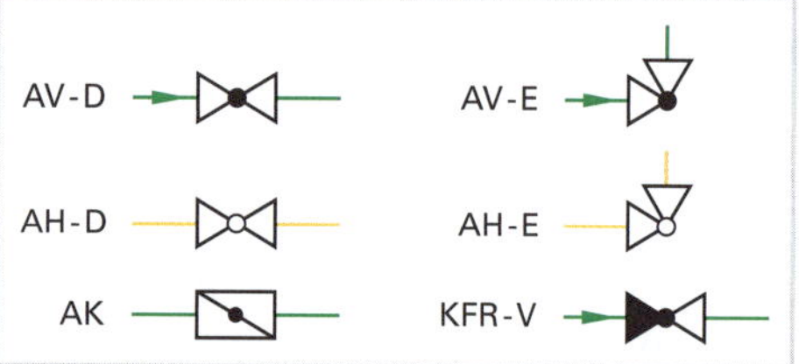

Bild 1: Sinnbilder von Armaturen

6 Inbetriebnahme

6.1 Stagnation kann entstehen durch Planungs- und Installationsfehler, wie z. B. unbenutzte Stichleitungen, zu groß dimensionierte Anlagen oder durch längere Betriebspausen, wie z. B. Urlaub, unbelegte Hotelzimmer.

6.2 a) Legionellenbildung, Aufnahme der Legionellen über Aerosole, Anreicherung mit Metall-Ionen bei TW-Anlagen aus Metall.

b) Korrosion, Veränderung von Geruch und Geschmack, Temperaturveränderung.

6.3 Maßnahmen bei Betriebspausen:

Maßnahmen: Beginn der Pause		Ende der Pause
1	Schließen von HAE und Wohnungs-UPV.	Öffnen der AE, Wasser $t \geq 5$ min fließen lassen.
2	Schließen von HAE und Wohnungs-UPV.	Öffnen der AE, Spülen der Leitungsanlagen.
3	Schließen der HAE, Leitungen entleeren.	Öffnen der AE, Spülen der Leitungsanlagen.

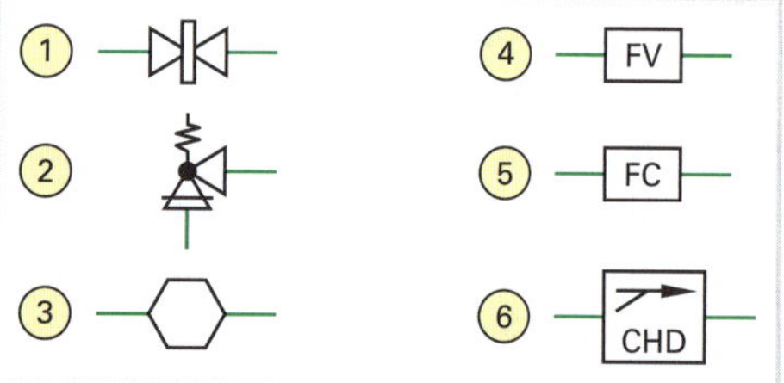

Bild 2: Armaturen, Apparate

7 Darstellungen

7.1 Leitungen sollen: die richtige DN haben ⇒ Dimensionierung; richtigen PN haben ⇒ Dimensionierung, Druckregler, DEA; absperrbar sein ⇒ Instandhaltung; frostsicher sein ⇒ Versorgungssicherheit, Bauschäden; entleerbar sein ⇒ Instandhaltung, entlüftbar sein; nicht so verlegt werden, dass Wasser stagniert; mit Werkstoffen ausgeführt werden, die den chemischen und physikalischen Belastungen standhalten, mit Werkstoffen ausgeführt werden, welche die Trinkwasserqualität nicht beeinträchtigen ⇒ zugelassene Werkstoffe; dem Schallschutz genügen.

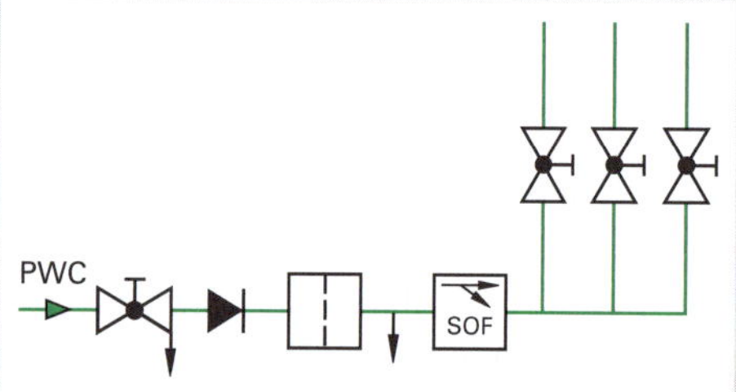

Bild 3: Darstellung von Armaturen

7.2 Schallpegel bei schutzbedürftigen Räumen, wie z. B. Schlafräume ⇒ ≤ 30 dB(A) durch Wasserinstallation und Haustechnik ⇒ Armaturengruppe I ⇒ ≤ 20 dB(A), ⇒ Armaturengruppe II ⇒ ≤ 30 dB(A).

7.3 Darstellen von Armaturen **(Bild 1)**

7.4 Armaturen, Apparate **(Bild 2)**.

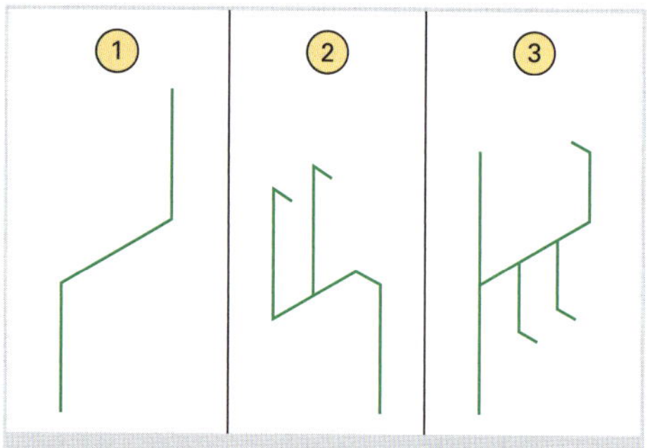

Bild 4: Isometrische Darstellung

– Teilzeichnungen

7.5 Darstellung von Armaturen **(Bild 3, Seite 272)**

7.6 Isometrische Darstellung **(Bild 4, Seite 272)**, Darstellung von Rohrleitungen **(Bild 1)**.

– Leitungs- und Strangschemata

7.7 Wasserzählanlage **(Bild 2)**, Bauteile, ⇒ ① Absperrventil o. E., ② Wasserzähler mit Wasserzählerbügel, ③ Absperrventil, ④ Prüfstutzen, ⑤ Rückflussverhinderer, ⑥ Entleerung. Alternativ ④ bis ⑥ KFR-Ventil mit Prüfstutzen und Entleerung.

7.8 Verteileranlage **(Bild 3)**, Bauteile ⇒ ① Absperrventil o. E., ② Wasserzähler mit Wasserzählerbügel, ③ KFR-Ventil mit Prüfstutzen und Entleerung, ④ Feinfilter bei Metallrohren muss, ⑤ Abgang Garten ungeminderter Druck, absperrbar, entleerbar, ⑥ Druckregler, Druckminderer ⇒ $p \leq 5$ bar (4,8 bar), ⑦ Abgang Trinkwasser absperrbar, ⑧ entleerbar absperrbar, entleerbar u. U. Trinkwasser-Nachbehandlung bei hartem Wasser.

7.9 Verteilungsarten **(Bild 4)**.

7.10 Verteilung durch: ① T-Stück-Installation, V.: stabile Rohrverlegung, übersichtlich, N.: arbeitsintensiv, viele Verbindungsstellen, Δp und Stagnation möglich, ② Einzelzuleitungen, V.: kleine DN, einfache Montage, erleichterte Reparatur möglich, Δp gering, N.: große Verteiler, viel Material, Stagnation möglich, ③ Ringleitungen, V.: Δp gering, keine Stagnation, kleine DN, nur zwei Anschlüsse am Verteiler, N.: nur günstig bei flexiblem Rohr, ④ Reihenleitungen, V.: einfache Leitungsführung, kleine Verteiler, N.: Δp und Stagnation möglich.

8 Berechnungen

– Druck in Flüssigkeiten

8.1 $F = p \cdot A = 1205{,}76\ \text{N} = \mathbf{1{,}205\ kN}$
$p = 15\ \text{bar},\ A = 0{,}785 \cdot d_i^2 = 8{,}038\ \text{cm}^2$

8.2 $F_1 = F_p/6 = 6154{,}4\ \text{N} = \mathbf{6{,}154\ kN}$
$F_p = p \cdot A = 39926{,}4\ \text{N}$
$A = d^2 \cdot 0{,}785 = 615{,}44\ \text{cm}^2$

8.3 $p_W = h_W \cdot \varrho_W \cdot g = 1{,}47\ \text{N/cm}^2 = \mathbf{0{,}147\ bar}$
$p_H = h_H \cdot \varrho_W \cdot g = 1{,}26\ \text{N/cm}^2 = \mathbf{0{,}126\ bar}$

8.4 $F_{St} = F_A - F_{GK} = \mathbf{6{,}474\ N}$
$F_A = V_{Fl} \cdot \varrho_W \cdot g = 7{,}0437\ \text{N}$
$F_{GK} = m_K \cdot g = 0{,}569\ \text{N}$
$V_{Fl} = d^3 \cdot 3{,}14/12 = 0{,}718\ \text{dm}^3$

8.5 $F_A = F_{Ages} - F_B - F_W$
$= 1157{,}58\ \text{N} - 627{,}84\ \text{N} - 137{,}34\ \text{N} = 392{,}4\ \text{N}$
$F_{Ages} = V \cdot \varrho_W \cdot g$
$= 118\ \text{dm}^3 \cdot 1\ \text{kg/dm}^3 \cdot 9{,}81\ \text{N/kg} = 1157{,}58\ \text{N}$
$V = l \cdot b \cdot h = 6{,}5\ \text{dm} \cdot 5{,}5\ \text{dm} \cdot 3{,}3\ \text{dm} = 117{,}97\ \text{dm}^3$
$F_B = m_B \cdot g = 64\ \text{kg} \cdot 9{,}81\ \text{N/kg} = 627{,}84\ \text{N}$
$F_W = m_W \cdot g = 14\ \text{kg} \cdot 9{,}81\ \text{N/kg} = 137{,}34\ \text{N}$

– Volumenstrom, Fließgeschwindigkeit, Rohrweite

8.6 $\dot{V} = A \cdot v = 0{,}0588\ \text{dm}^3/\text{s} = \mathbf{3{,}528\ dm^3/min}$
$A = 0{,}049\ \text{dm}^2$
$t = V/\dot{V} = 2040\ \text{s} = \mathbf{34\ min}$

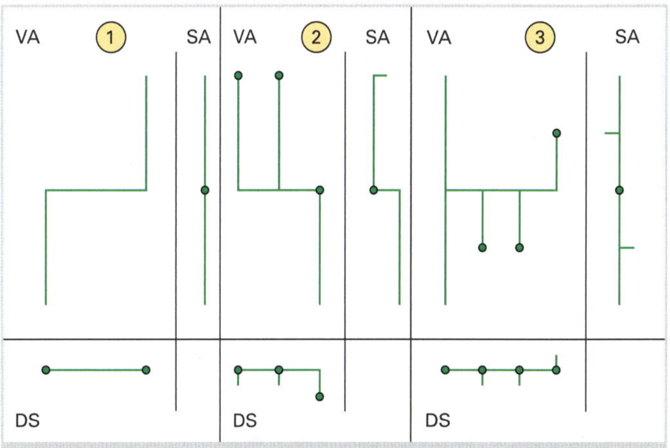

Bild 1: Darstellung von Rohrleitungen

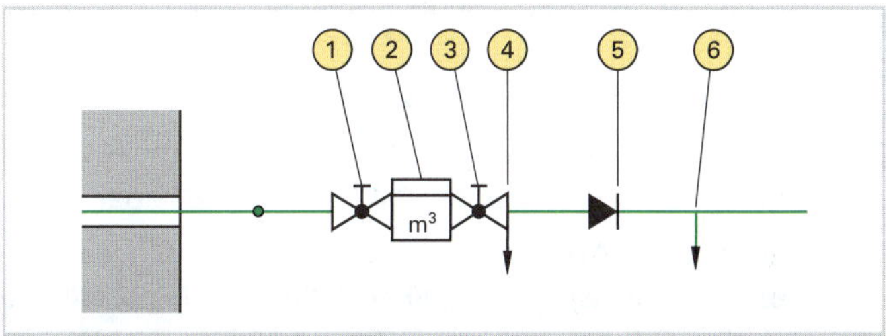

Bild 2: Wasserzählanlage

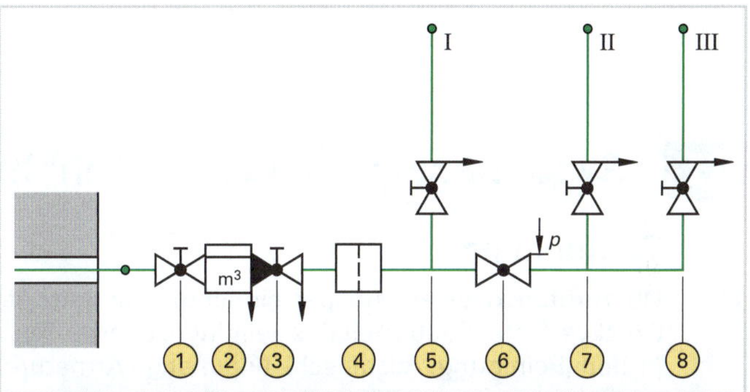

Bild 3: Verteileranlage

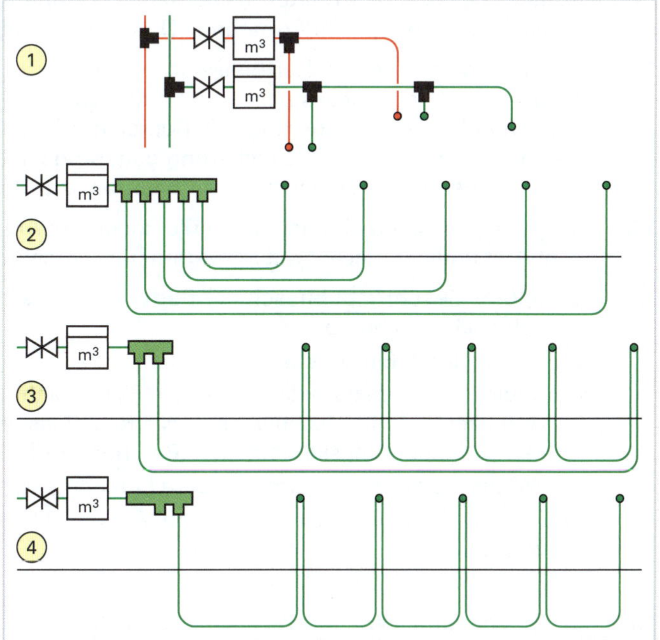

Bild 4: Verteilungsarten

8.7 $v = \dot{V}/A$ = 27,9 dm/s ≈ **2,8 m/s**
$\dot{V} = V/t$ = 0,372 dm^3/s
A = 0,0133 dm^2 (Tab.). Die Fließgeschwindigkeit liegt über der empfohlenen Obergrenze von 2,2 m/s. Erforderlich ist Cu-Rohr DN 15 (18 × 1).

8.8 $t = V/\dot{V}$ = 24 dm^3/(0,1936 dm^3/s) = **123,9 s ≈ 2,0 min**
$\dot{V} = A \cdot v$ = 0,0176 dm^2 · 11 dm/s = 0,1936 dm^3/s

– Druckverluste in Wasserleitungen

8.9 a) ZV DN 20 1500 mbar/0,50 l/s; b) ZV DN 15 m. P. 1000 mbar/0,15 l/s;
c) Dsp DN 20 1200 mbar/1,00 l/s; d) Spk DN 15 500 mbar/0,13 l/s.

8.10 a) $\Delta p_R = \Delta p_{R1} \cdot l$ = 9,60 m · 15,7 mbar/m = **150,72 mbar** **(v = 1,6 m/s)**
b) $\Delta p_R = \Delta p_{R1} \cdot l$ = 9,60 m · 16,4 mbar/m = **157,44 mbar** **(v = 1,6 m/s)**

8.11 a) $p_{verf} = p_{minV} - p_{geo} - p_{Fil} - \Delta p_R - \Delta p_Z$ = 4,6 bar – 1,73 bar – 0,155 bar – 0,312 bar – 1,07 bar = **1,333 bar**
b) p_{verf} = 1,333 bar > 1,2 bar = p_{minFl} ⇒ Der verfügbare Druck (1,333 bar) liegt nur knapp über dem Mindestfließdruck des Druckspülers (1,2 bar), sodass bereits geringe Druckschwankungen Störungen verursachen können. Besser ist es, als Spüleinrichtung einen Spülkasten vorzusehen, p_{minFl} = 0,50 bar ⇒ 0,833 bar „Druckreserve".

– Pumpenberechnungen

8.12 a) $\Delta p_{R+Z} = \Delta p_R + \Delta p_Z$ = 483 mbar + 366 mbar = **849 mbar = 0,849 bar**
b) $P_{ab} \geq \dot{V} \cdot \Delta p_{R+Z}$ ≥ 3 · 93,42 dm^3/h · 0,849 bar ≥ 66,094 Ndm/s ≥ **6,609 Nm/s = 6,609 W**

8.13 a) $\Delta p_{ges} \geq \Delta p_{geo} + \Delta p_{R+Z} + \Delta p_{minFl}$ ≥ 3,816 bar + 0,856 bar + 1,00 bar ≥ **5,672 bar**
b) $P_{ab} \geq \dot{V} \cdot \Delta p_{ges}$ ≥ 6800 dm^3/(3600 s) · 56,72 N/(0,001 dm^2) ≥ 1071,377 Nm/s ≥ 1071 W ≥ **1,071 kW**
c) $P_{zu} = P_{ab}/\eta$ · 1,071 kW/0,54 = **1,98 kW ≈ 2 kW**

II Systemanalyse und Instandhaltung

1 Technologie

1.1 Überprüfen, dass alle Absperreinrichtungen ganz geöffnet sind, (HAE, Verteiler, Wohnungsabsperrung, Eckventile), Druckverluste, Sauberkeit des Feinfilters überprüfen, Druckregler überprüfen (Einstellung, Funktion), Perlatoren überprüfen (Reinigung, Austausch), ungünstige Armaturen ohne DVGW-Zeichen, wenn erforderlich austauschen.

1.2 Ablagerungen, Inkrustationen in PWC- und PWH-Leitungen, Änderungen des Versorgungsdruckes, Rohrbruch.

1.3 Absperreinrichtungen nicht ganz geöffnet oder defekt, Armaturen, die unzulässige Druckstöße erzeugen, meist schnell schließende Armaturen wie Hähne, Klappen aber auch manche Einhebelmischer, Armaturen der Geräuschklasse II oder ungeprüfte Armaturen, Druck in der Anlage ist zu hoch (p > 5 bar ⇒ Druckregler einbauen).

1.4 Einbau von Patronen zur Heizungswasseraufbereitung mit folgenden Wirkungen:
Anionen- und Kationenaustausch ⇒ Entsalzung ⇒ keine Steinbildung, pH-Wert-Stabilisierung ⇒ keine Korrosion, Verhindern von Ablagerungen in Rohren und Wärmetauschern ⇒ bessere Energieausnutzung **(Bild 1, Seite 45).**
Bauteile: 1 Absperrventil, 2 Sicherung gegen Rückfließen von NTW (Systemtrenner), 3 Druckregler, 4 Wasserzähler (Nachfüllmenge, Verbrauchsmenge), 5 Patrone zur Heizwasseraufbereitung, 6 KFR-Ventil.

1.5 Mögliche Ursachen für undichte Spüleinrichtung: Ablaufventil ist verschmutzt oder defekt, Füllarmatur (Schwimmerventil) ist undicht, Becher mit Schwimmer ist verschmutzt, Schwimmer hängt fest, falsche Wasserstandseinstellung.

1.6 a) Spüle, Geschirrspülmaschine, Bade- und Duschwanne, Waschtisch, WC, Waschmaschine, Gartenventil mit Schlauchverschraubung.
b) Schutz durch Einzelsicherung,
c) Spüle ⇒ Armaturenkombination (RV), Geschirrspülmaschine ⇒ eigensicher (DVGW-Prüfzeichen muss am Gerät sein), Bade-/Duschwanne ⇒ Rückflussverhinderer (eigensicher), WT ⇒ freier Auslauf, Waschmaschine ⇒ Sicherungskombination (Belüfter + RV), Gartenventil ⇒ Sicherungskombination (Belüfter + RV).
d) WC bis Gefährdungsstufe 5, andere Entnahmestellen 1 bis 3.
e) RV ⇒ Rückfließen von TWW ab V ⇒ 10 l. Freier Auslauf am SV. ⇒ Systemtrennung Trinkwasser – Abwasser.
f) RV direkt nach dem Wasserzähler.

1.7 a) Geeignet für TW und TWW sind: CU, Cr-Ni-St, Metallverbundrohr, PB, PE-X, PP, PVC-C.
b) Verzinktes Gewinderohr ist für TWW nicht mehr zugelassen ⇒ hygienische Gründe ⇒ rauhe Oberfläche fördert Ansiedlung von Legionellen. Gewinderohr ist strömungstechnisch ungünstig, höhere Wärmeverluste.

1.8 a) Dämmen nach EnEV 2014 ⇒ Verhindern von unerwünschter Erwärmung (Verkeimung), Tauwasserbildung und Korrosion.

b) In nicht beheizten Räumen würde mit 5 mm, in beheizten mit 10 mm dickem Dämmmaterial gedämmt werden.

1.9 a) Wenn die Leitung nicht entlüftbar ist oder nicht entlüftet wurde, besteht die Gefahr von Korrosion (Übergang Wasser – Luft) und, dass sich Druckschläge bilden.

b) Wenn die Leitung nicht entleerbar ist oder nicht entleert wurde, besteht die Gefahr von Korrosion und Verkeimung bei stagnierendem Wasser.

c) In Leitungen, die nicht in Betrieb sind, verursachen Wasserreste von der Dichtheitsprüfung Verkeimung und Korrosion.

1.10 a) Es handelt sich um einen Systemtrenner BA.

b) Der Systemtrenner BA verhindert Rücksaugen, Rückfließen und Rückdrücken von Nichttrinkwasser ins Trinkwasser. Er kann für die Flüssigkeitskategorien 1 bis 4 eingesetzt werden.

c) Bauteile: ① Vorkammer, ② Mittelkammer, ③ Ausgangskammer, ④ Rückflussverhinderer, ⑤ Ablassventil, ⑥ Steuerleitung für Ablassventil.

d) Beim Fließen ist der Wasserdruck in der Vorkammer größer als der Druck in der Mittelkammer p ① > p ② ⇒ Druck p ① schließt das Ablassventil und öffnet die beiden Rückflussverhinderer ⇒ Durchfluss ist frei.

e) Bei Druckabfall in der Vorkammer ist hier der Druck niedriger als in der Mittelkammer p ② > p ① ⇒ p ② schließt den Rückflussverhinderer zwischen Mittel- und Vorkammer ⇒ p ② öffnet das Ablassventil und die Mittelkammer leert sich ⇒ der Druck p ③ schließt den Rückflussverhinderer zwischen Mittel- und Ausgangskammer.

1.11 a) Druckregler (Druckminderer).

b) Im Wohnungsbau bei $p > 5$ bar als Schallschutzmaßnahme: Bei druckfesten Speicher-TWE, deren Sicherheitsventile bei 6 bar öffnen, ist ein Druckregler einzubauen, wenn der Leitungsdruck 80 % des Öffnungsdruckes überschreitet ⇒ Einbau ab 4,8 bar. Beim Einsatz von einzelnen DEA kann man mit Druckreglern verschiedene Druckzonen einrichten.

c) ① Ventilteller, ② Ventilspindel, ③ Druckfeder, ④ Federhaube, ⑤ Einstellschraube, ⑥ Membrane, ⑦ Entlastungskolben, ⑧ Ventilsitz.

d) Zentraler Einbau (z. B. hinter WZ), dezentraler Einbau (z. B. vor druckfestem Speicher-TWE).

e) Der geregelte Hinterdruck wirkt auf eine große Fläche ⇒ Druckkraft $F_p = p \cdot A$ ⇒ F_p = Stellkraft ⇒ große Stellkraft ⇒ sicherer Betrieb.

f) Der Entlastungskolben hat nahezu die gleiche Fläche wie der Ventilteller des Regelventils. Treten im Versorgungsnetz Druckschläge auf, wirkt eine etwa gleich große Kraft auf den Regelkolben (nach unten) und auf den Entlastungskolben (nach oben), sodass die Druckkraft aus dem Druckschlag den Regelkolben kaum bewegt und die Störung nicht in die Trinkwasseranlage übertreten kann.

III Kundenauftrag

1 Trinkwasser-Verteilungsanlage

1.1 Geeignete Rohrwerkstoffe sind: Kunststoffe ⇒ PE-X, PP, PVC-C, Metalle und Metallverbund: Edlelstahl, Kupfer, Aluminiumverbundrohr ⇒ für PWC und PWH geeignet, korrosionsbeständig, glattwandig.

1.2 Ergänzung der Armaturen am Verteiler in **Bild 1** ⇒ Absperrarmaturen mit Entleerung, lösbare Verbindungen, Rückflussverhinderer sind am Verteiler nicht erforderlich ⇒ Einzelsicherung.

1.3 Die Gartenleitung muss absperrbar, entleerbar (frostsicher) sein und mit Einzelsicherung (drucklos: Sicherungskombination HD; Hochdruck: Rohrtrenner GB) ausgestattet sein.

1.4 Ergänzung der Armaturen am Anschluss des Speicher-TWE in **Bild 1** ⇒ Absperr-, Sicherheits- und Sicherungsarmaturen.

1.5 RV bei $V > 10$ l, Sv verhindert unzulässigen Druckanstieg durch die Wärmedehnung beim Aufheizen ($p \leq 6$ bar) ⇒ Einbauort beachten, ein für TW zugelassenes MAG kann eingebaut werden ⇒ kein Tropfwasser, Anschluss für Druckmessung, Entleerung, Abfluss für Tropf- und Entleerungswasser.

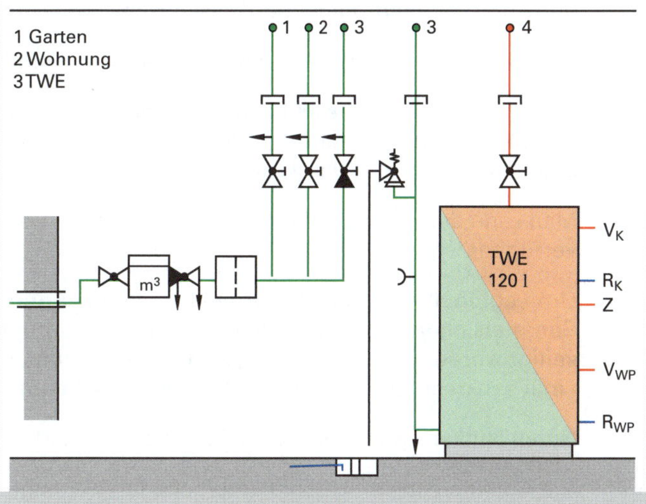

Bild 1: Trinkwasserverteilungsanlagen

2 Etagenwohnung

2.1 Grundriss mit Sanitärgegenständen M 1:25 **(Bild 1)**.

2.2 Trinkwasser- und Trinkwarmwasseranschlüsse im Grundriss M 1:25 **(Bild 1)**.

2.3 Strangschema Sanitärgegenstände, Trink- und Trinkwarmwasserleitungen M 1:50 **(Bild 2)**.

2.4 Beim Erstellen von Strangschemata ist zu beachten: Höhen und Abmessungen der Sanitärgegenstände sind maßstäblich. Waagrechte Abstände können verkürzt und verlängert werden. Steig- und Fallleitungen sollen nicht durch Sanitärgegenstände gezeichnet werden. Die Reihenfolge und Art der Anschlüsse im Strangschema müssen mit denen im Grundriss übereinstimmen. Sanitärgegenstände, die an einer Wand gegenüberliegen, werden nebeneinander gezeichnet. Sind Sanitärgegenstände an verschiedenen Wänden angeordnet, werden sie geklappt in einer Ebene gezeichnet.

2.5 Materialliste **(Tabelle)**.

Materialliste Trinkwasserinstallation

Pos.	Menge	Materialbezeichnung	Bemerkungen
1	2	UP-Ventile DN 20	
2	2	UP-Wasserzähler	senkrechter Einbau
3	2	T-Stücke DN 20	
4	4	T-Stücke DN 20 DN 15 DN 15	
5	2	T-Stücke DN 15	
6	4	Winkel DN 20	
7	4	Winkel DN 15	
8	10	Anschlusswinkel DN 15 · 1/2"	Innengewinde

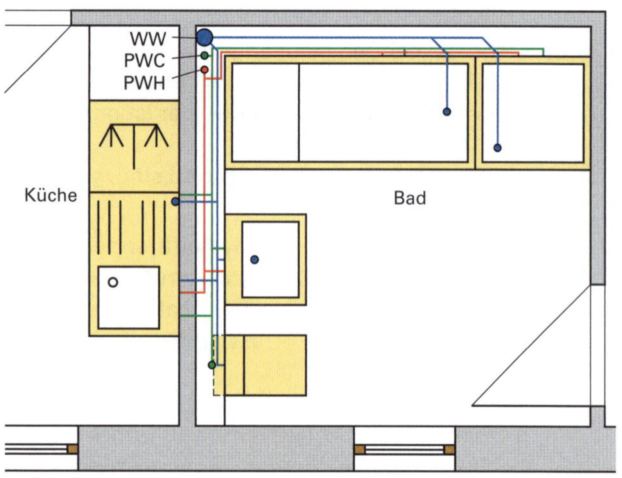

Bild 1: Wohneinheit mit Bad und Küche, M 1:25

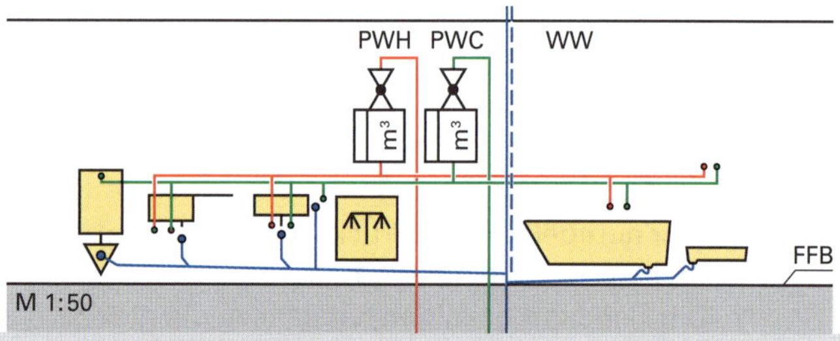

Bild 2: Trinkwasserverteilungsanlagen

3 Trinkwasseranlage Einfamilienhaus

3.1 Der Badstrang ist mit Sammelsicherung (Sicherungskombination ⇒ Rückflussverhinderer im Verteiler, Rohrbe- und Entlüfter am Strangende), Waschtische, Waschmaschine und Gartenleitung sind durch Einzelsicherung gesichert.

3.2 Die Waschtische haben einen freien Auslauf, sie sind eigensicher.

3.3 Das DVGW-Zeichen bescheinigt, dass die Geräte geprüft und eigensicher sind. Sind die Entnahmestellen trotzdem gesichert (WM ⇒ Einzelsicherung, GSM ⇒ Sammelsicherung), besteht auch bei Austausch der Maschinen Sicherheit für die Trinkwasseranlage.

3.4 Man kann den Abzweig für die Gartenleitung vor den Druckminderer setzen, sodass der ungeminderte Druck (5,3 bar) verfügbar ist.

3.5 Um Legionellenbildung zu vermeiden, sind Leitungen mit stagnierendem Wasser zu vermeiden. Deshalb sollte die Sammelsicherung der Anlage durch Einzelsicherungen ersetzt und die Stichleitung zum Rohrbe- und Entlüfter beseitigt werden. Die Stichleitung zu dem Sicherheitsventil des TWE ist zu entfernen und das Sicherheitsventil sollte an einer senkrechten, wasserdurchflossenen, nicht absperrbaren Leitungsstrecke oberhalb OK TWE angebracht werden.

3.6 Durch Nutzen von Brennwerttechnik, Solar- oder Umweltenergie in einer bi- oder multivalenten TWE-Anlage.

3.7 Die Ablaufstellen im UG, die unterhalb der RSE liegen, wurden nicht gegen Rückstau gesichert.

3.8 Zu sichern sind: der Bodenablauf, der Waschmaschinenabfluss und die Ablaufrinne am Verteiler. Alle drei Ablaufstellen sind ohne viel Aufwand kostengünstig mit Rückstauverschlüssen für fäkalienfreie Wässer zu sichern.

4 Reihenhaus

4.1 $p_{verf} = p_{minV} - p_{geo} - p_{R+Z} - p_{minFl}$ = 3,4 bar – 0,89 bar – 0,94 bar – 1,2 bar (p_{minFl} DSp) = 0,37 bar;

h_{geo} = 2,8 m + 2,9 m + 2,9 m – 0,8 m + 1,1 m = 8,9 m.

Der verfügbare Überdruck $p \approx$ 0,37 bar gewährleistet keine Versorgungssicherheit.

4.2 Maßnahme 1: Tausch der Armaturen und Apparate mit hohem Mindestfließdruck gegen solche mit niederen ⇒ Dsp ⇒ p_{minFl} = 1,2 bar getauscht gegen Spk ⇒ p_{minFl} = 0,5 bar,

E – D – TWE (hydr.) ⇒ p_{minFl} = 1,1 bar getauscht gegen E – D – TWE (therm.) ⇒ p_{minFl} = 0,4 bar,

p_{verf} = 0,37 bar + (1,2 bar – 0,4 bar) = 1,17 bar ⇒ auch bei diesem höheren verfügbaren Druck ist bei Verbrauchsspitzen im Versorgungsnetz die Versorgung bei Druckschwankungen nicht sichergestellt ⇒ Maßnahme 2: Einbau einer Druckerhöhungsanlage zur sicheren Versorgung des ganzen Gebäudes mit Trinkwasser.

5 Druckerhöhung

5.1 ① DEA mit unmittelbarem Anschluss an das öffentliche TW-Versorgungsnetz.

② DEA mit mittelbarem Anschluss an das öffentliche TW-Versorgungsnetz und drucklosem (offenem) Zulaufbehälter.

③ DEA mit unmittelbarem Anschluss an das öffentliche TW-Versorgungsnetz und Zulaufdruckbehälter.

5.2 DEA ① ⇒ V: Vordruck genutzt, wenig Aufwand,

N: Druckschwankungen im Netz und Trockenlauf der Pumpe möglich.

DEA ② ⇒ V: kein Trockenlaufen der Pumpe, Systemtrennung,

N: Vordruck nicht genutzt, Hygiene bei offenem Behälter nicht immer gewährleistet, viel Aufwand.

DEA ③ ⇒ V: Vordruck genutzt, Behälter ist geschlossen und sein Volumen ist klein, keine Verkeimung, weniger Aufwand, kein Trockenlauf,

N: mehr Aufwand als ①.

5.3 Gewählte Ausführung ⇒ DEA ③ – sichere und kostengünstige Lösung (siehe 3.2).

5.4 Zulaufbehälter ⇒ hält den Vordruck, verhindert Trockenlauf puffert Druckschwankungen vom Netz. Druckbehälter nach der Pumpe ⇒ Druckreserve reduziert die Schalthäufigkeit der Pumpe, nimmt Druckschwankungen auf (beim Ein- und Ausschalten).

5.5 Der maximale Förderdruck der Kreiselpumpen dieser DEA liegt unterhalb des zulässigen 1,1-fachen zulässigen Betriebsdruckes ⇒ $p_{max} \leq$ 1,1 bar + 10 bar ≤ 11 bar.

6 Trinkwasserqualität

6.1 Mit Legionellenbildung muss gerechnet werden, wenn Trinkwasser stagniert und Erwärmung auftritt.

Von seiten der TWE-Anlage besteht in diesem Falle keine Gefahr der Legionellenbildung.

Der D-TWE im Gästezimmer ist absperrbar und die Leitung ist entleerbar.

Der Speicher-TWE ist mit 120 l so gewählt, dass der Wasserinhalt ständig erneuert wird.

Die TW-Anlage hat eine Sammelsicherung gegen Rückfließen und Rücksaugen.

In dem Endstück am Rohrbelüfter der TW-Steigleitung stagniert Wasser.

6.2 Die Anlage könnte auf Einzelsicherung umgestellt werden.

Das Endstück mit dem Belüfter müsste entfernt werden.

6.3 Zu sichernde Entnahmestellen wären:

EG ⇒ Spüle, Gartenleitung,

1. OG ⇒ Dusche, Badewanne,

2. OG ⇒ Dusche.

I Arbeitsplanung

1 Grundlagen

1.1 Schmutzwasser leicht verschmutzt (Grauwasser), stark verschmutzt, fäkalienhaltig (Schwarzwasser), Niederschlags- und Mischwasser (Schmutz- und Niederschlagswasser).

1.2 In Deutschland gelten die europäischen Normen DIN EN 12056 für Entwässerungsanlagen innerhalb von Gebäuden und DIN EN 752 für Anlagen außerhalb von Gebäuden. Diese werden in Deutschland durch mehrere Teile der DIN 1986 ergänzt.

1.3 Mischsystem: gemeinsamer Kanal (Kosten, Platzbedarf niedrig), Kanal wird durch Niederschlagswasser gereinigt, bei Starkregen Rückstau möglich, d. h., Kanal und Kläranlage fassen nicht die ganze Wassermenge (Rückhaltung erforderlich oder ungeklärt in den Vorfluter). Trennsystem: Umkehrung der Argumente.

1.4 Füllungsgrad Füllhöhe h/Innendurchmesser d_i. Für BRD $h/d_i = 0{,}5$.

1.5 Einzelfallleitungen mit teilbefüllten Anschlussleitungen $h/d_i = 0{,}5$.

1.6 Metalle: GG, Stverz, Cr-Ni-St, für Niederschlagswasser im Freien auch Blechrohre aus Cu, Zn, Stverz,
Kunststoffe: PVC-U, PVC-C, PE-HD, PP, PB (Kunststoffe auch mineralverstärkt),
Mineralische Werkstoffe: Steinzeug, Faserzement, Borosilikatglas.

1.7 EAL, SAL, FL und SL: PP, PVC-C, PE-HD, GG, Stverz, LL: zusätzlich PVC-U, GL: PVC-U, PP, Steinzeug, Beton (große DN).

1.8 Guter Schallschutz, ML-Verbindungstechnik, chemisch beständig, h-t-beständig, beständig gegen UV-Licht, normal entflammbar, keine Verbindung durch Spiegelschweißen.

2 Ablaufstellen

2.1 Grundleitungen sind im Erdreich oder in der Betonbodenplatte verlegte Leitungen, die das Abwasser dem Anschlusskanal zuführen. Sammelleitungen sind im Gebäude zugängliche liegende Leitungen, die das Abwasser von Fall- und Anschlussleitungen aufnehmen.

2.2 Vermeiden von Geruchsbelästigung, Schallschutz. Schmutzwasser: $h \geq 50$ mm, Regenwasser: $h \geq 100$ mm.

2.3 Bei indirektem Anschluss von z. B. Wasch- und Geschirrspülmaschinen, Duschen (über Badabläufen) und gemeinsamen Geruchverschlüssen bei gleichartigen Ablaufstellen, wenn ISAL $\leq$ 4,00 m.

2.4 a) Röhren-GV (WT, Bidet, BW), b) Flaschen-GV (WT), c) Glocken-GV (Dach- und Bodenabläufe).

3 Verlegen von Abwasserleitungen

3.1 Mindest-DN beachten [GL: DN $\geq$ 80(100)], Bögen $\alpha \leq 45°$, Abzweige $\alpha \leq 45°$, keine Doppelabzweige, SL und GL sind zu lüften, Reinigungsrohre $a \leq 20$ m (40 m).

3.2 $I \geq 0{,}5$ %, $I \leq 5$ % ($I > 5$ %: Sturzstrecke anordnen).

3.3 Prüfverfahren: optisch (Kanalkamera), mit Luft (Verfahren L), mit Wasser (Verfahren W). Vorprüfung $\Rightarrow$ vor dem Verfüllen der Gräben, Abnahmeprüfung nach dem Verfüllen. Sinnvoll $\Rightarrow$ Vorbereitungszeit (Verfüllzeit) $t \approx 1$ h.
L: $p_{min} \geq 10$ mbar, $p_{max} \leq 200$ mbar, Prüfdauer je nach Werkstoff und DN.
W: $p_{min} \geq 100$ mbar, $p_{max} \leq 500$ mbar, Prüfdauer $t \geq 30$ min.

3.4 Mit dem Gefälle von Leitungen wird bei Schwerkraftentwässerung die Strömungsgeschwindigkeit festgelegt. Ist das Gefälle zu hoch und damit die entstehende Strömungsgeschwindigkeit des Abwassers, können sehr starke Geräusche entstehen. Weiter besteht die Gefahr von Schäden an den Leitungen.

3.5 Zur Vermeidung von Fremdeinspülung sind vorzusehen: Abweige mit Sohlenabstand a ($a \geq 0$ bei $\alpha \leq 90°$, $a \geq 200$ mm, bei $\alpha = 180°$, für zwei WC: $a = 0$, bei $\alpha = 180°$), Abzweige verdrehen mit einem Spreizwinkel α (0° bis 180°), Höhenunterschied h der EAL ($h \leq$ DN).

3.6 h_{max}, l_{max}, n_{max}, I sind einzuhalten $\Rightarrow$ $n < 3$, $\mathbf{h = 1{,}23\ m > h_{max} = 1{,}00\ m}$, $l = 2{,}58$ m $< l_{max} = 4{,}00$ m, $I \geq 1$%.

3.7 Lüften mittels: UL, IDNL, DNL, Belüftungsventil.

3.8 LL geradlinig und in gleicher DN verlegen, liegende LL mit Gefälle $I = 2$ %, LL möglichst an senkrechte Abwasserleitungen anschließen, Abstand der Ausmündungen von LL zu Öffnungen bewohnter Räume $a \geq 2{,}00$ m und $h \geq 1{,}00$ m, LL oben mit offener Ausmündung, Ausmündung von LL $h \geq 0{,}30$ m über Dach bei $\alpha > 30°$, $h \geq 0{,}15$ m bei $\alpha \leq 15°$, Umgehungsleitungen mit $h \geq 2{,}00$ m über der Rohrsohle ($h \geq 1{,}50$ m über FB) an die Fallleitung zurückführen.

3.9 Wärmedehnung muss möglich sein (Biegeschenkel oder Langmuffen, Festpunkte und Gleitschellen vorsehen), Ausbreitung von Körperschall vermeiden (Schelleneinlagen, Schallbrücken vermeiden), maximale Schellenabstände (je nach Werkstoff) nicht überschreiten.

3.10 Ablaufventile (Gurgelgeräusche), Formstücke (Aufprallgeräusche), Rohrwerkstoffe geringer Dichte (Schwingungen als Luftschall durch abfließendes Wasser), Geräusche durch drehende Teile wie z. B. bei Hebeanlagen.

4 Rückhalten schädlicher Stoffe

4.1 a) Bodenablauf mit Heizölsperre (Schwimmerkegel mit Ventilteller) und mit Schlammeimer, Rückstauverschluss und Probenahmeöffnung.

b) Heizölsperre verhindert Eindringen von Heizöl in den Abwasserkanal. Rückstauverschluss verhindert Austreten von Rückstauwasser unter der Rückstauebene.

4.2 a) Bodenablauf ohne Geruchverschluss, Benzinabscheider, Probenahmeschacht.

b) Eine Schwimmerkugel mit Ventil ist so tariert, dass sie absinkt und den Abfluss verschließt, wenn sich zu viel Leichtflüssigkeit angesammelt hat und die Gefahr besteht, dass diese in den Abwasserkanal gelangt.

4.3 Durch Koaleszenzabscheider (Kunststofffilter), die in der Lage sind, feinverteilte Leichtflüssigkeiten anzulagern, aufzunehmen ⇒ Reinigung oder Erneuerung des Filters.

4.4 a) Kondensatabläufe von Brennwertfeuerstätten, Abläufe von Chemielabors und Krankenhäusern.

b) Kleinanlagen mit schwach sauren Abwässern neutralisieren mit Magnesium-Granulat, vollautomatische Neutralisationsanlagen arbeiten selbsttätig durch pH-Wert-Messung und Zugabe von Salzsäure bei basischen oder Natronlauge bei sauren Abwässern.

5 Schutz gegen Rückstau

5.1 a) Unter dem Begriff Rückstau versteht man, dass das Abwasser eines Gebäudes nicht mehr dem Anschlusskanal zugeführt werden kann, weil dieser bereits den Füllstand der Straßenoberkante erreicht hat. Und nun sogar ein schnelles Überfluten der tieferliegenden Räume im Gebäude verursachen kann.

b) Höhe der RSE ist die Straßenoberkante, wenn keine anderen Höhen von der zuständigen Stelle genannt sind.

5.2 a) 1) geschlossener Behälter mit Schmutzwasserpumpe, 2) Gerätesteuerung, 3) Absperrschieber, 4) Rückschlagklappen, 5) Lüftungsleitung, 6) Sicherheitsschleife, 7) Handpumpe für Wartungs- und Notbetrieb, 8) Entwässerungspumpe (offene Hebeanlage), 9) Leitungsanschlüsse elastisch (Schallschutz), 10) Druckleitung.

b) 4) Rückschlagklappe verhindert Einschalten der Hebeanlage. 5) Die Lüftung ins Freie verhindert Über- und Unterdruck im Behälter, 6) Rohrschleifen über die RSE verhindern Rückstau bis zu tiefer liegenden Ablaufstellen. 9) Starre Verbindungen zu Rohrleitungen und zu Gebäudeteilen sind zu vermeiden, elastische Zwischenstücke vermeiden Körperschall. 10) Druckleitungen müssen längskraftschlüssig verbunden sein.

c) Hebeanlagen auftriebssicher befestigen, Leitungen schalldämmend und elastisch anschließen, Zuleitungen DN ≥ 80, Druckleitungen mit Rückschlagklappe, ab DN 80 zusätzlich nach der Klappe einen Absperrschieber einbauen, keine Anschlüsse an Druckleitungen, Druckleitungen mit einer Rohrschleife über RSE ziehen, Druckleitungen nicht an Fallleitungen anschließen, Behälter ins Freie lüften.

5.3 a) Typ 0 (nur S), Typ 1/2/4/5 (S und N z. T. kombiniert, 1/2S), Typ 3 – F (mit Sp/e und N) ⇒ S = selbsttätiger Verschluss, Sp/e = selbsttätiger Verschluss pneumatisch oder elektrisch, N = Notverschluss von Hand.

b) Typ 0 Regenwassernutzungsanlagen RWNA, Typ 1 liegende Leitungen RWNA, Typ 2 liegende Leitungen RWNA und fäkalienfreies Abwasser, Typ 3 – F liegende Leitungen fäkalienhaltiges und fäkalienfreies Abwasser, Typ 4 und 5 in Bodenabläufen fäkalienfreies Abwasser.

5.4 a) Zeitabstände: Hebeanlagen Inspektion 1 Monat, Wartung 12 Monate (EFH), 6 Monate (MFH), 3 Monate gewerblich; Rückstauverschlüsse Inspektion 1 Monat, Wartung 6 Monate.

b) Schmutz, Ablagerungen entfernen; Dichtungen und Dichtflächen prüfen ggf. austauschen; Mechanik bzw. Elektrik der Verschlüsse prüfen; Dichtheit der Verschlüsse prüfen.

6 Ableiten von Niederschlagswasser

6.1 a) ① Traufe, ② Kehle, ③ First, ④ Ortgang, ⑤ Walm, ⑥ Krüppelwalm, ⑦ Grat, ⑧ Gaube.

b) Titanzink: Weichlöten, Falzen; Kupfer: Weichlöten, Weichlöten + Nieten, Hartlöten, Falzen;
Stahlblech verzinkt: Weichlöten + Nieten, Falzen.

6.2 a) ① Wulst, ② Wasserlauf, ③ Überhöhung, ④ Wasserfalz, ⑤ Rinnenquerschnitt.

b) Größter Rinnenquerschnitt für einen Zuschnitt , günstige Schwimmtiefen, einfach und kostengünstig herzustellen, biegesteifes, stabiles Profil, freihängende Anbringung bringt wenig Wasserschäden bei Störung.

6.3 a) Titanzink, Kupfer, Stahlblech verzinkt, PVC-U.

b) Zuschnittsmaße, die beim Zuschneiden von 2 m langen Blechtafeln keinen Verschnitt ergeben, wie z. B. 2000 mm in 8 Teile = 250 mm je Teil = 8-teiliger Zuschnitt.

6.4 Stecktiefe ≥ 50 mm, Schellenabstände bis DN 100 ≤ 3,00 m, über DN 100 ≤ 2,00 m, lichter Abstand von der fertigen Wand ≥ 20 mm, Rohre in den Schellen gegen Durchrutschen sichern, Schiebestücke oder Reinigungsrohre anordnen, Standrohre als mechanischer Schutz, Geruchverschlüsse, wenn die Ablauföffnungen bei Mischsystem Abstände seitlich ≤ 2,00 m und senkrecht ≤ 1,00 m von Öffnungen zu bewohnten Räumen haben.

6.5 Kleine Nennweiten, nur eine Fallleitung, hohe Fließgeschwindigkeiten, gute Selbstreinigung. Anwendung bei der Entwässerung großer Dachflächen.

6.6 Abfließendes kaltes Niederschlagswasser kühlt die Rohroberflächen auf Temperaturen unter den Kondensationspunkt der Innenräume. Dampfdichte Wärmedämmung vorsehen. Gedämmte Rohre sind im Handel erhältlich.

6.7 Zweiteilige Ausführung mit Anschlussblech und Kappleiste.

6.8 a) Einfache, vertiefte, flache Kehlen, Kehlen mit Stegen (mittig, außermittig, doppelt).
b) Kehlen mit Stegen, verhindern ein Überschwappen des Wassers von dem steileren zum flacheren Dach.

6.9 a) Hochpunkt: Schiebestücke mit Kautschuk oder Endstücken, u .U. Rinnen mit Gefällesprung. Ablaufpunkt: Schiebestutzen oder „Rinnenkessel".
b) Längen $l \leq$ 15,00 m.

7 Nutzung von Dachablaufwasser

7.1 Geneigte Dächer mit glatter Dachhaut wie z. B. ziegel- oder metallgedeckte Steildächer.

7.2 Nach dem Einbau Filter im Regenfallrohr oder im Erdreich, nach der Wirkweise selbstreinigende Filtersammler, deren Reinigungswirkung begrenzt ist oder Filter mit Filterkörben oder Sandfiltern, die besser reinigen, aber gewartet werden müssen.

7.3 Zisternen zur Aufstellung in Gebäuden oder im Erdreich, Behälter aus Kunststoff (PE-HD, GFK) oder Beton.

7.4 ① Filter, ② beruhigter Zulauf, ③ Überlauf, rückstausicher, ④ Speicherbehälter, ⑤ Kanal, ⑥ Druckleitung, ⑦ Pumpe, ⑧ Druckleitung, ⑨ Trinkwasser-Nachspeisung, ⑩ Wasserzähler.

7.5 Einleitung soll beruhigt erfolgen, damit kein Schlamm aufgewirbelt wird, „schwimmende Entnahme" entfernt vom Behälterboden (Sinkstoffe) und von der Oberfläche (Schwimmstoffe), Überlauf rückstausicher (Rückstauverschluss Typ 0, 1 oder 2 bei Trenn-, Hebeanlage bei Mischsystem).

7.6 Durch Kreiselpumpen, trocken oder nass aufgestellt, mit MAG und Rückflussverhinderer.

7.7 Auf Systemtrennung, separaten kleinen Behälter und meist mit separatem Wasserzähler.

7.8 Wegen des niedrigen pH-Wertes von Regenwasser korrosionsbeständige Rohre, wie z. B. Kunststoff- oder Metall-Verbundrohre.

8 Darstellungen

8.1 Darstellen der Ausstattung, Bestimmen der Rohrleitungen (Lage, DN, Formstücke), Erstellen der Angebote, Abstimmung mit anderen Gewerken, Abrechnung, Instandhaltung.

8.2 Sanitärgegenstände **Bild 1.**

8.3 a) DS: Anordnung, Breiten und Tiefen der Sanitärgegenstände, Abstände (Achsmaße), Bewegungsflächen.
b) VA: Höhenmaße, Breitenmaße.

– Strangschema

8.4 Seitenabstände von Sanitärgegenständen können von der Wirklichkeit abweichen, meist werden kleinere Maßstäbe verwendet.

8.5 Leitungsarten **Bild 2.**

8.6 V: Im Raumschema ist der Leitungsverlauf vollständig und übersichtlich in einer Darstellung, d. h., Längen, Breiten, Tiefen und Höhen sind erkenntlich.
N: Raumschemata sind meist nicht maßstäblich, sondern annähernd verhältnismäßig.

– Lagepläne

8.7 Lagepläne werden meist in den Maßstäben M 1:500 oder M 1:1000 geliefert.

8.8 Sie enthalten: Grundstücksnummer, Gebäude- und Anschlusssituation ⇒ DN und Höhe der Anschlusskanäle über NN.

8.9 Für Längenmaße eine starke Verkleinerung, für Höhenmaße eine geringere Verkleinerung.

8.10 Für Längenmaße z. B. M 1:50 oder M 1:100, für Höhenmaße z. B. M 1:20 oder M 1:50.

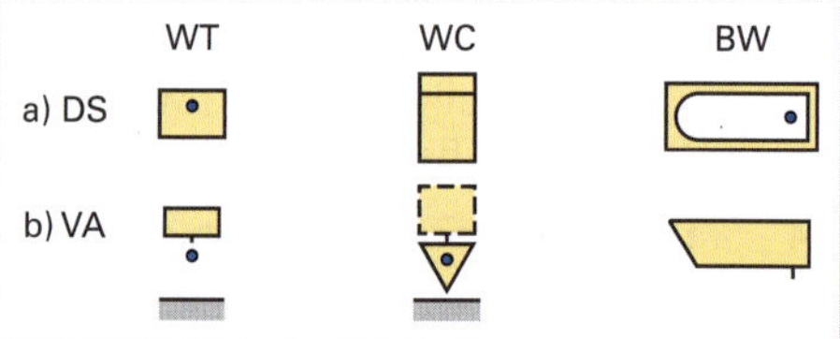

Bild 1: Darstellen von Sanitärgegenständen

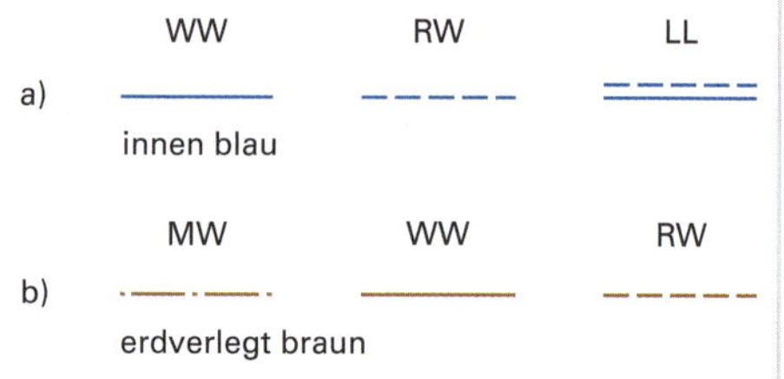

Bild 2: Leitungsarten

9 Berechnungen

– Gefälle

9.1 $h = h_1 + h_{FB} - \Delta h = 535\ \text{mm} + 105\ \text{mm} - 33\ \text{mm}$
$= \mathbf{607\ mm}$
$\Delta h = I \cdot l = 0{,}02 \cdot 1650\ \text{mm} = 33\ \text{mm}$

9.2 a) $I = \Delta h / l = 92\ \text{mm}/6100\ \text{mm} = 0{,}015 = \mathbf{1{,}5\ \%}$
$L = 8600\ \text{mm} - 1000\ \text{mm} - 1200\ \text{mm} - 300\ \text{mm}$
$= 6100\ \text{mm}$
$\Delta h = h_3 - h_2 = 1050\ \text{mm} - 958\ \text{mm} = 92\ \text{mm}$
b) $h_1 = h_2 - \Delta h = 958\ \text{mm} - 14\ \text{mm} = \mathbf{944\ mm}$
$\Delta h = I \cdot l_2 = 0{,}015 \cdot 900\ \text{mm} = 13{,}5\ \text{mm} \approx 14\ \text{mm}$
$l_2 = 1200\ \text{mm} - 300\ \text{mm} = 900\ \text{mm}$

9.3 a) $I = \Delta h / l = 0{,}26\ \text{m}/17{,}4\ \text{m} = \mathbf{0{,}0149} \approx \mathbf{1{,}5\ \%}$
$\Delta h = 400\ \text{mm} - 140\ \text{mm} = 260\ \text{mm}$
b) Maximaler Abstand bei GG-Abflussrohren: $a \leq 2{,}00$ m geradlinige Verlegung ohne Formstücke, $a \leq 0{,}70$ m bei Formstücken (Herstellerangaben)

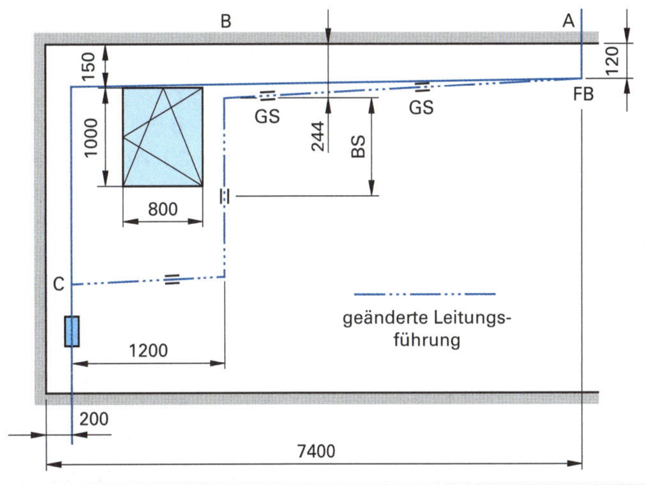

Bild 1: Gefälle Sammelleitung

9.4 $h_2 = h_1 + \Delta h_1 - \Delta h_2 = 1{,}20\ \text{m} + 0{,}276\ \text{m} - 0{,}138\ \text{m} = \mathbf{1{,}338\ m}$
$\Delta h_1 = l_R \cdot I = 0{,}02 \cdot 13{,}8\ \text{m} = 0{,}276\ \text{m}$, $\Delta h_2 = l_G \cdot I = 0{,}01 \cdot 13{,}8\ \text{m}$
$= 0{,}138\ \text{m}$

9.5 a) $\Delta h = I_{min} \cdot l = 0{,}01 \cdot 6{,}20\ \text{m} = 0{,}062\ \text{m} = 62\ \text{mm} \Rightarrow$
$h_B = h_A + \Delta h = 120\ \text{mm} + 62\ \text{mm} = 182\ \text{mm} > 150\ \text{mm}$ (OKF)
$\Delta h = I_{max} \cdot l = 0{,}05 \cdot 6{,}20\ \text{m} = 0{,}31\ \text{m} = 310\ \text{mm} \Rightarrow$
$h_B = h_A + \Delta h = 150\ \text{mm} + 310\ \text{mm} = 460\ \text{mm} < 1150\ \text{mm}$ (UKF)
b) Leitungsführung mit Sturzstrecke bei Punkt B, **(Bild 1)**.

– Längenänderung durch Temperaturänderung

9.6 $\Delta l = l_0 \cdot \alpha_{PP} \cdot \Delta\vartheta = 3{,}00\ \text{m} \cdot 0{,}00018\ \text{m}/(\text{m} \cdot \text{K}) \cdot 40\ \text{K} = 0{,}0216\ \text{m} = \mathbf{21{,}6\ mm}$

9.7 a) $\Delta h = l_0 \cdot \alpha_{PE} \cdot \Delta\vartheta = 6{,}10\ \text{m} \cdot 0{,}00020\ \text{m}/(\text{m} \cdot \text{K}) \cdot 38\ \text{K} = 0{,}046\ \text{m}$
$= \mathbf{46\ mm}$ **(Bild 2)**
b) $\Delta l = l_0 \cdot \alpha_{PE} \cdot \Delta\vartheta = 2{,}90\ \text{m} \cdot 0{,}00020\ \text{m}/(\text{m} \cdot \text{K}) \cdot 38\ \text{K}$
$= 0{,}022\ \text{m} = \mathbf{22\ mm}$
Gewählt: $l_{BS} \approx 0{,}50$ m
(Herstellerdiagramm für PE-HD, DN 80, $\Delta l = 2{,}2$ cm)

9.8 $l_0 \leq \Delta l/(\alpha_{PP} \cdot \Delta\vartheta) \leq 0{,}090\ \text{m}/(0{,}00018\ 1/\text{K} \cdot 34\ \text{K}) \leq \mathbf{14{,}705\ m}$
Da höhere Temperaturdifferenzen nicht auszuschließen sind, sollte man die mögliche Länge nicht voll in Anspruch nehmen (z. B. $l_{0max} \leq 10$ m).

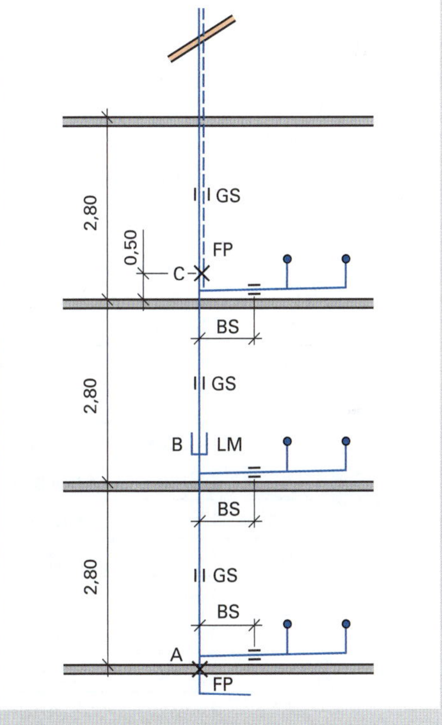

Bild 2: Längenänderung

– Nennweiten von Schmutzwasserleitungen

9.9 a) DN EAL: A BW: **50** B DuW: **50** C Bi: **40** D Sp: **50** E WT: **40** F WT: **40** G WC: **80**
b) DU A BW: **0,8** B DuW: **0,8** C Bi: **0,5** D Sp: **0,8** E WT: **0,5** F WT: **0,5** G WC: **2,0**
c) $\sum$DU a: **1,6** b: **2,1** c: **2,9** d: **3,4** e: **3,9** f: **5,9**
d) DN SAL a: **50/56** b: **70** c: **70** d: **70** e: **70** f: **80** (100)
e) Anwendungsgrenzen: < DN 80 $l \leq 4{,}00$ m, $\Delta h \leq 1{,}00$ m, $n \leq 3$ Bögen, $I \geq 1$ %,
≥ DN 80 $l \leq 10{,}00$ m, $\Delta h \leq 1{,}00$ m, $n \leq 3$ Bögen, $I \geq 1$ %

9.10 a) DN EAL: A Sp **50** B GSM **50** C WM **50** D WT **40** E WT **40** F BW **50** G DuW **50** H Bi **40** I WC **80**
DU EAL: A **0,8** B **0,8** C **0,8** D **0,5** E **0,5** F **0,8** G **0,8** H **0,5** I **2,0**
b) DN SAL unbel. ($\sum$DU/DN) a: 1,6/**50/56** b: 2,4/**70** c: 2,9/**70** d: 3,4/**70** e: 1,6 **50/56** f: 2,1/**70** g: 4,1/**80**
c) DN SAL bel. ($\sum$DU/DN) a: 1,6/**50** b: 2,4/**50** c: 2,9/**50** d: 3,4/**50/56** e: 1,6/**50** f: 2,1 **50** g:4,1/**80**
d) $\dot{V}_{WW} = K \cdot \sqrt{\sum DU} = 0{,}5 \cdot \sqrt{37{,}5} = \mathbf{3{,}06\ l/s}$, $\sum DU = 5 \cdot 7{,}5 = 37{,}5$ gew.: (o. IR) **DN 100** $\Rightarrow$ $\dot{V}_{WW} \leq 4{,}0$ l/s > 3,06 l/s
e) Gewählt (m. IR) **DN 90** $\Rightarrow$ $\dot{V}_{WW} \leq 3{,}5$ l/s > 3,06 l/s

9.11 a) $\dot{V}_{WW} = K \cdot \sqrt{\sum DU} = 0{,}5 \cdot \sqrt{34{,}2} = \mathbf{2{,}92\ l/s}$
$\Sigma DU = 6 \cdot 5{,}7 = 34{,}2$, gewählt: **DN 90** $\Rightarrow$ $\dot{V}_{WW} \leq 3{,}5$ l/s $>$ 2,92 l/s
b) Gewählt: **DN 100** $\Rightarrow$ $\dot{V}_{WW} \leq 4{,}0$ l/s $>$ 2,92 l/s
c) DN EHL = DN FL $\Rightarrow$ a) **DN 90**
$\Rightarrow$ b) **DN 100**

9.12 a) DN EAL: A GSM: **50** B WT: **40** C Sp: **50** D WC: **80** E WM: **50** F Sp: **50** G WM: **50**
b) ΣDU/DN SAL: a: 1,3/**56/60** b: 2,1/**70** c: 4,1/**80** d: 4,9/**80** e: 5,7/**80** f: 6,5/**80**
c) Geschlossene Hebeanlage mit Druckleitung, Sicherheitsschleife und Lüftungsleitung **(Bild 1)**.

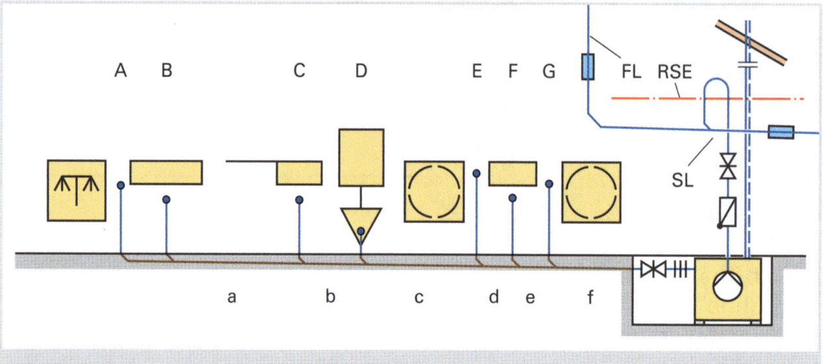

Bild 1: Nennweiten der Zulaufleitung, UG

– Dachrinnen und Regenfallrohre

9.13 a) $\dot{V}_r = A \cdot r \cdot C = 64{,}24\ m^2 \cdot 240\ l/(s \cdot 10000\ m^2) \cdot 1 = \mathbf{1{,}54\ l/s}$
$A = l \cdot b/2 = 14{,}6\ m \cdot 4{,}4\ m = 64{,}24\ m^2$
Gewählt: Dachrinne **Nennmaß 333** $\Rightarrow$ $\dot{V}_r \leq 2{,}28$ l/s $>$ 1,54 l/s (bis l = 15 m).
b) Gewählt: Regenfallrohr **DN 100** (Nennmaß 333) $\Rightarrow$ $\dot{V}_r \leq 4{,}60$ l/s $>$ 1,54 l/s (möglich: Nennmaße 250 oder 285)
c) Materialliste

Projekt/Bauherr:		
Datum:	Bearbeiter:	Blatt Nr:
Pos.	**Menge**	**Materialbezeichnung**
1	6 · 5 m	halbrunde Dachrinne Titanzink 6-tlg.
2	4 Stck	Rinnenendstücke 6-tlg.
3	44 Stck	halbrunde Rinnenhalter 6-tlg.
4	2 Stck	gerade Einhängestutzen kon. DN 100
5	4 Stck	Bögen Titanzink DN 100 72°
6	7 · 2 m	Regenrohre Titanzink DN 100
7	6 Stck	Stiftrohrschellen DN 100
8	6 Stck	Halbwulste Titanzink
9	2 Stck	Standrohre mit R-Öffn. GG DN 100
10	2 Stck	Standrohrschellen DN 100

II Systemanalyse und Instandhaltung

1 Technologie

1.1 a) DIN EN 12056 umfasst das Gebäude (Bereich 1), DIN 1986-100 umfasst das Gebäude und Leitungen außerhalb des Gebäudes bis zur Grundstücksgrenze (Bereich 2), DIN EN 752 umfasst die Grundleitungen außerhalb des Gebäudes (Bereich 3).
b) ① Sicherheitsschleife der Hebeanlage, ② Sicherung gegen Rückstau, Zusammenführung von Regen- und Schmutzwasser im Gebäude, kurz vor Einleitung in die Grundleitung $\Rightarrow$ besser: Zusammenführung außerhalb des Gebäudes.
c) ③ Geruchverschluss in der Regenfallleitung, wenn sich der Regenablauf im Bereich von Öffnungen zu bewohnten Räumen befindet (seitlich $l \leq 2{,}00$ m, Höhe $h \leq 1{,}00$ m).
d) Bei innen liegenden Regenrohren sind die gleichen Werkstoffe wie für Schmutzwasserleitungen vorgeschrieben (keine dünnwandigen Blechrohre). Sie sind gegen Kondenswasser zu schützen.
e) Reinigungsrohre bei den Übergängen der Fall- in die Sammelleitungen und der Sammel- in die Grundleitungen fehlen.

1.2 a) Leitung ①: unbelüftete Einzelanschlussleitung.

b) Anwendungsgrenzen sind überschritten, l = 5,90 m > 4,00 m, h = 1,35 m > 1,00 m ⇒ Leitung ist zu lüften z. B. durch Umlüftung oder Belüfter.

1.3 a) Elektronikset iQ 110 E1 mit Abdeckplatte
Urinal-Absaugsiphon mit: Sensor und Zuleitung, mikroprozessorgesteuerter Elektronik, Magnetventil, Abdeckplatte und Montagerahmen, Befestigungsmaterial.

b) Urinal-Geruchverschluss mit Sensorik zur automatischen Geruchverschluss-Überwachung als Steuerung der gezielten, berührungslosen Auslösung einer Spülung.

1.4 a) Rückfluss-Sicherung RS 4 für den waagerechten oder den senkrechten Einbau mit eingebautem Ballventil; Material: Gehäuse aus Polypropylen. RS 4.5 mit zwei Reinigungsverschlüssen.

b) Rückstauverschluss Typ 0 mit einem selbsttätigen Verschluss.

1.5 a) Bei Unterdruck im System öffnet das Belüftungsventil und die einströmende Luft bewirkt den Druckausgleich. Bei Überdruck im System ist das Belüftungsventil absolut dicht. Es können keine Kanalgase austreten.

b) Das Belüftungsventil hat als Dichtelement einen Dichtring, der bei Überdruck in der Leitung durch den größeren Innendruck und das Eigengewicht des Ringes geschlossen bleibt, sodass keine Kanalgase austreten können. Herrscht in der Leitung Unterdruck, hebt der äußere Luftdruck den Dichtring, da der äußere Luftdruck größer ist als der Innendruck und der Druck aus der Gewichtskraft des Ringes zusammen. Luft kann in die Abwasseranlage einströmen.

1.6 a) Wandeinbau-Siphon 300 KS nach DIN 19541 mit kleinem strömungsgünstigen Gehäuse, höhenverstellbarem Anschlussbogen, Abdeckrosette, herausnehmbarem Geruchverschlusseinsatz, Material: Polypropylen (hochschlagfest ⇒ Siphongehäuse), Anschlussbogen, Kunststoff weiß.

b) Der Waschtisch ist unterfahrbar montiert, d. h. für Rollstuhlfahrer geeignet.

1.7 a) Dichtheitsprüfung mit der Kanalkamera (optisch) sowie mit Luftdruck (L) oder Wasserdruck (W).

b) In diesem Kundenauftrag ist die Dichtheitsprüfung mit Wasserdruck (W) vorgesehen.

c) Die Öffnungen der zu prüfenden Leitungen sind mit Absperrblasen zu schließen. Die Verschlüsse sind gegen Druckkräfte zu sichern. Die Rohrleitung ist vom tiefsten Punkt her zu füllen und am höchsten Punkt zu entlüften. Zwischen Füllen und Prüfen soll etwa eine Stunde „Vorbereitungszeit" vorgesehen werden. Der Prüfdruck muss nach DIN EN 1610 30 min halten. Muss Wasser nachgefüllt werden, ist diese Wassermenge zu messen.

d) Prüfung W: p_{min} ≥ 100 mbar, p_{max} ≤ 500 mbar, (Prüfung L: p_{min} ≥ 10 mbar, p_{max} ≤ 200 mbar).

e) Am tiefsten Punkt der zu prüfenden Anlage.

f) Die Leitung gilt als dicht, wenn die nachzufüllende Wassermenge $V \leq 0{,}15\ l/m^2$ (Leitung ohne Schächte) oder $V \leq 0{,}20\ l/m^2$ (Leitung mit Schächten).

2 Darstellungen

2.1 Sinnbilder Abwasseranlage: ① Bodenablauf mit Geruchverschluss, ② Bodenablauf mit Geruchverschluss und Rückstauverschluss für fäkalienfreie Wässer, ③ Rückstauverschluss für fäkalienhaltige Wässer, ④ geschlossene Hebeanlage, ⑤ Benzinabscheider.

2.2 Ausstattung Küche und Hausarbeitsraum: ① Waschmaschine, ② Ausgussbecken, ③ Wäschetrockner, ④ Klimagerät.

2.3 Vorgegebene Sinnbilder nach DIN 1986-100: ① WC bodenstehend, mit wandhängendem Spk., Draufsicht, ② WC mit aufgesetztem Spk, Draufsicht, ③ Urinal, manuelle Spülung, Vorderansicht, ④ Urinal, automatische Spülung, Vorderansicht, ⑤ Bidet, Vorderansicht.

2.4 a) Exzentrische Übergangsstücke DN 80 × DN 50 und DN 125 × DN 100.

b) Einbauart a) Bei Leitungen mit kleineren DN, wie z. B. EAL, SAL; SL, um Lüftung zu gewährleisten und Fremdeinspülung zu unterbinden. Einbauart b) Bei Leitungen mit größeren DN, wie z. B. GL und SL, um Befahrbarkeit mit Kanalkameras zu gewährleisten.

III Kundenauftrag

1 Entwässerung Küche und Bad

1.1 a) Bad- und Küchenplanung, sodass Grauwasser und Schwarzwasser getrennt abgeleitet wird **(Bild 1, Seite 284)**.

b) WC, WT, Urinal ⇒ Sanitärporzellan ⇒ Oberfläche kratzfest, glatt, leicht zu reinigen, farbecht, lichtecht, beständig gegen Flüssigkeiten pH ≈ 7, Duschwanne, Badewanne ⇒ z. B. Stahl emailliert ⇒ Oberfläche kratzfest glatt, leicht zu reinigen, farbecht, lichtecht, korrosionsbeständig, beständig gegen Flüssigkeiten pH ≈ 7, temperaturbeständig, Küchenspüle ⇒ z. B. Edelstahl ⇒ bruchsicher, glatt, leicht zu reinigen, resistent gegen aggressive Flüssigkeiten.

1.2 a) Hauptlüftung, da Anwendungsgrenzen eingehalten sind.

Sinnvoll EHL und Belüfter für WW-FL, um Dachdurchführungen bei dem Flachdach zu minimieren, alternativ SHL.

b) Schmutzwasser-Anschlussleitungen Bad, Küche im Grundriss OG **(Bild 1)**.

c) Strangschema Bad, Küche OG **(Bild 2)**.

d) Mindestnennweite ohne WC DN 60, mit WC DN 80, DN Lüftungsleitung ≙ DN Fallleitung, Einbau von Reinigungsöffnungen vor Einmündung in Sammel- und Grundleitungen.

Maßnahmen vorsehen, dass keine Fremdeinspülung auftritt, beim Durchfahren von Brandabschnitten Brandschott vorsehen, Befestigungsschellen $a \leq 2{,}00$ m, Wärmedehnung ermöglichen, Rohrschellen mit Schallschutzeinlagen verwenden, ab fünf Stockwerken Fallrohrstützen vorsehen.

e) Fallleitung I: Spreizwinkel $\alpha = 180°$, Sohlenabstand $a > 200$ mm, Höhenunterschied $h \geq$ DN bei Bade- und Duschwanne. Fallleitung II: Spreizwinkel $\alpha < 180°$, Sohlenabstand $a > 200$ mm, exzentrischer Übergang vor WC-Anschluss.

f) $\Delta l = l_0 \cdot \alpha_{PE\text{-}HD} \cdot \Delta\vartheta$

$\Delta l = 11{,}76$ mm ($\alpha_{PE\text{-}HD} = 0{,}0002$ 1/K)

$\Delta l = 0{,}8$ mm ($\alpha_{GG} = 0{,}000014$ 1/K)

g) Langmuffen, Dehnmuffen in die Fallleitung, Biegeschenkel in die Anschlussleitungen, Festpunkte vorsehen, Befestigungsschellen als Gleitschellen.

h) Nennweiten der Anschluss-, Fall- und Lüftungsleitungen **(Tabelle 1)**.

i) Anwendungsgrenzen für unbelüftete Anschlussleitungen sind:

$l_{max} \leq 4{,}00$ m, $l_{max} \leq 10{,}00$ m (SAL mit DN ≤ 80), $h_{max} \leq 1{,}00$ m, $n_{max} \leq 3$ Bögen, $I \leq 5\,\%$, $I \geq 1\%$.

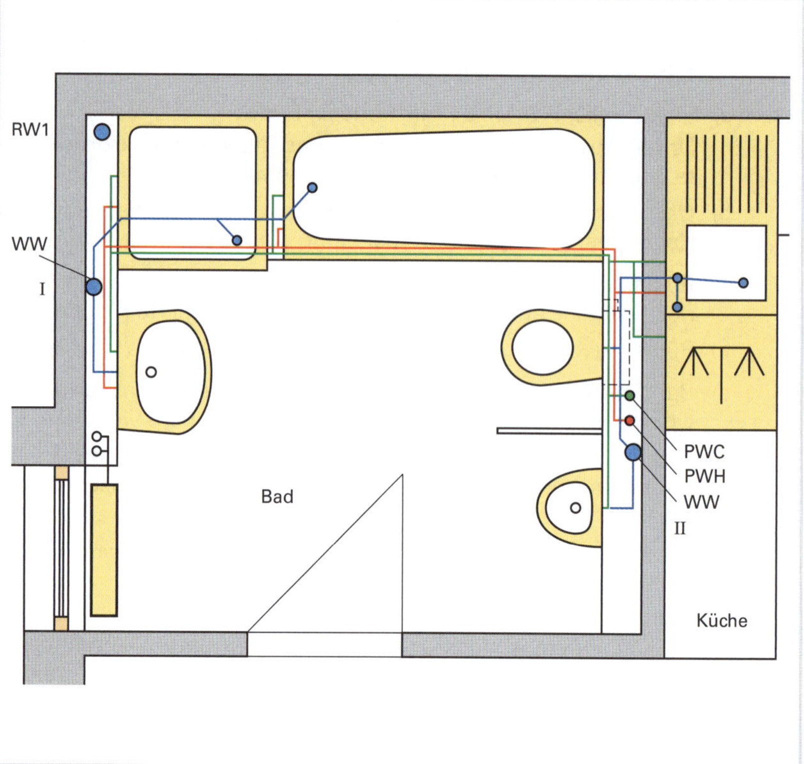

Bild 1: Küche und Bad im Zweifamilienhaus

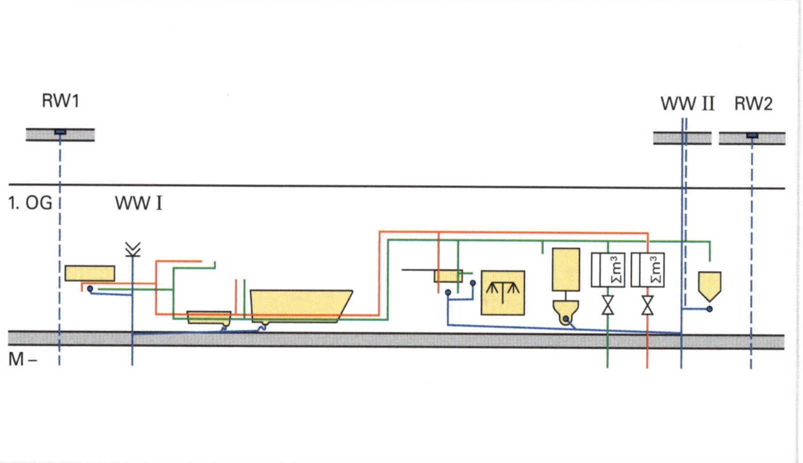

Bild 2: Strangschema OG, Zweifamilienhaus

Tabelle 1: Nennweiten der Anschluss-, Fall- und Lüftungsleitungen

FL I	Gegenstand	DU	ΣDU	DN	FL II	Gegenstand	DU	ΣDU	DN
EAL	WT	0,5	–	40	EAL	Sp	0,8	–	50
	BW	0,8	–	50		GSM	0,8	–	50
	DuW	0,8	–	50		WC	2,0	–	80(100)
						Ur	0,5	–	50
SAL		–	1,6	56/60	SAL		–	1,6	56/60
								3,6	80(100)
FL		–	4,2	70	–		–	8,2	80(100)
LL	Belüfter			70		EHL			80(100)
$\dot{V}_{WW} = K \cdot \sqrt{\sum DU}$			1,02 l/s					1,43 l/s	

2 Entwässerung im Untergeschoss

2.1 a) Unterhalb der Rückstauebene wird eine Rückstausicherung verlangt. Rückstaugefahr kann man bei dieser Anlage begegnen mit einem Rückstauverschluss oder einer Hebeanlage für fäkalienfreie Wässer.
Gewählt: Hebeanlage ⇒ höhere Sicherheit.

b) Strangschema UG, Zweifamilienhaus **(Bild 1)**.

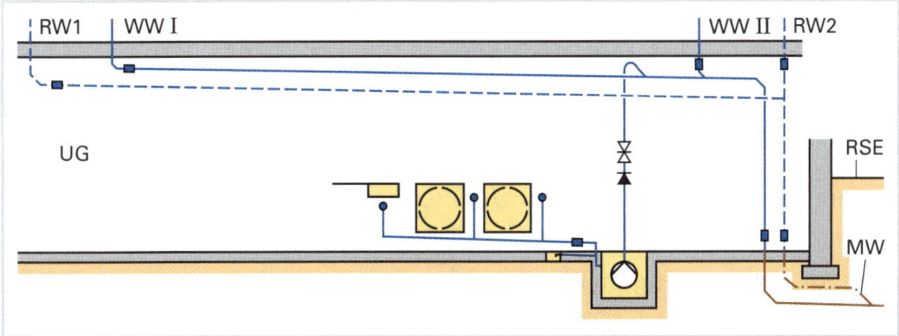

Bild 1: Strangschema UG, Zweifamilienhaus

c) Die Druckleitung muss man längskraftschlüssig verbinden:
Kunststoffrohre ⇒ Kleben oder Schweißen,
GG-Rohre ⇒ CV-Krallen, Grip-Verbinder,
ST-Rohre ⇒ Doppelschellen.

d) Anschluss an liegende Leitungen (Sammelleitung) mit Sicherheitsschleife über die Rückstauebene.

e) **Einzel- und Sammelanschlussleitungen**

SG	Sp	WM	WM	BA	TS	a	b	c
DU	0,8	0,8	0,8	1,5	Σ DU	1,6	2,4	3,9
DN	50	50	50	70	DN	56/60	70	70

2.3 a) $\dot{V}_r = r_{5/2} \cdot C \cdot A = 1{,}01$ l/s ⇒ Regenfallrohr gewählt DN 80 ⇒ $\dot{V}_{rzul} \leq 1{,}7$ l/s > 1,01 l/s = $\dot{V}_r$

b) Dämmung als Schutz gegen Kondenswasser vorsehen. Regen- und Schmutzwasserleitungen erst außerhalb des Gebäudes zusammenführen.

c) Um bei Starkregen und eventuellen Störungen an der Abwasseranlage Wasserschäden in Gebäuden zu vermeiden.

d) Bei innen liegenden Abläufen und Dachrinnen müssen mindestens zwei Abläufe angeordnet werden, besser ist zusätzlich noch ein Notüberlauf, der die Differenz zwischen „Zweijahresregen“ und „Jahrhundertregen“ aufnehmen und ableiten kann.

3 Wohnhaus

3.1 a) Strang I und Strang III zeigen Schmutzwasserfallleitungen mit Reinigungsöffnungen, Einzelhauptlüftungen, Einzel- und Sammelanschlussleitungen.

b) Sicherung gegen Rückstau durch RSV für fäkalienfreie Wässer, Geruchverschlüsse gegen Geruchsbelästigungen und Gurgelgeräusche.

c) Lüftung des Stranges z. B. mit einem Belüfter.

3.2 Indirekte Entwässerung: Badablauf trocknet nicht aus ⇒ keine Geruchsbelästigung.

3.3 Empfehlung: Rückstauverschluss für fäkalienhaltige Wässer, da keine eigenständige Wohnung ⇒ einfache Installation, kostengünstige Lösung. Eine Hebenlage böte allerdings mehr Sicherheit.

4 Abscheideanlagen

4.1 Es handelt sich um eine im Raum aufgestellte Fettabscheideanlage mit Stofftrennung.

4.2 Bauteile: ① Ablauf, ② Lüftung ins Freie für Rohrleitungen und Behälter, ③ verschließbarer Sammelbehälter für abgeschiedenes Fett, ④ verschließbarer Sammelbehälter für abgeschiedene Sinkstoffe (Schlamm).

4.3 Fetthaltiges Abwasser soll möglichst ohne Abkühlung in den Abscheider ⇒ kurze Wege, Wärmedämmung, Begleitheizung. Im Behälter sinkt die Fließgeschwindigkeit (große Querschnittsfläche) ⇒ Dichteunterschied bewirkt eine Stofftrennung $\varrho_F < \varrho_W$ ⇒ Fett schwimmt auf, $\varrho_S > \varrho_W$ ⇒ Schlamm sinkt ab.

4.4 Getrennte Stoffe gelangen direkt in den verschließbaren Transportbehälter. Sie können ohne Schmutz und Geruchsbelästigung problemlos entsorgt werden.

I Arbeitsplanung

1 Wärmeverteilung

1.1 Pumpe transportiert warmes Wasser durch das Rohrsystem.
Zweirohrsystem mit oberer oder unterer Verteilung, Einrohrsystem, Etagenheizung.

1.2 **Glieder-HK:** Stahl-, Stahlröhren- u. Fensterbankheizkörper. **Flach-HK:** Platten-, Ventil-, Kompakt- oder Fertigheizkörper. **Konvektoren:** Wand-, Unterflur- und Gebläsekonvektoren.

1.3 Wärmestrahlung etwa 35 %, Konvektion etwa 65 %.

1.4 Abfallen der eindringenden Kaltluft wird durch aufsteigende Wärmeströmung des Heizkörpers verhindert.

1.5 Preisgünstig, flache Bauweise, Vor- und Rücklauf von unten anschließbar, komplett mit Ventilgarnitur lieferbar, fertig lackiert, leicht.

1.6 Typenbezeichnung gibt die Anzahl der zusammengefügten Platten und Konvektionsschächte an. Je größer die Typenzahl, umso höher ist die Wärmeleistung.

1.7 2 – Heizplatten, 1 – Konvektionsschacht, 350 mm Bauhöhe, 800 mm Baulänge.

1.8 **Röhren-HK:** Krankenhäuser, Bürogebäude, Schulen. **Sonder-HK:** Handtuch-HK in Bädern, Design-HK in Dielen, Fensterbank-HK in Sporthallen.

1.9 100 % durch Konvektion. Baulänge, Bautiefe, Bauhöhe, Schachthöhe und Heizmitteltemperatur.

1.10 Raumumfassungsflächen werden als Heizflächen genutzt. Fußboden-, Wand- und Deckenheizung.

1.11 Wärmestrahlung.

1.12 **Vorteile:** Gleichmäßige Wärmeverteilung, keine sichtbaren HK, freie Gestaltung der Räume, gleichmäßiges Temperaturprofil, niedrige Heizwassertemperatur ⇒ Einsatz von Wärmepumpen und Brennwerttechnik möglich.
Nachteile: Träge Regelfähigkeit, teure Regelkreise, hohe Herstellungskosten, schwierige Reparaturen bei Rohren.

1.13 **Nassverlegung:** Oberhalb der Wärme- und Trittschalldämmung, direkt im Heizestrich.
Trockenverlegung: Rohre liegen unterhalb des Estrichs, Trennung zum Estrich erfolgt durch Abdeckfolie.

1.14 Geringe Bauhöhe, sofort begehbar, keine Trocknungszeit.

1.15 Wärmeabstrahlung freier Wandflächen sorgen für ein angenehmes Raumklima.

1.16 Hohe Räume, wie z. B. Fabrik- und Lagerhallen mit verhältnismäßig niedriger Raumtemperatur. Kein Platz für normale Heizkörper.

2 Montage von Rohrleitungen

2.1 Stahlrohre mit Gewinde- oder Schweißverbindung. Edelstahlrohre ⇒ pressen. Kupferrohre ⇒ hartlöten, weichlöten, pressen. Mehrschichtverbundrohr ⇒ pressen. Kunststoffrohr ⇒ pressen, kleben, schweißen.

2.2 Unter der Decke hängend, auf dem Rohfußboden, in Sockelleisten, in senkrechten Wandschlitzen.

2.3 Winkel, Bögen, Biegen der Rohre oder flexible Rohre.

2.4 a) Kosten- und Arbeitszeitersparnis durch Verzicht auf Fittings.
b) Kalt- und Warmbiegen, Freihandbiegen mit Schablone, Einsatz von Handbiegegeräten oder Biegemaschine.

2.5 Werkstoff, Temperatur und Nennweite der Rohre.

2.6 Richtungsänderungen, Biegeschenkel, Kompensator, Fix- und Gleitpunkte beachten.

2.7 Rohrdurchmesser, Rohrwerkstoff und Betriebstemperatur des durchströmenden Mediums.

2.8 Schutz vor Wärmeverlusten, Außenkorrosion, Beschädigungen und Schallschutz.

2.9 EnEV. Frei liegende Leitungen im Keller mit 100 %. Leitungen im Fußbodenaufbau zwischen beheizten Räumen unterschiedlicher Nutzer mit 6 mm Dämmung. In Innenwänden und Deckendurchbrüchen mit 50 %.

3 Montage von Heizkörpern

3.1 Frei vor der Wand, an der Fensterbrüstung, in Heizkörpernischen oder frei im Raum. Wand- oder Standkonsolen.

3.2 Fußboden Δh = 70 mm bis 100 mm, Fensterbrüstung Δh = 70 mm.

3.3 Gleichseitig, wechselseitig oder reitend.

3.4 Verringerung der Wärmeabstrahlung zum Fenster und somit Verringerung des Wärmeverlustes. Beim Einbau von Heizkörpern vor bodennahen Fenstern.

4 Darstellungen

4.1

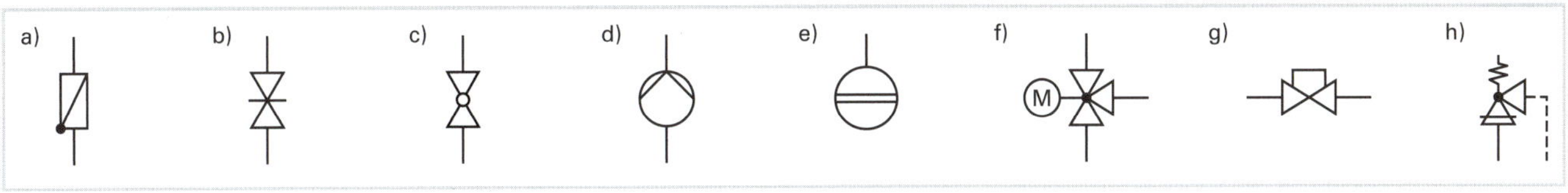

4.2 Einrohrheizung. a) Heizkörper, b) Verteilventil, c) Thermostatventil, d) Absperrschieber, e) Rückschlagklappe, f) Umwälzpumpe

4.3

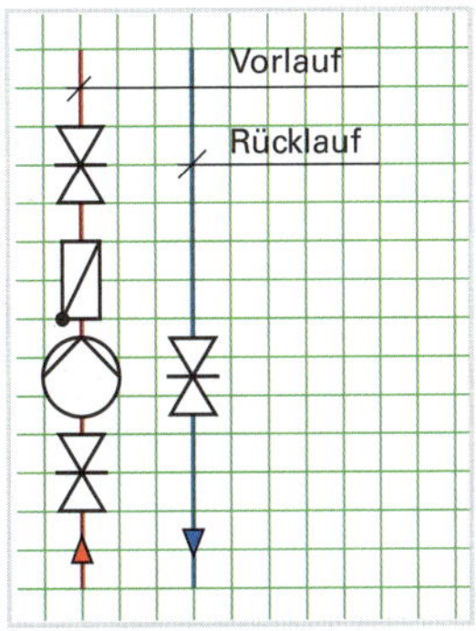

4.4

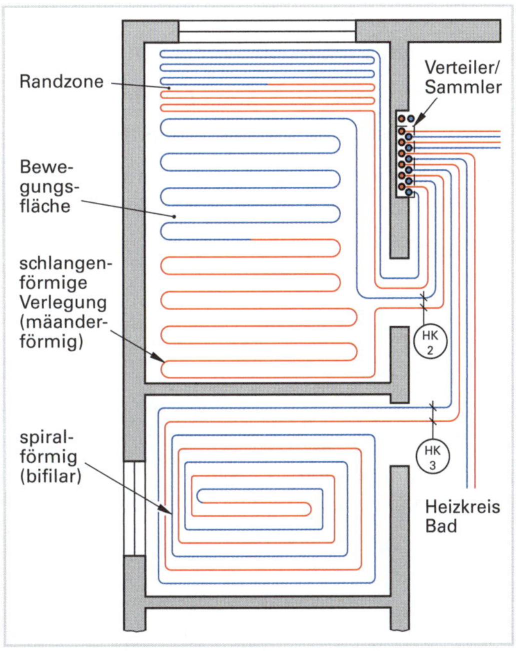

4.5 Trockenverlegung
1 Estrich
2 Randdämmstreifen
3 Abdeckfolie
4 Rillenplatte
5 Wärme-/Trittschalldämmung
6 Feuchtigkeitssperre

5 Berechnungen

5.1 $\dot{Q}_H = f_x \cdot \Phi_{HL}$ $\dot{Q}_H = 1100\,W \cdot 1{,}15$ $\mathbf{\dot{Q}_H = 1265\,W}$

5.2 $\vartheta_m = \frac{\vartheta_V + \vartheta_R}{2}$ $\vartheta_m = \frac{65\,°C + 50\,°C}{2}$ $\mathbf{\vartheta_m = 57{,}5\,°C}$

$\Delta\vartheta_ü = \vartheta_m - \vartheta_i$ $\Delta\vartheta_ü = 57{,}5\,°C - 20\,°C$ $\mathbf{\vartheta_ü = 37{,}5\,°C}$

5.3 $\vartheta_m = \frac{\vartheta_V + \vartheta_R}{2}$ $\vartheta_m = 50\,°C$ $\Delta\vartheta_ü = \vartheta_m - \vartheta_i$ $\mathbf{\vartheta_ü = 28\,°C}$

5.4 $\vartheta_m = \frac{\vartheta_V + \vartheta_R}{2}$ $\vartheta_m = 52{,}5\,°C$ $\Delta\vartheta_ü = \vartheta_m - \vartheta_i$ $\mathbf{\vartheta_ü = 32{,}5\,°C}$ $\mathbf{f_u = 0{,}57}$

$\dot{Q}_{Aus} = \dot{Q}_N \cdot \frac{1}{f_u}$ $\dot{Q}_{Aus} = 775\,W \cdot \frac{1}{0{,}57}$ $\mathbf{\dot{Q}_{Aus} = 1360\,W}$ **HK: 600/1400/2** oder 600/1000/3

5.5 $\dot{Q}_N = \dot{q}_n \cdot n$ $\dot{Q}_N = 55\,W/m^2 \cdot 26\,m^2$ $\mathbf{\dot{Q}_N = 1430\,W}$

$\mathbf{L = 1300\,mm;\ H = 600\,mm;\ T = 110\,mm}$

5.6 $\dot{m} = \frac{\dot{Q}_H}{c \cdot \Delta\vartheta}$ $\dot{m} = \frac{1475\,W}{1{,}163\,Wh/kg \cdot K \cdot 15\,K}$ $\mathbf{\dot{m} = 84{,}6\,kg/h}$

5.7 $\dot{m} = \frac{\dot{Q}_H}{c \cdot \Delta\vartheta}$ $\dot{m} = \frac{1780\,W}{1{,}163\,Wh/kg \cdot K \cdot 15\,K}$ $\dot{m} = 102\,kg/h$

$R = 0{,}60\,mbar/m$ $\Delta p_R = R \cdot l$ $\Delta p_R = 0{,}6\,mbar/m \cdot 8{,}9\,m$ $\mathbf{\Delta p_R = 5{,}34\,mbar}$

$\Delta p = \sum(R \cdot l + Z)$ $\Delta p = 5{,}43\,mbar + 5{,}43\,mbar$ $\mathbf{\Delta p = 10{,}86\,mbar}$

II Systemanalyse und Instandhaltung

1 Armaturen

1.1 a) Absperr-, b) Regel-, c) Mess- und d) Sicherheitsarmaturen.
Zu a) Absperren von Rohrleitungen, b) Regeln von Drücken, c) Messen von Drücken oder Temperaturen, d) Verhindern von Überdrücken oder Übertemperaturen.

1.2 a) Spindel steht senkrecht zur Strömungsrichtung. Strömung wird viermal umgelenkt, d. h. hohe Druckverluste.
b) Steht quer zur Strömungsrichtung, keine Strömungsumlenkungen, kaum Druckverluste.

1.3 Eckventile haben nur eine 90° Umlenkung.

1.4 a) Thermostatventile, Strangregulierventile.
b) Sicherheitsventile, thermische Ablaufsicherung.

1.5 Lässt das Heizmedium nur in einer Richtung fließen und verhindert dadurch den Rückfluss bei Stillstand der Anlage. Bei Parallelbetrieb von Pumpen wird bei unterschiedlichen Leistungen ebenfalls das Rückfließen verhindert.

1.6 a) Mischventil b) Verteilventil

1.7 a)

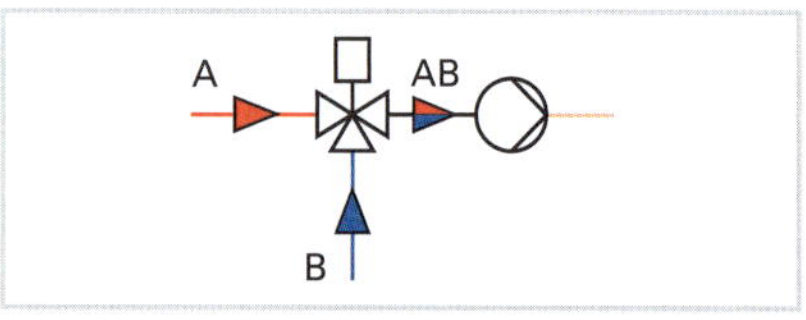

b)

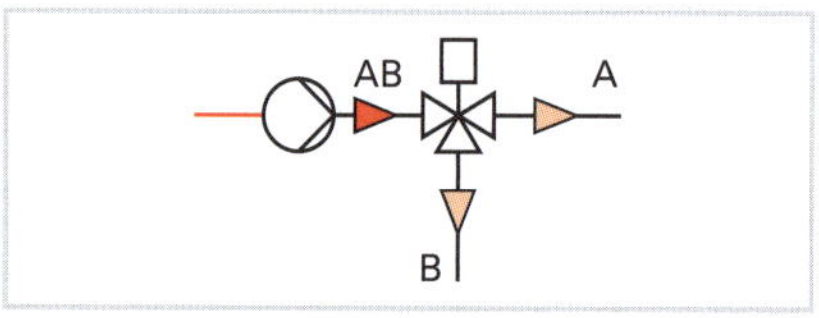

1.8 Bei Druckanstieg im Heizungssystem durch schließende Thermostatventile wird mit dem Überströmventil über eine Bypassleitung ein Druckausgleich hergestellt.

2 Pumpen

2.1 Sie transportiert das Heizmedium vom Wärmeerzeuger zu den Wärmetauschern und zurück. Kreiselpumpen als Nassläufer oder Spaltrohrpumpen.

2.2 Volumen- oder Massestrom in m^3/h oder kg/h. Förderdruck in mbar oder mWS.

2.3 Die **Pumpenkennlinie** hat einen abfallenden Verlauf und ist von der Pumpenkonstruktion abhängig. Sie wird vom Hersteller experimentell ermittelt. Die **Rohrnetzkennlinie** ist bei jeder Wärmeverteilungsanlage verschieden. Sie ergibt sich aus dem Volumenstrom und den einzelnen Druckverlusten im Rohrnetz und in den Armaturen. Der Betriebspunkt ergibt sich aus dem Schnittpunkt der Pumpenkennlinie und der Rohrnetzkennlinie.

2.4 1) $\dot{V} = 4{,}2\ m^3/h$, $\Delta p = 320$ mbar
2) $\dot{V} = 3{,}0\ m^3/h$, $\Delta p = 210$ mbar
3) $\dot{V} = 1{,}75\ m^3/h$, $\Delta p = 80$ mbar

2.5 a) Einfach wirkende Heizungsumwälzpumpe.
b) Beschreibung: Einfachpumpe, Energiesparpumpe, elektronisch geregelt, mit Schraubverbindung, einstellbare Betriebsart Δp – cv für eine angepasste Leistungsregulierung.
c) 20 °C – 110 °C, Δp_{max} 5,0 mWS = 500 mbar
d) Einphasenwechselstrom mit 230 V. IP 42, d. h. Schutz gegen Eindringen fester Körper ≥ 1,0 mm. Schutz gegen senkrecht tropfendes Wasser, Pumpe bis 15° gedreht.
e) Geschraubt, DN 40, R_p $1^1/_2$, 180 mm, 0,28 A.
f) 20/1-5 oder 25/1-5.

2.6 Durch schließende Thermostatventile oder ganz abgestellte Heizkörper ändert sich ständig der Volumenstrom und somit der Betriebspunkt. Daraus folgen Geräusche. Durch automatische Änderung der Drehzahl werden Fördermenge, Förderdruck, Geräuschbildung und Energieverbrauch reduziert.

2.7 Δp – c: Konstanter Differenzdruck-Sollwert ⇒ Verwendung bei kleinem Rohrleitungswiderstand und hohem Ventilwiderstand.
Δp – v: Variabler Differenzdruck-Sollwert ⇒ Rohrleitungs- und Ventilwiderstand sind abgeglichen. Optimale Energieeinsparung.

2.8 Fast die gesamte Wärmeverteilungsanlage liegt im Überdruckbereich, dadurch keine Luftansaugung im System möglich und somit keine Geräuschbildung und Korrosion.

2.9 Kennzeichnung über den Energieverbrauch von Haushaltsgeräten. Vorschrift nach EU-Recht. Energieklasse D gibt den mittleren Bedarf einer Umwälzpumpe an. Energieklasse A benötigt somit nur 40 % des mittleren Bedarfs.

3 Anlagenhydraulik

3.1 Die Volumenströme zu den einzelnen Wärmetauschern werden entsprechend deren Heizleistung im Volllast, wie im Teillastbereich, einreguliert.

3.2 a) voreinstellbare Thermostatventile und Rücklaufverschraubungen.
b) Einbau von Drosselventilen in den Wohnungssträngen und Nachregulierung an den Heizkörperarmaturen.

3.3 a) Exakte Rohrnetzberechnung über die Massenströme in Abhängigkeit der Dimensionen.
b) Mittlere Druckdifferenz von 100 mbar je Strang über Tabellen festlegen und den Restdruck abdrosseln.

3.4 Bei mehreren Heizkreisen im System, wie z. B. Trinkwassererwärmung, Radiatoren- und Fußbodenheizung. Auch bei größeren Heizungsanlagen mit mehreren Heizkreisen, unterschiedlichen Druckverlusten und Vorlaufverteiler.

3.5 Die hydraulische Weiche besteht aus einem überdimensionierten Rohrtopf mit vier Anschlussstutzen. Die Pumpe vom Wärmeerzeuger drückt das Wärmeträgermedium bis in den Topf, während die Pumpen am Verteiler das Heizungswasser von dort ansaugen und in den jeweiligen Heizkreis transportieren. In der hydraulischen Weiche herrscht Druckausgleich.

4 Inbetriebnahme

4.1 a) Überprüfen, ob die Verschraubungen des Heizungsvor- und Rücklaufes am Wärmeerzeuger fest angezogen sind, die Druckprüfung erfolgt ist und alle Armaturen geöffnet wurden.
b) Heizungsanlage bei geöffneten Entlüftungsventilen füllen und System mehrfach entlüften.
c) Überprüfung, ob die Dichtheits- und Belastungsprüfung an der Gasleitung durchgeführt wurde, Gashähne öffnen, Gasleitung entlüften und vorhandenen Gasdruck überprüfen.
d) Kontrolle, ob der Wärmeerzeuger elektrisch angeschlossen ist.

4.2 In Abhängigkeit von der Kesselleistung, dem Wasserinhalt der Anlage und der vor Ort herrschenden Wasserqualität. Beispiel: $\dot{Q}_{NL} \leq 50{,}0$ kW, Anlagenvolumen < 20 l/kW $= \leq 16{,}8$ °dH. Anlagenvolumen < 50 l/kW $= \leq 8{,}4$ °dH.

4.3 Durch die Fließgeschwindigkeit in den Rohrleitungen kann nicht sofort die gesamte Luft entweichen. Außerdem ist Sauerstoff im Heizungswasser gelöst, das erst beim Hochheizen langsam entweichen kann.

4.4 Zentrale Entlüftung mit automatischen Entlüftern am Heizkessel oder am höchsten Punkt im Aufstellraum sowie am Ende des Steigstranges und am höchsten Punkt der Anlage. Örtliche Entlüftung an jedem Heizkörper.

4.5 Beim vollständigen Entleeren strömt Luft-Sauerstoff in die gesamte Heizungsanlage. Dieser führt zur Korrosion bei allen Eisenwerkstoffen. Außerdem enthält das Heizungsfüllwasser noch zusätzlichen Sauerstoff.

4.6 Von der Anlagenhöhe oder vom Vordruck des MAG.

5 Heizkosten

5.1 1. Zur genauen Berechnung der Mietnebenkosten.
2. Um den Energieverbrauch zu dokumentieren.
3. Höhere oder auch niedrigere Heizkosten gegenüber dem Vorjahr festzustellen.
4. Um Energieeinsparungen zu begründen.

5.2 Brennstoffkosten, Stromkosten für Pumpen und Brenner, Kaminreinigung und Emissionsmessung, Heizkesselservice mit Verschleißteilen, Mietpreis für Wärmemengenzähler und Erstellung der Heizkostenabrechnung.

5.3 Heizkostenverteiler nach dem Verdunstungsprinzip, elektronische Heizkostenverteiler, Wärmemengenzähler mit Durchfluss- und Temperaturmessung.

III Kundenauftrag

1 Rohrpassstück

1.1 Stahlrohr, Nennweite 25, mittlere Reihe, nahtlos gezogen, schwarz.

1.2 d_a = 33,7 mm, d_i = 27,2 mm, s = 3,25 mm, A = 5,81 cm²

1.3 Nenndruck $p_e \leq$ 6,0 bar, Dichtfläche Form B1

1.4 Schweißverbindung, V-Naht, stumpf, umlaufend.

1.5 $l = 1{,}5 \cdot R$ $\quad l = 1{,}5 \cdot 120$ mm $\quad$ **l = 180 mm**

1.6 $l_{ges} = l_1 + l_B + l_2$ $\quad l_{ges}$ = 345 mm + 188,4 mm + 280 mm
l_{ges} = 813,4 mm
l_1 = 500 mm – 120 mm – 35 mm $\quad l_1$ = 345 mm
l_2 = 400 mm – 120 mm $\quad l_2$ = 280 mm
$l_B = \frac{r \cdot \pi}{2}$ $\quad l_B = \frac{120 \text{ mm} \cdot 3{,}14}{2}$ $\quad l_B$ = 188,4 mm

1.7 $V = A_i \cdot l_{ges}$ $\quad V$ = 5,81 cm² · 81,3 cm $\quad V$ = 472,35 cm³
V = 0,472 l

1.8 $n = l : a$ $\quad n$ = 13,5 m : 3,5 m/Stück $\quad n$ = 3,85 Stück,
gewählt: **4 Aufhängungen**

1.9 **Bild 1**

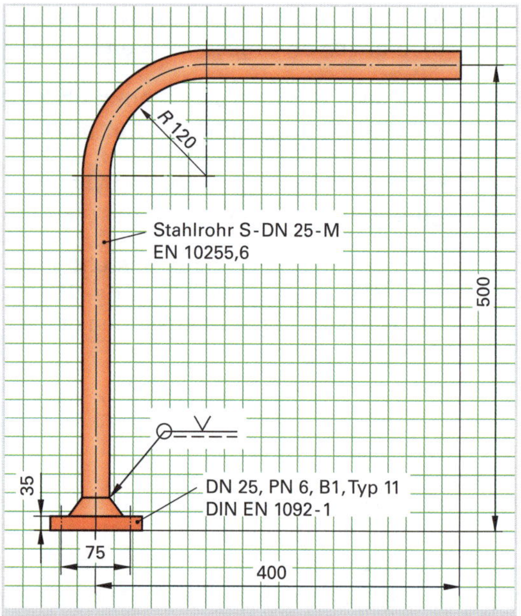

Bild 1: Rohrpassstück, Lösung

1.10 H = 35 mm, K = 75 mm

1.11 4 Schrauben, M 10 × 40, DIN EN 24014

1.12

Lfd. Nr.	Arbeitsschritte/Tätigkeiten	Werkzeug/Hilfsmittel
1	Länge des Gewinderohres abmessen und absägen.	Maßstab, Reißnadel, Bügelsäge
2	Längere Seite für Schweißnahtvorbereitung abschleifen.	Schleifmaschine
3	Rohr mit Quarzsand füllen, gut verdichten und abstopfen.	Rüttelgabel
4	Stichmaß und Biegelänge anzeichnen.	Maßstab, Speckkreide
5	Rohr im Bereich der Anwärmlänge, kirschrot erwärmen.	Schweißanlage
6	Rohrbogen durch kontrolliertes Biegen herstellen, d. h. gezieltes Ziehen und Gegendrücken.	Schraubstock
7	Längenmaße und Winkel kontrollieren, eventuell nachrichten.	Maßstab, 90°-Winkel
8	Vorschweißflansch heften, ausrichten und verschweißen.	Schweißanlage, Flansch-Winkel

2 Änderung einer Wärmeverteilungsanlage

2.1 Zweirohrsystem untere Verteilung, Kupferleitungen DIN EN 1057

2.2 Zweirohrsystem, Verlegung in den Sockelleisten.

2.3 Pressverbindung

2.4
- Rohrwerkstoff, Temperaturdifferenz, Anfangslänge
- Biegeschenkel

2.5 Bohrkonsole mit Abstandshalter oder Wand-Schnellkonsole.

2.6 Voreinstellung an den Thermostatventilen und Voreinstellung in der Rücklauf-Verschraubung.

2.7 $A = l \cdot b$ $\quad A$ = 6,26 m · 3,635 m $\quad A$ = 22,76 m²
$\Phi = A \cdot \Phi'$ $\quad \Phi$ = 22,76 m² · 80 W/m² $\quad$ **Φ = 1820 W**

2.8 f_{RH} = 21 W/m² (Tabelle) $\quad \Phi_{RH} = A \cdot f_{RH}$ $\quad \Phi_{RH}$ = 22,76 m² · 21 W/m² $\quad$ **Φ_{RH} = 478 W**

2.9 $\dot{Q}_{HK} = (\Phi + \Phi_{RH})$ $\quad \dot{Q}_{HK}$ = 1820 W + 478 W $\quad$ **$\dot{Q}_{HK}$ = 2298 W**

2.10

$\dot{Q}_{Ausw} = \dfrac{\dot{Q}_{HK}}{f_u}$ $\dot{Q}_{Ausw} = \dfrac{2298\,W}{0{,}57}$ $\mathbf{\dot{Q}_{Ausw} = 4032\,W}$

$\Delta\vartheta_ü = \dfrac{\vartheta_V + \vartheta_R}{2} - \vartheta_i$ $\Delta\vartheta_ü = \dfrac{60\,°C + 45\,°C}{2} - 20\,°C$ $\Delta\vartheta_ü = 32{,}5\,°C$ $f_u = 0{,}57$ (Tabelle)

$\dot{q}_{Ausw} = \dfrac{\dot{Q}_{Ausw}}{l}$ $\dot{q}_{Ausw} = \dfrac{4032\,W}{3{,}5\,m}$ $\dot{q}_{Ausw} = 1152\,W/m$ gewählt: **HK1: 11-900/1320** **HK2: 11-900/1600**

2.11

$\dot{m} = \dfrac{\dot{Q}_{HK}}{c \cdot \Delta\vartheta}$ $\dot{m} = \dfrac{2298\,W}{1{,}163\,Wh/kg \cdot K \cdot 15\,K}$ $\mathbf{\dot{m} = 131\,kg/h}$ $\mathbf{R = 0{,}90\,mbar/m}$ $\mathbf{v = 0{,}27\,m/s}$

2.12 $\Delta l = l_0 \cdot \alpha \cdot \Delta\vartheta$ $\Delta l = 6{,}4\,m \cdot 0{,}0165\,mm/(m \cdot K) \cdot 80\,K$ $\mathbf{\Delta l = 8{,}5\,mm}$

2.13 + **2.14**

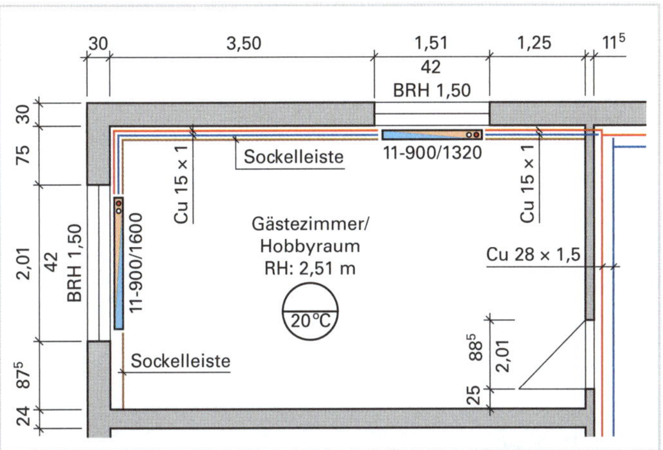

Bild 1: Grundriss, Lösung

2.15

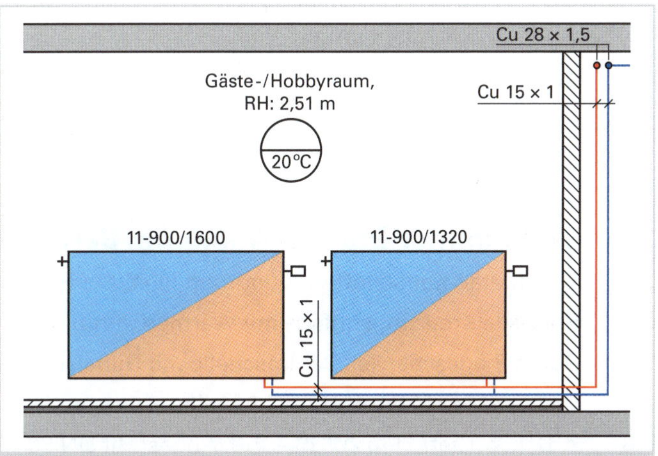

Bild 2: Strangschema, Lösung

2.16 Materialliste/Angebotspreis

Projekt/Bauherr: Umbau Gästezimmer/Hobbyraum

Datum: 09.10.20XX **Bearbeiter:** Fritz Meyer **Blatt-Nr.** 1

Pos.	Menge	Arbeitsschritte/Tätigkeiten	Einzelpreis in €	Gesamtpreis in €
1	1	Ventilheizkörper 11-900/1600	246,00	246,00
2	1	Ventilheizkörper 11-900/1320	217,00	217,00
3	2	Befestigungselemente für Heizkörper	8,65	17,30
4	2	Eckhahnblock DN 12	18,60	37,20
5	2	Heizkörper-Anschlussteile	7,50	15,00
6	2	Thermostatkopf	15,70	31,40
7	22,0 m	Cu-Rohr, Stangen, DN 12, DIN EN 1057	8,20/m	180,40
8	2	T-Stück, 28 × 15 × 28, Cu	11,50	23,00
9	12	Bogen 90°,DN 12, Cu	2,00	24,00
10	1	Kreuzungsfitting für HK-Anschluss, Rp1/2 × 12 × Rp1/2	45,50	45,50
11	1	Heizungsanschlussset SL	25,40	25,40
12	2	Anschlussrohr für Vor- und Rücklauf	11,70	23,40
13	10,0 m	Profil-Sockelleiste, Holzdekor, Unter- und Oberteil	10,75/m	107,50
14	1	Innenecke für Sockelleiste	5,45	5,45
15	2	Abdeckblende für HK-Anschluss	2,10	4,20
16	6	Befestigungsschelle für Heizungsrohr	0,70	4,20

Gesamt-Materialpreis	1006,95 €
Montagepreis ... 12 Std × ... 39,80 €/Std	477,60 €
Nettoangebotspreis	1484,55 €
Bruttoangebotspreis 1484,55 € + 19 % MWST	**1766,62 €**

2.17

Lfd. Nr.	Arbeitsschritte/Tätigkeiten
1	Wärmeerzeugungsanlage ausschalten, Wärmeverteilungsanlage entleeren und Loch durch die Wand bohren.
2	HK-Befestigungen im Gästezimmer/Hobbyraum anzeichnen und montieren.
3	Profilelemente der Sockelleisten mit Inneneck und Rohrschellen anbringen.
4	Vor- und Rücklaufleitungen ca. 28 × 1,5 freilegen, auftrennen, T-Pressfittings einpassen, Leitungsteile DN 12 bis zum Durchbruch ausmessen, ablängen, entgraten und verpressen.
5	Eckhahnblöcke und Heizkörper im Gästezimmer montieren.
6	Leitungsteile DN 12 ausmessen, ablängen, entgraten, mit Bögen, Kreuzungsfitting und HK-Anschlussset für die Heizkörper zusammenfügen und verpressen.
7	Leitungen in die Profilleiste einlegen, mit T-Anschluss verbinden und verpressen.
8	HK-Anschlüsse mittels Schneidringteilen herstellen und die Verbindungen sichtprüfen.
9	Anlage füllen, entlüften und Dichtheit der erweiterten Wärmeverteilungsanlage prüfen.
10	Wärmeerzeuger einschalten, Anlage langsam aufheizen, mehrfach entlüften, nachfüllen und nochmals Dichtheit prüfen.
11	Pumpe einschalten, Anlage auf gleichmäßige Erwärmung und Undichtigkeiten kontrollieren.
12	Dekor- und Abdeckblenden der Sockelleisten anbringen und Anlage dem Kunden übergeben.
13	Rapportzettel unterschreiben lassen, Werkzeug sowie Restmaterial räumen und Arbeitsplatz besenrein verlassen.

3 Drei-Zimmer-Etagen-Wohnung, Berechnung

3.1 Z. B. Metall-Kunststoff-Verbundrohr, PE-X/Al/PE, Rautitan. Pressverbindung.

3.2 Spezielle Kreuzungsfittings mit Wärmedämmung.

3.3 Durch Biegeschenkel. Dämmschelle mit Dübelschaft.

3.4 Gasgerät Art C, raumluftunabhängig.

3.5 Z. B. Eco Therm Plus WGB – 15C. Abgasrohr DN 80/125, Werkstoff PPs/Al

3.6 Mit 2 Platten, 1 Konvektor, 600 mm Bauhöhe, 1200 mm Baulänge.

3.7 Je niedriger die Heizmitteltemperatur, um so größer wird der Heizkörper. Bei Raumtemperaturen > 20 °C wird der Heizkörper noch größer. Raumtemperatur < 20 °C, Heizkörper wird kleiner.

3.8 Bei Einrohrheizung sind spezielle Verteilventile erforderlich. Außerdem Vergrößerung der Heizflächen, größere Pumpenleistung, d. h. höhere Betriebskosten. Gleiche Rohrnennweiten für den ganzen Heizkreis.

3.9 Tabelle 1: Heizlast Φ, überschlägig

Raum Nr.	Fläche in m²	Flächenbez. Heizlast Φ' in W/m²	Heizlast Φ in W	Wiederaufheizfaktor f_{RH} in W/m²	Wiederaufheizleistung Φ_{RH} in W	Heizkörperleistung $\dot{Q}_{HK}$ in W
1	27,4	35,0	959	10,0	274	1233
2	20,3	35,0	711	10,0	203	714
3	8,9	45,0	401	10,0	89	490
4	10,5	35,0	368	10,0	105	473
5	16,0	35,0	560	10,0	160	720
6	9,1	30,0	273	10,0	91	364*

* Aufteilung: 182 W Raum ① und 182 W Raum ⑤

3.10 gemäß Tabelle **f_{RH} = 10,0 W/m²**

3.11 Tabelle 2: Auslegung der Heizkörper

Raum	ϑ_i in °C	$\Delta\vartheta_ü$ in K	f_u in %	$\dot{Q}_{HK}$ in W	$\dot{Q}_{Ausw.}$ in W	$\dot{q}_n$ in W/m	Heizkörper-Abmessungen
1a	20	37,5	0,69	900	1304	943	11 – 600 – 1400
1b	20	37,5	0,69	515	746	683	10 – 600 – 1100
2	20	37,5	0,69	714	1035	943	11 – 600 – 1100
3	24	33,5	0,60	490	817*	651	50 – 1222 – 595
4	20	37,5	0,69	473	686	978	10 – 900 – 700
5	20	37,5	0,69	902	1307	943	11 – 600 – 1400

* 166 W für Rohrschlange im Fußboden

Länge der Rohrschlange: $l = \frac{\dot{Q}}{q_{spez}}$ $\quad l = \frac{166\,W}{55\,W/m}$ $\quad l = 3{,}0\,m$

3.12 + 3.13

Tabelle 1: Rohrnetzberechnung

Nr.	$\dot{Q}$ W	$\dot{m}$ kg/h	l m	DN	v m/s	R mbar/m	$l \cdot R$ mbar
1/2	3994	229	5,0	25/3,5	0,25	0,546	2,73
3/4	2129	122	11,5	20/2,8	0,22	0,558	6,42
5/6	1415	81	7,4	20/2,8	0,14	0,256	1,89
7/8	900	52	8,5	16/2,2	0,14	0,334	2,84
						$\sum l \cdot R$ =	**13,88**

3.14

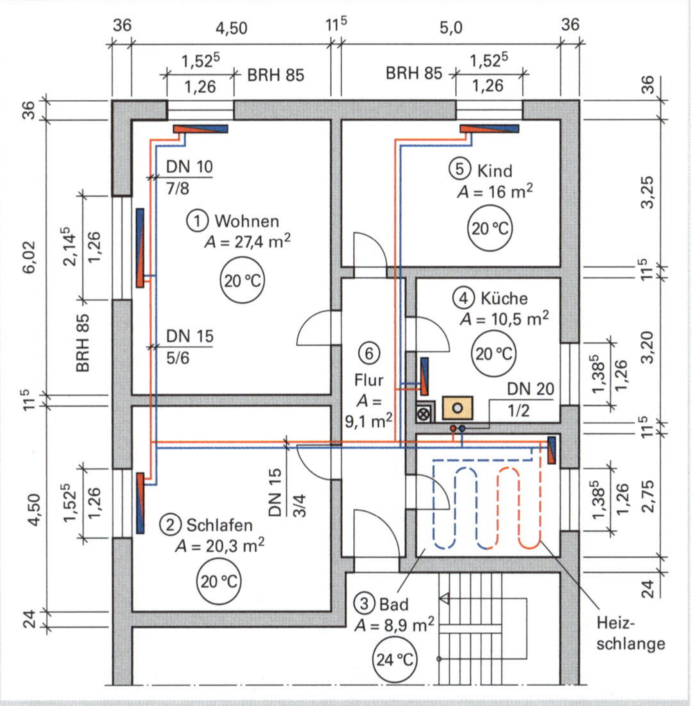

Bild 1: Etagenwohnung, Grundriss

3.15

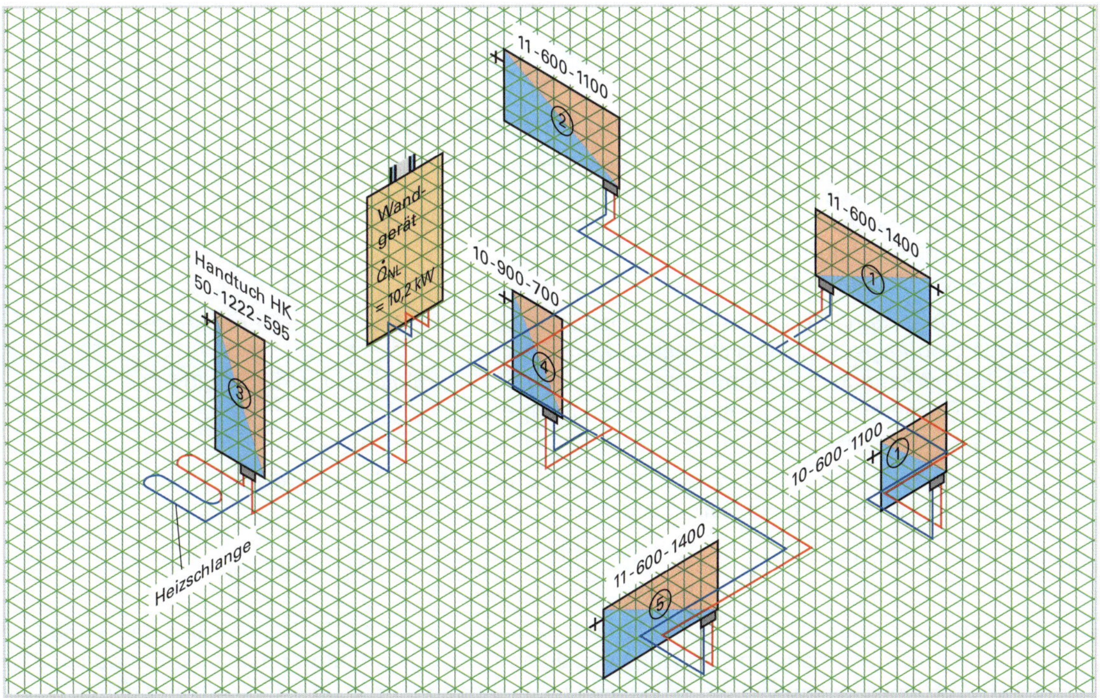

Bild 2: 30°-Raumschema

3.16

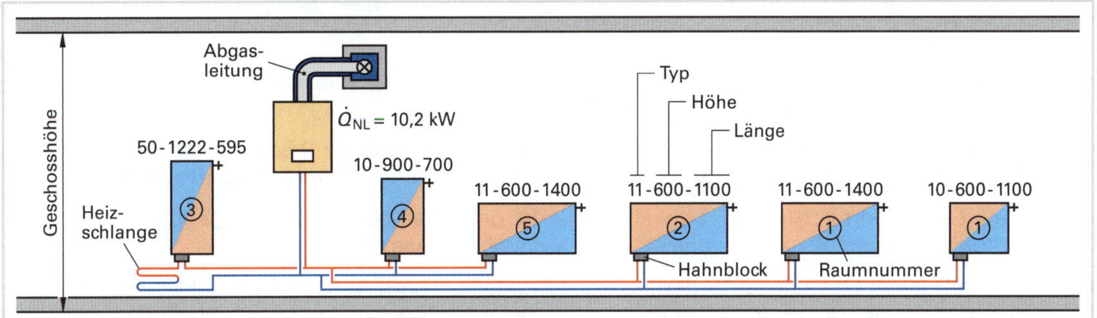

Bild 3: Flächenhaftes Strangschema

3.17

Pos.	Menge	Materialbezeichnung
1	1	Gasbrennwert-Wandgerät, WGB 15C, EcoTherm Plus, $\dot{Q}_{NL}$ 3,5 bis 15,0 kW
2	1	Speicher, BS 120 C, Inhalt 120 Liter
3	2	Fertigheizkörper, komplett mit Thermostatventil DN 10 und Wandhalterung, Größe 11/600/1400
4	1	Fertigheizkörper wie vor, Größe 11/600/1100
5	1	Fertigheizkörper wie vor, Größe 10/600/1100
6	1	Fertigheizkörper wie vor, Größe 10/900/700
7	1	Badheizkörper exclusiv kombi mit Anschlussverschraubung für Fußbodenerwärmung, einschließlich Halterungen und Heizkörperanschlussgarnitur, Größe 50/1222/595, Fabrikat Brötje
8	5	Heizkörperanschlussgarnitur DN 10
9	5	Thermostatkopf mit Nullstellung
10	1	Thermostatkopf mit Anschluss für Fußbodenerwärmung
11	5,5 m	Kupferrohr DN 10 für Fußbodenheizschlange im Bad
12	5,2 m	Heizungsrohr mit Wärmedämmung, Rautitan DN 20, 25 × 3,5 mm
13	23,0 m	Heizungsrohr wie vor, DN 15, 20 × 2,8 mm
14	26,5 m	Heizungsrohr wie vor, DN 10, 16 × 2,2 mm
15	10	Verbindungsfittings 20 × 2,8 mm
16	5	Kreuzungsfittings mit Wärmedämmbox
17	12	Winkelanschlussgarnitur 16 × 250 mm
18	20	Dübelhaken für Rohrbefestigung 120 mm
19		Halterungs- und Befestigungsmaterial

4 Drei-Zimmer-Etagenwohnung, Inbetriebnahme

4.1 1) Überprüfen, ob am Wärmeverteilungssystem alle Armaturen geöffnet sind und die Druckprobe durchgeführt wurde.
2) Heizungsanlage füllen und entlüften.
3) Überprüfen, ob Belastungs- und Dichtheitsprüfung an der Gasleitung durchgeführt wurden.
4) Gasanlage entlüften.
5) Gasdruck überprüfen.

4.2 Zu 1) Wenn keine Druckprobe erfolgt ist, kann beim Hochheizen Wasser austreten.
Zu 2) Heizkörper werden nicht richtig warm.
Zu 3) Gas kann in die Wohnräume gelangen und ein explosives Gemisch bilden.
Zu 4) Gasgerät lässt sich nicht in Betrieb nehmen.
Zu 5) Gasdruck ist entscheidend für die Einstellung des Gasgerätes.

4.3 Der hydraulische Abgleich wurde noch nicht durchgeführt. Voreinstellung am entferntesten Heizkörper im Wohnzimmer etwas öffnen und am Heizkörper in der Küche drosseln.

4.4 $\dot{V}_E = \frac{\dot{Q}_{NB} \cdot 1000}{H_{I,B} \cdot 60}$ $\dot{V}_E = \frac{15\ \text{kW} \cdot 1000\ l/\text{m}^3}{9{,}6\ \text{kWh/m}^3 \cdot 60\ \text{min/h}}$ $\mathbf{\dot{V}_E = 26\ \mathit{l}/min}$

4.5 Düsendruck- oder volumetrische Methode. Düsendruckmethode: Düsendruck der Herstellertabelle entnehmen und U-Rohrmanometer am Messstutzen befestigen. Gasgerät in Vollbrandstellung bringen und gemessenen Düsendruck mit Tabellenwert vergleichen. Wenn keine Übereinstimmung, über Einstellspindel den Düsendruck korrigieren. Einstellspindel fixieren und plombieren.

4.6 $\eta_1 = \frac{\dot{Q}_{NL1}}{\dot{Q}_{NB}} \cdot 100\ \%$ $\eta_1 = \frac{15{,}6\ \text{kW}}{15{,}0\ \text{kW}} \cdot 100\ \%$ $\mathbf{\eta_1 = 104\ \%}$

$\eta_2 = \frac{\dot{Q}_{NL2}}{\dot{Q}_{NB}} \cdot 100\ \%$ $\eta_2 = \frac{14{,}6\ \text{kW}}{15{,}0\ \text{kW}} \cdot 100\ \%$ $\mathbf{\eta_2 = 97\ \%}$

4.7 Bei der Systemtemperatur 50/30 °C werden durch die Rücklauftemperatur die Abgase tiefer abgekühlt als bei 80/60 °C. Dadurch wird der Brennwerteffekt besser ausgenutzt und der Wirkungsgrad steigt.

4.8 Bevor die Brennwerttechnik entwickelt wurde, ging man bei der Wirkungsgrad-Berechnung fälschlicherweise vom Betriebsheizwert $H_{I,B}$ aus und nicht vom Betriebsbrennwert $H_{S,B}$.

4.9 Um bei kleiner Leistungsanforderung ein ständiges Ein- und Ausschalten (Takten) des Brenners zu vermeiden, werden heute, bei kleineren Wärmeleistungen, modulierende Brenner eingesetzt. Diese starten in der Regel mit der Grundlast von 23 %, d. h. niedriger Gasdruck und geringe Luftmenge. Bei größerer Leistungsanforderung erhöhen sich automatisch der Gasdruck und die erforderliche Verbrennungsluftmenge.

I Arbeitsplanung

1 Ausstattung von Sanitärräumen

1.1 Keramische: Sanitärporzellan, Feuerton und Steinzeug. Metallische: Stahlblech emailliert, Edelstahl (CrNiSt 18/10).

1.2 Acrylglas (PMMA) für Bade- und Duschwannen, als Verbundstoff mit Gesteinsmehl für Spülen und Waschtische.

1.3 Vorteile: Beliebig einfärbbar, durchgefärbt, glatt, hochglänzend, schlechter Wärmeleiter, gut formbar.
Nachteile: Empfindlich gegen organische Lösemittel, Kalklöser, Scheuermittel und Zigarettenglut.

1.4 Zweigriff-, Eingriff- und Thermostatbatterien, Auf- und Unterputzarmaturen, Wand-, Stand- und Einlocharmaturen.

1.5 Qualität und Sicherheit (DVGW-geprüft), umweltfreundlich, Wasser und Energie sparend (Einhebel- und Thermostatbatterien), günstiges Geräuschverhalten (Gruppe I).

1.6 Verbrühschutz (Arretierung bei 38 °C), Rückflussverhinderer, Sicherungskombination, Armaturenkombination (eigensichere Armaturen).

1.7 Spültechnik: Druckspüler auf und unter Putz, Spülkasten aufgesetzt und tiefhängend, auf und unter Putz. Bedienung: Von Hand, Fußbedienung (pneumatisch), berührungsfrei (opto- und radar-elektronisch, impulsgesteuert, durch Leitfähigkeit gesteuert).

1.8 Vorteile: Wenig Platzbedarf, nach Gebrauch sofort einsetzbar.
Nachteile: Starke Geräusche, starke Druckschwankungen, große Volumenströme, große DN erforderlich.

1.9 WC, Waschtisch, Bade- oder Duschwanne.

1.10 WC, Waschbecken oder Waschtisch (bei großer Personenzahl).

1.11 Doppelspülbecken mit Abtropffläche, Geschirrspüler (mindestens Anschluss), Herd mit Dunstabzugshaube.

1.12 Bade- und Brausewanne, zweiter Waschtisch, Bidet, separates WC mit Urinal und Waschtisch.

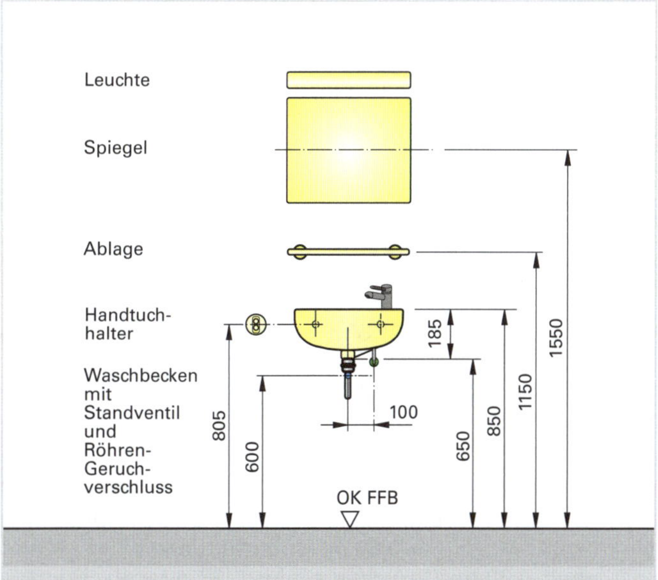

Bild 1: Montagebeispiel Waschbeckenanlage

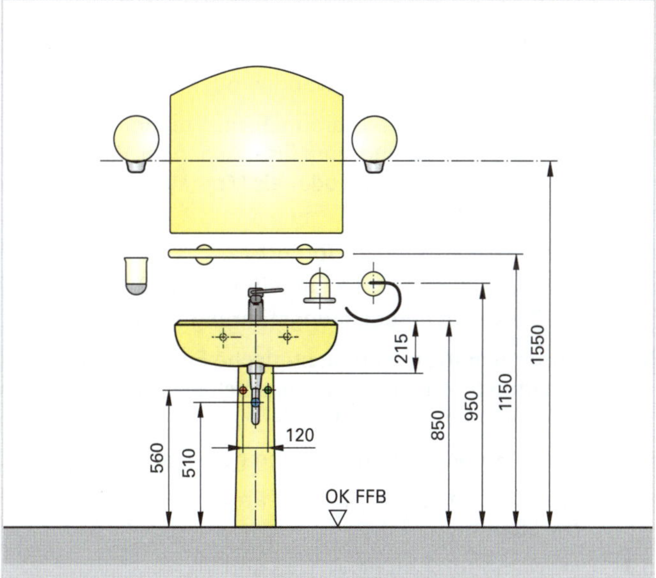

Bild 2: Montagebeipiel Waschtischanlage

2 Montage von Sanitärgegenständen

2.1 Waschbeckenanlage **(Bild 1).**

2.2 Waschtischanlage **(Bild 2).**

2.3 WC-Anlagen ⇒ bodenstehend mit aufgesetztem Spülkasten, wandhängend mit aufgesetztem Spülkasten ⇒ Vorteile: Montagehöhe ist variierbar, Boden leichter zu reinigen **(Bild 3).**

2.4 Badewannenanlage **(Bild 1, Seite 296)**

2.5 Normal- und Großraumbadewannen, Parallel- und Körperformwannen, Sonderformen, freistehende und eingebaute, metallische und Kunststoffwannen.

2.6 Duschwanne wird ohne eigenen Geruchverschluss über Badablauf entwässert, um Austrocknen zu verhindern.

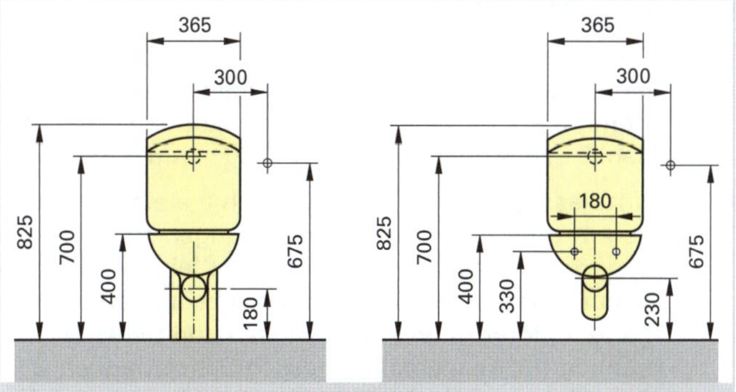

Bild 3: Montagebeipiel WC-Anlagen

3 Stellflächen, Mindestabstände und Bewegungsflächen

3.1 $l \geq$ 200 mm + 400 mm + 200 mm + 500 mm + 200 mm + (u. U. + 150 mm HK) ≥ 1500 mm + HK
$b \geq$ 200 mm + 600 mm + 750 mm ≥ 1550 mm

3.2 $l \geq$ 200 mm + 600 mm + 250 mm + 400 mm + 250 mm + 400 mm + 200 mm ≥ 2300 mm

3.3 Badewanne $l \geq$ 900 mm, b ≥ 750 mm, Brausewanne 800 mm × 750 mm (Eckausstieg 700 mm × 700 mm).

3.4 Waschmaschine, Geschirrspülmaschine, Wäschetrockner Tiefe ≥ 750 mm, Frontlader ≥ 900 mm.

4 Barrierefreie Sanitärräume

4.1 Dusche $l \times b \geq$ 1,50m × 1,50 m,
Badewanne $l \times b \geq$ 1,70 m × 1,50 m.

4.2 Montagehöhe mit Sitz h = 0,48 m, WC-Tiefe ≥ 0,70 m, seitliche Bewegungsfläche 0,90 m (links oder rechts). Bewegungsfläche 1,50 m × 1,50 m, seitlicher Abstand ≥ 0,30 m, seitliche Klappgriffe (Spülauslösung und Papierhalter integriert), Griffabstand individuell **(Bild 2)**.

4.3 Bewegungsfläche vor dem Waschtisch 1,50 m × 1,50 m, seitlicher Abstand 0,20 m (besser 0,30 m), Untersitzbarkeit ⇒ h_{UK} = 0,67 m, Unterfahrbarkeit ⇒ Kniefreiheit 0,30 m, Geruchverschluss UP oder flach auf Putz, Spiegel (kippbar oder durchgehend) im Sitzen und im Stehen einsehbar, berührungslose oder Einhebel-Thermostatarmaturen mit Verbrühschutz **(Bild 3)**.

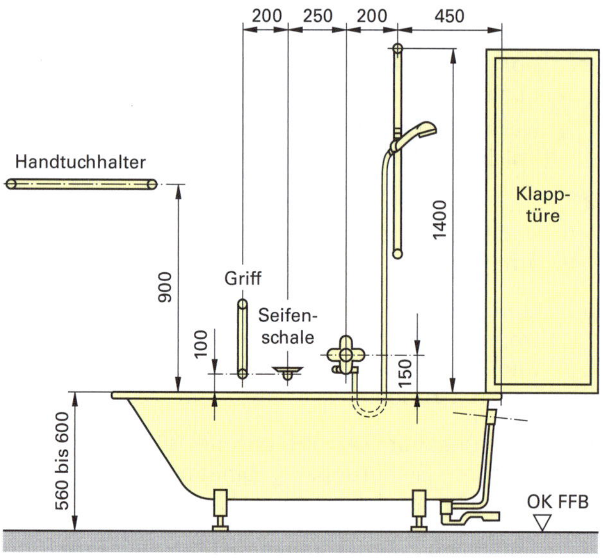

Bild 1: Badewannenanlage

5 Vorwandinstallation, Aussparungen, Schlitze

5.1 Befestigung an Massivwänden oder Leichtbauwänden.

5.2 Montageelemente raumhoch und teilhoch, wandmontiert und freistehend, zum Ein-, Aus- oder Vormauern, als Installationsbausteine oder als Montageelemente für den Trockenausbau.

5.3 Vorwandinstallation erfordert:
a) Bei waagrechter Leitungsführung 200 mm Tiefe,
b) Bei senkrechter Leitungsführung 250 mm Tiefe.

5.4 Durch Schlitzen werden statische Eigenschaften wie die Standfestigkeit, aber auch das Schallschutzverhalten von Wänden beeinträchtigt.

5.5 Durch Betonieren, im Verband gemauert oder gefräst.

5.6 Wanddicke ≥ 240 mm (Länge $l \leq$ 1,25 m, Tiefe $t \leq$ 25 mm).

5.7 a) Wanddurchbruch WD DS und VA,
b) Wandschlitz vertikal DS und VA,
c) Deckendurchbruch DD DS und VA,
d) Wandschlitz horizontal DS und VA.

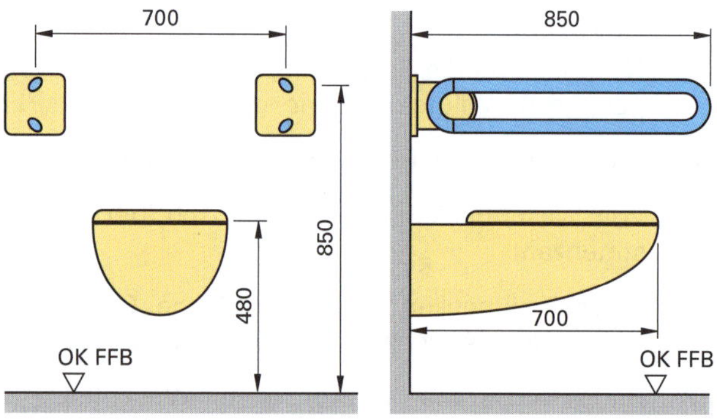

Bild 2: WC- Anlage, rollstuhlgerecht

6 Elektrische Schutzbereiche

6.1 Die Schutzbereiche umfassen: **0** das Innere von Bade- und Duschwannen, **1** die senkrechten Flächen bis 2,25 m Höhe, die von Bade- und Duschwannen begrenzt werden, **2** den Sprühbereich ⇒ 0,60 m um Bereich 1.

6.2 Unzulässig sind: im Schutzbereich **0** elektrische Leitungen in oder unter Putz oder Leitungen zur Versorgung anderer Räume, Stromquellen für Kleinspannungen, in Schutzbereich **1** Kabel, elektrische Leitungen zur Versorgung anderer Räume, Steckdosen und Schalter, Stromquellen für Kleinspannungen, in Schutzbereich **2** keine Steckdosen und Lichtschalter (außer „Rasiersteckdosen" mit Trenntransformator).

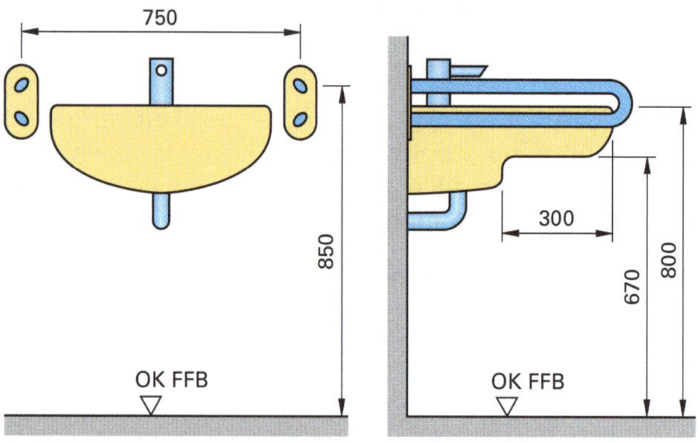

Bild 3: Waschtischanlage, rollstuhlgerecht

6.3 Bereich **0:** Elektrogeräte mit Schutzkleinspannung 12 V bis 30 V (Schutzmaßnahme SELV AC 12 V – DC 30 V) oder die nicht fest eingebaut sind,
Bereich **1:** Verbraucher mit Schutzmaßnahme SELV AC 12 V und DC 60 V.

6.4 Bereich **0:** Fest eingebaute Verbraucher, Verbraucher mit Zulassung (Schutzmaßnahmen s. o.),
Bereich **1:** Fest angeschlossene, gegen Spritzwasser geschützte Verbraucher (Schutzmaßnahmen s. o.).

7 Fliesengerechte Installation

7.1 Die Mitte des Sanitärgegenstandes wird auf Fugenmitte oder auf Fliesenmitte gelegt.

7.2 Anschlüsse können auf das Fugenkreuz, die senkrechte oder die waagrechte Fugenmitte oder auf die Fliesenmitte gelegt werden. In Sonderfällen, bei fixierten Maßen, können sie auch symmetrisch angeordnet werden.

7.3 Anschlusshöhen werden auf den Meterriss bezogen, weil die Höhe des FFB am Rohbau noch nicht gegeben ist.

7.4 Auf eine von der Bauleitung, dem Fliesenleger und dem Anlagenmechaniker SHK festgelegte Fliesenbezugskante, wie z. B. Raummitte, Raumecke, usw.

7.5 PWC und PWH liegen auf dem Fugenkreuz.

7.6 PWC und PWH liegen auf der waagrechten, Abwasser liegt auf der senkrechten Fugenmitte.

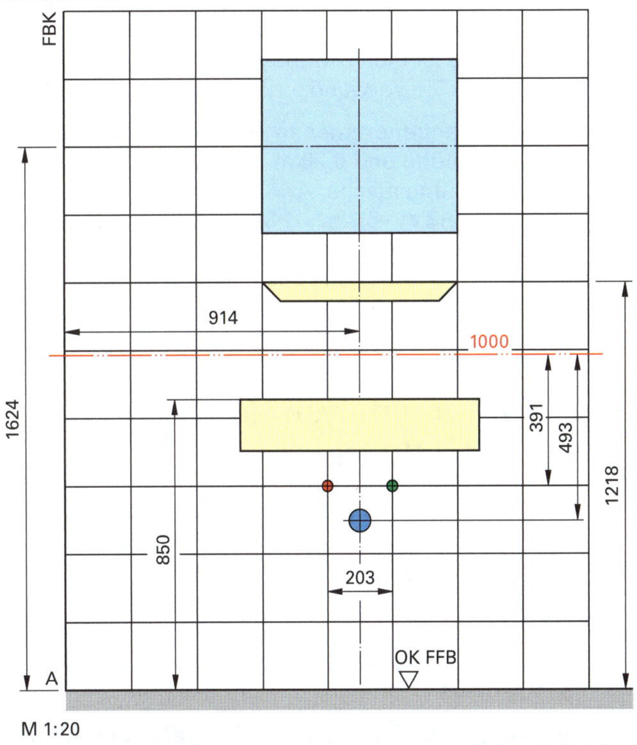

Bild 1: Waschtischanlage, fliesengerecht

7.7 Die Anschlüsse sind unabhängig vom Fliesenraster, Anordnung nach Herstellerangaben ⇒ Anschlüsse sind nicht sichtbar.

7.8 Waschtischanlage, fliesengerecht installiert **(Bild 1)**.

7.9 Duschbad, fliesengerecht **(Bild 2)**.

8 Darstellungen

8.1 Mindestbewegungsflächen **(Bild 1, Seite 298)**.

8.2 Mindestabstände **(Bild 2, Seite 298)**.

9 Planung Duschbad und Küche

9.1 **9.2** und **9.3** Draufsicht Küche und Duschbad **(Bild 3, Seite 298)**.

9.4 Strangschema Duschbad **(Bild 1, Seite 299)**.

9.5 Einplanen des Handtuch-Heizkörpers in den Grundriss Küche und Duschbad **(Bild 3, Seite 298)**.

9.6 Draufsicht Badplanung (alternativ) **(Bild 2, Seite 299)**.

9.7 Möglichkeiten für die Lüftung des Duschbades sind: ① Freie Lüftung mit Einzelschachtanlage und ② maschinelle Lüftung mit eigener oder gemeinsamer Fortluftleitung.

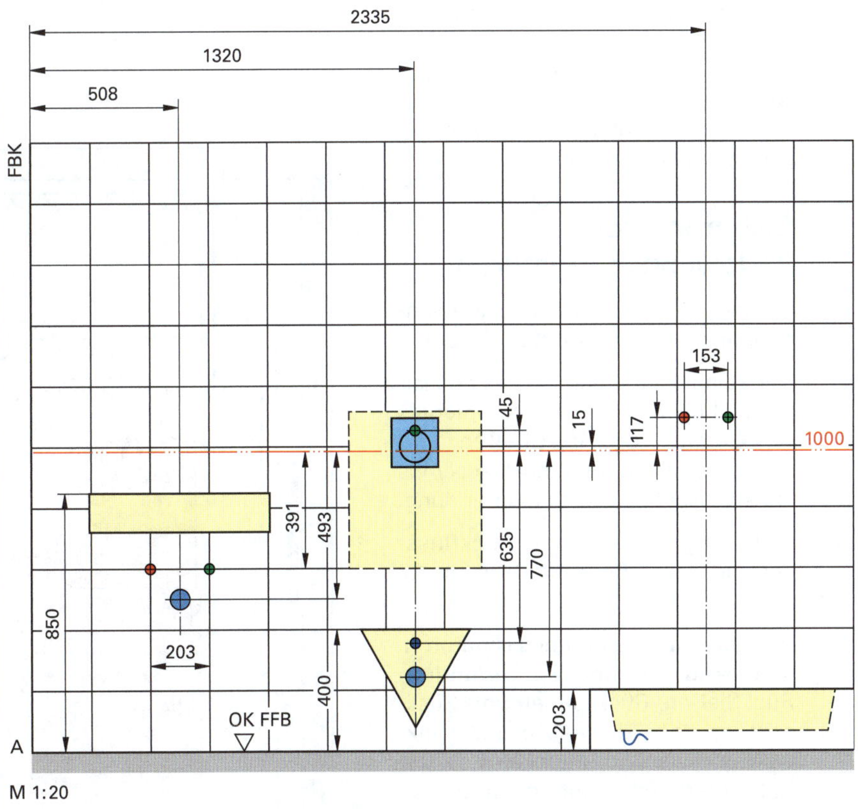

Bild 2: Duschbad, fliesengerecht

9.8 Durch die gemeinsame Installationswand für Küche und Bad werden keine Wände von Ruheräumen für die Anordnung von Sanitärgegenständen und Leitungen benutzt. Deshalb können in der Anlage Armaturen von Schallschutzgruppe I oder II verwendet werden. Zusätzlich wirkt sich die Vorwandinstallation positiv aus.

9.9 Für das Duschbad wird 1 WC-Modul komplett mit UP-Spülkasten und Abflussbogen, 1 Waschtischmodul komplett mit Anschlusswinkeln für TW und TWW (Rohrart angeben!) mit Abflussbogen eingesetzt. Im Bereich des WC- und des WT-Moduls ist die Vorwand teilhoch (z. B. 1130 mm · 490 mm ⇒ Herstellerunterlagen), im Bereich der Dusche ist sie raumhoch. Die Vorwand erhält eine beidseitige Anbindung.

9.10 Bei einer angenommenen Raumhöhe von 2,50 m, 1,13 m Teilhöhe und 0,20 m Vorwandtiefe ergibt sich als Beplankungsfläche: A = 2,50 m · 0,80 m + 1,80 m · 1,13 m + 1,13 m · 0,2 m + 1,80 m · 0,20 m = 4,668 m². Die Länge der Montageschienen l = 4,668 m² · 5,5 m/m² = 25,67 m. Auswahl: Bestellung 6 Stäbe Montageschienen und ein 5 m² – Komplettpaket (Zubehör).

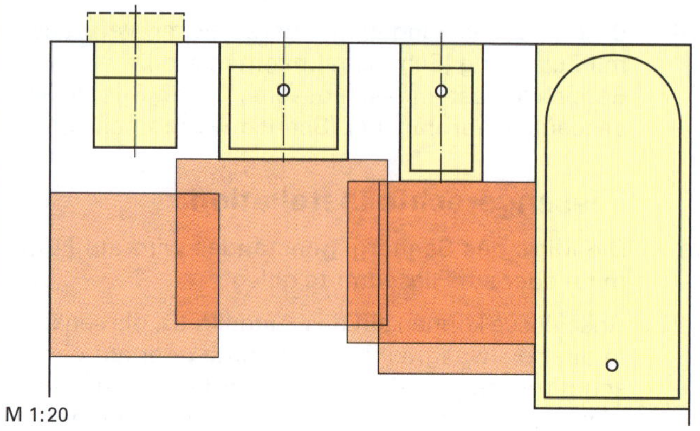

Bild 1: Mindestbewegungsflächen

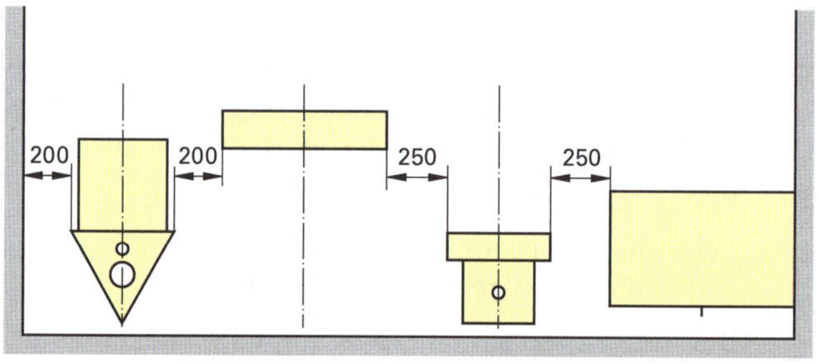

Bild 2: Mindestabstände

II Systemanalyse und Instandhaltung

1 Armaturen

1.1 Großer Volumenstrom ⇒ gute Spülwirkung, Wassermenge exakt begrenzbar, kleine Mindestfließdrücke und kleine Nennweiten erforderlich, Platzbedarf, Fülldauer begrenzt die Verwendung ⇒ z. B. für Schulen und Sportanlagen nicht geeignet.

1.2 Tiefhängende Spülkästen ⇒ meist bei Altanlagen, Unterputz-Spülkästen ⇒ wenn glatte Wände angestrebt sind, bei Platzmangel, aufgesetzte Spülkästen ⇒ bei genügend vorhandenem Platz, hochhängende Spülkästen ⇒ selten bei (älteren) Urinalanlagen.

1.3 Standarmaturen als Einlocharmaturen, wie z. B. bei Waschtischen und Bidets, 3-Loch-Armaturen (Mehrlocharmaturen), wie z. B. bei Waschtischen und Badewannen, Wandarmaturen auf Putz, wie z. B. bei älteren Spülen und Badewannen oder unter Putz, wie z. B. bei Dusch- und Badewannen.

2 Sicherung von Badewannenarmaturen

2.1 Es handelt sich um eine Badewannenanlage mit integriertem Zulauf.

2.2 Der Zulauf liegt unterhalb des höchstmöglichen Schmutzwasserspiegels ⇒ Gefahr von Rückfließen und Rücksaugen von Nichttrinkwasser ins Trinkwasser bei leitender Verbindung.

2.3 Sicherungsarmaturen: ① Rückflussverhinderer, ② Rohrunterbrecher A2 (UP).

2.4 Aufgaben der Sicherungsarmaturen: ① Rückflussverhinderer verhindern Rückfließen, Rücksaugen und Rückdrücken von Trinkwasser ins Trinkwarmwasser und umgekehrt. ② Der Rohrunterbrecher unterbricht die leitende Verbindung NTW-TW des integrierten Badewannenzulaufes.

2.5 Der Rohrunterbrecher muss mindestens 150 mm über dem höchsten möglichen Schmutzwasserspiegel eingebaut werden.

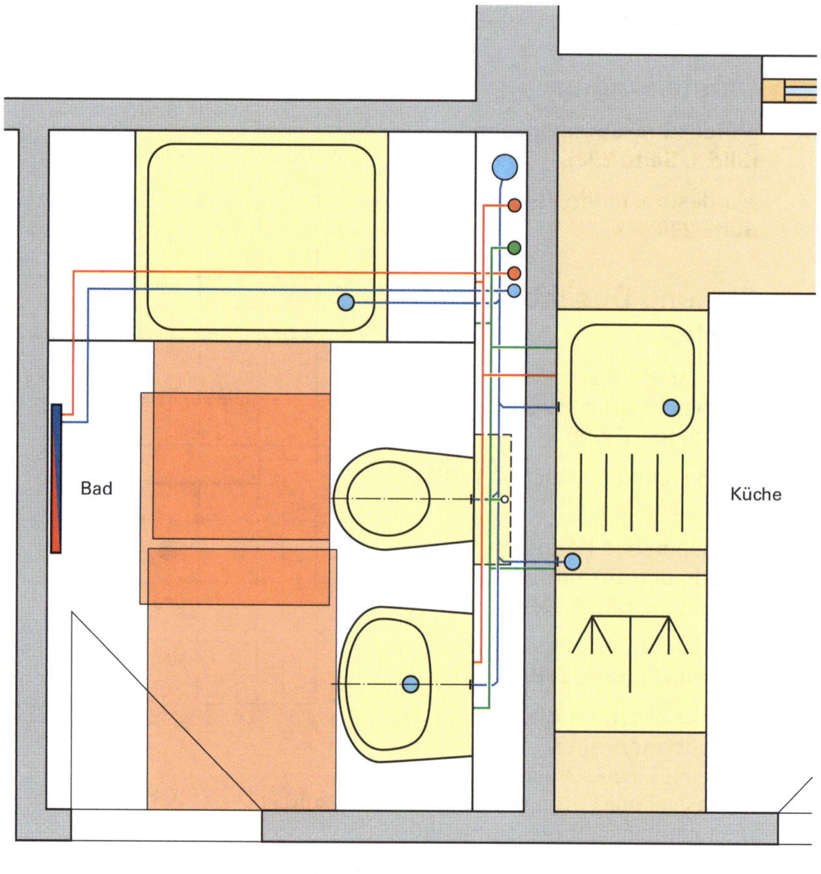

Bild 3: Küche und Duschbad, M 1:20

3 Lüftung von Sanitärräumen

3.1 Freie Lüftung, Fortluftschächte als Einzelleitungen ins Freie, Zuluft über Fugenlüftung (Fenster, Türen ins Freie) ⇒ thermischer Auftrieb befördert die Luft ⇒ $\Delta\vartheta$ innen/außen erforderlich. Maschinelle Einzellüftungen mit separaten Fortluftleitungen oder mit gemeinsamen Fortluftleitungen und Tellerventilen zur Regulierung.

3.2 Mithilfe von Außenwand-Luft-Durchlasselementen oder durch maschinelle Lüftungen.

3.3 Für Bäder $\dot{V} \geq 40\ m^3/h$, wenn die Betriebsdauer $t \geq 12\ h/d$ oder $\dot{V} \geq 60\ m^3/h$, wenn Nachlaufrelais nach dem Abschalten noch mindestens $5\ m^3$ Luft abführt. Für WC-Räume sind halbe Werte anzusetzen.

3.4 Damit Geruchsbelästigungen nicht in andere Räume übertreten können, werden WC, Küche, Bad im Abluftbetrieb (mit Unterdruck), Wohnbereiche im Zuluftbetrieb (mit Überdruck) betrieben.

3.5 **Bild 1:** Freie Lüftung mit Einzelschachtanlage, **Bild 2:** Maschinelle Einzellüftungen mit eigenen Fortluftschächten oder mit gemeinsamen Fortluftschacht und Tellerventilen zur Regulierung.

3.6 Gerät ist strahlwassergeschützt, es könnte im Bereich 1 und 2 eingebaut werden. Sinnvoll ist aber eine Positon, die bei normaler Nutzung mit dem Duschstrahl nicht erreicht werden kann.

3.7 Über den Lichtschalter mit Einschaltverzögerung, mit Nachlauf, mit Feuchtesteuerung, mit Grundlastschaltung und zusätzlichem Schalter, mit Bewegungssensor.

3.8 Kontrollierte Wohnungslüftung ermöglicht, die Mengen von Fort- und Zuluft genau zu bestimmen, die Außenluft mit Filtern von Staub und Pollen zu reinigen, die Außenluft mit Wärme aus der Fortluft vorzuwärmen (Wärmerückgewinnung).

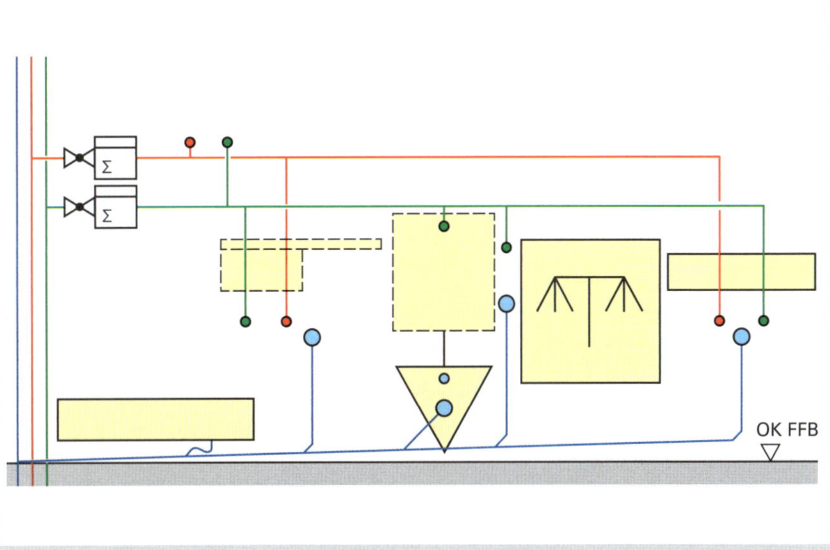

Bild 1: Strangschema Duschbad, M 1:20

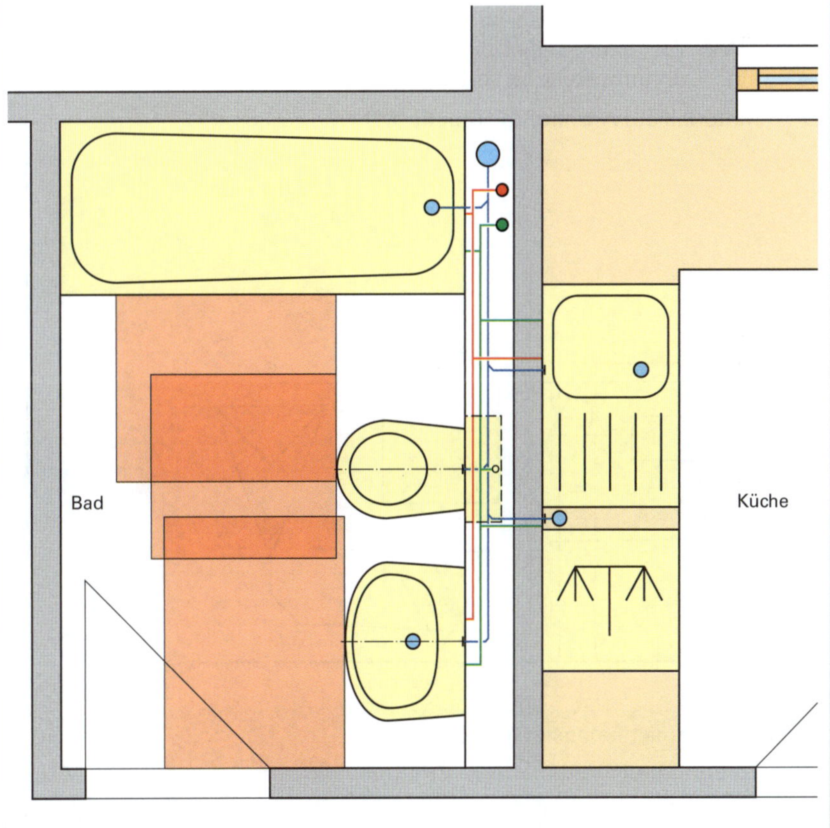

Bild 2: Küche und Bad, M 1:20

3.9 Führung der Lüftungsleitungen in EFH **(Bild 1, Seite 300)**.

3.10 Zuordnung der Luftarten zu den Wohnbereichen, Kennzeichnung des Kreuzstromwärmetauschers:

① Kreuzstromwärmetauscher, ② Zuluft, ③ Übergangsbereich, ④ Abluft, ⑤ Fortluft, ⑥ Außenluft **(Bild 1, Seite 300)**.

3.11 Zuluftbereich (Wohnen, Schlafen) ⇒ p_L ist hoch, Abluftbereich (Küche, Bad, Toiletten) ⇒ p_L ist niedrig, Überströmbereich (Flur) ⇒ p_L ist niedriger als im Zuluftbereich, höher als im Abluftbereich.

3.12 Bei niedrigem Druck kann die geruchsbelastete Luft (Bad, Küche, WC) nicht in andere Räume übertreten.

III Kundenauftrag

1 Gäste-WC

1.1 WC-Raum, Grundriss **(Bild 4)**.

1.2 Gewählt: Flachheizkörper Typ 21 (Tabelle) H = 600 mm, L = 600 mm ⇒ $\dot{Q}_{NL}$ = 387 W > 335 W.

1.3 Die Abstände und Bewegungsflächen reichen aus. Der Weg von der Toilette und dem Urinal zur Tür führt an dem Waschtisch vorbei.

1.4 Die Außenwand ist frei von TW- , TWW- und AW-Leitungen ⇒ frostsicher, Platz für Heizkörper.

1.5 Grundriss WC-Raum mit Leitungen TW, TWW und AW **(Bild 4)**.

1.6 Strangschema WC-Raum mit starren Rohren **(Bild 2)**.

1.7 Strangschema WC-Raum mit flexiblen Rohren ⇒ z. B. Ringleitungssystem **(Bild 3)**.

1.8 Bei dem gewählten Ringleitungssystem für die TW-Verteilung sind Druckschwankungen gering, es gibt keine Stagnation des Trinkwassers und keine Legionellenbildung. Man benötigt nur kleine DN und am Verteiler braucht man nur zwei Anschlüsse. Bei der TWW-Verteilung reicht die Einzelzuleitung, weil nur eine Entnahmestelle zu versorgen ist.

1.9 Materialliste Armaturen **(Tabelle 1.9)**.

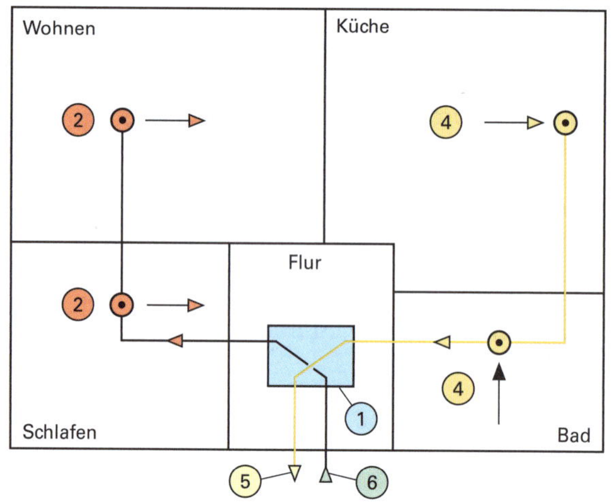

Bild 1: Kontrollierte Wohnungslüftung

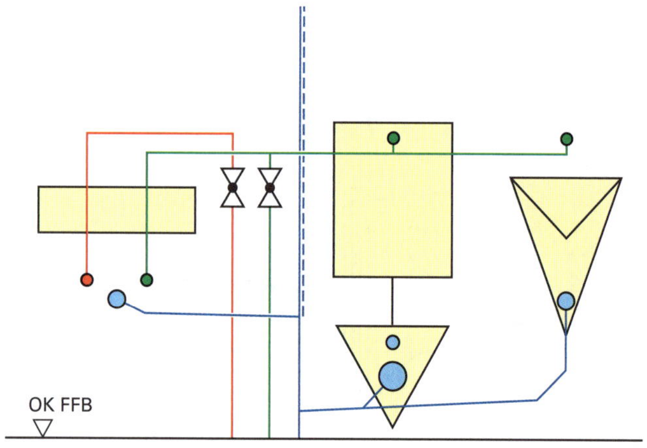

Bild 2: Strangschema (starre Rohre)

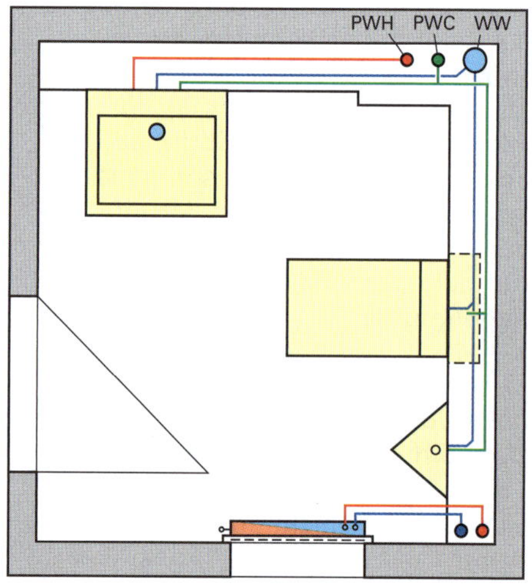

Bild 4: WC-Raum

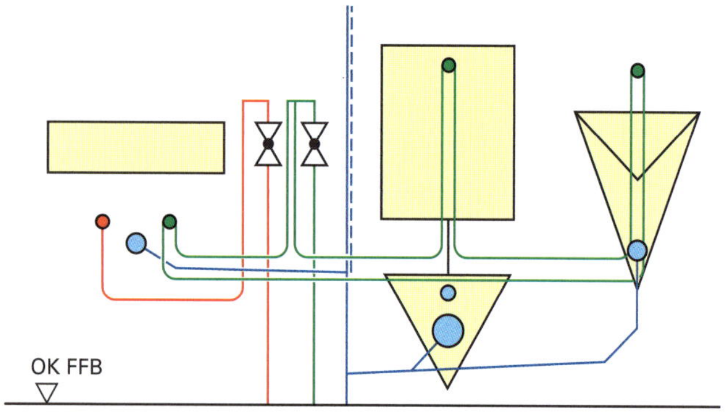

Bild 3: Strangschema (flexible Rohre)

1.9 Materialliste Armaturen WC-Anlage

Projekt: WC-Anlage **Datum:** ....

Bearbeiter: .... **Blatt-Nr.** ....

Nr.	Menge	Abmessungen/Bauart	Bemerkung
01	2	UP-Ventile DN 15	
02	2	Eckventile DN 15	
03	1	Einlocharmatur für WT z. B. Einhebelmischer	
04	1	Urinalspüler DN 15	
05	(1)	[1] Anschlussarmatur UP-Spk ⇒ Zubehör vom Hersteller	

2 Einfamilienhaus

2.1 WC mit Flachspültechnik: Stuhlkontrolle möglich, kein Spritzen beim Benutzen, Geruchsbelästigung und Reinigungsaufwand hoch, WC mit keramischer Zunge: keramische Zunge verhindert Spritzen, Geruchsbelästigung gering, Stuhlkontrolle möglich, WC mit Tiefspültechnik: Geruchsbelästigung gering, Spritzen möglich, keine Stuhlkontrolle möglich.

2.2 Einplanen der Sanitärgegenstände **(Bild 1).**

2.3 Anschlussleitungen TW, TWW und AW.

2.4 Geklappte Vorderansicht **(Bild 2).**

2.5 Bemaßung auf den Meterriss **(Bild 2).**

2.6 Bemaßung auf die Bezugskante E **(Bild 2).**

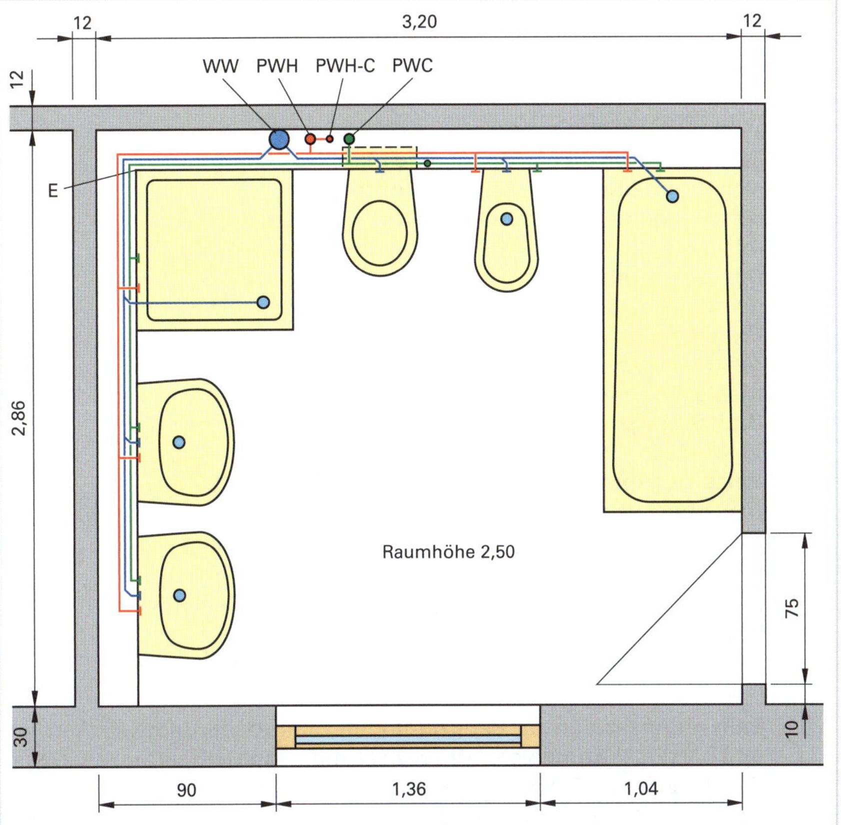

Bild 1: Grundriss Bad Einfamilienhaus, M 1:25

3 Hausanschlussraum im EFH

3.1 Strangschema Hausanschlussraum **(Bild 1, Seite 302).**

3.2 ① AV o. E. ⇒ Gebäude absperren, keine Entnahme von PWC möglich,
② WZ ⇒ Verbrauchsanzeige für das Gebäude,
③ AV mit Prüfstutzen ⇒ Gebäude absperren, Funktionskontrolle des RV,
④ RV (KFR-Ventil) ⇒ schützt die Trinkwasserversorgung vor Rückfließen von NTW ins TW,
⑤ Filter ⇒ schützt Metallrohre gegen Lochfraß, Armaturen vor Störungen durch eingespülte Partikel und verhindert Verunreinigungen des Lebenmittels Trinkwasser,
⑥ Druckminderer reduziert Fließgeräusche, verhindert Druckschläge, verhindert TW-Verluste an Sicherheitsventilen bei Druckanstieg,
⑦ AV m. E. ⇒ Absperren und Entleeren von Gebäudebereichen.

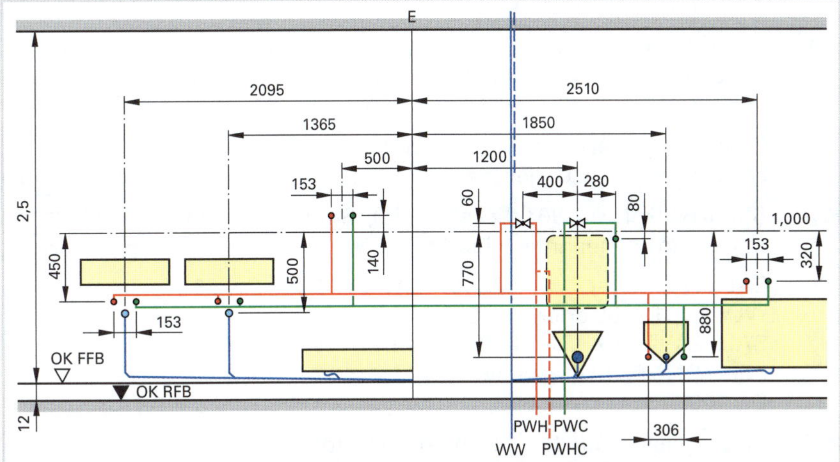

Bild 2: Geklappte Vorderansichten, Bad Einfamilienhaus, M 1:50

3.4 Rohrwerkstoffe für PWC- und PWH-Leitungen

Werkstoff	Verbindungstechnik	PWC	PWH
Gewinderohr	Gewindeverbindung DIN EN 10242	X	–
Cu-Rohr	Pressen, Weichlöten DN > 25 ⇒ Hartlöten	X	X
Rohr aus Cr-Ni-St	Pressen	X	X
Alu-Verbundrohr	Pressen	X	X
PE-X	Klemm- und Steckverbindung	X	X
PVC-C	Kleben, Stecken	X	X
PB	Muffen- und Kaltschweißen	X	X
PP	Muffenschweißen	X	X

3.5 Rohr winkelrecht ablängen, kalibrieren und anfasen, Einstecktiefe markieren, Fase prüfen, Rohr einstecken, Einstecktiefe prüfen, Pressteil in die Backen einlegen und verpressen, Pressbacken öffnen und von dem Pressteil abheben.

3.6 Dichtheitsprüfung bei **Metall- und Metallverbundrohren: Prüfmedium Wasser** ⇒ Prüfdruck ≥ 1,5 · zulässiger Betriebsdruck, z. B. 15 bar. Prüfdauer $t \geq 10$ min ⇒ $\Delta p = 0$ ⇒ Anlage gilt als dicht. Temperaturausgleich bei $\Delta\vartheta \geq 10$ °C ⇒ $t \geq 30$ min, Bedingungen: Wasser filtern, Leitung entlüften. Beim Prüfen mit Luft oder inerten Gasen ⇒ kein stagnierendes Wasser, wenn die Anlage nicht gleich in Betrieb genommen wird. Dichtheitsprüfung mit Luft ⇒ **Dichtheitsprüfung:** $p = 110$ mbar, $t \geq 30$ min, $V_{Anl} \leq 100$ l.
Belastungsprobe: $p = 3$ bar, $t = 10$ min (DN > 50), $p = 1$ bar, wenn DN > 50.
Dichtheitsprüfung bei Kunststoffrohren: Vorprüfung ⇒ Prüfdruck ≥ zulässiger Betriebsdruck (10 bar) + 5 bar, Prüfdruck innerhalb von 30 min zweimal im Abstand von jeweils 10 min wieder herstellen, anschließend Prüfdauer von $t \geq 30$ min ⇒ $\Delta p \leq 0{,}6$ bar.
Hauptprüfung ⇒ der nach der Vorprüfung abgelesene Druck darf nach der Prüfdauer $t \geq 2$ h um $\Delta p \leq 0{,}2$ bar fallen ⇒ Leitung gilt als dicht.

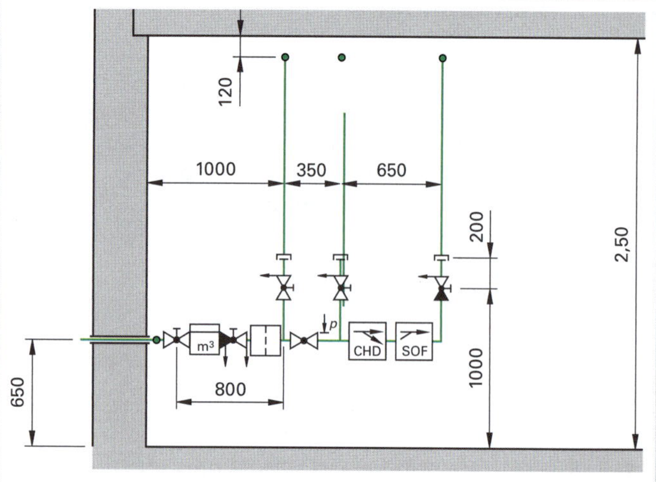

Bild 1: Strangschema Hausanschlussraum, M 1:20

3.7 Enthärtungsanlage zur Reduzierung der Karbonat- und Nichtkarbonathärte im Bereich der Trinkwassererwärmung und bei der Nutzung von TW zur Bereitung von Heißgetränken, Dosieranlagen zur Stabilisierung des Lösungszustandes der erforderlichen Resthärte und zum Korrosionsschutz. Alternativ dazu ist die Nutzung physikalischer Trinkwasser-Behandlung zur Änderung der Kristallstruktur beim Ausfall der Härtebildner bei der Erwärmung des Trinkwassers möglich.

3.8 Einsparen von Trinkwasser durch Auswahl wassersparender Armaturen, wie z. B. Eingriffmischer, Thermostatmischer, wassersparende Spüleinrichtungen wie 6-l-Spülkästen, Spülkasten und Druckspüler mit verschiedenen Spültasten, selbsttätig schließende Armaturen, Nutzen von Niederschlags- und Grauwasser für Zwecke, die keine Trinkwasserqualität verlangen.

3.9 Auswahlkriterien sind: Beständigkeit gegen Temperaturen und Korrosion, leichte Verarbeitung, zeitsparende Verbindungstechniken (wie z. B. Steckmuffen- und ML-Verbindungen), günstiges Schall- und Brandschutzverhalten, kostengünstig.

3.10 Schmutzwasserfallleitung: Einzelhauptlüftung, Anschlussleitungen: ungelüftet.

3.11 Spreizwinkel $\alpha \approx 90°$ (Eckabzweig), Sohlenabstand $a \approx 0$ mm, Höhenunterschied $h \approx$ DN.

3.12 EAL: WT, Bidet ⇒ DN 40, BW, DW ⇒ DN 50, WC ⇒ DN 80 oder DN 100.
SAL: 2 WT ⇒ DN 50, 2 WT + DW ⇒ DN 56/60 oder DN 70, BW + Bidet + WC ⇒ DN 80 oder DN 100.

3.13 Materialliste **(Tabelle 3.12, nebenstehend).**

3.12 Materialliste

Bauherr/Projekt: Bad-Anlage			**Datum:**
Bearbeiter:			**Blatt-Nr.**
Pos.	**Menge**	**Materialbezeichnung**	
01		Anschlusswinkel	
	1	DN 80	
	3	DN 40	
02		Bögen	
	1	DN 80	45°
	1	DN 56/60 (70)	45°
	1	DN 50	45°
	1	DN 56/60(70)	88,5°
	1	DN 50	88,5°
03		Abzweige	
	1	DN 80 * DN 80	87°
	1	DN 56/60 * DN 40	87°
	1	DN 56/60 * DN 50	45°
	1	DN 50 * DN 40	87°
04		Übergänge exzentrisch	
	1	DN 80 * DN 56/60(70)	
	2	DN 56/60 * DN 50	
	1	DN 50 * DN 40	
05		Rohre	
	1,00 m	DN 80	
	2,20 m	DN 56/60(70)	
	2,50 m	DN 50	
	2,00 m	DN 40	

4 Rollstuhlgerechtes Bad

4.1 Mindestbewegungsflächen für:
WC ⇒ 1,50 m · 1,50 m, seitlich (links oder rechts) 0,95 m,
Waschtisch ⇒ 1,50 m · 1,50 m, seitlich 20 cm (besser 30 cm),
Dusche ⇒ 1,50 m · 1,50 m (stufenlos).

4.2 Montagehöhen, Abmessungen für:
WC ⇒ h = 48 cm, Tiefe des Hänge-WC ≥ 70 cm,
Waschtisch ⇒ h ≈ 80 cm (individuell), Kniefreiheit 30 cm tief (Unterfahrbarkeit),
Untersitzbarkeit ⇒ Tiefe in 67 cm Höhe,
Dusche (Klappsitz) ⇒ h = 48 cm.

4.3 Anschluss des Waschtisches mit Unterputz-Siphon oder Flachaufputz-Siphon.

4.4 Maße für Haltegriffe und Zubehör:
WC ⇒ Haltegriffe mit integrierter Spülung h = 85 cm (OK), Abstand a = 70 cm,
WT ⇒ Haltegriffe h = 85 cm, Abstand a = 75 cm,
Dusche ⇒ Haltegriffe h = 80 cm, Armaturen h = 85 cm,
Spiegel ⇒ Höhe (Kippspiegel) h = 1,30 m (UK) oder durchgehender Spiegel.

4.5 Duschbad rollstuhlgerecht, Grundriss **(Bild 1).**

4.6 Duschbad rollstuhlgerecht, Grundriss mit Anschlussleitungen PWC, PWH und WW **(Bild 1).**

4.7 Einzelanschlussleitung des Waschtisches ⇒ l > 4,00 m ⇒ Lüftung erforderlich ⇒ Umlüftung oder Belüfter einbauen.

4.8 Gefälle von 2 % ist eingearbeitet, Ablauf eingebaut oder Einbau vorbereitet, wasserdicht beschichtet, wärmedämmend.

4.9 Rohfußboden prüfen, ggf. eben spachteln, Ablauf auf Boden aufzeichnen, Abwasseranschluss vorbereiten, Unterbauelement abgestimmt auf die Dicke des Hartschaumelements und des Fliesenaufbaus mit Fliesenkleber auf Boden kleben und ausrichten, Ablauf montieren, einschäumen und mit Blech abdecken (Montageanleitung des Duschelements beachten), Hartschaumplatte mit Rand-Dichtstreifen versehen, mit Fliesenkleber aufkleben und ausrichten.

4.10 Armaturen für:
Dusche ⇒ Thermostat-UP-Mischbatterie, Mischwasseranschluss für Kopfbrause und für Schlauchbrause vorsehen,
WC ⇒ UP-Druckspüler mit im Haltegriff integrierter elektrischer Auslösung,
WT ⇒ Einhebelmischer oder berührungslose Mischarmatur.

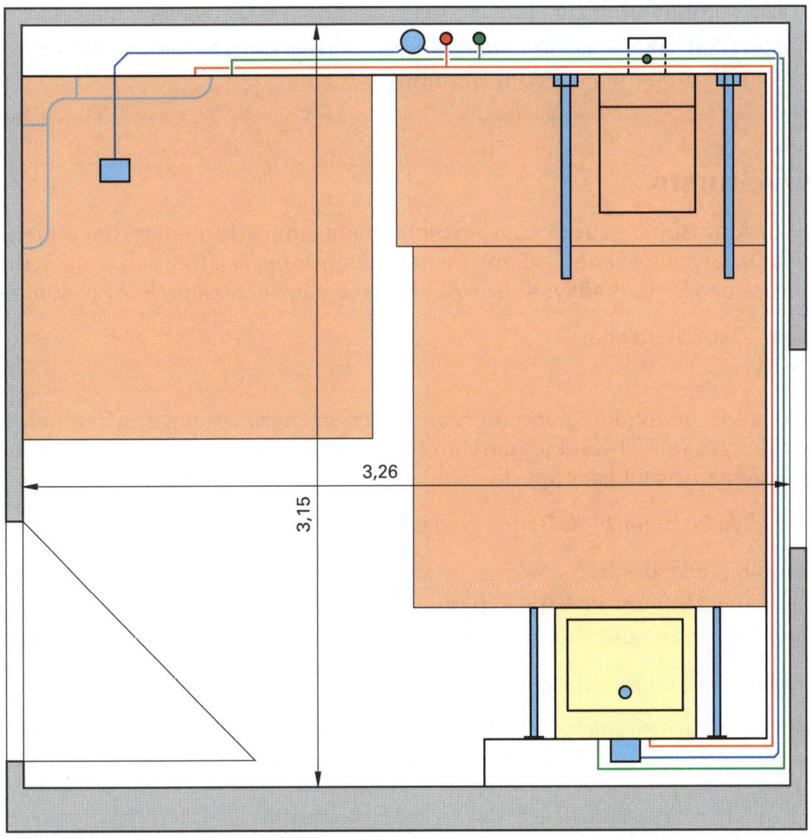

Bild 1: Duschbad, rollstuhlgerecht

I Arbeitsplanung

1 Trinkwasser-Erwärmungsanlagen

1.1 Verfügung von warmem Wasser jederzeit, in ausreichender Menge, mit gewünschter Temperatur.

1.2 Angabe des Richtwerts in Liter je Person und Tag: **Ansprüche einfach:** 10 bis 20; **gehoben:** 20 bis 40; **komfortabel:** 40 bis 80.

1.3 Annahme: Gehobener Anspruch durch Ausführung des Badezimmers mit Bade- und Duschwanne, oberer Wert. Bedarf je Tag 200 l; je Monat 6 m^3.

1.4 Chemische Energie: Verbrennung von z. B. Heizöl; elektrische Energie: TWE mit Nachtstrom, Strahlungsenergie der Sonne: Solaranlage; Umweltwärme: Wärmepumpe, die auch elektrische Energie benötigt; Abwärme: Vorwärmung von TWW.

1.5 Sonnenenergie: Technik aufwändig, zwar kostenlose Energie ohne Emissionen, aber nur bei Sonneneinstrahlung verfügbar, deshalb Speicherung und Zusatzenergie nötig.

Heizöl: Einfache, preiswerte Geräte, bei richtiger Anlagenkonzeption ist PWH bedarfsgerecht verfügbar, schlechter Wirkungsgrad im Sommer, Abhängigkeit vom Ölpreis.

1.6 Vorteile: Kaum Wartung, Einzelversorgung möglich, dabei keine PWH-Leitung erforderlich, einfach nachrüstbar, preiswerte Geräte, einfache Zusatzheizung zur Solarnutzung.

Nachteile: Hoher Strompreis gegenüber der Primärenergie, Abhängigkeit vom EVU, Platzbedarf bei der Einzel- oder Gruppenversorgung.

1.7 Trinkwasser strömt von unten nach oben, das Heizungswasser in dem Wärmetauscher (Heizschlange) von oben nach unten, dadurch gleichmäßige Temperaturdifferenz zur Wärmeübertragung. Im Vergleich höherer Wärmeübertrag als im Gleichstromprinzip.

1.8 Kategorie 3 nach DIN EN 1717, mit Gefährdung der Gesundheit durch wenig giftige Stoffe. Rückdrücken von Heizungswasser beim Füllen der Heizung bei defektem Rückflussverhinderer in die TW-Leitung. Stagnation bei nicht entferntem Füllschlauch.

1.9 Einzelversorgung
- Vorteile: Einfache Kostenzuordnung, keine Zirkulation.
- Nachteile: Platzbedarf in z. B. Wohnung, Wartung vieler Geräte, keine sinnvolle Solarnutzung.

Gruppenversorgung
- Vorteile: 1 Gerät je Versorgungseinheit, einfache Kostenabrechung.
- Nachteile: Platzbedarf in Wohnung.

Zentralversorgung
- Vorteile: 1 TWE, kombinierbar zur Nutzung der Sonnen- und Umweltwärme.
- Nachteile: Zirkulation oft nötig, Abrechung bei Zirkulation nur vor dem Verbraucher, z. B. im Stockwerk, möglich, höherer Aufwand an Rohrleitungen.

2 Bauarten von Trinkwassererwärmern

2.1 Offene TWE mit direkter Verbindung zur Atmosphäre, drucklos, kein Sicherheitsventil erforderlich, benötigen spezielle Zapfarmatur, kurze Zuleitung zur Armatur. Geschlossene TWE mit Sicherheitsgruppe, Ausführung je nach Behälterinhalt, Betriebsdruck bis zum Abblasedruck des Sicherheitsventils in der Regel 6 bar, verzweigte Rohrsysteme möglich.

2.2 Mittelbar beheizt: TWE beheizt über Wärmetauscher

Unmittelbar beheizt: Wärmepumpen-TWE

2.3 Wasservorrat ermöglicht hohe Zapfleistung unabhängig von der vorhandenen Heizleistung, Zapftemperatur unabhängig von der Wassermenge, kaum Temperaturschwankungen durch andere Verbraucher, keine Mindestvolumenströme, Speicher kombinierbar, multivalente Anschlussmöglichkeiten, auch für härteres Wasser.

2.4 Energieabgabe an den Aufstellraum in kWh/24 h bei 20 °C Raum- und 65 °C Wassertemperatur.

2.5 Nachteile beim Einbau: Nicht unterbaufähig, Platzbedarf.

Nachteile beim Betrieb im Einfamilienhaus: Höherer Bereitschaftsenergieverbrauch als kleiner TWE, der Kunde reduziert die PWH-Temperatur und lange Verweilzeit des Wassers im Speicher, deshalb Risiko der Legionellenbildung.

2.6 Erwärmtes Wasser wird sofort verbraucht, kaum Wasserinhalt dadurch keine Legionellenbildung.

2.7 Mindestwasserstrom zum Start des Gerätes erforderlich, Heizleistung begrenzt den Volumenstrom in Abhängigkeit von der Temperaturerhöhung, lange Wartezeiten zur Füllung großer Badewannen, je nach Bauart keine Nachheizung von vorgewärmtem Wasser möglich.

2.8 Die Kopf- und Seitenbrausen zusammen zu benutzen, wird nicht sinnvoll sein, da in der Regel G-DWH den erforderlichen Wasserstrom bei etwa 40 °C nicht liefern können. Das Gerät mit einer Leistung von z. B. 21 kW liefert bei 30 K Temperaturerhöhung etwa 10 l/min und reicht damit für eine Standardbrause.

2.9 Planung: Speicher nicht zu groß wählen, Ladespeicher mit geringen Volumen und hoher Leistungskennzahl einbauen, Pufferspeicher mit TWE im Durchflussprinzip bei ausreichender Leistungskennzahl bevorzugen.
Betrieb: Speichertemperatur 60 °C einstellen, Speicher rechtzeitig entkalken, Zirkulation mit Betriebszeiten über 8 h/Tag.

2.10 Speicher im unteren Bereich stark verkalkt, Nährboden und optimale Lebensbedingungen für Mikroorganismen wie z. B. Legionellen falls Bereiche nicht mehr durchströmt.

3 Elektrische Speicherwasserheizer

3.1 Der Speicherinhalt hat durch die spezielle Zapfarmatur eine direkte Verbindung zur Atmosphäre. Beim Öffnen des PWH-Ventils strömt PWC in den Speicher und drückt das PWH in den Auslauf. Durch Zumischen von PWC ist die Zapftemperatur einstellbar.

3.2 Drei Anschlussrohre (8 × 1) der Mischbatterie: Anschluss 1 an Eckventil PWC, Anschluss 2 an PWC zum Speicher, Anschluss 3 an PWH vom Speicher, nicht absperrbar.

3.3 Einbau einer Drossel nach Montageanleitung im PWC-Anschluss.

3.4 Ausdehnungswasser tropft über die drucklose Zapfarmatur z. B. in das Waschbecken.

3.5 Angeschlossene Rohrstrecke mit Armatur darf keinen Gegendruck und damit einen zu hohen Druck im Speicher erzeugen. Einbau eines geschlossenen Gerätes mit Sicherheitsgruppe.

3.6 a) Öffnen des Gerätes bedeutet Wegfall der Herstellergarantie.
b) Vorhanden ist in der Regel eine PVC-Schlauchleitung mit 3 Adern und angegossenem Stecker.
c) Ihr Ausbildungs- oder Fachbetrieb
d) Vollständige E-Sicherheitsüberprüfung mit zulässigem Messgerät (VDE-Tester) durch Messen von:
– Schutzleiterwiderstand, – Isolationswiderstand und – Ersatzableitstrom, Ausfüllen des Messprotokolls.

3.7 Schaltplan zeigt das Aufheizen des Gerätes, Stromkreis geschlossen, Signallampe leuchtet. Temperaturregler öffnet bei eingestellter Temperatur. Regler defekt, Temperaturbegrenzer schaltet bei 95 °C aus. Einfache Geräte: Schmelzlotsicherung. Aufwändiger: Bimetall-STB, bei ihm öffnet der Bimetallschalter, ein „Reststrom" beheizt das Bimetall und hält den Schalter offen, das Wasser kühlt ab. Entriegelung durch ziehen des Netzsteckers.

3.8 Einkreisspeicher für nur einen Stromtarif, z. B. Hochtarifstrom. Zweikreisspeicher für Hochtarif- und Niedertarifzeiten, Aufheizung in der Hochtarifzeit nur durch Umschaltung von Hand, Genehmigung durch EVU und Zweittarifzähler nötig.

3.9 a) Sicherungen trennen, gegen Wiedereinschalten sichern.
b) Leitung in gutem Zustand, nicht angeschmort, Anschluss bei 230 V, Leistung in der Regel 2 kW.
c) Leitung durch E-Fachkraft ersetzen.
d) 4 kW oder 6 kW bei einem Einphasenanschluss 230 V bei einer Hausinstallation (3 × 1,5 mm^2) nicht möglich, zulässiger Strom (16 A) überschritten.
e) Überprüfen der elektrischen Sicherheit, Sichtprüfung, Prüfen des Schutzleiters.
f)

Sicherung (im Verteilerkasten)

PE-Anschluss (Erde)

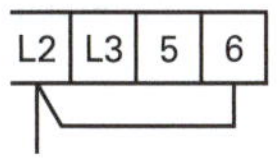

Brücke zwischen L (L2) und Klemme 6, sowie Kontakt 3 und 4, das Relais hat durchgeschaltet, Einkreisbetrieb, Klemme 6 für Zweikreisbetrieb.

Kontrollleuchte

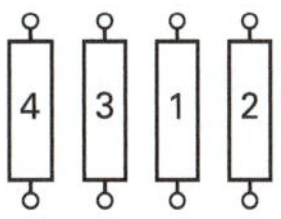

Heizkörper

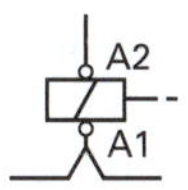

Magnetspule mit Anschlüssen A1 an N und A2 an Temperaturregler.

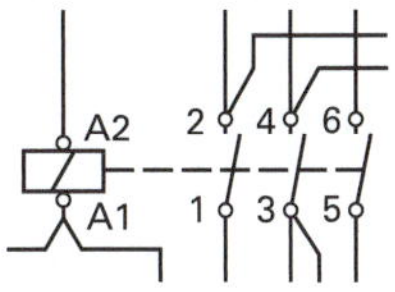

Relais, offen, ohne Spannung zwischen Temperaturregler und Neutralleiter, d. h. Gerät aus.

g)

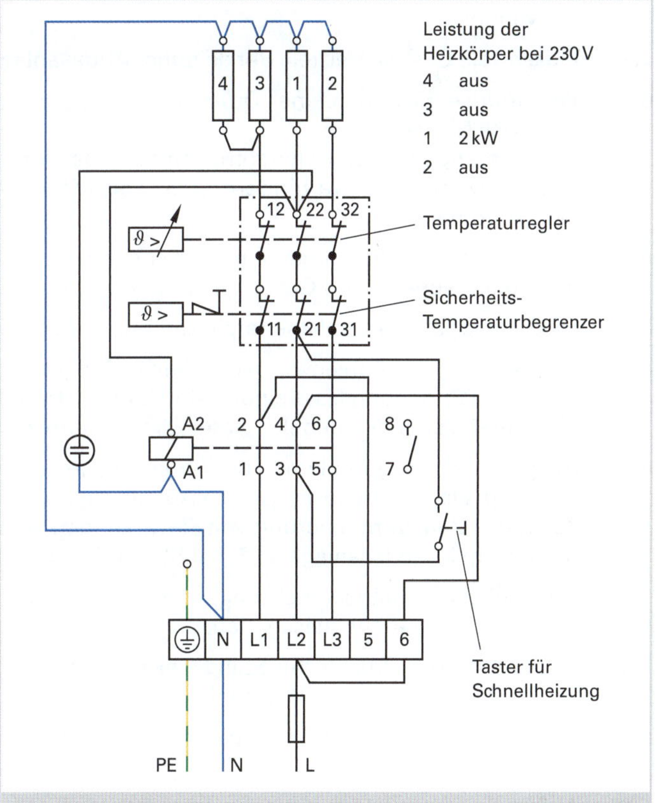

Bild 1: Schaltplan

3.9 h) Schalter des Temperaturreglers schließt, über Klemme 22 liegt Spannung an Kontrollleuchte und Relais, Leuchte an, Relais schließt, Kontakte 1 bis 6 geschlossen, Spannung nur an Heizkörper 1, damit Leistung 2 kW. Eingestellte Temperatur erreicht, Temperaturregler öffnet, Kontrollleuchte aus, Relais offen. Überhitzung: STB öffnet und schaltet ab. Im Zweikreisbetrieb sind L2 und 6 nicht überbrückt, der Taster der Schnellheizung bringt das Relais zum Durchschalten.

j) Drehstromanschluss mit mindestens 5 × 1,5 mm^2 und 3 Sicherungen vorhanden.

k) Rundsteuerempfänger des EVU im Zählerschrank legt Spannung an Relais und verbindet damit L über Klemme L1 und L2 mit Klemme 5. Leistungsrelais erhält Spannung und schließt, Gerät heizt auf. In der Hochtarifzeit ist eine Aufheizung nur durch Betätigen des Tasters zur Schnellheizung möglich. Kein automatisches Wiedereinschalten in der Hochtarifzeit.

4 Elektrische Kochendwasser-Geräte

4.1 Temperatur wählen, stufenlos von 35 °C bis Kochtemperatur. Gewünschte Wassermenge über Hebel oder Drehknopf der Zapfarmatur einfüllen, Gerät einschalten. Überfüllung, Ausdehnungswasser oder Dampf fließt über Überlaufrohr ab. Gerät schaltet selbstständig ab, kann von Hand wieder eingeschaltet werden.

5 Elektrische Durchfluss-Wasserheizer

5.1 Öffnen des Warmwasserventils, Druckdifferenz an der Venturidüse entsteht, Strömungsschalter gibt Spannung an die Heizkörper, deren Leistung am Leistungswähler z. B. in 2 Stufen vorgewählt wird. Zu niedrige Auslauftemperatur: Wasserstrom am Begrenzungsventil reduzieren.

5.2 Zum Duschen erforderlicher Wasserstrom erfordert hohe Leistungen, dazu 3-Phasen-Wechselstrom 400 V erforderlich.

5.3 Elektronisch gesteuert: Geringere Netzbelastung beim Einschalten.
Hydraulisch gesteuert: Schlagartige Netzbelastung, wird deshalb oftmals vom EVU nicht genehmigt.

5.4 Gradgenaue Temperatur, Kompensation von Druck- und Spannungsschwankungen sowie von Zulauftemperaturänderungen, Fernbedienung möglich.

5.5 Gefordert: Ausgleich von Zulauftemperaturänderungen entsprechend dem Ladezustand des Solarspeichers, Einstellung der Warmwassertemperatur. Gesteuerte Geräte können in der Regel ihre Leistung für diesen Zweck nicht anpassen.

6 Gasbeheizte Trinkwasserheizer

6.1 Primärenergie Gas stets günstiger als Edelenergie Strom. Anpassung der benötigten Gasmenge an den Wasserdurchsatz, nur die erforderliche Wassermenge wird erhitzt. Kleines, preisgünstiges Gerät, alle Arten von Mischbatterien verwendbar.

6.2 Wasserteil, Gasteil, Heizteil, Verkleidung, Abgasanlage.

6.3 Venturidüse: Erzeugen einer Druckdifferenz an Membran in Abhängigkeit vom Warmwasserstrom, dadurch Betätigung des Gasventils.
Wassermengenregler: Konstanthalten der Wassermenge unabhängig vom wasserseitigen Anschlussdruck.
Langsamzündventil: Verhindern einer Verpuffung beim Öffnen des Wasserventils und des Nachbrennens beim Schließvorgang.

6.4 Flamme beheizt Thermoelement (Verbindungspunkt von zwei verschiedenen elektrischen Leitern), Thermospannung hält über Magneten das Gasventil offen. Flamme aus: Keine magnetische Wirkung, Feder schließt den Gasweg.

6.5 Elektrischer Strom als Hilfsenergie zur automatischen Zündung und für Flammenüberwachung nötig.

6.6 Verbrennung von Kohlenwasserstoffen: Ladungsträger (Ionen) entstehen. Zwischen Ionisationselektrode und Brenner angelegte Spannung lässt einen sehr kleinen Strom fließen: Signal an das Steuergerät für das Brennen der Flamme (Ein-Aus-Erkennung). Regelung des Verbrennungsprozesses über die Stärke des Ionisationsstroms möglich.

6.7 Ausgleich von Zugproblemen der Abgasanlage.
Kein Zug: Flamme erwärmt Gas im Abgasweg bis Auftrieb entsteht, Abgas darf kurzzeitig in Raum austreten.
Zu starker Zug: Verminderung von Einwirkungen auf die Flamme durch Beimischen von Raumluft in den Abgasweg.
Rückstrom in Abgasanlage, z. B. bei Sturm: Schutz der Flamme durch kurzzeitiges Ableiten von Abgas in den Raum.

6.8 Abgasüberwachungseinrichtung, erwärmt sich durch zurückströmendes Abgas, muss bei Volllast innerhalb von 2 Minuten den Brenner ausschalten.

6.9 Speicherprinzip, druckfester Standspeicher durch Gasbrenner beheizt, Brennkammer und innen liegendes Abgasrohr zur Wärmeübertragung, Abgasanlage.

6.10 Hoher Wirkungsgrad im Winterbetrieb, nur ein Abgasanschluss für den Heizkessel erforderlich; multivalente, indirekte Speicher möglich.

6.11 Außen liegender Wärmetauscher, dadurch hohe Warmwasserleistung bei geringer Speichergröße möglich, optimal zur Brennwertnutzung bei der Wassererwärmung durch niedrige Rücklauftemperaturen zum Kessel.

7 Solarbeheizte Wasserspeicher

7.1 Kollektoren: Umwandeln der Sonnenenergie in Wärme und Übertragung auf die Solarflüssigkeit.
Solarkreis: Wärmetransport von den Kollektoren zum Speicher
Solarspeicher: Wärme aus der Solarflüssigkeit auf das Wasser übertragen und speichern.
Zusatzheizung: Ausgleich zu geringer Sonneneinstrahlung.
Steuerung: Betrieb der Solarkreis-Umwälzpumpe.

7.2 a) Anteil der Sonnenenergie am Gesamt-Energiebedarf der Trinkwassererwärmung.
b) Tage ohne und die Winterzeit mit geringer Sonneneinstrahlung erfordern sehr große Kollektorflächen und Speicherinhalte, hohe Investitionen und damit unrentabel im Vergleich zum solaren Gewinn, im Sommer überdimensioniert. Im Winter Nachheizung durch konventionelle Energieträger bei höherem Wirkungsgrad als im Sommer.

7.3 Sonnenstrahlen treffen auf die Glasabdeckung, ein geringer Teil wird reflektiert, die durchgehende Strahlung trifft auf das Absorberblech und gibt die Wärme an die von Solarflüssigkeit durchströmte Rohre ab. Absorber sind beschichtet, sodass möglichst wenig Strahlung zur Glasabdeckung zurückgeworfen wird.

7.4 In Übergangszeit oder im Winter höhere Vorlauftemperaturen, deshalb besser zur Heizungsunterstützung geeignet.
Bei trockener Anbindung: Austauschbarkeit ohne Entleerung, Ausrichtung nach der größten Sonneneinstrahlung.

7.5 Rücklauf: Durchflussmesser, Absperrung, Solarpumpe, Schwerkraftbremse, Thermometer, Absperrventil, Sicherheitsgruppe (Sicherheitsventil, Manometer, Anschluss für Ausdehnungsgefäß, Füll- und Entleerungshahn),
Vorlauf: Absperrventil, Thermometer, Schwerkraftbremse.

7.6 Abblaseleitung endet in Auffangbehälter für eventuell austretende Solarflüssigkeit.

7.7 Ausgleich der Volumenänderung der Solarflüssigkeit bei Temperaturänderungen, Aufnahme der Volumenzunahme beim Verdampfen der Solarflüssigkeit.

7.8 Low-Flow: Langsames Durchströmen des Kollektors, dadurch hohe Vorlauftemperatur am Kollektor, geringe Pumpenleistung, kleine Rohrdurchmesser.
High-Flow: Niedrigeres Temperaturniveau des Kollektors, dadurch höherer Wirkungsgrad, höhere Pumpenleistung und größere Rohrdurchmesser.
Moderne Solarregelungen schalten je nach Solar-Angebot zwischen beiden Prinzipien um (Matched-Flow).

7.9 Speichererwärmung durch 2 Heizkreise, z. B. Solarkreis und Speicherladekreis des Heizkessels.

7.10 a) Einladung der Solarwärme und Nutzung in verschiedenen Temperaturniveaus, Nachheizung durch z. B. Heizkessel nur im oberen Bereich, große Pufferwassermengen, aber kleine PWH-Inhalte gegen Legionellenbildung.
b) Temperaturniveau im Speicher wird durch mehrere Fühler erfasst, Regelung schaltet Solarpumpe ein, wenn der Kollektorfühler eine höhere Temperatur meldet. Solarwärmetauscher unten im Speicher erwärmt das Pufferwasser, das bis zum Temperaturausgleich nach oben steigt (Schichtenbildung).
c) Große Trinkwasserspeicher sind zum Schutz vor Verkeimung zu vermeiden.
d) Solarwärmetauscher erwärmt das Pufferwasser, dieses steigt im Auftriebsschacht nach oben bis zum Temperaturausgleich, beim Wasserzapfen wird das Trinkwasser im Schacht vorgewärmt und im Durchflussprinzip oben im Speicher erhitzt.
Hohe Hygiene durch das Durchflussprinzip, aber Volumenstrom durch den Druckverlust der Rohrschlange begrenzt.

8 Wärmepumpen zur Trinkwassererwärmung

8.1 Ein Gebläse saugt Umgebungsluft an, diese gibt Wärme an den Verdampfer ab, dadurch verdampft in ihm das Arbeitsmittel und wird gasförmig. Im Verdichter werden der Druck und die Temperatur erhöht. Im Verflüssiger kühlt sich das Arbeitsmittel ab, kondensiert und gibt Wärme an den Trinkwasserspeicher ab. Im Expansionsventil wird der Druck wieder abgebaut, der Kreislauf beginnt von vorne. Verdampfer und Verflüssiger wirken wie Wärmetauscher.

8.2 a) Voraussichtlich nicht: Strompreis (normalerweise kein Sondertarif) ist z. B. 3-mal höher als der Preis von Öl oder Gas, die Luft-Wasser-WP kann dies nicht erarbeiten.
b) Vorgabe: Keine Abwärme nutzbar, keine zusätzliche Kühlaufgabe, deshalb alternativ, WP im Sommer, Heizkessel im Winter. Sinnvolle Leistungszahl nur bei höherer Lufttemperatur erreichbar.
c) Geringe Heizleistung der WP erfordert lange Laufzeiten: Zusatzheizung bei höherem Warmwasserbedarf oder Ausfall der WP.
d) Ohne Außenluftanschluss: Temperatur im Aufstellraum sinkt, Nutzung z. B. bei Getränkelagerung, Luftfeuchte wird reduziert.
e) Kühlen der Luft: Kondensatanfall im Verdampfer.
f) Geräte mit Solaranschluss erhältlich. Sinnvoll bei Wunsch nach Unabhängigkeit vom Heizkessel im Sommer, WP zur Ergänzung bei geringem Angebot von Solarwärme.

9 Leitungsanlagen für Trinkwassererwärmer

9.1 Sicherungsarmaturen zur Trennung von Warm- und Kaltwasser, Verhinderung von Zurückdrücken von PWH in die PWC-Leitung. Sicherheitsarmaturen bei druckfesten TWE zum Schutz vor unzulässigem Überdruck.

9.2 Keine, außer einer Drossel im TW-Anschluss zum Schutz vor Überdruck bei der Wasserentnahme.

9.3 Absperrventil, Druckminderer (ab 5 bar oder *p* über 80 % des Ansprechdrucks des SV), Rückflussverhinderer mit Prüfeinrichtung, Manometerstutzen, Absperrventil, Sicherheitsventil mit Tropfwasserableitung, Hinweisschild, Entleerung.

9.4 Druckminderer zur Druckbegrenzung auf bis zu 5 bar oder auf maximal 80 % des Ansprechdrucks des Sicherheitsventils, zum Konstanthalten des Drucks und zum Wassersparen durch Druckreduzierung.

9.5 Nennweite abhängig von Beheizungsleistung und Speicherinhalt (bis 200 l und 75 kW: DN 15; über 200 l bis 1000 l und bis 150 kW: DN 20), Montage über Wasserstand im Speicher (SV-Wechsel ohne Entleerung), kurze Anbindung (Legionellenrisiko).

9.6 Dimension wie DN Ausgangsseite, bis 2 m lang, bis 2 Richtungsänderungen, mit Gefälle, nicht verschließbar, Hinweisschild anbringen.
Leitung eine Dimension größer, bis 4 m lang und 3 Richtungsänderungen.
Sichtbares Ende über Ablauftrichter, Abstand mindestens 2 × D_i, rückstausicher.

9.7 Legionellenbefall der Lunge, schwere Form der Lungenentzündung, kann bei älteren Menschen zum Tode führen.
Grund: Einatmen von Wasser mit hoher Konzentration von Legionellen. Legionellenbrutstätten können sein: Warmwasserspeicher und -leitungssysteme mit Betriebstemperaturen unter 55 °C und mit Stagnationsbereichen.

9.8 PWH-Speicher nicht überdimensionieren, Durchfluss-Systeme bevorzugen, unbenutzte Leitungen abtrennen, Kaltwasser vor Erwärmung schützen, PWH-Leitungen über 3 l Inhalt mit Zirkulation versehen, Zirkulationsrücklauf über 55 °C, in größeren Anlagen mit hydraulischem Abgleich.

9.9 a) Brutstättenbildung durch PWH-Temperaturen unter 55 °C. Stagnation durch zu langes Abschalten der Zirkulationspumpe.
b) Zirkulationspumpe höchstens 8 h/Tag abschalten, hydraulischer Abgleich der Zirkulation, Temperaturen beim Speichereintritt über 55 °C. Unbenutzte Rohrstrecken abtrennen.

9.10 Über Messeinrichtungen zur Verbrauchsabrechung keine Zirkulation führen.

9.11 Keine zusätzliche Rohrleitung für die Zirkulation, einfach nachrüstbar, Selbstregelung spart elektrischen Strom. Nachteil ist der ohne Sondertarif sehr teuere elektrische Strom.

9.12 Wasserinhalt ohne Sicherheitsventil.

10 Wärmedämmung

10.1 Die Wärmeleitfähigkeit λ wird in Watt (W) je Meter (m) und Kelvin (K) angegeben.

10.2 a) Mindestens 20 mm bezogen auf λ = 0,035 W/(m · K).
b) Wärmeleitfähigkeit ist schlechter, deshalb größere Dämmschichtdicke nötig.

10.3 a) Ohne Auflagen, falls keine Zirkulation oder Begleitheizung und Innendurchmesser bis 22 mm, Länge 4 m.
b) Bei z. B. Innendurchmesser bis 22 mm, Mindestdicke 20 mm, bezogen auf λ = 0,035 W/(m · K).
c) 1/2 der Anforderungen aus z. B. 10.3 b).

11 Darstellungen

11.1 bis **11.4 Renovierung eines Badezimmers** (siehe **Bild 1, Seite 309**).

12 Berechnungen

12.1
$$\vartheta_w = \frac{m_m \cdot \vartheta_m - m_k \cdot \vartheta_k}{m_w} \qquad \vartheta_w = \frac{7{,}5\ \text{kg} \cdot 45\ °\text{C} - 2{,}5\ \text{kg} \cdot 12\ °\text{C}}{5\ \text{kg}} \qquad \boldsymbol{\vartheta_w = 61{,}5\ °C}$$
$$m_k = m_m - m_w$$

12.2
a)
$$m_k = m_w \cdot \frac{\vartheta_m - \vartheta_k}{\vartheta_w - \vartheta_m} \qquad m_k = 100\ \text{kg} \cdot \frac{38\ °\text{C} - 10\ °\text{C}}{60\ °\text{C} - 38\ °\text{C}} \qquad m_k = 127{,}3\ \text{kg}$$
$$m_m = m_k + m_w \qquad m_m = 127{,}3\ \text{kg} + 100\ \text{kg} \qquad m_m = 227{,}3\ \text{kg} \qquad \boldsymbol{V_m = 227{,}3\ l}$$
b)
$$t = \frac{m}{\dot{m}} \qquad t = \frac{227{,}3\ \text{kg}}{24\ \text{kg/min}} \qquad t = 9{,}47\ \text{min} \qquad \boldsymbol{t = 9\ min\ 28\ s}$$

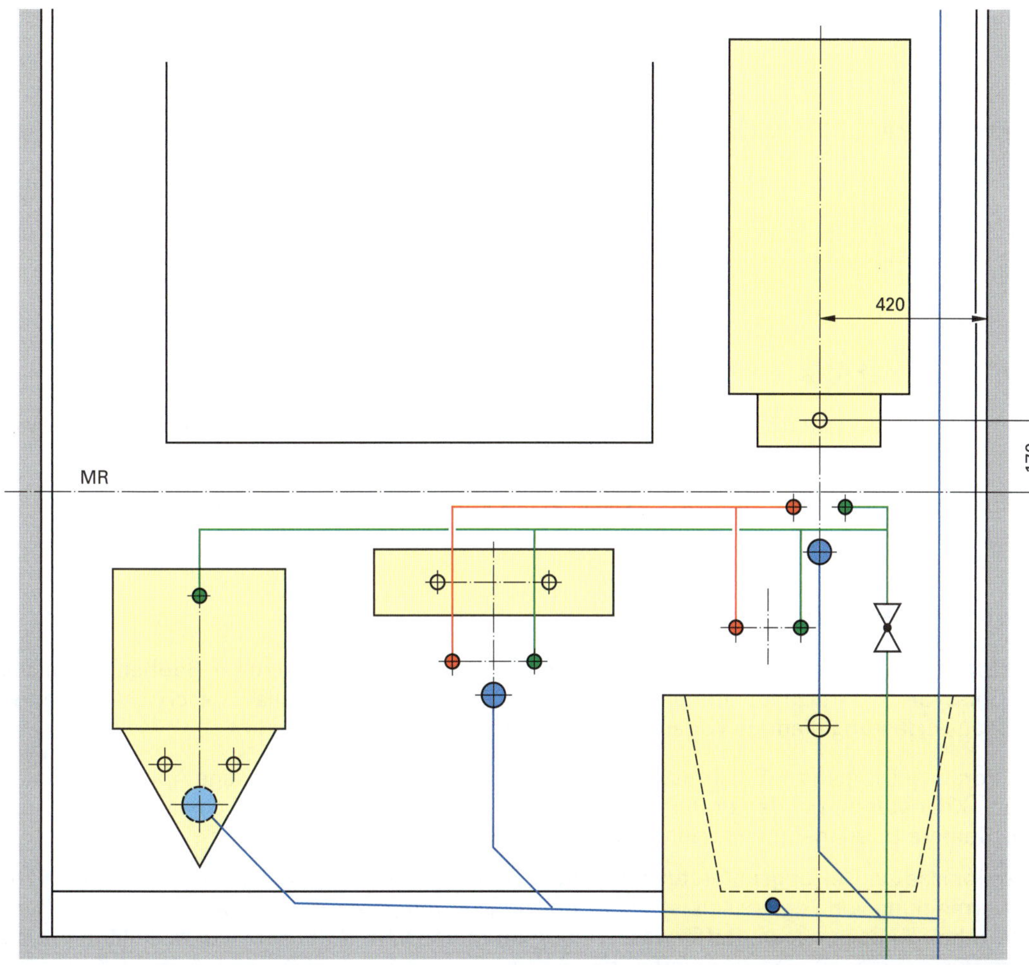

Bild 1: Montageskizze Badezimmer

12.3 $m_w = m_m \cdot \frac{\vartheta_m - \vartheta_k}{\vartheta_w - \vartheta_m}$ $m_w = 210\ \text{kg} \cdot \frac{40\ °\text{C} - 10\ °\text{C}}{60\ °\text{C} - 10\ °\text{C}}$ $m_w = 126\ \text{kg}$

$m_{w,\,erf} = 2 \cdot m_w$ $m_{w,\,erf} = 252\ \text{kg}$ $\boldsymbol{V_{TWE,\,min} = 252\ l}$

12.4

a) $\dot{Q}_{NL} = m \cdot c \cdot \Delta\vartheta$ $\dot{Q}_{NL} = 10\ \frac{\text{kg}}{\text{min}} \cdot 60\ \frac{\text{min}}{\text{h}} \cdot 0{,}001163\ \frac{\text{kWh}}{\text{kg} \cdot \text{K}} \cdot 30\ \text{K}$ $\boldsymbol{\dot{Q}_{NL} = 20{,}9\ kW}$

b) $t = \frac{m \cdot c \cdot \Delta\vartheta}{\dot{Q}_{NL}}$ $t = \frac{160\ \text{kg} \cdot 0{,}001163\ \frac{\text{kWh}}{\text{kg} \cdot \text{K}} \cdot 28\ \text{K}}{20{,}9\ \text{kW}}$ $t = 0{,}2493\ \text{h}$ $\boldsymbol{t \approx 15\ min}$

c) $V_{Gas} = \frac{Q_{NB}}{H_{I,B}}$ $Q_{NB} = \frac{\dot{Q}_{NL} \cdot t}{\eta}$ $V_{Gas} = \frac{20{,}9\ \text{kW} \cdot 0{,}2493\ \text{h}}{9{,}6\ \frac{\text{kWh}}{\text{m}^3} \cdot 0{,}88}$ $\boldsymbol{V_{Gas} = 0{,}62\ m^3}$

II Systemanalyse und Instandhaltung

1 Gerätetechnik

1.1 a) Kochendwassergerät

b)
1 filling tap
2 cold water tap
3 hot water tap
4 water outlet tap
5 overflow- and steam pipe
6 thermostat knob with push-button function for switch on the unit
7 indicator lamp for indication of heating up
8 glass container with water level indicator
9 cover for descaling and cleaning
10 connecting cable

1.2 Gewünschte, zu erwärmende Wassermenge mittels Befüllgriff 1 einfüllen, am Tastknopf 6 Temperatur vorwählen und Taste betätigen, Gerät schaltet nach Erreichen der eingestellten Temperatur ab. Warmwasser kann über Ventil 3 gezapft werden.

1.3 1 Temperatur-Wählbegrenzer
2 Flächenheizkörper mit Schutz-Temperaturbegrenzer
3 Schutzleiteranschluss
4 Glimmlampe
5 Netzanschlussklemmen

1.4 Schaltet den Heizkörper bei Erreichen der eingestellten Temperatur ab.

1.5 Schutz-Temperaturbegrenzer, schaltet bei zu hoher Temperatur des Heizkörpers ab (Trockengehschutz).

1.6 Von Zeit zu Zeit, je nach Kalkanfall, den Behälter entkalken, Reinigung über die oben angebrachte Öffnung, Entkalkungsmittel, wie z. B. für die Kaffeemaschine, benutzen.

2 Bad mit E-Speicher-Wasserheizer

2.1 Offener Warmwasser-Kleinspeicher, angeschlossen mit druckloser Armatur. Offener Warmwasser-Wandspeicher, direkt ohne Sicherheitsgruppe angeschlossen.

2.2 Drucklose Armaturen für offene Warmwasserspeicher, als Ein- oder Zweigriffarmatur.

3 Renovierung Einfamilienhaus

3.1 Anzahl der Bewohner, Neigung und Himmelsrichtung des Dachs, Dachfenster oder Gauben, Möglichkeiten der Verlegung der Solarvor- und -rücklaufleitung im Gebäude oder außerhalb, Installationsschacht vorhanden, Fußbodenheizung oder aus Erfahrung niedrige Vorlauftemperaturen.

3.2 a) Falls die Voraussetzungen zur Solarnutzung gegeben sind: Einfache, preisgünstige Anlage, als Set erhältlich, etwa 6 m² Flach-Kollektoren, bivalenter 300-Liter-Speicher-TWE, Solarstation und Speicherladung über Heizkessel. Nachteil: Spätere Heizungsunterstützung nur mit größerem Aufwand möglich.

b) Beste Ergebnisse zur Heizungsunterstützung liefern Röhrenkollektoren, Bedarf mindestens 60 Röhren, aus Gründen zur Vermeidung von Legionellen ist ein Kombispeicher mit geringem Trinkwasser- und großem Heizungspufferwasserinhalt zu bevorzugen, Pufferwasservolumen mindestens 750 Liter. Teuere Anlage mit höherer Rendite bei einem Heizsystem mit niedrigen Vorlauftemperaturen.

3.3 Demontage der vorhandenen Kesselanlage, abtrennen der Anbindeleitungen, entfernen des 4-Wege-Mischers. Aufstellen des Kessels und des daneben angeordneten Solarspeichers, Anschluss an die Heizungsleitungen und die TW-Versorgung mit allen Sicherheitseinrichtungen, rückstausichere Abführung des Kondensats. Montage der Kollektoren und Anbindung über die Solarstation an den TWE, Wärmedämmung.

4 Berechnungen

4.1

$m_k = m_w \cdot \frac{\vartheta_w - \vartheta_m}{\vartheta_m - \vartheta_k}$ $\quad m_k = 90\text{ kg} \cdot \frac{45\text{ °C} - 40\text{ °C}}{40\text{ °C} - 10\text{ °C}}$ $\quad m_k = 15\text{ kg}$

$m_m = m_k + m_w$ $\quad m_m = 15\text{ kg} + 90\text{ kg}$ $\quad m_m = 105\text{ kg}$

$t = \frac{V}{\dot{V}}$ $\quad t = \frac{105\text{ l}}{21\text{ l/min}}$ $\quad \boldsymbol{t = 5\text{ min}}$

4.2 Reduzierung des TW-Drucks durch Einbau eines Druckminderers, Einbau eines wassersparenden Durchflusskonstanthalters, Entkalken des Speichers, Erhöhen der PWH-Temperatur.

4.3

$m_w = m_m \cdot \frac{\vartheta_m - \vartheta_k}{\vartheta_w - \vartheta_k}$ $\quad m_w = 200\text{ kg} \cdot \frac{40\text{ °C} - 10\text{ °C}}{50\text{ °C} - 10\text{ °C}}$ $\quad m_w = 150\text{ kg}$

Badewannenfüllung erfordert 150 kg, d. h. 150 kg bleiben zum Duschen.

$m_k = m_w \cdot \frac{\vartheta_w - \vartheta_m}{\vartheta_m - \vartheta_k}$ $\quad m_k = 150\text{ kg} \cdot \frac{50\text{ °C} - 40\text{ °C}}{40\text{ °C} - 10\text{ °C}}$ $\quad m_k = 50\text{ kg}$

$m_m = m_k + m_w$ $\quad m_m = 50\text{ kg} + 150\text{ kg}$ $\quad m_m = 200\text{ kg}$

$t = \frac{V}{\dot{V}}$ $\quad t = \frac{200\text{ l}}{21\text{ l/min}}$ $\quad \boldsymbol{t = 9{,}5\text{ min}}$

mit Wasserspareinsatz: $\quad t = \frac{200\text{ l}}{9{,}5\text{ l/min}}$ $\quad \boldsymbol{t = 21\text{ min}}$

4.4 Schutz vor Verkeimung, Pufferspeichergröße und Kollektorfläche auf PWH-Bedarf gut abzustimmen.

III Kundenauftrag

1 Renovierung Gäste-WC

1.1 Offener Warmwasser-Kleinspeicher, 5 Liter Inhalt. Benötigt eine Mischarmatur für offene Geräte sowie eine Schutzkontaktsteckdose neben dem Gerät (2 kW, 1/N/PE ~ 230 V).

1.2 Drucklose Einhand-Mischbatterie, Kennzeichen: 3 Anschlüsse.

1.3 Drossel, damit beim Warmwasserzapfen im Behälter kein zu hoher Druck entsteht.

1.4 Ausdehnungswasser tropft beim Aufheizen aus der Armatur, Auslauf ist deshalb immer offen und hat keinen Perlator. Ventile dann nicht mit Gewalt zudrehen.

1.5 Normale Mischbatterien können benutzt werden.

1.6 Sinnvoll ist eine Zweigriffarmatur, um das Gerät gezielt zu nutzen.

1.7 Es handelt sich um Sicherheits- und Qualitätszeichen.
VDE: Prüfzeichen des Verbandes Deutscher Elektrotechniker e. V.
GS: Prüfzeichen nach dem Geräte-Sicherheitsgesetz
EMV: Erfüllt Schutzanforderungen der EMV-Richtlinie
IP 24: Schutzart durch das Gehäuse, erläutert durch IP-Code: IP = International Protection, 2 = Schutz gegen Eindringen von festen Fremdkörpern ab 12,5 mm Durchmesser, gegen Zugang zu gefährlichen Teilen mit dem Finger, 4 = Geschützt gegen Spritzwasser aus jeder Richtung gegen das Gehäuse.

1.8

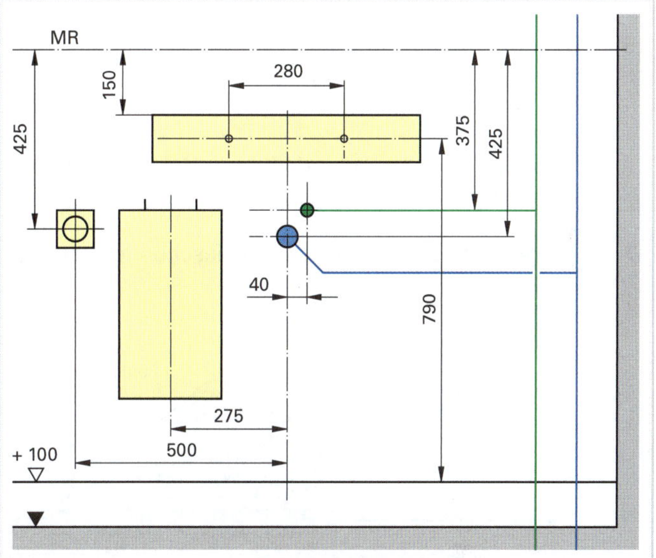

Bild 1: Montageskizze druckloser Speicher

2 Heizungsanlage mit Solarunterstützung

2.1 a)

1	Kaltwassereintritt	entry cold water
2	Warmwasseraustritt	outlet warm water
3	Zirkulationseintritt	entry circulation
4	Vorlauf Heizkessel	supply heating boiler
5	Vorlauf Heizkreis	supply heating circuit
6	Rücklauf Heizkessel	return heating boiler
7	Vorlauf solarseitig	supply solar
8	Rücklauf solarseitig	return solar

b) Thermosiphon-Pufferspeicher mit innen eingebautem, senkrechten TWW-Speicher, darin unten liegender Solarwärmetauscher in Aufstiegsschacht mit Überstrom- und Temperaturausgleichsöffnungen in verschiedener Höhe.

2.2 Rückflussverhinderer mit Prüfeinrichtung

2.3 Inhalt TWE 300 l, deshalb DN 20, Anordnung senkrecht über Oberkante Speicher, kurze Anbindung gegen Verkeimung, Ablauf rückstausicher mit Abstand über z. B. Ablauftrichter endend.

2.4 Thermostat-Mischer, Schutz vor zu hoher PWH-Temperatur an den Zapfstellen, dadurch hohe Speichertemperatur zur Nutzung der Solarwärme möglich.

2.5 Umschaltventil zwischen konventioneller Heizung und Vorwärmung des Rücklaufs zum Wandkessel.

2.6 Rücklauf des Heizungswassers wird zur Vorwärmung durch den Pufferspeicher geführt.

2.7 Eingang A zu, B hat Durchgang zu AB.

2.8 Kein ausreichendes Angebot an Solarwärme, Fühler FW meldet zu tiefe Temperatur des PWH-Bereitschaftsteils, Wandkessel schaltet auf PWH-Vorrang, Eingang A des 3-Wege-Ventils geschlossen, PWH-Bereitschaftsteil wird aufgeheizt.

2.9 Wärmeabgabe des Speichers in kWh je 24 Stunden bei 65 °C Warmwassertemperatur und 20 °C Umgebungstemperatur.

2.10 a) $Q = m \cdot c \cdot \Delta\vartheta$ $\quad Q = 750\ \text{kg} \cdot 0{,}001163\ \text{kWh/(kg} \cdot \text{K)} \cdot 45\ \text{K} + 250\ \text{kg} \cdot 0{,}000128\ \text{kWh/(kg} \cdot \text{K)} \cdot 45\ \text{K}$ $\quad \mathbf{Q = 40{,}69\ kWh}$

b) $V = \dfrac{Q}{H_{\text{I,B}}}$ $\quad V = \dfrac{40{,}69\ \text{kWh}}{10\ \text{kWh/m}^3}$ $\quad \mathbf{V = 4{,}69\ m^3}$

I Arbeitsplanung

1 Brennstoffe und Brennstofflagerung

1.1 Kohle, Erdöl, Erdgas, Flüssiggas. Entstehung erfolgte durch chemische Zersetzung von Pflanzen, Meerestierchen, Plankton und Mikroorganismen unter Luftabschluss, hoher Temperatur und hohem Druck.

1.2 Erdgas LL und Erdgas E. Sie unterscheiden sich durch Brennwert, Heizwert, Dichte und Wobbeindex.

1.3 Kavernen-, Poren- oder Gefrierspeicher. Speicherung auch in den Versorgungsleitungen, durch Vergrößerung der Rohrquerschnitte und Erhöhung des Versorgungsdruckes.

1.4 Es handelt sich um Gase, die bei normaler Temperatur und geringem Überdruck in den flüssigen Zustand übergehen. Sie entstehen bei der Rohölverarbeitung durch Destillation oder sie treten bereits bei der Rohöl- oder Erdgasförderung am Bohrloch aus.

1.5 Beheizen von Wohnungen, Trinkwassererwärmung, Kochen und Backen, Trocknung von Gebäuden, Beheizen von Maschinen in der Industrie, Löten und Schweißen, Lufterwärmung von Heißluftballons, Beheizung von Bau- oder Wohncontainern.

1.6 Ortsfeste Behälter, außerhalb von Gebäuden. Oberirdische, halboberirdische oder unterirdische Lagerung in Stahlbehältern.

1.7 Füllgewicht ≤ 16 kg, max. zwei Flaschen (einschl. leerer Flasche), je Raum nur eine Flasche, nicht in Schlafräumen.

1.8

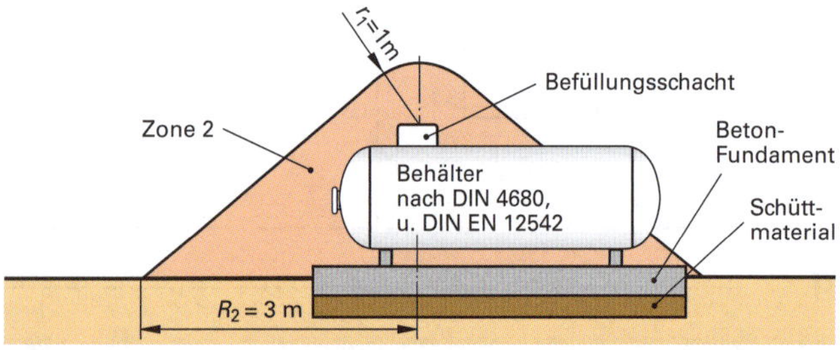

Bild 1: Flüssiggastank

1.9 **Zone 2:**

Einzuhaltender Sicherheitsbereich während des Befüllvorganges des Flüssiggas-Behälters.

2 Brennstoffleitungen

2.1 Vertragsinstallations-Unternehmen (VIU) mit gültiger Gaslizenz. TRGI, TRF und Arbeitsblätter in gültiger Fassung.

2.2 Verhinderung von Korrosion, ausströmendes Gas soll festgestellt werden, explosives Gemisch wird verhindert. Mindestquerschnitt 2 × 10,0 cm^2.

2.3 a) 5-Halterungen, je 2,7 5m/St.

b) 8-Halterungen, je 1,75 m/St.

2.4 Gewinderohre DIN EN 10255, DIN EN 10220,

Kupferrohre DIN EN 1057,

Präzisionsstahlrohre DIN EN 10305-1 bis -5,

Kunststoffrohre nach DVGW 335(A)

2.5 Für die Änderung des Aggregatzustandes von flüssig in gasförmig ist die Verdampfungswärme erforderlich. Diese wird über die Behälter-Außenwand zugeführt.

3 Wärmeerzeuger

3.1 Kesselwasser-Temperaturen von 35 °C bis maximal 75 °C. Witterungsabhängig, gleitend geregelt.

3.2 Naturzug, wenn durch den Auftrieb im Abgasrohr die Abgase ins Freie transportiert werden können. Überdruck-Wärmeerzeuger, wenn durch den Brennerventilator die Abgase ins Freie gedrückt werden.

3.3 **Gas und Öl:** $\dot{Q}_{NL} \leq 35$ kW in Aufenthaltsräumen, $\dot{Q}_{NL} > 35$ kW ≤ 50 kW in Aufstellräumen, $\dot{Q}_{NL} > 50$ kW in besonderen Aufstellräumen. Bei **festen Brennstoffen:** $\dot{Q}_{NL} > 50$ kW in Heizräumen.

3.4 Aufstellraum darf auch anderweitig genutzt werden, wie z. B. Hobbyraum oder Fahrradraum.
Heizraum unterliegt den Heizraumrichtlinien, keine anderweitige Nutzung möglich.

3.5 Lüftungsöffnung direkt ins Freie, keine anderweitige Nutzung des Raumes, keine Wandöffnungen zu anderen Räumen, außer einer Tür. Türen selbstschließend und nach außen öffnend, Notschalter mit Hinweisschild außerhalb des Raumes, Raumgröße richtet sich nach der Nennleistung.

3.6 Im Abgasweg ist ein zweiter Wärmetauscher angeordnet, der die Verdampfungswärme des bei der Verbrennung entstehenden Wasserdampfes wieder zurück gewinnt.

3.7 **Gasheizkessel:** etwa 10 %.

4 Gasgeräte

4.1 **Art A:** Gasgeräte ohne Abgasanlage. Verbrennungsluft wird aus dem Raum entnommen und auch wieder in den Raum abgeführt, wie z. B. Gasherd. **Art B:** Verbrennungsluft wird dem Aufstellraum entnommen, die Abgase werden über eine Abgasanlage ins Freie transportiert. **Art C:** Verbrennungsluft wird aus dem Freien angesaugt und die Abgase über Abgasleitung wieder ins Freie abgeleitet.

4.2 Der Geräteart B. Die Verbrennungsluft wird bei beiden Wärmeerzeugern aus dem Aufstellraum entnommen und über das Abgasrohr ins Freie abgeleitet.

4.3 **Raumluftabhängig:** Verbrennungsluft wird dem Aufstellraum entnommen.
Raumluftunabhängig: Verbrennungsluft wird aus dem Freien angesaugt.
Schutzziel 1: Nachweis, dass die Abgasverdünnung im Anfahrzustand ausreicht, um Gasgeräte der Art B gefahrlos zu betreiben.
Schutzziel 2: Verbrennungsluftversorgung der Gasgeräte Art B im Betriebszustand.

4.4 Kürzen der Türblätter oder Einbau von Türgittern in Räume mit Fenstern oder Türen ins Freie.

5 Gasbrenner

5.1 Das Gas-Luftgemisch wird durch die Lochbleche dosiert und gleichmäßig verteilt. Die Entzündung erfolgt oberhalb des Drahtgewebes ohne sichtbare Flamme. Durch die große Oberfläche entwickelt sich eine niedrige Flammentemperatur und dadurch weniger NO_x.

5.2 Vormischbrenner sowie Injektor- oder Saugbrenner.

5.3 Die hohen Flammtemperaturen beim Gas führen zu erhöhten NO_x-Werten. Einbau von Keramikstäben zum Kühlen, Verwendung von Vormisch- oder Strahlungsbrennern.

5.4 Durch veränderbare Öl- oder Gasdrücke, wird mit einer kleinen Grundlast gestartet. Bei größerer Leistungsanforderung, wird über einen Druckregler der Öl- oder Gasdurchsatz erhöht. Einsatz: Bei kleineren Brennerleistungen.

6 Abgasanlage

6.1 Sie verschließen den Abgasweg bei Stillstand des Wärmeerzeugers.

6.2 Sie garantieren einen konstanten Schornsteinzug und eine gute Durchlüftung des Kamins.

6.3 Sie ist für den einwandfreien Transport der Abgase ins Freie verantwortlich. Sie beträgt mindestens 4,0 m beim einfach belegten Schornstein, gemessen von der Abgaseinführung bis zur Schornsteinausmündung.

6.4 Alle Wärmeerzeuger der Art B, d. h. solche, die die Verbrennungsluft aus dem Aufstellraum entnehmen.

6.5 Die Abgase sind durch den Wärmeentzug soweit abgekühlt, dass der Auftrieb nicht ausreicht, um diese ins Freie zu transportieren.

6.6 Wärmeerzeuger der Art B mit $\dot{Q}_{NL} > 7{,}0$ kW, die in Aufenthaltsräumen installiert werden.

7 Darstellungen

7.1

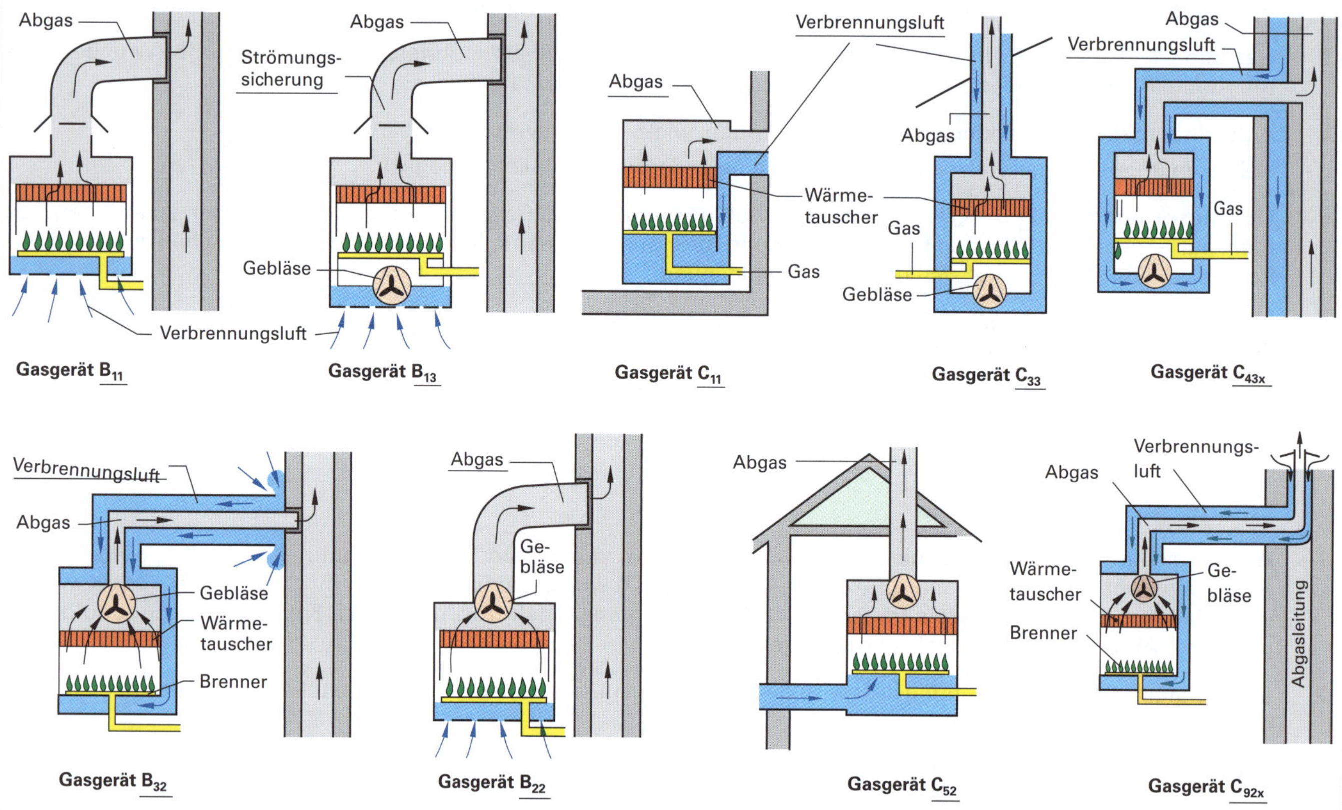

Bild 1

7.2 1 Heizungsvorlauf, 2 Heizungsrücklauf, 3 Wärmedämmung.

7.3 Ausbrennen der Flamme im Brennerrohr. Die heißen Abgase werden mehrfach umgeleitet und geben dabei die Wärme an das Wasserkammersystem ab. Dieses wird vom Heizungswasser durchströmt.

7.4 Sturzprinzip.

7.5

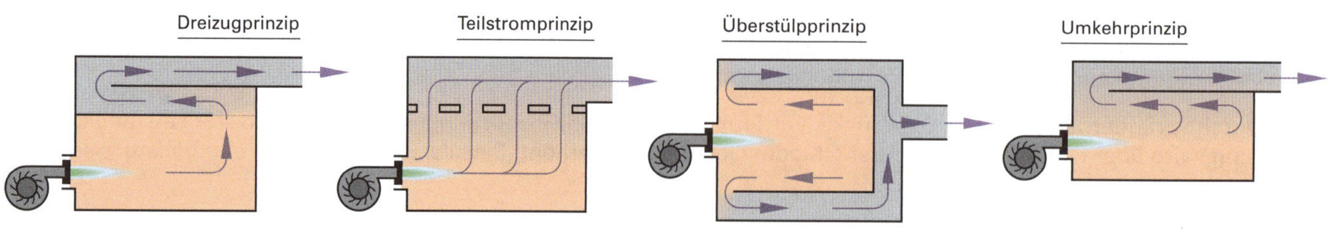

Bild 2

7.6 a)

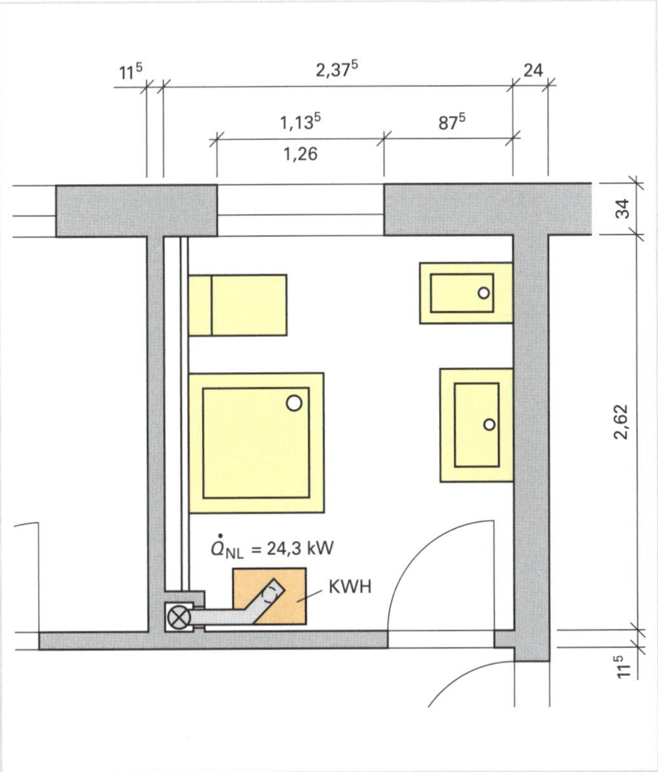

Bild 1: Grundriss Duschraum

b)

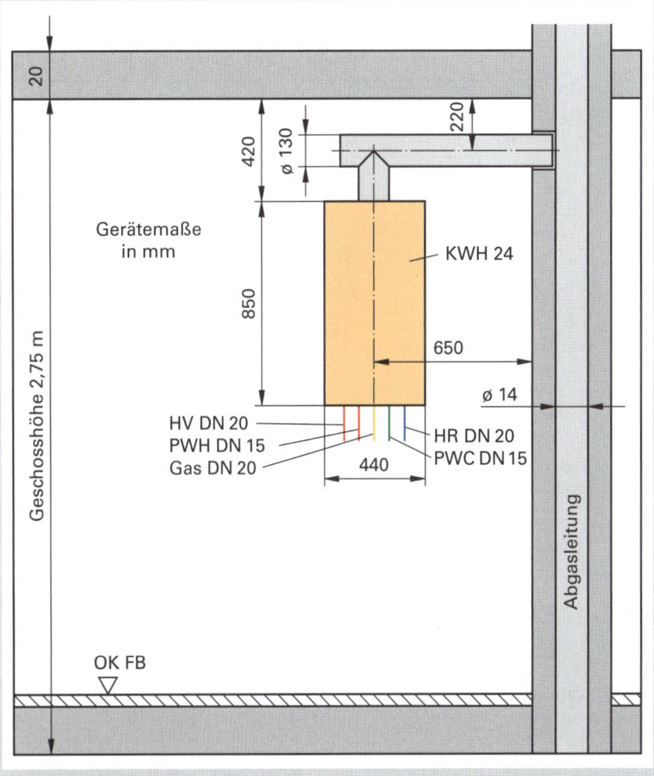

Bild 2: Montageskizze, KWH

c)

Pos.	Menge	Materialbezeichnung	Werkzeug
1	1	Gas-Kombi-Wasserheizer, wandhängend, mit witterungsgeführter Regelung, stufenloser Leistungsanpassung, einschließlich MAG und Umwälzpumpe. Typ KWH 24, Fabrikat:	Gliedermaßstab, Bleistift, Wasserwaage
2	1	Montageanschlussplatte für Erdgas E mit Anschlussverschraubungen für Gas, Heizkreis sowie Kalt- und Warmwasser.	Schlagbohrmaschine und Stein-Bohrersatz
3	1	Anschlusszubehör als Vormontageeinheit komplett mit Wartungshähnen, Gashahn mit thermischer Absperreinrichtung, Anschlussverschraubungen und Befestigungsmaterial.	Maul- und Rollgabelschlüssel; Rohrzange und Presswerkzeug
4	1	Abgasrohr, Al, Ø 130 mm, l = 650 mm	Kein Werkzeug, da alles mit Steckverbindungen.
5	1	Revisions-T-Stück, Al, Ø 130 mm	
6	1	Abgasrohrpassstück, Al, Ø 130 mm, l = 150 mm	

7.7 a) Nach Tabelle: $\boldsymbol{d_1 = 100\ \text{mm}, d_2 = 80\ \text{mm}}$, $A_{ges} = A_1 + A_2$ $\quad A_{ges} = 80\ \text{cm}^2 + 50\ \text{cm}^2$ $\quad A_{ges} = 130\ \text{cm}^2$
$A_3 = 80\ \% \cdot A_{ges}$ $\quad A_3 = 0{,}8 \cdot 130\ \text{cm}^2$ $\quad A_3 = 104\ \text{cm}^2$ $\quad$ gewählt: $A_3 = 115\ \text{cm} \Rightarrow \boldsymbol{d_3 = 120\ \text{mm}}$

b)

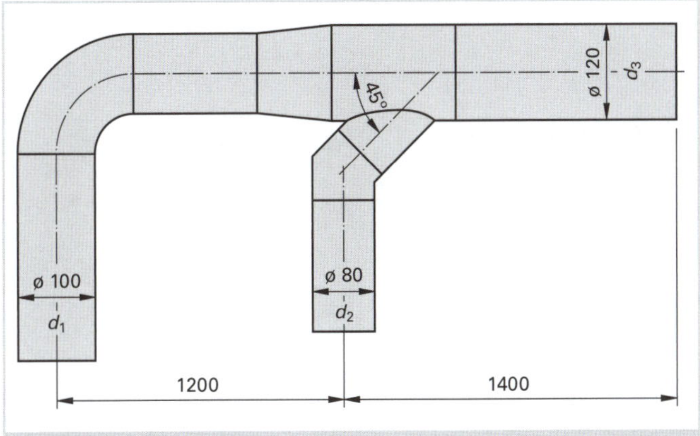

Bild 3: Montageskizze

c)

Pos	Menge	Materialbezeichnung	Werkzeug
1	2	Abgasrohr, Al, Ø 100 mm, l = 1000 mm	Gliedermaßstab
2	1	Bogen 90°, Al, Ø 100 mm, mit Reinigungsöffnung	Bleistift
3	1	Übergangsstück, Al, Ø 100/120 mm	Blechschere
4	1	Abzweigstück, Al, Ø 120/80 mm, 45°	Feile zum Entgraten
5	1	Bogen, Al, 45°, Ø 80 mm	
6	1	Abgasrohr, Al, Ø 80 mm, l = 850 mm	
7	1	Abgasrohr, Al, Ø 120 mm, l = 950 mm	
8	1	Abdeckmanschette, Al, Ø 120 mm	
9	1	Dämmmaterial für Wandanschluss	

8 Berechnungen

8.1 $l = l - a$ $l = 10{,}8\text{ m} - 2{,}0\text{ m}$ $l = 8{,}8\text{ m}$

$n = \frac{l}{a} + 1$ $n = \frac{7{,}8\text{ m}}{2{,}0\text{ m}} + 1$ $n = 5{,}4$ Stück gewählt: **6 Aufhängungen**

8.2 $V = d_i \cdot d_i \cdot 0{,}785 \cdot l$ $V = 0{,}2\text{ m} \cdot 0{,}2\text{ m} \cdot 0{,}785 \cdot 27\,500\text{ m}$ $V = 863{,}5\text{ m}^3$

Inhalt 1 = $p_{abs} \cdot V$ Inhalt 1 = 39 bar · 863,5 m^3/bar **Inhalt 1 = 33 676,5 m^3**

8.3 $V = d_i \cdot d_i \cdot 0{,}785 \cdot l$ $V = 0{,}25\text{ m} \cdot 0{,}25\text{ m} \cdot 0{,}785 \cdot 27\,500\text{ m}$ $V = 1349{,}22\text{ m}^3$

Inhalt 2 = $p_{abs} \cdot V$ Inhalt 2 = 46 bar · 1349,22 m^3/bar Inhalt 2 = 62 064,1 m^3

ΔInhalt = Inhalt 2 – Inhalt 1 ΔInhalt = 62 064,1 m^3 – 33 676,5 m^3 **ΔV = 28 363,8 m^3**

8.4 $\dot{V}_a = \frac{\dot{Q}_{NL} \cdot b_{VH}}{H_{i,B} \cdot \eta_K}$ $\dot{V}_a = \frac{18\text{ kW} \cdot 3250\text{ h/a}}{9{,}2\text{ kWh/m}^3 \cdot 0{,}88}$ **$\dot{V}_a = 7226\text{ m}^3/\text{a}$**

8.5 $\dot{V}_a = \frac{\dot{Q}_{NL} \cdot b_{VH}}{H_{i,B} \cdot \eta_K}$ $\dot{V}_a = \frac{28\text{ kW} \cdot 2980\text{ h/a}}{9{,}93\text{ kWh/m}^3 \cdot 0{,}85}$ $\dot{V}_a = 9885{,}7\text{ m}^3/\text{a}$

$\dot{V}_a' = \frac{\dot{Q}_{NL} \cdot b_{VH}}{H_{i,B} \cdot \eta_K}$ $\dot{V}_a' = \frac{28\text{ kW} \cdot 2980\text{ h/a}}{11{,}0\text{ kWh/m}^3 \cdot 0{,}85}$ $\dot{V}_a' = 8924{,}1\text{ m}^3/\text{a}$

$\Delta\dot{V} = \dot{V}_a - \dot{V}_a'$ $\Delta\dot{V} = 9885{,}7\text{ m}^3/\text{a} - 8924{,}1\text{ m}^3/\text{a}$ **$\Delta\dot{V} = 961{,}6\text{ m}^3/\text{a}$**

8.6 $\lambda = \frac{CO_{2\,max}}{CO_2}$ $\lambda = \frac{13{,}8\,\%}{11{,}5\,\%}$ $\lambda = 1{,}2$

$L_{tats} = L_{min} \cdot \lambda$ $L_{tats} = 23{,}8\text{ m}^3/\text{m}^3 \cdot 0{,}8\text{ m}^3/\text{h} \cdot 1{,}2$ **$L_{tats} = 22{,}85\text{ m}^3/\text{h}$**

8.7 $\lambda = \frac{CO_{2\,max}}{CO_2}$ $\lambda = \frac{11{,}9\,\%}{9{,}0\,\%}$ **$\lambda = 1{,}32$**

$L_{tats} = L_{min} \cdot \lambda$ $L_{tats} = 10{,}6\text{ m}^3/\text{m}^3 \cdot 1{,}32$ **$L_{tats} = 14{,}0\text{ m}^3/\text{m}^3$**

$q_A = (\vartheta_A - \vartheta_L) \cdot \left(\frac{A}{CO_2} + B\right)$ $q_A = (180\,°\text{C} - 18\,°\text{C}) \cdot \left(\frac{0{,}37}{9} + 0{,}009\right)$ $q_A = 8{,}12\,\%$

$\eta_F = 100\,\% - q_A$ $\eta_F = 100\,\% - 8{,}12\,\%$ **$\eta_F = 91{,}88\,\%$**

II Systemanalyse und Instandhaltung

1 Leitungsanlage

1.1 Leitungsteile abstopfen, Prüfdruck von 1000 mbar aufbauen und am Manometer ablesen. Leitungen abklopfen, 10 min konstanter Druck.

1.2 a) bei neuverlegten Leitungen unmittelbar nach der Vorprüfung (Belastungsprüfung),
b) bei stillgelegten Leitungen und
c) bei außer Betrieb gesetzten Leitungen.

1.3 **Vorprüfung (Belastungsprüfung):** Feststellung von Materialfehlern durch Überbeanspruchung.
Hauptprüfung (Dichtheitsprüfung): Kleinste Undichtigkeiten werden durch die hohe Genauigkeit des Messinstrumentes festgestellt.

1.4 Vor der ersten Inbetriebnahme, nach Änderungsarbeiten, bei Betriebsunterbrechungen von mehr als einem Jahr. Festigkeits-, Abnahme- und Ordnungspüfung.

1.5 Beim Betätigen von Klingel, Schalter oder sonstigen elektrischen Geräten entsteht grundsätzlich ein kleiner Funke, der aber eine so hohe Intensität hat, dass es ausreicht, ein explosives Gas-Luft-Gemisch zu entzünden.

1.6 **Aktive Maßnahmen:** ① Strömungswächter vor dem Gaszähler, ② Gaszähler mit automatischer Abschaltung, ③ HAE mit automatischer Schließung über Sensoren.
Passive Maßnahmen: ① Leitungsenden vermeiden, ② Sicherheitsstopfen oder -kappen verwenden, ③ Verschraubungen mit Manschetten versehen, ④ Hausanschlussraum verschließen.

2 Brennwertkessel

2.1 Den Abgasen wird die Verdampfungswärme des Wasserdampfes entzogen, sodass dieser kondensiert.

2.2 Über einen Geruchverschluss ins Abwassernetz. $\dot{Q}_{NL}$ < 25,0 kW, ohne Genehmigung. $\dot{Q}_{NL}$ > 25 kW ≤ 200 kW nur über Kondensatsammler. $\dot{Q}_{NL}$ > 200 kW nur mit Neutralisationsanlage. **Heizöl:** Bei allen Leistungen nur über Neutralisation des Kondensats.

2.3 Die Volumenänderungen des Wassers durch die ständigen Temperaturänderungen im Heizungssystem werden durch das MAG ausgeglichen. Es entstehen keine Wasserverluste über das Sicherheitsventil.

2.4 Der Betriebsheizwert $H_{i,B}$ ist vom Luftdruck abhängig und dieser ist, je nach Höhenlage der Orte, verschieden.

3 Inbetriebnahme

3.1 Überprüfung des ordnungsgemäßen Zustandes vom Heizkessel, der Wärmeverteilung und der Sicherheitseinrichtungen. Weiterhin ist zu prüfen, ob die elektrischen Anschlüsse vorhanden sind und die Druckprüfungen durchgeführt wurden.

3.2 Öffnen aller Armaturen und Kontrolle, ob alle Verschraubungen angezogen sind.

3.3 Kontrolle, ob die Belastungs- und Dichtheitsprüfung bei der Gasleitung durchgeführt wurde und der Kondensatablauf möglich ist. Danach öffnen der Armaturen und entlüften der Gasleitung.

3.4 Geräteeinstellung auf Nennwärmeleistung und Funktionsprüfung der Abgasanlage, wie z. B. Abgastemperatur, CO_2-, CO- und O_2-Gehalt, sowie Schornsteinzug.

4 Verbrennung

4.1 Vollständige Verbrennung ist nur möglich, wenn dem Brennstoff genügend Sauerstoff über die Verbrennungsluft zugeführt wird. Bei Luftmangel kommt es zur unvollständigen Verbrennung.

4.2 Rußbildung und Entstehung von Kohlenstoffoxid (CO).

5 Abgasanlage

5.1 Abgastemperatur, CO_2-, O_2-, CO-Gehalt, Schornsteinzug und Verbrennungslufttemperatur.

5.2 Fächer nach der Strömungssicherung im Abgasstutzen einbauen. Nach spätestens zwei Minuten Volllastbetrieb muss das Gasgerät über die Abgasüberwachung abgeschaltet werden.

6 Berechnungen

6.1

$$\dot{V}_E = \frac{\dot{Q}_{NB} \cdot 1000\ l/m^3}{H_{I,B} \cdot 60\ min/h} \qquad \dot{V}_E = \frac{41\ kW \cdot 1000\ l/m^3}{9{,}4\ kWh/m^3 \cdot 60\ min/h} \qquad \boldsymbol{\dot{V}_E = 72{,}7\ l/min}$$

$$\dot{V}_A = \frac{\dot{Q}_{NB}}{H_{I,B}} \qquad \dot{V}_A = \frac{41\ kW}{9{,}4\ kWh/m^3} \qquad \boldsymbol{\dot{V}_A = 4{,}36\ m^3/h}$$

6.2

$$\dot{V}_E = \dot{V}_A = \frac{1000\ l/m^3}{60\ min/h} \qquad \dot{V}_E = 1{,}35\ m^3/h \cdot \frac{1000\ l/m^3}{60\ min/h} \qquad \boldsymbol{\dot{V}_E = 22{,}5\ l/min}$$

$$\dot{Q}_{NL} = \dot{V}_A \cdot H_{I,B} \cdot \eta \qquad \dot{Q}_{NL} = 1{,}35\ m^3/h \cdot 8{,}95\ kWh/m^3 \cdot 0{,}79 \qquad \boldsymbol{\dot{Q}_{NL} = 9{,}55\ kW}$$

6.3 $\boldsymbol{p_D = 7{,}5\ mbar}$ (laut Tabelle)

6.4

$$\dot{V}_E = \frac{\dot{Q}_{NB} \cdot 1000\ l/m^3}{H_{I,B} \cdot 60\ min/h} \qquad \dot{V}_E = \frac{30{,}6\ kW \cdot 1000\ l/m^3}{9{,}36\ kWh/m^3 \cdot 60\ min/h} \qquad \boldsymbol{\dot{V}_E = 54{,}5\ l/min}$$

6.5

$$\dot{Q}_{NB} = \dot{V}_E \cdot H_{I,B} \qquad \dot{Q}_{NB} = 59{,}5\ l/min \cdot 9{,}1\ kWh/m^3 \qquad \dot{Q}_{NB} = 32{,}5\ kW$$

Brennereinstellung ist viel zu hoch. Bei $\dot{Q}_{NB} = 27{,}0\ kW$ darf der Einstellwert $\dot{V}_E = 49{,}5\ l/min$ betragen.

$$\eta = \frac{\dot{Q}_{NL}}{\dot{Q}_{NB}} \cdot 100\ \% \qquad \eta = \frac{22{,}7\ kW}{32{,}5\ kW} \cdot 100\ \% \qquad \boldsymbol{\eta = 70\ \%}$$

$$\dot{V}_A = \dot{V}_E = \frac{60\ min/h}{1000\ l/m^3} \qquad \dot{V}_A = 59{,}5\ l/min \cdot \frac{60\ min/h}{1000\ l/m^3} \qquad \boldsymbol{\dot{V}_A = 3{,}57\ m^3/h}$$

6.6

a)

$$\dot{Q}_{NL} = \dot{m} \cdot c \cdot \Delta\vartheta \qquad \dot{Q}_{NL} = 8{,}5\ l/min \cdot 1{,}163\ \frac{Wh}{kg \cdot K} \cdot 41\ K \cdot 60\ \frac{min}{h} \qquad \dot{Q}_{NL} = 24{,}3\ kW$$

$$\dot{Q}_{NB} = \dot{V}_A \cdot H_{I,B} \qquad \dot{Q}_{NB} = 3{,}27\ m^3/h \cdot 9{,}9\ kWh/m^3 \qquad \dot{Q}_{NB} = 32{,}4\ kW$$

$$\eta = \dot{Q}_{NL}/\dot{Q}_{NB} \cdot 100\ \% \qquad \eta = 24{,}3\ kW/32{,}4\ kW \cdot 100\ \% \qquad \boldsymbol{\eta = 75\ \%}\ \text{(zu niedrig)}$$

Das Gerät entspricht nicht den Vorschriften.

b) Wärmetauscher von außen reinigen. Wasserdurchfluss ist zu gering, deshalb Rohrschlange entkalken, Wassersieb reinigen, Filter am Hausanschluss überprüfen oder eventuell Wasserdruck am Druckminderer erhöhen.

6.7

$$Ba_1 = \frac{\dot{Q}_{NL} \cdot b_{VH}}{H_{I,B} \cdot \eta_K} \qquad Ba_1 = \frac{25{,}6\ kW \cdot 1750\ h/a}{9{,}6\ kWh/m^3 \cdot 0{,}83} \qquad Ba_1 = 5622{,}5\ m^3/a$$

$$K_1 = Ba_1 \cdot EP \qquad K_1 = 5622{,}5\ m^3/a \cdot 0{,}64\ €/m^3 \qquad \boldsymbol{K_1 = 3598{,}40\ €/a}$$

$$Ba_2 = \frac{\dot{Q}_{NL} \cdot b_{VH}}{H_{S,B} \cdot \eta_K} \qquad Ba_2 = \frac{25{,}6\ kW \cdot 1750\ h/a}{10{,}7\ kWh/m^3 \cdot 0{,}83} \qquad Ba_2 = 5044{,}5\ m^3/a$$

$$K_2 = Ba_2 \cdot EP \qquad K_2 = 5044{,}5\ m^3/a \cdot 0{,}64\ €/m^3 \qquad \boldsymbol{K_2 = 3228{,}48\ €/a}$$

$$K_E = K_1 - K_2 \qquad K_E = 3598{,}40\ €/a - 3228{,}48\ €/a \qquad \boldsymbol{K_E = 369{,}92\ €/a}$$

7 Verbrennungsluft-Verbund

7.1 Etagenwohnung, Baujahr 2004

Schutzziel 1

$$RLV_{Bad} = \frac{V_R}{\dot{Q}_{NL}} = \frac{18\ m^3}{27{,}9\ kW} = 0{,}64\ m^3/kW$$

$$RLV_{Flur} = \frac{V_R}{\dot{Q}_{NL}} = \frac{12\ m^3}{27{,}9\ kW} = 0{,}43\ m^3/kW$$

$$RLV_{ges} = RLV_{Bad} + RLV_{Flur} = 0{,}64\ m^3/kW + 0{,}43\ m^3/kW$$

$\boldsymbol{RLV_{ges} = 1{,}07\ m^3/kW > 1{,}0\ m^3/kW}$ (ausreichend)

Schutzziel 2

$$q_{Bed} = \sum \dot{Q}_{NL} \cdot 1{,}6\ m^3/(h \cdot kW)$$

$$q_{Bed} = 27{,}9\ kW \cdot 1{,}6\ m^3/(h \cdot kW)$$

$\boldsymbol{q_{Bed} = 44{,}6\ m^3/h}$

7.2 Mehrfamilienhaus, Baujahr 2003, wärmetechnische Sanierung 2015

Schutzziel 1

$$RLV_{Flur} = \frac{V_R}{\dot{Q}_{NL}} = \frac{28\ m^3}{30{,}2\ kW} = 0{,}93\ m^3/kW$$

$$RLV_{Bad} = \frac{V_R}{\dot{Q}_{NL}} = \frac{18\ m^3}{30{,}2\ kW} = 0{,}6\ m^3/kW$$

$$RLV_{ges} = RLV_{Flur} + RLV_{Bad} = 0{,}93\ m^3/kW + 0{,}6\ m^3/kW$$

$\boldsymbol{RLV_{ges} = 1{,}53\ m^3/kW > 1{,}0\ m^3/kW}$ (ausreichend)

Schutzziel 2

$$q_{Bed} = \sum \dot{Q}_{NL} \cdot 1{,}6\ m^3/(h \cdot kW)$$

$$q_{Bed} = 30{,}2\ kW \cdot 1{,}6\ m^3/(h \cdot kW)$$

$\boldsymbol{q_{Bed} = 48{,}3\ m^3/h}$

Aufgabe 7.1: Nachweis von Schutzziel 2

Wohnungs-/ Gebäudedaten			Verbrennungsluft-Versorgung q_{VL} Innentüren ohne Dichtung				
Raumart/ Raum-Nr.	**Raumvolumen V in m^3**	**Referenzwert je nach Haustyp**	**Aufstellungsraum/Volumenstrom m^3/h**	**Kurve 2 in m^3/h**	**Kurve 3 in m^3/h**	**zusätzliche Öffnung z. B. ALD in m^3/h**	**Σ Volumenstrom Σq_{VL} in m^3/h**
Bad	18	17	3,2			6,0	9,2
Flur	12	–	–				–
Kind 1	32	29			5,3	–	5,3
Kind 2	33	29			5,3	–	5,3
Wohnen	78	76			13,4	–	13,4
Schlafen	38	38		6,6	–	6,0	12,6
Verbrennungsluft-Versorgung						**Σq_{VL}**	**45,8**

Schutzziel 2 erfüllt: $\boldsymbol{q_{VL} = 45{,}8\ m^3/h > q_{Bed} = 44{,}6\ m^3/h}$

Aufgabe 7.2: Nachweis von Schutzziel 2

Wohnungs-/ Gebäudedaten			Verbrennungsluft-Versorgung q_{VL} Innentüren mit dreiseitiger Dichtung					
Raumart/ Raum-Nr.	**Raumvolumen V in m^3**	**Referenzwert je nach Haustyp**	**Aufstellungsraum/Volumenstrom m^3/h**	**Kurve 1 in m^3/h**	**Kurve 2 in m^3/h**	**Kurve 3 in m^3/h**	**zusätzliche Öffnung z. B. ALD in m^3/h**	**Σ Volumenstrom Σq_{VL} in m^3/h**
Flur	28	25	–					–
Kind	33	29				5,3	–	5,3
Wohnen	62	59				10,6	6,0	16,6
Schlafen	41	38				6,9	–	6,9
Bad	18	17				3,0	6,0	9,0
Küche	26	25				4,6	6,0	10,6
Verbrennungsluft-Versorgung							**Σq_{VL}**	**48,4**

Schutzziel 2 erfüllt: $\boldsymbol{q_{VL} = 48{,}4\ m^3/h > q_{Bed} = 48{,}3\ m^3/h}$

III Kundenauftrag

1 Gasleitung

1.1

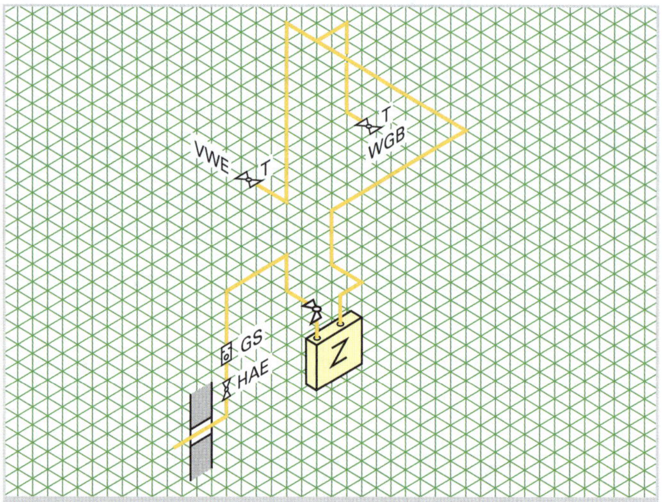

Bild 1: Raumschema

1.2

Pos.	Menge	Materialbezeichnung	Werkzeug
1	6,8 m	Stahlrohr, W-M-DIN EN 10255 – 9: A1, DN 25	Schraubstock, Bügelsäge, Schneidkluppe DN 25
2	5,2 m	Stahlrohr, wie vor, DN 20	Schneidkluppe DN 20
3	8	Winkel, Temperguss, verzinkt, A1, DN 25, DIN EN 10242	Rohrzangen
4	1	T-Stück, Temperguss, B1, 25/20/20, DIN EN 10242	
5	1	Gasmesserplatte mit Sonderfittings, passend für Gasmesser G 4	Wasserwaage, Gliedermaßstab, Schlagbohrmaschine, Schlagbohrersatz
6	1	Gaskugelhahn, Eckform, Messing, DN 25	
7	1	Gasströmungswächter, Durchgang DN 25, $\dot{V}$ = 2,1 m^3/h	
8	2	Absperrhahn, thermisch auslösend, DN 20	
9	3	Rohrbefestigungsschellen, DN 25 mit Metalldübeln	Gabelschlüssel

2 Gas-Brennwert-Heizung

2.1 $\Phi = A \cdot \Phi'$ $\Phi = 132{,}3\ m^2 \cdot 72{,}5\ W/m^2$ $\Phi = 9592\ W$ $\mathbf{\Phi = 9{,}6\ kW}$

2.2 Gasgerät: WGB 15 C, VWH: BS 120 C

2.3 B_{33}: Raumluftabhängig, ohne Strömungssicherung, verbrennungsluftumspülter Abgasweg.
C_{43X}: Raumluftunabhängig, Luft-Abgas-Schornstein, Abgasrohre mit erhöhter Dichtheit.
C_{53X}: Raumluftunabhängig, Verbrennungsluft durch die Außenwand, Abgasableitung über Dach.
Gewählt: C_{43X}

2.4 **Gasgerät** Höhe: 852 mm, Breite: 480 mm, Tiefe: 366 mm
VWH Höhe: 845 mm, Breite: 560 mm, Tiefe: 575 mm, Masse: 42 kg.

2.5 Doppelrohr für das Abgas Ø = 80 mm, Verbrennungsluftrohr Ø = 125 mm.

2.6 Es handelt sich um ein Brennwertgerät.

2.7 1 MAG, 2 Bedienungsplatte, 3 Umwälzpumpe Heizung, 4 Geruchverschluss, 5 Brenner, 6 Ansaugschalldämpfer.

2.8 L = 1906 mm, X = 161 mm

2.9

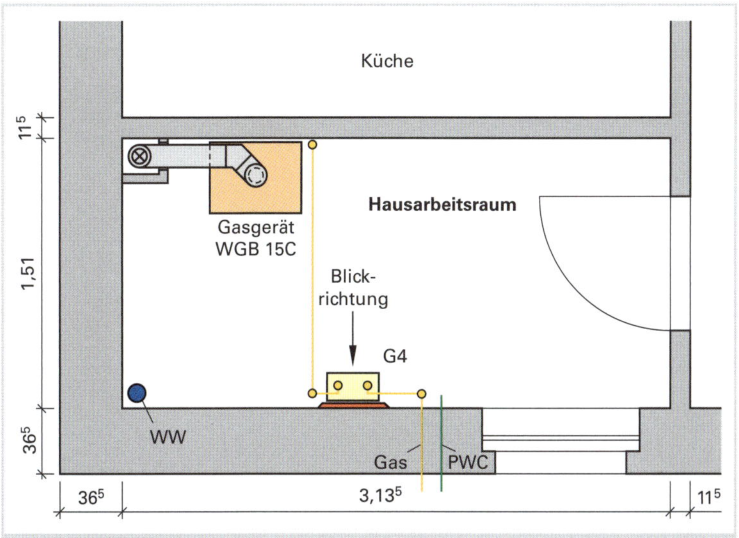

Bild 1: Hausarbeitsraum, Lösung

2.10

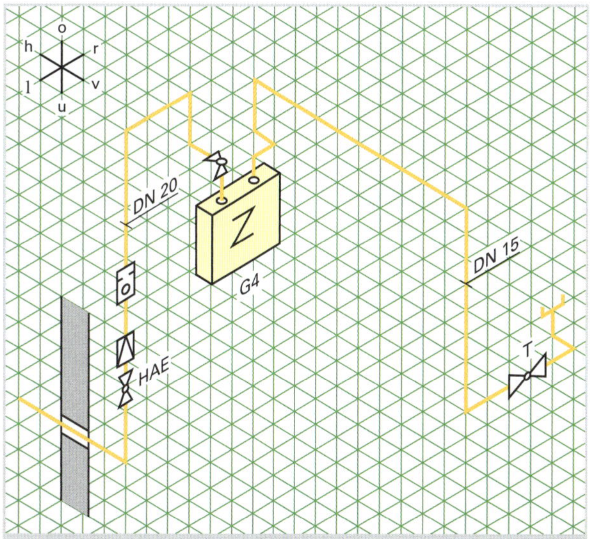

Bild 2: Isometrie, Gasleitung

2.11

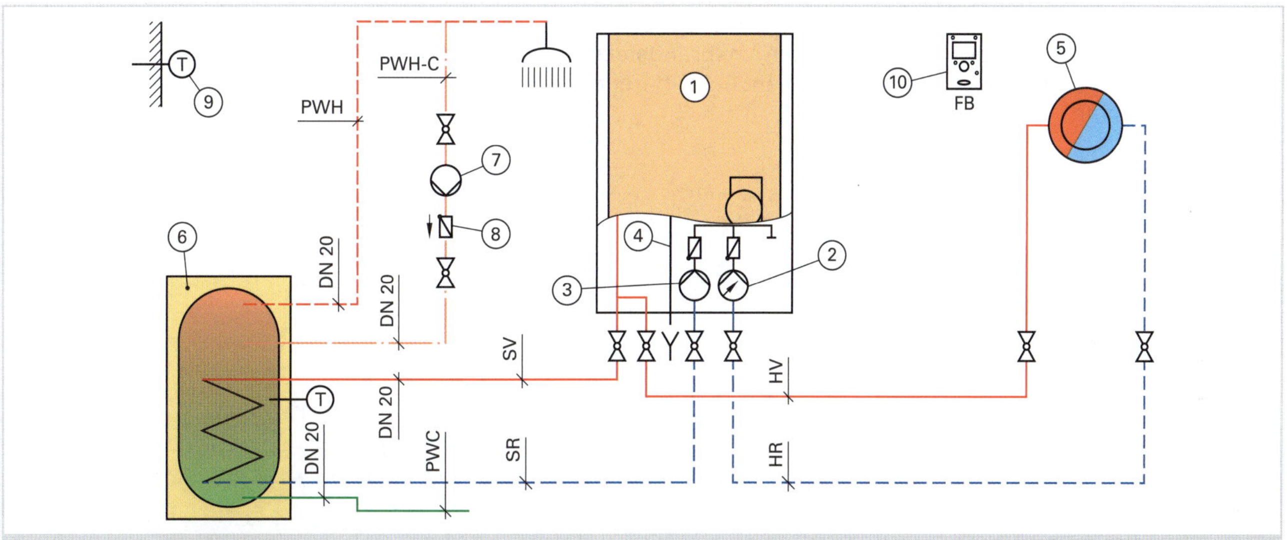

Bild 3: Hydraulikschema

2.12
1 Gas-Brennwertgerät
2 Umwälzpumpe, Heizung
3 Umwälzpumpe, VWH
4 Kondensatleitung
5 Wärmeverbraucher
6 Vorrats-Wasser-Erwärmer
7 Zirkulationspumpe
8 Rückschlagklappe
9 Außentemperaturfühler
10 Fernbedienung

2.13 Gasinstallation

a) Stahlrohr, mittlere Reihe, verzinkt ⇒ Schraubfittings
Stahlrohr, schwere Reihe, verzinkt ⇒ Schraubfittings
Kupferrohr DIN EN 1057 ⇒ Pressfittings oder Hartlöten
Präzisionsstahlrohr ⇒ Pressfittings
Metallverbundrohr ⇒ Pressfittings

b) Einzeln, mit Rohrschellen und Metalldübeln befestigen. Mit Mantelrohren, die beiderseits 5 cm überstehen müssen.

c) Nach der Hauseinführung oder unmittelbar vor jedem Gaszähler. Es soll verhindert werden, dass plötzlich große Mengen Gas aus einer Leitung ausströmen können, wie z. B. Leck oder Leitungsmanipulation.

2.14 Inbetriebnahme

a) 1 Optische Überprüfung aller Rohrleitungen, Armaturen und Regelgeräte auf funktionsgerechten Einbau.
   2 Feststellung, ob bei allen wasserführenden Leitungen und der Gasleitung die Belastungs- und Dichtheitsprüfungen durchgeführt wurden.
   3 Sichtkontrolle über den fachgerechten Einbau der Abgasanlage.
   4 Füllen der Heizungs- und Warmwasseranlage.

b) Belastungsprüfung ⇒ Prüfdruck 1000 mbar, ⇒ Manometer.
   Dichtheitsprüfung ⇒ Prüfdruck 150 mbar, U-Rohrmanometer, Temperaturausgleich abwarten.

c) $\dot{V}_A = \frac{\dot{Q}_{NB}}{H_{I,B}}$ $\quad \dot{V}_A = \frac{15{,}0\ \text{kW}}{11{,}1\ \text{kWh/m}^3}$ $\quad \mathbf{\dot{V}_A = 1{,}35\ m^3/h}$

   $\dot{V}_E = \frac{\dot{V}_A \cdot 1000\ \text{l/m}^3}{60\ \text{min/h}}$ $\quad \mathbf{\dot{V}_A = 22{,}5\ l/min}$

d) 50/30 °C: $\eta_1 = \frac{\dot{Q}_{NL}}{\dot{Q}_{NB}}$ $\quad \eta_1 = \frac{20{,}8\ \text{kW}}{20\ \text{kW}}$ $\quad \mathbf{\eta_1 = 1{,}04 \mathrel{\hat{=}} 104\ \%}$

   80/60 °C: $\eta_2 = \frac{\dot{Q}_{NL}}{\dot{Q}_{NB}}$ $\quad \eta_2 = \frac{19{,}4\ \text{kW}}{20\ \text{kW}}$ $\quad \mathbf{\eta_1 = 0{,}97 \mathrel{\hat{=}} 97\ \%}$

e) Bei niedrigeren Heizmitteltemperaturen, wie z. B. 50/30 °C, wird der Brennwerteffekt wesentlich besser genutzt als bei einer Temperatur 80/60 °C.

f) Volumetrische-Methode und Düsendruck-Methode.

g) Düsendruck-Methode: Anschlussdruck am Geräteanschlussstutzen messen. U-Rohrmanometer am Düsenstock-Messstutzen befestigen. Gasgerät in Vollbrandstellung bringen. Gemessenen Düsendruck ablesen und mit Tabellenwert des Herstellers vergleichen. Bei Differenzen über Einstellschraube einregulieren. Wobbeindex vor Ort beachten!

2.15 Elektrotechnik

a)

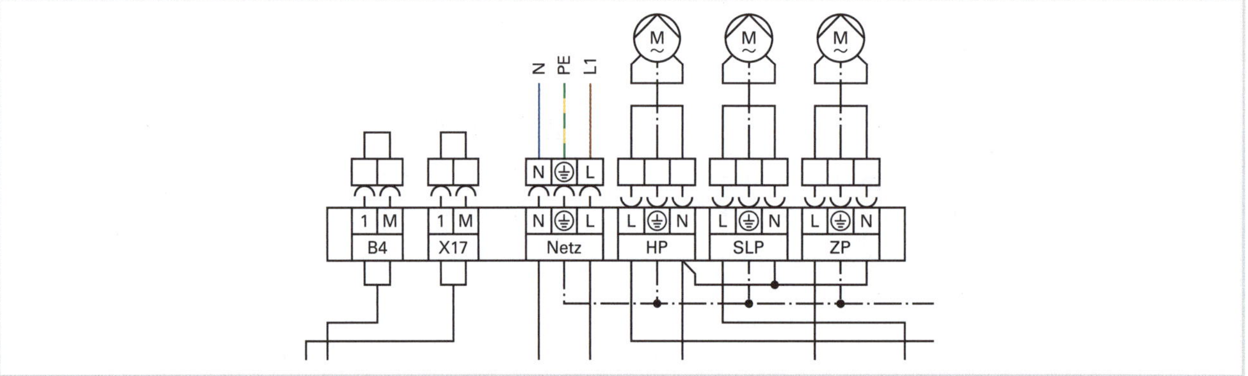

Bild 1: Verdratungsplan, Lösung

b) > 230 V

d) Tabelle 1: Lösung Aufgabe 2.15

El. Leiter	Spannung	Farbkennzeichnung
L1 – N	230 V	L1 – schwarz, braun
L1 – PE	230 V	PE – grün-gelb
N – PE	0 V	N – hellblau

2.16 Funktionsprüfung, Abgasanlage

a) Einwandfreie Ableitung der Abgase ins Freie und Feststellung der Abgasverluste.

b) Erstmessung bei Inbetriebnahme. Wiederkehrende Messung, jährlich, bei $\dot{Q}_{NL}$ > 11,0 kW.

c) Gasgeräte Art B mit Strömungssicherung, $\dot{Q}_{NL}$ > 7,0 kW und Aufstellung in einem Aufenthaltsraum.

2.17 Kundeneinweisung

a) Sicherheitsventil, Sicherheits-Temperaturbegrenzer, Membran-Druckausdehnungsgefäß.

b) Betriebsanleitung für das WGB und den VWH, Übergabeprotokoll, Prüfprotokolle und Wartungsintervalle.

I Arbeitsplanung

1 Brennstoffe und Brennstofflagerung

1.1 Kohle, Erdöl, Erdgas, Flüssiggas. Entstehung erfolgte durch chemische Zersetzung von Pflanzen, Meerestierchen, Plankton und Mikroorganismen unter Luftabschluss, hoher Temperatur und hohem Druck.

1.2 Extra leichtflüssiges (EL), leichtflüssiges (L), mittelschwerflüssiges (M) und schwerflüssiges (S) Heizöl. Sie unterscheiden sich nach Dichte, Viskosität, Heizwert, Schwefelgehalt.

1.3 a) > 55 °, Temperatur, bei der das Öldampf-Luftgemisch aufflackert, ohne selbständig weiter zu brennen.

b) ≤ –6 °C, bei dieser Temperatur wird das Öl dickflüssig und ist schlecht pumpfähig, auch Stockpunkttemperatur.

c) 20 °C, Fließverhalten des Heizöles.

1.4 Auf dem Grundstück, unterirdisch > 100000 Liter, nicht in Trinkwassereinzugsgebieten. Innerhalb von Gebäuden, oberirdisch ≤ 100000 Liter. Im Aufstellraum, oberirdisch ≤ 5000 Liter.

1.5 Höchstens 95 %.

2 Brennstoffleitungen

2.1 Nahtlos gezogene Kupferrohre, hartgelötet, L-Ag 2P oder L-Cu P6. Auch Aluminiumrohre oder Rohre aus Al-Legierungen PN10 sind zulässig.

2.2 1 Fußventil, 2 Antiheberventil, 3 Saugleitung, 4 Ölbrenner, 5 Schnellschlussventil, 6 Filter mit Rücklaufzuführung.

2.3 a) Verhindert das Leerlaufen der Leitung beim Abschalten der Ölpumpe am Brenner.

b) Schließen der Saugleitung bei Wartungsarbeiten.

3 Wärmeerzeuger

3.1 Kesselwasser-Temperaturen von 35 °C bis maximal 75 °C. Witterungsabhängig, gleitend geregelt.

3.2 Naturzug, wenn durch den Auftrieb im Abgasrohr die Abgase ins Freie transportiert werden können. Überdruck-Wärmeerzeuger, wenn durch den Brennerventilator die Abgase ins Freie gedrückt werden.

3.3 **Holz** (als Scheitholz, Hackschnitzel oder Pellets), **Raps, Mais, Getreide, Grünfutter** (über Biogasanlagen) und **Stroh** (direkt in Fernheizanlagen oder auch in Biogasanlagen).

3.4 **Gas und Öl:** $\dot{Q}_{NL} \leq 35$ kW in Aufenthaltsräumen, $\dot{Q}_{NL} > 35$ kW ≤ 50 kW in Aufstellräumen, $\dot{Q}_{NL} > 50$ kW in besonderen Aufstellräumen. Bei **festen Brennstoffen:** $\dot{Q}_{NL} > 50$ kW in Heizräumen.

3.5 Aufstellraum darf auch anderweitig genutzt werden, wie z. B. Hobbyraum oder Fahrradraum. Heizraum unterliegt den Heizraumrichtlinien, keine anderweitige Nutzung möglich.

3.6 Lüftungsöffnung direkt ins Freie, keine anderweitige Nutzung des Raumes, keine Wandöffnungen zu anderen Räumen, außer einer Tür. Türen selbstschließend und nach außen öffnend, Notschalter mit Hinweisschild außerhalb des Raumes, Raumgröße richtet sich nach der Nennleistung.

3.7 **Ölheizkessel:** etwa 6 %, **Gasheizkessel:** etwa 10 %.

3.8 Die Taupunkttemperatur bei Heizöl liegt etwa 10 K niedriger als bei Gasbrennstoffen.

4 Ölbrenner

4.1 Verdampfungs-, Zerstäubungs-, Gelb-, Blau-, Druckluftzerstäubungs- oder Rotations-Zerstäubungsbrenner.

4.2 1 Ölschläuche, 2 Ventilator, 3 Ölpumpe, 4 Flammrohr, 5 Zündelektroden, 6 Stauscheibe.

4.3 Brennerleistung und Öldüsendruck. Kleinere Düse wählen und Öldruck vergrößern oder umgekehrt.

4.4 Vollstrahl, Halbvollstrahl oder Hohlstrahl.

4.5 In Abhängigkeit von der Brennraumkonstruktion des Wärmeerzeugers, d. h. firmenabhängig.

4.6 Durch die Rezirkulation der Heizgase und durch die Art der Zerstäubung des Ölnebels.

4.7 Stabilisierung der Flamme. Die Einstellung der Stauscheibe ist abhängig von der Brennraumkonstruktion.

5 Abgasanlage

5.1 Sie verschließen den Abgasweg bei Stillstand des Wärmeerzeugers.

5.2 Sie garantieren einen konstanten Schornsteinzug und eine gute Durchlüftung des Kamins.

5.3 Sie ist für den einwandfreien Transport der Abgase ins Freie verantwortlich. Sie beträgt mindestens 4,0 m beim einfach belegten Schornstein, gemessen von der Abgaseinführung bis zur Schornsteinausmündung.

5.4 Die Abgase sind durch den Wärmeentzug soweit abgekühlt, dass der Auftrieb nicht ausreicht, um diese ins Freie zu transportieren.

5.5 Wärmeerzeuger der Art B mit $\dot{Q}_{NL}$ > 7,0 kW, die in Aufenthaltsräumen installiert werden.

6 Darstellungen

6.1 1 Einstieg, 2 Grenzwertgeber, 3 Lüftungsleitung, 4 Füllleitung. **Bild 1, Seite 174**

6.2 1 Level pipe, 2 Limit sensor, 3 Ventilation pipe, 4 Oil connection pipe. **Bild 2, Seite 174**

7 Berechnungen

7.1 $Ba = \frac{\dot{Q}_N \cdot b_{VH}}{H_i \cdot \eta_K}$ $\quad Ba = \frac{39\ kW \cdot 1600\ h/a}{10\ kWh/l} \cdot 0,82$ $\quad$ **Ba = 7609,8 l/a**

7.2 $Q_1 = m_1 \cdot c_1 \cdot \Delta\vartheta$ $\quad Q_1 = 125\ kg \cdot 0,151 \frac{Wh}{kg \cdot K} \cdot 63\ K$ $\quad Q_1 = 1189,1\ Wh$

$Q_2 = m_2 \cdot c_2 \cdot \Delta\vartheta$ $\quad Q_2 = 264\ kg \cdot 0,128 \frac{Wh}{kg \cdot K} \cdot 63\ K$ $\quad Q_1 = 2128,9\ Wh$

$Q_3 = m_3 \cdot c_3 \cdot \Delta\vartheta$ $\quad Q_3 = 182\ kg \cdot 1,163 \frac{Wh}{kg \cdot K} \cdot 63\ K$ $\quad Q_1 = 13335,0\ Wh$

$Q_{ges} = Q_1 + Q_2 + Q_3$ $\quad$ $\mathbf{Q_{ges} = 16653,0\ Wh}$

$\dot{Q}_{NL} = \frac{Q_{ges}}{t}$ $\quad \dot{Q}_{NL} = \frac{16,65\ kWh}{0,4167\ h}$ $\quad$ $\mathbf{\dot{Q}_{NL} = 39,96\ kWh}$

$V_{Br} = \frac{\dot{Q}_{NL} \cdot t}{H_i \cdot \eta}$ $\quad V_{Br} = \frac{39,96 \cdot 0,4167\ h}{10\ kWh/l \cdot 0,89}$ $\quad$ $\mathbf{V_{Br} = 1,91\ l}$

7.3 $\dot{V}_E = \frac{\dot{Q}_{NL}}{\eta_K \cdot H_i}$ $\quad \dot{V}_E = \frac{22,5\ kW}{0,89 \cdot 10\ kWh/l}$ $\quad$ $\mathbf{\dot{V}_E = 2,53\ l/h}$

7.4 $\dot{m}_{E1} = \frac{\dot{Q}_{NL}}{\eta_K \cdot H_i}$ $\quad \dot{m}_{E1} = \frac{64\ kW}{0,91 \cdot 11,8\ kWh/kg}$ $\quad \dot{m}_{E1} = 5,96\ kg/h \Rightarrow$ **1,5 US-gph**

$\dot{m}_{E2} = \frac{\dot{Q}_{NL}}{\eta_K \cdot H_i}$ $\quad \dot{m}_{E2} = \frac{87\ kW}{0,91 \cdot 11,8\ kWh/kg}$ $\quad \dot{m}_{E2} = 8,1\ kg/h \Rightarrow$ **2,0 US-gph**

7.5 $\lambda = 1 + \frac{O_2}{21\ \% - O_2}$ $\quad \lambda = 1 + \frac{3,6\ \%}{21\ \% - 3,6\ \%}$ $\quad$ $\mathbf{\lambda = 1,21}$

$L_{tats} = L_{min} \cdot \lambda$ $\quad L_{tats} = 10,6\ m^3/kg \cdot 1,21$ $\quad$ $\mathbf{L_{tats} = 12,83\ m^3/kg}$

7.6 $q_A = (\vartheta_A - \vartheta_L) \cdot \left(\frac{A}{21 - O_2} + B\right)$ $\quad q_A = (220\ °C - 20\ °C) \cdot \left(\frac{0,68}{21 - 5,6} + 0,007\right)$ $\quad q_A = 10,2\ \%$

$\eta_F = 100\ \% - q_A$ $\quad \eta_F = 100\ \% - 10,2\ \%$ $\quad$ $\mathbf{\eta_F = 89,8\ \%}$

$\lambda = 1 + \frac{O_2}{21\ \% - O_2}$ $\quad \lambda = 1 + \frac{5,6\ \%}{21\ \% - 5,6\ \%}$ $\quad$ $\mathbf{\lambda = 1,39}$

$L_{tats} = L_{min} \cdot \lambda$ $\quad L_{tats} = 10,6\ m^3/kg \cdot 1,39$ $\quad$ $\mathbf{L_{tats} = 14,7\ m^3/kg}$

II Systemanalyse und Instandhaltung

1 Brennwertkessel und Sicherheitsbestimmungen

1.1 Den Abgasen wird die Verdampfungswärme des Wasserdampfes entzogen, sodass dieser kondensiert.

1.2 Über einen Geruchverschluss ins Abwassernetz. $\dot{Q}_{NL}$ < 25,0 kW, ohne Genehmigung. $\dot{Q}_{NL}$ > 25 kW ≤ 200 kW nur über Kondensatsammler. $\dot{Q}_{NL}$ > 200 kW nur mit Neutralisationsanlage. **Heizöl**: Bei allen Leistungen nur über Neutralisation des Kondensats.

1.3 Die Volumenänderungen des Wassers durch die ständigen Temperaturänderungen im Heizungssystem werden durch das MAG ausgeglichen. Es entstehen keine Wasserverluste über das Sicherheitsventil.

1.4 Prüfdruck p_e = 5,0 bar, 10 min Wartezeit für Temperaturausgleich, dann 1,0 h konstanter Druck.

1.5 Sachverständiger des TÜV oder Dekra. Alle 5 Jahre.

1.6 Wenn der Ölstand im Behälter den Thermofühler des Grenzwertgebers berührt, wird über die elektrische Verbindungsleitung die Pumpe am Tankfahrzeug abgeschaltet und das Magnetventil schließt.

2 Inbetriebnahme

2.1 Überprüfung des ordnungsgemäßen Zustandes vom Heizkessel, der Wärmeverteilung und der Sicherheitseinrichtungen. Weiterhin ist zu prüfen, ob die elektrischen Anschlüsse vorhanden sind und die Druckprüfungen durchgeführt wurden.

2.2 Öffnen aller Armaturen und Kontrolle, ob alle Verschraubungen angezogen sind.

2.3 Kontrolle, ob die Dichtheitsprüfung bei der Ölleitung durchgeführt wurde und der Kondensatablauf möglich ist. Danach öffnen der Armaturen und entlüften der Ölleitung.

2.4 Geräteeinstellung auf Nennwärmeleistung und Funktionsprüfung der Abgasanlage, wie z. B. Abgastemperatur, CO_2-, CO- und O_2-Gehalt, sowie Schornsteinzug.

2.5 Bei Heizkesseln mit festen Brennstoffen. Sie schützen den Wärmeerzeuger gegen Überschreitung der maximal zulässigen Kesselwasser-Temperatur, indem mit Trinkwasser gekühlt wird.

3 Verbrennung

3.1 Vollständige Verbrennung ist nur möglich, wenn dem Brennstoff genügend Sauerstoff über die Verbrennungsluft zugeführt wird. Bei Luftmangel kommt es zur unvollständigen Verbrennung.

3.2 Rußbildung und Entstehung von Kohlenstoffoxid (CO).

4 Abgasanlage

4.1 Abgastemperatur, CO_2-, O_2-, CO-Gehalt, Schornsteinzug und Verbrennungslufttemperatur.

4.2

a) $q_A = (\vartheta_A - \vartheta_L) \cdot \left(\frac{A}{21 - O_2} + B\right)$ $\quad q_A = (173\,°C - 16\,°C) \cdot \left(\frac{0{,}68}{21 - 5{,}8} + 0{,}007\right)$ $\quad \mathbf{q_A = 8{,}12\,\%}$

b) q_A = 11 %, BImSchV

c) q_A = 8,12 % < 11 %, **zulässig**

d) $\dot{m}_E = \frac{\dot{Q}_{NB} \cdot \eta}{H_i}$ $\quad \dot{m}_E = \frac{43\ \text{kW} \cdot 0{,}92}{11{,}8\ \text{kWh/kg}}$ $\quad \mathbf{\dot{m}_E = 3{,}35\ kg/h}$

e) Zur Energieeinsparung und zur Reduktion der CO_2-Werte, die zum Treibhauseffekt beitragen. Jährliche Messung durch den Bezirks-Schornsteinfegermeister.

f) Die Heizlast durch Gebäudedämmmaßnahmen verringern ⇒ Verkleinerung der Leistung des Wärmeerzeugers.

5 Darstellungen

5.1 1 MAG, 2 Sicherheitsventil, 3 Temperaturregler, 4 Sicherheits-Temperaturbegrenzer, 5 Manometer, 6 Thermometer, 7 Entleerungseinrichtung, 8 Regler, 9 Kappenventil, 10 Fülleinrichtung.

5.2 1 MAG, 2 Sicherheitsventil, 3 Verbrennungsluftregler, 4 thermische Ablaufsicherung, 5 Thermometer, 6 Manometer, 7 Nebenluftvorrichtung.

5.3 a) **Bild 1: Tankraum**

b) **Bild 1: Tankraum**

c) **Bild 1: Tankraum**

d) $V = l \cdot b \cdot h$ $\quad V = 24\ \text{dm} \cdot 17\ \text{dm} \cdot 17\ \text{dm}$

$V = 6936\ \text{dm}^3$ $\quad \boldsymbol{V = 6936\ l}$

e) $\text{Inhalt} = V \cdot 0{,}95$ $\quad \text{Inhalt} = 6936\ l \cdot 0{,}95$

$\textbf{Inhalt = 6589 l}$

f) $V_1 = l \cdot b \cdot h$

$V_1 = 31{,}3\ \text{dm} \cdot 23{,}8\ \text{dm} \cdot 1{,}0\ \text{dm}$

$V_1 = 745\ \text{dm}^3$ $\quad \boldsymbol{V_1 = 745\ l}$

$V_{Öl} = 6589\ l - 745\ l$ $\quad V_{Öl} = 5844\ l$

$A_{Seite} = A_1 + A_2 + A_3$ $\quad A_{Seite} = 326{,}2\ \text{dm}^2$

$h = \frac{V_{Öl}}{A_{Seite}}$ $\quad h = \frac{5844\ \text{dm}^3}{326{,}2\ \text{dm}^2}$

$h = 17{,}9\ \text{dm}$

$h_{Anstr.} = h_1 + h_2$ $\quad h_{Anstr.} = 1{,}0\ \text{dm} + 17{,}9\ \text{dm}$

$\boldsymbol{h_{Anstr.} = 18{,}9\ \text{dm}}$

g) $h_{Einst.} = h_{Öl}$ $\quad h_{Einst.} = 19\ \text{dm} = \mathbf{1{,}9\ m}$

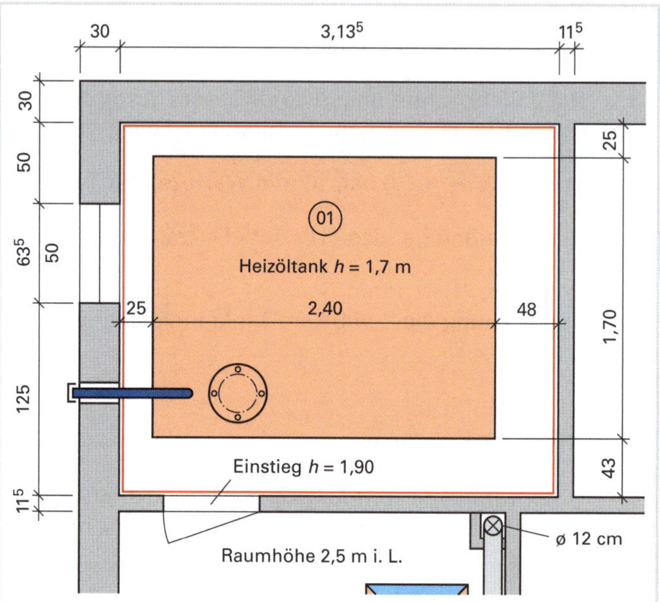

Bild 1: Tankraum

6 Berechnungen

6.1 Cu 8,0 × 1,0 mm (nach Tabelle)

6.2 $Ba = \frac{\dot{Q}_{NL} \cdot b_{VH}}{H_i \cdot \eta}$ $\quad Ba = \frac{33{,}5\ \text{kW} \cdot 1600\ \text{h/a}}{10\ \text{kWh/l} \cdot 0{,}81}$ $\quad Ba = 6617{,}3\ \text{l/a}$

$V = 1{,}3 \cdot Ba$ $\quad V = 1{,}3 \cdot 6617{,}3\ \text{l/a}$ $\quad V = 8602{,}5\ \text{l/a}$ $\quad$ gewählt: $\boldsymbol{V = 8700}$ **Liter**

6.3 $Ba_1 = \frac{\dot{Q}_{NL} \cdot b_{VH}}{H_i \cdot \eta}$ $\quad Ba_1 = \frac{10{,}5\ \text{kW} \cdot 1450\ \text{h/a}}{3180\ \text{kWh/m}^3 \cdot 0{,}84}$ $\quad Ba_1 = 5{,}7\ \text{m}^3/\text{a}$

$\dot{Q}_{TWW} = \dot{m}_a \cdot c \cdot \Delta\vartheta$ $\quad \dot{Q}_{TWW} = 55\,000\ \text{kg/a} \cdot 1{,}163\ \frac{\text{Wh}}{\text{kg} \cdot \text{K}} \cdot 48\ \text{K}$ $\quad \dot{Q}_{TWW} = 3070{,}3\ \text{kWh/a}$

$Ba_2 = \frac{\dot{Q}_{TWW}}{H_i \cdot \eta}$ $\quad Ba_2 = \frac{3070{,}3\ \text{kW/a}}{3180\ \text{kWh/m}^3 \cdot 0{,}58}$ $\quad Ba_2 = 1{,}66\ \text{m}^3/\text{a}$

$Ba_{ges} = Ba_1 + Ba_2$ $\quad Ba_{ges} = 5{,}7\ \text{m}^3/\text{a} + 1{,}66\ \text{m}^3/\text{a}$ $\quad \boldsymbol{Ba_{ges} = 7{,}36\ \text{m}^3/\text{a}}$

$V_{Lag} = (Ba_1 + Ba_2) \cdot 1{,}6$ $\quad V_{Lag} = 7{,}36\ \text{m}^3 \cdot 1{,}6$ $\quad V_{Lag} = 11{,}8\ \text{m}^3$ $\quad$ gewählt: $\boldsymbol{V_{Lag} = 12\ \text{m}^3}$

III Kundenauftrag

1 Öllagerraum im Wohnhaus

1.1 Unterirdisch im Erdreich. Oberirdisch im Tankraum, d. h. im Keller oder im Aufstellraum für den Wärmeerzeuger.

1.2 $V \leq 100000$ Liter

1.3 DN 50, Loro-X als verzinktes Stahlrohr.

1.4 Entlüftung des Tanks beim Füllvorgang. Luftausgleich bei der Entnahme, damit kein Unterdruck entstehen kann. DN 40 oder DN 50.

1.5 $\text{Ba} = \dfrac{\dot{Q}_{NL} \cdot b_{VH}}{H_i \cdot \eta}$ $\quad \text{Ba} = \dfrac{26{,}5\ \text{kW} \cdot 1600\ \text{h/a}}{10\ \text{kWh/l} \cdot 0{,}82}$ $\quad$ **Ba = 5170,7 l/a**

1.6 $\dot{Q}_{TWW} = \dot{m} \cdot c \cdot \Delta\vartheta$ $\quad \dot{Q}_{TWW} = 110000\ \text{kg/a} \cdot 1{,}163\ \text{Wh/kg} \cdot \text{K} \cdot 48\ \text{K}$ $\quad \dot{Q}_{TWW} = 6140{,}6\ \text{kWh/a}$

$\text{Ba} = \dfrac{\dot{Q}_{TWW}}{H_i \cdot \eta}$ $\quad \text{Ba} = \dfrac{6140\ \text{kW/a}}{10\ \text{kWh/l} \cdot 0{,}73}$ $\quad$ **Ba = 841,2 l/a**

1.7 $\text{Ba}_{ges} = \text{Ba}_H + \text{Ba}_{TWW}$ $\quad \text{Ba}_{ges} = 5170{,}7\ \text{l/a} + 841{,}2\ \text{l/a}$ $\quad$ $\mathbf{Ba_{ges} = 6012\ l/a}$

$V = \text{Ba}_{ges} \cdot 1{,}15$ $\quad V = 6012\ \text{l/a} \cdot 1{,}15$ $\quad V = 6914\ \text{l}$

$V_B = \dfrac{V}{0{,}95}$ $\quad V_B = 7278\ \text{l}$ $\quad$ gewählt: Tankvolumen ***V* = 7000 Liter**

1.8 7 Tanks à 1000 Liter
Größe: 800 mm × 800 mm × 1990 mm
$l = 3410\ \text{mm} + 450\ \text{mm}$ $\quad l = 3860\ \text{mm}$
$b = 1670\ \text{mm} + 450\ \text{mm}$ $\quad b = 2120\ \text{mm}$
Tankraumgröße ausreichend

1.9 Kupferrohr DIN EN 1057
Ø 8,0 mm × 1,0 mm (Tabelle)
$l = 3{,}5\ \text{m}$ (nach Zeichnung)

1.10 **Bild 1: Öllagerraum**

1.11 **Bild 1: Öllagerraum**

1.12 **Bild 1: Öllagerraum**

1.13 **Bild 1: Öllagerraum**

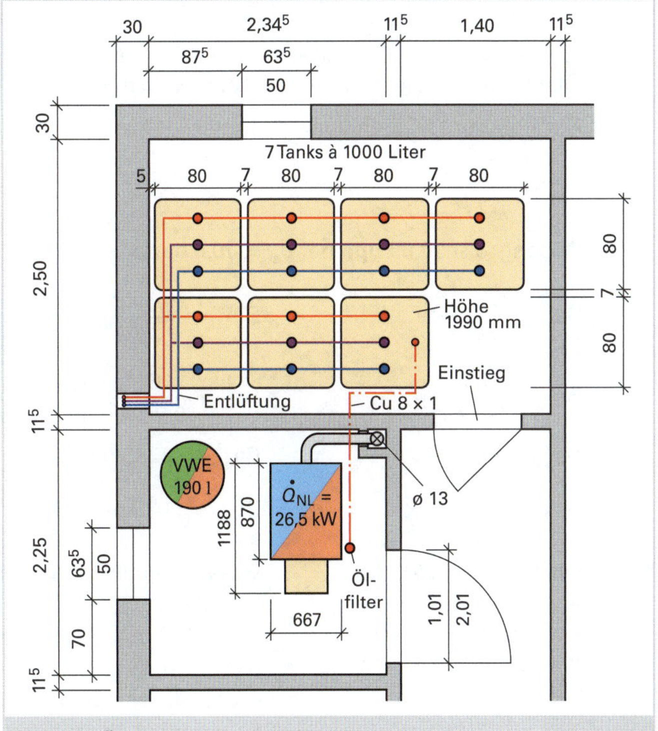

Bild 1: Öllager- und Aufstellraum

1.14

Pos.	Menge	Materialbezeichnung
1	7	Kunststoff-Sicherheitstanks, doppelwandig, 800 × 800 × 1990 mm
2		Zubehörpaket bestehend aus: Füllleitung DN 50, Entlüftung DN 40, Entnahmeleitung für Einstrangbetrieb mit Grenzwertgeber und Füllstandsanzeige
3	1	Hauptpaket
4	1	Zusatzpaket für Winkelaufstellung
5	3	Reihenpaket Trio Safe 1000
6	3	Erweiterungspaket 1000
7	3,5 m	Ölansaugleitung, Cu 8 × 1 mm mit Anschlussverschraubungen
8	1	Heizölfilter mit Entlüfter für Einstrangbetrieb und Sicherheits-Schnellschlussventil
9	1	Magnet-Antiheberventil

1.15 Mechanische Ölstandsanzeiger mit Schwimmer, pneumatische Ölstandsanzeiger.

1.16 Unterirdische Heizölbehälter aus Stahl.

1.17 Unterirdische Stahlbehälter sind entweder doppelwandig oder liegen in einer öldichten Wanne. Tritt Öl zwischen der inneren und äußeren Wandung aus, wird über das Kontrollgerät die Leckanzeige aktiviert und löst einen optischen und akustischen Alarm aus.

1.18 $p_e \geq 5{,}0$ bar

1.19 Nach der Prüfung des Heizöltanks durch einen Sachverständigen und der Dichtheitsprüfung der Ölleitung, erfolgt die Inbetriebnahme der Brennstoffversorgungsanlage durch den Start am Wärmeerzeuger. Schaltet der Brenner mehrfach ab, muss mit einer Vakuumpumpe das Öl angesaugt werden.

1.20 a) Ölansaugdruck von der Brennerpumpe ist zu gering. Fußventil schließt nicht richtig. Magnetisches Saugheberventil öffnet nicht.

b) Mit Vakuumpumpe Öl ansaugen. Fußventil austauschen. Elektroanschluss am Saugheberventil überprüfen.

1.21

Lfd. Nr.	Arbeitsschritte/Tätigkeiten
1	Überprüfung des öldichten Anstriches im Tankraum.
2	Kunststoff-Batterietanks in den Öllagerraum transportieren und ausrichten.
3	Behälter untereinander mit Ausgleichs-, Füll- und Entlüftungsleitung verbinden.
4	Füll- und Entlüftungsleitung ins Freie verlegen und Grenzwertgeber mit Verbindungsleitung montieren.
5	Ölanschlussleitung vom Tank zum Wärmeerzeuger ausmessen, verbinden und mit Dübelschellen befestigen. Einbau des Magnet-Heberschutzventiles beachten.
6	Alle Anschlussverschraubungen und die Ölansaugleitung auf Dichtheit prüfen.
7	Tankanlage mit Heizöl füllen.

1.22 1. Bauvorhaben, Ort und Datum. 2. Art, Werkstoff und Größe der Tankanlage. 3. Werkstoff und Dichtheitsprüfung der Ölleitung. 4. Tag der Inbetriebnahme, ausführende Firma und Unterschrift.

1.23 Herstellerunterlagen von den Batterietanks, vom Heberschutzventil und vom Heizölfilter.

1.24 $\dot{m}_E = \dfrac{\dot{Q}_{NL}}{\eta_K \cdot H_i}$ $\qquad \dot{m}_E = \dfrac{26{,}5\ \text{kW}}{0{,}91 \cdot 11{,}8\ \text{kWh/kg}}$ $\qquad \boldsymbol{\dot{m}_E = 2{,}5\ \text{kg/h}}$

1.25 Düsengröße: **0,65 gph bei p_e = 10,0 bar** oder **0,6 gph bei p_e = 11,0 bar**

1.26 $\text{Ba}_1 = \dfrac{\dot{Q}_{NL} \cdot b_{VH}}{H_{i,B} \cdot \eta_a}$ $\qquad \text{Ba}_1 = \dfrac{26{,}5\ \text{kW} \cdot 1600\ \text{h/a}}{9{,}9\ \text{kWh/m}^3 \cdot 0{,}82}$ $\qquad \text{Ba}_1 = 5233\ \text{m}^3\text{/a}$ (Heizung)

$\text{Ba}_2 = \dfrac{\dot{Q}_{TWW}}{H_{i,B} \cdot \eta_a}$ $\qquad \text{Ba}_2 = \dfrac{6140{,}6\ \text{kW/a}}{9{,}9\ \text{kWh/m}^3 \cdot 0{,}73}$ $\qquad \text{Ba}_2 = 850\ \text{m}^3\text{/a}$ (Trinkwasser)

$\text{Ba}_{ges} = \text{Ba}_1 + \text{Ba}_2$ $\qquad \text{Ba}_{ges} = 5223\ \text{m}^3\text{/a} + 850\ \text{m}^3\text{/a}$ $\qquad \boldsymbol{\text{Ba}_{ges} = 6073\ \text{m}^3\text{/a}}$

1.27 $\text{Ba}_{Br} = \text{Ba}_{ges} \cdot \dfrac{H_{i,B}}{H_{S,B}}$ $\qquad \text{Ba}_{Br} = 6073\ \text{m}^3\text{/a} \cdot \dfrac{9{,}9\ \text{kW/m}^3}{11{,}2\ \text{kWh/m}^3}$ $\qquad \boldsymbol{\text{Ba}_{Br} = 5368\ \text{m}^3\text{/a}}$

1.28 **Ölverbrauch 6012 l/a**

K = Ba · EP
K = 6012 l/a · 0,68 €/l
K = 4088,16 €/a

Gasverbrauch 5368 m³/a

$K = \text{Ba}_{Br} \cdot \text{EP}$
$K = 5358\ \text{m}^3\text{/a} \cdot 0{,}61\ \text{€/m}^3$
K = 3274,48 €/a
+ Grundpreis (Zähler) 18,37 €/mon
$K_{ges} = 3274{,}48$ €/a + 220,44 €/a
$\boldsymbol{K_{ges} = 3494{,}92}$ **€/a**

2 Austausch Wärmeerzeuger

2.1

Lfd. Nr.	Arbeitsschritte/Tätigkeiten
1	Wärmeerzeuger über Not-Aus abschalten, alle Armaturen schließen, Heizkessel und VWH entleeren.
2	Elektroanschlüsse am Heizkessel an den Klemmen L, PE, N lösen, kennzeichnen und isolieren.
3	Verschraubungen am Vor- und Rücklauf des Wärmeerzeugers öffnen. Eventuell auch an der Leitung zum MAG.
4	Abgasrohr demontieren.
5	Verbindungsrohre zum VWH lösen und demontieren.
6	Schrauben vom Untergestell entfernen und Kessel ins Freie transportieren.

2.2 + **2.3** **Heizkessel:** Typ VB2A, Nennleistung 27,0 kW, Gesamtlänge 1188 mm, Gesamthöhe 815 mm.
VWH: Inhalt 400 l, Gesamthöhe 1630 mm (mit Wärmedämmung), Kippmaß 1550 mm.

2.4 Überprüfung, ob der VWH problemlos in den Aufstellraum transportiert und aufgestellt werden kann.

2.5 **siehe Bild 1**

2.6 **siehe Bild 1**

2.7 **siehe Bild 1**

2.8 **siehe Bild 1**

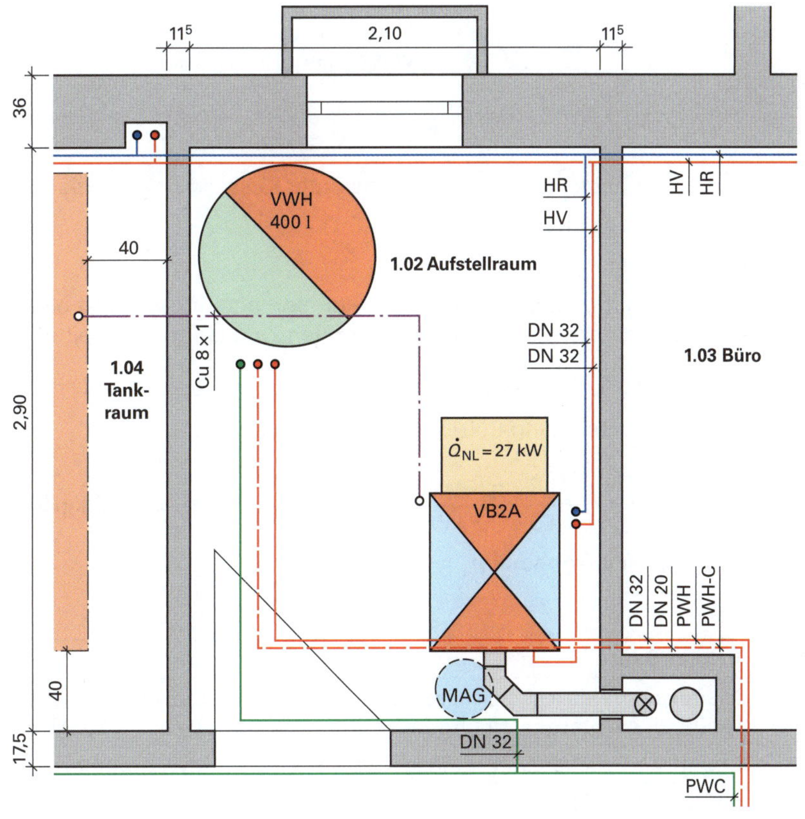

Bild 1: Grundriss Aufstellraum, Lösung

2.9 a) **Bild 1,** Anlagenschema

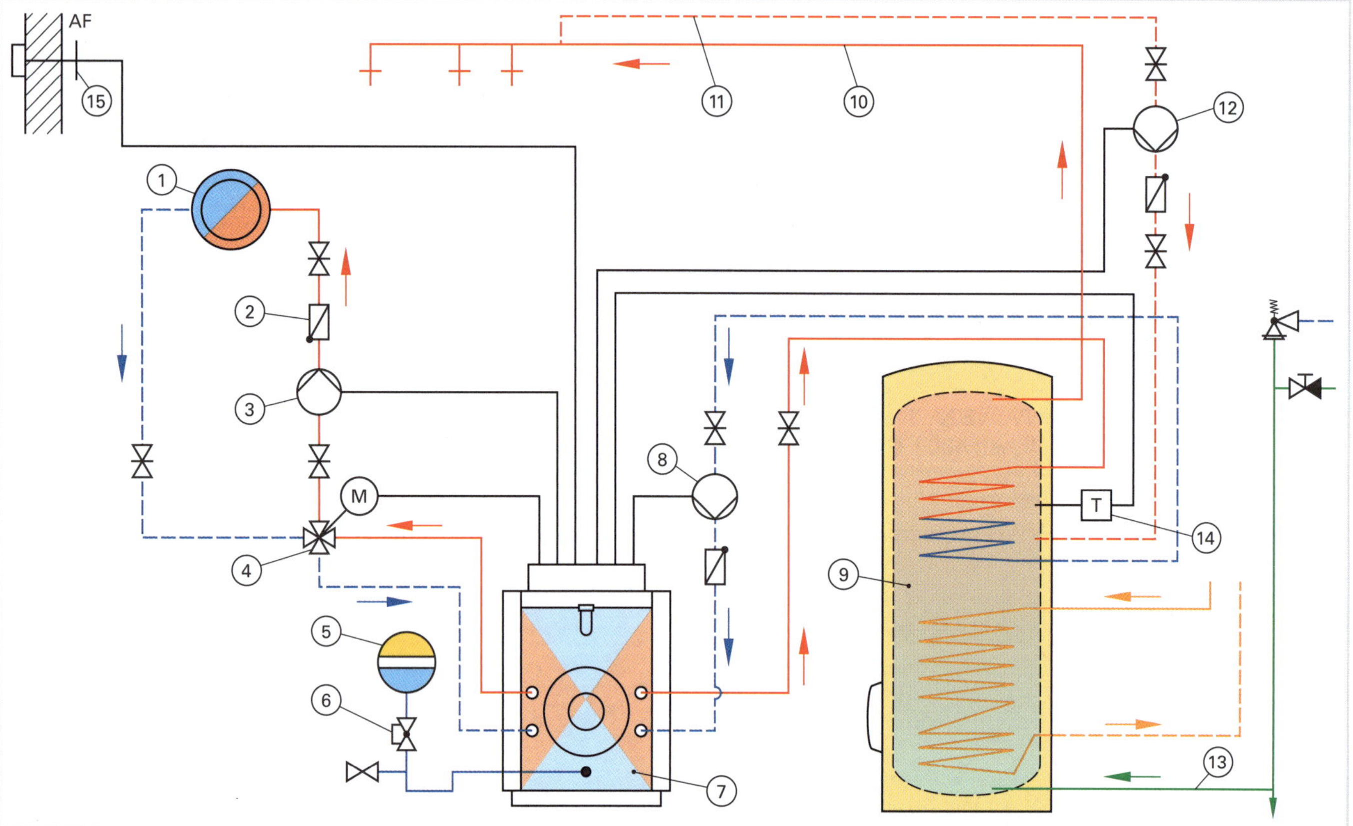

Bild 1: Anlagenschema, Lösung

b)

1 Wärmeverbraucher	6 Kappenventil	11 Zirkulationsleitung
2 Rückschlagklappe	7 Heizkessel	12 Zirkulationspumpe
3 Heizungsumwälzpumpe	8 Umwälzpumpe für VWE	13 Trinkwasserleitung
4 Vierwege-Mischer	9 VWE	14 Temperaturregler
5 MAG	10 Warmwasserleitung	15 Außentemperaturfühler

c) **Bild 1**

d) **Bild 1**

e) Witterungsgeführte Vorlauftemperaturregelung bei konstanter Kesselwassertemperatur.

f) I Vor- und Rücklaufanschluss für den Heizkreis

II für die Trinkwassererwärmung.

g) Damit sich die Regelkreise nicht gegenseitig durch die Pumpen beeinflussen, ist eine Rückschlagklappe für den Heizkreis, eine für die Trinkwassererwärmung und eine für den Zirkulationskreis eingebaut.

2.10 a) $V_A = \dot{Q}_{NL} \cdot V_A'$ $V_A = 23{,}3 \text{ kW} \cdot 15 \text{ l/kW}$ $V_A = 349{,}5 \text{ l}$ ⇒ **MAG 35/1,** $p_{SV} = 3{,}0$ bar

b) Sicherheitsventil: **DN 15,** Anschlussleitung DN 15, Abblasleitung DN 20.

2.11 $\dot{m}_E = \frac{\dot{Q}_{NL}}{\eta \cdot H_i}$ $\dot{m}_E = \frac{23{,}3 \text{ kW}}{0{,}89 \cdot 11{,}8 \text{ kWh/kg}}$ $\mathbf{\dot{m}_E = 22{,}2 \text{ kg/h}}$

Düse **0,5 gph bei p_e = 14,0 bar** oder **0,6 gph bei p_e = 9,0 bar**

2.12 Materialliste

Pos.	Menge/Anzahl	Artikel/Bauteil
1	1	Niedertemperatur-Ölheizkessel mit witterungsgeführter Vorlauftemperaturregelung, einschließlich Untergestell und Befestigungsmaterial. $\dot{Q}_{NL}$ = 23,3 kW, Typ … Fabrikat …
2	1	Membran-Druckausdehnungsgefäß MAG 35/1 mit Wandhalterungen.
3	1	Kappenventil DN 15.
4	1	Sicherheitskombination DN 15 mit Manometer, Entlüfter und Sicherheitsventil.
5	1	Vierwege-Mischer DN 25 mit Verschraubungen und Dichtungen.

2.13

Lfd. Nr.	Arbeitsschritte/Tätigkeiten
1	Wärmeerzeuger in den Aufstellraum transportieren, an der vorgesehenen Position gemäß Zeichnung aufstellen und ausrichten.
2	Anzeichnen und Bohren der Befestigungslöcher für das MAG und MAG befestigen.
3	Anzeichnen und Bohren der Befestigungslöcher für die Rohrhalterungen.
4	Vor- und Rücklaufleitungen zwischen dem Wärmeerzeuger und dem Mischer montieren.
5	Vor- und Rücklaufleitungen zwischen dem Mischer und den vorhandenen Heizungsleitungen ausmessen, ablängen, entgraten, mit den passenden Fittings zusammenstecken und in die Halterungen legen.
6	Verbindungsleitung zwischen Wärmeerzeuger und MAG ausmessen, ablängen, entgraten, mit den Fittings zusammenstecken und in die Halterungen einlegen.
7	Alle neu installierten Fittings mit den Rohrleitungen verpressen.
8	Anlage auf Vollständigkeit überprüfen, füllen und entlüften.

2.14

a) Kabellänge abmessen und abschneiden, Mantelisolation auf etwa 10 cm Länge entfernen, elektrische Leiter am Ende 7 mm abisolieren, Kabel mit Zugentlastung befestigen, elektrische Leiter an vorgesehenen Klemmen befestigen.

b) L1 – schwarz oder braun, PE – grün-gelb, N – hellblau.

c) Skizze

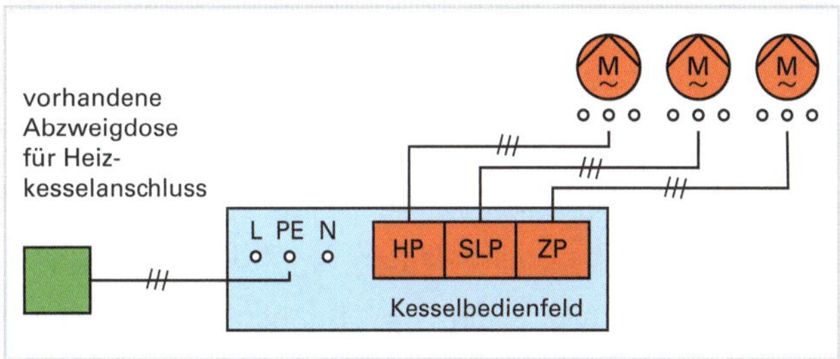

2.15

$\Phi = A \cdot \Phi'$ $\quad \Phi = 20\ m^2 \cdot 75\ W/m^2$ $\quad \Phi = 1500\ W$

$\dot{Q}_{HK} = \Phi \cdot f_x$ $\quad \dot{Q}_{HK} = 1500\ W \cdot 1{,}1$ $\quad \mathbf{\dot{Q}_{HK} = 1650\ W}$

$\Delta\vartheta_ü = \frac{\vartheta_V + \vartheta_R}{2} - \vartheta_u$ $\quad \Delta\vartheta_ü = \frac{65\ °C + 50\ °C}{2} - 20\ °C$ $\quad \Delta\vartheta_ü = 37{,}5\ °C$ $\quad f_u = 0{,}69$

$\dot{Q}_{HK\ Ausw} = \frac{\dot{Q}_{HK}}{f_u}$ $\quad \dot{Q}_{HK} = \frac{1650\ W}{0{,}69}$ $\quad \mathbf{\dot{Q}_{HK} = 2391\ W}$ $\quad \mathbf{HK_{vorh} = 2 \times 11\text{-}600 - 1200}$

$\dot{Q}_{HK\ vorh} = 2 \cdot \dot{q}_m \cdot l$ $\quad \dot{Q}_{HK} = 2 \cdot 943\ W/m \cdot 1{,}2\ m$ $\quad \mathbf{\dot{Q}_{HK} = 2263\ W}$ **ausreichend**

2.16

$Ba = \frac{\dot{Q}_{NL} \cdot b_{VH}}{H_i \cdot \eta_a}$ $\quad Ba = \frac{23{,}3\ kW \cdot 1600\ h/a}{10\ kWh/l \cdot 0{,}81}$ $\quad \mathbf{Ba = 4603\ l}$

2.17

$V_{Öl} = V \cdot 95\ \%$ $\quad V_{Öl} = 5500\ l \cdot 0{,}95$ $\quad V_{ÖL} = 5225\ l$

$t = \frac{V_{Öl}}{Ba}$ $\quad t = \frac{5225\ l}{4603\ l/a}$ $\quad t = 1{,}14\ a \approx$ **1 Jahr + 2 Monate**

2.18

Lfd. Nr.	Arbeitsschritte/Tätigkeiten
1	Sichtkontrolle der Anlagenteile, wie z. B. Ölleitung, Brenner, Ausdehnungsgefäß.
2	Ölleitungen und Düsenstock entlüften.
3	Mit Starttaste den Ölbrenner zünden und Wärmeerzeuger langsam hochheizen.
4	Brennerleistung überprüfen und Verbrennungsluft einstellen.
5	Einstellung der Ölpumpe, dabei Saugwiderstand überprüfen und auf den berechneten Öldruck einstellen.
6	Abgas- und Rußmessungen im Kernstrom des Abgasrohres durchführen und ins Protokoll eintragen.

2.19

$q_A = (\vartheta_A - \vartheta_L) \cdot \left(\frac{A_1}{CO_2} + B\right)$ $\quad q_A = (195\ °C - 20\ °C) \cdot \left(\frac{0{,}5}{11{,}6} + 0{,}007\right)$ $\quad q_A = 8{,}77\ \%$

$\eta_F = 100\ \% - q_A$ $\quad \eta_F = 100\ \% - 8{,}77\ \%$ $\quad \mathbf{\eta_F = 91{,}23\ \%}$

2.20

a) Fachliche Erläuterung über die Bauteile und die Funktion des Wärmeerzeugers und des VWE sowie die Inbetriebnahme und Außerbetriebnahme der Geräte. Kundenverhalten bei Störungen erklären. Beschreiben der Funktion der Sicherheitseinrichtungen, wie z. B. MAG, Sicherheitsventil am Gasgerät und in der Trinkwasserleitung zum VWE. Hinweise auf regelmäßige, fachmännische Wartung der Anlage.

b) Betriebs- und Wartungsanleitungen der Geräte, Prüf- und Inbetriebnahme-Protokolle, Wartungsvertrag.

c) Garantie für die Geräte bleibt erhalten, Sicherheits-Funktionen werden überprüft und gewährleistet, Reparaturen werden gespart und Energieeinsparung.

2.21

a) **Auftreten:** Höflich, freundlich, korrekt, zuvorkommend, ohne Zigarette in der Hand.

b) **Sprache:** Hochdeutsch, ganze Sätze, er ist Kunde ⇒ kein Kumpel.

c) **Kleidung:** Sauber, ordentlich, nicht zerrissen, mit Firmenemblem.

d) **Unterlagen:** In Klarsichtfolien, geheftet, mit Firmenadresse und Werbeunterlagen.

I Arbeitsplanung

1 Technologie

1.1 So wenig Energieeinsatz wie möglich, da Primärenergien nur noch begrenzt verfügbar.

1.2 Nachwachsende Rohstoffe, wie z. B. Holz, Hackschnitzel, Pellets, Biomasse, Stroh, Raps.

1.3 Öl und Gas werden immer knapper und damit teurer. Je weniger Energie im Wohngebäude verwendet wird, um so niedriger sind die Kosten. Weniger Abgas wird produziert ⇒ weniger Schadstoffe sind in der Luft.

1.4 Solarthermie, Photovoltaik, Wärmepumpen, Holz-, Hackschnitzel- und Pelletsheizkessel.

1.5 Ausnutzung der Verdampfungswärme ⇒ etwa 8 % Wirkungsgrad-Verbesserung ⇒ 8 % Energieeinsparung.

1.6 Lüftungsanlage Umluftbetrieb, Wasserumlaufsysteme, Wärmepumpen, Wärmerohrtauscher, Rotations-, Platten- oder Kreuzstromwärmetauscher.

1.7 Windkraftanlagen ⇒ elektrischer Strom

2 Solaranlagen

2.1 Solarthermie ⇒ Wärme, Photovoltaik ⇒ Strom

2.2 Thermische Solaranlagen ⇒ Sonnenenergie ⇒ direkte Umwandlung in Wärme.

2.3 Photovoltaikanlagen ⇒ Sonnenlicht ⇒ physikalischer Fotoeffekt ⇒ Gleichstrom

2.4 Solarthermie ⇒ Trinkwassererwärmung + Heizungsunterstützung, Photovoltaik ⇒ Stromgewinnung

2.5 Flachkollektoren, Röhrenkollektoren.

2.6 Himmelsrichtung und Neigungswinkel.

2.7 Südwest, Süd. Dachneigung 30° bis 45°.

2.8 Funktion nach dem Fotoeffekt. Es wird nur Sonnenlicht benötigt. Auch diffuses Sonnenlicht bringt Leistung.

2.9 1 Umwälzpumpe, 2 Rückschlagklappe, 3 Thermometer, 4 Manometer, 5 Absperrarmatur, 6 Durchflussregler

2.10 Bei Temperaturen unter 0 °C besteht Einfriergefahr.

3 Wärmepumpen

3.1 Energie wird aus der Umwelt (Luft, Wasser, Erdreich) über einen Verdampfer entnommen und einer Wärmeträgerflüssigkeit (Kältemittel) zugeführt. In einem 2. Wärmetauscher, dem Verflüssiger, wird die Wärme wieder auf das Heizungswasser übertragen.

3.2 Nach der Wärmequelle: Luft-Wasser-, Wasser-Wasser- und Sole-Wasser-Wärmepumpen.
Nach der Wirkungsweise: Kompressor- und Absorptionswärmepumpen.

3.3 1 – Verdichter, 2 – Verflüssiger, 3 – Expansionsventil, 4 – Verdampfer.

3.4 Mit dem Verdampfer wird einer Wärmequelle Energie entzogen. Durch Zufuhr von elektrischem Strom wird die Wärmeträgerflüssigkeit verdichtet ⇒ Temperatur + Druck steigen. Im Verflüssiger wird die Wärme wieder abgegeben und auf den WW-Speicher übertragen ⇒ Temperatur sinkt. Im Expansionsventil wird das Wärmeträgermedium entspannt ⇒ Temperatur + Druck sinken. Kreislauf beginnt neu.

3.5 Kompressions-WP: Verdampfer, Verflüssiger, Verdichter, Expansionsventil
Absorptions-WP: Absorber, Austreiber, Verflüssiger

3.6 a) Luft b) Wasser c) Erdreich

4 Blockheizkraftwerke

4.1 BHKWs dienen der Strom- und Wärmeerzeugung, das heißt der Wärme-Kraft-Kopplung.

4.2 Ein Verbrennungsmotor, der mit Gas oder Öl betrieben wird, treibt einen Generator für die Stromerzeugung an. Die Abwärme vom Motor und der Abgase werden für die Trinkwassererwärmung oder die Gebäudeheizung verwendet.

4.3 Elektrischer Strom ⇒ Licht und Haushaltsgeräte, wie z. B. Pumpen, Herd, Geschirrspüler, WM, TV, usw.
Wärme ⇒ Heizung, Trinkwassererwärmung.

4.4 Im Faulturm entstehen brennbare Gase, die in einem Ottomotor verbrannt werden können und der einen Generator antreibt. ⇒ Stromerzeugung für Pumpen und Licht. Die Abwärme wird für die Faulschlammtrocknung verwendet.

4.5 Beim Vergären von Gülle entsteht Biogas ⇒ Verbrennung erfolgt im Heizkessel und im Gasmotor der einen Generator antreibt ⇒ Stromerzeugung für das Gebäude ⇒ Überschüsse ins öffentliche Netz.
Abwärme vom Gasmotor ⇒ Trinkwassererwärmung. Biogas ⇒ direkte Verbrennung im Heizkessel.

4.6 BHKW mit Stirlingmotor. BHKW mit Brennstoffzellen.

II Systemanalyse und Instandhaltung

1 Technologie

1.1 Ausstoß von CO_2, SO_2, NO_x, Ruß, Feinstaub.

1.2 Emissionen sind Schadstoffe, die in die Atmosphäre gelangen.

1.3 Entsteht dadurch, dass durch die Schadstoffe in der Atmosphäre das Wärmegleichgewicht zwischen Sonneneinstrahlung und Wärmeabstrahlung gestört ist.

1.4 Kohlenstoffdioxid CO_2, Fluor-Chlor-Kohlenwasserstoffe FCKW, Methan CH_4, Distickstoffoxid N_2O.

1.5 Übersäuerung des Niederschlags durch Verbrennungsprodukte. Chemische Verbindungen von $CO_2 + H_2O$ ⇒ H_2CO_3 (Kohlensäure), $SO_2 + H_2O$ ⇒ H_2SO_3 (schweflige Säure), $2\ NO_2 + H_2O + 1/2\ O_2$ ⇒ $2\ HNO_3$ (Salpetersäure).

1.6 Waldsterben, Schäden an Baudenkmälern und Gebäuden, Korrosionsschäden an Stahlbrücken und Metallteilen im Freien.

1.7 Begrenzung des Kraftstoff-Verbrauchs bei Motorrädern, Pkws, Lkws. Autofreie Sonn- und Feiertage einführen.
Tempolimits einführen. Austausch alter Heizkessel, Verbesserung der Wärmedämmung bei Gebäuden.
Kohlekraftwerke zur Stromerzeugung verschrotten. Filter in Abgasanlagen einbauen.

1.8 Regerenative Brennstoffe benötigen zum Wachstum CO_2, welches aus der Atmosphäre entnommen wird. Bei der Verbrennung wird genau dieser Anteil wieder frei, deshalb CO_2-neutral.

III Kundenauftrag

1 Umweltbelastungen

1.1 Braunkohle, Steinkohle, Mineralöl, Erdgas, Flüssiggas.

1.2 20 % – 12,4 % = 7,6 %

1.3 Bei der Verbrennung der Primärenergieträger entstehen im Abgas CO_2, SO_2, NO_x. Diese lösen im Wesentlichen den Treibhauseffekt aus. Durch Verbrennung von nachwachsenden Rohstoffen entstehen zwar die gleichen Abgase, diese wurden aber vorher, durch die Fotosynthese der Pflanzen, der Umwelt entzogen.

1.4 Windenergie, Solarthermie, Photovoltaik, Wasserkraft, nachwachsende Rohstoffe.

1.5 Amerika und China sind derzeit für 70 % des weltweiten Schadstoffausstoßes verantwortlich. Der begonnene Klimawandel wird von diesen Ländern ignoriert ⇒ kostet zu viel Geld ⇒ schmälert die Gewinne der Unternehmen.

1.6 Zuschüsse für Sonnenkollektoren, garantierte Strompreise für Photovoltaik-, Wasserkraft- und Windenergieanlagen, Gewährung von zinsgünstigen Darlehn.

2 Solaranlage, allgemein

2.1 Direkte und diffuse Strahlung. Die direkte Strahlung.

2.2 Anteil der Wärmeenergie für die Trinkwassererwärmung in %, der durch die Solarthermie gedeckt werden kann.
Monat Mai 62 %.

2.3 Je nach Primärenergieeinsatz, CO_2, SO_2, NO_x, Ruß, Feinstaub.

2.4 CO_2: 680 kg/a – 250 kg/a = 430 kg/a, NO_x: 160 kg/a – 30 kg/a = 130 kg/a

2.5 Schichten-Kombispeicher, Umschaltventil, hydraulische Weiche, Heizungsmischer, Solarregler und größere Kollektorfläche.

2.6 Das Kosten-/Nutzenverhältnis bleibt gleich.

2.7 Der Sonnenverlauf im Frühjahr, Herbst und Winter ist niedriger (flacher).
Deshalb sollte der Sonnenkollektor steiler montiert werden. In der Regel 45°.

2.8 Kollektorfläche: Bruttofläche (Länge × Breite der Außenabmessungen).
Absorberfläche: Selektiv beschichtete Fläche.
Aperturfläche: Öffnungsfläche (strahlungswirksame Kollektorfläche).

2.9

Lfd. Nr.	Arbeitsschritte/Tätigkeiten	Werkzeug/Messgeräte
1	Kontrolle, ob Dichtheitsprüfung und Spülen des Solarkreises durchgeführt wurde. Alle Armaturen in der Solaranlage öffnen.	
2	Füllen der Anlage mit Solarflüssigkeit (Wasser-Glykol-Gemisch). Dabei auf den Betriebsdruck von 3,0 – 3,5 bar achten.	Befüllpumpe, Prüfmanometer, Rohrzange.
3	Frostschutzsicherheit der Solarflüssigkeit überprüfen.	Refraktometer
4	Pumpenstufe gemäß Berechnung wählen und den Volumenstrom über den Durchflussmesser an der Stellschraube kontrollieren und nachjustieren.	Schraubendreher
5	Solarregelung überprüfen und Funktion der Anzeigegeräte kontrollieren.	
6	Übergabe der Anlage und Einweisung des Kunden.	

2.10 a) Erläutern der Funktion von den einzelnen Baugruppen, die zur Solaranlage gehören, wie z. B. Kollektoren, Pump- und Regelstation.

b) Betriebsweise der einzelnen Komponenten erklären.

c) Erläuterung der Regelung und der Sicherheitseinrichtungen.

d) Überprüfung und Erklärung zum Solarertrag während der verschiedenen Zeitabschnitte.

2.11 Anlagenschema von der Solaranlage, Unterlagen vom Speicher, der Umwälzpumpe, den Sicherheitseinrichtungen, der Regelung und der Solarertrags-Anzeige.

2.12 Garantieleistungen können beim Hersteller nur bei fachmännischer Wartung mit den vorgeschriebenen Wartungsintervallen geltend gemacht werden.

2.13

Lfd. Nr.	Arbeitsschritte/Tätigkeiten	Werkzeug/Messgeräte
1	Funktionskontrolle der Umwälzpumpe und der Regelstation.	Schraubendreher
2	Überprüfung der Funktion der Sicherheitseinrichtungen, wie z. B. MAG und Sicherheitsventil.	Prüfmanometer
3	Überprüfung der Frostschutztemperatur und des pH-Wertes beim Wärmeträgermedium.	Handrefraktometer, Teststreifen
4	Warmwasserspeicher auf Kalkablagerungen kontrollieren und gegebenenfalls reinigen.	Rohrzange, Gabelschlüssel
5	Überprüfung des Korrosionsschutzes im TWE, z. B. Opferanode.	

3 Solaranlage für Wohnhaus

3.1 1 – Temperaturfühler im Solarkreis, 2 – Temperaturfühler im TWE, 3 – Solarregler, 4 – Umwälzpumpe, 5 – Flachkollektor, 6 – Manometer, 7– MAG, 8 – Entlüfter, 9 – Sicherheitsventil, 10 – TWE.

3.2 Wärmeträgermedium wird im Flachkollektor auf dem Dach von der Sonnenstrahlung erwärmt. Umwälzpumpe transportiert die Wärme in den Speicher. Über den Wärmetauscher im TWE wird die Wärmeenergie an das Trinkwasser abgegeben.

3.3 Wenn die Temperatur am Kollektorfühler ① höher ist, als am Speicherfühler ②, wird über den Regler ③ die Umwälzpumpe ④ eingeschaltet. Dadurch erfolgt der Transport der Wärmeenergie vom Kollektor ⑤ über die Solarflüssigkeit zum Speicher ⑩.

3.4 Wenn bei trübem und regnerischem Wetter die gewonnene Wärme nicht ausreicht, muss mit einem Heizkessel oder elektrisch, über einen 2. Wärmetauscher, nachgeheizt werden.

3.5 Kollektor-Wärmetauscher unten, damit schon bei geringen Temperaturdifferenzen die Sonnenenergie genutzt werden kann. Zusatz-Wärmetauscher oben, damit bei schlechtem Wetter nur geringe Bedarfsmengen und nicht das ganze Speicherwasser erwärmt werden.

3.6 Solarkreislauf ⇒ Sicherheitsventil $p_{ü} \leq$ 6,0 bar + MAG. Wasserkreislauf ⇒ Sicherheitsventil $p_{ü} \leq$ 6,0 bar.

3.7 a) Innenbeschichtung ⇒ Kunststoff oder durch Emaillierung.

b) Magnesium-Opferanode.

3.8 Gemisch aus Wasser und Glykol (Frostschutzmittel). Temperaturen bis –30 °C. Sonderfall, nur Wasser ⇒ Südeuropa oder Nordafrika.

3.9 UVV einhalten. Ausrichtung nach der Himmelsrichtung ⇒ Süd bis Süd-West. Neigung durch Montagegestell beachten. Wärmedämmung der Rohrleitungen mit Blechmantel versehen, da sonst Zerstörung durch Vögel.

3.10 $Q = m \cdot c \cdot \Delta\vartheta$ Q = 160 kg · 1,163 Wh/(kg · K) · 48 K **Q = 8932 Wh**

3.11 Nach Nomogramm oder Firmenangabe, **3 Kollektoren á 2,0 m²**

3.12 $V_{sp} = \frac{2 \cdot V_p \cdot P(\vartheta_w - \vartheta_k)}{\vartheta_{sp} - \vartheta_k}$ $V_{sp} = \frac{2 \cdot 40\ l/p \cdot 4\ P \cdot 48\ K}{60\ °C - 12\ °C}$ $V_{sp} = 320\ l$ gewählt: $\mathbf{V_{sp} = 350}$ **Liter**

3.13

Lfd. Nr.	Arbeitsschritte/Tätigkeiten	Werkzeug/Messgeräte
1	Trägergestell für die Kollektoren auf dem Dach nach der gewählten Himmelsrichtung ausrichten und befestigen.	Schlagbohrmaschine, Bohrer, Gabel- und Ringschlüssel.
2	Flachkollektoren am Trägergestell befestigen und in Reihenschaltung verrohren. Dichtungen nicht vergessen.	Hubwagen oder Kran. Rohrzangen, Gabelschlüssel.
3	TWE in den Heizraum transportieren, aufstellen, ausrichten und mit Kalt- und Warmwasserleitungen verbinden.	Wasserwaage, Rohrzangen, Presswerkzeug, Bohrmaschine, Bohrer.
4	Vor- und Rücklaufleitungen von den Kollektoren zum TWE verlegen, befestigen und mit dem TWE verbinden.	Wie vor beschrieben.
5	Solarregelstation, Pumpengruppe mit Armaturen sowie Sicherheitsventil mit MAG in den Solarkreislauf einbauen.	Wie vor beschrieben.
6	Alle sonstigen Regler und Messgeräte installieren.	Phasenprüfer, Schraubendreher, Messinstrument.
7	Solarkreis füllen und Anlage auf Dichtheit prüfen.	Prüfmanometer.
8	Solaranlage spülen und danach mit Wärmeträgermedium befüllen. Mit Spülpumpe Wärmeträgermedium im Kreis pumpen, bis keine Luft mehr in der Anlage.	Befüllpumpe, Glykol, Refraktometer.
9	Rohrleitungen mit Wärmedämmung versehen und Dachleitungen mit Blechmantel verkleiden.	Blechschrauben, Akkuschrauber, Messer, Blechschere.
10	Inbetriebnahme und Kundeneinweisung.	Übergabeprotokoll, Druckschriften.

4 Wärmepumpe

4.1 **Saugleitung:** Niedriger Druck, Arbeitsmedium gasförmig.
Druckleitung: Hoher Druck, Arbeitsmedium gasförmig.
Flüssigkeitsleitung: Hoher Druck, Arbeitsmedium flüssig.
Einspritzleitung: Niedriger Druck, Arbeitsmedium flüssig.

4.2 Aus 3,0 kWh Energie aus der Umwelt + 1,0 kWh elektrischer Energie für die Pumpe, können 4,0 kWh Nutzenergie in Form von Heizwärme gewonnen werden.

4.3 Die Leistungszahl ε_{WP} berechnet sich aus der Heizleistung $\dot{Q}_{WP}$ und der elektrischen Leistungsaufnahme P_{WP}.

$$\text{Leistungszahl } \varepsilon_{WP} = \frac{\text{Heizleistung } \dot{Q}_{WP}}{\text{el. Leistungsaufnahme } P_{WP}}$$

4.4 **Monovalent:** Die Wärmepumpe ist der einzige Wärmeerzeuger für die Gebäudeheizung.
Bivalent: Die Wärmepumpe liefert die benötigte Heizwärme bis 0 °C. Sinkt die Außentemperatur weiter, schaltet die WP ab und ein zweiter Wärmeerzeuger übernimmt die gesamte Gebäudeheizung.

4.5 Sole-Wasser-Wärmepumpe. Die Erdreichkollektoren werden in einer Tiefe von 1,2 m bis 1,5 m verlegt. In den Rohren fließt ein Solegemisch, das nicht einfrieren kann und die dem Erdreich entzogene Wärme zum Verdampfer transportiert.

4.6 Einbau der waagerechten Rohrleitungen ist nur bei großer Grundstücksfläche möglich. $A_{Erdr.} \geq 2{,}5 \cdot A_{Wohnr.}$

4.7 Sole-Wasser-Wärmepumpe mit Erdsonden. Bei kleinem Grundstück zwei vertikale Sonden mit Bohrgerät etwa 30 m bis zu 100 m tief ins Erdreich einbringen.

4.8 $P_{zu} = \frac{\dot{Q}_L}{\varepsilon_H}$ $P_{zu} = \frac{7{,}8\ kW}{4{,}4}$

$\mathbf{P_{zu} = 1{,}77\ kW}$

4.9 $\dot{Q}_L = P_{zu} \cdot \varepsilon_H$ $\dot{Q}_L = 1{,}3\ kW \cdot 5{,}4$

$\mathbf{\dot{Q}_L = 7{,}02\ kW}$

4.10 a) ... dienen der Versorgung von Wohngebäuden und Industrieanlagen mit thermischer und elektrischer Energie.
b) Sie erzeugen gleichzeitig Strom und Wärme.

4.11 Die bei der Stromerzeugung entstehende Abwärme wird zu Heizzwecken eingesetzt. Dadurch werden weniger fossile Brennstoffe benötigt und es entstehen weniger Abgase.

5 Energetische Bewertung von Gebäuden

5.1 Energie-Einsparverordnung. Über die EnEV werden besondere Anforderungen an die Gebäude gestellt, hinsichtlich des Wärmeschutzes und der Heizsysteme. Gültig derzeit EnEV 2016, in Vorbereitung Gebäudeenergiegesetz GEG 2021.

5.2 Kombination aus Anlagentechnik + Bautechnik.

a) einfache Heiztechnik + sehr gute Wärmedämmung

b) normale Heiztechnik + gute Wärmedämmung

c) effiziente Heiztechnik + Mindestwärmedämmung

5.3 Setzt sich zusammen aus dem Heizwärmebedarf, dem Trinkwasser-Wärmebedarf und der Anlagen-Aufwandszahl.

5.4 Der Heizwärmebedarf berücksichtigt nur die Gebäudeheizung. Beim Jahres-Primärenergiebedarf wird der Heizwärmebedarf und der Trinkwasser-Wärmebedarf bezogen auf ein Jahr berücksichtigt.

5.5 $A/V_e = 524{,}4\ m^2/624{,}3\ m^3 = 0{,}84\ 1/m$

$A_N = 0{,}32 \cdot V_e$ $\quad A_N = 0{,}32\ 1/m \cdot 624{,}3\ m^3$ $\quad \mathbf{A_N = 199{,}8\ m^2}$

$Q_{Pmax} = 50{,}94 + 75{,}29 \cdot A/V_e + 2600/(100 + A_N)$

$Q_{Pmax} = 50{,}94 + 75{,}29 \cdot 0{,}84 + 2600/(100 + 199{,}8)$ $\quad \mathbf{Q_{Pmax} = 122{,}856\ kWh/(m^2 \cdot a)}$

Gem. Tabelle:

$Q_h = 75{,}1\ kWh/(m^2 \cdot a)$ $\quad Q_W = 12{,}5\ kWh/(m^2 \cdot a)$ $\quad e_P = 1{,}40$

$Q_P = (Q_h + Q_W) \cdot e_P$ $\quad Q_P = (75{,}1 + 12{,}5) \cdot 1{,}37$ $\quad \mathbf{Q_P = 120{,}0\ kWh/(m^2 \cdot a)}$

$Q_{Pmax} > QP$ $\quad 122{,}86\ kWh(m^2 \cdot a) > 120{,}0\ kWh/(m^2 \cdot a)$ Gebäude erfüllt die Anforderungen der EnEV!

5.6 a) Heizkostenverteiler an jedem Heizkörper (Verdunstungsprinzip)

b) elektronische Heizkostenverteiler am Heizkörper

c) Wärmemengenzähler (Volumenstrom + Vor- und Rücklauftemperatur)

d) Warmwasserzähler + WW-Temperatur.

5.7 Energieverbrauch für Heizung und Trinkwassererwärmung müssen getrennt ausgewiesen werden, als Anreiz dafür, an welchen Stellen Energie eingespart werden kann.

– Energieausweise

5.8 Nachweis des Primär-Energieverbrauchs über mehrere Jahre. Nebenkosten bei Vermietungen können im Mietvertrag vorher besser angegeben werden. Beim Wohnungs- oder Hausverkauf wird ebenfalls die Energieeffizienz dokumentiert und beeinflusst den Kaufpreis. Er werden unterschieden: Bedarfs- und Verbrauchsausweise.

5.9 Der Jahres-Primärenergiebedarf ist die wichtigste Kenngröße für die energetische Bewertung von Gebäuden.

Als Energieströme werden unterschieden: Heizung, Kühlung, Trinkwassererwärmung, Lüftung und Beleuchtung.

5.10 Er berät die Wohnungs- oder Hausbesitzer über sinnvolle Maßnahmen zur Energieeinsparung unter Berücksichtigung des Kosten-/Nutzenverhältnisses. Er erstellt auch Gutachten beim Wohnungs- oder Hausverkauf hinsichtlich der Energieeffizienz.

5.11 Nach der Ausbildung zum Anlagenmechaniker SHK, können mehrwöchige Lehrgänge oder Kurse bei den Fachverbänden besucht werden.

I Arbeitsplanung

1 Grundlagen

1.1 Raumlufttemperatur, Temperatur der Raumumschließungsflächen, Raumluftfeuchte, Raumluftgeschwindigkeit, Aktivitätsgrad der Personen, Bekleidung, Farbgestaltung in den Räumen, Farbe der Umschließungsflächen, Lichtfarbe und Intensität der Beleuchtung

1.2 Geben Maximale Arbeitsplatz Konzentration von Schadstoffen in der Luft in ppm (parts per million) oder mg/m^3 an. Aus ihnen kann die Außenluftrate bestimmt werden.

1.3 Der menschliche Körper regelt seine Temperatur hauptsächlich über die Haut durch trockene und feuchte Wärmeabgabe.

1.4 1. Freie Lüftung (Querlüftung, Schachtlüftung, Dachaufsatzlüftung)
2. Maschinelle Lüftungssysteme (Lüftungsanlagen, Teilklimaanlagen, Klimaanlagen)

1.5 Druck, Temperatur und Feuchtigkeit (relative oder absolute Luftfeuchte), wobei die Druckabhängigkeit vernachlässigbar ist und mit 1 bar angenommen werden kann.

1.6 Absolute Feuchte (x) = Wassergehalt in der Luft in g/Masse der trockenen Luft in kg, x in $\left(\frac{\text{g}}{\text{kg}}\right)$.

1.7 Relative Feuchte (φ) = absolute Feuchte/maximale Feuchte bzw. φ = Teildampfdruck/Sättigungsdruck in %.

1.8 Relative Feuchte nimmt ab und absolute Feuchte bleibt konstant.

1.9 Relative Feuchte nimmt bis max. 100 % zu und bleibt dann bei 100 %. Absolute Feuchte bleibt bis zum Taupunkt konstant und nimmt danach ab.

1.10 Ist der Zustand, bei dem die Luft keinen weiteren Wasserdampf aufnehmen kann (Taupunkt).

1.11 Absoluter Druck mit Barometer; relative Feuchte mit Hygrometer (Psychrometer).

1.12 Infolge der geringen absoluten Feuchte der Außenluft im Winter ergibt sich nach dem Aufheizen der Luft im Raum eine sehr geringe relative Feuchte.

1.13 max. 6 K unter Raumtemperatur; $v \leq$ 0,15 m/s.

1.14 Lüftungsanlagen: Außenluft wird in der Regel gefiltert und erwärmt. Teilklimaanlagen: Außenluft wird gefiltert, erwärmt und gekühlt.

2 Bauteile in RLT-Anlagen

2.1 nach Bauart: Matten- oder Plattenfilter, Rollbandfilter, Taschenfilter.
nach Abscheidegrad: Grobstaub-, Feinstaub-, Schwebstofffilter.

2.2 Wenn Krankheitserreger, wie z. B. Pilze oder Bakterien, in das Abluftsystem gelangen können.

2.3 Warmwasser bis 100 °C, Heißwasser bis 120 °C, Dampf, Elektroenergie.

2.4 Sinkt ϑ_{ZU} nach Heizregister infolge Ausfall unter 6 °C, schaltet Frostschutzthermostat den Ventilator ab, schließt die Abluftklappe und öffnet das Heizungsmischventil.

2.5 Vermeidung von Turbulenzen in Bögen und damit Reduzierung von Druckverlusten und Geräuschen.

2.6 Lufttemperatur sinkt an den Kühlerlamellen unter Taupunkt. Wasser kann vom Ventilator mitgerissen werden.

2.7 Sprühbefeuchtung, Dampfbefeuchtung.

2.8 Versprühter Nebel benötigt Verdunstungswärme, dadurch sinkt Zulufttemperatur unter Einblastemperatur, z. B. 20 °C.

2.9 Sie müssen in stoßfester und schlagfester Ausführung sein.

2.10
- Zentralgerät mit Zu- und Abluftventilatoren, Wärmetauschern für Wärmerückgewinnung und Luftnacherwärmung sowie Filter
- Zuluftkanal mit Luftauslässen in Wohn- und Schlafräumen
- Abluftkanal mit Luftdurchlässen in Küche, Bad und WC

2.11 Die Druckverluste erhöhen sich, infolge dessen verringert sich der Volumenstrom. Geregelte Ventilatoren würden die Druckverluste kompensieren, indem sie mehr elektrische Leistung aufnehmen. Der Energieverbrauch würde steigen. Hygienische-, gesundheitliche Gründe.

2.12 Radialventilator: Luft wird in Richtung der Laufradachse (axial) angesaugt und radial um 90 ° versetzt ausgeblasen. Axialventilatoren: Luft wird in Längsrichtung zur Ventilatorachse angesaugt und ebenfalls axial ausgeblasen. Querstromventilatoren: Luft wird radial angesaugt und radial wieder ausgeblasen.

2.13 Im Brandfall wird durch ein Schmelzlot (72 °C) über einen Auslösemechanismus die Klappe geschlossen und muss 90 min dem Feuer standhalten.

2.14 **Bild 1**

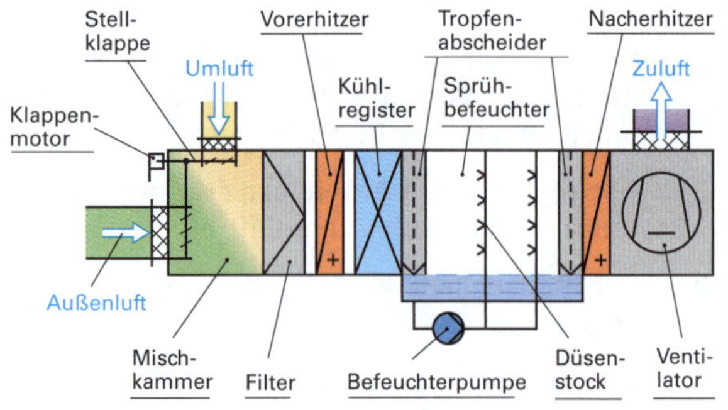

Bild 1: Bauteile einer Klimaanlage

2.15 Lösen bei Rauch ($\vartheta < 72\,°C$) einen Alarm aus, Brandschutzklappen schließen und schalten Ventilatoren ab.

2.16 Ein Außen- und ein bzw. mehrere Innengeräte.

2.17 **Außen:** Verdichter, Kondensator, Expansionsventil.

2.18 **Innen:** Verdampfer, Ventilator, Filter.

2.19 Kleinere Einheiten im Innenbereich, dadurch flexiblere Aufstellmöglichkeiten, Multisplitmöglichkeit, weniger Geräuschbildung.

2.20 Wohnraumbeheizung schon im Bereich der Zuluftkanäle, dadurch Reduzierung der Zulufttemperatur bis zu den Luftauslässen. Zuluft wird immer noch als erfrischend empfunden. Erhöhung des Komforts.

3 Regelung von RLT-Anlagen

3.1 Drosselregelung (hohe Energieverluste), Bypass-Regelung, Drallregelung, Drehzahlregelung.

3.2 Bei Unterschreitung einer vorgegebenen, minimalen Zulufttemperatur (z. B. 17 °C) wird ein Heizregister/Nacherhitzer zugeschaltet bzw. die Lüftungsanlage abgeschaltet (Raumauskühlung, Taupunktunterschreitung im Raum).

3.3 Pendeln der Einblastemperatur wird verhindert.

3.4 Bei Überschreitung einer vorgegebenen, maximalen Zulufttemperatur werden Heizregister/Nacherhitzer abgeschaltet bzw. die gesamte Lüftungsanlage abgeschaltet. Zu hohe Einblastemperatur wird verhindert.

3.5 Winter: Raumtemperaturerfassung im Raum oder Abluftkanal; Istwert < Sollwert, dann öffnet Mischventil am Heizregister; Sommer: Istwert > Sollwert, dann öffnet Mischventil am Kühlregister, Heizregister geschlossen.

3.6 Sommer: Erfassung der rel. Feuchte im Abluftkanal über Hygrostat; abs. Feuchte der Außenluft i. d. R. so hoch, dass die rel. Feuchte nach Abkühlung der Mischluft über max. Sollwert der Raumluftfeuchte liegt. Sollwert kann nur durch Entfeuchtung (abkühlen Mischluft unter Taupunkt) erreicht werden. Minimalbegrenzer öffnet Mischer des Nacherhitzers bis Sollwert der rel. Raumluftfeuchte erreicht ist; Winter: abs. Außenluftfeuchte i. d. R. zu gering; Regler öffnet entweder Magnetventil vom Dampfbefeuchter oder schaltet Pumpe vom Sprühbefeuchter ein, bis Sollwert der rel. Feuchte erreicht ist.

4 Darstellungen

4.1

4.2

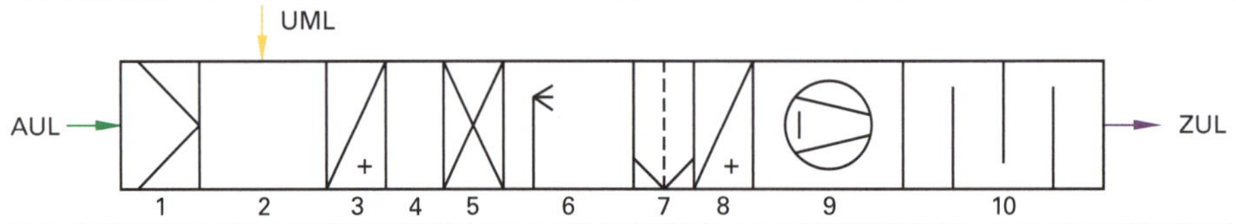

1 Filter, 2 Mischkammer, 3 Vorerhitzer, 4 Leerteil, 5 Kühler, 6 Dampfbefeuchter, 7 Tropfenabscheider, 8 Nacherhitzer, 9 Radialventilator, 10 Schalldämpfer

Zustandsänderungen:

Sommerbetrieb

1/2 nach 3: **Mischen (kühlen der AUL)** 3 nach 4: **Kühlen und entfeuchten** 4 nach 5: **Erhitzen**

Winterbetrieb

1/2 nach 3: **Mischen (erwärmen der AUL)** 3 nach 4: **Erhitzen** 4 nach 5: **Befeuchten (Dampf)**

5 Berechnungen

5.1 Außenluftrate *AUL* nach Arbeitsstättenrichtlinien für Gaststätten – Nichtraucher $AUL = 40 \dots 60\ \text{m}^3/(\text{h} \cdot \text{Pers.})$, Raucher $AUL = 50 \dots 60\ \text{m}^3/(\text{h} \cdot \text{Pers.})$. Differenz $\Delta AUL \approx 10\ \text{m}^3/(\text{h} \cdot \text{Pers.})$. $\Delta \dot{V}_{AUL} = 10\ \text{m}^3/(\text{h} \cdot \text{Pers.}) \cdot 48\ \text{Pers.} = 480\ \text{m}^3/\text{h}$

5.2 $A = 7{,}5\ \text{m} \cdot 9\ \text{m} = 67{,}5\ \text{m}^2$ $\quad V = 67{,}5\ \text{m}^2 \cdot 3{,}1\ \text{m} = 209{,}3\ \text{m}^3$ $\quad \beta = 3{,}5\ \text{m}^3/(\text{m}^2 \cdot \text{h}) \cdot 67{,}5\ \text{m}^2/209{,}3\ \text{m}^3$ $\quad \boldsymbol{\beta \approx 1{,}1\ \text{h}^{-1}}$

5.3 $v = 4{,}5\ \text{m/s}$ $\quad d = \sqrt{\dfrac{4 \cdot \dot{V}}{\pi \cdot v}}$ $\quad d = \sqrt{\dfrac{4 \cdot 620\ \text{m}^3 \cdot \text{s} \cdot 1\ \text{h}}{\pi \cdot \text{h} \cdot 4{,}5\ \text{m} \cdot 3600\ \text{s}}}$ $\quad$ **d = 0,39 m (nicht ausreichend)**

$$a = \sqrt{\frac{620\ \text{m}^3 \cdot \text{s} \cdot 1\ \text{h}}{\text{h} \cdot 4{,}5\ \text{m} \cdot 3600\ \text{s}}} = \mathbf{0{,}19\ m} \quad \text{gewählt: } a = \mathbf{20\ cm}$$

5.4 $d = \sqrt{\dfrac{4 \cdot A_{\square}}{\pi}}$ $\quad d = \sqrt{\dfrac{4 \cdot 0{,}3\ \text{m} \cdot 0{,}25\ \text{m}}{\pi}} = \mathbf{0{,}31\ m}$ $\quad$ gewählt: Wickelfalzrohr mit ***d*** **= 315 mm**

5.5

ϑ in °C	φ in %	*x* in g/kg	*h* in kJ/kg	ϱ in kg/m³
20	40	6	35	1,185
15	70	8	35	1,205
8,5	100	5	15	1,258

5.6 Mischpunkt **(Bild 1)**

$$h_{MIL} = \frac{(\dot{m}_{AUL} \cdot h_{AUL} + \dot{m}_{ABL} \cdot h_{ABL})}{\dot{m}_{MIL}}$$

$$h_{MIL} = \frac{(3000 \cdot 1 + 2000 \cdot 43)\ \text{kJ}}{5000\ \text{kg}} = \mathbf{17{,}8\ kJ/kg}$$

$$x_{MIL} = \frac{(\dot{m}_{AUL} \cdot x_{AUL} + \dot{m}_{ABL} \cdot x_{ABL})}{\dot{m}_{MIL}}$$

$$x_{MIL} = \frac{(3000 \cdot 2{,}4 + 2000 \cdot 9{,}2)\ \text{g}}{5000\ \text{kg}} = \mathbf{5{,}1\ g/kg}$$

$\boldsymbol{\vartheta_{MIL} \approx 5\ °C; \quad \varphi_{MIL} \approx 88\ \%}$

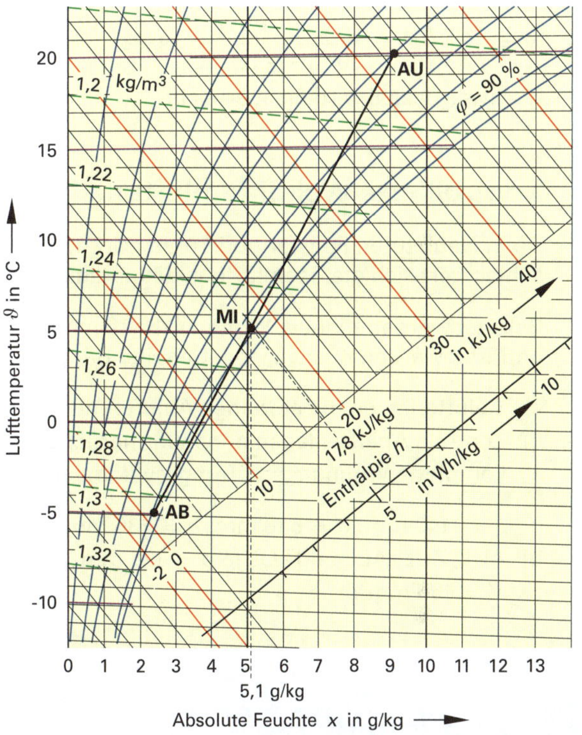

Bild 1: Lösung 5.6

II Systemanalyse und Instandhaltung

1 Technologie

1.1 Die Raumtemperatur soll max. 6 bis 9 °C unter Außentemperatur liegen. Anlage für größere Temperaturspreizung nicht ausgelegt. (Eintretende Personen empfinden es als sehr kalt. Mögliche Schwitzwasserbildung an Luftauslässen.)

1.2 Zu hohe Volumenströme. Falsche Luftauslässe oder falsche Anbringungsorte gewählt. Mengenregelung der Luftauslässe bzw. Lamellen falsch eingestellt. Zu niedrige Zulufttemperaturen. Zu wenig Luftauslässe.

1.3 Luftfeuchtigkeit im Raum so hoch, dass es infolge zu geringer Zulufttemperatur an den Luftauslässen zu Taupunktunterschreitung kommen kann.

1.4 Leistung und Funktion nicht gewährleistet. Zu hoher Energieverbrauch. Hygienische Nachteile. Gesundheitliche Gefahren (Brutstätte für Krankheitserreger). Lebensdauer wird verkürzt.

1.5 Zu hoher Luftwechsel. Bei kontrollierter Wohnraumlüftung zu geringe Überströmöffnungen zwischen den Räumen. Zu große Differenzen zwischen Zu- und Abluftvolumenströmen (Unter- bzw. Überdruckbildung in den Räumen). Luftmengen messen und Anlage einregulieren. Überströmöffnungen herstellen (z. B. Türblattkürzung).

2 Berechnungen

2.1 $\dot{V}_{AUL} = 1200\ m^3/h \mathrel{\widehat{=}} \dot{m}_{AUL} = 1610\ kg/h$

$\dot{Q}_{HR} = \dot{m}_{AUL} \cdot (h_2 - h_1) = 1610\ kg/h\ (7\ Wh/kg - (-2{,}6\ Wh/kg)) = \mathbf{15{,}43\ kW}$

Das Heizregister reicht nicht aus!

$\varphi = \mathbf{8\ \%}$

2.2 $\vartheta = \mathbf{17\ °C}$

2.3

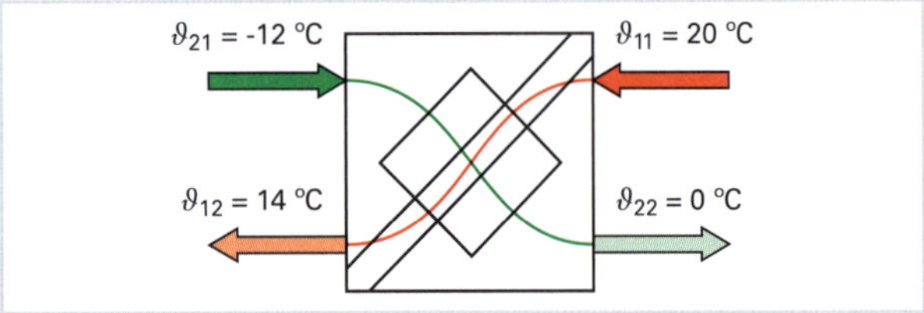

$$\Phi = \frac{\vartheta_{22} - \vartheta_{21}}{\vartheta_{11} - \vartheta_{21}} = \frac{0\ °C - (-12)\ °C}{20\ °C - (-12)\ °C} = \mathbf{0{,}38}$$

Rückwärmezahl wird nicht erreicht.

3 Kontrollierte Wohnraumlüftung

3.1 Da in Neubauten Fenster und Türen mit fugendichtem Wärme- und Schallschutz ausgestattet werden müssen, verschlechtert sich die Raumluftqualität und die Wohnhygiene.

3.2 Belüftet werden Kinder-, Wohn-, Arbeits- und Schlafzimmer.
Entlüftet werden Küchen, Toiletten und Badezimmer.

3.3
a) Abluftanlagen mit einzelnen Abluftventilatoren in Küche, Bad und Toilette.
b) Zentrale Abluftanlagen ohne Wärmerückgewinnung (WRG).
c) komplette Wohnungs-Lüftungssysteme mit Wärmerückgewinnung (WRG).

3.4
a) $l = 1140$ mm, $b = 548$ mm, $h = 236$ mm
b) AUL, ZUL, ABL und FOL je $d = 125$ mm
c) $\dot{V} = 155\ mm^3/h$

III Kundenauftrag

1 Klimaanlage für Bürogebäude

1.1 Lösung siehe Bild 2, Seite 341

1.2 Sommerbetrieb: Bild 1

$\dot{m}_{AUL} = \dot{V}_{AUL} \cdot \varrho_{AUL} = \mathbf{3440\ kg/h}$

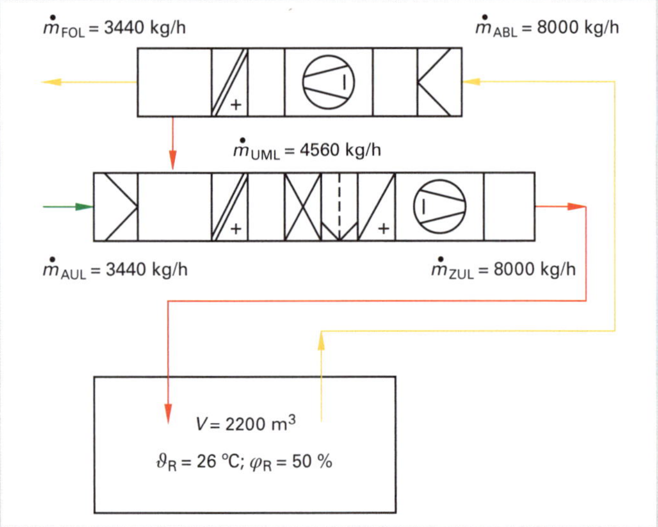

Bild 1: Sommerbetrieb

Winterbetrieb: Bild 1

$\dot{m}_{AUL} = \dot{V}_{AUL} \cdot \varrho_{AUL} = \mathbf{2680\ kg/h} = \dot{m}_{ZUL}$

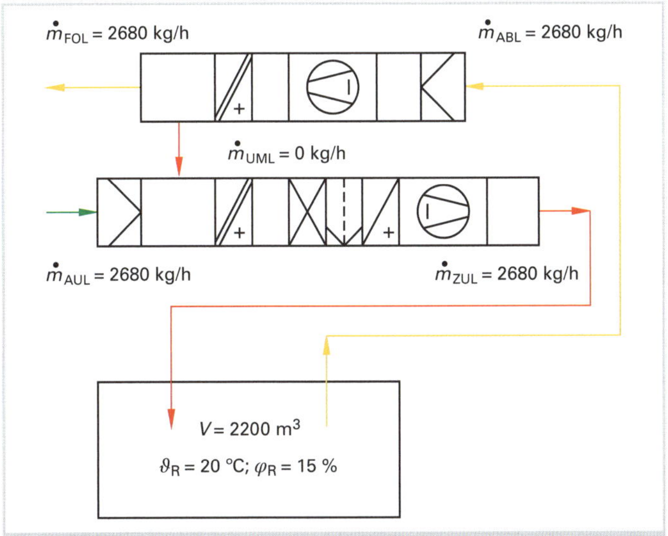

Bild 1: Winterbetrieb

$$\dot{m}_{ZUL} = \frac{\dot{Q}_{KL}}{(h_R - h_{ZUL})} = \frac{20\ \text{kW} \cdot \text{kg} \cdot \text{J} \cdot 3600\ \text{s}}{(53 - 44)\ \text{kJ} \cdot \text{Ws} \cdot \text{h}}$$
$$= \mathbf{8000\ kg/h}$$

$\dot{m}_{UML} = \dot{m}_{ZUL} - \dot{m}_{AUL} = \mathbf{4560\ kg/h}$

AUL : UML = 1 : 1,33

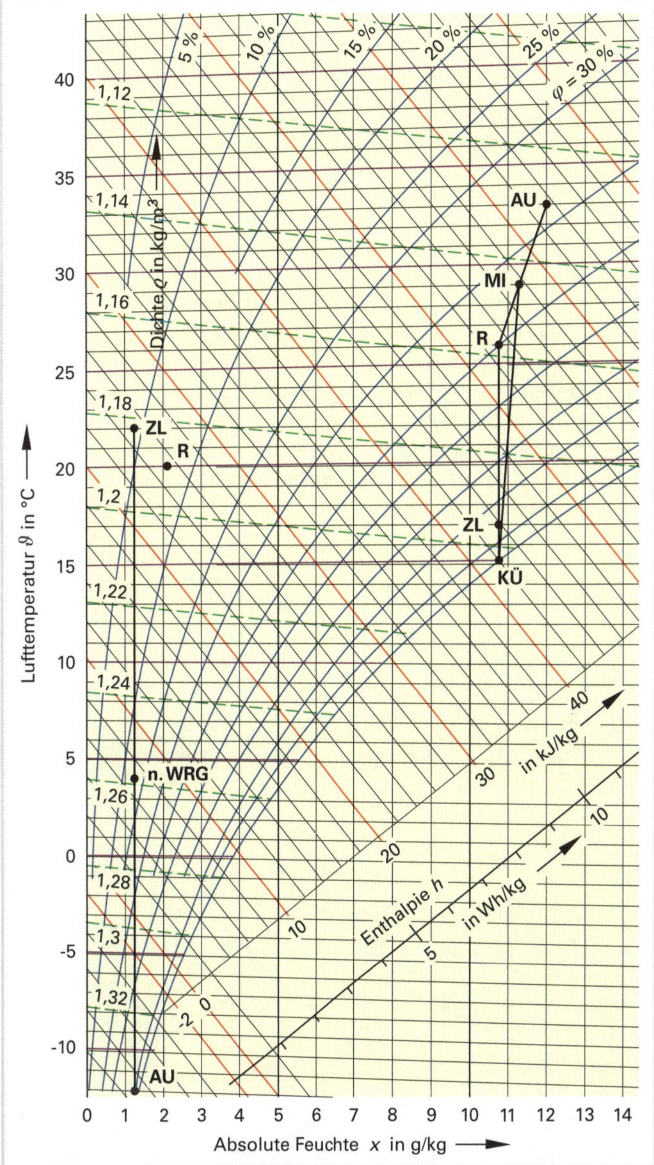

Bild 2: h,x-Diagramm, Lösung

1.3 $\vartheta_{nWRG} = \Phi \cdot (\vartheta_{ABL} - \vartheta_{AUL}) + \vartheta_{AUL} = 4\ °C$

$\dot{Q}_{HR} = \dot{m}_{ZUL} \cdot (h_{ZUL} - h_{WRG}) = 2680\ \text{kg/h} \cdot (25 - 7)\ \text{kJ/kg}$ $\quad \mathbf{\dot{Q}_{HR} = 48240\ kJ/h = 13{,}4\ kW}$

1.4 $\dot{Q}_{KR} = \dot{m}_{ZUL} \cdot (h_{MIL} - h_{KÜ}) = 8000\ \text{kg/h} \cdot (57{,}5 - 42)\ \text{kJ/kg}$ $\quad \mathbf{\dot{Q}_{KR} = 124000\ kJ/h = 34{,}5\ kW}$

1.5 $\dot{V}_{max} = \dot{V}_{ZUL,\ Sommer} = \dot{m}_{ZUL,\ Sommer} \cdot \varrho = 8000\ \frac{\text{kg}}{\text{h}} \cdot 1{,}195\ \frac{\text{m}^3}{\text{kg}} = \mathbf{9560\ \frac{m^3}{h}}$

$a_{\square} = \sqrt{\frac{\dot{V}_{max}}{v}} = \sqrt{\frac{\dot{V}_{ZUL,\ Sommer}}{v}} = \sqrt{\frac{9560\ \text{m}^3 \cdot \text{s} \cdot \text{h}}{5\ \text{m} \cdot \text{h} \cdot 3600\ \text{s}}} = \mathbf{0{,}73\ m}$ $\quad$ gewählt: Klimagerät KG 63, Kanalhöhe 0,8 m

2 Kundenreklamation

2.1 $\dot{m}_{AUL} = \dot{V}_{AUL} \cdot \varrho_{AUL} = 2680 \text{ kg/h} = \dot{m}_{ZUL}$

$$\Delta x = \dot{m}_{AUL} \cdot (x_{ZUL} - x_{AUL}) = 2680 \frac{kg}{h} \cdot (7{,}5 - 1{,}2) \frac{g}{kg} = \mathbf{16{,}9 \frac{kg}{h}}$$

$\mathbf{\dot{m}_D = 16{,}9 \text{ kg/h}}$

$$\dot{Q}_{DE} = \dot{m}_D \cdot (c_w \cdot (\vartheta_D - \vartheta_0) + r)$$

$$\dot{Q}_{DE} = 16{,}9 \frac{kg}{h} \cdot \left(1{,}163 \frac{Wh}{kg \cdot K} \cdot (100 - 0) \text{ K} + 629{,}9 \frac{Wh}{kg}\right)$$

$\mathbf{\dot{Q}_{DE} = 12{,}6 \text{ kW}}$

2.2 Das Ereichen der gewünschten Zuluftparameter $\vartheta_{ZUL} = 22$ °C und $\varrho_{ZUL} = 45$ % rel. F. mittels Umlaufwasser-Befeuchter ist nur durch zusätzliche Zwischenerwärmung mit anschließender weiterer Befeuchtung möglich. Bei der Befeuchtung der Luft mit Wasser bleibt die spez. Enthalpie der Luft konstant, während sich die Luft bei der Befeuchtung abkühlt **(Bild 1)**.

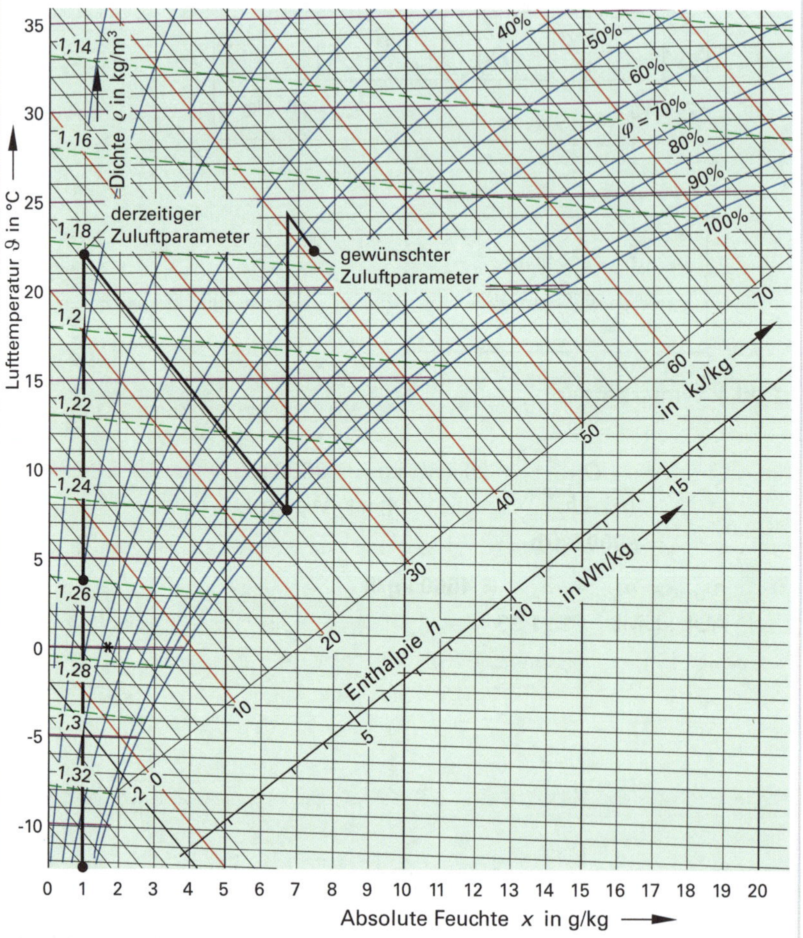

Bild 1: Zustandsverlauf bei Einsatz eines Sprühbefeuchters

I Arbeitsplanung

1 Grundlagen der Messtechnik

1.1 Mittels Experiment wird ein spezieller Wert für eine physikalische Größe als Vielfaches einer Einheit ermittelt.

1.2 Viele Messgeräte werden bei Messungen außerhalb des eingestellten Messbereiches beschädigt. Unterschiedliche Fehlergrenzen (Fehlerklassen) in unterschiedlichen Messbereichen.

1.3 Für die Eichung sind die Eichämter zuständig. Verbrauchsmessgeräte (Elektrizitäts-, Gas-, Wasser- oder Wärmezähler) dürfen auch vom Hersteller oder einem Versorgungsunternehmen erst- oder nachgeeicht werden, wenn deren Prüfstelle von der Eichbehörde staatlich anerkannt ist.

1.4

Abgasmessgerät:	**1 Jahr**
Gaszähler:	**8 Jahre**
Kaltwasserzähler:	**6 Jahre**
Warmwasserzähler:	**5 Jahre**

1.5

a) Spannung	**Voltmeter**
b) Stromstärke	**Amperemeter**
c) Elektrischer Widerstand	**Ohmmeter**
d) Temperatur	**Thermometer**
e) Temperatur einer Oberfläche	**Anlegethermometer, Infrarot-Messpistole**
f) relative Luftfeuchte	**Hygrometer**
g) Luftdruck	**Barometer**
h) Druck in einer Wasserleitung	**Manometer**

1.6

a) absoluter Druck	Druck gegenüber dem Druck Null im leeren Raum (Vakuum)
b) athmospährischer Druck	Der mit einem Barometer gemessene Luftdruck.
c) Überdruck	Differenzdruck zwischen einem Absolutdruck und einem Bezugsdruck (im allgemeinen dem atmosphärischem Druck)
d) Unterdruck	wie Überdruck, jedoch mit negativer Differenz (daher auch negativer Überdruck)
e) Prüfdruck	Laut Norm (z. B. DIN) bzw. Herstellerangaben vorgeschriebener Druck zum Prüfen von Anlagen.
f) Betriebsdruck	Laut Norm (z. B. DIN) bzw. Herstellerangaben vorgeschriebener Druck für den Betrieb von Anlagen.

1.7 Beim Widerstandsthermometer wird die Temperaturabhängigkeit des elektrischen Widerstandes bei Metallen (Platin, Nickel) bzw. Halbleitern (Gemische von Metalloxiden, wie Nickel, Mangan, Silizium) genutzt. Beim Thermoelement werden zwei unterschiedliche Metalle unlösbar miteinander verbunden. An der Verbindungsstelle entsteht eine Thermospannung (im mVolt-Bereich), die der Temperatur an der Verbindungsstelle entspricht. Werden an einer zweiten Stelle (Vergleichsstelle) die beiden Metalle nochmals verbunden, so fließt bei einer Temperaturdifferenz zwischen beiden Stellen ein Thermostrom, der gemessen und zur Temperaturbestimmung genutzt wird.

1.8 Beide werden zur Temperaturmessung eingesetzt.

NTC-Fühler: (Heißleiter) Widerstand wird mit zunehmender Temperatur kleiner. Negativer Temperaturkoeffizient.

PTC-Fühler: (Kaltleiter) Widerstand wird mit zunehmender Temperatur größer. Positiver Temperaturkoeffizient.

1.9 Anbringung an der kältesten Außenwand (Nord, Nordost). Kann Morgensonne den Fühler erreichen, muss er beschattet werden. Fühlerhöhe mindestens 2,5 m über Erdboden. Auf Temperatureinflüsse durch Fenster, Türen, Dunstabzüge o. Ä. achten.

1.10 Spannung mit Voltmeter

Stromaufnahme mit Amperemeter

Bild 1: Schaltplan Transformator

2 Steuerungs- und Regelungstechnik

2.1 Bei einer Steuerung werden ein oder mehrere Eingangsgrößen gemessen und beeinflussen mittels eines Steuergerätes nach vorgegebenen Gesetzmäßigkeiten eine oder mehrere Ausgangsgrößen. Störgrößen beeinflussen die Ausgangsgrößen nicht. (Offener Wirkungsablauf).

2.2 Bei einer Regelung wird die zu beeinflussende Größe ständig gemessen und mit einer Führungsgröße oder einem Sollwert verglichen und an diesen angenähert. Somit wirkt die Ausgangsgröße wieder auf die Eingangsgröße. (Geschlossener Wirkungsablauf).

2.3 Unstetige Regler: Zweipunktregler, Dreipunktregler, Dreipunktregler mit Schrittmotor.
Stetige Regler: P-Regler, I-Regler, PI-Regler, PID-Regler.

2.4 Er vergleicht ständig einen Istwert mit einem vorgegebenen Sollwert und regelt festgestellte Differenzen aus.

2.5 1. Thermostatventil
2. Regler für Stellantriebe

2.6 1. Temperaturregelung von Gas- u. Öl-Heizkesseln.
2. Thermostatregler mit direkter Aufschaltung auf Brenner und Pumpen.
3. Temperaturregelung für Elektro-Warmwasserspeicher.

2.7 a) Proportionalbereich: Bereich, in dem eine zu regelnde physikalische Größe geregelt werden kann.
b) Stellbereich: Bereich, in dem die Stellgröße verändert werden kann.

2.8 Der P-Regler reagiert zur Änderung der Regelgröße (Regelabweichung) sofort und proportional mit der Änderung eines Stellantriebes. Beim P-Regler kommt es zu einer bleibenden Regelabweichung **(Bild 1)**.

2.9 Der I-Regler reagiert auf eine Regelabweichung, indem er proportional zur Regelabweichung die Geschwindigkeit der Stellgröße verändert, und regelt so lange, bis die Regelabweichung Null ist **(Bild 2)**.

2.10 Der D-Regler reagiert auf eine Regelabweichung, indem er proportional zur Geschwindigkeit der Regelabweichung, das Stellglied um so schneller verändert. Weil er bei konstanter Regelabweichung nicht reagieren würde, wird er nur in Kombination mit P- bzw. PI-Reglern verwendet.

2.11 Es werden die Vorteile beider Regler genutzt. Der PI-Regler reagiert sehr schnell (wie P-Regler) und hat keine bleibenden Regelabweichungen (wie I-Regler).

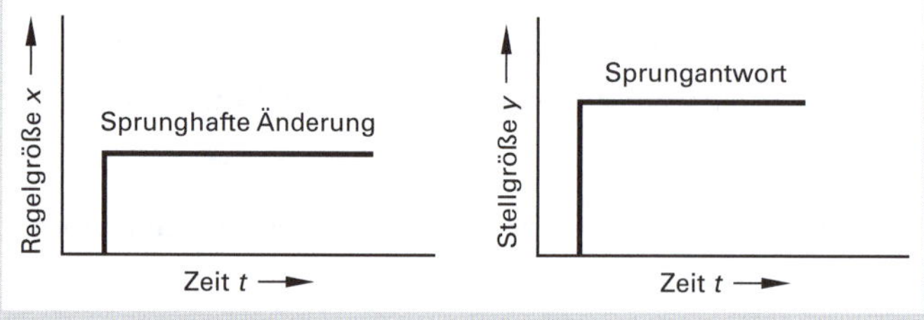

Bild 1: Regelverhalten eines P-Reglers

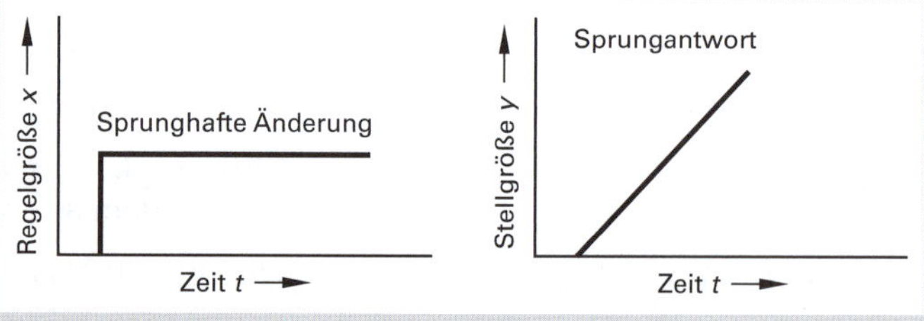

Bild 2: Regelverhalten eines I-Reglers

3 Regelung von Heizungsanlagen

3.1 Verringerung und Abschaltung der Wärmezufuhr sowie Ein- und Abschaltung der elektrischen Antriebe zum Wärmetransport in geeigneter Abhängigkeit von einer Führungsgröße (z. B. Außentemperatur) und der Zeit. Raumweise Regelung der Raumtemperatur. Umwälzpumpen in Heizungsanlagen > 25 kW Nennleistung müssen sich selbsttätig dem Förderbedarf anpassen.

3.2 Sie stellt mitunter die günstigste Art der Energieeinsparung dar, da die Energieeinsparung gleich am Wärmeerzeuger beginnt. Da der Wärmebedarf für Heizzwecke im Wesentlichen von der Außentemperatur abhängig ist, wird die Kesselwassertemperatur entsprechend der Außentemperatur geändert (witterungsgeführte oder gleitende Kesselwassertemperaturregelung). Hierzu sind Heizkennlinien, welche aus dem Verhältnis Außen- zu Kesselwassertemperatur ermittelt wurden, vom Kesselhersteller in den Regler einprogrammiert. Entsprechend den örtlichen Bedingungen (Klimazone, Gebäudeart, Heizungssystem) wird eine Heizkennlinie ausgewählt und eingestellt, Nach dieser Kennlinie wird die Kesselwassertemperatur gefahren. Um eine bessere Anpassung der Heizungsanlage an örtliche Gegebenheiten und eine Nachtabsenkung zu ermöglichen, lässt sich die gewählte Heizkurve generell bzw. in den Nachtzeiten verschieben. Damit wird erreicht, dass z. B. die Kesselwassertemperatur bei gleicher Außentemperatur um mehrere Grad gesenkt wird.

3.3 Bei größeren Gebäuden, bzw. bei Heizungsanlagen mit mehreren Heizkreisen oder unterschiedlichen Verbraucheranforderungen hinsichtlich Heizmitteltemperatur, wird die Vorlauftemperatur für jeden Heizkreis gesondert geregelt. Dabei wird der Kessel über einen separaten Kesselregelkreis mit einer konstanten Kesselwassertemperatur gefahren. Über einen Außenfühler wird die Außentemperatur und über ein Anlegefühler die jeweilige Heizkreis-Vorlauf-Temperatur erfasst. Bei Abweichungen wird der Ventilhub des Dreiwege-Mischventils so lange verändert, bis das gewünschte Verhältnis von der Außen- zur Vorlauftemperatur erreicht ist. Zusätzlich kann über den Regler die Umwälzpumpe ein- bzw. ausgeschaltet werden. Der Vorteil liegt in der an den Verbraucherkreis optimierten Vorlauftemperatur.

3.4 Bei sinkenden Außentemperaturen steigt die Vorlauftemperatur nicht in dem erforderlichen Maß. Die Soll-Raumtemperatur würde nicht mehr erreicht werden.

3.5 Wenn von der Heizungsanlage Verbraucher mit versorgt werden, die eine konstante Vorlauftemperatur benötigen, z. B. Lufterhitzer oder Anlagen mit Prozesswärmebedarf.

3.6 Jeder Raum ist entsprechend seiner Nutzung für die niedrigsten Außentemperaturen mit entsprechenden Heizkörpern ausgelegt. Nicht berücksichtigt werden Wärmegewinne, die zeitlich unterschiedlich auftreten, aber zur Energieeinsparung genutzt werden können, wie z. B. elektrischer Maschinen, Beleuchtung, Sonneneinstrahlung usw.

3.7 Durch eine **gleitende Kesselwassertemperatur-Regelung** wird die Kesselwassertemperatur entsprechend einer gewählten Heizkennlinie in Abhängigkeit von der Außentemperatur geregelt. Sie wird auf einen minimalen, dem Heizkörperkreis angepassten, Wert gehalten und somit Energie gespart. Diese Kesselwassertemperatur würde bedingt durch die Heizkörper zu nicht zulässigen Fußbodenoberflächentemperaturen führen. Daher muss die Vorlauftemperatur für die Fußbodenheizung durch Beimischung von Fußboden-Rücklaufwasser reduziert werden. Dieses übernimmt die **Beimischregelung,** welche die Vorlauftemperatur in Abhängigkeit von der Außentemperatur regelt und nach oben begrenzt. Entsprechend der Forderung der EnEV wird dann noch die Durchflussmenge für jeden Fußbodenheizkreis in Abhängigkeit von der jeweiligen Raumtemperatur mittels **Einzelraumregelung** verändert.

3.8 Bei der Darstellung handelt es sich um ein Thermostatventil mit Fernfühler. Es wird dort eingesetzt, wo sich unmittelbar am Ventilkopf ein Hitzestau bilden kann, z. B. hinter Gardinen oder Heizkörperverkleidungen. Das Thermostatventil gehört zu den Proportionalreglern, da sich Stellglied und Sollwertabweichung proportional verhalten.

Im Fühler befindet sich eine Ausdehnungsflüssigkeit, die sich infolge von Temperaturanstieg ausdehnt und damit auf den Ventilstift drückt. Ist der obere Punkt der zulässigen Regelabweichung erreicht, ist das Ventil geschlossen.

3.9 Fordert der Kessel über den Kesselwasserthermostaten Wärme an, erhalten Gebläsemotor, Zündung und Fotokreis zur gleichen Zeit elektrische Spannung. Nach Ablauf der Vorzündzeit schaltet der Sicherungsschalter ein und öffnet das Magnetventil. Wenn sich die Flamme gebildet hat, schaltet der Sicherheitsschalter wieder ab, der Flammenwächter meldet dem Steuergerät die Flammbildung. Gibt es keine Flammbildung, bleibt der Sicherheitsschalter bis zum Ende der Sicherheitszeit eingeschaltet und bewirkt dann die Störabschaltung.

t_1: Vorzündzeit, t_2: Nachzündzeit

3.10 a) X_o = Obere Schalttemperatur des Thermostaten
X_u = Untere Schalttemperatur des Thermostaten
t_1 = Ausschaltzeitpunkt des Brenners
t_2 = Einschaltzeitpunkt des Brenners

b) Die Temperatur steigt, bzw. fällt noch nach dem Schalten des Brenners, da es durch das Speichervolumen des Kessels und der Anlage zu Verzögerungen kommt. (Verzugszeiten)

c) Längere Brennerlaufzeit, weniger Brennerstarts, angepasste Wärmeleistung.

3.11 a) *Δp-c-Regelung (Konstantdruckregelung)*
Unabhängig vom veränderlichen Volumenstrom in der Heizungsanlage wird der Differenzdruck auf einem eingestellten Wert konstant gehalten. Bei abnehmendem Volumenstrom durch Schließen der Thermostatventile, nimmt der Druck nicht zu. Die Drehzahl und die Pumpenleistung werden reduziert **(Bild 1).**

b) *Δp-ν-Regelung (Proportionaldruckregelung)*
Proportional zur Veränderung des Volumenstromes in der Heizungsanlage wird der Differenzdruck zwischen einem eingestellten Soll-Differenzdruck und der Hälfte dieses Wertes verändert. Bei abnehmendem Volumenstrom verringert sich die Druckdifferenz **(Bild 2).**

c) *Δp-T-Regelung (temperaturgeführte Differenzdruckregelung)*
In Abhängigkeit von der Heizwassertemperatur verändert die Pumpenelektronik den Differenzdruck.

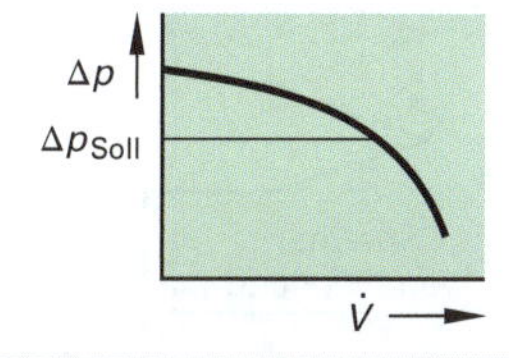

Bild 1: Konstantdruck

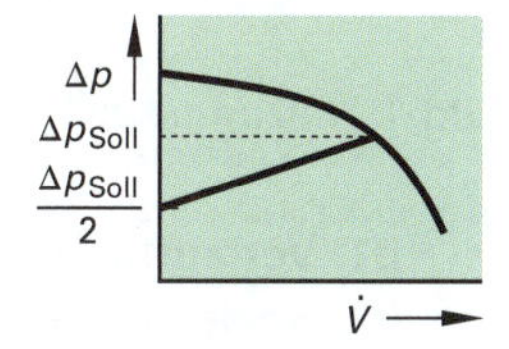

Bild 2: Proportionaldruck

3.12 Kollektorfühler, Speicherfühler, Pumpe, Regelgerät zum Temperaturvergleich zwischen Kollektor und Speicher. Beim Erreichen einer vorgegebenen Temperaturdifferenz zwischen Speicherfühler und Kollektorfühler schaltet der Regler die Pumpe ein, sofern die Speichermaximaltemperatur nicht erreicht ist.

II Systemanalyse und Instandhaltung

1 Regelung von Heizkörpern

1.1 Sie sehen sich die Anlage an und überprüfen die Durchströmungsrichtung des Heizkörpers. Sehr wahrscheinlich sind Vor- und Rücklauf vertauscht, was bei alten Ventilen weniger auffällt. Sie schließen das Thermostatventil. Wird nach der Abkühlung und dem anschließenden Öffnen des Thermostatventils der Rücklauf schneller warm, sind Vor- und Rücklauf vertauscht.

1.2 Den Massenstrom und die Druckdifferenz über das Thermostatventil. Entsprechend dieser Angaben kann aus Herstellerunterlagen ein Thermostatventil ausgewählt werden.

1.3
- durch zu starkes Zudrehen wurde der Ventilteller, die Thermostatkopfbefestigung oder ein Adapter beschädigt,
- auf dem Ventilsitz befinden sich Schmutzpartikel und verhindern ein Schließen,
- Thermostat ist defekt oder
- zu hohe Druckdifferenz.

1.4
- Heizkörper zu klein ausgelegt,
- Vorlauftemperatur zu niedrig, kein hydraulischer Abgleich durchgeführt,
- Heizkörper durch Gegenstände verdeckt bzw. verkleidet,
- Temperaturfühler an ungünstiger Stelle montiert oder
- Pumpenleistung zu gering.

1.5 Eine eindeutige Aussage lässt sich erst nach Besichtigung der Heizungsanlage treffen. Da die Heizkörper regelmäßig in den Morgenstunden kalt bleiben und am Tage nicht, kann vermutet werden, dass der Kessel mit einer Speichervorrangschaltung ausgestattet ist. In den Morgenstunden ist der Warmwasserverbrauch hoch, sodass der Kessel schnell nachheizen muss. Während dieser Zeit wird die Heizkreis-Umwälzpumpe abgeschaltet. Manche Regler lassen eine Verkürzung der Nachlaufzeit zu, sodass der Heizkreis in kürzerer Zeit wieder in Betrieb genommen wird. Speichervorrangschaltung zeitlich neu programmieren.

1.6
a) Heizkörper und Ventil stehen frei, Luftströmung am Thermostatventil nicht behindert.
b) Luftströmuhng am Ventil durch Gardinen, Heizkörperverkleidung oder Ähnliches behindert (Wärmestau).
c) Luftströmung sowie Zugänglichkeit durch Möbel oder Heizkörpereinbauort (Unterflurkonvektoren) behindert.

III Kundenauftrag

1 Gas-Brennwertgerät und Lufterhitzer

1.1 und **1.2** **Lösung Bild 1**

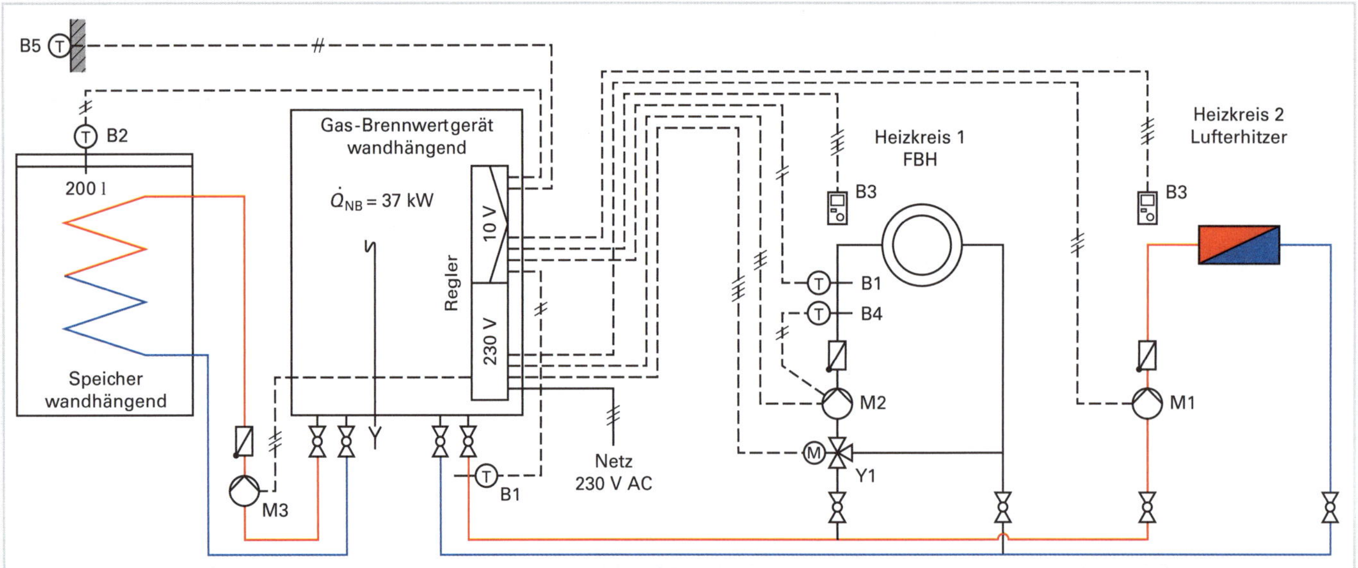

Bild 1: Heizungsschema mit Steuerleitungen

1.3
B1 **Vorlauffühler**
B2 **Speicherfühler**
B3 **Raumregelgerät**
B4 **Temperaturwächter**
B5 **Außentemperaturfühler**

M1 **Pumpe Lufterhitzer**
M2 **Pumpe FBH**
M3 **Speicherladepumpe**
N **Steuer- und Regeleinheit**
Y1 **Mischer**

2 Störung einer Heizungsanlage

2.1 Außenfühler liefert keine korrekten Messwerte.

2.2 Von diesem Regler wird eine minimale Außentemperatur angenommen und dadurch die Heizungsanlage weiter gefahren.

2.3 An den Klemmen „FA1" und „FA2".

2.4
- Der Außenfühler wurde falsch angebracht bzw. falsch angeschlossen.
- Möglicher Leitungsbruch bzw. Kurzschluss in der Fühlerleitung.
- Der Außenfühler ist defekt.

2.5 **Leitung:**
Ohmmeter bzw. Durchgangsprüfer. Zum Prüfen sind der Regler sowie der Fühler abzuklemmen und jede Ader ist einzeln auf Durchgang zu prüfen. Danach ist zu prüfen, ob die Adern untereinander einen Kurzschluss haben (defekte Aderisolation!)

Außenfühler:
Ohmmeter und Thermometer. Der Fühler muss vom Regler abgeklemmt sein und es ist der Widerstand des Fühlers unmittelbar am Fühler zu messen. Entsprechend der gemessenen Umgebungstemperatur ist der Messwert mit den Herstellerangaben für den Fühler zu vergleichen.

2.6 Unabhängig von der Messung der Leitung (diese sollte auch durchgeführt werden), kann die Aussage getroffen werden, dass der Außenfühler defekt ist und ausgetauscht werden muss.

I Arbeitsplanung

1 Instandhaltung

1.1 Die Instandhaltung umfasst: Inspektion, Wartung, Instandsetzung (Reparatur).

1.2 **Inspektion:** Feststellen des Istzustandes (Augenschein, Messen).
Wartung: Maßnahmen, den Sollzustand von Anlagen zu erhalten ⇒ Reinigen, Konservieren, Schmieren.
Instandsetzung: Maßnahmen (meist Reparaturen), um den Sollzustand von Anlagen wieder herzustellen.

1.3 Instandhaltung orientiert sich:
1) am Istzustand ⇒ **zustandsorientiert** ⇒ Restlaufzeiten werden genutzt. Wenn die Inspektion kontinuierlich erfolgt ⇒ kostengünstig, sicherer Betrieb,
2) an Zeitplänen (Regelwerken, Herstellerinformationen, Erfahrungen) ⇒ **präventiv** ⇒ Restlaufzeiten nicht genutzt ⇒ aufwändiger, sicherer Betrieb,
3) am Ausfall der Anlage ⇒ **ausfallorientiert** ⇒ Betriebsunterbrechungen, Schäden und Folgekosten möglich.

Inspektions- und Wartungsmaßnahmen			
Anlagenstandort: ______			
Betreiber: ______			
Inspektions- und Wartungsplan			
Nr. Anlagenteil, Gerät	Inspektion, Zeitabstand in Monaten	Wartung	Bemerkungen, erforderliche Instandsetzungen
1 □ 2 □ 3 □			
Ort, Datum ______ Vertrags-Installationsunternehmen Name, Unterschrift, Firmenstempel ______ Eigentümer, Betreiber Name, Unterschrift ______			

Bild 1: Inspektions- und Wartungsplan

1.4 Der Betrieb soll sicher, störungsfrei, wirtschaftlich, umweltschonend und unbedenklich (Unfälle, Hygiene) sein.

1.5 Hausbesitzer sollen darauf achten, dass von Gebäuden und Anlagen keine Gefahren ausgehen. Gleichzeitig haben Mieter Anspruch auf sicheren, wirtschaftlichen und störungsfreien Betrieb.

1.6 a) PWC, PWH ⇒ DIN 1988-8, DIN EN 806-1, DIN EN 1717,
b) AW ⇒ DIN 1986-3, DIN 1986-30, DIN EN 12056,
c) RW-Nutzung ⇒ DIN 1989-1,
d) Gas, Abgas ⇒ TRGI,
e) F-Gas ⇒ TRF,
f) Heizungsanlagen DIN 4702, EnEV,
g) RLT-Anlagen für Wohngebäude ⇒ DIN 1946, Teile 4, 6, 10.

1.7 Art der Tätigkeit ⇒ genaue Angaben zu den Bauteilen, Maßnahmen, genaue Ortsangaben zum Objekt ⇒ Anschrift, Gebäudeteil, Anlagenteil, Zeitangaben ⇒ Datum, Beginn, Ende (Dauer), Zusatzvermerke ⇒ Begründung für z. B. die Art der Ausführung, Bestätigung der Sachverhalte ⇒ Unterschriften von Auftraggeber und Auftragnehmer oder deren Vertreter.

1.8 Entwurf Inspektions- und Wartungsplan **(Bild 1).**

1.9 Eine Hilfe für den Betrieb und die Instandhaltung von Anlagen ist das Führen eines Betriebsbuches, das z. B. Verbräuche, Laufzeiten, Energieaufnahmen und -abgaben sowie durchgeführte Maßnahmen enthalten kann.

2 Trinkwasseranlagen

2.1 Ausgetauschte Armaturen und Armaturenteile müssen hinsichtlich des Schallschutzes und der Sicherheit gegen Rücksaugen, Rückfließen und Rückdrücken von NTW ins TW den gleichen Ansprüchen genügen.

2.2 Für den Störfall, dass die Druckausgleichsdüse zur Gegendruckkammer verschmutzt oder verstopft ist.

2.3 Die Spüldauer, Fließdauer ist sehr lang oder die Armatur stellt nicht ab.

2.4 Nach dem Wasserzähler (KFR-Ventil oder RV), bei Sammelsicherung in den Absperreinrichtungen der Verteiler, vor TWE mit V > 10 l Inhalt, bei Einzelsicherungen mit Sichungskombinationen, wie z. B. bei Gartenleitungen, Wasch- und Geschirrspülmaschinen ohne DVGW-Zeichen und bei Kesselfülleinrichtungen (Heizungswasser ohne Inhibitioren).

2.5 Inspektion/Wartung: Abstand 1/a.

2.6 Absperreinrichtung in Fließrichtung vor dem RV schließen und Prüfeinrichtung öffnen ⇒ kommt kein Wasser, ist der RV dicht, kommt Wasser ist der RV oder die AE davor undicht ⇒ klären und instand setzen.

2.7 Bei rückspülbaren Filtern und für nicht rückspülbare Filter sind die Inspektion und die Wartung halbjährlich (Austausch) vorzusehen.

2.8 Für Druckregler und Druckerhöhungsanlagen DEA sind Inspekton und Wartung jeweils 1/a vorzunehmen.

2.9 Bei DEA sind zu überprüfen: Motor (Laufruhe, Temperatur) und elektrische Anschlüsse, Pumpe (Laufruhe, Leistung), Regelung (Schaltspiel), Druckhaltung (MAG, Sicherheitsventil, Rückflussverhinderer).

2.10 Für alle angeführten Sicherungseinrichtungen ist eine jährliche Inspektion vorzusehen.

2.11 Dosieranlagen sind alle 2 Monate zu inspizieren und halbjährlich zu warten. Zu prüfende Teile und Einrichtungen sind: Kontaktwasserzähler und Impulsgeber, Verschraubungen, Schläuche, Dosierkabel, Dosierpumpe, Lampe für Dosierfrequenz, Signalgeber für Behälterwechsel, Ein- und Abschalten der Pumpen, Kontrolle der Dosiereinstellung und der Dosierleistung (Grenzwertkontrolle).

2.12 Der Regenerationsvorgang bei Ionentauscher-Enthärtungsanlagen kann ausgelöst werden durch: ① selbsttätige Schaltung, wenn Aufnahmefähigkeit (Ca-, Mg-Aufnahme) des Austauscherharzes erschöpft (Impulsgeber), ② durch fest eingestellten Regenerationsabstand ($t \leq 96$ h) oder ③ manuelle Regeneration. Inspektionen erfolgen 6/a, Wartungen werden 1/a (EFH) und 6/a (MFH) vorgenommen.

2.13 TW-Zähler sind alle 6 Jahre, TWW-Zähler alle 5 Jahre zu eichen oder zu wechseln.

2.14 Der alte Zählerstand ist schriftlich festzuhalten, zuständige Personen sind zu informieren.

2.15 **Inspektion:** Sicherheitsventile in Anschlüssen von TWE ohne MAG ⇒ Sichtkontrolle, ob Wasser tropft, sonst Kontrolle mit der Lüfteinrichtung wie bei Anlagen mit MAG, Inspektion Abstand ⇒ 2/a. **Wartung:** Lüfteinrichtung des Sicherheitsventils betätigen, wenn kein Wasser tropft ⇒ Kontrolle, ob Fremdkörper im SV oder dieses erneuern. Wartung Abstand ⇒ 1/a.

3 Entwässerung

3.1 Kontrolle der Sauberkeit, des Wasserstandes und der Dichtheit. Bei Störungen durch Leersaugen ⇒ Belüfter einbauen.

3.2 Inspektion und Wartung sollten 1/a erfolgen. Rohrleitungen sind auf Dichtheit, Zustand (Korrosion), Befestigung und einwandfreies Abfließen zu überprüfen. Belüftungsventile sollten sauber, staub- und fettfrei frostsicher und zugänglich sein ⇒ Revisionstüren vorsehen.

3.3 Rückstau kann bei starken Regenfällen (Jahrhundertregen) bei Kanälen mit Mischwasser auftreten. Das Kanalnetz ist dann überlastet und füllt sich bis zu der Straßenoberkante (Rückstauebene), wo es sich über Straßenabläufe entspannt.

3.4 Aktive Rückstausicherung ⇒ Pumpensümpfe (offene) oder geschlossene Hebeanlagen,
Passive Rückstausicherung ⇒ Rückstauverschlüsse für fäkalienfreie oder fäkalienhaltige Wässer.

3.5 Ist die Nutzung der Ablaufstelle auch bei Rückstau zwingend ⇒ aktiver Rückstauschutz,
ist die Nutzung der Ablaufstelle auch bei Rückstau nicht zwingend ⇒ aktiver Rückstauschutz oder passiver Rückstauschutz möglich.

3.6 Instandhaltung von Rückstauverschlüssen ⇒ Inspektion monatlich, Wartung 2/a,
Instandhaltung von Hebeanlagen ⇒ Inspektion monatlich, Wartung 1/a (EFH), 2/a (MFH).

3.7 Den Rost abnehmen und den Geruchverschluss herausziehen, Rückstausicherung lösen (Schrauben, Hebel) und herausnehmen, Gehäuse und Rückstausicherungsteile mit Schlauch reinigen und gereinigte Teile wieder einbauen, Notverschluss (Verschluss von Hand ⇒ Klappe, Schieber, ...) schließen, Prüfrohr mit Skala auf Anschlussstutzen aufsetzen und Wasser einfüllen (Rückstau imitiert). Prüfzeit $t \geq 10$ min ⇒ $\Delta V < 0{,}5$ l ⇒ RSV ist dicht, $\Delta V > 0{,}5$ l ⇒ RSV-Schließvorrichtungen erneut reinigen, wenn erforderlich, Dichtungen erneuern.

3.8 Die Inspektion und Entleerung von Schlammfängen und Fettabscheidern soll monatlich erfolgen, wobei bei vielen Herstellern die Leerung alle zwei Wochen empfohlen wird.

3.9 Die Fettabfälle sind ordnungsgemäß von fachkompetenten Entsorgungsfirmen zu entsorgen und der Wiederverwertung zuzuführen.

3.10 Nachdem das Fett entsorgt ist, sind Schlammfang und Fettabscheider zu entleeren und zu reinigen. Danach sind die Abscheider wieder mit Trinkwasser, Betriebswasser oder Abwasser, das den Einleiterbestimmungen entspricht , zu füllen.

3.11 Bei Leichtflüssigkeitsabscheidern soll die Inspektion monatlich, die Wartung halbjährlich erfolgen.

3.12 Mit der Inspektion werden Dichtheit, Zustand, einwandfreie Funktion (Prüföffnung) überprüft und es erfolgt die Leerung der Leichtflüssigkeit. Bei der Wartung wird zusätzlich die Dichtheit des schwimmergesteuerten Leichflüssigkeit-Sperrventils überprüft und der Koaleszensfilter gereinigt oder ausgetauscht.

3.13 a) Im Betriebszustand informieren Leuchtdioden über den Neutralisationsbetrieb. Zur Überprüfung lässt sich der pH-Wert mit Indikatoren ermitteln. Nach Einleiterbedingungen gilt: pH $\leq 6{,}5$.

b) Zu überprüfende Bauteile sind: Einlauf- und Auslauffilter ⇒ halten Schwimm- und Schwebestoffe zurück ⇒ Schwermetallbelastung bei der Entsorgung beachten, Granulatbehälter ⇒ Füllhöhe, Schlammbildung beachten, Kondenswasserpumpe bei integrierter Hebeanlage.

c) Die Inspektion der Neutralisationsanlage bei Brennwertgeräten erfolgt 2/a, die Wartung 1/a oder bei Bedarf ⇒ Signalanlage.

4 Heizungsanlagen

4.1 Folgende gasführenden Bauteile von Wärmeerzeugern sind bei Instandhaltungsmaßnahmen zu berücksichtigen:
- Leitungen, Armaturen ⇒ Dichtheit (Geruch), Korrosion,
- Brenner ⇒ Flammfarbe (bläulich), Verschmutzung (entfernen), Ruß entfernen (Ursache prüfen, ggf. Gerät einstellen),
- Brennraum ⇒ Brennraum Heizflächen der Wärmetauscher reinigen.

4.2 Folgende ölführenden Bauteile von Wärmeerzeugern sind bei Instandhaltungsmaßnahmen zu berücksichtigen:
- Tankanlage, Domschacht (bei Erdverlegung des Tanks) ⇒ Dichtheit (Ölgeruch, Leckagen), Korrosion,
- Lagerbedingungen prüfen ⇒ kühl, lichtgeschützt, frostsicher,
- Leitungen ⇒ Dichtheit,
- Leckwarngerät prüfen,
- Grenzwertgeber prüfen,
- Heberschutzventil prüfen, ggf. einbauen,
- Ölpumpe prüfen ⇒ Geräuschbildung,
- Ölfilter überprüfen ⇒ Vorfilter, Düsenfilter,
- Brenner ⇒ Düse, Brennrohr, Flammenwächter, Zündelektrode, Ventilatorgehäuse, Gebläserad

4.3 Folgende wasserführenden Bauteile von Wärmeerzeugern und Wärmeverteilungsanlagen sind bei der Instandhaltung zu berücksichtigen:
- Rohrleitungen ⇒ auf Undichtheiten und Korrosionsschäden prüfen,
- Wärmedämmung überprüfen,
- Armaturen ⇒ Funktion, Dichtheit,
- Betriebsdruck ⇒ Druck und Manometer prüfen ⇒ ggf. Wasser nachfüllen und Anlage entlüften,
- Heizungswasser ⇒ wenn Inhibitoren enthalten, ggf. Konzentration prüfen und bei Bedarf nachfüllen,
- Betriebstemperaturen und Thermometer prüfen,
- Thermostatventile und Rücklaufverschraubungen prüfen,
- Pumpen ⇒ Laufruhe, Drehrichtung, Dichtheit prüfen ⇒ bei Stillstandszeiten $t \leq 5$ Wochen ⇒ Pumpe zwischenzeitig kurz einschalten ⇒ Festsetzen vermeiden,
- Heizungsregelung prüfen ⇒ Signallampen, Notschalter, Einstellungen (Uhrzeiten, Heizkurve, Nachtabsenkung), Störmeldungen ⇒ verfolgen.

4.4 Um die sichere Funktion der Abgasabführung zu gewährleisten, ist bei der Instandhaltung von Heizungsanlagen einzuplanen:
- Abgasweg prüfen ⇒ freier Durchgang, Gebläse (Gerät) und Verbindungsstück,
- Differenzdruck Feuerraum-Verbindungsstück messen,
- Abgasverluste messen ⇒ BImSchV einhalten ⇒ Protokoll,
- Gerät einstellen ⇒ wenn erforderlich (Flammbild, Rußbildung, zu hohe Abgasverluste),
- Kondensatabläufe und Neutralisationsanlagen überprüfen

4.5 Zur Sicherstellung der Verbrennungsluftversorgung werden bei der Instandhaltung von Heizungsanlagen berücksichtigt:
- Verbrennungsluftversorgung überprüfen ⇒ Verbrennungsluftöffnungen, VL-Schornsteine, VL-Zuleitungen,
- Verbrennungsluftverbund überprüfen

4.6 Zu Störfällen bei Heizölversorgungsanlagen führen häufig: verschmutzte Vorfilter, defekte Ölpumpen, verschmutzte Vorwärmer, verschmutzte Öldüsen, ungünstige Heizöl-Lagertemperaturen (z. B. Paraffinbildung), Ablagerungen wie z. B. Ruß an Bauteilen.

5 Brennstoff – Versorgungsanlagen, Heizölversorgung

5.1 Tankanlagen, Rohrleitungen, Leckanzeigegeräte, Grenzwertgeber, Heberschutzventile, Heizölvorfilter.

5.2 Überprüfung der Dichtheit, der Schutzanstriche, des Zustandes, des kathodischen Korrosionsschutzes.
Regelmäßige Überprüfung ⇒ alle 2,5 Jahre oder alle 5 Jahre, je nach Gefährdungsklasse.

5.3 Zu prüfen sind die Fülleitung, die Ölleitung (Saugleitung) und die Lüftungsleitung. Zu achten ist auf Dichtheit und äußeren Zustand bei ölführenden Leitungen, auf freie Ausmündung und Sauberkeit bei Lüftungsleitungen.

5.4 Prüftaste für optischen und akustischen Alarm betätigen, je nach Bauart Flüssigkeitsbehälter oder Unterdruck der Leckanzeigeanlage prüfen ⇒ Überprüfung 1/a.

5.5 Überprüfung mindestens zusammen mit der Tankinspektion, besser 1/a.

5.6 Bei Faserfiltern ⇒ Filterwechsel, Metallfilter können auch gereinigt werden. Kontrollabstand 1/a.

II Systemanalyse und Instandhaltung

1 Gasanlagen

1.1 Die Gasanlage ist auf Dichtheit (Gasgeruch), äußeren Zustand (Korrosion) und richtige Befestigung zu überprüfen ⇒ Kontrolle 1/a.

1.2 Vor Wiederinbetriebnahme der Gasleitung ist diese durch Hauptprüfung (TRGI) auf Dichtheit zu prüfen.

1.3 Herstellerangaben beachten. Im Allgemeinen sind optisch zu überprüfen: Dichtheit (Gasgeruch), Flammbild, Abgasabführung sowie Funktion der Bauteile. Wartungsmaßnahmen: Reinigen von Brennern und Wärmetauschern, Kontrolle der Schalt- und Steuerungsvorgänge, Kontrolle der Sicherheitseinrichtungen im Gas-, Abgas- und Wasserteil des Gerätes, Abgasklappen (thermisch, motorisch) prüfen, Geräte einstellen, Abgasmessung vornehmen. Verbrennungsluftführung prüfen, Luftöffnungen kontrollieren, reinigen. Bei TWE u. U. entkalken der Wärmetauscher, bei Heizkesseln Nachfüllen und Entlüften der Anlage.

1.4 Sofort offene Flammen löschen, alle Fenster öffnen (Durchzug), keine elektrischen Schalter oder Elektrogeräte betätigen, keine elektrischen Stecker ziehen, nicht rauchen, Bewohner warnen (klopfen, nicht klingeln), GVU informieren, wenn VIU die Störungsursache nicht beseitigen kann.

2 Flüssiggasanlagen

2.1 Alle zwei Jahre äußere Prüfung, Funktion, Zustand und kathodischen Korrosionsschutz prüfen. Prüfung der Tankanlage alle zehn Jahre (erdverlegt) ⇒ Alternative: Prüfen mit Gasspürgerät.

2.2 Masse < 11 kg ⇒ alle zehn Jahre Prüfen der Dichtheit sowie der Funktion von Absperr- und Sicherheitsarmaturen durch Fachfirma, Masse > 22 kg ≤ 33 kg ⇒ alle zehn Jahre durch Fachfirma.

2.3 Alle zehn Jahre äußere Prüfung, eine Festigkeitsprüfung und Dichtheitsprüfung (PS > 0,5 bar).

2.4 Alle zehn Jahre Prüfung von Rohren, Schläuchen und der Funktion von Sicherheitsarmaturen, Absperrarmaturen und Druckreglern. Äußere Prüfung und Dichtheitsprüfung (PS ≤ 0,5 bar).

3 Raumlufttechnische Anlagen

3.1 Luftarten sind: a Zuluft, b Abluft, c Außenluft, d Fortluft (Umluft ist nicht angeführt).

3.2 Funktionen der Klimaanlage: ① Filtern, ② Erwärmen, ③ Kühlen, ④ Befeuchten, ⑤ Tropfen abscheiden, ⑥ Erwärmen.

3.3 Zu berücksichtigen sind: Luftleitungen, Wetterschutzgitter, Ein- und Auslässe, Brandschutzklappen, Jalousienklappen und Schalldämpfer.

3.4 Inspektionen mithilfe von Revisionsöffnungen, mobilen Kameras und Endoskopie.

3.5 Durch Bürsten- und Druckluftreinigung oder durch Reinigung mit Hochdruck-Reinigungsgeräten.

3.6 Vermeiden von Staub-Aufwirbelung und Freisetzen von gesundheitsschädlichen Stoffen. Desinfektionen sollen nur einvernehmlich mit dem Kunden und Hygienikern vorgenommen werden.

3.7 Sie umfasst die Kontrolle des Zustandes der Keilriemen, Augenmerk auf Verschleiss, Schmutz, Korrosion, Zustand flexibler Anschlüsse, auf Temperaturen und Laufruhe. Ferner sind durchzuführen: Schmieren von Lagern , Prüfen von Laufrädern, Mess-, Steuer- und Regeleinrichtungen und die Überprüfung der Entwässerung (alle 6 Monate).

3.8 Laufruhe, Gehäusetemperatur und Anschlüsse prüfen. Kontrolle der Drehrichtung, Prüfung von elektrischer Spannung und Stromaufnahme.

3.9 Es sollen bekannt sein: die Filterart, z. B. Metall-, Faser-, Aktivkohle- oder Elektrofilter, Grob- oder Feinfilter, ein- oder mehrstufig, Art der möglichen Instandhaltung (Regenerieren oder Erneuern) sowie Filterklasse, Filterzahl, ferner Kenngrößen wie Nennvolumenstrom, Anfangs- und Enddruck – Differenz und Einsatzdauer.

3.10 Messen des Differenzdruckes (Verschmutzungsgrad), Kontrolle der Filterelemente (Augenschein).

3.11 Messen des Differenzdruckes, Prüfen der Einsatzdauer ($t \leq 6$ Monate), Kontrolle der Verschmutzung, hygienischer Zustand, Reinigung oder Wechsel der Filter.

3.12 Sicherheitseinrichtungen und elektrische Anlagenteile überprüfen.

3.13 Wärmeübertragungsflächen reinigen, Anlagendrücke und Anlagentemperaturen messen.

3.14 Bauteile der Anlage sowie Mess-, Steuer- und Regeleinrichtungen überprüfen.

3.15 Überprüfen der Funktion von Sicherheitseinrichtungen sowie der Anlage in den unterschiedlichen Betriebszuständen der Kältemittelkreisläufe. Wenn erforderlich, sind Mess- , Steuer- und Regeleinrichtungen neu einzustellen.

3.16 Durch Wärme und Luftfeuchtigkeit können hygienische Probleme der Art aufkommen, dass die Anlage verkeimt, d. h., dass Mikroorganismen sich vermehren können.

III Kundenauftrag

1 Trinkwassererwärmung

1.1 Fragen nach: Bisherigen Inspektionen, Stellung des Temperaturwählschalters, Alter des Gerätes, Größe der Badewanne und bisherige Zufriedenheit mit dem Gerät. Detaillierte Fragen nach Type des Geräts und eventuell vorhandenen technischen Unterlagen.

1.2 Gerät ist vermutlich verkalkt. Das Gerät muss entkalkt werden, dazu ist es erforderlich, den Heizflansch auszubauen. Risiko: Erneuerung des Gerätes, falls die Heizschlangen zu stark korrodiert sind.

1.3 Gerät entkalken, Anode prüfen, Sicherheitsgruppe prüfen, elektrische Sicherheitsüberprüfung.

1.4 Dichtung des Heizflansches, Satz Sanitärdichtungen, Anode, Sicherheitsgruppe für Wand-E-Speicher.

1.5 Rollgabelschlüssel, Gabelschlüsselsatz, Armaturenzange, Steckschlüsselsatz 1/2″, Satz Schraubendreher mit flacher und Kreuzschlitzklinge, Anodentester, Elektrowerkzeug mit mindestens Abisolierzange, Cripzange und Aderendhülsen, Messgerät zur Sicherheitsüberprüfung nach VDE 0701, Taschen- und Handlampe.

1.6 E-Sicherungen des Speichers ausschalten und gegen Einschalten sichern, Geräteboden öffnen, dort nach Schaltplan suchen, nachsehen, ob die mitgebrachte Dichtung passen könnte, Kontrolle der Sicherheitsgruppe, Absperren der Zuleitung, Wasser entleeren. E-Anschlüsse, falls nicht gekennzeichnet, mit Klebeband markieren, abziehen oder abschrauben. Heizflansch ausbauen, abschätzen, ob Wartung noch sinnvoll ist. Flansch und Speicher innen vorsichtig mechanisch von den Kalkablagerungen befreien. Anode ansehen, falls erforderlich, ausbauen, reinigen oder erneuern. Flansch einbauen, E-Anschlüsse verbinden und kontrollieren. Überprüfen der Sicherheitsgruppe. E-Check nach DIN VDE 0701:

a) Sichtprüfung, Zustand der Leiter, Erdkontakt

b) Messen mit zulässigem Messgerät (VDE-Tester) von:
– Schutzleiterwiderstand, – Isolationswiderstand und – Ersatzableitstrom.

c) Ausfüllen des Messprotokolls.

Gerät mit Wasser füllen und entlüften, auf Dichtheit kontrollieren. Sicherungen einschalten, Funktionsprobe durchführen.
Gerät dem Kunden übergeben. Rapportzettel ausfüllen und vom Kunden abzeichnen lassen.

2 Entkalken von Trinkwassererwärmern

2.1 Verschmutzung von Brenner oder Wärmetauscher, Geräteeinstellung stimmt nicht oder Wasserschalter bzw. Wassergeregeltes Gasventil arbeiten nicht einwandfrei, Wärmetauscher ist verkalkt.

2.2 Brenner und Wärmetauscher reinigen.

2.3 Geräteeinstellung überprüfen (über Düsendruck oder volumetrisch) bei Abweichung einstellen, Wasserschalter und Venturi überprüfen.

2.4 Der Wärmeaustausch ist gestört, der Wärmetauscher ist verkalkt.

2.5 Die Wasserhärte (Kalzium- und Magnesiumkarbonate) lassen sich durch Säuren (Kalklöser) entfernen. Kalklöser dürfen die Metallteile der TWE-Anlage nicht angreifen ⇒ Vorsicht bei Zn, Al, St, ⇒ keine Salzsäure verwenden.

2.6 Bauteile: ① Pumpe (elektrisch gesichert, Berührungsschutz), ② Anschluss Vorlauf („Druckleitung“ $p \leq 250$ mbar), ③ Anschluss Rücklauf, ④ Anschlüsse mit durchsichtigem Schlauch ⇒ Kontrolle, ⑥ Kalksieb, ⑦ Füll- und Entlüftungsstutzen, ⑧ Behälter für Kalklöser.

2.7 Das Verfahren ist geeignet für D-TWE und kleinere Speicher-TWE ($V \leq 20$ l). Der verwendete Kalklöser muss für die Werkstoffe der TWE-Anlage geeignet sein (keine Salzsäure).

a) Kalklöser verdünnen ⇒ Kalklöser nach Herstellerangaben der vorgeschriebenen Wassermenge zugeben (nicht umgekehrt ⇒ Unfallgefahr),

b) Füllstutzen mit Schraubdeckel lose verschließen ⇒ Gerät entlüften ⇒ bei Betrieb Gasbildung ⇒ ggf. den Raum lüften,

c) Vorlauf und Rücklauf lösbar an den TWE anschließen,

d) Kalklöser umpumpen. Anfangs mehrmals ein- und ausschalten ⇒ Pumpe und Rohre entlüften ⇒ Trockenlauf vermeiden,

e) wenn keine Reaktion (Schaum-, Gasbildung) mehr vorhanden ⇒ Gerät entkalkt oder Kalklöser nicht mehr wirksam (der Kalklöser hat sich u. U. verfärbt) ⇒ pH-Wert prüfen,

f) TWE nach Beendigung spülen,

g) Kalklöser noch aktiv ⇒ im Pumpenbehälter belassen, Kalklöser verbraucht ⇒ neutralisiert in die Abwasseranlage (u. U. neutralisieren).

2.8 Schutzkleidung und Schutzbrille tragen, Arbeitsanweisung der Hersteller beachten ⇒ Verdünnen in richtiger Reihenfolge ⇒ erst Wasser, dann Säure.

3 Regenwassernutzungsanlagen

3.1 Regenrinnen und Regenfallrohre, Regenwasserfilter, Regenwasserspeicher, Pumpenanlage, Regenwasser-Druckleitungen, Trinkwasser-Nachspeisung, Anlagensteuerung, Entnahmestellen, Wasserzähler, Rückstausicherungen (falls vorhanden).

3.2 Inspektion ⇒ Zustandskontrolle, Wartung ⇒ Reinigung, Reparaturen ⇒ Abstände 1/a.

3.3 Inspektion ⇒ Sichtkontrolle Korrosion, Dichtheit, elektrische Anschlüsse, Geräusche, Motortemperatur, Schaltspiel prüfen ⇒ Abstände 2/a.
Wartung ⇒ Probelauf, Kontrolle der Sicherungen, Kontrolle der Druckhaltung (MAG, Rückflussverhinderer) ⇒ Abstände 1/a.

3.4 Inspektion ⇒ Kontrolle des freien Auslaufes, der Dichtheit, des Zustandes (Korrosion), des Trinkwasserzählers (Eichung alle 6 Jahre) ⇒ Undichtheiten, Schäden beheben ⇒ Abstände 1/a.

3.5 Inspektion ⇒ Schaltspiel der Anlage prüfen ⇒ Abstände 2/a.
Wartung ⇒ Probelauf ⇒ Prüfen: Ein- und Ausschaltpunkte (Regenwasserspeicher, Trinkwasserbehälter, Druckhaltung ⇒ Vergleich Ist – Soll), Magnetventil Trinkwasser-Nachspeisung ⇒ Abstände 1/a.

3.6 Bei Rückstaugefahr sind Regenwassernutzungsanlagen zu sichern, wenn der:
Behälterüberlauf an Trennsystem angeschlossen ist ⇒ durch Rückstauverschluss (fäkalienfreie Wässer),
Behälterüberlauf an Mischsystem angeschlossen ist ⇒ Hebeanlage erforderlich.

4 Thermische Solaranlagen

4.1 Kollektoren, Rohrleitungen, Pumpe, Messgeräte und Messfühler, Regel- und Sicherheitseinrichtungen, Solarflüssigkeit.

4.2 Überprüfung der Solaranlage bei Betrieb ⇒ Überprüfen der Drücke und Temperaturen möglich, Inspektionen der Kollektoren auf dem Dach sind besser durchzuführen.

4.3 Solarflüssigkeit muss frostsicher, sicher gegen Verdampfen bei hohen Temperaturen ($\vartheta > 110$ °C) und materialverträglich sein.

4.4 Bei der gebräuchlichen Solarflüssigkeit handelt es sich um ein Glykol-Wasser-Gemisch (Propylenglykol), dessen Konzentration den bestehenden klimatischen Anforderungen entsprechen muss.

4.5 Tabellenwerte ⇒ Propylenglykol-Wasser-Gemisch für Flachkollektoren: Für $\vartheta = -21$ °C ⇒ Konzentration $V_{\%} = 40$ % ⇒ $\varrho = 1{,}038$ kg/dm^3.

4.6 Man zieht eine Solarflüssigkeitsprobe aus der Anlage, ermittelt mithilfe einer Senkwaage (Aräometer) die Dichte des Arbeitsmittels und vergleicht diesen Istwert mit dem Sollwert aus der Tabelle (Hersteller, Tabellenbuch). Sinkt die Konzentration unter $V_{\%} \approx 20$ % ⇒ ergeben sich Werte pH < 7 ⇒ Korrosionsgefahr.

4.7 Die Verschmutzung der Kollektorflächen, die Dichtheit und Befestigung der Anlage, den Zustand der Kollektoren (z. B. Glasschäden) und der Rohrleitungen.

4.8 Wärmefühler am TWE, an den Kollektoren und am Wärmeerzeuger ⇒ Temperaturdifferenz $\Delta\vartheta = \vartheta_{SV} - \vartheta_{SR}$ ist groß ⇒ Energiegewinn möglich ⇒ Pumpe wird eingeschaltet, Temperaturdifferenz $\Delta\vartheta = \vartheta_{SV} - \vartheta_{SR}$ ist klein oder negativ ⇒ kein Energiegewinn möglich ⇒ Pumpe wird abgeschaltet.

1 Berufsbildung

1.1 Ausbildung in Berufsschule und Betrieb. Schule übernimmt Allgemeinbildung und Fachtheorie. Betrieb vermittelt fachpraktische Fertigkeiten und fachtheoretische Kenntnisse.

1.2 **Vorteile:** Abwechslungsreiche Ausbildung, Praxisbezug steht im Vordergrund, Ausbildungsvergütung wird bezahlt, Schulbildung wird erweitert und ist kostenlos.
Nachteile: Zahl der Ausbildungsplätze hängt von den Betrieben ab. Qualität ist unterschiedlich, Ausbildungsinhalte sind vom Betrieb abhängig.

1.3 Vollzeitschulausbildung, wie z. B. Frankreich oder Belgien. Rein betriebliche Ausbildung (learning by doing), z. B. Italien. Dreijährige Berufsfachschulen, z. B. BFS – für Kinderpflege in Deutschland.

1.4 Unzufriedenheit mit dem erlernten Beruf, keine Aufstiegsmöglichkeiten, Berufsunfähigkeit, Arbeitslosigkeit, Beruf hat keine Zukunft.

1.5 Steigende Anforderungen, neue Technologien, zusätzliche Qualifikationen, Meister- oder Technikerausbildung, Arbeitsstellenwechsel, Betriebsgründung.

2 Berufsausbildungsvertrag

2.1 Berufsbildungsgesetz (BBiG), Handwerksordnung (HwO)

2.2 Handwerkskammern, Industrie- und Handelskammern. Beginn und Dauer der Ausbildung, Höhe der Ausbildungsvergütung, Dauer der täglichen Arbeitszeit, Probezeit, Urlaubszeit, Kündigungsmöglichkeiten.

2.3 **Ausbilder, Pflichten:** Freistellung zur Berufsschule, Zahlung der Ausbildungsvergütung, kostenlose Ausbildungsmittel, Ausstellung eines Zeugnisses, Arbeiten ausführen lassen, die zur Ausbildung gehören.
Auszubildender, Pflichten: Besuch der Berufsschule, Bereitschaft zum Lernen, Führen des Ausbildungsnachweises, Schweige- und Gehorsamspflicht.

2.4

1 Probezeit	Zu 1: Fristlos, ohne Angabe von Gründen.
2 wichtiger Grund	Zu 2: Fristlos, z. B. bei Schlägerei oder Diebstahl.
3 Berufswechsel	Zu 3: Mit 4-Wochen-Frist, z. B. Berufswechsel.

2.5 Tätigkeiten und Ausbildungsinhalte werden dokumentiert. Bei Nichtbestehen der Gesellenprüfung kann nachgewiesen werden, ob bestimmte Prüfungsinhalte vermittelt wurden oder nicht.

3 Arbeitsplatz

3.1 **Positiv:** Helle Räume, gute Beleuchtung, frische Luft, großzügiger Arbeitsplatz, angenehme Arbeitstemperaturen.
Negativ: Lärm, Unordnung in der Werkstatt oder im Lager, wenig Platz, zu hohe Temperaturen, schlechte Luft.

3.2 Arbeitskollege/-in wird bewusst aus der Gruppe ausgeschlossen. Es werden Gerüchte aus dem Privatleben im Betrieb verbreitet oder falsche Schuldzuweisungen und Verdächtigungen ausgesprochen. Es wird sich über das vermeintliche „Opfer" lustig gemacht, es wird verhöhnt.

3.3 **Arbeitnehmer:** Weniger krank, Freude bei und an der Arbeit, gute Stimmung, gute Leistung.
Arbeitgeber: Höhere Arbeitsleistung der Mitarbeiter, weniger Fehler, weniger Ausschuss, kaum Arbeitsplatzwechsel.

4 Arbeitsschutz

4.1 **Technisch:** 1) Unfallverhütungsvorschriften, 2) Gewerbeordnung, 3) Arbeitsstättenverordnung, 4) Arbeitssicherheitsgesetz.
Sozial: 1) Jugendarbeitsschutzgesetz, 2) Arbeitszeitgesetz, 3) Bundesurlaubsgesetz, 4) Ladenschlussgesetz, 5) Mutterschutzgesetz.

4.2 **Technisch:**
1 Sicherheitsregeln gegen Arbeitsunfälle
2 Einrichtung von Sozialräumen in Betrieben, wie Waschräume oder Toiletten.
3 Nichtraucherschutz, Schutz vor Lärm und Staub.
4 Benennung von Sicherheitsfachkräften/-beauftragten.

Sozial:
1 Keine Fließband- und Akkordarbeit, keine Arbeitsaufnahme ohne Erstuntersuchung.
2 Keine Sonntags- u. Feiertagsarbeit, Höchstarbeitszeit 48 h/w, Ruhezeit zwischen zwei Arbeitstagen 11 h.
3 Mindesturlaub 24 Werktage.
4 Öffnungszeiten Mo – Sa von 6.00 h bis 20.00 h.
5 Beschäftigungsverbot 6 Wochen vor und 8 Wochen nach Entbindung.

4.3 Berufsgenossenschaft, Gewerbeaufsichtsamt, Betriebsräte, Meister, Sicherheitsbeauftragter.

4.4 Leichtsinn, Alkohol, keine Schutzkleidung, schlechtes Werkzeug, keine Sicherheitsschuhe, defekte Gerüste und Leitern, Zeitdruck.

4.5 Berufsgenossenschaft, Gewerbeaufsichtsamt.

4.6 Arbeitsbeginn nicht vor 6.00 h, Ende nicht nach 20.00 h. Zahl der Urlaubstage, je nach Alter. Arbeitszeit + Pausen ≤ 10 Std., siehe auch 4.2 a) Sozial.

4.7 Er wendet sich an Betriebsrat, Kreishandwerkerschaft, Berufsgenossenschaft oder Gewerbeaufsichtsamt.

5 Sozialversicherungen

5.1

a) Krankenversicherung	AG/AN 50 %/50 %
b) Unfallversicherung	AG 100%
c) Arbeitslosenversicherung	AG/AN 50 %/50 %
d) Pflegeversicherung	AG/AN 50 %/50 %
e) Rentenversicherung	AG/AN 50 %/50 %

5.2
a) Krankenkasse: Arztbesuch, Krankengeld, Mutterschaftshilfe,
b) Berufsgenossenschaft: Rente für Arbeits-/Wegeunfall, Berufskrankheit,
c) Bundesagentur für Arbeit: Arbeitslosengeld, Arbeitssicherung, Arbeitsförderung,
d) Krankenkasse: Zuschuss zu häuslicher- und stationärer Pflege,
e) Versicherungsanstalt: Alters-, Hinterbliebenen- oder Erwerbsminderungsrente.

5.3 Lebens-, private Kranken-, private Unfall-, Leitungswasser-, Glas-, Haftpflicht-, Rechtsschutzversicherung.

5.4 Sozialversicherungen sind gesetzlich vorgeschrieben. Zusatzversicherungen werden freiwillig abgeschlossen.

6 Vertragsrecht

6.1 Rechtsfähigkeit: Alle natürlichen Personen, d. h., alle Menschen, von der Geburt bis zum Tod, sind rechtsfähig. Rechtsfähigkeit bedeutet, sie haben Rechte und Pflichten, wie z. B. Säuglinge sind erbberechtigt.
Geschäftsfähigkeit heißt: Selbstständig voll gültige Rechtsgeschäfte abzuschließen. Sie ist altersabhängig.

6.2 Geschäftsunfähig, von 0 bis 7 Jahre, Rechtsgeschäfte sind nichtig. Beschränkt geschäftsfähig, 7 bis 18 Jahre, der gesetzliche Vertreter muss zustimmen. Voll geschäftsfähig, 18 Jahre bis zum Tod oder bis zur Entmündigung, Rechtsgeschäfte sind voll gültig.

6.3 Kaufvertrag entsteht durch einen Antrag (Angebot, Verkäufer) und die Annahme (Bestellung, Käufer). Pflichten des Verkäufers: Annahme des Kaufpreises sowie Lieferung und Übereignung der mängelfreien Ware. Pflichten des Käufers: Annahme der Ware und Zahlung des Kaufpreises.

6.4 Falsche oder fehlerhafte Ware, schlechte Qualität, fehlende Montage oder Montageanleitung, fehlende Teile.

6.5 **Rechte des Käufers:** Mangelhafte Lieferung oder Lieferungsverzug ⇒ Minderung des Kaufpreises, Rücktritt vom Vertrag, Schadensersatz.
Rechte des Verkäufers: Bei Zahlungsverzug ⇒ Verzugszinsen, Rechnungssumme, Zusatz-Kostenersatz. Bei Annahmeverzug ⇒ Klage auf Abnahme, Einlagerung auf Kosten des Käufers, Versteigerung nach Androhung.

6.6 Werk-, Miet-, Darlehns-, Leih-, Pachtvertrag.

6.7 **Mietvertrag:** Gebrauch und Rückgabe derselben Sache + Mietzins. **Leihvertrag:** Gebrauch und Rückgabe derselben Sache, unentgeltlich.

6.8 a) 10-Jahre, b) 5-Jahre, c) 3-Jahre, d) 2-Jahre

6.9 Höhere Gewalt, gerichtlicher Mahnbescheid, Klageerhebung, Verhandlung über den Anspruch, Leistungsverweigerungsrecht.

7 Arbeitsrecht

7.1 Übereinstimmende Willenserklärungen durch AN und AG. Formfrei, d. h. schriftlich oder mündlich.
Lohnsteuerkarte, Sozialversicherungs-Nachweis, gewählte Krankenkasse, Urlaubsbescheinigung vom letzten AG.

7.2 Arbeitszeit, Dauer des Erholungsurlaubes, Höhe des Arbeitslohnes oder Gehaltes, Prämien oder Zulagen, Kündigungsfristen, Beginn der Tätigkeit.

7.3 Pflichten des AG sind Rechte des AN und umgekehrt. **AG:** Zahlung des vereinbarten Lohnes, Beschäftigung mit der vereinbarten Arbeit, Gewährung von Urlaub, Abführen der Sozialversicherungs-Beiträge, Beachtung der UVV.
AN: Arbeitsleistung erbringen, Arbeiten gewissenhaft und sorgfältig ausführen, Arbeitsanweisungen befolgen, Schweigepflicht über betriebliche Angelegenheiten.

7.4 Arbeitsverhältnisse als Zeitverträge bei Neueinstellung; Beschäftigte, die das 58. Lebensjahr vollendet haben. Bei Vertretung von erkrankten Arbeitnehmern oder Mutterschaftsurlaub.

7.5
- Zeitablauf, bei befristeten Arbeits- oder Ausbildungsverträgen ⇒ ohne Frist
- Aufhebungsvertrag im gegenseitigen Einvernehmen ⇒ ohne Frist, aber eventuell mit Abfindung
- ordentliche Kündigung ⇒ 4 Wochen zum 15. oder zum Ende des Monates. Betriebszugehörigkeit beachten.
- außerordentliche Kündigung ⇒ fristlos

7.6 **Allgemein**: Arbeitsverhältnis besteht länger als 6 Monate + Betrieb beschäftigt mehr als 5 AN, ab 01.01.04 mehr als 10 AN.
Besonderer: Azubis, Schwerbehinderte, Schwangere, Mütter nach der Entbindung, Personen im Erziehungsurlaub, Wehrdienstleistende.

7.7 Mantel-, Entgeldrahmen- und Entgeldtarifvertrag. (Lohn- und Gehaltstarifvertrag).
Arbeitgeberverband ⇒ Arbeitnehmerverband, z. B. Gewerkschaften

7.8 **Tarifautonomie**: Tarifpartner können unabhängig vom Staat, Tarifverträge aushandeln und abschließen.
Friedenspflicht: Während der Laufzeit eines Tarifvertrages, sind Streik oder Aussperrung nicht erlaubt.
Unabdingbarkeit: Arbeitsbedingungen in Einzelverträgen dürfen nicht schlechter sein als im Tarifvertrag, sondern nur besser, wie z. B. Lohn oder Urlaubsanspruch.

7.9 Nach dem Schlichtungsverfahren: Gewerkschaften ⇒ Streik, Arbeitgeber ⇒ Aussperrung.
Verlorenen Arbeitstage mindern das Einkommen und reduzieren das Wirtschaftsergebnis, bzw. Wirtschaftswachstum.

7.10 Arbeitgeber ⇒ Betriebsrat

7.11 Betriebsvereinbarungen regeln und ergänzen die Bestimmungen aus den Tarifverträgen für einzelne Betriebe. Bestimmungen für den Betrieb dürfen nur besser sein als im ausgehandelten Tarifvertrag.

7.12 Pausen, Urlaubspläne, Arbeitsbeginn und -ende, Betriebsordnung, Sozialeinrichtungen.

7.13 Betriebsverfassungs-, Personalvertretungs-, Mitbestimmungs-, Montanmitbestimmungs- u. Arbeitsgerichtsgesetz.

7.14 **Betriebsrat:** Mehr als 5 wahlberechtigte Arbeitnehmer.
Jugend- und Auszubildendenvertretung: Mehr als 5 Azubis oder Arbeitnehmer, die jünger als 18 Jahre sind.
Betriebsversammlung: 1 × jährlich muss der Betriebsrat eine Betriebsversammlung abhalten.
Wirtschaftsausschuss: > 100 Beschäftigte ⇒ Betriebsrat und ⇒ sachverständige Betriebsangehörige.
Aufsichtsrat: Arbeitnehmervertreter bei Kapitalgesellschaften, Aktiengesellschaft oder GmbH.

7.15 Soziale Angelegenheiten, wie z. B. Arbeitszeit, Urlaubsplanung, Berufsausbildung, Unfallverhütung, Sozialeinrichtungen

7.16 Entlassungen, Versetzungen, Einstellungen, Umgruppierungen in andere Lohngruppen.

7.17 Lohnforderungen, ungerechte Kündigung, Streit aus Tarifverträgen, unzulässige Arbeitsniederlegung, Meinungsverschiedenheiten zwischen Arbeitnehmern.

7.18 **1. Instanz:** Arbeitsgericht.
2. Instanz: Landesarbeitsgericht.
3. Instanz: Bundesarbeitsgericht.
Güteverhandlung, um eventuell einen Vergleich zu erzielen.

7.19 Ein Berufsrichter + zwei ehrenamtliche Richter. Rechtsanwalt oder Vertreter aus dem Berufsverband.

7.20 Bei einer ungerechtfertigten Kündigung muss z. B. schnell geklärt werden, ob ein neuer Arbeitsplatz gesucht werden muss. Niedrige Kosten (1. Instanz, max. 500,00 Euro), damit auch ein einfacher Arbeiter nicht vor dem Gericht zurückschreckt, um seine Rechte durchzusetzen.

8 Umgang mit Geld

8.1 a) Barzahlung, b) halbbare Zahlung, c) bargeldlose Zahlung

8.2
a) Es wird beim Kauf mit Banknoten oder Münzen bezahlt.
b) Offene Rechnung wird mit einem Zahlschein bei der Bank bar eingezahlt ⇒ Empfänger erhält Gutschrift auf Girokonto.
c) Beide Parteien verfügen über ein Girokonto.

8.3 Bargeldloser Zahlungsverkehr. **Teilnehmer:** Voll geschäftsfähig und volljährig, Legitimationsprüfung durch Reisepass oder Personalausweis, Unterschrift beim Kreditinstitut hinterlegen.

8.4 **Telebanking**: Bankgeschäfte werden telefonisch abgewickelt. **Homebanking:** Bankgeschäfte werden von zu Hause, über den PC mit Internetzugang durchgeführt.
Vorteile: Bequem von zu Hause, rund um die Uhr, schnelle Zahlungsabwicklung, preisgünstig, da wenig Personal und kaum Filialen unterhalten werden müssen.
Nachteile: Fremdzugriff durch Ausspähen der PIN und TAN möglich. Unzulässige externe Abfragen und Transaktionen durch Fremde möglich. Ausspähen des Geschäftsverkehrs von außen, z. B. bei WLAN-Datenübertragung.

8.5 Geldverkehr mit Zahlungskarten.
– Geldkarte mit Mikrochip (je nach Kreditinstitut). – Kundenkarte (Kaufhäuser, Baumärkte, Autovermietung). – Kreditkarte (Verwendung bei Vertragsfirmen, Hotelketten). – Bankkarte (Debitkunden).

8.6
a) **Vorteile:** Bargeldlose Rechnungsbegleichung, bequemer Einkauf, Bargeldbeschaffung jederzeit am Automaten, im In- u. Ausland einsetzbar, kein Bargeld in der Tasche ⇒ Diebstahl und Verlust.
Nachteile: Kein Überblick, ob Konto überzogen, verleitet zum spontanen Kauf, Missbrauch durch Ausspähen von PIN, Manipulation der Kartenlesegeräte.
b) Unterschrift, Geheimnummer (PIN).

8.7 – Änderungen bei Angebot und Nachfrage führen zu Preisänderungen und damit zu Kaufkraftveränderungen.
– Verknappung von Rohstoffen, Änderung der Wechselkurse, steigende Löhne, Änderung des Verbraucherverhaltens.

8.8 Durch Ermittlung der Lebenshaltungskosten für private Haushalte (Warenkorb) und Vergleich mit dem Vormonat oder Vorjahr.

8.9 Repräsentative Erhebung über den Verbrauch an Waren und Dienstleistungen für einen 4-Personen-Privathaushalt pro Jahr. 1) Wohnungsmiete, Wasser und Strom. 2) Verkehr, 3) Nahrungsmittel, 4) Freizeit und Unterhaltung 5) Haushaltsgeräte und Möbel.

8.10 **Ursache:** Angebot an Waren einer Volkswirtschaft entspricht nicht der sich im Umlauf befindenden Geldmenge.
Folgen: Geringes Warenangebot und große Geldmenge ⇒ Inflation
Großes Warenangebot und kleine Geldmenge ⇒ Deflation

8.11 a) Exportgüter werden teurer, b) wird in Dollar gehandelt, somit billiger, c) billiger, d) bleibt gleich.

8.12 Europäische Zentralbank (EZB)

8.13 Zur Finanzierung eines Autos, einer Urlaubsreise, von Möbeln oder Immobilien. Aber auch als Rücklage für die Altersversorgung oder die Ausbildung der Kinder.

8.14 Sparbuch, Sparbrief, Zuwachssparen, Festgeld, Bausparen, Versicherungssparen, Wertpapiersparen.
Ertrag (Zinssatz), Sicherheit, Laufzeit, Verfügbarkeit.

8.15 Anschaffungsdarlehen, Hypothekendarlehen, Dispositionskredit.

8.16 Zinssatz, Bearbeitungsgebühr, Nebenkosten (Vermittlungsgebühr, Bankspesen), Kosten für Risikolebensversicherung bei Hypothekendarlehen, Sondertilgung.

8.17 Durch zu viele Anschaffungen mit Krediten, besteht die Gefahr der Überschuldung und damit Zahlungsunfähigkeit. Seit 1999 können Privatpersonen Verbraucherinsolvenz beim Amtsgericht anmelden.

8.18
1. Schuldner muss nachweisen, dass er versucht hat sich mit den Gläubigern zu einigen.
2. Verbraucherinsolvenz beim Amtsgericht anmelden ⇒ Richter versucht Kompromiss auszuhandeln.
3. Kein Erfolg ⇒ Richter teilt das Vermögen des Schuldners auf die Gläubiger auf. Pfändung aller Einnahmen des Schuldners über sechs Jahre ⇒ nur das Existenzminimum bleibt. Jede Arbeit muss angenommen werden und keine neuen Schulden während dieser sechs Jahre. Im 7. Jahr werden dann die Restschulden erlassen.

9 Lohnformen

9.1 Zeitlohn, Leistungslohn, Beteiligungslohn

9.2 Stückgeldakkord: Bruttolohn = Stückzahl × Stückgeldakkordsatz
Stückzeitakkord: Bruttolohn = Stückzahl × Stückzeit × Minutenfaktor

9.3 Arbeitnehmer werden über ihren Lohn hinaus, am Erfolg des Unternehmens beteiligt, z. B. durch Aktien bei Kapitalgesellschaften oder Gewinnbeteiligung bei Einzelunternehmen.

9.4 Alter, Familienstand, Dauer der Betriebszugehörigkeit.

9.5 Bruttolohn = Grundlohn + Zuschläge + Zulagen + ...
Nettolohn = Bruttolohn – gesetzliche Abzüge, z. B. Lohnsteuer, Kirchensteuer, Sozialzuschläge
Ausbezahlter Lohn = Nettolohn – sonstige Leistungen, z. B. vermögenswirksame Leistungen, Pfändungen

9.6 AG-Anteil zur Renten-, Arbeitslosen-, Unfall- und Pflegeversicherung. Vermögensw. Leistungen, Sonderzahlungen, z. B. Urlaubs- oder Weihnachtsgeld.

9.7 Deutschland hat weltweit die höchsten Lohnnebenkosten und ist Exportland, d. h., im internationalen Wettbewerb müssen die Waren in Konkurrenz zu Billiglohnländern verkauft werden.

9.8 Nominallohn = Nettolohn, Reallohn drückt die tatsächliche Kaufkraft des Nettolohnes aus.

9.9 **Negativ:** Hohe Lohnkosten, schlechte Arbeitsmoral, viel Ausschuss ⇒ hohe Preise.
Positiv: Niedrige Löhne, automatisierte Fertigung, geringe Lagerkosten, flexible Arbeitszeiten, gute Maschinenauslastung ⇒ schlanke Produktion.

10 Soziale Marktwirtschaft

10.1 Markt. Angebot (Verkäufer) ⇒ hoher Preis, Nachfrage (Käufer) ⇒ niedriger Preis.

10.2 Arbeitsmarkt ⇔ Arbeitskräfte, Kapitalmarkt ⇔ Kredite, Konsumgütermarkt ⇔ Nahrungsmittel, Immobilienmarkt ⇔ Grundstücke, Devisenmarkt ⇔ Währungen, Investitionsgütermarkt ⇔ Maschinen oder Autos, Rohstoffmarkt ⇔ Rohöl, Metalle, Energie.

10.3 Ausgewogenes Angebot und gute Nachfrage führen zu stabilen Preisen. Sind gleich viele Anbieter wie Käufer auf dem Markt, ergibt sich ein Gleichgewichtspreis.

10.4 Preisabsprachen, ruinöse Konkurrenz, Preisführerschaft, Verschlechterung der Qualität, kein Wettbewerb.

10.5 Vertraglicher Zusammenschluss von Betrieben mit der gleichen Produktpalette.
Preis-, Produkt-, Gebiets-, Kalkulations-, Rabatt- und Konditionskartell.

10.6 Preisabsprachen, Gebietsfestlegungen für die Herstellung, Marktaufteilung, Festlegung der Lieferbedingungen und Rabattsätze ⇒ Bundeskartellamt.

10.7 Konzern ⇒ Muttergesellschaft für mehrere Tochtergesellschaften.

10.8 **Vorteile:** Gemeinsame Forschung, mehr Geld für die Entwicklung, kostengünstigere Herstellung ⇒ niedrigere Preise, stärker im internationalen Wettbewerb.
Nachteile: Einschränkung des Wettbewerbs ⇒ höhere Preise, schwerfällig bei sich änderndem Marktverhalten. Wenn das Management Fehler macht ⇒ Konkurs ganzer Tochtergesellschaften.

10.9 **Freie Marktw.**: Wirtschaft regelt sich selbst, durch Angebot und Nachfrage. Wer billig produziert, verkauft viel.
Zentrale Verww.: Planung und Steuerung durch den Staat. Die gesamte Volkswirtschaft ist ein „einziger Betrieb".
Soziale Marktw.: Staat greift nur zu Gunsten der sozial Schwachen ein, z. B. Steuer- und Konjunkturpolitik.

10.10 Sozialversicherung ⇒ Unterstützung Bedürftiger, Konjunkturpolitik ⇒ öffentliche Ausgaben, öffentliche Unternehmen ⇒ Versorgungssicherung der Bevölkerung, Subventionen ⇒ Zuschüsse an schwache Gebiete (Steinkohle, Landwirtschaft), Kartellgesetz ⇒ Wettbewerbssicherung, Einkommenspolitik ⇒ Steuersplitting.

10.11 a) Schutz und Absicherung der wirtschaftlich und sozial Schwachen.
b) Renten-, Kranken-, Pflegeversicherung, Sozialhilfe, Jugendhilfe, Beamtenpensionen, Lohn- und Gehaltsfortzahlungen, Erziehungsgeld, Wohngeld.

10.12 Produzierte Sachgüter + Dienstleistungen einer Volkswirtschaft. Gradmesser für die Leistungsfähigkeit einer Volkswirtschaft.

10.13 Nominales BIP minus Inflations- oder Preissteigerungsrate = reales BIP.

10.14 a) 1. Vermietung und Unternehmensdienstleistungen, 2. produzierendes Gewerbe, 3. private und öffentliche Dienstleister, 4. Handel und Gewerbe, 5. Baugewerbe, 6. Land- und Forstwirtschaft.
b) 1. privater Verbrauch oder Konsum, 2. Staatsverbrauch, 3. Investitionen, 4. Außenbeitrag.

10.15 Durch Steuern und Sozialversicherungsbeiträge. Arbeitnehmer und Arbeitgeber.

10.16 a) Mehrwert-, Lohn-, Energie-, Gewerbe-, Einkommen-, Kapitalertrags-, Tabak-, Zinsabschlag-, Grund-, Versicherungssteuer.
b) Einfuhr-, Ausfuhr-, Schutz- und Finanzzölle.

10.17 Gebühren, Beiträge und Solidaritätszuschlag.

10.18 Preisstabilität, Wirtschaftswachstum, Vollbeschäftigung und außenwirtschaftliches Gleichgewicht.

10.19 **Bund:** Soziale Sicherung, Verteidigung, Verkehr, Bundesstraßen.
Länder: Bildung, Polizei, Justiz, Landesstraßen.
Gemeinden: Krankenhäuser, Schulen, Kindergärten, Straßenbau, Müllabfuhr, Wasserversorgung.

10.20 Mehrwert-, Gewerbe-, Lohn- und Einkommensteuer.

10.21 **Bund:** Mineralöl-, Tabak-, Kaffee, Teesteuer.
Länder: KFZ-, Erbschafts-, Bier-, Grunderwerbssteuer.
Gemeinden: Grund-, Zweitwohnungs-, Getränke-, Hundesteuer.

10.22 Alle Arbeitnehmer mit Einkünften > 440,00 €/m sowie Selbstständige, Gewerbetriebe, Vermieter, Land- und Forstwirtschaft.

10.23 Arbeitslosengeld, Sozialhilfe, Wohngeld, Lottogewinne.

10.24 **St.-Kl. I:** ledige, geschiedene, verwitwete und dauernd getrennt lebende Arbeitnehmer.
St.-Kl. III: verheiratete Arbeitnehmer, wenn der Ehegatte keinen Arbeitslohn bezieht.
St.-Kl. V: verheiratete Arbeitnehmer, wenn der Partner St.-Kl. III wählt.

Firmenverzeichnis

Die Autoren und der Verlag danken den folgenden Firmen, die sie bei der Bearbeitung der einzelnen Themen durch Beratungen, Druckschriften, Fotos und Retuschen unterstützt haben.

Adobe Systems Software Ireland Limited, Adobe Stock, Dublin, Irland
© ra3m – Seite 6/1
© Daniel Schmidt – Seite 13/1
© kocetoiliev – Seite 78/2
© francescomou – Seite 192/1
© lovelyday12 – Seite 192/2
© pioneer111 – Seite 220/1
© U. J. Alexander – Seite 232/4
© blende11.photo – Seite 246/2
© K.-U. Häßler – Seite 246/3

Allmess Schlumberger GmbH, Oldenburg
Seite 148/2

August Brötje GmbH, Rastede
Seite 148/3, Seite 166/1

Beuth Verlag GmbH, Berlin

Buderus GmbH, Wetzlar
Seite 148/1

Dallmer GmbH + Co. Sanitärtechnik, Arnsberg
Seite 54/4

dpa Picture-Alliance GmbH, Frankfur am Main
Seite 198/1; Seite 256/1

DURAVIT AG, Hornberg
Seite 100/2+3

DVGW
Deutscher Verein des Gas- und Wasserfaches e.V.,
Bonn

Glen Dimplex GmbH, Kulmbach

F. W. Oventrop KG, Olsberg

Friedrich Grohe AG, Hemer

Fröling GmbH, A–Griesheim
Seite 170/3

Geberit GmbH, Pfullendorf
Seite 32/4; Seite 111/2

Gebr. Kemper GmbH + Co., Metallwerke, Olpe
Seite 20/3

Hans Grohe GmbH & Co. KG, Schiltach
Seite 117/2

Heimeier Metallwerk GmbH, Erwitte
Seite 220/2; Seite 225/2

Honeywell GmbH, Mosbach
Seite 32/3

Hugo Brennenstuhl GmbH & Co, Freiburg
Seite 20/4; Seite 25/1

Jung Pumpen GmbH, Steinhagen
Seite 54/3

Joh. Vaillant GmbH u. Co., Remscheid
Seite 203/2

Knipex, Wuppertal
Seite 20/1

Maico Elektroapparate GmbH,
Villingen-Schwenningen
Seite 31/1

Metabowerke GmbH & Co, Nürtingen
Seite 13/2

Rau GmbH, Meitingen
Seite 54/2

Rems GmbH & Co., Waiblingen
Seite 54/1; Seite 78/1

Robert Bosch GmbH
Geschäftsbereich Junkers, Wernau

Rothenberger Werkzeuge GmbH, Kelkheim
Seite 32/2; Seite 100/1; Seite 232/1

Andreas Rulle
Seite 198/2

Scharr oHG, Stuttgart
Seite 148/4

STIEBEL ELTRON GmbH & Co. KG,
Holzminden

Testo, Freiburg
Seite 20/2; Seite 170/2; Seite 232/2+3

Viega Franz Viegener II,
Sanitär- und Heizungssysteme, Attendorn
Seite 237/1

Viessmann Werke GmbH & Co., Allendorf
Seite 152/1

Weimann & Schanz GmbH, Balingen
Seite 170/1

Weishaupt GmbH
Brenner und Heizsysteme, Schwendi
Seite 170/4; Seite 173/1

WILO GmbH, Dortmund
Seite 85/2; Seite 86/1+2

Wöhler Technik GmbH, Bad Wünneberg
Seite 207/2

Wolf Klimatechnik GmbH, Mainburg

Zehnder Wärmekörper GmbH, Lahr
Seite 78/4

Fotos der Autoren:
Seiten 6/2, 25/2, 70/1+2, 71/1+2, 194/1+2